膜片钳技术在医学中的应用

蔡浩然 编著

北京大学医学出版社

图书在版编目（CIP）数据

膜片钳技术在医学中的应用 / 蔡浩然编著 .—北京：北京大学医学出版社，2016.1
ISBN 978-7-5659-1143-9

Ⅰ.①膜… Ⅱ.①蔡… Ⅲ.①质膜－生物技术… Ⅳ.① Q241

中国版本图书馆 CIP 数据核字（2015）和 139781 号

膜片钳技术在医学中的应用

编　　著：蔡浩然
出版发行：北京大学医学出版社
地　　址：（100191）北京市海淀区学院路38号　北京大学医学部院内
电　　话：发行部 010-82802230；图书邮购 010-82802495
网　　址：http://www. pumpress. com. cn
E-mail：booksale@bjmu. edu. cn
印　　刷：北京瑞达方舟印务有限公司
经　　销：新华书店
责任编辑：马联华　　责任校对：金彤文　　责任印制：李　啸
开　　本：787mm×1092mm　1/16　印张：25　字数：650千字
版　　次：2016年1月第1版　2016年1月第1次印刷
书　　号：ISBN 978-7-5659-1143-9
定　　价：96.00 元

本书由

北京大学医学科学出版基金
资助出版

作者简介

　　蔡浩然，北京大学第一医院教授，博士生导师，国际神经行为学会会员，中国生物物理学会会员，中华医学会会员，中国神经生理学学会会员，《中国斜视与小儿眼科》杂志编委，《国际眼科学杂志》常务编委。1956 年考入北京大学生物系生理学专业，1963 年毕业；同年分配到中国科学院心理研究所任实习研究员。1973 年调到中国科学院生物物理研究所，先后任实习研究员、助理研究员和副研究员。1981—1983 年，受德国洪博基金资助，在联邦德国进修，并在 Kassel 大学获博士学位。1986 年调到清华大学生物系任副教授。1987—1988 年，应日本科技振兴会（JSPS）邀请，在日本东京大学讲学和从事合作研究。1989 年，调到北京大学（原北京医科大学）第一医院，先后任副教授、教授、博士生导师。1991—1992 年，在澳大利亚国立大学，以及 1996—1997 年，在美国布法罗纽约州立大学，讲学和从事合作研究。1992 年起享受国务院政府特殊津贴。几十年来，一直从事视觉生理和生物物理的研究与教学工作；主讲神经生理学、临床视觉电生理学等；从事视觉电生理与视觉信息加工，目标与背景的相互作用，以及视觉诱发电位和儿童视觉发育等方面的研究。近十几年来又建立了脑片膜片钳实验室，深入研究视觉发育敏感期视系突触受体分子机制和其他有关的离子通道病的发病机制。在国际国内刊物上发表过 80 多篇论文。著有《视觉分子生理学基础》，译著有《视觉生理与仿生学》《声和听觉》等书。

在生理学和生物物理学领域，电生理技术一直是极受重视的。从科学发展历史来看，电生理技术对于探讨和阐明各种客观生理规律和发病机制起到了重要作用，它与其他自然科学一样，也是从粗浅到深入逐渐发展起来的。自意大利学者 L. Galvanni（1737—1798 年）发现生物组织的电活动以来，有关生物电现象及其本质问题的研究便一直延续至今。18 世纪七八十年代，生理科学中的电生理学领域得到了快速发展；随后，研究的目标则从整体和器官水平，逐渐深入到单细胞水平——进行细胞外与细胞内电信号的记录。至今，在电生理学领域，离子单通道记录已成为常规的方法，因为生物电导变化是由各种离子通道的开放与关闭而导致的观点几乎已被人们普遍接受。Katz 和 Miledi（1972 年）最初提出了各种离子通道介导的跨生物膜离子流是最令人信服的早期证据，尔后，他们的观点被膜片钳方法直接证实。20 世纪八九十年代，Sakmann 和 Neher（1991 年诺贝尔奖获得者）发展了膜片钳（patch clamp）技术，使人们能对各种类型的细胞的各种各样的离子通道进行广泛的探索和研究。膜片钳技术使人们有可能在低于毫秒的时间分辨率下，测量跨越细胞膜的单个离子通道的极其微弱的电流。离子通道首先是根据对透过它们的离子进行选择性分类，因此，机体的各种细胞存在可使 K^+、Na^+、Ca^{2+}、Cl^- 和 H^+ 等离子选择性透过的离子通道。离子通道的明显生物物理特性包括：单个通道的电导（也就是每秒能有多少个离子通过通道，这个数值是 10^6 或更多），以及透过各种不同离子的能力和次序等。根据通过离子的体积，可判断通道的大小；以及根据开放的持久性，可判断通道是否有"整流作用"以及是内向或外向整流等。这些因素如何影响这种离子单个通道的电导？通道的门控机制（通道是如何开放或关闭的）赋予选择性通道的特异类型。例如，膜电位从它的正常静息水平去极化，可激活电压依赖性通道，这些离子通道属于电压门控离子通道。而其他一些通道则可能由激动剂、细胞质的钙或细胞内的其他信使激活，这些就是配体门控离子通道。自 20 世纪八九十年代以来，这一领域更得到了飞速发展。现在，人们不仅对单个较大的细胞能直接开展从胞内记录较大细胞的电信号，而且也可以用微小的单细胞（直径为 10 μm 左右）或从细胞上"撕"下的一小片细胞膜（即所谓的"膜片"，patch）作为研究对象，对镶嵌在膜上的各种活的、跨膜蛋白质大分子（离子通道）的生理功能进行深入的研究，即直接深入研究活细胞膜上蛋白质分子（离子通道）的各种生理功能，使以往仅仅从理论上推断的一些生命活动规律（如跨膜离子交换等）能直接可用实验加以证实。

离子通道是一类能通过特定离子、贯穿细胞膜的亲水性蛋白质孔道，它们可使带电的离子进行跨膜转运，是神经、肌肉、腺体等多种组织细胞膜上的基本兴奋单元，能产生和传导电信号，具有重要的生理功能。离子通道种类繁多，目前已经发现有上百种通道存在于生物体的各类细胞中。无论是动物还是植物，也无论是单细胞生物还是多细胞生物，都拥有各种各样的离子通道。离子通道不仅直接与细胞的兴奋性相关，还影响和调制递质释放、腺体分泌、肌肉收缩、细胞分裂、生殖、学习、记忆，对调节细胞体积和内环境稳定等起着重要作用。通过对离子通道的研究,已经初步形成了一套理论体系和相应的实验技术,该学科涉及生命科学的诸多方面,并且与分子生物学、细胞生物学、分子遗传学、生理学、病理学和药理学等学科密切联系,属于交叉学科。

尤其重要的是,在以往的临床实践中,电生理技术只能用于进行一些无创伤的临床检测(如 EEG、ECG 和 VEP 等)。自膜片钳技术问世以来,结合基因工程、分子生物学技术,在临床诊断、治疗、药效检测等方面,临床医学各个领域的离子通道病研究大量应用了该技术,取得的成果也像雨后春笋一样。应用膜片钳技术所发表的论文不仅在国际神经科学的学术年会上占绝大多数,而且这类论文在各种主要的生物医学科学的学术刊物上的比重也占绝对优势。由此可见,膜片钳技术已成为当今世界上电生理学领域中最先进的电生理技术。

膜片钳技术最初主要是以分离的单细胞作为研究对象而发展起来的,后来逐渐过渡到用所谓的"盲法"脑片膜片钳,以及近年来利用"水镜头"和近红外差分干涉成像技术(NR-DIC)。后者的发展使人们逐渐能在可视条件下对活的组织片甚至活的整体动物进行体内(in vivo)膜片钳记录,这样既可避免因应用分离细胞改变了细胞周围生存环境带来的影响,同时还可以保持所记录的细胞与周围细胞的正常生理突触(synapse)连接,因而可以深入研究神经元之间的突触神经递质及突触受体的生理功能,大大扩展了应用膜片钳技术的研究领域。相关学者结合分子生物学和基因工程等方面的新技术,陆续发现了更多的各种各样的离子通道,并且把这些通道的缺失或功能异常与相关的疾病联系起来加以研究,由此创造出了一个新的医学名词,即离子通道病(channelopathy),用来表示一类与离子通道有联系,并且与日俱增的疾病。例如,在 K_V7 离子通道亚家族的 5 个成员中,就有 4 个与离子通道病有关。所谓离子通道病是由于离子通道功能的丧失而引起的遗传性疾病。在国际上,临床医学各科早已广泛应用膜片钳技术对与离子通道相关的各种离子通道病加以研究。近年来,我们在北京大学第一医院呼吸内科、心内科、中西医结合科、麻醉科、儿科、小儿眼科和抗感染科等学科都有多个科研课题应用膜片钳技术,开展了相应的发病机制和疗效等方面的研究,然而这仅仅是起步,一些不成熟的结果在本书中也有所反映,希望能够起到抛砖引玉的作用。

本书前半部分主要介绍膜片钳技术原理和仪器原理,以及具体操作和注意事项等。各章节都是深入浅出地加以介绍,尽量使读者在掌握基本原理的基础上,迅速学会仪器的使用,并根据各自研究的课题正确设计相应的实验、成功地开展实验、掌握实验数据的采集和分析方法。本书后半部分主要论述当今应用膜片钳技术研究可兴奋细胞膜上众多膜离子通道特性的最新进展,介绍膜离子通道研究在临床发病机制和药理方面的应用。例如,药物作用在某些离子通道(受体)上导致细胞的特定的离子通道的特性改变,通过对后者的研究可以达到检测药效和毒理作用的目的。至于与临床医学的结合,我们不仅介绍了儿童视觉发育与弱视产生的分子病理、生理生物学机制,也介绍一些离子通道的基因突变与一些常见的老龄化相关的慢性疾病,例如,疼痛、帕金森病、阿尔茨海默病、心律失常、睡眠呼吸暂停综合征、糖尿病、局灶节段性肾小球硬化症(FSGS)等一类肾病、肿瘤和免疫功能障碍等发病机制有关的各种离子通道,以及应用相应受体的激动剂或抑制剂进行疾病治疗的一些新思路和可行性的新进展,这为临床各科医生提供了许多重要的信息,因此,本书也是临床各级医生深造的重要参考书。本书还介绍了用膜片钳技术研究一些因神经元和(或)心肌细胞膜兴奋性的交替变化而产生的起搏、振荡、细胞的谐振和信号传递。另外,介绍了以心肌起搏器为例,应用遗传工程与膜片钳技术，创造所谓的生物起搏器以代替目前的电子起搏器等方面的新思路，以及这些成果对形成生物体自发节律(如脑电波和心电图)的理论基础产生的影响。总之，本书不仅深入浅出地介绍了膜片钳技术的原理和实验操作，也讨论了一些临床主要的离子通道病发病机制和治疗策略，因此，本书是一本理论性和实用性都很强的当代顶尖电生理学书籍。本书各章节分别列出了相应的主要参考文献。

本书作者自20世纪60年代开始从事大脑电活动的基础研究，随后从事视觉电生理以及临床视觉电生理研究工作。20世纪80年代，在洪堡基金资助下在德国主要用微电极胞外记录技术开展两栖动物视顶盖神经元视觉功能的研究，先后在国际和国内杂志上发表了80多篇重要论文。从1996年在美国布法罗纽约州立大学（SUNY，Buffalo）访问从事合作研究起，至今已开展了十多年的膜片钳方面研究工作；在这一研究领域，先后指导了20多位本院及外院各科（如心内科、呼吸内科、中西医结合科、麻醉科、眼科、肾内科、抗感染科、小儿眼科和儿科等临床科室）博（硕）士研究生，指导他（她）们研究各自的课题，利用该技术开展与多种临床疾病相关的各种离子通道方面的研究工作。他（她）们不仅圆满地完成了各自的博（硕）士论文，还在中外顶级学术期刊上发表了20多篇论文。从事过膜片钳技术研究的毕业生，许多已被聘用到美国哈佛、杜克、南加州等大学从事这方面的博士后工作，近年来都以第一作者的身份在国外顶级学术期刊上发表了多篇文章。本院仍有数名博士研究生在应用膜片钳技术从事各科相关课题的研究工作，因而积累了大量实验数据及国际上最新的数百篇相关的参考文献资料，所涉及的生物医学领域非常广泛，本书将对这些内容加以全面的总结，并尽可能上升到当今前沿的理论高度，这些都为撰写本书奠定了良好的基础。

由于作者所在的实验室十多年来一直不间断地在运用膜片钳技术进行相关的研究工作，无论是细胞培养、急性分离的单细胞膜片钳记录，还是各种活组织（脑和心肌）片制作，以及应用盲法或DIC水镜头法开展活脑片研究，我们积累了大量的实践经验。本书在这些方面进行了深入的总结和细致的介绍，具有良好的实用性，可使从事相关研究的读者更好地掌握相关技术。

本书主要读者为从事生物医学、药学方面的科研工作者，高等学校教师，各级临床医生，博（硕）士研究生，相关专业的高年级本科生，以及在神经科学、药学、生理学、生物物理学和临床医学各学科的科研领域及教学中的专业工作者。作为专业参考书籍，本书也可作为大学本科高年级和研究生院电生理学的专业课教材。

本书第六章至第九章的初稿主要由近几年来和本人一起从事膜片钳工作的李琳助理研究员执笔编写，她在协助指导学生开展实验等方面做了大量的工作，在此谨致衷心感谢。本书后半部分是十多年来由作者及其指导下的十余名科研型博（硕）士研究生（包括温晓红、王红、李少敏、刘燕、朱丹、李娌、李康、徐雪峰、陈一帆、张荣媛和姜丽娜等）精心收集的北京大学第一医院膜片钳实验室的第一手资料，他（她）们收集了与其学位论文或研究课题有关的国内外相关文献资料，先后在膜片钳实验室开展实验，积累和整理了原始实验数据，在此向他（她）们的辛勤劳动致谢。

本书具有膜片钳技术与临床医学研究相结合的特色，叙述力求平妥准确，不仅科学性较强，而且资料新颖有趣，文字生动流畅。每章都配有一些相应的插图，图文并茂，以供读者了解相关内容。对于需要解释的主要术语、化学试剂和专业名词等，则统一以原文注释提供参考，帮助读者理解，也使文章内容更畅达易懂。尽管本书的确是一本可读性高和实用性强的电生理学读物，但本书作者的观点难免有某些偏颇之处，还请读者多多指正。本书得以出版，还要感谢北京大学医学科学出版基金的支持和资助，作者衷心感谢北京大学医学出版社。

目 录

第一章

生物电信号和电生理学技术

关于生物电产生机制的学说，目前流行的主要是在 Bernstein（1902 年）的膜学说（membrane theory）基础上的离子学说（ionic theory）。因此，我们在介绍生物电之前，首先要简单回顾一下细胞膜的结构和功能，然后再介绍跨膜的生物电信号是如何产生的。

第一节　细胞膜的结构和功能

当前医学研究的特点之一是分子生物学已广泛地渗透到医学科学的各个领域，而且随着科学技术的迅猛发展，目前有可能将分子生物学与电生理学紧密地结合起来，膜片钳技术就是这种结合的一个范例。由于膜片钳技术研究的主要对象是细胞膜，因此，在这里首先简单介绍一下细胞膜的结构和功能。

一切可兴奋的细胞（包括神经细胞和心肌细胞等）的细胞膜都是由类脂双分子膜上镶嵌的一些跨膜蛋白质分子所构成，此外还有一些糖类等物质。各类物质分子，尤其蛋白质和类脂的分子，在膜中的排列形式对细胞膜的功能起决定性的作用。有关细胞膜的分子排列，过去提出过很多学说，目前看来，液态镶嵌模型能比较满意地说明各种生理现象。图 1-1 就是这种细胞膜的镶嵌模式图。

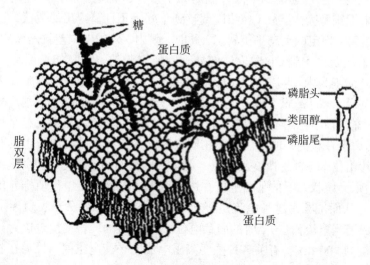

图 1-1　细胞膜的模式图

我们在此要特别强调，膜最主要的成分是双层分子，这些类脂双层分子是膜的基本架构。膜中的类脂主要是磷脂。每一个磷脂都由一个头部和两个尾部组成。头部是可溶于水的亲水端，而尾部则是不溶于水的疏水部分。膜的类脂结构是以两层分子尾尾相接，而两个亲水的头部则形成膜的内侧和外侧。这样就排列成了类脂双分子层。蛋白质分子则镶嵌在由类脂双分子层构成的骨架内。

类脂双分子层是不能让无机离子透过的，而跨膜蛋白质分子在一定条件下可有选择性地让某些无机离子透过，这样就造成了膜内、外各种无机离子的浓度、电荷以及渗透压等不完全相同。下面分别介绍这些参数在细胞膜内、外的差别及其相关特性。

一、细胞膜内外离子浓度的差别与浓差电位

早在 1902 年，Bernstein 就根据当时所发现的一些生物电现象提出了膜学说。这一学说认为，生物组织在没有受到刺激或不兴奋时，本身就有生物电存在，这是由于膜内、外的钾离子（K^+）浓度不同，膜内浓度比膜外浓度高，所以在膜内、外两侧就形成了电位差，膜外的电位比膜内的电位更正，这就是膜电位。

由于在不同生理状态下，透过膜的各种离子的数量各不相同，因而呈现出不同的膜电位。离子透过细胞膜的运动由两种不同的机制所支配。一种机制是扩散作用，即通过单位面积膜的离子数量，这又取决于膜对某种离子的通透性和这种离子的电化学梯度；另一种机制则是离子逆电化学梯度而移动，这是一个耗能的过程，如所谓的"钠钾泵"就是这种机制。在此先介绍前一种机制，这里以氯离子（Cl^-）为例加以说明。

由于细胞膜只能有选择性地透过某些无机正、负离子，这就造成了一些主要的离子（如 Na^+、K^+ 和 Ca^{2+} 等）在细胞内外的浓度不完全相同。一般来说，在静息状态下，细胞膜外的 Na^+ 和 Ca^{2+} 浓度比膜内的高，而膜内的 K^+ 浓度则比膜外的高。另外，某些带负电荷的较大的有机分子是不可以透过膜的，这又造成了 Cl^- 浓度在膜内外有差别，使得膜外的 Cl^- 浓度也比膜内的高。在静息状态下，离子既可以从膜外流向膜内，也可以从膜内流向膜外。当 Cl^- 从膜外流向膜内时，带正电荷的正离子则从细胞外液向带负电荷的细胞内逆电化学梯度而流动；相反，另外还会有一些 Cl^- 从膜内向膜外顺电化学梯度流动。当膜内、外 Cl^- 浓度相等时，向内流的离子量远远少于向外流的离子量，这就是由膜内、外离子浓度决定的浓度差电位。如果把细胞膜内、外 Cl^- 浓度调整到正好等于计算得出的数值，则进出细胞膜的数目相等，而达到了稳定的动态平衡状态，此时，膜内、外的电位差就是该离子的平衡电位。在此电位下，人们观察不到 Cl^- 向内或向外流动所引起的电流。如果偏离了这一电位，Cl^- 就不是由细胞外向细胞内（叫"内向电流"）流动，而是由细胞内向细胞外流动（叫"外向电流"）。也就是说，高于或低于这一电位，该离子都要流动，因而相应地产生负内向电流或正外向电流，即在平衡电位的上下电位，电流的方向发生了反转，所以又把平衡电位称为"反转电位"。不同离子在膜内外的浓度各不相同，因此，各种不同的离子也具有其独特的平衡电位。利用膜片钳技术不断地改变膜电位，可以测定在不同电压下相应的电流值，当电流反应为"0"时，则为该状态下的平衡电位。进而可以通过该反转电位值推导出携带该电流的是哪几种离子，从而推断出这种电流是哪几种离子的电流。各种正、负离子电流反转电位的总和，便构成了当电流为"0"时的静息电位。K^+ 电流的反转平衡电位为 –70 mV，而 Cl^- 电流的平衡电位为 –90 mV。有关各种主要离子电流的平衡电位值，以后在相关章节还要进行详细的介绍。

然而，在此还需要指出的是，当细胞处在静息状态时，从细胞膜内、外两侧是测不出电流流动的，也就是说，处于静态的细胞其膜电流为零。但此时还是有 $-60 \sim -70$ mV 的静息电位，因为此时膜外的 Na^+ 和 Cl^- 的浓度要比膜内的高得多，而膜内的 K^+ 浓度又远高于膜外的，这些离子肯定要顺着浓度差从浓度高处向浓度低处流动。实际上，活细胞一直维持着这种因膜内外离子浓度差而形成的静态电位。前面曾提到，能维持这种状态，是由于细胞内还存在着另一种机制，这种机制能使离子逆浓度梯度或电化学梯度流动，使离子从浓度低处流向浓度高处。Na^+-K^+ 泵就是这种机制主要作用之一，它是由一个内向的 K^+ 泵和外向的 Na^+ 泵耦合组成的，这样便产生了按离子浓度梯度而扩散的逆向流动。总之，顺离子浓度梯度的扩散作用与 Na^+-K^+ 泵的作用相同但方向相反。Na^+-K^+ 泵的作用是使 Na^+ 从浓度低的膜内泵出到浓度高的膜外，与此同时，又要把 K^+ 从浓度低的膜外泵回到浓度高的膜内，这是一个需要消耗能量（如 ATP）的过程。因此，维持细胞的静息电位，是靠一个主动的 Na^+-K^+ 泵作用和一个被动的离子扩散运动过程相互作用形成的动态平衡。

关于细胞膜内、外离子浓度差，哺乳动物细胞与两栖动物细胞又有所不同，因此，这两类动物的静息电位也有所不同。下面是根据膜内、外离子浓度差，用电化学中的公式来计算的细胞膜电位。

假设膜内溶液浓度为 C_i，膜对 K^+ 和 Cl^- 是可通透的，而对 P^-（如蛋白质、多肽等）是不可透的。由于膜两边在电化学上是中和的，因而进入膜内的 K^+ 和 Cl^- 同样多。假设进入的 K^+ 和 Cl^- 的浓度为 x 后达到动态平衡，此后进出膜外的 KCl 速度一样大，按质量定律，则得：

$$[K^+]_i[Cl^-]_i = [K^+]_o[Cl^-]_o$$

这种平衡称为多南（Donnan）平衡。由该方程可见，x 值小于 $C_o - x$，而 $(C_o - x)$ 又小于 $(C_i + x)$。也就是说，当膜内有不可渗透的负离子（P^-）时，膜内可渗透的正离子（K^+）的浓度 $(C_i + x)$ 大于膜外的浓度 $(C_o - x)$；而膜内的可渗透的负离子（Cl^-）的浓度（x）则小于膜外的浓度 $(C_o - x)$。已知膜内 Cl^- 的浓度可用 $[Cl^-]_i$ 表示，膜外 Cl^- 的可用 $[Cl^-]_o$ 表示，并假设膜内、外 Cl^- 都相对同一电极（参考电极），则膜内 Cl^- 的浓差电位 E 为：

$$E_i = \frac{RT}{ZF} \ln \frac{[Cl^-]_i}{C}$$

而膜外 Cl^- 的电位 E 为：

$$E_o = \frac{RT}{ZF} \ln \frac{[Cl^-]_o}{C}$$

式中 Z 是该元素的原子价，R 为气体常数，T 为绝对温度，F 为法拉第常数，C 为离子浓度。就 Cl^- 而言，由上述两式可得出膜内相对膜外的浓差电位 E 为：

$$E = E_i - E_o = \frac{RT}{ZF} \ln \frac{[Cl^-]_i}{C} - \frac{RT}{ZF} \ln \frac{[Cl^-]_o}{C}$$

$$= \frac{RT}{ZF} \ln \frac{[Cl^-]_i}{[Cl^-]_o} = \frac{RT}{ZF} \ln \frac{[K^+]_o}{[K^+]_i}$$

因 K^+ 和 Cl^- 的 Z 都是 1 价，故在室温（如 25℃）下，膜内相对于膜外的浓差电位为：

$$E = 59 \log \frac{[Cl^-]_i}{[Cl^-]_o} = 59 \log \frac{[K^+]_o}{[K^+]_i}$$

上述公式表明：膜电位的大小取决于膜两侧同种离子浓度的比值。如膜内 K^+ 的浓度为 1 mol，膜外为 10^{-3} mol，则代入上述公式可得：

$$E = 59 \log 10^{-3} = -177 \text{ mV}$$

当膜电位达到一定值时，就可使离子流动达到动态平衡。细胞处在静息状态下，膜内 K^+ 浓度比膜外高 100 倍。细胞的静息电位，膜内相对于膜外为 –60 mV 左右。总之，离子学说对静息电位的解释基本上是正确的，但实际测得的值总要比根据理论计算出的值小，而且 K^+ 的浓度的对数与膜电位之间的线性关系也只有在一定范围内才适用，膜片钳方法测得的结果也是如此（见第十六章）。根据理论计算时，都假定离体标本的通透性处于稳定状态，但事实上即使标本处在完全接近生理环境的条件下，其通透性也不可能处于稳定状态。此时，膜对 K^+、Na^+、Cl^- 的通透性都不能完全忽视。因此，Hodgkin 和 Katz（1949 年）利用 Goldman（1943 年）提出的定场学说推导出如下公式：

$$E = \frac{RT}{F} \ln \frac{P_k[K]_i + P_{Na}[Na]_i + P_{Cl}[Cl]_o}{P_k[K]_o + P_{Na}[Na]_o + P_{Cl}[Cl]_i}$$

式中：P_K、P_{Na}、P_{Cl} 分别指 K^+、Na^+、Cl^+ 的通透性常数。在静息状态下，细胞膜的通透性常数分别为：$P_K : P_{Na} : P_{Cl} = 1 : 0.04 : 0.45$，根据这个公式计算出的结果与实际测得的值基本接近。

二、细胞膜的半透性与内外渗透压

细胞膜是一层极薄（约 10 nm）的半透膜，氧气和营养物质都要通过这层膜才能进入细胞内，细胞内的产物也得通过这层膜排出。有关由半透膜隔开的电解质溶液，除了具有前面介绍的重要的电化学特性外，渗透压也是一个很重要的物理属性。当把一个细胞放在不同浓度的蔗糖溶液中时，由于细胞膜是可以让水分子自由进出的，因此，如果蔗糖溶液的浓度高，则水分子从细胞内流出到细胞外，细胞逐渐皱缩；反之，如果蔗糖溶液的浓度很低，则水分子将逐渐进入细胞内，使细胞体积变大，以致最后整个细胞破裂。因此，就水分子而言，它是由浓度高的地方往浓度低的地方流，可见渗透压只是扩散的一种特殊情况。将细胞置于某种溶液中，如果该溶液的渗透压大于细胞本身的渗透压，则把这种溶液称为高渗溶液，反之称为低渗溶液。如果两者的渗透压相等，则称为等渗溶液。在膜片钳实验进行过程中，调好溶液的渗透压是需要特别注意的，一定要把玻璃微电极内液、细胞或脑片孵育液以及灌流液等的渗透压调至与被记录细胞内的渗透压相等。同时，还要注意，不同种类动物的同类细胞的渗透压之间差别也很大。如果所用溶液的渗透压与细胞的正常渗透压不同，则不可能维持活细胞的健康状态，因而也无法进行下一步的膜片钳实验。

有关渗透压的来源，早年范特 - 荷普提出了一个学说，该学说认为，在非常稀释的电解质溶液中，溶质分子与气体分子相似，可以认为渗透压是由溶质分子碰撞半透膜的结果。故渗透压 P 可以用蒙德雷也夫 - 克拉比尤公式表示：

$$P = \frac{m}{\mu V} RT$$

式中 m 是溶质的质量，μ 是它的分子量，V 是溶液的体积，R 是气体常数。由于我们又知道：

$$C = \frac{m}{\mu V}$$

公式中，C 是溶液的浓度，以每千克水中含多少克溶质表示，因此，上式则可改写为：P = CRT，由该公式可知：①在一定温度下，已知溶质的渗透压 P 与其浓度成正比；②如果浓度一定，则已知溶质的渗透压 P 与溶液的绝对温度 T 成正比。以上两点都得到了实验的证实。但对电解质的渗透压，情况则有所不同。有人测定过 20℃时 0.2 mol 的 NaCl 溶液，发现它的渗透压是在相同温度下蔗糖溶液的 1.8 倍，这一结果与范氏公式有很大出入，原因是：NaCl 是电解质，它在水中解离成正、负离子，由于离子数目增多了，所以渗透压也增大了。假设 1 克分子 NaCl 中有 a 克分子解离为 Na^+ 和 Cl^-，则未解离的 NaCl 为（1－a），那么在电解质溶液中，分子和离子总数为（1－a）＋2a 克分子。因此，电解质中起着气体分子作用的质点数目是同浓度非电解质的（1＋a）倍，这个倍数叫等渗系数或范氏系数（i），即 i＝1＋a，于是范氏公式则为：

$$P = iCRT。$$

在膜片钳实验切片过程中，有时要用到分子不能解离的蔗糖溶液，但在更多情况下，要用到的是由多种电解质组成的生理盐水。对于某一特定动物的脑片或细胞，要求所用各种溶液的成分都是相同的。这里需要特别注意的是，已知配成任氏液的多种电解质成分及其质量（各有多少毫克），此时不能简单地用此溶液的毫克分子数除以 2 作为蔗糖的毫克分子数，因为并不是所有的电解质都能解离成两个质点（离子），所以应该用此溶液的毫克分子数除以范氏系数"i"来计算蔗糖的毫克分子数。不同种类的动物的同种组织的渗透压差别很大，如两栖动物的脑细胞的渗透压就比大鼠的脑细胞的渗透压低很多。测量渗透压的方法很多，其中以直接法最为简便，根据液柱上升的高度即可直接读出该溶液的渗透压。较大医院的检验科即可协助进行快速渗透压的测定。

第二节 细胞膜的静态电学特性

一、膜电阻和膜电导

在本章上一节中，我们已简单介绍过细胞膜都是由类脂双分子和一些跨膜蛋白质分子构成的；在此，我们要特别强调，膜的最主要的成分是其双层分子结构，这些类脂双层分子是膜的基本架构，膜中的类脂主要是磷脂；类脂双层分子膜是无机离子不能透过的，也就是说，它对要透过的带电离子有很大的阻力。因此，细胞膜虽然很薄，但具有很大的电阻。

电阻值表示膜对电流的通导能力，往往也可以用它的倒数——电导（G）来表示。电导的单位为西门子（S），电阻（R）的单位为欧姆（Ω）。需要提醒的是在阅读时要留神，不要把电导的单位与时间单位秒（s）混淆。膜电阻越大，对电流的通导能力越小，因而电导也越小。假设细胞膜的厚度为 10 nm，如果周围为海水，测量一下这层细胞膜的电导，结果为 4.5×10^{-4} S/cm^2，是非常小的，说明细胞膜的电阻在静息状态下是很高的，然而，细胞质的电阻比细胞膜的电阻小得多。

二、膜电容

细胞膜除了电阻之外，还有电容。电容是电容量的简称，而电容器则是电子设备中的基本元件，顾名思义，"容"是容器，容器是可以储存东西的，电容器则是可以储存电荷的容器，常用 "C" 来表示。图 1-2A 为一个小细胞（最大面积 ≤ 100 μm^2）在静息状态下膜电阻约为 1 千兆欧姆（GΩ），输入电容为 10~100 pF（用来进行膜片钳记录的细胞都在此范围之内）。如果给这个细胞一个振幅为 ΔV 的脉冲方波的刺激，则可引起这一电路的电流变化（图 1-2B）。

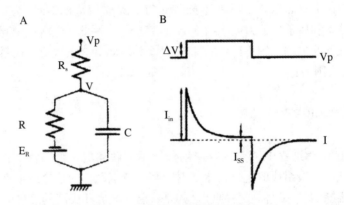

图 1-2　细胞的电学特性模式图

A. 为等效电路图；E_R 为细胞的静息电位；R_s、R 和 C 分别代表电极电阻、细胞膜电阻和膜电容。B. 脉冲方波刺激的电压振幅变化（ΔV）所引起的电流变化；I_{in} 是给细胞以脉冲方波刺激立即产生的 "瞬态电流"，I_{ss} 是稳态电流

从而可以看到，如果在细胞膜两边突然加上一个脉冲方波（ΔV），则有电流通过细胞膜，并且很快达到瞬态最高值（I_{in}），随后则以单指数函数随时间而较缓慢地下降。假设 $R_s \ll R$（正常细胞分别为 10 MΩ 和 1 GΩ）。按欧姆定律，则有：

$$I_{in} = \Delta V/R_s \quad\quad\quad\quad\quad\quad\quad\quad\quad\quad\quad（1）$$
$$I_{ss} = \Delta V/R \quad\quad\quad\quad\quad\quad\quad\quad\quad\quad\quad\quad（2）$$
$$\tau = R_s C \quad\quad\quad\quad\quad\quad\quad\quad\quad\quad\quad\quad\quad（3）$$

公式中，τ 为电流衰减的时间常数，I_{in}、I_{ss} 和 τ 都可以从膜片钳实验中测得，利用上面的三个公式，可计算出 R、R_s 和 C。如果对方波刺激记录到的电流变化进行简单分析，则可以获得除静息电位以外的细胞等效电路的各种电学参数。在膜片钳实验中，我们常常就是利用图 1-2B 的电流曲线和测得的 I_{in}、I_{ss} 和 τ 来计算出膜电容 C。用对数函数拟合，则可以得出电流衰减的时间常数 τ，并计算出总电荷 Q_t，由于：

$$Q_t = C_m \times \Delta V_m \tag{1}$$

其中 C_m 为膜电容，ΔV_m 为跨膜电容电位变化的幅度，也就是膜电位的变化。在稳态下，ΔV_m 与 ΔV 的关系如下：

$$\Delta V_m = \Delta V \times R_m / R_t = \Delta V \times R_m / (R_a + R_m) \tag{2}$$

公式中 R_t、R_m 和 R_a 分别为：总电阻、膜电阻和入门电阻。根据（1）和（2）式，可得：

$$C_m = Q_t \times R_t / \Delta V \times R_m \tag{3}$$

从图 1-2A 中 R_a、R_m 和 C_m 很容易进行如下推导，依据 $\tau = R_m \times C_m$，把（3）式代入 C_m 得：

$$\tau = Q_t \times R_t / \Delta V$$

因此得：

$$R_t = \tau \times \Delta V / Q_t \tag{4}$$

此式直接提供入门电阻作为被测变量的函数。而总电阻又可从稳态反应算出：

$$R_t = \Delta V / \Delta I = R_a + R_m \tag{5}$$

从此式又可得：

$$R_m = R_t - R_a \tag{6}$$

并且：

$$C_m = Q_t \times R_t / \Delta V \times R_m \tag{3}$$

从而可以看到，利用方波刺激可以测得细胞的时间常数、膜电阻、入门电阻和膜电容等细胞的静态电学参数；尤其是膜电容，这个参数在膜片钳实验中更为常用。我们知道，在同样的实验条件下，由于同类细胞的各个细胞的大小可能相差很大，在相同刺激条件引起的电流反应振幅可能相差很大。然而，就某一特定的离子通道而言，在单位面积的细胞上，一般这种离子通道的密度大致是相同的。因此，在记录每个细胞电流的同时测定其膜电容，由于膜电容的大小代表细胞膜面积的大小，故用电流去除以该给定细胞的膜电容，可以得到单位面积细胞膜的电流，即该细胞的电流密度。与全细胞电流不同，在相同条件下，在同类的不同细胞所测到的电流密度基本上是一致的。所以在膜片钳的全细胞记录实验中，测量膜电容这个参数很重要，尤其是对一些体积较大的心肌细胞或神经细胞，更应测量其膜电容，从而计算电流密度。

三、时间常数

在图 1-2A 细胞的等效 RC 电路图中，除了电阻 R 外，便是电容 C。电容的特性是对交流电的阻力很小，这种阻力叫"容抗"。容抗与电容量及交流电的频率呈反比，即电容量愈大，容抗愈小；频率愈高，容抗也愈小。容抗可用下面公式表示：

$$X_c = 1/2 \pi f C$$

式中 X_c 为容抗，C 为电容量，f 为交流电频率。从该式还可以看出，由于直流电的频率 f 为 0，它的倒数为无穷大（∞），故容抗为无穷大（∞）。直流电是不能通过电容器的，但交流电则不同，如在上述 RC 电路上加一个正弦波或方波，当 t＝0 时，电流很快增大到最高值（I_{in}），以后依指数曲线下降。所谓时间常数是指膜电流随时间改变的过程，用一个常数来表示。还是上述的细胞等效电路，如果只在电阻上加直流电，则电阻上会有电流通过；而对并联的电容，通电后电流流入电容，在刚开始通电时，电源产生的方波所供电荷几乎全部快速地流入空的电容器内（因此时其容抗极小），电流（I_{in}）陡然快速直线上升，达到顶峰后，方波开始改变方向，电容则开始依指数函数随时间的迁移缓慢放电。外加脉冲电压使细胞完成充电和放电所需时间乘以 $1 - 1/e$（≈0.63）称为时间常数，以 τ 表示；它与膜电阻（R_m）和膜电容（C_m）有关，可以用以下公式计算：

$$\tau = R_m \times C_m$$

若 R_m 以欧姆（Ω）为单位，C_m 以法拉（F）为单位，则 τ 的单位为秒（s）。

第三节　人体的生物电信号和电生理学的发展

众所周知，人及动物的一切功能活动都会产生微弱的电信号。我们接受外界的各种刺激（声、光、冷、热和振动等）都要经过感受器（传感器）转换成电信号，传到大脑进行处理，然后由大脑做出判断，并仍以电信号的形式发出命令而引起相应的反应，以语言或行为的方式表达出来。自从 Galvani（1737—1798 年）发现生物电以来，电生理学至今已发展成为一门独立的学科。

临床上早已广泛地应用无创伤的电生理检查，它们主要可以分为两大类：① 自发电：如脑电图（EEG）、心电图（ECG）等；② 诱发电：如听觉诱发电位（AEP）、视觉诱发电位（VEP）和躯体感觉诱发电位（SEP）等。

这些临床上应用的电信号都具有一些共同特点：① 其电信号来源是一个器官或至少是一群生理功能相近的细胞，因此是一种综合电位；② 其电信号是调幅信号，这就是说，其电信号振幅的大小代表这群细胞反应能力的大小；③ 一般可以无创伤地从人体表面进行检测与记录，对人体无任何损伤，也不会产生任何不适，因而深受临床医生的欢迎，并得到较广泛的应用；但要深入探讨这些电信号产生的机制和生理意义，仍然受到很多制约；④这些信号相对较强，可达微伏甚至毫伏数量级。

20世纪中叶，随着尖端直径从0.5 μm至几微米的微电极的问世，以及电子技术和计算机科学的飞速发展，人们可以从器官水平逐渐深入到单个细胞水平对生物体的感受器和神经元进行单细胞的电信号记录和研究。单细胞记录又可分为细胞外记录和细胞内记录两种。

一、细胞外记录

一般用尖端直径为1 μm左右的金属丝（常用钨丝）电解做成的微电极进行，除了顶尖端1~2 μm外，其余都涂以绝缘漆。记录到的信号为脉冲信号（又称动作电位，action potential），这是一种调频信号，它与调幅信号不同，振幅不随刺激强度的变化而变化，但刺激强度的改变能使反应（动作电位）频率发生变化。通常，在一定范围内，刺激强度愈高，反应频率愈高。细胞活动能力的强弱是以单位时间内产生的动作电位的多少（也就是频率）来评估的。每个具体细胞产生动作电位的波幅在正常情况下基本上保持恒定，然而，由于微电极距离各个细胞远近不同，因而有可能同时记录到振幅大小不同的、由多个细胞发放的动作电位。离电极越近的细胞其动作电位振幅越高；而离电极越远的细胞其动作电位振幅则越低。根据这一原理，利用"脉冲甄别器"可以"分离"出单个细胞的反应，进行单细胞记录，一般这种动作电位是成"簇"爆发（bursting）的。动作电位既有自发的，也可以由刺激诱发。当对一个可兴奋的神经元进行刺激时，只有刺激强度达到一定水平时才能引起细胞反应，从而产生动作电位，这一刺激强度称为阈强度。动作电位由于是调频信号而不是调幅信号，因此，它也遵循全或无（all or none）定律。这与计算机的二进制——"0"与"1"——运算规则相似。如果刺激强度超过阈强度，则随着兴奋性（输入）刺激强度的增大，发放动作电位的频率也增加。图1-3是用钨丝微电极从爪蟾视顶盖神经元细胞外经过"脉冲甄别器"把振幅小的距电极尖端较远的神经元发放的动作电位滤掉后，记录到的成"簇"爆发的动作电位。

二、细胞内记录

细胞内记录电极都是内部充满电解质溶液（如3 mol KCl）的电极，尖端是由直径为

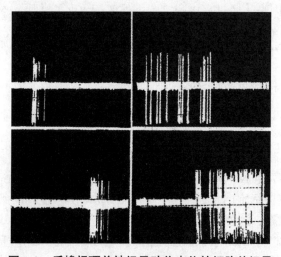

图1-3 爪蟾视顶盖神经元动作电位的细胞外记录

0.5～1 μm 的玻璃微管（pipette）做成的。要把这种玻璃微电极插入神经细胞或神经纤维也并非一件易事。最初人们选择一些无脊椎动物（如枪乌贼）的大神经纤维做实验标本，然后逐渐改进技术，一步步实现对较小的神经元进行细胞内记录。通过细胞内记录，人们不仅可以研究和记录动作电位，而且可以通过直接改变细胞内、外溶液中的各种离子成分来观察其对动作电位的影响，并对动作电位的产生及传导机制进行深入研究。通过把微电极插入到细胞内，可以直接根据实验事实进一步证实，神经元在静息状态以及兴奋或抑制状态下的膜内外电位变化。

三、从细胞内记录到膜片钳技术的过渡

Cole（1949 年）[2] 以及 Hodgkin、Huxley、Katz（1952 年）等对大神经进行了细胞内记录，他们在大轴突中插入一根导体，使核心导体内的电阻为 0，而膜外溶液的电阻也是很小的。在这样的条件下，如果在大轴突内插入两根微电极，通过一根电极加以电压（E）以改变膜电位；再通过另一根电极将电位改变的信息反馈到放大器，以控制施加的电压使其保持在所需的电位水平不变动，这样就只有膜电流的变化而不伴随膜电位的变化。然后，再用另外一个放大系统来记录在固定电压下由于离子的流动而产生的膜电流变化。他们的这种实验实际上已经是本书将要详细介绍的"电压钳"的雏形，只不过当今所用的全细胞电压钳记录仅需用一根玻璃微电极和一个放大系统即可应用于小细胞，而开展全细胞电压钳实验。无论如何，他们的这种实验可以说是从细胞内记录过渡到膜片钳记录的一个范例。

四、静息膜电位

本章第 1 节已较详细地介绍过细胞膜电位的形成，现在再简单概括一下。活细胞处于静息状态时存在一个电位差，即"静息膜电位"，一般为 –60～–70 mV，膜内为负，膜外为正。不同种类的细胞可以有不同的静息膜电位，相同类型的细胞在不同的状态下，也可以有不同的静息膜电位。而出现这种电位差是由于细胞膜为半透膜，它对有机大分子是不能透过的，对某些无机阳离子（如 Na^+ 和 Ca^{2+} 等）只有半通透性，可使离子在膜内外维持一定的浓度差。通常，细胞外 Na^+ 浓度比细胞内高，而细胞膜对 K^+ 和 Cl^- 则是完全通透的，也就是说它们可以自由地在细胞内外出入。在静息状态下，胞内（玻璃微电极内）K^+ 浓度比胞外高，而 Cl^- 浓度则胞外比胞内高。通过直接测定胞内外离子浓度差，代入 Nernst 方程进行计算则可证实由于这些离子的浓度差而形成了跨膜静息电位，在这个基础上，当细胞进入激活状态，细胞的电学特性又会发生哪些变化呢？

五、去极化、复极化和超极化

在静息电位的基础上，人们还发现，如果人为地用物理或化学手段改变细胞膜内、外的电位差（即给细胞一个刺激），则可使细胞产生去极化（使膜内电位变得更正），从而使神经元的兴奋性发生明显改变。在去极化刺激作用下，细胞的兴奋性提高，神经元膜对 Na^+ 的通透性增加，细胞外的大量 Na^+ 进入胞内，使其进一步去极化；如果达到阈值，则可诱发动作电位。然后，为了保持细胞内外的电荷平衡，K^+ 立即从浓度高的膜内流出到膜外，因而又使细胞回到了静息状态，这就是复极化过程。与去极化情况相反，若有过量的 K^+ 流出到细胞外，或有大量的 Cl^- 流入细胞内，使细胞的膜电位低于原来的静息电位，则此种状态称为超极化。超极化使细胞的兴奋性降低（使膜内电位变得更负），即使用原来可以引起动作

电位的去极化刺激强度，在超极化状态下再也不可能引起动作电位，而只有进一步增加刺激强度，才有可能诱发细胞的反应。另外，在静息状态下对 Na^+ 几乎不可通透的细胞膜，在受到刺激后产生兴奋时，为什么会变成对 Na^+ 是可通透的呢？人们设想了在膜上有各种各样的离子通道（channel）（在以后各章节进一步详细介绍）。在静息状态下，有许多通道是关闭的，只有在膜兴奋时，某些通道才瞬态开放，Na^+ 经离子通道进入胞内。达到去极化状态后，K^+ 即自动朝相反的方向流出细胞，因而出现复极化，细胞便回到静息状态。离子通过这些通道而产生的电流是非常微弱的。20 世纪 70 年代以前，人们虽然经常用到钠离子通道、钾离子通道等词，但仍不能从生物标本上得到有关离子通道的直接证据。直到 Sakman 和 Naher 用膜片钳技术才从各种类型的细胞直接证实并记录到了流经单个离子通道的微弱电流。

六、超射和动作电位

当细胞受到物理（如电脉冲）或化学（如神经递质）去极化刺激且刺激强度达到或超过阈值时，即可诱发动作电位，这是由于膜对 Na^+ 的通透性突然有选择性地增加，前面提到的通透性常数便成为如下的比例，$P_K : P_{Na} : P_{Cl} = 1 : 20 : 0.45$，其中主要是 P_{Na} 几乎增加了 500 倍。在 Na^+ 通透性占优势的情况下，其他离子的通透性可以忽略不计，膜电位的大小主要取决于膜内外 Na^+ 的浓度差，即

$$E_{Na} = \frac{RT}{F} \ln \frac{[Na^+]_i}{[Na^+]_o}$$

由于膜外 Na^+ 浓度高于膜内，由 Na^+ 浓度决定的电位方向应与 K^+ 浓度所决定的电位方向相反，即膜外电位大于膜内的静息电位，形成超射，这也就是通常所谓的动作电位。

第四节　突触的结构和功能

上一节我们简单介绍了单个细胞的结构和功能，但在有机体内，众多的细胞绝不是孤立存在的，不论在结构上还是在功能上，它们都是彼此紧密联系在一起的。尤其是在神经系统，神经细胞是以神经元为单位的形式彼此连成复杂的神经网络，进行以电信号为载体的信息处理。神经细胞与神经细胞之间的接触称为突触（synapse），这个名词最初是于 1897 年由 Sherrington 提出的。广义而言，突触也包括一个神经元与肌肉细胞（此种突触又称为终板或神经肌肉接点）或腺体细胞的紧密接触，它们之间有一个特殊结构区域，在这个区域，前者对后者起兴奋作用或抑制作用。图 1-4 为突触结构的模式图。

在介绍突触之前，先了解一下神经元。一个神经细胞除了胞体外，还有许多突起，这些突起大致可分为两类，即树突和轴突。顾名思义，树突有很多分枝，呈树枝状，其功能是接收从另一神经元传来的信息；而一般神经细胞只有一根轴突，负责把信息传出到另外一个神经元、肌肉或其他细胞。除了这些突起外，一个神经元还包括突触区域。如果只是两个神经细胞靠得很近，并无特殊结构，突触前神经元对突触后细胞并不能起兴奋作用或抑制作用，这不能算是突触，最多只能称为假突触。一个突触至少包括三个部分：①第一个神经元的末梢部分，称为突触前成分；②突触间隙；③另一个神经元或其他细胞的一部分膜，即突触后成分，或称突触后膜，这种膜可能是胞体上的膜，也可能在其他部位，如在树突上。

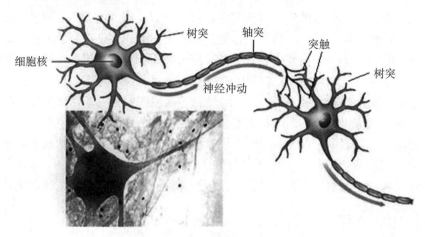

图 1-4　突触的结构的模式图

信息（神经冲动）从第一个神经元经突触引起第二个神经元或细胞产生兴奋冲动的过程称为传递（兴奋过程在同一神经元或肌肉细胞内的传递过程称为传导）。突触前成分可以改变突触后成分的兴奋性，既可使突触后成分的兴奋性增强（兴奋作用），也可使突触后成分的兴奋性减弱（抑制作用）。对突触的形态结构和生理功能，目前已广泛应用电子显微镜、化学物质（受体的激动剂或拮抗剂，荧光物质等）以及膜片钳技术等进行了研究。

信号在细胞间的突触传递与在同一细胞内的传导有很大不同，突出传递的特点是：① 神经冲动是单向传递的，细胞间的突触传递只允许神经冲动从突触前的神经末梢传向突触后成分，不允许逆向传递；② 神经冲动经过突触时，与神经冲动在神经纤维上的传导相比，需要的时间较长，这一延搁的时间，称为"突触延搁"；③ 对一些化学试剂（如受体的激动剂或拮抗剂）有特定的敏感性。

第五节　突触的分类

细胞与细胞之间的连接，广义而言，应该包括神经元与肌细胞以及腺体细胞之间的连接。如运动神经元末梢与骨骼肌之间的连接，这种连接不是两个细胞的部分细胞膜之间的简单靠近，而具有特殊的结构与生理特性，因此，也是一种突触，而且是一种比较特殊的突触，称为神经肌肉接点；它的终板膜也就是突触后膜。有关神经肌肉接点的结构和生理功能的研究开展得较早，神经肌肉接点的电生理特性基本上与突触相似，在此就不单独介绍了。

一个神经元与另一个神经元联系的方式是各种各样的，按突触前成分与突触后成分的彼此关系，可分为三类：① 轴 - 树型突触，由一个神经元的轴突或其分支末梢与另一个神经元的树突相接触而形成；② 轴 - 体型突触，由一个神经元的轴突或其分支末梢与另一个神经元的胞体相接触而形成；③ 轴 - 轴型突触，由一个神经元的轴突或其分支末梢与另一个神经元的轴突或其分支末梢相接触而形成。

根据作用机制的不同，突触也可以分为两大类：即化学突触和缝隙连接（也叫"电突触"）。

一、化学突触

这种突触与突触前、后成分的细胞膜之间的间隔是相等的，为 20~30 nm。在其 4 周，细胞膜间的缝隙更窄一些。前一个神经元轴突的终末分叉，形成许多的突触前末梢。在突触前末梢的膜内，通常有许多突触小泡，直径为 20~50 nm，其中含有高浓度的神经递质。根据超微结构的特征，化学突触又可分为两种类型：Ⅰ 型通常是兴奋性的轴 - 树型突触，其间隙较宽，在突触间隙中有一层电子致密质，突触前后膜不对称，突触小泡是球形的；Ⅱ 型是抑制性的轴 - 体型突触，间隙较窄，没有或只有少数电子致密质，突触前后膜也是不对称的，突触小泡长而扁平。

二、神经递质的释放

目前对神经递质的释放仍有一些不同的观点，但一般认为是以量子（quantum）形式释放的。由突触前神经冲动或人工作用使突触前末梢去极化，以开放电压门控钙离子通道，引起细胞内 Ca^{2+} 浓度（$[Ca^{2+}]_i$）升高，进而释放神经递质。所以在灌流液中必须要有少量的 Ca^{2+} 存在，才能引起递质释放。然而，最近也有报道指出，在无细胞外 Ca^{2+} 和有细胞内 Ca^{2+} 螯合剂（BAPTA）存在条件下，去极化仍能导致小泡分泌。Mg^{2+} 与 Ca^{2+} 有竞争作用，Mg^{2+} 能抑制由神经冲动去极化引起的递质释放。首先，小泡膜要与突触末梢膜融合，包在突触前末梢小泡内的神经递质才能全部释放到突触间隙，这就是所谓的"泡吐作用"。神经递质与突触后膜上的受体发挥作用后的代谢产物将被神经末梢再摄取，而释放出神经递质后的小泡膜将再成为神经末梢膜的一部分。

三、缝隙连接

这类突触的间隙较狭窄，为 10~12 nm。突触前后两面没有不对称的特殊膜，因此，学者们称这类突触为缝隙连接（gap junction）。在膜内一般没有小泡，有时即使有小泡，也不一定集中在突触前末梢内，而是在间隙两边都有。一般认为，这种突触的作用机制是由于缝隙连接间的电阻较低，突触前成分是直接通过动作电流的作用而影响突触后成分。

现在一般认为，缝隙连接具有两种不同的功能作用：① 缝隙连接易于透过小的离子而起电突触的功能作用，可让 K^+ 携带的电流在神经元之间直接通过；② 缝隙连接也允许分子量低于 1000 Da 的代谢物透过。这种代谢的偶联依赖于分子的浓度梯度向浓度低处扩散，而电学偶联则依赖于电位梯度向低处移动。研究表明，不同体系中的缝隙连接可以透过氨基酸和许多第二信使的分子，包括环核苷酸、肌醇三磷酸肌醇和 Ca^{2+} 等。氨基酸类神经递质，如甘氨酸、γ- 氨基丁酸和谷氨酸，都应该容易通过神经元的缝隙连接。然而，还没有实验证据表明，在神经系统有这种递质的偶联以自然形式存在。在哺乳类动物的视网膜内，视杆细胞和视锥细胞之间的缝隙连接提供了递质偶联的通路。刺激视杆细胞光感受器可使其发生去极化，并且可通过异源的缝隙连接在电学上传递这种去极化反应，使视锥细胞去极化，进而把视杆细胞的信号传递给视网膜神经节细胞。研究还证实，视锥细胞内甘氨酸的升高，不是由于高亲和力摄取或合成，而是通过与甘氨酸的无足细胞偶联的缝隙连接而来。视网膜内水平细胞与双极细胞的偶联也是借助缝隙连接而形成的负反馈途径。缝隙连接通道是间隙连接蛋白（connexin，Cx）的低聚物，通过 Cx26z 在水平细胞上形成的这种半通道（hemichannel），涉及从水平细胞到视锥细胞的负反馈。用一种非特异的解连接试剂（正辛醇）

就可以解开水平细胞与双极细胞之间的连接，而明显地改变双极细胞的感受野。有人考察过小神经胶质细胞间缝隙连接介导的偶联是否与形成缺血损伤的次级膨胀有关。缝隙连接有直接与其他细胞的内部连接的独有通道，它的巨大的内径（约为 1.5 nm）可以让各种离子和分子量低于 1 kDa 的细胞内信使（如 cAMP、IP$_3$、ATP 以及小的多肽等）自由扩散通过，因而增加对损伤的抵抗力。也有报道指出，小神经胶质细胞与神经元可能起双向交流通信的作用。心脏中神经胶质细胞间的缝隙连接可能介导被偶联细胞对刺激的同步行为，因此，在发育、形态形成和模式形成等方面都起重要作用。成年人大脑的神经胶质细胞是通过缝隙连接而互相连接起来的，而且可以作为功能上的合体细胞。电镜观察结果表明，单个神经胶质细胞可表达 30 000 个以上的缝隙连接通道。

第六节　突触后电位（流）与微突触后电位（流）

一、突触后电位（流）

当用大鼠海马神经元进行电流钳全细胞记录时，若给突触前纤维（如穿通纤维）以一个不断增强的方波电流刺激，就会引起海马神经元发生动作电位。从刺激伪迹到动作电位开始出现，其间有一个相当长的潜伏期，也就是所谓的突触延搁。开始时电位上升很慢，然后有一个较快的上升相。上升缓慢部分是不传导的兴奋性突触后电位（excitatory postsynaptic potential，EPSP），而之后才是神经元的动作电位（发放）。当不断增加刺激强度时，潜伏期的变化并不明显，但 EPSP 的上升速度不断加快，其振幅也不断增大。一旦 EPSP 的振幅增大达到阈值时，则发生超射，产生动作电位。然而，动作电位的高度并不受刺激强度的影响，因此，EPSP 的电位幅度与刺激电流间的关系遵循欧姆定律，是调幅的；而动作电位则是遵循全或无定律，是调频的。在电压钳实验中，记录到的则是兴奋性突触后电流（EPSC）。

从上述结果可以看出，神经元之间的突触传递有以下特点：① 有一个恒定的突触延搁；② 有一个幅度可变的突触反应时，在此期间产生 EPSP；③ 当 EPSP 增大到激活阈值时就能引起突触后细胞产生神经冲动，这与化学神经突触的特点一致，因此，这是一种化学突触的 EPSP。进一步的实验证实：① 这种突触传递只能是单向的，即只能由刺激突触前神经纤维引起突触后细胞产生 EPSP；一般若反过来刺激突触后细胞，则不能引起突触前细胞的反应；② 在 EPSP 发生期间，离子通道（尤其是钠、钾和钙离子通道）的通透性发生明显变化；③ 对一些化学试剂（受体的激动剂或拮抗剂等）较敏感。因此，在脑片或分离细胞的灌流液中，加入受体的激动剂或拮抗剂，也可诱发 EPSP。不论是由电刺激还是由化学刺激以及任何其他类型的刺激所引起的 EPSP，都叫诱发 EPSP。与 EPSP 对应的是抑制性突触后电位（inhibitory postsynaptic potential，IPSP）。这些在以后有关章节还要进一步详细叙述。

传统的观点认为，动作电位诱发的突触前膜去极化引起细胞内 Ca^{2+} 浓度升高，从而触发神经递质释放；神经递质又使突触后膜上相应的离子通道开放，因此，在突触后神经元上可以记录到诱发的 EPSP 或 IPSP，这种诱发的突触后电位（流）是动作电位（流）依赖性的。近年来，对其生物物理学和药理学特性，尤其是电流与膜电位之间的关系（即所谓的 I-V 关系），已有较广泛的研究。通过测定各种离子的 I-V 曲线，可以较精确地测出各种突触后电流的反转电位，从而推测可能介导这种电流的离子通道。另外，由于突触后电位（流）是动作电位（流）依赖性的，因此，在灌流液中加入河鲀毒素（TTX）能阻断 Na⁺ 介导的动作电位（流），进而也能阻断这种动作电位（流）所诱发的突触后电位（流）。

二、微突触后电位（流）

除以上所述的诱发突触后电位外，许多神经元在没有受到外界的任何刺激时，也会不时地随机发放出自发的 EPSP 或 IPSP，以及自发的微突触后电位（流），这种微突触后电位（流）是非动作电位（流）依赖性的，因此，即使在灌流液中加入 TTX 也不能阻断该电位。在中枢神经系统，神经递质是以小泡的形式储存的，若小泡与突触前末梢膜融合，则将递质释放出去，这与神经肌肉接点相似。神经肌肉接点释放含有乙酰胆碱的小泡，引起小终板电位（流）。与之相似，由突触小泡释放出的神经递质，则引起微突触后电位（流）（miniature postsynaptic current，mPSC）。mPSC 通常也分为兴奋性或抑制性两种，在电压钳实验中，它们的振幅一般只有几至十几皮安（pA）（图 1-5）。

它们的出现主要是由于突触前末梢不断自发释放出突触小泡内的神经递质，而后者又作用在突触后膜上相应的受体而诱发的。一般认为，这些突触小泡的内含物（神经递质）是在胞体内产生的，然后很快地经过轴突而输送到突触前末梢。mPSC 的频率主要取决于单位时间内突触前末梢释放出的突触小泡的多少，数目越多，则频率越高；而它们的振幅则主要取决于突触后膜上相应受体的密度和突触小泡内神经递质的含量，受体密度越大，神经递质的含量越多，则 mPSC 的振幅越大。因此，如果把某种化学试剂（如某种受体的激动剂）加到脑片或细胞的灌流液中，引起的 mPSC 的频率明显增加，则可认为这种受体是在突触前膜上；反之，如果引起 mPSC 的振幅显著加大，则可认为这种受体是在突触后膜上。总之，mPSC 的许多特性与早年发现的、在神经肌肉接点记录到的小终板电位（流）有很多相似之处。近年来，Wall 等（1998 年）对中枢突触传递做了进一步的研究，他们指出，微突触事件的量子性质与由动作电位诱发的突触事件的性质并不匹配；成年动物小脑内的苔藓纤维与颗粒细胞形成的突触（MF-gc）诱发的兴奋性突触后电流（excitatory PSC，EPSC）是多量子的，其振幅是呈离散方式变化的；而微突触后电流（miniature FPSC，mEPSC）则是单量子的，或是与诱发的 EPSC 量子参数相同的多量子。相反，未成年动物的 MF-gc 突触，

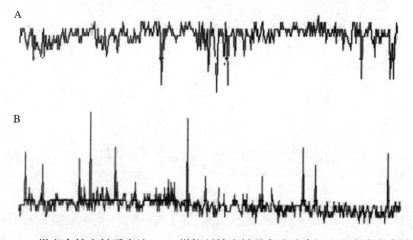

图 1-5　A.微兴奋性突触后电流。B.微抑制性突触后电流（来源：作者未发表的资料）

EPSC 是多量子的，但它们的振幅不是呈离散方式变化的，而绝大多数的 mEPSC 是单量子的，并且具有单量子宽广而又弯曲的振幅分布曲线。还有研究表明，随着突触的成长发育，量子的变化下降，这也直接证明了成熟的脑突触神经传递的量子学说。另外，也有人指出，如果提高神经胶质细胞的 Ca^{2+} 浓度，也可以增加兴奋性和抑制性 mEPSC 的频率。

三、巨型微突触后电位（流）

自发的微突触后电流振幅，一般与在低概率突触小泡分泌的条件下诱发的突触电流振幅一样，可以用高斯（Gaussian）分布加以描述。正因为这两者都是高斯分布，所以认为它们可能都是单位（unit）或量子传递的。然而，在终板发育期间的神经-肌肉接点没有相似的振幅的高斯分布，这表明，此时量子传递还没有运作。在未成年期间，从爪蟾的视顶盖也能记录到一种巨型（giant）自发的微突触后电流，这是一种比普通 mEPSC 大得多的微突触后电流，它不仅振幅要大几倍甚至十几倍，而且持续期也长得多，但其频率是很低的，一般是夹杂在普通 mEPSC 之间（图 1-6A 和 B）。与微终板电位相似，普通 mEPSC 的振幅分布是粗略地遵循高斯分布的。然而，有些突触的小振幅 mEPSC 的分布直方图会有很大的变化，其典型表现为正向的歪斜（skewed）型，小振幅的电流占非常大的比例，而较大振幅的电流则成为一条长尾巴（图 1-6C）。我们发现，有些未成年动物的突触在正常记录的状态下或在一定的条件下（如低 Ca^{2+} 浓度灌流液下），还可以记录到巨型微突触后电流或其比例明显增加，因而整个振幅分布直方图不再是简单的歪斜型，而是双峰型或混合的高斯型（mixture of Gaussian），这有可能是在这些突触开通了亚单元传递（subunit of transmission）（图 1-6D）；与普通小 mEPSC 一样，同样有兴奋性与抑制性两种巨型微突触后电流。一般认为，这种巨型微突触后电流是由于一些突触前小泡协调一致地释放而和一些量子所引起的，这种多个微小泡事件可能代表突触前抗 TTX 的动作电位。另外一种解释则认为，它们有可能是来自突触前末梢细胞内钙库功能的证据，因为：① 肌醇三磷酸（IP_3）受体是免疫

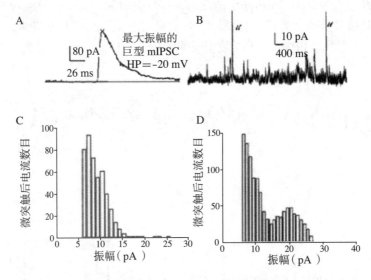

图 1-6 巨型微抑制性突触后电流和普通微抑制性突触后电流

A. 为在正常生理溶液中记录的巨型微抑制性突触后电流；B. 为两种微抑制性突触后电流混合存在，双箭头为巨型微抑制性突触后电流。C. 微抑制性突触后电流振幅的正向的歪斜型直方图。D. 双峰型整个微抑制性突触后电流振幅分布直方图，第二个峰为巨型微抑制性突触后电流

定位在深小脑核和视网膜的突触前末梢；② 在蛙的神经肌肉接点，影响兰尼定（ryanodine）敏感性的钙库试剂在高频刺激时，也调节突触前细胞内 Ca^{2+} 浓度上升和乙酰胆碱释放；③ 在 Aplysia 颊神经核的突触，动作电位诱发的乙酰胆碱释放可被兰尼定抑制和被突触前注射环 ADP 核糖而加强；④ 咖啡因和（或）兰尼定改变自主神经节或光感受器突触前 $[Ca^{2+}]_i$ 信号；⑤ 咖啡因或毒胡萝卜内酯（thapsigargin, TG）能增加海马锥体细胞 mIPSC 的频率。因此，突触前的钙库自发释放 Ca^{2+} 可能是提供同步机制而导致产生多小泡的巨型微突触后电流。我们实验室近年的工作也观察到，在无钙灌流液以及含有 nACh 受体激动剂——卡巴胆碱（carbachol）——的条件下记录到较多的巨型 mIPSC 与含 4 mmol/L Ca^{2+} 灌流液记录到巨型 mIPSC 的比率不受影响，但是普通小 mIPSC 发放频率增加；当细胞外液中加 100 μmol/L 的 Cd^{2+}（广谱钙离子通道抑制剂）时，巨型 mIPSC 明显减少甚至消失，但小 mIPSC 频率只轻度降低。一种 IP_3- 钙库的 Ca^{2+}-ATP 酶（摄取 Ca^{2+}）抑制剂，TG，使 mIPSC 发放频率增加；U73122（磷酸酯酶 C 抑制剂）、普鲁卡因（兰尼定受体拮抗剂）、咖啡因（兰尼定受体激动剂）和兰尼定本身，均只使小 mIPSC 发放频率降低。因此可以得出结论：巨型 mIPSC 的发放频率主要依赖于细胞外液中的 Ca^{2+} 浓度，IP_3 受体介导的 SOC（钙库运作的通道）和钙库机制主要影响小 mIPSC 的发放频率。

近年来 Sun 等（2010 年）报道，在发育的爪蟾神经 - 肌肉接点去极化时也记录到大量子的释放引起的微突触电流（mSC）。他们指出，直接去极化细胞膜电位或提高细胞外液 $[K^+]_o$ 浓度，均能增加 mSC 的频率和优先诱发大量子释放，引发振幅分布直方图的第 2 个峰。ACh 受体竞争性阻断剂，D- 筒箭毒（D-tubocurarine），减低小 mSC 的振幅相对比大 mSC 的振幅更多，这提示，mSC 振幅的变化是由于从突触小泡释放出的 ACh 量而引起的。N- 型钙离子通道阻断剂（ω-conotoxin GVIA），可以阻断在上述条件下形成的振幅分布直方图的第 2 个峰。因此，他们认为，Ca^{2+} 是通过 N- 型钙离子通道进入细胞内，优先诱发含有大量 ACh 的突触小泡的释放。

四、突触传递的长时程增强及其可能的表达位置

由于长时程增强（long-term potentiation，LTP）涉及记忆的学习和形成、储存以及神经元损伤，因此，LTP 引起了很多神经科学家的关注。有关突触传递增强的性质，长期以来一直存在着争议。LTP 是由于递质释放的增加，还是由于增加了突触后神经元对神经递质反应的敏感性，或者两者皆有？同步高频刺激许多突触前纤维且足以使突触后神经元去极化，即可触发海马 CA1 区的 LTP。比较一致的看法是：Ca^{2+} 需要通过 NMDA 受体进入突触后神经元的树突脊。通过研究改变谷氨酸释放或改变突触后神经元对谷氨酸的敏感性，有可能解决突触传递的增强的部位是在突触前还是在突触后的问题。

（一）LTP 一般不伴随突触后信号配对易化作用（paired-pulse facilitation，PPF）。当两次突触前的刺激是以非常短暂的时间间隔（50~200 ms）先后给予，并且随着第一次刺激后由突触前末梢残存 Ca^{2+} 引起，而在第二次刺激时增加递质的释放，可发生 PPF。但也有许多实验表明，增加递质的释放的确能降低易化率，这可能是由于第一次刺激所引起释放的递质已达到了饱和，因而不赞成 LTP 发生在突触前位置，而支持 LTP 发生在突触后的位置。

（二）突触后两种谷氨酸能的信号成分在 LTP 时似乎是有区别地增加。有一些研究表明，在 LTP 期 间，EPSC 的 AMPA（alpha-amino-3-hydroxy-5-methyl-4-isoxazole propionic acid）成分是有选择性地增加的，而 NMDA 受体介导的成分改变很小或没有改变。与此相反，药

理学调制突触前递质释放表明，两种谷氨酸受体介导的 EPSC 成分都发生变化，因此，支持选择性突触后成分。在 LTP 时，AMPA 受体的性质或密度发生改变。然而，也有人发现，Ca^{2+} 内流下调 NMDA 受体。由于在 LTP 期间，Ca^{2+} 是通过 NMDA 受体内流，这一现象可能抵消在 NMDA 受体的谷氨酸增加。还有一种反对意见是发现，NMDA 受体介导的信号可随 LTP 的出现而增加。然而，得出这些矛盾结果的实验条件有待进一步考查。

（三）还有一种意见是来自量子分析，与上述两种意见不同，量子分析认为，LTP 的表达是突触前的位置，LTP 与从单个细胞记录到的突触后信号的变化系数（coefficient of variation，CV＝标准差／平均值）有关。这也就是，实验与实验之间的变化经平均振幅归一化，突触后信号诱发 LTP 后比诱发前小。这不是突触后表达的位置所预期的，其最简单的形式是按比例增加突触后信号，而对 CV 没有影响。然而，与从突触前末梢释放的递质量子数（或量子的含量）相兼容的，是用二项式或 Poisson 这一类简单概率模型加以描述，这一方法的弱点是依靠未经检验的概率模型，从神经-肌肉接点外推的。人们还发现，在 LTP 期间，突触传递率下降与量子含量增加是一致的。这种方式支持平均释放概率（P）增加，因此，也就是 LTP 在突触前的位置表达。另外，用最弱刺激的实验揭示了量子的大小也增加，这又表明突触后对 LTP 有贡献，但这不是普遍的现象。

可以看出，有关 LTP 的发生位置是相互矛盾的。在上述三种意见中，有两种支持在突触后的位置，量子分析的意见则认为是在突触前的位置。对于随着 LTP 出现时量子含量增加，还有另外一个解释，即认为 LTP 出现不是表明释放出的量子数目增加，而是反映以前在突触后膜上沉默的 AMPA 受体群的显露。如果这种看法正确，则前面叙述的三种意见都支持 LTP 表达的位置是在突触后。

五、沉默的突触

支持沉默突触（silence synapse）这一假说的理由首先是来自比较两种兴奋性信号的概率行为。Kullmann 用低频信号进行突触前刺激记录诱发出的 EPSC。他们先把细胞钳制在负电位，并在有 AMPA 受体阻断剂存在的条件下，再钳制在正电位，在这样没有改变突触前递质释放的情况下，相继记录 AMPA 受体和 NMDA 受体介导的 EPSC 振幅，在试验与试验之间的 EPSC 振幅波动。AMPA 成分的 CV 一致都大于 NMDA 成分的 CV。由于 CV 与平均量子振幅无关，这意味着 NMDA 受体的数目（n）或概率（P）大于 AMPA 受体的 n 或 P。至少在某些突触上，AMPA 受体和 NMDA 受体似乎是共同定位在一起的，所以很难观察到两种受体亚型的 P 是如何不同的。然而，Kullmann 假设有一亚组突触存在，这一亚组突触中有 NMDA 受体，但没有 AMPA 受体或 AMPA 受体是没有功能的，根据量子分析学说，AMPA 受体介导的 EPSC 的 n 小于 NMDA 受体介导的 EPSC 的 n。然而，n 的平均数与经典量子分析得出的结果明显不同，这不仅反映释放位置的数目差异，也取决于含有活动受体群突触位置的数目。在诱发 LTP 后，AMPA 成分的 CV 下降，但振幅没有什么变化，或与对照实验中所测得的数值比较，NMDA 成分的 CV 也没有什么变化。AMPA 成分的 CV 与 NMDA 成分的 CV 相似，但绝不低于 NMDA 成分的 CV。对这一现象的解释是，在基础条件下，那些只有 NMDA 受体的位置的潜在 AMPA 受体群是处于激活状态的。换句话说，诱发 LTP 只会引起 AMPA 受体数目（n）增加，而 NMDA 的 n 几乎很少变化，甚至没有变化（图 1-7）。该图表示在两根突触前末梢上，邻近突触脊上的两个突触。CV 不仅由 n 和 P 决定，也受量子这一变量影响。这个量子变量是描述释放位置之间单个释放位置和不均匀性量子反

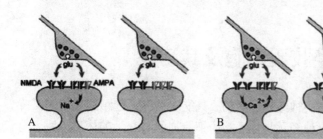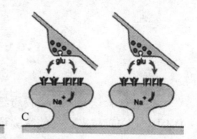

图 1-7 NMDA 受体依赖性 LTP 的潜伏受体群的假说

A. 基础的突触联系：两个突触上都有 NMDA 受体，但在一个突触上没有 AMPA 受体或只有不具备功能的 AMPA 受体（开放的符号表示）。用低频脉冲刺激两者的传入纤维（或将突触后细胞钳制在负电位时给予刺激），引起的突触电流只流经左侧有功能的突触，因为在这一突触上，存在有功能的 AMPA 受体（深灰色表示），Mg^{2+} 阻断了连在 NMDA 受体上的离子孔。B. 诱发 LTP：借助电极给突触后细胞通以电流或用高频脉冲刺激许多突触前纤维，使突触后细胞去极化，解除对连在 NMDA 受体上的离子孔的电压依赖性阻断，这就让 Ca^{2+} 进入两个树突脊，触发诱导 LTP 的级联反应。C. LTP 的表达：通过从原来没有暴露在释放的谷氨酸位置转位或磷酸化，以前在沉默突触（右侧）的一群 AMPA 受体显露出来，此时当突触后细胞处在负的膜电位时，这些突触对释放出的谷氨酸起反应，引起量子含量增加。另外，在左侧的突触也显露出额外的 AMPA 受体，以增加这个位置的量子振幅

应振幅的峰值，两者在试验与试验之间的变化（反映不同的突触性质和电子衰变程度）。尽管 Kullmann 认为量子变量并不能说明 AMPA 和 NMDA 受体介导的电流成分 CV 之间的矛盾，但这一未经间接估计的量子参数假说仍需进行独立检验。有人用最小的电流来刺激突触前纤维，以检查从突触后释放出的非常小的事件数目，结果表明，极低强度的刺激，而且在负的钳位电压下，不能引起 AMPA 受体介导的 EPSC；而在正的钳位电压下，常常能引起 NMDA 受体介导的 EPSC。这意味着，引起递质释放的刺激其所释放的递质足以激活 NMDA 受体，却没有足够量可援用的 AMPA 受体对所释放的谷氨酸起反应。因此，支持这一假说，在一个亚组，有的位置不存在 AMPA 受体，或 AMPA 受体是无功能的（即沉默的）。他们还将突触后细胞去极化至 –10 mV，用低强度的配对脉冲对突触前纤维进行刺激，以使通过与 NMDA 受体相连的离子孔进入到细胞的 Ca^{2+} 最大化。当细胞电位回复到更负的膜电位时，引起 AMPA 受体介导的 EPSC；这表明，以前在沉默突触上的 AMPA 受体群得以暴露。他们还指出，在突触后细胞为负电位测量 EPSC 时（此时只有 AMPA 受体介导 EPSC），诱发出 LTP 后，测试引起的突触传递失败率下降，而在正的膜电位时进行测量（此时 AMPA 与 NMDA 两种受体都能引起 EPSC），其失败率不变；这再一次证明，LTP 与沉默的 AMPA 受体群选择性暴露有关，而与 NMDA 受体变化的关系不大。这些结果要求对伴随 LTP 的 AMPA 受体介导的突触后信号的量子含量增加做出新的解释。这反映原来假设的递质释放不是概率（P）的改变，而是突触传递位置的数目（n）发生了改变，而且这与神经肌肉接点不同，n 不是简单的释放递质位置的数目，因为只是部分测量了突触后 AMPA 受体。沉默受体群的假说调和了前面所述三个主要的证据来源的假说。由于递质释放的概率不变，可以预期在 PPF 时没有变化，而且只是 AMPA 受体有这种选择现象。原来在沉默状态突触上的 AMPA 受体群的激活可以解释在 LTP 时所见到的量子含量增加。诱发 LTP 前，在某些 AMPA 受体就已经激活的突触上，另外的受体也可以进一步被激活，这可以解释量子振幅的增加。然而，无论如何，在研究过程中仍会遇到一些困难难以与这些简单的略图相一致。

第七节 神经胶质细胞及其功能

传统观念认为，神经胶质细胞不能调制神经元的活动，只能对神经元起结构和营养支持作用。现在有越来越多的实验证据表明，神经元与神经胶质细胞之间有交叉的信息传播，而且在神经系统，上述两类细胞的通信是双向的。有实验表明，神经胶质细胞的 Ca^{2+} 浓度升高，可诱发神经胶质细胞释放谷氨酸，后者又可诱发神经元的慢内向电流（slow inward current，SIC）和（或）增加微突触后电流（mPSC）的频率，并调制海马神经元间的动作电位所诱发的突触传递，这表明，神经胶质细胞与神经元之间具有双向通信的网络作用。神经胶质细胞能够借助释放谷氨酸给神经元发出信号而导致神经元的 Ca^{2+} 浓度升高，这些结果都已得到了 Ca^{2+} 成像研究的证实。此外，用电或机械刺激神经胶质细胞，也可以诱发邻近神经元激活、由 NMDA 或非 NMDA 受体介导的谷氨酸依赖性慢内向电流。结果还表明，神经胶质细胞由动作电位诱发的突触传递调制是通过激活突触前代谢型谷氨酸受体（mGluR）进行的。也有实验结果表明，直接刺激神经胶质细胞，或加 $GABA_B$ 受体激动剂 baclofen，可加强海马 CA1 区锥体细胞的抑制性微突触后电流（mIPSC）。另外，神经胶质细胞内的 Ca^{2+} 浓度升高也可引起培养的海马神经元上依赖 NMDA 受体的 mPSC 频率增加，这是由于谷氨酸是以 Ca^{2+} 浓度依赖的方式从神经胶质细胞释放出来而引起 mPSC 频率增加，因为微突触后电流（mPSC）频率的增加，可用拮抗剂 AP5（D-2-amino-5-phosphonopentanoic acid）或细胞外加 Mg^{2+} 而使之阻断。由于在 NMDA 受体通道阻断剂 MK-801 存在的情况下，由突触激活突触的 NMDA 受体所特有的阻断方式不影响 AP5 敏感的神经胶质细胞诱发的 mPSC 频率的增加，这些 NMDA 受体是定位在突触外的。提高神经胶质细胞内的 Ca^{2+} 浓度，可以增加 mEPSC 和 mIPSC 的频率，而不改变其振幅，这是由于通过激活 NMDA 受体，增加神经递质释放的概率而调制自发兴奋性和抑制性突触传递。丘脑的神经胶质细胞也是自发活动的，并能诱发神经元的活动；反之，神经元也能诱发神经胶质细胞的活动。

电或机械刺激神经胶质细胞可以增加其 Ca^{2+} 水平，进而引起与之相联系的神经元的慢内向电流。有实验表明，注射微量钙螯合剂（BAPTA）到神经胶质细胞内，可以阻止刺激依赖的神经胶质细胞内 Ca^{2+} 浓度的升高，并阻断神经元的慢内向电流（SIC）。药理学研究也表明，依赖于神经胶质细胞的 SIC 是由细胞外谷氨酸作用于 NMDA 受体和非 NMDA 受体所介导的。另外，刺激神经胶质细胞可降低由动作电位诱发和通过激活代谢型谷氨酸受体产生的兴奋性和抑制性突触后电位的幅度。这都证明了神经胶质细胞可以调制神经元的电活动和突触传递，因而神经胶质细胞有可能通过控制细胞外谷氨酸的水平，起神经调制作用。也有实验证明，从突触释放的谷氨酸可触发原位神经胶质细胞的 Ca^{2+} 增加，这表明从神经元释放的神经递质可以激活神经胶质细胞的受体。

还有实验指出，在原位的大多数神经胶质细胞（约有65%）在没有神经元活动时，呈现钙振荡。神经胶质细胞以瞬态增加细胞内钙离子浓度（$[Ca^{2+}]_i$）的方式对化学、电和机械刺激起反应。在原位的神经胶质细胞也呈现不依赖神经元活动的、固有的 $[Ca^{2+}]_i$ 振荡。这种自发的神经胶质细胞的振荡以波的形式向邻近的神经胶质细胞扩布，并触发扩布途径上的神经元产生缓慢衰减的 NMDA 受体介导的内向电流。因此，在原位的神经胶质细胞是哺乳动物中枢神经系统产生神经元活动的主要触发源。此外，在单个海马所观察到的自发振荡，在整个神经胶质细胞的微小突起一般是非同步发展的，有时如同钙振荡波一样扩布到一部分神经胶质细胞，但有时又如同细胞内钙振荡波一样，不在神经胶质细胞之间扩布。用环盐酸吗甲吡嗪酸（cyclopiazonic acid）或给单个神经胶质细胞注射肝素都可以阻断神经胶质细胞的钙振荡。加 TTX 或用巴弗洛霉素（bafilomycin）A1 孵育脑片，对神经胶质细胞的钙振荡都无影响，但可以阻断海马 CA1 区神经元的诱发和自发突触后电位。代谢型谷氨酸受体和嘌呤能受体拮抗剂混合物对神经胶质细胞的钙振荡无影响，但可阻断代谢型谷氨酸受体和嘌呤能受体激动剂使神经胶质细胞钙水平的增加作用。这些结果表明，在海马神经胶质细胞所观察到的自发钙振荡产生振荡期间，Ca^{2+} 的作用是触发神经胶质细胞内对 IP_3 敏感的钙库释放 Ca^{2+}，是由 IP_3 受体激活所介导，而不依赖于神经元的活动，也不依赖于代谢型谷氨酸受体和嘌呤能受体的激活。因此，与神经元的输入无关，在机体中，原位的神经胶质细胞可以起到起搏器的作用，并调节神经元的活动。神经胶质细胞的钙振荡是通过缝隙连接从一个神经胶质细胞传到另一个神经胶质细胞的。虽然目前对这种钙振荡的机制还不太清楚，有人假设，Ca^{2+} 起第二信使的作用，它是通过依赖频率而不是依赖振幅编码来表达的。这一机制可保留刺激强度所携带的信息，并把它转变成一定的振荡频率。刺激神经元的传入纤维，触发神经胶质细胞周期性的钙振荡，其振荡频率通过神经元的活动被动地得到控制，并根据刺激模式的变化而改变。神经胶质细胞的钙振荡奠定了神经元与神经胶质细胞之间交互通信的基础，代表高度可塑的信号系统。荷包牡丹碱诱发的神经元癫痫样 $[Ca^{2+}]_i$ 瞬态反应模式，可引起活动的神经胶质细胞的数目增加，并与其组成的网络同步，同时也需要 NMDA 和非 NMDA 型谷氨酸受体的激活，以使神经胶质细胞网络相关联。这表明，神经胶质细胞和神经元的自发活动模式转化为相关联的神经元 / 神经胶质细胞网络。在这一网络中，神经元的活动调节神经胶质细胞网络的特性。这种网络的活动可能对神经发育和突触可塑性是不可缺少的。

定量研究结果表明，适度改变神经胶质细胞中的 Ca^{2+} 浓度（如从 80 nmol/L 升高至 140 nmol/L），能诱发邻近神经元 391 皮安（pA）的慢内向电流。由于谷氨酸、去甲肾上腺素和多巴胺等受体激动剂都能使神经胶质细胞中的 Ca^{2+} 浓度的升高超过 1.8 μmol/L，因此，认为在生理状态下的 Ca^{2+} 浓度水平，神经胶质细胞释放谷氨酸的途径也可运转。故有机体在生理状态下可以运用神经胶质细胞释放谷氨酸这一信号途径。

包括人类在内的许多脊椎动物的海马齿状回，在整个生命期，神经元的发生都是持续进行的。新的神经元的起源是在颗粒层的齿状回。虽然干细胞能自我更新，产生新的神经元，但从成年哺乳动物的海马也可培养出神经元和神经胶质细胞。近年来也有人报道，在正常条件下，表达胶质蛋白并有神经胶质细胞特征的颗粒层细胞会分裂和产生新的神经元。缺血性脑梗死的扩大不是由于血流减少直接引起的，而是由于一些继发性过程导致的，可能有神经胶质细胞参与了这些继发性过程。虽然神经胶质细胞比神经元更能抵抗缺血，但神经胶质细胞也限定了缺血性损伤的边界。神经胶质细胞之间的缝隙连接是否与缺血性损伤病灶的继发性扩大有关系？神经胶质细胞与其他细胞内部的直接联系，唯一的是通过缝隙连接的，后者有较大的直径，可以允许离子以及第二信使分子自由扩散通过。有实验结果表明，缝隙连接能介导被偶联的细胞对同步刺激起反应，因此，在发育、神经生长和模式形成中起重要作用。在成年动物的大脑中，神经胶质细胞也是借助丰富的缝隙连接而相互联系的，因而这些神经胶质细胞在功能上起合体细胞的作用。电镜观察表明，单个神经胶质细胞可能表达 30 000 个缝隙连接。因此，神经胶质细胞的缝隙连接偶联在缺血核心部位和正在死亡的神经胶质细胞与其周围的细胞之间可能诱发继发性损伤。实际上，缝隙连接的抑制功能可有效限制继发性梗死的扩张。神经胶质细胞可传递缺血性损伤引起病灶继发性扩张所需的信号，神经胶质细胞的缝隙连接可能介导这一过程。因此，缝隙连接的偶联，实际上可扩张损伤的区域到最初对发生梗死有抵抗力的细胞。细胞死亡的概率直接与具有较低抵抗力的邻近细胞缝隙连接的数目和密度有关。

参考文献

[1] Araque A, Sanzgiri RP, Parpura V, et al. Calcium elevation in astrocytes causes an NMDA receptor-dependent increase in frequency of miniature synaptic currents in cultured hippocampal neurons. *J Neurosci*, 1998, 18: 6822-6829.

[2] Cole KS. Dynamic electrical characteristics of the squid axon membrane. *Arch Sci Physiol*, 1949, 3: 353.

[3] del Castillo J, Katz B. Quantal components of the endplate potential. *J Physiol* (Lond.), 1954, 124: 560-573.

[4] Fatt P, Katz B. Spontaneous subthreshold activity at motor nerve endings. *J Physiol* (Lond.) 1952, 117:109-118.

[5] Hodgkin AL, Huxley AF, Katz B. Measurements of current-voltage relations in the membrane of the giant axon of Lolige. *J Physiol* (Lond.), 1952, 116: 424.

[6] Katz B. The release of neural transmitter substances// Thomas, Springfield, Illinois, 1969.

[7] Kullmann DM. Amplitude fluctuations of dual-component EPSCs in hippocampal pyramidal cells: implications for long-term potentiation. *Neuron*, 1994, 12: 1111-1120.

[8] Kullmann DM, Siegelbaum SA. The site of expression of NMDA-dependent LTP: new fuel for old fire. *Neuron*, 1995, 15: 997-1002.

[9] Lin JHC, Weiga H Cotrina ML. et al. Gap-junction-mediated propagation and amplification of cell injury. *Nat Neurosci*, 1998, 1(6): 484-500.

[10] 蔡浩然（Tsai HJ）. 液晶态生物膜. 科学通报，1978, 23: 209-216.

[11] Tsai HJ（蔡浩然）, Ewert JP. Edge preference of retinal and tectal neurons in common toads（Bufo bufo）in response to worm-like moving stripes: the question of behaviorally relevant "indicators". J *Comp Physiol A*, 1987, 161: 295-304.

[12] Vancy DI. Neuronal coupling in rod-signal pathways of the retina. *Invest Ophthalmol Vis Sci*, 1997, 38:267-273.

[13] Wall MJ, Usowicz MM. Development of the quantal properties of evoked and spontaneous synaptic currents at a brain synapse. *Nat Neurosci*, 1998, 1: 675-682.

[14] Wang H（王红）, Tsai HJ（蔡浩然）. Are large mIPSCs dependent on the Ca^{2+} released from the internal stores in tectal neurons of Xenopus. *Neurosci Bulletin*, 2005, 21: 101-110.

[15] Zhang C, Zhou Z. Ca^{2+}-independent but voltage-dependent secretion in mammalian dorsal root ganglion neurons. *Nat Neurosci*, 2002, 5: 425-430.

第二章

膜片钳实验标本的制备

膜片钳技术是一项非常细致和精确的生物学实验技术，它不仅要有高科技的软、硬件仪器设备，实验者要首先学会如何使用，而且由于应用该技术来做实验的标本是活的单细胞、活的脑片或活的整体动物，必须使被记录的细胞维持在存活的正常生理状态下。因此，在制备实验标本和整个实验过程中，应尽可能地使细胞或组织切片不受损伤并处在健康、良好的生存环境下。在各种溶液的配置、细胞的分离和孵育以及脑片的制作等环节，每一个细微的步骤，实验者都必须细心、谨慎，否则实验很难取得成功。本章主要介绍有关这方面的一些原理、具体实践操作和注意事项。

第一节　电极内、外液的成分和配制

在膜片钳实验中，所用的溶液主要有两大类：① 电极内液，或称细胞内液，因其在进行全细胞记录时，破膜后直接与被记录的细胞内液相通；② 细胞外液，包括孵育或灌流单细胞或脑片的溶液。这两类溶液在用于不同种类动物时（如两栖类、哺乳类）不仅大不相同，而且在记录不同离子通道的电流时也大不一样。如在实验中要想阻断 K^+ 电流，在电极内液中就不应含有 K^+ 成分，而应以 Cs^+ 一类的离子代替 K^+。

另外，还须特别注意电极内液和孵育或灌流液的渗透压和pH，这两个参数不仅在不同种类动物（如两栖类与哺乳类）各不相同，而且这两个参数的差异可能严重影响离子通道的电流，应尽量注意。如高渗或低渗溶液可引起细胞肿胀或皱缩，因渗透压可调制正常细胞的体积而改变 Cl^-、K^+ 和其他阳离子通道；改变质子（H^+）的浓度（即 pH），也能改变许多离子通道的特性。

灌流溶液中的二价离子可以屏蔽细胞膜表面的电荷，进而影响一些离子通道的电压依赖性。有报道指出，二价离子可以转移各种电压门控离子通道的激活曲线和失活曲线。完全去除溶液中的一些离子，则更容易改变离子通道的性质，如去除溶液中的 Ca^{2+}，可观察到明显的这种效应，可以引起钙离子通道失去选择性，变成对单价离子可透，使钠离子通道的激活曲线向左移。增加通过内向整流钾离子通道的电流，长期暴露在无钙的灌流溶液中，最终将导致细胞膜上出现许多非特异性漏孔。另外，当盐溶液中有 SO_4^{2-} 或 CO_3^{2-} 存在时，溶液中的二价阳离子可能发生沉淀，从而导致错误估算这些离子的有效浓度。

许多有机化合物不易溶于水，因此，可使用能将其溶解的溶剂，如乙醇或二甲基亚砜等，但这些溶剂的终浓度不应超过 0.1%。无论如何，应对这些溶剂做空白对照实验。Cl^- 在液相和作为电极的银丝时是电荷传输的主要离子。因此，这些电极必须浸泡含有 Cl⁻（至少约 10 mmol）的溶液中。除非用琼脂桥，否则完全去除灌流液和电极内液的 Cl⁻ 是不行的。

在各种模式的膜片钳实验中，必须考虑一些补偿问题，包括放大器补偿、液接电位、电极电位（取决于记录电极和参考电极的 Cl⁻ 浓度），以及与之串联的膜电位等的补偿。其中某些补偿是固定的（如放大器补偿和电极补偿），有些补偿则是可变的。标准的实践是在实验开始时做一参考测量，仔细进行电压补偿。然后，把可调的放大器补偿电极电流设置为"0"，此后如果不改变补偿电位，则放大器的命令电压将与膜电位相等。在全细胞记录和外面向外模式，命令电压和膜电位的极性一致；但在贴附和内面向外模式，两者的极性则倒转。在贴附模式，还有另外一个补偿，即该细胞的静息电位。当改变溶液或电极内液与灌流溶液存在差异时，液接电位可能出现或消失。以后的章节将对液接电位及如何校准液接电位加以详细讨论。

为了维持存活细胞对受体激活信号的传导及避免一些离子电流的衰减，在电极内液中应加 ATP、GTP 和其他核苷酸。因此，在形成封接时，细胞与电极内液接触。因为很多细胞具有嘌呤能受体，至少对 ATP 应适当予以注意。在记录前，这些受体可能被激活并可能诱发信号转导事件。如果用谷氨酸作为电极内液的阴离子，并且所研究的细胞对这种神经递质敏感，则可能发生上述相似的情况。考虑到细胞内液所引起的效应，在封接形成后、正式记录电信号之前，再等一段时间（在此期间，仍然要保持灌流液不断地流动），然后，建立全细胞记录模式，并从细胞外加入内液。

一些可能影响离子通道的外部物质污染溶液也非常难以完全消除，容器、注射器、导管、针头或过滤器等，都有可能释放出少量的可溶性物质或去污剂到溶液中。某些离子通道对这类污染特别敏感，因此，应该用最纯的化学试剂来配制溶液，并尽量将这些可能的污染源彻底清洗干净。配置溶液的溶剂（如水）必须用双蒸馏水或去离子水。

第二节　电极（记录电极和参考电极）和电极夹持器

在灌流液中的参考电极以及在电极夹持器内的记录电极，通常都镀有一层 AgCl 的银丝。反复多次更换玻璃微管，这层 AgCl 镀层往往会被擦除掉；而且当大电流流过时（会有效地将 AgCl 分解，把 Cl⁻ 释放到溶液中），AgCl 会降解。如果不经常氯化电极，那么电极电位可能会明显改变，以致在实验过程中，电位漂移很明显，测得的数据也就不准确。通过比较实验前、后零电流为"0"时的电位，或将开口的电极插入灌流液中，观察在零电流的电流基线几分钟，即可证实电极的稳定性。如果电流不稳定以及调整钳位电压 1~2 mV 还不能回到零电流的电位，那就必须重新氯化银丝。还有一种办法是就是把镀好的电极丝插入一根直径为 1 mm 左右的、由塑料管做成的盐桥中。后者的一端已加热拉成弯曲尖端，其内灌入由加热的生理盐水或类似的溶液（如 150 mmol 的 NaCl 溶液）配成的琼脂经冷却而成。没有必要用更高浓度的离子溶液来溶解琼脂，因为这些溶液有可能漏出而影响孵育液的成分。另外，电极与盐溶液间的电路可出现分流或高电阻，这一问题在电极入水时通常比较明显。如果对测试脉冲的反应没有电流或只有很小的电流，则可能存在开路，可能由以下的情况引起：①电极内有气泡；②没有连接好输入探头；③没有连接参考电极。如果出现大电流或严重的噪声，则可能是参考电极或记录电极的问题：① 玻璃电极尖端断裂；② 参考电极与灌流槽支架夹或显微镜的地线短路（通过溢出的溶液）；③ 电极内液溢出至电极夹持器内；④ 仪器没有接好地线等。

一、记录电极拉制

　　制作微电极的玻璃管有许多不同的材料，不同类型的细胞用不同的玻璃管。玻璃管大致有两类：一类为软玻璃管（钠钙玻璃、火石玻璃，约含 30% 的 Na_2O）；另一类是硬玻璃管（硼硅酸盐玻璃、铝硅酸盐玻璃）。软玻璃管的熔点较低（800~1 200℃），容易抛光，能拉成 1~2 MΩ 电阻的电极，可用来做全细胞记录。通常，全细胞记录是由于串联电阻而不是噪声受到限制。用硬玻璃管拉成电极后，常会有一段狭小的柄，因此，有较高的电阻。虽然硬玻璃管具有良好的噪声特性，然而，其最重要的参数是介电损耗。介电损耗这一参数描述的是交流电导（虽然大多数玻璃的直流电导是非常低的，但软玻璃管在 1 kHz 左右的交流电导是较高的，以致成为膜片钳记录时热噪声的主要来源）。硼硅玻璃（特别是铝硅玻璃）的介电损耗低，这一点是低噪声记录所期望的。但这类玻璃不一定能形成很好的封接，这可能是由于在高温拉制和抛光电极时金属蒸发到玻璃表面所致。记录电极可采用外径为 1.5 mm 的硼硅酸盐玻璃管或火石玻璃管。火石玻璃管的熔点较低，比较容易掌握，比硼硅酸盐玻璃管形成的封接更稳定。但硼硅酸盐玻璃管电极则具有更好的电学特性。硼硅酸盐玻璃管是标准的微电极玻璃管。我们实验室用微电极拉制仪（PP-830，Narishige，图 2-1 右）两步法，把这种玻璃管拉制成玻璃毛细管微电极。第一步，将温度设定在 88.5 标度，确定电极的大致形状，把玻璃管拉细，长度为 7~10 mm，直径为 200~400 μm；第二步，将温度设定在 54.2 标度左右，主要确定口径的粗细，把第一步拉细的部分调节到加热丝的中央，再次打开

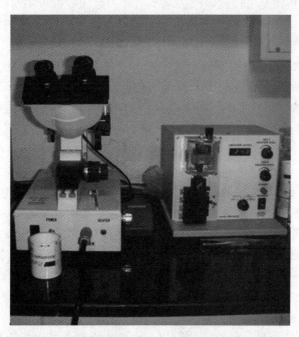

图 2-1　微电极拉制仪（右）和微电极抛光仪（左）

电源，几秒钟内，原来已变细的部分断开成两断端都可用的玻璃微电极。第一步拉的长度和第二步加热的温度共同决定电极尖端最终直径的大小。调节好电热丝的电流及设置好机械中止第一步拉制的长度，对拉制重复性能好的一批电极都是很重要的。利用同样的设置条件，可以拉制大量具有相似特性的微电极。经玻璃微电极拉制仪的两次拉制后，电极尖端直径为 1~2 μm，尖端至开口有一定角度的渐细的过渡，形成锥状的尖端。

充灌电极内液后入水电阻为 3~7 GΩ，适用于记录一些体积较小（直径为 10 μm 左右）的细胞，如中枢神经系统的神经元。如果要对体积较大的细胞（如心肌细胞）进行记录，则应拉制口径较大而电阻较低（如 1~2 GΩ）的电极。电极内液在使用前要用孔径为 0.2 μm 的滤器过滤，以防阻塞电极。一般来说，电极口径越小，电阻越高，在实验过程中越容易进行封接，但破膜较难；反之，电极口径越大，电阻越低，则较难进行封接，但一旦形成了较好的封接，则破膜较容易，而且可以记录到信号振幅较大和信噪比较合适的信号。另外，电极尖端的形状也很重要。细长的尖端是不可取的，这可能是由于拉制第一步时所加的温度过高所致，应适当减小降低第一步拉制时的电流，在必要时也可适当提高第二步拉制时的温度。此外，室内温度、季节变化等对拉制电极温度的影响因素也应考虑在内。每次在拉制电极前，最好先打开拉制仪预热几分钟，然后，用废旧玻璃管试几次，再正式拉制。尽量把两步加热温度调到能够使拉制出来的电极尖端成圆锥状，用这样的电极做实验的成功率较高。接下来，需要给微电极涂上一层绝缘试剂（如硅胶 Sylgard），并形成一个 Sylgard 的疏水表面。这样可以降低电极内、外间的电容，也可以降低由电极玻璃的介质损耗而引起的噪声。预先用树脂或催化剂油混合物处理，并在室温下放置几小时（或在 50℃ 以上放置 20 min）使之增厚。将 Sylgard 涂在电极下端几毫米，直至离尖端 10~20 μm 之内，然后，迅速喷热空气进行处理。在最后加热抛光前，才用 Sylgard 涂盖，蒸发或烧掉在涂盖 Sylgard 过程中留下的任何残存物。第三步，抛光。将拉制完成后的电极用抛光仪（图 2-1）进行抛光，以利于细胞的封接。用热抛光可以使电极尖端平滑和去除涂盖过程中留在电极尖端的污染物。抛光仪就像一台微型的熔铁炉，对不同类型的玻璃，必须根据经验来决定通过加热丝的电流。但在抛光的起始部位，最好是在几乎看不到热丝发出光亮的地方。因为电极尖端的开口是受观察分辨率限制的，一般看不到电极尖端形状的变化，但能看到尖端变暗；在看到封闭的尖端熔解的同时可以获得理想的电极尖端直径。涂上 Sylgard 后不久，利用长焦距物镜在 16×50 的放大倍数下，把微电极的尖端放到抛光仪上进行抛光。加热时用"V"字形的铂-锂金属丝或铂铱丝，产生一个直径为 0.5 mm 的小球。在显微镜下可以看到金属丝加热成模糊发红的光，气流吹向小玻璃球，限制热吹向小球尖端的邻近。把微电极的尖端移到离小球 10~20 μm 处几秒钟，电极尖端壁变暗表明边缘正在抛光。如果电极已涂过 Sylgard，最好在涂后 1 h 内进行抛光。如果超过这个时间段，则很难获得陡峭的锥形尖端的电极。如果电极必须储存几小时后再用，那么应在使用之前在电极内加正压，并把它浸泡在甲醇内。涂过 Sylgard 的电极通常不需要先将其浸泡到电极内液中，用毛细现象的吸力来充电极的尖端。先吸入少量的细胞内液，可以很快将电极内液充注进尖端内。如果放在带盖的容器内，制作好的玻璃微电极一般也要在 2~3 h 内使用。空气中的灰尘容易黏附到玻璃上并妨碍封接。通过电极的尖端吸入少量溶液，然后再从电极后部灌入溶液。其中非常重要的是，灌注电极的溶液一定要经过过滤（用前面提到的孔径为 0.2 μm 的过滤器）。注意，只能灌注电极的一部分（1/3~1/2）而不能灌满，使之正好可以与电极夹持器内的电极金属丝接触（电极夹持器内不能有溶液，必须保持干燥）。在插入夹持器之前，最好用一片干净的滤纸把玻璃管外表面的指纹等油污擦干净。溢出电极的液体会给背景噪声的产生带来灾难性的后果，因为溶液漏入夹持器，会浸湿夹持器的内表面，并形成薄膜而引进噪声。另外，还要弹击电极的外侧，以去除灌注电极时形成的小气泡。为了保证膜片钳的低噪声记录，每次实验前都必须用甲醇冲洗电极夹持器，然后喷氮气以使之保持干燥。把电极插入夹持器前，最好用手摸一下屏蔽网的表面，以释放身上可能带有的静电。必须确保把夹持器拧得足够紧，进行抽吸时电极在 1 μm 的尺度范围内不会移动。然后，在实验中改变电极，利用仪器的"噪声试验"功能检测夹持器空载时的噪声水平。如果噪声增大，则表明溶液可能已漏入夹持器内，必须再次彻底清洁和干燥夹持器。

二、电极夹持器

用有屏蔽的电极夹持器，即使在没有屏蔽罩的情况下，只要把这种夹持器与正确接地的显微镜相连，它就能充分屏蔽 50~60 Hz 的电磁干扰。可是与未屏蔽的夹持器相比，这种屏蔽夹持器会导入更多的随机噪声。随机噪声是来自夹持器内塑料的非理想介电特性和水溶液膜的热电压浮动，而且金属屏蔽会使这种噪声更容易通过电容偶联到放大器的输入端。因此，记录单通道电流时，推荐使用未屏蔽的电极夹持器。这两种夹持器随机噪声的差值粗略为两个数量级。未屏蔽的电极夹持器是用介电损耗低的塑料做成的。如果想自己加工一个电极夹持器，首先应选择好材料。夹持器的绝缘部分应该是损耗低的介电材料，而且还应该具有疏水表面以防形成导电的水膜。经过验证，Teflon 是能满足这一标准的材料。要测试夹持器的噪声水平，可以把夹持器（带有金属电极丝）安装到探头输入端，利用噪声测试设备测量噪声。探头应该是密封屏蔽的，因此，在带宽为 3 kHz 并与电流监视器相连的示波器上，看不到有工频干扰。电极是一根细的银丝，固定在一个针状物上，后者插入探头的 BNC 连接头。由于要经常更换玻璃微电极，覆盖在银丝表面上的一层氯化银往往会被擦掉，在一定程度上影响电极的稳定性，因此，需要不定时地（如每个月一次）重新氯化银丝。标准电极夹持器的银丝长约 4.5 cm，镀上氯化银后套上一个小垫圈，然后将其插入电极夹持器。银丝的氯化，以往是把银丝作为一端，另一端连上一根碳棒或铂金丝，中间加以 1.5 V 的电压，放到含有 Cl^- 的电解质溶液（如含 100 mmol 的 KCl 或生理盐水）中，中间再串联一个电位器以控制电流强度（如 1 mA），在避光环境下进行。电流通过的方向是把氯离子吸引到电极银丝上而形成薄薄的一层灰色的氯化银。目前我们实验室采用比较简单的方法，即将预处理好的银丝，避光浸泡在低浓度的次氯酸钠（NaClO）溶液中 15~30 min，以银丝均匀变黑为度。不论用哪种方法给银丝镀 AgCl，事先都必须用细砂纸将银丝表面的尘埃或残存的 AgCl 彻底抛光，用水冲洗，然后用丙酮或无水乙醇浸泡，油污去除后晾干，否则很难镀上 AgCl。

电极夹持器的机械安装：将玻璃微电极安装在带有吸管的电极夹持器上（图 2-2）。这个夹持器的内部由有机玻璃（Teflon：T_1、T_2 和 T_3）构成，并用金属外套（A_1、A_2 和 A_3）加以屏蔽。出口（S）通过硅管连接，用嘴或注射器通过硅管吸气，以形成封接或把细胞膜吸破，关键部件垫圈（O_1 和 O_2）要紧紧地固定。否则在吸气时，电极尖端即使有极其微小的移动，也会从细胞上撕下一片膜。将电极夹持器连接到放大器探头的 BNC 插座上，后者装在微操纵器上，并与一台粗调操纵器相连。电极夹持器要经常用甲醇清洗，并用氮气吹干。

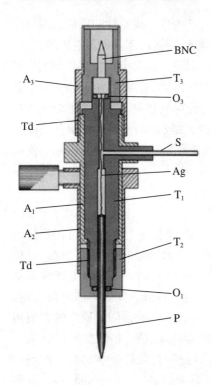

图 2-2 微电极的电极夹持器剖面结构示意图

微电极夹持器有两个基本功能：① 提供电极内液与 BNC 插件之间的电学连接；② 可以对电极内加吸力或压力。电极夹持器内有机玻璃（Teflon）（T_1），它的中间管道用以牢固地固定玻璃电极（P）和焊接在 BNC 插头尖端上的 Ag-AgCl 丝（Ag）。BNC 的针是由有机玻璃螺帽（T_3）支持住。玻璃电极由螺帽（T_2）拧紧。出口（S）与通过硅管连接，通过它用嘴或注射器可对玻璃微电极（P）内加压或吸气。铝金属外套（A_1 和 A_3）用以屏蔽外电干扰。有机玻璃垫圈（O_1 和 O_2）要紧紧地密封；否则，在吸气时电极尖端极有其微小的移动，也会从细胞上撕下一片膜。（A_2）是可滑动的一个以屏蔽电极的金属外套。Td 为螺丝，未装电极时，整个夹持器长度为 55 mm

第三节 振动切片机的使用

切片机有多种类型，一般选用振动切片机（vibratome），因为振动切片机对组织的损伤最小。但也有人选择使用 Mcllwain 组织切片机，甚至手工切片。振动切片机的特点是：对新鲜组织不需要冰冻或包埋即可直接进行切片；其运作特点是刀片在向前推进的同时，向左右两侧做切割运动（即振动）。对各种标本进行切割时，两侧的振动速率（与切割运动的振幅呈正比）和向前推进速率之间的关系，或者说刀片左右运动的振幅与刀片前进速率之比，是关键的参数。应根据不同脑区选取不同的速度和频率，以免脑片挤压损伤。一般用低的刀片振幅与前进速率之比（即高速切割）来切割较坚硬的标本。对大脑皮质进行切片时，若为白质，则切片速度要慢，一般为 10 mm/min；若为松软的灰质，则切片速度可稍快一些，一般为 20 mm/min。相对而言，脊髓和脑干质地更为坚硬一些，切片速度要更慢，一般为 1~4 mm/min，而振动频率也要调至较大，一般为 8 Hz，以防刀片向后推挤脑片，造成脑片损伤。我们使用的振动切片机具有独立的调节振幅和速度的结构，可适应不同部位脑片切割的要求。当前进方向的标本出现畸变或损坏时，应该把前进速度减慢和（或）把切割的振幅增大；而当切片由于振动而破裂时，则应减小振幅。在正常切片时，随着刀片的前进，标本会因具有弹性而不断向上升高。切完后，刀片向后退时，实际上对标本有一定的清洁作用。这种标本的升高程度是随控制旋钮的设置而变化的，组织越软、推进速度越快、刀片的角度越大，组织片切得越厚，这种抬高现象就越明显。只要在切片期间不改变控制旋钮的设置，不改变切片厚度（特别是由厚变薄），而是逐渐地转变，一般就不会影响连续切片的操作。从切厚片转变为切薄片时，如果不是逐渐地转变，那么切的组织片会比预期的厚。

标本托（specimen tray）：多为振动切片机自带，可为不锈钢材料，也可为塑料材料。可牢固地固定在切片机托盘槽中，提供一个光滑的硬质表面，使用前宜预先将其清洁，保证表面光滑并将其放入冰箱冷冻，以保持切片时脑组织的低温。切片时，将托盘浸入冰蔗糖脑脊液，并覆盖整个脑组织。如果样本足够硬，不会因固定而受损伤，则可直接将其夹住，否则要用一些材料（如木髓、软塑料等）做成托支持标本并与其融为一体。这些支持材料应该是容易切割的，而且切割后在溶液中容易与组织分离。粘标本的标本托表面必须干净、干燥且没有残留的黏合剂等。标本块的表面应该是坚固且有涂层的，并且能经得起刀片反复刮擦。标本托的表面要加足够的黏合剂，以使标本完全粘住。样本粘完后，用吸水纸把过剩的黏合剂去除，这些多余的黏合剂有碍黏合。经验表明，切片操作时出现异常的绝大多数原因是标本没有完全被粘住。由于要求粘贴过程非常快，事先应仔细定好最初标本在支架表面的位置。如果标本禁得起压，则轻轻压一压以增加粘贴作用。当把不够硬的新鲜标本粘到标本托上时，如果固定不影响研究过程，可以先固定一下。为此，可把标本封装在琼脂、白明胶或石蜡内。在凝固后，这些支持介质块与标本可一同被修整成一定的大小，然后粘到支架上，也可做成琼脂托（agar tray），后者在切片过程中主要起固定作用。取下大鼠低位脑干置于琼脂托内，用瞬间黏合剂使两者紧密相连，固定脑片，以保证良好的脑片品质。

另外，也有不同的刀片类型可供选择。传统的剃须刀片（Gillette 牌）仅适用于幼年动物的脑组织；对于大龄动物或成年动物，刀片可选用蓝宝石或玻璃刀片，以保证切割质量，但它们价格要高一些。单刃或双刃刀片都可用于做切片，标本类型不同，选择不同类型和品牌的刀片可能对仪器的运作产生一些影响。对某些要切成厚度为 10 μm 或更薄的软组织切片时，用双刃刀片较好。选用双刃刀片时，必须对其做一些改动，即用钳子或扁嘴钳把它破成两边都可用的两半，每一半各有一个刀刃。在操作时必须小心，刀刃不能与任何东西相碰，因为即使刀刃仅有非常微小的损伤，也能局部撕裂标本。刀片使用前应用丙酮浸泡 30 min，去除表面油渍和其他杂质，并用去离子水冲洗数次，使刀刃清洁和锋利。

借助弹簧夹把刀片夹到夹持器上，用示指和拇指夹住刀片的钝端并把它插入刀片夹持器上。旋转装在横杆上的刀片夹持器，调整刀片的角度。角度可调范围在 0~50℃之间，开始时以用 20℃左右为宜。

切片时把标本放入孵育液的目的：① 在切片过程中润滑刀片；② 防止样本发热和干燥；③ 保持标本的特征；④ 易于将脆弱的组织切片取出。选用溶液的原则，首要的是不会使样本肿胀，通常选择生理盐溶液用于新鲜的动物组织。在大多数的情况下，孵育液的温度最好恰巧在冰点之上。温度不能太高，也不能太低，这样可以保持切片高度的一致性和酶的正常活性。刀片的角度调好后，液面应当调至比浸没刀刃高 3~4 mm。

在进行切片前，需要对样本进行粗略的修切，把与刀片接触的上表面修平。然后，把标本夹在标本夹上，标本的上表面大致应保持与水平面平行的状态。有两种调整措施，即调整样本的倾斜度和标本夹的倾斜度。起始时，速度和振幅均应设置为"0"。将瞬态方向开关切换到顶部位置，并使刀片接近标本，然后，再把刀片提高（或降低）到正在样本下的部位。将修剪后的标本进行连续切片，直至全部切完想要进行实验的标本区域。将最初切割推进速度设为最低，而振幅则设置在中间位置，切片的厚度则以 50 μm 的间隔增加。然后，将标本经过粗略修平的一面朝上，即可正式开始切片。注意：在切片的过程中，不能变动控制旋钮，否则所得到的切片即使在一张内其厚度也会各不相同。

第四节　健康、成活标本的制备（孵育、切片和灌流等）方法

要在膜片钳实验中成功地进行千兆欧姆（GΩ）封接，首先要求有"清洁"的细胞膜表面，这意味着，在普通电镜切片其表面上不能检测出任何覆盖物的痕迹。许多培养的细胞（如肌小管、脊椎管细胞和背根神经节细胞等）能满足这一要求。然而，一些成年动物组织的单个细胞表面往往有一层覆盖物。在进行膜片钳实验记录前，必须用酶将这些覆盖物清除。

脑片技术最大的优点是：相对于原位（in situ）研究而言，它能够较为容易地获得感兴趣的中枢神经组织，并可以较为迅速和精确地调控脑片周围环境；同时，可以从外源给予整个脑片或感兴趣的脑片局部定量、定浓度的药物，而且这些药物洗脱方便。这样可以对药物的作用时间、作用浓度以及可逆性进行研究。尤其是与分离的单细胞相比，脑片的细胞处于相对更自然的环境状态，不仅其周围保持原有的组织液，而不完全是人工配制的细胞外溶液，更重要的是，其还与相邻细胞保持着原有的突触联系。因此，只有脑片才能用于研究突触的电生理特性（如突触后电位、长时程增强等）。上一节已简要介绍了振动切片机的使用，下面主要分别介绍脑干脑片和海马脑片的具体制作方法和流程。

一、脑干脑片的制作

高质量的脑干脑片准备是脑片细胞活性的决定因素。实验人员必须熟练掌握大脑的外部解剖结构，以便顺利且迅速定位目的区域。如要获取下丘脑的冠状切片，则视交叉和松果体分别是其腹侧面和背侧面的标志。影响脑片质量的因素有多种，现分述如下。

（一）动物种类与动物年龄

一般而言，大鼠是最常选用的动物，但也有学者选择非洲爪蟾、小鼠或豚鼠。动物应根据不同的实验需求进行选择。如无特殊需求，一般选取幼年动物，因为幼年动物脑片制备相对简单，细胞在周围支持组织中所占比例较高，成功率较高。小动物脑组织分离较为容易，细胞耐受缺氧及损伤的能力相对较强，故体外存活能力较强。

（二）断头取脑前的准备

为了减少断头取脑过程中的机械和缺氧损伤，动物断头前应使用较大剂量的氯胺酮麻醉。大动物断头前最好使用0~4℃切片溶液经心脏灌流，以去除脑组织内血凝块并降低脑组织的温度。取脑前经心脏灌流脑组织可以明显改善成年动物脑片准备的质量和细胞的存活情况。

（三）取脑过程

保证脑片质量最重要的环节之一是取脑过程本身。切片时一定要轻柔而且迅速，既应该尽量减少因操作过慢而导致的缺氧损伤，又应降低操作过于粗暴而造成的机械损伤。最好在1 min内迅速取下目的脑区域，并将其置于0~4℃的低温切片溶液内。切片液内可以有少量的冰晶，但不能形成大的冰块，以避免影响溶液的渗透压和冰晶刺伤脑区。

（四）脑片孵育

可以选择盛有孵育液的、容积为150~250 ml的烧杯，用精制的尼龙丝网做托。切下的脑片应用大头吸管转移，并立即将其放在网托上，且孵育液要覆盖网托面。特别需注意的是，在整个孵育过程中，尼龙丝网下不能形成大气泡，因为如果脑片被放置在大气泡之上，

其下面就不能与孵育液直接接触，也就得不到氧气等供应，慢慢便不能存活了。

（五）切片液和34℃水浴复苏液的选择

除了切片过程造成的机械损伤外，手术液、切片液以及水浴复苏液的成分也是人们关注的焦点。在实验中，多种改良的人工脑脊液都可以应用。在切片过程中使用蔗糖溶液（sucrose-based ACSF）代替 NaCl 溶液，可以减少由于氯化物被动性进入细胞产生神经毒性而造成的细胞水肿甚至溶解、死亡。但也有研究表明，蔗糖溶液的这种保护作用十分有限，因为脑片组织神经元很难充分利用蔗糖；相反，如果蔗糖进入细胞，也可以引起大量的 H_2O 分子通过渗透作用进入细胞，从而导致细胞水肿，这样反而加重了对细胞的损伤。也有人使用甘油（glycerol-based ACSF）代替 NaCl 溶液，研究表明，这种改良的人工脑脊液（ACSF）可以明显提高多部位脑片的生存质量。由于切片过程中存在氧化应激反应，故在切片液和复苏液中加入一定浓度的维生素 C 和谷胱甘肽（glutathione，GSH）可以起到良好的保护作用，使脑片活性明显提高。也可以使用低钙甚至无钙溶液，以减少 Ca^{2+} 对细胞的损伤。还可以选用抗 NMDA 缓冲液，以减轻由于 NMDA 受体激活导致的脑片受损。另外，加入犬马尿酸或提高 Mg^{2+} 的浓度，降低 Ca^{2+} 的浓度等也都可以起到良好的效果。

（六）脑片孵育方式

脑片孵育小室有两种，一种为浸入式（submerged holding chamber），另一种为气液交界式（interface holding chamber）。由于 O_2 的水溶性有限，尤其是在 34℃水浴孵育条件下更不利于对脑片供氧，故而浸入式小室很难保证对脑片均匀而充足的氧供。浸入式小室的另一缺点是：它不能提供一个水平的脑片支持面，脑片容易被吹泡的氧气吹到一起，形成折叠或层叠相压，沉入小室的最底部，从而影响脑片的活力。而界面式小室既可以保证充足的氧供，又可以将脑片牢固地固定在不同的分割小区内，故其脑片质量明显优于浸入式。

（七）孵育温度

孵育温度各不相同，一般在 22~36℃之间。水浴复苏阶段一般设置为 34℃，至少 1 h，以保证脑片细胞充分修复损伤。记录温度一般选择室温，因为在生理条件下（即在 35~36℃）记录时，脑片活性维持不了较长时间，反而会影响实验结果。研究表明，从室温到生理温度范围，细胞的电生理记录结果不会有太大的差别。

二、海马脑片的制作

乳鼠麻醉后，在 O_2 饱和的、4℃改良人工脑脊液中快速断头，开颅并剥离出双侧海马；用少许瞬间黏合剂（502 胶）把剥离出的海马放入预先准备好琼脂托的槽中固定住；将粘有海马的琼脂托固定在振动切片机中，振动切片机中装有冰块和改良人工脑脊液，调整振动切片机切割振幅和推进速度、角度，在持续通入 950 ml O_2 和 50 ml/L CO_2 的混合气体条件下，在 4℃快速将海马沿长轴顺横向纤维切割成厚度约为 300 μm 的脑片。将切好的脑片移至 32℃、O_2 饱和的人工脑脊液中孵育 1 h 之后，将脑片移至室温（22~25℃）、O_2 饱和的人工脑脊液中再孵育 1 h 待用，脑片呈月牙形。

将脑片转移到灌流槽中，用银丝制成"U"形框架，轻轻覆盖于脑片两端，以固定脑片。经灌流系统持续向脑片浴槽灌注 950 ml/L O_2 和 50 ml/L CO_2 混合气体饱和的 ACSF，流速为 1~2 ml/min，脑片浸没于液面下 1~2 mm。应用药物时适当调节灌流速度，室温保持在 25℃。

第五节 大鼠心室肌细胞的急性分离

这一节着重介绍心肌细胞的分离，与脑片标本的制作相似，这同样是一件需要耐心的细致工作。下面就介绍在我们实验室为进行心肌细胞膜片钳记录而分离单个心肌细胞的具体操作步骤：

1. 去离子水冲洗 3 次改良的 Langendorff 逆主动脉灌流装置的灌流内腔，打开恒温水泵加热并维持在 37℃。

2. 向无钙台式液和 KB 液充注 O_2，30 min 后，将 pH 值调至 7.3~7.4。用调好 pH 值的无钙台式液和低钙溶液配 50 ml 消化酶。将盛有无钙台式液的、容积为 50 ml 小烧杯和平皿置于冰上预冷备用。

3. 将无钙台式液注入灌流装置左侧，右侧注入约 50 ml 消化酶，打开三通排气阀排出气泡，流下的液体倒回原处回收再用，注意三通方向。

4. 两侧灌流液持续小量充注 O_2，避免漏液。

5. 大鼠用 12% 乌拉坦（1 ml/100 g i.p.）或 2% 戊巴比妥进行腹腔麻醉。

6. 麻醉成功后迅速开胸暴露心脏，在距主动脉根部约 5 mm 处剪断。取出心脏，将其置于预冷的 4℃无钙台式液中稍微漂洗一下，然后，置入无钙台式液平皿中大致剪除周围肺组织。尽快找到主动脉弓，可以看到三个分支血管的开口，在主动脉分支血管开口之下剪开主动脉。用两个小镊子夹住主动脉根部，套住动脉鞘下端并用动脉夹固定在鞘下端的凹槽处，下端高于主动脉瓣开口。可见心脏自主搏动数次并排出心腔内的血液。

7. 迅速取出心脏，插入主动脉套管，用动脉夹固定在 Langendorff 逆主动脉灌流装置下端（图 2-3），注意主动脉套管的最下端一定要高于主动脉瓣开口，否则液体不能灌入冠脉内。

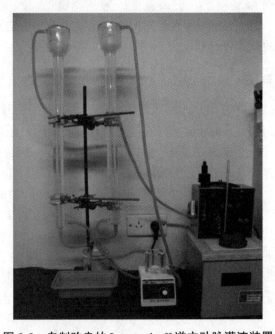

图 2-3 自制改良的 Langendorff 逆主动脉灌流装置

同时打开三通排气阀，灌注无钙台式液。

8. 将灌流的流速调整为 6~8 ml/min，无钙台式液非循环灌流 5 min。同时注意保持心脏表面的温度和湿度，将无钙台式液的压力维持在 70 cmH$_2$O。

9. 低钙消化酶液灌流：打开三通排气阀灌流酶液，以两个小烧杯交替接住心脏下方流下来的液体，并将流下来的酶液倒回原处重复灌流使用，同时计时。酶液流下来的速度呈快 - 慢 - 快的变化规律，至酶液下流呈流线形，需 13~15 min，心脏外观变大、变松软。视心脏大小控制终止消化时间，注意不可消化过度。

10. 待心脏外观肿大时（图 2-4），剪下心室组织。在充分氧合的含 0.1% 牛血清白蛋白（BSA）的无钙 KB 液中，用眼科剪剪下心包膜和瓣膜，将其剪碎至糜状，用吸管轻轻吹打后，于 37℃恒温磁力搅拌玻璃槽中孵育 5~10 min。

11. 将细胞悬液用孔径为 200 μm 的细胞筛滤去组织块。

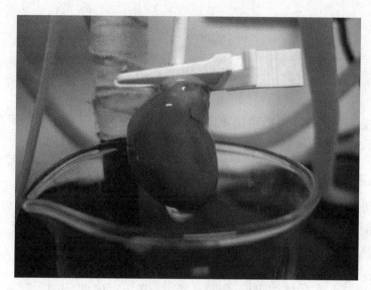

图 2-4 肿大的大鼠离体心脏外观

12. 在室温下（22~24℃）将细胞悬液的 Ca^{2+} 浓度逐步恢复到 1 mmol/L。具体的复钙过程为：首次复钙细胞悬液低速离心，去除上清液，沉淀的细胞用含 0.2 mmol/L CaCl$_2$ 的 KB 液重悬，室温静置，待其自然沉降后（30 min）再次用含 0.5 mmol/L CaCl$_2$ 的 KB 液重悬，待其自然沉降；最后用含 1 mmol/L CaCl$_2$ 的 KB 液重悬，待其自然沉降后，复钙完成。室温静置 60 min。

13. 显微镜下观察，心肌细胞呈杆状，棱角分明，折光率好，立体感强，横线纹理清晰，部分细胞可有自主收缩。选择杆状、横纹清晰、无自主收缩的心肌细胞（图 2-5）进行全细胞膜片钳记录实验。

实验结束后，清洁灌流装置，用自来水冲洗 3 遍，去离子水冲洗 3 遍。然后将整个灌流装置中注满去离子水，顶端用膜覆盖。所用玻璃杯应用自来水冲净后再用去离子水冲洗 3 遍。

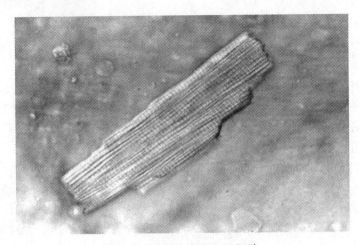

图 2-5　分离的大鼠心肌细胞

第六节　主动脉平滑肌细胞的培养

在膜片钳实验中，除了需要用到神经细胞和心肌细胞外，还经常会用到平滑肌细胞。下面再介绍一下大鼠主动脉平滑肌细胞标本的制作。

一、大鼠主动脉平滑肌细胞的原代培养

采用贴块法原代培养大鼠主动脉平滑肌细胞，操作步骤如下：取 8 周龄雄性 SD 大鼠，以乌拉坦 1 g/kg 剂量于腹腔注射进行麻醉，用 3% 碘酊及 75% 乙醇消毒胸、腹部皮肤。在超净台内开胸并迅速剪下主动脉，将其置于含有预冷 PBS 的无菌培养皿中，将血凝块洗干净，剥除外膜的纤维脂肪层。用眼科剪沿血管外侧纵向剖开，内膜面朝上，用弯眼科镊自上而下刮 1~2 次，以除去内皮细胞。用眼科镊小心撕下近内膜面的中膜平滑肌层，浸泡在含 20% 胎牛血清 DMEM 培养液内，将血管条剪成 1 mm×1 mm 的小块。用吸管将小块吸出并注入培养瓶中，使其在底壁上摆置均匀，小块间距以 0.5 cm 为宜。轻轻翻转培养瓶，瓶底朝上（注意勿使组织块流开）。加入含 20% 胎牛血清的培养液 2~3 ml，将培养瓶直立于 37℃ 含 95% 的空气和 5% 的 CO_2 的培养箱中。待组织块与培养瓶贴牢后，慢慢翻转培养瓶，让液体缓缓覆盖组织小块，注意勿使小块从瓶壁上被冲掉。待 5~7 d 细胞爬出，换液。待瓶底被约占其面积 90% 的细胞覆盖后，用 0.25% 胰酶消化传代。按每孔约 5×10^5 个细胞的量将细胞接种于六孔板中，待细胞有 70%~80% 融合时开始实验。膜片钳实验采用第 4~5 代的细胞。

二、主动脉平滑肌细胞的鉴定

（一）α- 肌动蛋白免疫细胞化学染色法

在倒置显微镜下，主动脉平滑肌细胞呈梭形，铺满后细胞融合呈典型的"峰"与"谷"样结构。用免疫组化笔在制备好的细胞玻片上画出大小适宜的圆圈作为标本区域，将细胞玻片用 4℃、0.01 mol PBS 缓冲液洗涤 2 次（每次约 5 min）。滴加小鼠抗大鼠 α-SM 肌动蛋白

单克隆抗体,37℃孵育1 h,用PBS缓冲液洗涤4次。滴加相应种属生物素标记的IgG工作液,37℃孵育30 min,用PBS缓冲液洗涤3次。滴加辣根过氧化物酶标记链霉卵白素工作液,37℃孵育30 min,用PBS缓冲液洗涤4次。用新鲜配制的DAB显色剂在室温下显色5~10 min,用自来水终止。用乙醇进行梯度脱水,用二甲苯脱色封片。在光学显微镜下观察并照相。

（二）细胞传代

细胞长满瓶壁后,吸尽培养液,向培养瓶中加入0.25%胰蛋白酶2 ml,在倒置显微镜下观察。待细胞收缩变圆,细胞间隔增大后,弃去胰蛋白酶,加入适量含20%的FBS的DMEM培养液,用吸管轻轻反复吹打瓶壁细胞,使之脱落瓶壁形成细胞悬液,再分装接种入培养瓶。每3~4 d换液1次,2代以后的细胞用含10%的FBS的DMEM培养液培养。

（三）传代细胞计数

取血细胞计数板和盖玻片,用70%乙醇擦净,将盖玻片放于计算板上。用尖吸管将培养瓶中的细胞均匀悬浮后,取0.1 ml加入EP管中,然后加入0.4%锥虫蓝染液0.1 ml(稀释比例为1∶1),混匀,用移液枪取10 μl加入计算池内,静止1 min。镜下计数4周4个大方格中未染色的细胞,然后计算出每毫升原悬液中的细胞数。计数时如果细胞密度过大,则应稀释后再计数;若细胞数太少,则应离心浓缩后再计数。

（四）细胞冻存

选对数生长期细胞,收集细胞前一天换液一次。按常规把细胞制成细胞悬液,将其转入离心管中,离心去上清(800 r/min,5 min)。将1.0 ml预冷的冻存液(90%含10%的FBS的DMEM培养液,10%的DMSO)缓慢加入离心管中,用吸管轻轻吹打,使细胞悬浮,然后转入冻存管,拧紧封口,放入冻存盒内。实行分阶段降温:室温→0℃→-70℃→液氮(-196℃)。

（五）活细胞百分率的计数

取1滴细胞悬液滴于载玻片上,加1滴2%锥虫蓝生理盐水,盖以盖玻片,留置3~5 min。于显微镜下观察,死亡细胞染成蓝色。计数200个细胞,存活细胞百分率=存活细胞数/总细胞数 ×100%。

第七节 平滑肌细胞总RNA的提取以及RT-PCR

对于$K_{ir}6.1$ mRNA和SUR2B mRNA的检测,采用实时聚合酶链反应(real-time polymerase chain reaction,real-time PCR)方法测定。

一、提取总RNA

（一）RNA提取前准备工作

1.玻璃仪器、称量匙、研钵均干烤灭活RNA酶(RNase),240℃干烤4 h。试剂均用DEPC溶液配制。

2.提取过程中的所有材料,如EP管、吸头、手套等均为无RNase的一次性塑料制品。

3.电泳槽清洗后灌满3%的H_2O_2溶液,室温放置30 min以上,然后用0.1%的DEPC溶液彻底冲洗电泳槽。

4.戴手套、帽子和口罩进行操作,避免唾液及汗液等含RNase的污染,争取创造一个无RNase的环境。

5.清洁研钵:先用自来水冲洗,再用去离子水冲洗,用软纸轻轻擦干。

(二)提取总 RNA

1.组织准备:将 50~100 mg 组织块从 -70℃冰箱转移至液氮中。

2.充分研磨:在研钵中加入液氮至研钵体积的 1/3,然后将标本放入研钵中,加入 1 ml Trizol,快速研碎,移入 EP 管内。

3.加入 0.2 ml 三氯甲烷,剧烈振摇 15 s,室温静置 3 min。

4.13 000 r/min、4℃离心 15 min。

5.吸出上层约 400 μl 水移至另一 EP 管中,加入 0.5 ml 异丙醇,轻微混匀,室温静置 10 min。

6.13 000 r/min、4℃离心 15 min。弃上清,留沉淀,30 00 r/min 离心数秒钟,吸尽液体。

7.加入 1 ml 75% 乙醇,轻轻振摇以重悬 RNA 沉淀。

8.13 000 r/min、4℃离心 5 min,弃上清,留沉淀,吸尽液体。

9.室温干燥 5~15 min,干燥 RNA 沉淀成半透明状。

10.加入适量 0.1% DEPC 溶液,混匀后测定 RNA 浓度,检测 RNA 完整性及准备反转录。

(三)鉴定提取 RNA 的完整性

1.琼脂糖凝胶电泳制备胶模:用胶带将塑料胶盘开口的两端封住,放在工作台的水平位置上。

2.配制所需浓度的琼脂糖凝胶溶液及 1×TAE 电泳缓冲液。

3.称量所需的琼脂糖粉于三角锥瓶内,置于微波炉中将琼脂糖悬浮液加热直至其完全溶解。

4.使琼脂糖溶液冷却至 60℃左右,加入溴化乙啶(EB)至终浓度为 0.5 μg/ml 充分混匀。

5.灌胶:在距离塑料胶盘底板 0.5~1.0 mm 的位置上放置合适的梳子,将温热的琼脂糖溶液连续倒入胶模中。凝胶的厚度以 3~5 mm 为宜,注意检查梳子的齿下或齿间是否有气泡。

6.室温放置 30~45 min,待凝胶完全凝固后移去两端胶带并放入电泳槽中。

7.加入足量 1×TAE 电泳缓冲液,使其恰好没过凝胶面约 1 mm。

8.静置 1~2 min 后,小心拔除梳子。

9.上样:DNA 样品与 10×凝胶加样缓冲液混合后缓慢加至样品槽中。

10.电泳:恒压 1~5 V/cm,约 40 min。

(四)提取 RNA 的完整性的测定

用 0.1% 的 DEPC 溶液制备 1.5% 琼脂糖凝胶;将 2 μl 所提取的 RNA、3 μl 0.1% 的 DEPC 溶液及 1 μl 10×加样缓冲液混匀,上样,70 V 恒压电泳 30 min,用紫外透射分析仪观察 RNA 的完整性。28S 与 18S 两条电泳条带的显色强度之比约为 2:1,提示所提取的 RNA 完整而没有降解。

(五)紫外分光光度法测定提取 RNA 的浓度和纯度

取 2 μl RNA 加入 498 μl 0.1% 的 DEPC 溶液(按 1:100 稀释)中,充分混匀后用紫外分光光度计测定波长为 260 nm 和 280 nm 时的光密度 OD_{260} 和 OD_{280}。根据公式计算 RNA 浓度(μg/μl)= OD_{260}×40×稀释倍数÷1 000,根据 OD_{260} 与 OD_{280} 的比值判断 RNA 的纯度,一般为 1.7~2.0,低于该值则表明有蛋白质污染。

二、反转录反应

50 μl 反转录反应体系及反应过程如下：

总 RNA	4 μg
寡核苷酸 d（T）	2 μl
0.1% 的 DEPC 溶液	补足至 28 μl

↓

注意：除 DEPC 溶液外，其余试剂都应置于冰上备用。以上混合物的总体积为 28 μl，其中总 RNA 的体积根据紫外分光光度法测定的浓度计算得来，总量为 4 μg。0.1% 的 DEPC 溶液的体积在计算好总 RNA 的体积后补足即可，混匀，离心片刻。

加热至 70℃，5 min 后立即放在冰上（以消除 RNA 的二级结构），再离心片刻，将液体集中于管底，依次加入：

5×反转录酶缓冲液	10 μl
2.5 mmol dNTP	10 μl
200 U/μl M-MuLV 反转录酶	2 μl

42℃条件下进行反转录反应 1 h，得到 cDNA，贮存于 –20℃待用。

三、实时 PCR

（一）引物、探针的设计与合成

对 $K_{ir}6.1$、SUR2B 和 β- 肌动蛋白基因的 cDNA 序列设计：分别对标准品、样品上下游引物和 Taqman 探针用去离子水配制，–20℃贮存。储存液浓度为 100 pmol/μl。探针的工作浓度为 5 pmol/μl，引物的工作浓度为 7.5 pmol/μl。

（二）PCR 扩增反转录的 cDNA

为了检测反转录是否成功，应用 β- 肌动蛋白上、下游引物进行 PCR 扩增 cDNA，PCR 反应体系为 25 L，反应体系如下：

10×PCR 缓冲液（含 Mg^{2+}2.0 mol）	2.5 μl
2.5 mmol dNTP	1 μl
5 pmol 上、下游引物	1 μl
cDNA 模板	1 μl
Taq DNA	0.25 μl
注射用水	加至 25 μl

PCR 反应条件为：① 95 ℃，10 min；② 95 ℃，15 s；③ 60 ℃，1 min，然后重复②～③步骤共 40 个循环。对 PCR 产物进行 3% 琼脂糖凝胶电泳，紫外分光光度计下观察 DNA 条带。结果显示，所有反转录得到的 cDNA 扩增出约 80 bp 大小的一条带，提示反转录成功。

（三）PCR 扩增产物的鉴定

利用所合成的序列特异性引物进行 PCR 扩增，对照大鼠平滑肌细胞 $K_{ir}6.1$、SUR2B 和 β-肌动蛋白，PCR 反应体系为 25 μl，每个反应体系中 cDNA 模板为 2 μl。对 PCR 产物进行 3% 琼脂糖凝胶电泳，紫外分光光度计下观察 DNA 条带，PCR 产物为预期大小的单一 DNA 条带。

对 PCR 产物进行测序, 然后进行序列比对, 结果分别与基因库上公布的 cDNA 序列完全一致, 表明所设计的 3 对引物是有效且特异的。

（四）实时 PCR 标准品制备及标准曲线绘制

1. PCR 反应: 利用所合成的序列特异性引物进行 PCR 扩增, 对照大鼠平滑肌细胞 $K_{ir}6.1$、SUR2B 和 β- 肌动蛋白, PCR 反应体系为 25 μl, 每个反应体系中 cDNA 模板为 2 μl。将全部 PCR 产物上样, 进行 3% 琼脂糖凝胶电泳。为防止各基因产物之间相互污染, 每次仅电泳一种 PCR 产物, 然后在长波紫外灯下切取 DNA 凝胶条进行纯化。

2. PCR 反应后切胶、玻璃奶纯化:

（1）切下 DNA 凝胶条, 置于 1.5 ml EP 管内。

（2）加 2~3 倍凝胶体积（约 400 μl）的溶胶结合液; 玻璃奶 5 μl（用前混匀）。

（3）温育: 55℃, 5 min; 每分钟摇 1 次（充分溶解凝胶, 溶液变清）。

（4）离心: 以 12 000 r/min 离心 30 s, 弃上清, 再快速离心后吸尽上清。

（5）加 500 μl 清洗液, 待悬浮物沉淀, 混匀后以 12 000 r/min 离心 30 s, 弃上清。离心 3 次。

（6）干燥: 55℃, 至玻璃奶干透（约 5 min）。

（7）加 TE 20~30 μl, 混匀, 以 12 000 r/min 离心 1 min。

（8）小心将上清液移至新的 EP 管内, 快速离心后 –20℃ 储存。

3. 实时 PCR 标准品的制备及鉴定: 将纯化 PCR 产物克隆到质粒中, 获得高纯度、含量准确的标准品。用质粒制备标准品的步骤如下:

（1）连接反应:

T-vector	1 μl
10×T4 连接酶缓冲液	1 μl
PCR 产物	1~2 μl
T4 连接酶	1 μl
PCR H₂O	至 10 μl

充分混匀后, 室温下放置 2 h 以上

（2）制备细菌感受态: 取 LB 15 ml, 加入 Top 10 菌种 1 支, 放在 37℃ 摇床中摇 3 h; 以 2 500 r/min 离心 15 min, 去尽上清; 加 0.1 mol 3~5 ml CaCl₂, 充分混匀, 离心, 去尽上清; 加 0.1 mol 0.8 ml CaCl₂, 放入 1.5 ml EP 管中, 每管装 0.1 ml, 放在冰上。

将连接反应的 10 μl 加入感受态细菌中混匀, 放在冰上 30 min; 42℃ 水浴热休克 2 ml, 再放在冰上; 每管加入 0.9 ml SOC, 放在 37℃ 摇床中摇 1 h。

（3）转化大肠杆菌: 取 0.1 ml 涂抹在培养皿上, 反转培养皿, 37℃ 培养过夜。

培养皿制作: LB 经高压灭菌后立即混匀, 使沉淀的琼脂混匀。放凉至 50℃ 左右, 立即加入氨苄（AMP）100 μl, 混匀, 然后倒入 8 个培养皿中; 待在培养皿中凝结好后, 加 70 μl x-gal, 10 μl IPTG, 均匀涂抹。

（4）筛选: 第 2 d, 挑选白色菌落, 放在 2 ml LB 和 2 μl AMP 的混合溶液中, 放在 37℃ 摇床中摇动过夜。

（5）提取质粒: 倒出 1.5 ml 菌液, 离心 1 min, 倒去上清, 再离心吸尽上清（剩余菌液以 4℃ 保存）。

菌块＋0.2 ml sol 1，置于振荡器上混匀

＋0.2 ml sol 2，颠倒（不能振荡）数次，菌液变透明

＋0.2 ml sol 3，颠倒数次，以 13 000 r/min 离心 5 min

吸出上清液，在上清液中加入异丙醇 0.42 ml（相当于总体积 70% 的异丙醇）

以 13 000 r/min 离心 5 min，倒去上清液，离心吸尽上清
（沉淀中含 RNA、少量染色体 DNA 和质粒）

加入 75% 乙醇 0.5 ml 轻摇混匀，离心 1 min，吸尽上清

55℃干燥

30 μl TE 充分溶解（37℃）1 h，（RNA 酶 5 μl/ml TE）

（6）PCR 鉴定：取纯化后质粒 1% 1 μl 做普通 PCR，电泳看到特异的条带，亮度很高，说明质粒制备成功（取质粒 1 μl，PCR H_2O 99 μl，混匀，取 1 μl 作为 PCR 模板）。

（7）酶切鉴定：

质粒	3 μl
10×K 缓冲液	2 μl
Hind Ⅲ	0.1 μl
BamH Ⅰ	0.1 μl
H_2O	14.8 μl

混匀，37℃放置 1 h，取 10 μl 电泳

（8）质粒线性化：若 PCR 与酶切都为阳性则成功。将质粒线性化，纯化后，分别溶于 25 μl 无菌 TE 中备用。

DNA	27 μl
10×K 缓冲液	5 μl
BamH Ⅰ	1 μl
H_2O	至 50 μl

混匀，37℃放置 1 h，跑 0.8% 的胶，切胶、纯化

（9）质粒定量及计算：

测质粒的 OD_{260}：（OD_{260}）×（稀释倍数）×40÷1 000 ＝（mg/ml；平均分子量 ＝（碱基数）×（660 道尔顿/碱基）；平均分子量 ＝ mol/ml；1 mol ＝ 6.02×10^{23} 摩尔分子（拷贝数）。

4. 实时 PCR 标准曲线：

（1）稀释方法：首先将原液稀释至 1 fmol/μl，然后将 1 μl 质粒原液加入 99 μl 无菌 TE 中，成为标准品 10^{-2}，将 10 L 标准品 10^{-2} 加无菌 TE 中，成为标准品 10^{-3}，依次稀释至标准品 10^{-10}，每管分装成 6 μl，储存于 –20℃备用。

（2）25 μl 实时 PCR 反应体系：

10 ×PCR 缓冲液（含 Mg^{2+} 2.0 mmol）	2.5 μl
2.5 mmol dNTP	1 μl
上、下游引物混合液（各 7.5 pmol/μl）	1 μl
TaqMan 探针（5 pmol/μl）	1 μl
cDNA 模板	2.5 μl
ROX	0.5 μl
Taq DNA 聚合酶	0.25 μl
PCR H_2O	加至 25 μl

（3）实时 PCR 反应条件为：第 1 步，94℃，5 min；第 2 步，94℃，30 s；第 3 步，59.5℃，30 s；第 4 步，重复第 2、3 步共 40 个循环，最后 70℃，1 min。

（4）分别取 10^{-2}~10^{-8} 标准品作为模板，将 25 μl PCR 反应体系放在 ABI 7300 实时定量 PCR 仪上进行 PCR 反应，平滑肌细胞 $k_{ir}6.1$、SUR2B 和 β- 肌动蛋白标准品均得到理想的标准曲线。

5. 实时 PCR 及结果定量分析：将各样本以 25 μl PCR 反应体系在实时定量 PCR 仪中扩增，每批样本均重复两次 10^{-2}~10^{-8} 标准品。应用 ABI 7300 软件，结合标准曲线计算样品的 RNA 含量。各样本 $k_{ir}6.1$ 和 SUR2B 的表达定量结果进一步以 β- 肌动蛋白结果标化。

四、蛋白质印迹

（一）提取细胞总蛋白质

细胞培养于 25 cm^2 培养瓶中，取生长状态良好的细胞按实验组加入处理因素。处理结束后弃培养液，用冷 0.01 mol/LPBS 洗 3 遍。将 PBS 尽量吸净后，加细胞裂解液 100 μl/ 培养面积。用细胞刮将细胞裂解的混悬液收集于 EP 管中，于冰上静止放置 30~60 min。4℃、12 000 r/min 离心 10 min，取上清液–20℃存放备用。

（二）蛋白质含量测定

1. 原理：应用 Bradford 法。本方法通过测定考马斯亮蓝染料与待测蛋白质的结合量，并与结合这种染料的不同量的标准蛋白质（通常是牛血清白蛋白）进行比较来定量未知蛋

白质。

2.标准曲线的制作：

（1）分别在两组微量离心管中各加入 0.5 mg/ml 牛血清白蛋白 5、10、15、20、40、60、80 μl，以 0.15 mmol/L NaCl 溶液补足至 100 μl，同时以两管 100 μl 的 0.15 mmol/NaCl 溶液作为空白对照。

（2）每管各加入 1 ml 考马斯亮蓝染料溶液，混匀，室温放置 2 min。

（3）用 1 cm 直径的微量比色杯测波长为 595 nm 的光密度，对标准蛋白质浓度作图，画出标准曲线。

（三）样本蛋白质含量的测定

取各样本 10 μl，加入 0.15 mmol/L NaCl 溶液 90 μl 和考马斯亮蓝染料溶液 1 ml，混匀。测定各样本的光密度，在标准曲线上查出相应样本中的蛋白质浓度。

1.蛋白质变性：对浓度已知的蛋白质样品加适量 2×SDS 凝胶加样缓冲液，混匀，煮沸 5~10 min，趁热以 12 000 r/min 离心 5 min，直接电泳。

2.变性 SDS 聚丙烯酰胺凝胶电泳：

（1）将电泳玻璃板冲洗干净，固定。

（2）灌注 12% 分离胶，立即加水覆盖。

（3）分离胶聚合完全后，倒掉覆盖层液体，用滤纸吸干剩余的液体。

（4）灌压缩胶，立即插入梳子，补平液面。

（5）压缩胶聚合完全后，小心移出梳子，拨直加样孔，冲洗。

（6）将凝胶固定于电泳装置上，上、下槽各加入 1×Tris 甘氨酸电泳缓冲液。

（7）按预定顺序加样，每孔上样量约为 80 μg 的蛋白质。

（8）恒压电泳至溴酚蓝染料从积层胶进入分离胶后，将电压调至 120 V，待溴酚蓝到底部时结束电泳。

3.电转膜：

（1）将凝胶放在电转液中浸泡数分钟，海绵提前 30 min、滤纸和 NC 膜提前 10 min 用电转液浸湿。

（2）由阴极至阳极依次放置海绵、3 张滤纸、凝胶、NC 膜、3 张滤纸、海绵，按顺序放在转移夹中，注意每层之间不能有气泡。

（3）将转移夹放入转移槽中，凝胶位于负极，NC 膜位于正极。

（4）恒流 100 mA 置于冰上或 4℃冰箱内，转移 2 h。

4.染膜与封闭：

（1）染膜：湿转结束后拆卸转膜夹层，将转印了蛋白质的 NC 膜浸泡在丽春红 S 染料溶液中，室温平缓摇动 5~15 min；用去离子水脱色 1~2 min，可见明显红色蛋白质条带，证明蛋白质转膜成功。用滤纸吸干水分，铅笔标记清楚备用。

（2）脱色：用 0.05%TPBS 洗膜 1~2 min，直至丽春红颜色全部消失。

（3）封闭：将完全脱色的 NC 膜放入装有封闭液的平皿中，室温轻摇 1 h。

5.洗膜与杂交

（1）封闭结束后加一抗，用 0.05%TPBS 溶液稀释相应的一抗（$k_{ir}6.1$，1 : 400 稀释；SUR2B，1 : 200 稀释；GAPDH，1 : 1 000 稀释），于 4℃孵育过夜。

（2）0.05% TPBS 洗膜，每次 15 min，共 3 次。

（3）加相应辣根过氧化物酶标记的兔抗羊（或抗鼠）IgG（1∶5000,0.05%TPBS溶液稀释），室温平摇孵育 1 h。

（4）0.05% TPBS 洗膜，每次 15 min，共 3 次。

6. 发光反应：

（1）取等量化学发光剂 A 液和 B 液（用量依硝酸纤维素膜的面积而定），混匀，将其滴加在 NC 膜蛋白面上，室温孵育 1 min。

（2）将 NC 膜正面朝上放在一张透明的塑料保鲜膜上，将保鲜膜紧密包裹起来。在暗室中，将感光胶片放在膜上，曝光 1 min。

（3）暗室中将胶片进行显影、定影，用自来水冲洗，晾干。

7. 图形处理及半定量分析：采用 AlphaImager 成像系统扫描蛋白质条带，并测定蛋白质条带的光密度，每一蛋白质条带均以自身的 GAPDH 光密度进行标准化。

五、细胞免疫荧光分析操作步骤

1. 采用第 4 代细胞传代接种于培养皿，培养皿中已预先放置了铺有多聚 L- 赖氨酸的盖玻片。

2. 细胞贴壁生长稳定后，置于无血清 DMEM 液中孵育 24 h。正常对照组用乏血清 DMEM 培养液培养；硫氢化钠组用乏血清 DMEM 培养液加入 NaSH 使其终浓度分别 10^{-5}mol/L、10^{-4} mol/L 和 10^{-3} mol/L。

3. 各组细胞继续培养 24 h 后取出细胞爬片，用 0.01 mol PBS 清洗 3 min，2 次。

4. 用 4% 多聚甲醛固定 30 min，0.01 mol PBS 洗 5 min，2 次。

5. 加入 0.3% Triton-X100（PBS 配制），室温浸泡 30 min。

6. 加入 3% BSA（PBS 配制），37℃封闭 30 min。

7. 滴加适量体积（每片）的一抗（k_{ir}6.1，1∶200；SUR2B，1∶100），置于湿盒中，4℃过夜。

8. 用 PBS 洗 5 min，洗 3 次。

9. 滴加 FITC 标记的兔抗羊二抗（1∶200）于湿盒中，37℃避光孵育 30 min。

10. 用 PBS 洗 5 min，3 次。

11. 滴加 FITC 标记的兔抗羊二抗（1∶200）于湿盒中，37℃避光孵育 30 min。

12. 用 PBS 洗 5 min，3 次。

13. 用防荧光猝灭剂封片。

图像采集和结果分析：在 TCS SP5 型激光共聚焦扫描显微镜下观察检测 kir6.1 和 SUR2B 在细胞中的分布和表达水平。以 3% BSA 和 PBS 代替一抗，分别行替换对照和空白对照，同步进行上述免疫荧光细胞化学染色。由 Leica 激光共聚焦扫描显微镜系统软件分析结果，数据以单位面积平均荧光强度表示。

参考文献

[1] Aghajanian GK, Rasmussen K. Intracellular studies in the facial nucleus illustrating a simple new method for obtaining viable motoneurons in adult rat brain slices. *Synapse*, 1989: 331-338.

[2] Blanton MG, Lo Turco JJ, Kriegstein AR. Whole-cell recording from neurons in slices of reptilian and mammalian cerebral cortex. *J Neurosci Meth*, 1989, 30 :203-210.

[3] Dodt HU, Zieglgansberger W. Visualizing unstained neurons in living brain slices by DIC-infrared videomicroscopy. *Brain Research*, 1990, 537 : 333-336.

[4] Edwards FA, Konnerth A, Sakmann B, et al. A thin slice preparation for patch clamp recordings from neurones of the mammalian central nervous system. *Pflug* Arch, 1989, 414: 600-612.

[5] Hamill OP, Marty E, Neher E, et al. Improved patch-clamp techniques for high-resolution current recording from cells and cell-free membrane patches. *Pflug* Arch, 1981, 391: 85-100.

[6] Li CL, Mcilwain H. Maintenance of resting membrane potentials in slices of mammalian cerebral cortex and other tissues in vitro. *J Physiol*, 1957, 139 :178-190.

[7] Murchison D, Griffith WH. High-voltage-calcium currents in basal forebrain neurons during aging. J *Neuro physiol*, 1996, 76 :158-174.

[8] Stuart, GJ, Dodt HU, Sakmann B. Patch-clamp recordings from the soma and dendrites of neurons in brain slices using infrared video microscopy. *Pflug Arch*, 1993, 423: 511-518.

[9] Ye JH, Zhang J, Xiao C, et al. Patch-clamp studies in the CNS illustrate a simple new method for obtaining viable neurons in rat brain slices: glycerol replacement of NaCl protects CNS neurons. *J Neurosci Meth*, 2006, 158: 251-259.

第三章

数据采集与分析的基本原理

现在有越来越多的计算机软、硬件应用于高度自动化电生理实验和数据分析，这意味着除了简单的应用外，还包括决定在实验中应该采用哪一类的计算机系统，其中包括外围设备和软件包等。由于硬件和软件产品更新速度快，目前不可能提供一个完整的对可以购买到的设备的总评。因此，要了解一些具体知识和分析方法可以阅读有关文献，也可参考有关仪器设备性能说明和操作手册。本章先介绍有关数据采集和分析软件的开发和购置标准，然后主要介绍数据分析的种类以及如何应用各种软件来将其完成。最重要的是需要弄清楚，进行一次成功的实验，哪些性能是必不可少的，以及数据的采集和分析软件是否具备相关性能。最后将叙述应用于单通道电流和宏电流的数据分析过程梗概，但只对基本原理和优、缺点加以讨论，更详细的理论处理和数值运算，读者可参阅有关参考文献及本书后续有关的章节。

第一节　分　析　水　平

电生理数据采集的主要目的是对被研究的生物体系电信号进行定性和定量分析。定性分析包括评估在改变实验条件时，复合动作电位曲线形状的变化；定量分析包括测定分子与离子结合的平衡常数，是以测定单通道动力学为基础的。第一种情况只需要记录数据、定时和显示，第二种情况则要求致力于应用单通道分析功能。

从采集数据开始，然后是显示和预分析。工作的主要部分是在原始数据的水平上，分析电生理学中的特殊问题或分析早期阶段的各种参数。另外，也可能会遇到一些非常特殊的任务，用标准软件包不可能解决，因而还必须用普通程序或进行编程。除了必不可少的一定类型程序的性能外，还不应该低估避免误差程序性能的重要性。通常，实验者应该对参数和控制函数有清晰的认识，并在实验进行期间或分析过程中作出决定。这样也使实验者把已经记录到的数据认定为"正确的"，即必须肯定这些数据的可靠性。通过正确显示记录到的数据踪迹或记录数据的文件结构，以及进入在线分析选项，都可达到上述目的。这有助于决定是否立即中止实验还是继续进行实验。应当使采集数据过程自动化和设计适当的界面，这不仅可以节约时间，而且还可以大大降低错误的发生率，成功地进行实验。在电生理实验中常常会出现很多问题，需要对其性质进行特别分析，其中也包括编程中的问题，在这种情况下就需要依靠分析软件。采用适当的商用软件，可能最适合于原始数据结构，通常其运行比通用软件快。

根据软件的复杂程度，可以把它们分成若干个组，从分析原始数据（如电流对时间的数据）开始，然后进一步分析通过原始分析得到的数据或转换数据（如事件直方图和功率谱等）所得到的一些参数。以下各节将讨论原始数据分析的应用，包括单通道事件的分析、宏电流松弛实验的分析和电流起伏的分析等。另外还要考虑的一个重要问题是分析软件的界面。人们常希望只用少量的程序就能得到满意的结果，这是可以实现的，只要用与采集程序的布线相似的方法对分析软件进行布线，并且支持相同类型的数据结构，就可以办到。采集程序负责控制实验和记录脉冲数据或连续数据，并与全部必需参数共同完成重构实验的连接，其中也包括实验者所做的标记等。然后由一个或多个特定的程序（如单通道分析、脉冲数据分析和噪声分析等程序）直接读出这些数据。

信号学说给处理电生理数据提供了许多算法和方法，尤其是在消除和补偿信号畸变方面更是如此，其细节在本章以后各节将详细进行介绍。针对记录到的信号可能受到噪声干扰或只能记录到较少的数据采样，在过去几年中，研究出了一些对单通道电信号进行重建的方法。然而，如果在数据分析时忘记了注释的参数或难以解译手写在记事本上的码，则有可能根本无法严格重建实验时的各种条件。另一个可能的难题是将数据格式化，以便被各种不同的分析途径识别。因此在着手记录数据前，应当仔细地制订一个或一组实验计划，在计划中应考虑被测参数的种类和所需要的精度。这样设计出实验任务，可能会对实验和分析过程有一定的限制，而且所受限制并不立即明显地表现出来。重要的是需考虑如下一些问题：① 这些实际数据确实包含这些参数衍生出来的信息吗？② 有软件工具能提取所期望的信息吗？③ 这些软件工具以这种形式是否能够接纳这些数据？④ 如何能够方便地进行数据采集和分析？

第二节　数据的采集和预分析

数据采集和预分析通常用复合软件包部分，主要包括调节程序的流程和实验过程中的主要控制单元。这些程序早期版本的主要任务是产生脉冲模式、刺激信号和记录电流踪迹。很多新版本已添加了更复杂的功能，如多样显示、在线分析和较晚阶段的分析等。

一、数据采集

电生理信号通常由放大器转变成模拟电位。以后在进行分析时，必须显示这些电位。用示波器、记录仪和调频磁带等，均可记录模拟信号。然而由于这些数据最终要输入到计算机进行分析，因此，须把模拟信号转变为数字信号，本节将讨论模/数转换、数据滤波，以及电生理数据的存储和提取。原始数据采样和某些信号处理（如数字滤波和压缩）只构成采集程序的一小部分。为此，必须考虑一些问题：最大、最小采样速度，在任意时间采样点最多的数目，以及是否支持连续数据记录所要求的记录速率等。

（一）模/数转换

在实验的早期阶段就应考虑到在计算机内部数据是以数字化表示这一问题。应用模/数（A/D）转换器以达到数字化的目的。模/数转换器是连接到计算机的母线。在有些情况下，A/D 转换功能已经装在放大器（如 EPC-9）或记录单元内。

1. 动态范围：通常 A/D 转换器接受模拟信号的电压范围为 ±10 V，但由于数据是用数字系统操作，A/D 转换器常标定的最大范围是 ±10.24 V。因此，放大器的输出信号决不可超过这一数值。另一方面，为了增加电压的分辨力，信号应该尽可能在这一范围内运转。为了有效地利用电子设备（如放大器或 A/D 转换器），测量是在这一动态范围之内的，而这一范围又与被测量的最大信号和最小信号的比率有关。如在最高增益为 1 000 mV/pA 和给定的带宽下，膜片钳放大器能记录到小至 10 fA 的信号。因为输出的最大值为 10 V，最大可测量的信号为 10 pA，这就得出动态范围为：$20 \times \log$（10 pA/10 fA）dB＝60 dB。为了增大动态范围，在膜片钳放大器中内置了增益功能。200 pA（在 50 mV/pA 较低的增益下）和如上所述的最小信号，减低了放大器的增益，现在具有的动态范围为 86 dB。测量大电流时，需要改变放大器的反馈电阻，因为反馈电阻的改变可使电流噪声增加，进而使分辨率降低。

在一定的放大器动态范围内，必须考虑 A/D 转换器的电压分辨率。通常，A/D 转换器代表电压水平在 ±10.24 V 范围内，由 8、12 或 16 位数组成，当前如用 12 位数技术代替 8 位数板，则导致分辨率变为 5 mV/ 位数。现代转换器的性能可提高到 16 位数，但由于仪器噪声常常会使两个最高分辨率位数混淆，所以这些转换器实际上只能提供 14 位数的有效分辨率（1.25 mV/ 位数）。在某些极端情况下应用，可以牺牲采样速度为代价来使用有较高分辨率的转换器。一块有效分辨率为 14 位数的 A/D 转换板可提供 84 dB［$20 \times \log$（$2^{14}-1$）］的动态范围，这就能与膜片钳放大器的动态范围很好地匹配。无论如何，在采集数据时，信号都不能饱和。放大器饱和可能是一个很麻烦的问题。虽然可以比较容易地检测出低频成分的饱和，但非常快的高频成分的饱和则不容易被检测出。因此，有些放大器提供了削波监视器和内部的低通滤波器，以避免饱和。其目的是使放大器输出端产生的信号在 ±10.24 V 范围内，并且具有最高的带通滤波范围，而不使放大器饱和，然后将输出信号滤波，以适应 A/D 转换的需要。

2. 香农采样定理：A/D 转换器只能限制采样速率，对信号也有一定的带宽限制。采样定理是指采样速率应该比信号内的最高频率成分快 2 倍以上。因此，只有采样频率大于 2 kHz，才有可能安全地采集到 1 kHz 的理想正弦波。违反这个原则将引起信号畸变（图 3-1）。在频率范畴，这等价于较高频率成分"折叠"而被采样设备达到的频率范围。简单地说，这种畸变等价于把两个高调的频率结合起来而出现的低拍频。畸变的问题可能相当严重，而且必须用校正低通滤波数据解决。也就是在 A/D 转换前，把高频成分从信号中除去。

（二）滤波

对电生理信号进行低通滤波有两个目的：一是消除高频成分以避免信号畸变；二是减少背景噪声以增加信噪比。低通滤波的特征是由角频率、陡度和类型加以详细描述的。角频率或截止频率是指在这一频率时，信号的功率减小 2 个功率因子，即振幅降低 $1/\sqrt{2}$ 则相应振幅衰减 –3 dB（分贝）。角频率可能与滤波器面板上所标示的有差别，因为有些制造商使用不同的角频率定义。如果不能确定一台滤波器的角频率，那么可从一台正弦波发生器输入一定振幅的正弦波到滤波器，并且逐渐增加频率，直到滤波器输出信号的振幅衰减至输入信号振幅的 $1/\sqrt{2}$，就可确定这一频率就是角频。滤波器的陡度以"分贝 / 倍频程（oct）"表示，即频率增加 2 倍时信号振幅衰减的幅度［以分贝 / 倍频程表示滤波器的陡度，则反映频率每增加 10 倍所衰减的振幅］。滤波器函数陡度也由其数量级或等价于由极（pole）数来表示。4 极低通滤波器具有 24 dB/oct 或 80 dB/ 十进位制的斜率。普通的滤波器为 4 极，8 极滤波器更昂贵，但能更有效地滤波。此外，高阶滤波器更近似高斯软件滤波。在进行数据分析时，用高斯软件更容易进行理论处理。如果已知滤波器的特性，我们就可观察到，超过角频率部分的输入信号谱仍在滤波器的输出中。因此，必须使用大于 Nyquist 最小的（角频率的 2 倍）

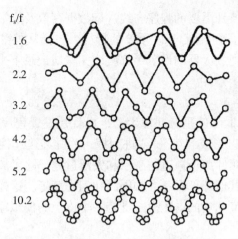

图 3-1　频率为 f（粗线）的正弦信号以频率为 f_s 进行采样

采样点用圆圈表示，并用直线将其连接。按采样定理，以 2 作为最小的采样系数（f_s/f），则可以看出，如果只用线性内插法，只有采样系数大于 4 才能可靠地重建信号。采样系数小则不仅不能重建信号，而且低频信号也会比较突显，即出现信号畸变

采样速率。采样速率和信号角频率的比率，称为过采样因子。如果用 8 极滤波器，过采样因子为 5，这对于绝大多数的应用来说，就已足够了。如果在分析数据时没有内插，要准确地重建信号波形，采样因子为 10 则可能更为合适（图 3-1）。

　　在给定的角频率下，滤波器的陡度在时间范畴里，如何影响阶跃输入脉冲的反应？滤波函数的滚动越陡，通过滤波器的高频成分越少，在脉冲开始后的上升相越平滑，由滤波诱导的延迟增加。在生物数据处理中，应用最普遍的滤波器是 Bessel 滤波器（时间范畴的分析）和 Butterworth 滤波器（频率范畴的分析）。在时间范畴内，Bessel 滤波器是最重要的，因为如果输入的是阶跃函数，在给定的陡度下，这种滤波器产生输出信号的过冲最小。此外，Bessel 滤波器还相应地延迟所有频率成分，保持信号原有的波形不变，这对分析单通道事件是特别重要的（见本章第 3 节）。在频率范畴内的噪声分析中，常用 Butterworth 滤波器和 Tschebycheff 滤波器。这些滤波器在频率范畴内能有效地衰减频率高于角频率的信号。但是，在阶跃反应中也会引起颇为明显的振荡。至此，只讨论了低通滤波器，相似的考虑也适用于高通滤波器。这类高通滤波器只有低频成分衰减，根据需要也可消除基线起伏这一类的慢信号，如可以用这些高通滤波器进行噪声分析。在这种情况下，信号的起伏成分是很重要的，在平均电流中慢的起伏将引起信号饱和。这些滤波器就如同带有可调频的交流偶联设备。在某些情况下，需要将低通和高通滤波器相结合，如应用这种带通滤波器设置放大器的频率窗口来测量均方根值（rms）。只衰减一定频带的滤波器称弃带滤波器（band reject filter）。集中 50 Hz 或 60 Hz 的锐弃带滤波器，可以用来消除导线引进的信号失真。

　　如上所述，数字滤波最常用于显示和分析。然而，如果计算机及其外部设备运行足够快，在 A/D 转换前利用固定的抗畸变滤波器，往往就能以最快的速率进行采样，以及在特定的带宽下进行数字滤波分析。在数字滤波后，如果在高频范围没有重要的信息，为了减少存储于硬盘的数据量，则可以将数据进行压缩。

（三）实验流程的控制
　　按现今的标准，采集程序不仅能记录数据，而且能提供一个多功能的工具箱，因而能

预先设计实验。通过满足特殊需要的程序布线进行数据存取及宏汇编，重复程序事件的"记录和重放"，就可以部分达到上述目标。重要的特征，包括从外部设备和从放大器输入的参数（特别是应该尽可能地把放大器的设置）都应该完整地记录下来，以便在将来分析数据时尽可能准确地重建实验时的条件。

（四）脉冲模式的产生

脉冲数据记录的最基本部件是脉冲发生器，也就是设置程序发给放大器的电压命令模式。有可能连接各种脉冲以形成"簇"，或进而把一些脉冲簇连接到一起，组成必要的复杂刺激，可用于研究电压依赖性离子通道的激活和失活过程。除了放大器命令电压的脉冲模式外，脉冲发生器也能控制其他外部设备，如阀门和闪光灯等。这样可以在脉冲的特定时间设置数字脉冲，或以分开但又同步的电压模式支持一个以上的模拟输出导联，从而达到实现上述功能的目的。

（五）踪迹和相关信息显示

因为生物标本有不稳定性或变异性，所以电生理实验总是处于高度相互作用的过程，在测试过程中常常必须当即作出决定。前面已提到关于利用刻板布线的重要性，这与需要有灵活性并不矛盾，因为简单化使实验者可把时间集中于测量、判断所获得数据的正确性，以及决定下一步该做什么等。因此，在实验时数据的呈现也是一个重要的问题。快速瞬态放电产生的尖峰信号可导致由于信号饱和而引起的误差。除了将电流踪迹尽可能真实地显示外，重要的是还应具备能将其他有价值的实验参数导进的入口，并把这些实验参数与原始数据一起存储起来。因为在很大程度上，需要的外部参数根据实验种类不同而不同，最好只对那些实际有益的参数予以注意。另外，也不能低估文件化的重要性。因此，采集和分析程序应提供单个扫描、扫描簇、簇组和整个数据的文件。在每个数据扫描上做标记，如在非稳态单通道记录时，标明空白对照就是非常有帮助的，可在以后数据分析阶段节省很多时间。为增强计算机的性能和降低数据存储的耗费，鼓励存储比实需更多的数据。最坏的情况是明显存储了多余的数据和没有存储有价值的数据。虽然以后可以把这些无用的数据删除，但应该强调的是，这样增加了从越来越庞大的数据中提取有固定质量信息的难度。这如同需要花费更多的时间从越来越深的海中去捞一根针。因此，采集和分析程序应该提供在实验中记录到的数据的入口，这有利于有选择地删除、压缩和平均数据。

（六）在线分析

在上述显示性能中，已经执行过一类分析。按照特定的方式，利用数据踪迹的分析途径，可以对采集到的数据踪迹进行更多的定量分析。这样的在线分析功能是测定电流的最大值和最小值、达到峰值的时间、平均值和离散度等。如在脉冲发生器所列举的，在特定的时间窗口设置与数踪迹相关的时间段内的特定时间，以测定这些参数。然后把分析结果通过数字表或作图加以显示。做图时，一些横坐标选项能产生多样的在线分析图，如在稳态失活曲线中，可以测定恒定测试脉冲段内的峰电流，然后把结果对脉冲前时间段的电压作图。

二、数据存储和提取

单通道记录到的长踪迹占用很大的磁盘空间，因此，在应用计算机进行连续分析前，常常要把它们存储在价格不贵的媒体内。模拟信号可以调频的格式存储在模拟磁带上。然而在存储前，常将信号数字化，然后用普通的盒式录像机（VCR）将其存储在视频磁带或数字化的音频磁带上。这些媒体价格不高，而且能以最大达 100 kHz 的采样速率把采集到的

1 h 以上的数据存储到磁带上。另外，也可以把数据读到计算机内，并把这些数据直接转到计算机媒体上。目前，一般都把数据存储在硬盘上。如果只存储感兴趣的事件，可以将活动低的单通道记录进行压缩，通过事件捕获器采集数据，并有选择地进行存储。同样的软件也适用于记录自发突触电位或电流。短段的数据，尤其是在转换条件下记录到的短段数据，更应直接存储到硬盘上，这是解决严格定时最简便途径。取决于硬件的情况，已有一些可援用的软件包，这些软件包可提供许多工具，以保持实验磁道，并分析数据。

三、连接到其他程序的界面

采集程序的核心，不仅能控制实验流程，而且也限定数据结构。因为在开发计算机采集软件时，所考虑的任务和途径是变化的，大多数程序都能产生其自身的特殊数据结构。因此，分析程序应该能识别输入数据的各种结构，但实际上很少能做到这一点。有些公司研制出的程序能将一种数据结构转变为另一种数据结构，但如果两种数据结构的信息不兼容，则同样会出现麻烦。有的程序通常能转换一些重要信息（如原始数据踪迹、定时、增益等），但通常几乎不可能转换相伴随的信息和用来重建诱发存储数据的脉冲模式。因此，应用与采集程序同源的分析软件是有利的。然而，有时这是不可能办到的，因为采集程序可能不支持某些特殊的分析性能，即使支持某些性能，也是很不充分的。在这种情况下，连接到总目标程序的界面，采集程序须允许以更普通的格式输出数据，如文本表格（ASC Ⅱ）。

第三节　单通道电流的数据分析

用仅有一个或少数几个离子通道的膜片来记录电流，最适于分析开放和关闭离子通道事件。电流信号（如时间函数）直接变换或以采样对采样为基础的直方图，用来获得单通道记录总的梗概。在直方图中，峰值的评估使之有可能测定单通道电流水平的数目，或是否存在亚水平。单通道分析程序的主要任务是编辑事件表。为此，必须检测、定性存储单通道电流事件。在进行实际事件分析前，数据必须滤波，以适合这种分析。事件检测程序输出的是事件表，其中至少包括电平指数、振幅和持续期的每个转变。分析下一电平，必须有选择地把信息从这些事件表中提取出来。典型的应用是在一定事件跃迁或电平下，用于编译振幅和持续期的直方图。这些直方图可以在不同的途径下编辑和显示，并且可用于把数据拟合为函数模型，如振幅的高斯曲线或持续期直方图的多指数函数。目前有各个商家开发的适合于各种计算机硬件的各种单通道事件分析软件包。许多实验室也研制出了一些同类程序，但尚未在市面上出售。这些程序的质量和性能有很大的差别，因此，在购买前必须仔细评估其规格和示范程序。以下讨论的一些问题，可能有助于确定这些程序应有的和所需要具备的性能。

一、数据的准备

（一）数字滤波和数据显示

这类程序应能采集连续的或脉冲的单通道数据。要想检测或显示单通道事件，通过数字低通滤波器后，数据必须呈现在计算机的屏幕上。因为高斯滤波器具有与高阶 Bessel 滤波器相似的特性，且其专门对单通道事件进行分析，所以通常采用高斯滤波器（图 3-2）。此外，在数学上以紧密形式来描述高斯滤波器，因此，在一些运行速度相当快的软件内也可以执行。

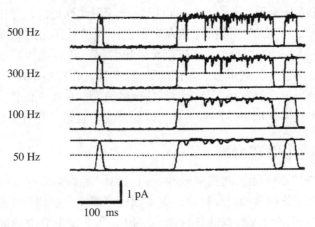

500 Hz

300 Hz

100 Hz

50 Hz

1 pA

100 ms

图 3-2　用高斯滤波器处理单通道电流事件

以 2 kHz 采样频率记录到的单通道电流事件，然后用左侧所标出的角频率，通过高斯数字滤波器，适当地设置在长时间通道开放期间，能降低简短闭合事件的振幅，以致这些事件不能超过 50% 阈值（虚线）

无论如何，由于数字滤波需要花费很长时间，所以首选运行速度快的计算机。单通道转换必须在高时间分辨率下检测，如果分析耗费较长时间记录下的数据，就可能失去对记录结果的总体印象，因此，应在不同的时间尺度下进行分析。同时，在屏幕上呈现 2 个或 3 个数据是非常有好处的。在最高的时间分辨率下，屏幕上的数据点可能会显得非常稀少。为了平滑和仔细地分析单通道记录，必须用某种内插法。最容易的方法是用直线把这些数据连接起来，较好的方式是用较复杂的曲线函数（如立体多项式）进行拟合。

（二）泄漏电流校正

如果单通道事件是由电压脉冲引起的，那么在实际进行单通道信号分析前，必须补偿相关的瞬态电容、电流和泄漏电流。在记录非静态、低活动的单通道电流时，可以把没有通道开放的数据扫描进行平均，并作为参考背景。然后从单个数据扫描中直接减去这些"零"踪迹。如果平均泄漏电流记录的噪声太大，通过与理论函数拟合，就可以使之理想化。通常用多项式或总指数函数是较合适的。

二、事件检测

在单通道分析中的事件是指一个离子通道开放或关闭而引起的电流的突然改变。一旦检测出来，这种事件必然会显示出一定的特征，并存储在事件表中，事件表是用于对通道电流（振幅）和通道动力学（持续期）进行统计学分析。一个事件的特征必须通过 2 个参数来描绘：① 振幅；② 时间（即达到振幅的 50% 所需的时间）。为了便于分析，常需要注意电流水平指数，这一指数用于详细说明在事件发生后（或发生前）有多少通道开放（如"0"表示全部通道关闭；"1"表示有 1 个通道开放）。除了有规律的事件外，还引入"特殊事件"这一概念，指相对于正常通道开放的亚水平事件。这意味着事件表分析程序能提取亚水平持续期，以及有或无亚水平贡献的主水平持续期。附加的信息可能包括电流的变化和如何检测事件，以及如何测定振幅（如用手工还是自动测定振幅，或从以前事件测定振幅）。为了避免基线漂移的影响，除了用持续期测定振幅外，对每个事件可存储 2 个振幅。尤其是非稳态单通道事件表，因其与相应刺激开始或特殊脉冲片断有关，故必须给出事件定时。单通道分析程序的主要部分是由一些事件检测算法构成的。有一些策略是遵循市面上可购买到的程序。可自动或人工手动来预设基线电流和单通道电流振幅，然后穿过一定的关键电流阈值来决定跃迁。为了获得阈值的客观标准，常用自动方法来测量滑动窗口内的变量。

（一）单通道分析的滤波

在稳态和非稳态的记录中，最艰难的任务是选择正确的分析带宽。这很大程度上取决于信噪比，也就是背景噪声引起的虚假事件对检测的影响到什么程度？另一方面，带宽太狭窄可能引起短的通道事件丢失，因为后者只可能在信号看起来像什么样子的情况下加以判定，所以须在估计的带宽下进行初步单通道分析，从所测定事件的分布来判断有多少被丢失的事件，从而选择出一个最适合的带宽。

（二）阈值交叉法

检测事件最普通的方法，是以开放与关闭电流电平的一半作为阈值（见图3-2）。这种"50%阈值"方法是容易执行的，并且只要电流达到全通道电平，就不需校正事件的持续期，因为滤波的效应延迟了对实际的通道跃迁与测量时间（此时电流穿过阈值，开放与关闭是相同的）的时间滞后。对那些不能达到下一个水平的事件，则必须加以校正。通过人为创造方形单通道事件，并用滤波器滤掉该事件宽度约75%的上升时，可以校正单通道分析程序。然后设置正确的单通道振幅，用50%阈值为标准分析事件。如果低估实际事件宽度，则表示没有正确进行校正。在非稳态记录中，为了产生正确的第一潜伏期时间隔，事件的定时必须与扫描开始时间相关联进行校正。由系统（包括用于分析的数字滤波器）反应导致的延迟，可使所有检测出的事件移向左侧。虽然滤波越强越好，但高于50%水平的阈值交叉法能用于噪声非常杂的数据。在可以达到的最大速率下，采集到的噪声非常小的数据，检测事件必须低于50%水平。如果采样装置不能以足够大的速率采集数据，则可能出现上述限制。假设想以最大速率为44 kHz和低通滤波器，用10 kHz来记录振幅为20 pA的单通道事件到PCM VCR上。在这一带宽下，均方根噪声可能是500 fA，因此检测阈值可以安全地设置为标准差的8倍（即4 pA），相当于20%阈值标准。

（三）时间过程的拟合

如果通道事件的振幅是均匀的，用交叉阈值法就可以得到良好的结果。如在活动暴发期间，短暂的闪变代表通道完全关闭，能把阈值交叉事件安全地转变为事件持续期，如果不能确定事件真的是"满"振幅，即这些事件太短而不能充分地进行饱和振幅测定，则会出现模糊点。在这种情况下，允许振幅和持续期变化的理想化方波形状事件来拟合数据，以增加分析的分辨率和可信度。为了创造理想化的通道事件，必须根据系统的传递函数来考虑滤波的效应。因此用高斯滤波器过滤方波事件，能近似地描述阶跃反应的时间过程，或者能用以测量阶跃反应。

（四）自动数据理想化

有一些程序能使单通道事件检测自动化。一种半自动的方法是手动测量一些单通道事件，以得到单通道振幅的大致情况，然后利用它来估计和定义自动搜索路径交叉阈值的标准。从基线开始识别第一个跃迁，如果开放时间足够长，则测定跃迁后的振幅，再设置开放通道振幅到测定的值，并且继续搜索下一个事件（现存通道关闭或另一个通道开放）。用这种算法，亚水平事件和快闪可能会引起严重的问题。因此，只有满足两个条件：① 数据是理想的；② 实验者必须观察自动过程，一旦发现这一算法开始捕获虚假事件，就立即把它中断。在任何一种情况下和任何时候，如果把已存储的数据理想化（即将事件内容列表）叠加到测量的数据上，是非常有帮助的。这样，实验者可证实自动算法产生了好的结果。另外也有一些其他算法，如在滑动窗口中，用平均电流和离散来检测通道跃迁。这种边际检测可以反复用于将原始事件检测最佳化。

（五）基线漂移问题

如果基线无变化，上述的大部分方法在其时间分辨率的限度内都可以很好地运行。然而应用在很多长时程的记录中，不可避免会有封接电阻的改变。实验者必须确保在单通道分析期间，把真实的通道关闭期作为基线。换言之，就是要求通道活动不太高，并有足够长的通道关闭期。然后用通道与通道之间时期的电流水平，作测定的新基线（如特定点的数据平均数或中位数）。在两条测定的基线之间，必须进行内插。也有很多自动的基线跟踪方法，但使用者往往需要证实，这些算法不会把长时期的通道开放状态或亚开放状态误认为一根新的基线。

三、直方图分析

编辑完事件表后，要做进一步分析，就必须提取包括单通道电流振幅和开放与关闭时期等特殊信息。为了将记录到的数据与理论上的预期值进行比较，应将收集到的事件信息以直方图的形式显示。分别在振幅或时程直方图中，把直方图的横坐标划分为事件振幅或事件持续期区间（bins），计算出在一定的观察期间单个区间内事件的数目，以条形高度表示。

有一些方式可用来显示精心设计的直方图，最直接的方法是持续期采用线性标尺，而每个区间用数字表示。由于直方图分布通常是实验函数的总和，如果实验是以时间作为自变量，则较容易评估动力学成分。另一种非常有用的直方图呈现方式是把指数增加宽度的区间显示为事件的平方根。

四、通道开放分析

至此，我们只讲述了用检测方法来鉴别单通道事件，然后用振幅和持续期显示其特征。但在不同电位下，记录单通道电流或分析单通道电流开放时的噪声电流，则可从单通道记录中提取更多的信息。

（一）有条件的平均

如果离子通道的开放时间能持续几毫秒，利用斜波电位（ramp）可以采集到通道的电流与电压之间的关系。因此，分析单通道事件的程序应该具有编辑的性能，以便从踪迹中提取一部分数据进行分析。图3-3阐明了这种有条件的平均，该图显示4条由相同的斜波电位引起的单通道反应。用游标或鼠标操作可以选择通道开放的节段，也可存储每个采样点事件的总数，然后正确分析经过平均的单通道电流和电压的关系。注意：由于经过这一过程后，多相平均在单个数据点上的误差不再相同，所以除了通道开放部分外，还可以存储基线，用以作泄漏电流校正。

（二）通道开放直方图

以连续采样为基础，用编辑直方图（图3-4）也能分析离子单通道记录。这一直方图的峰值表示主电流的电平，而峰的宽度则相当于电平电流噪声的尺度。对称的偏离峰值表示那些引起分布曲线歪斜的事件（图3-4B）。根据相对区域可以得出电流电平的相对寿命。注意用这些原始数据的方法，一般要求有非常稳定的基线和正确的数据选择节段。即使基线电流有小的偏移，也可能引起通道开放直方图颇为明显地变宽，进而造成对噪声估计过高。

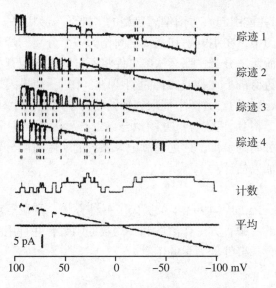

图 3-3　斜波电位诱发的单通道电流直方图

由斜波电位（+100～–100 mV 左右）诱发的单通道电流有条件的平均。选择没有闪烁的部分（垂直的虚线）并累加，然后用每个采样点的总数去除累加出的数据，并显示为"平均"，即可得出有缝隙的单通道电流和电压的关系，这些缝隙为未记录到开放的通道

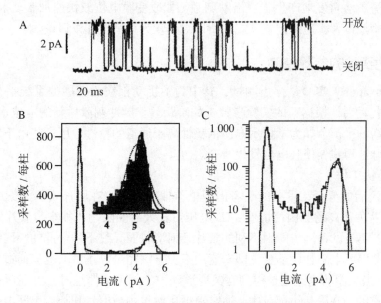

图 3-4　单通道记录的电流振幅分析直方图

A. 经过 1 kHz 低通滤波的外向单通道电流并以 4 kHz 采样速率记录。B. 线性电流直方图。柱宽为 0.1 pA，点状线代表 2 高斯函数的总和拟合到基线的峰值（中间 0.01 pA）和通道开放峰值（5.09 pA）。虽然基线的峰值能很好地用高斯函数描述，但因为短暂开放后立即关闭的事件，所以通道开放的峰值明显地向零的方向歪斜。C. 与 B 的直方图相同，但纵坐标采用对数单位

　　有关单通道行为的更多信息，有时可以通过选择和分析仅代表一种通道状态（如开放或关闭）的电流踪迹来提取。在通道开放期间测得的电流起伏，包括统计学上的背景噪声和通过通道的离子流两个部分。两者都可以近似地用高斯函数加以描述。产生噪声的附加过

程也将加在高斯噪声上，并能引起直方图偏离典型的"钟形"形状。长期持续的亚电平事件，可以在通道开放的直方图中，在主电平和基线之间作为一个分离的峰直接加以检测。如果通道近旁事件的时间太短而无法分辨，那么这些事件将不可能在通道开放直方图中以分离的峰的形式表现出来，而在近旁的方向使直方图歪斜（图3-4B）。如果闪烁事件引起通道完全关闭，则可以用理论手段从歪斜的直方图中提取闪烁的动力学过程。针对一些滤波过重的信号，Yellen设计了一种方法，将β-函数与直方图拟合，以产生闪烁时间分布的时间常数。非常快的动力学过程和很少关闭的事件，远远超过记录系统的实际时间分辨率，可以通过通道开放直方图较高的瞬间来加以估计。

（三）平均离散法

为鉴定亚电平事件，Patlak（1993年）提出了一种方法，及在滑动窗口中计算平均电流和离散。采集整个数目的三维直方图作离散和平均数的函数，并且用峰分开有区别的电流电平，峰的体积和形状包含了事件动力学的信息。

第四节 宏电流分析

本节将讨论对从全细胞或利用电极从大膜片上记录到的宏电流进行分析。在大多数情况下，离子电流不会自发地产生，需借助刺激（如改变膜电位或快速加激动剂）才能诱发。因为电压钳实验是最为普通的记录模式，所以对其较为详细地加以讨论。

一、松弛实验的参数控制

松弛（relaxation）实验是一类测量，其中为了扰动正在研究中的系统平衡，突然改变一个参数。经扰动后，根据新的实验参数（如阶跃频率脉冲刺激后新的电位水平），随时间的迁移而达到新的平衡。如为了显示电压依赖性离子通道的特性，用一些由不同持续期和不同电压构成的脉冲模式，使膜电位发生改变。

（一）电压钳工作

记录到电流后的分析，重要的是考虑膜电位偏离了多少在脉冲实验方案中所规定应有的电位。出现这种偏离的原因可能有：① 电压钳放大器的限制（如来自膜片钳放大器输入端的滤波）；② 不良的钳制（即因不利的膜片几何形状而导致不是全部的膜区都钳制在同一膜电位上）；③ 串联电阻补偿不足（即未能用模拟方法完全校正由大电流通过串联电阻而产生的电压降）。当企图从电流记录得到有关通道动力学的定量信息时，上述所有的这些问题都可能是很严重的。在膜片钳记录中，通常考虑用滤过刺激信号和补偿串联电阻来估计这些导入的误差。

（二）滤波器的延时和上升时

在不充分的电压钳控制状况下，虽然实际的电位轮廓图仅稍微偏离理论的轮廓图，但记录到的电流往往会被低通滤波器引起的失真所掩盖。阶跃反应的延时和上升时通常是用以作为滤波特性的指标。如用截止频率为 f_c 的 8 极 Bessel 滤波器，$0\%\sim10\%$ 延时和 $10\%\sim90\%$ 上升时大约是每个滤波器的 $0.34/f_c$。如果对滤波特性没有准确的了解，如在电极与实际显示在计算机屏幕之间，信号是经过多次滤波的，则有可能以实验测得的阶跃反应作为参考值。如果感兴趣的动力学时间常数远比滤波诱发的延时和上升时慢，则对滤波的影响可以忽略不计。在一些情况下，可以简单地校正测得的时间常数和起始时间。例如，在电压脉冲后，延时和 n 次幂指数函数使电流以"S"形状起始为特征，那么作为第一级近似，滤波器的延时可以从所测得的延时中减去。要想进行更精确的分析，在拟合记录到的数据之前，必须将理论函数通过等价的滤波器进行滤波。

二、信号平均和泄漏电流校正

（一）信号平均

如果在相同条件下反复记录到诱发的数据，为增加信噪比可以把这些电流踪迹平均，这样就可得到更光滑的数据踪迹。如果平均的踪迹数增加 1 倍，在统计学上噪声就可减小 $\sqrt{2}$ 倍。根据自动化程度，不同的程序用不同的方式进行平均，包括：① 在线平均法，这一方法采集和平均扫描数据，并且只存储平均后的数据；② 另一种在线平均法，虽然也只显示平均后的数据，但存储所有单次扫描的数据；③ 离线平均法，这种方法只存储单次扫描的数据，而把平均留给以后阶段的分析程序去执行。第二种方法是最有用的，它一方面可即刻给出平均的结果，另一方面可同时把外部噪声所阻碍的单个数据记录（如由电压起伏而引起的尖峰）在离线分析时去掉。这种离线分析有利于删除和压缩数据。

（二）泄漏电流校正

膜电位变化时伴随有电容电流，在数据分析前就应把电容电流消除掉。在分析电压依赖性的电导时，要做到这一点是很方便的。因此，大多数脉冲数据采集程序支持产生所谓的 P/n 泄漏电流校正方案。在电压依赖性离子通道不被激活的电压范围内，用 n 次按比例缩小的脉冲实验方案版本，并且合成的电流进行分度、平均和从主测试脉冲引起的电流中减去。只有线性依赖于电压的信号得到补偿后，这一方法才能取得良好的结果。在标准应用中，分度系数是 r = 0.25，把 4 个泄漏电流反应相加，即可得到分度 P/4 校正记录。因为从主信号中减去泄漏电流校正信号，噪声增加了 R 倍，其中 $R = (1 + 1/nr)^{1/2}$，r 为泄漏电流与测试脉冲振幅之比。当 r = 0.25，n = 4，噪声增加 $\sqrt{2}$ 倍。将泄漏电流反应与原始数据存储在一起，可确保随后分析数据时，既可与泄漏电流一起分析，也可经漏校后再分析。因为除了"正常"的钳制电位以外，其他电位都从钳制电位跃迁到"泄漏电流钳制电位"也能产生电容电流。如果漏电脉冲的极性相继交替变换，则可在进行平均时把电容电流消除掉（图 3-5A 和 B）。如不做信号平均，但只要在一连串的脉冲内，其泄漏电脉冲就是交替变换的（图 3-5C），也可以减小泄漏电流钳制电位周围小的非线性效应。因为泄漏电脉冲可以影响测试脉冲期间的电流，所以实验者最好分别选择在脉冲前（负泄漏电延搁）或后（正泄漏电延搁）记录泄漏电反应。如果用阻断剂完全消除通道的活动，则用阻断剂后的踪迹进行漏电校正。因此，分析程序应提供一些性能以标记出扫描数据是准备用于做有通道活动的踪迹漏电校正。

三、松弛实验

我们假设宏电流是由同一种离子通道的许多电流事件整合在一起而构成的，因此动力学参数可能与单通道状态跃迁的几率函数有关。根据 Markovian 力学图式、通道状态（如开放、关闭、失活）和电压依赖性跃迁速率常数，从理论上可以描述电压依赖性离子通道的开放与关闭。松弛实验的最终目的是测定状态的占有率和测定作为电位函数的单个跃迁速率，故必须把脉冲实验方案设计成为将测定的宏电流时间常数，尽可能紧密地归因于状态跃迁时的宏电流时间常数。

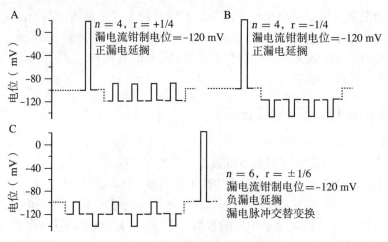

图 3-5　在线泄漏电流校正实验方案

A. 跟随测试脉冲（正漏电延搁）后带有泄漏电脉冲的标准 P/4 脉冲方案。B. 方案与 A 相似，但漏电脉冲与测试脉冲的极性相反。在平均由 A 与 B 所示的方案交替时，确保消除了由从钳制电位到漏电钳制电位引起的电容瞬时放电。C. 由极性交替，I/6 刻度（P/6 方案）标出的 6 个漏电脉冲，在测试脉冲（负漏电延搁）之前

（一）脉冲模式的设计

　　脉冲模式通常包括一些特定的电压和持续期的脉冲节段。在一些情况下，限定这些节段为斜波电位，或为了执行相位敏感的测量，定义在特定直流电压上的正弦波。除了测试节段外，在实验方案中，通常至少还应包含一个节段用于激活通道的启动条件，然后测定通道状态中的跃迁动力学。为了研究时间或电压依赖性，可以系统地改变测试节段或起始节段，因而建立一族脉冲模式。通过加上线性或指数的增量或减量，可改变从一个脉冲到另一个脉冲的单个脉冲的电压或持续期。线性增量广泛用作节段电压。如要研究静态失活特性，可改变起始脉冲电位，而在随后的恒定测试脉冲节段（图 3-6C）期间测量电流（图 3-6E）。如果要衍生出时间常数（如从失活到通道恢复的时间常数），则用对数增量，因为对数增量产生的数据点是根据其显著性而给出的空间。图 3-6 表示一些常用于松弛实验的脉冲方案。

　　如果对脉冲发生器进行详细规定，即哪个节段是测试节段，哪个节段是起始节段，对

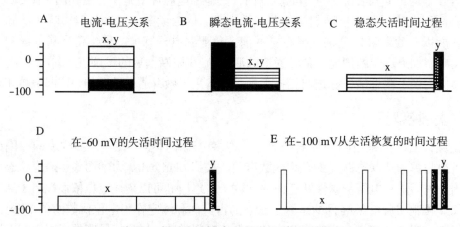

图 3-6 常用于电压依赖性离子通道松弛实验的脉冲方案

字母 x 和 y 分别表示在次级分析时作为横坐标或纵坐标的脉冲节段

分析数据是有很大帮助的。在图 3-6 中，测试节段是用 "y" 字母表示，在这一节段中，必须执行测试，并且将其结果以纵坐标值显示。字母 "x" 表示可变的起始节段（图 3-6 C 至 E），或可变的测试节段（图 3-6 A 和 B），这些 "x" 都用作横坐标值。

（二）动力学参数的测定

从最初的松弛实验到通道门的动力学测定通常是一个很长的过程，因此应对一些已测得的数据以定量分等级水平表示，并与理论模型进行比较。有关激活作用有以下几种层次：

1．当人们的头脑中没有任何模型时，可以根据峰值、半激活时间或半激活时间的斜率等，来描述通道的激活过程。

2．用一些指数函数的总和或乘积以及可能的时间延搁，可以进行更详细的叙述，从而得出有多少动力学成分对通道的激活有贡献。基于最初的假设，利用理想化的起始条件，可将设计的动力学分析解法与数据拟合。用 Hodgkin-Huxley 公式描述数据时就是如此，其激活的时间常数是用一些自由参数来拟合数据的，因而能对模型与数据进行更直接的比较。

3．更直接的方式是把全部跃迁速率和动力学图的占有状态直接与数据拟合，而不是用松弛豫常数这一类的动力学参数。跃迁矩阵代表具体的动力学模型拟合整个数据扫描，甚至拟合一簇扫描，而不需要把起始条件理想化，所产生的数据表述不会被近数值折中。然而，这些方法都是颇费时间的，因而在标准分析软件包中很少执行。

在与数据进行比较前，能用具有等价滤波特性的滤波理论函数来考虑数据滤波效应。由原始数据产生的拟合结果常常还需要进一步加以分析，因此分析程序应该存储这些拟合的结果，并为其提供工具，以显示这些数据作为各种参数函数的特定脉冲节段电位。如常常用实验函数、电流 - 电压关系和 Boltzmann 函数来拟合这些数据。对于一些更特殊的函数，程序可以提供一些工具来解释数字表达形式的字符串，否则必须把这些数据转换成通用程序。

四、噪声分析

如果因从大膜片或全细胞记录得到的电流信号是由许多单通道事件叠加而成的而不能检测单个事件，那么分析电流的起伏也可提供有关单通道特性（如单通道振幅或平均开放时间等）的信息。这些信息可以通过把数据转换成频率范畴（福利叶变换）或在给定的带宽下分析电流的离散度而把信息提取出来。在很多情况下，只要通道开放的概率小，通过简单考虑平均电流和电流离散度，就可以从起伏的信号中提取有价值的信息。平均电流 I 是由单通道电流 i、通道数 n 和开放概率 P_o 三者的乘积得出的，$I = i \times n \times P_o$，由于一个通道只可能开或关，用二项式分析即可得离散度为：$\sigma^2 = i^2 \times n \times P_o \times (1 - P_o)$，经演算后得到单通道电流，可用公式 $i \approx \sigma^2 \div I$ 表示。

（一）连续数据的功率谱

稳态信号，也就是在实验期间不随时间变化的直流信号成分，可以进行功率谱分析。为此需要计算平均电流数据段的功率谱。信号的离散度允许用 FFT（快速傅里叶变换），在许多软件包中都可执行 FFT，并且在开发系统库或统计程序库里都有这一程序。通常从 1024 数据点计算功率谱。功率谱的最低与最高频率是与采样间隔一起设定的。如果起伏的信号表现出很大的直流成分，则实际的起伏可能只是交流变换器输入范围的一小部分自转。在这种情况下，为增加起伏信号的动态范围，要以不同的增益设置，分别采集直流和交流成分。然后把功率谱与理论预估值进行比较。如果通道开放与关闭状态以指数形式分布，平均开放与关闭时间分别为 τ_o 和 τ_c，那么谱的密度（A^2/Hz）可用 Lorentzian 函数来描述，截止频率与松弛时间常数有关。

（二）非稳态噪声分析

非稳态信号可以分为两组。第一组包括的信号是振幅作为时间的函数而变化，如在膜上，激活通道的递质浓度变化引起缓慢起伏，可以把这些信号分为较小的节段，以测定随时间变化的离散度。当考虑只有一类离子通道活动时，单通道电流和通道开放概率决定离散与选择时间段内的直流电流有关。如果开放概率小，就可以根据公式 $i \approx \sigma^2 \div I$ 很容易地估算出单通道电流。如果是记录相同重复刺激反应的瞬态电流，则可以作为时间的函数计算出总体的离散度。这种离散度是由于每个数据点偏离，并由许多等价测量平均所产生的。从等式 $\sigma^2 = i^2 \times n \times P_o \times (1 - P_o)$ 可以看出，如果通道全部关闭（$P_o = 0$）或全部开放（$P_o = 1$），则离散度都是零。如果只有半数的通道开放，则离散度达到最大值。

五、多目的应用程序

在进行实验、在线分析或特殊分析后阶段的很多例子中，许多任务用市面上可以购买到的多目的程序就可以容易地进行处理。因为这些程序是为比膜片钳应用领域大得多的市场而开发的，故能以非常低的价格购得，并可以完成复杂得多的任务。另一方面，由于数据采集和分析时需要非常认真地执行，而采用这种软件包又执行不了，所以带来很多麻烦。在这种情况下，可以试着扩展采集和分析程序。然而在很多情况下是不可能这样做的，因为程序的源码有可能是不可援用的，或者可能会因为小的性能加到运行程序而引起超出预期的旁效应，产生不满意的程序变化。此外，在执行非常特别的性能时，会增加程序的复杂性。在这种情况下，重要的是数据及中间和最终的结果都能用通用程序从特定的程序中将其读出，以进行数据显示、数据管理或进行进一步分析。

（一）数据显示

作图程序或有作图功能的桌面程序，用于读取结构简单的数据文件，以产生和显示图形，并可以用文本编辑程序把这些图形加到文本文件中。当今，计算机与幻灯片制作界面也广泛应用于直接制作幻灯片。

（二）数据管理

数据基础程序是用来产生或处理复杂数据结构的。如大的数据基础程序可用于研究跟踪电生理通道转变，并把信息存储到数据磁道文件中。这有利于根据给定的实验参数存取数据文件，如在特殊溶液中对特定的膜电位给一个脉冲，从一定通道转变记录到的全部数据扫描的存取。为此，信息必须从采集和分析程序输出，并且被数据基础程序翻译。数据基础程序的另一种应用是把存储在其中的信息输入到采集和分析程序中，如在实验期间，借助分析程序，可输入所应用的溶液成分，以便产生剂量 - 反应曲线。

（三）计算表

由采集和分析程序输出的数据阵列，理想地适宜于在扩展程序中进行操作。这样的列表计算程序提供了数据显示和进一步分析的各种工具，也包括一些统计学程序。

（四）带有编程能力的曲线拟合程序

有一些程序支持数据显示和特殊理论函数的拟合。这样一些特定的函数通常包括一组标准函数。另外，这些程序还提供解析，以解释使用者自定义的数学函数。这类高级函数还提供它们本身的特定命令语言，可用这些语言定义数学函数或更复杂的分析算法。原则上，数据呈现、统计和数据拟合的程序，是不容易加以区分的，因为大多数的这类程序对上述每个目的，只提供某些特点。然而，通常这些程序仅适用于某一种或两种应用。因此人们需要设计更多的程序来满足各种要求。应该牢记，在长期运行时，用少数已知的很实用程序，可能比同时用许多程序更好，并能节省经费和时间。

参考文献

[1] Armstrong CM, Bezannilla F. Charge movement associated with the opening and closing of the activation gates of the sodium channel. *J Gen Physiol*, 1971, 63: 533-552.

[2] Blatz AL, Magleby KL. Correcting single channel data for missed events. *Biophys J*, 1986, 46: 967-980.

[3] Colquhoun D. Practical analysis of single channel records, in: Microelectrode Technique, The Plymouth Workshop Handbook, Company of Biologists Ltd, 1987: 83-104.

[4] Dempster J. Computer analysis of Electrophysiological Signals. Academic Press, London, 1993.

[5] French RJ, Wonderlin WF. Software for acquisition and and analysis of ion channel data: Choices, tasks, and strategies. In: Ion Channels, Methods in Enzymology. *Academic Press*, 1992, 211: 746-728.

[6] Heinemann SH, Sigworth FJ, Open channel noise. VI. Analysis of amplitude histograms to determine rapid kinetic parameters. *Biophys J*, 1991, 60: 577-587.

[7] Heinemann SH. Guide to Data Acquisition and Analysis// B. Sakmann, E. Neher. In Single-Channel Recording. Plenum Press, NY, 1995.

[8] Hodgkin AL, Huxley AH. A quantitative description of membrane current and its application to conduction excitation in nerve. *J Physiol*, 1952, 117: 500-544.

[9] Patlak JB. Measuring kinetics of complex single ion channel data mean-variance histograms. *Biophys J*, 1993, 65: 29-42.

[10] Sachs R, Neil J, Barkakati N. The automated analysis of data from single ionic channels, *Pflueg Arch*, 1982, 395: 331-340.

第四章

电信号的采集与记录方案的设置

在前面的章节，我们已初步介绍了生物电信号的产生以及膜片钳技术的一些基本原理。本章主要将介绍利用目前国际上比较通用的膜片钳放大器，如何采集和记录离子通道的自发和诱发的电信号、判断这些信号的真伪和进行初步的在线和离线分析。膜片钳信号放大和记录系统的设计原理虽然都是相同的，但由于生产仪器的厂家不同，使用起来会有所差别。目前市面上的设备主要由两个厂家制造的：一是美国 Molecular Devices 公司生产的 pCLAMP 膜片钳放大器系列产品；另一个是德国 LIST ELCTRONIC 公司生产的 EPC 系列产品。近年来，我国武汉华中理工大学生物物理与生物化学研究所开发了 PC-IIB 膜片钳放大器，其性能基本上与德国 LIST ELCTRONIC 公司生产的 EPC 系列产品相似，本章主要以 pCLAMP 膜片钳放大器为基础，结合 EPC-7 放大器（下一章还将对 EPC-7 放大器进行详细描述），介绍一些实际实验方案的设置和实验数据的实时初步分析。

第一节 Clampex 数据采集软件的窗口

一、采样程序的主要窗口

开机则在显示器屏幕上立即显示出标准格式的视窗，并在顶部呈现：标题棒、菜单和工具棒，而在底部则有状态棒。除主窗口外，还有 7 个次级窗口：分析、数据文件索引、实验记录本、膜电位测试、结果、显示器和统计。主窗口可以最大化和最小化等。单击右键出现的菜单可以对窗口做特殊的选择。7 个次级窗口的基本功能分别如下（更详细的内容按 F1 键，即可参阅在线的"帮助"）：

（一）分析窗口

这个窗口可显示存储的用于回放和测量的数据。这些数据以踪迹曲线图显示存储在数据文件中的信号。数据可以以扫描形式、连续形式或连成一串的模式进行显示。当看到有多条扫描踪迹时，通过"<"或">"键移动游标，重点对准所期待的一个条目进行点击。有 16 个游标可以帮助对激活的扫描进行简单的测量。游标框内的正文有选择地显示时间、振幅、采样数目或与配对游标相应的数值。

（二）数据文件目录（DFI）

这个窗口是一个文件管理工具，使实验者可以把分散的数据文件集合在一起并分组，还可根据每个文件参数的范围进行存储。对存储大数据的硬盘，能迅速寻找出具体的实验数据文件。文件目录的具体操作如下：File＞New Data File Index。

（三）实验室记录本

这个记录本是当仪器正在运行时（如启动一个实验方案或改变钳制电平）对所发生的事件做文本编辑，可以自动把事件记录到实验室记录本上，也可以把实验者自己的注释直接打印到实验室记录本上。

（四）膜电位测试

在膜片钳实验的三个不同阶段，用膜电位测试来监视一些参数的复杂效应：

→ Bath：入水电极电阻是指在形成封接前，电极进入溶液时的电阻（通常叫"封接测试"）

→ Patch：封接电阻，这是帮助形成千兆欧姆封接时的电阻

→ Cell：测量细胞电阻和膜电容

利用对话框顶部的分级按钮，可以在三个阶段之间进行转换。当从一个阶段转换到另一个阶段时，会把电流参数的值记录到实验室记录本上。根据当前所处的阶段，有选择地报告下列电极和膜的特性参数。

→总电阻，Rt

→入门电阻，Ra

→膜电阻，Rm

→膜电容，Cm

→时间常数，Tau

→钳制电流，Hold

（五）结果窗口

在分析窗口中，结果窗口包括显示已扩展的屏幕，以显示从游标1和2，以及游标2和3所测量到的结果。这些测量结果包括时间和振幅的最小值、最大值、阶跃增量（δ）、平均斜率、均数和标准差。实验者只能选择邻近的行或列，以执行标准的复制和粘贴操作。

与系统实验记录本一样，当采样软件正在运行时，结果窗口是保持打开状态的。在任何一个时间，只有一个文件是打开的（虽然用 Window＞New Window 命令可以观察一个以上的窗口）。结果窗口在任何时候都以分离文件的形式存储，并且当需要时都可用分析软件（Clampfit）把文件打开。

（六）显示器窗口

在数据采集时（包括只观察和记录两种情况），显示器窗口实时显示数字化的数据，实验者可选择应用 Acquire＞View Only 命令预览数据，而不写入到硬盘上，然后用 Acquire＞Write Last 把数据存储为一个文件。用 Window＞New Scope 能够打开多个显示器窗口，可以观察不同放大倍数或不同显示选择下采集到的数据。

在节段模式采集中，当能进行统计时（从 Edit Protocol＞Statistics tab），游标定义搜索区域和基线边界，在显示器窗口以一些符号标出统计测量有统计学意义的数据点。对无缝隙连接或事件检测模式，触发阈值（Edit Protocol＞Trigger Tab）是以可调的电平标记呈现的。View＞Store Sweep 命令可保留节段中最后采集的扫描，因此可以容易地将具体的扫描数据与其他数据进行比较。

（七）统计窗口

统计窗口是作图格式窗口，以时间为 X 轴，次级窗口对记录到的每一个数据进行统计测量。在每一个分开的次级窗口内，有8个不同的搜索区域的测量是以颜色进行编码的。窗

口的右侧方格显示搜索区域颜色的图解，并且以数字形式报告最近的数据。当把数据记录在采样软件中进行统计时，则做成在线统计窗口。一旦产生任何统计结果，这个特殊的窗口就被激活且能接受数据。在采样程序关闭前，这个窗口都是处于激活状态的。一旦打开在线统计窗口，虽然可以将其最小化，但不能关闭。在任何状态下，它都能不断地接收数据。新的次级窗口能自动地加到每一个新型统计测量的窗口。一旦被激活，在线统计窗口可以清除其所包含的数据，并且 X 轴时间归零，重新开始（Edit＞Clear Statistics）。重置次级窗口，使之能在当前加载的实验方案中运行。在清除数据前的任何时间内，可以把在线统计窗口的内容存储到标准的统计文件（STA）中，然后这些文件在采集和分析两个软件的统计窗口中用 File＞Open Other＞Statistics 命令打开。

二、实验室平台

在为采集数据设置采样软件时，如果首先已把线路连接到了数字读出器，那么也必须把输入和输出端口与数字读出器相连。在实验室平台上可进行 Configure＞Lab Bench 的操作。利用采样软件，实验者能对每个数字读出器定义一些不同的信号。对每个信号，实验者需要设置单位和标度，这样采样软件显示的数据对被读出参数得到正确的校正。然后，在实验者设置采集方案时，即可在 Acquire＞Edit Protocol 对话框内，从输入和输出键中选择适当的导联和信号。对于 Analog IN #0 和 Analog OUT #0，采样软件有预先信号数目，各种不同的 Axon 放大器都有正确的标度，但最后实验者也可把线路连接到想要的任何类型的信号和任何输入或输出导程上。如果实验者想设置自己的信号，Scale Factor Asistant 可帮助其计算正确的标度因子，它要问一些基本问题，通常可从放大器的面板读出这些数值，然后计算出标度因子加以回答。实验室平台对每个输入和输出信号都设置了一个按键。

（一）设置输入信号（利用输入信号键）

→定义测量单位和信号的补偿

→利用 Scale Factor Asistant 定义标度因子

→使软件能够滤波

→在数字化之前，加上另外的增益或放大倍数到信号

如果线路连接到远程仪器，输出增益、滤波频率和膜电容值这一类放大器的设置也应显示出来。

（二）设置输出信号（利用输出信号键）

→定义输出信号单位和标度因子（利用 Scale Factor Asistant）

→根据实验者在覆盖对话框中的选择（Configure＞Override），可以选择：

• 设置钳制电平。

• 设置数字 OUT 导程

三、实验方案编辑器

实验方案编辑器对于采样程序是特别重要的，因为需要在此进行大部分的实验线路连接。用 Acquire＞New Protocol 或 Edit Protocol 打开，可对设置数据采集的各个方面进行选择：设定采集模式、实验长度或等级、采样间隔、导程和将要应用的信号、命令波形的形状，以及是否有触发、统计测量、漏减、预扫描串和数学导程应用。

（一）设定采集模式

由于在实验方案编辑器中许多选择的改变是依赖于选择模式的，因此一旦安装好硬件，并且把信号在实验室平台上的线路连接好，进行实验的第一个动作就是选择采集模式。选择采集模式很简单，只需单击顶部的Mode/Rate标签（实验方案编辑器中的第一个键）按钮。

（二）实验长度

除了节段刺激以外的采集模式，实验者必须选择实验长度，在Mode/Rate标签上进行。选择以记录没有规定时间总量的数据（即直到用完可以援用的硬盘空间为止）。为了做好这些选择，以千兆字节为单位，并根据当前设置记录的时间，标签上将报告硬盘剩余的可用空间量。可援用的时间，相对于采样的导程数目和采样速率（sample rate）是相反的，所以如果硬盘空间有问题，一种途径是放弃一些采样以减小采样速率。如果不行，也可选择节约硬盘空间的另外一条途径，即以固定长度或可变长度采样，而不是用无缝隙记录采样。

（三）实验等级

在选择节段刺激时，用Mode/Rate标签选择等级实验。实验者需要加入扫描持续时间、每次运行（run）的扫描（sweep）次数，以及每次实验（trial）的运行次数。除了注视Sweep/Run列表框外，还要注视报告文件的大小（文件是在当时线路连接的方案下创建的）。注意：每次实验的运行数目不影响文件的大小，每次实验运行都进行平均，并且只把最后平均的运行存储在硬盘。在键的底部，以千兆和扫描数目报告硬盘剩余空间的总量，也提供扫描从开始到最后钳制期间的断裂（时期）。命令波形是指开始和最后钳制时期，每一个都自动计算为规定扫描持续时间的1/64，在这期间只输出钳制电平。记录数据时，根据线路连接等级，同时也输出命令波形。在每次扫描时产生这种波形和报告的"节段Epochs"值，是可援用的节段波形线路连接的时间范围。

（四）采样速率

实验的采样速率也设置在实验方案编辑器的Mode/Rate标签处。采样速率是为每个信号设置的，所以如果采集多个信号，每个信号都可显示采样速率。整个数据采集系统的总数据，即采样速率x信号数，显示在非节段模式的采样间隔下面，而节段刺激模式的数据则显示在按键的右下方。采样速率也设置在每个产生信号的命令波形内。

（五）从一次启动到另一次启动的时间间隔

在节段刺激模式（也在Mode/Rate标签处）中，让实验者对每一次扫描和（或）运行启动与前一次启动定时是有关系的。这意味着启动与启动之间的时间间隔必须相等，比扫描长度或总运行时间更长。扫描前串、P/N漏减和扫描之间的膜测试是包含计算在扫描长度内。如果只希望计算机尽快执行扫描或运行，那么可以用"最小化"设置。最小化设置不会引起扫描之间的数据丢失，还可将连续记录分为多个扫描。注意：如果用触发启动扫描，那么不可能有启动与启动之间的间隔，因为定时是受外部控制的。

（六）平均

也定位在Mode/Rate标签处，在节段刺激模式每次实验选择一次以上的运行时，平均是有重大意义的。它也提供高速示波器模式的选择。有两种平均类型的选择可以援用：累积平均和最近的平均。① 累积平均：每次运行对平均贡献相同的权重。在累积运行时，每个相继的运行对平均做出较小比率的贡献，这样可对变化增强抵抗。对基线很稳定的数据，推荐选择这种平均；② 最近的平均：只用最后N次的运行进行平均，因此这种平均对数据的变化是敏感的。推荐对有明显基线漂移的数据使用这种平均方式。多达10 000次的运行都能进行平均，以每次运行作为新的平均，但能清除对平均的改变，可以让你返回到较早存储的平均。因此，如果在中途接收到坏的数据，在记录到所期望的数据之前，通过返回到最后的平均，那么整个实验至少还能存储某些结果。对这种方式的选择设置在平均选择对话框内的 Undo 文件部分。

（七）输入和输出标签

实验方案编辑器中的输入标签是选择作为接收数据的输入导程数，同时也为这些导程选择信号。这些信号的线路连接在 Configure＞Lab Bench 输入标签上。在输出标签上也可相应地为输出导程选择信号。在这个键上也能设置模拟和数字钳制电平。这里设置的钳制电平对线路连接方案是特殊的。如果钳制电平简单地报告数值但不能对其进行调整，那么就意味着已设置了 Configure＞Overrides，选择这些参数由实验室平台控制。在设置模拟钳制电平时，应当记住，除了设置采样软件的钳制电平外，还要在放大器上加以设置。很多使用者已经将放大器钳制电平控制关掉，因而只能完全由采样软件来控制钳制电平。

（八）触发器

数据采集的触发设在实验方案的触发按键上。在"Start trial with"列表框内选择，告诉采集软件你的决定是准备观察或记录数据。这一般在开始的第一个例子中，通过选择 Acquire＞Record 或 Acquire＞View Only（或按在采样工具棒上的这两个按钮）进行。因而，你在"Start trial with"所做的选择是有效的。实验可以设置为立即开始，或接到某些外部键盘的信号后再开始。一旦实验开始，在记录任何数据之前，采样软件就能进行调整，以等待触发。对节段刺激以外的模式，可以选择一个具体的输入，然后对其设一个阈值。这种设置也用于可变长度事件采样模式在事件结束时的连续记录时期。为了避免噪声信号引起错误的触发，可在 Hysteresis 对话框里精细调节触发器。在节段刺激模式，通过调节 Mode/Rate 标签从一个启动到另一个启动的间隔，使实验等级得到控制，因内部定时器的触发源就可引起运行和扫描。实验者也能通过这一按键用数字触发信号。从仪器后面板上的 BNC 插座，发出触发信号到示波器一类的设备。

如果是节段刺激以外的采集模式，在选择校验框底下的触发装置或统计装置后，信号仍然超过阈值水平（如果选择负极，则低于阈值水平）的持续时间，触发器仍然处于激活状态。然而，在节段刺激模式，触发器往往是有输出的，从开始钳制期到每次扫描的最后钳制期，触发器均保持激活状态。

（九）以阈值为基础的统计

用无缝隙连接模式或事件检测模式采样时，可以监测高于阈值水平的事件频率或时间百分比一类的度量。这些以阈值为基础的统计设置在实验方案的触发按键上，用与调节触发源相同的方式进行调节。

进行以阈值为基础的统计，统计数据需要记录和存储在在线统计窗口内。记录结束时，也能选择自动存储在统计文件中的数据。以阈值为基础的统计能作为实验过程中便利的指示器，如可以预期一些药物能使通道的活性增强，这样，高于阈值的时间百分比可作为活性增强的量度，并且能作为继续实验的一个标准。

（十）统计

波形形状统计可测量诱发事件的各种参数，如峰值、面积、斜率和上升时间，设置在实验方案编辑器的统计学按钮内。节段模式和示波器模式均可使用，可以测量任何输入信号的形状统计。在扫描最多 8 个不同的搜索区域内的线路连接时，可以搜索到不同的测量方式。

一旦开始将数据数字化，就可以在显示器窗口上看到垂直游标线定界搜索区域。根据搜索区域的数据及在数据采集时通过简单地拖动游标将其设置到新的部位，可以重新设置搜索区域的边界。形状统计显示在在线统计的窗口上，每次实验可以选择自动把数据存储到自己的统计文件中，每次实验后清除统计窗口。

（十一）算术信号

能运用算术操作两种模拟输入信号，并且以分开的在线信号呈现在显示器窗口上。应用一般的方程式，在信号呈现前，能够对两个信号进行标度、补偿和算术上的组合。或者根据两个光电倍增管的荧光信号比，用染料比率方程测定细胞的染料浓度。

（十二）波形

设置在实验方案编辑器的波形按钮，能够定义模拟和数字波形。只有节段刺激模式才有这些命令波形输出。每次最多可以同时产生4个模拟刺激波形，每一个模拟刺激波形对应对话框底下的4个输出导程中的一个，每个输出导程有8个数字输出。在1个节段叙述表中定义节段驱动波形，这由钳制电平时期前后最多的10个节段组成，钳制电平时期预先设定为扫描长度持续时间的1/64。对模拟信号，每个节段的线路连接能设置和保持在某一具体的电压，以斜坡线性地增加或减低，或产生直角方波串、三角波串、正弦或双相波串。点击节段的行类型，可指定其中的一个选择。通过设置δ值，能够系统地增大或减小每个节段的振幅，还能延长或缩短持续期，即根据每次扫描的不同，改变参数的固定数量。

串的输出线路能连接成模拟输出或数字输出，使串产生成方波脉冲、锯齿脉冲、双相脉冲和余弦波。二进制数（0，1）能详细说明数字字节模式，并且用"*"可使单个数字字节成为串。对模拟波形更灵活地控制，请参阅"使用者列表"。如果以节段为基础的模拟波形的灵活性仍不能满足使用者的需要，则可用刺激文件选择从ABF或ATF文件中读出数据，并且把它作为一个模拟波形输出。在建立命令波形时，通过按方案编辑器右下方的当前预览按钮，可以观察波形的情况，这时可打开分析窗口显示波形。当改变节段叙述表时，一直保持这个窗口开着，再按当前预览按钮，即可观察到最后所做的改变。

（十三）预扫描串

在给予主刺激波形之前，可用一串脉冲使细胞"条件化"，这种线路连接在实验方案编辑器的刺激表中。采样软件的预扫描串输出模拟脉冲包括反复的基线和阶跃水平。预扫描串结束后，能把输出保持在串后的电平。如果把串内的脉冲数设置为零，则只产生串后电平，这是在每次扫描前为特定的持续时间改变钳制电平的一种方便的途径。预扫描串既可以通过刺激波形相同的模拟输出导程输出，也可以通过其他模拟输出导程输出。在预扫描串期间，不采集数据，所以不能观察采样软件的效应。为了观察此效应，可在无缝隙记录连接模式AxoScope与MiniDigi数字化器同时运行。

（十四）P/N漏减

在电压钳实验中，漏减技术可用以校正细胞的被动膜电流，即泄漏电流，其线路连接在实验方案的刺激表内。在P/N漏减中，产生一系列标度下降的命令波形版本，并且测量、累加反应和从数据中减去反应。波形标度下降的标本用以防止从细胞产生的激活电流。这些标度下降波形的数目作为亚扫描数目进入，"N"是指该技术的名字。以1/N系数使波形（脉冲P）标度下降，并加给细胞N次。由于泄漏电流有线性反应，所以累加的亚扫描反应与泄漏电流的实际波形近似。当实际波形运行时，可从其中减去泄漏电流。为了保证相加的灵活性以防止产生激活电流，P/N波形的极性是可反转的。在这样的情况下，P/N累加的反应是加到数据扫描的。同时，为防止细胞的条件化反应，在主刺激后能发出 P/N 波形。采样软件 Clampex 10 可存储原始数据和 P/N 校正过的数据，在数据采集期间只呈现其中的一种数据。

（十五）使用者列表

在每个刺激标签中，使用者列表是提供模拟和数字输出特性范围的一种按规格改变的途径，可覆盖实验方案编辑器内生成的一些设置。在参数值表中，输入所要求的数值，运行中的每次扫描可以把所选择的参数设置为任意值。

因此，在一次运行中，不是每次扫描时间均维持从启动到启动扫描的时间恒定，而是对每次扫描时间，均可设定为特定的从启动到启动的时间。此外，在随着相继的每次扫描有规律地阶跃，除可延长或缩短节段波形的持续时间（通过调整持续时间 δ 值）外，也可对每次扫描设置独立的节段持续时间。有可能将条件化串的各方面、P/N 漏减的亚扫描数，以及命令波形的振幅和持续期（除其他输出特性外）都在使用者列表中覆盖掉。

第二节　数据采集

一旦对接收数据做好了准备，下一步如何进行就有很多选择，这些选择包含在采样菜单内，或者可应用相应的工具按钮。

只需用 Acquire＞View，就能使数据数字化，并在显示器窗口上观察其结果，而不用将任何数据存储到硬盘上。一旦完成采集，通过选择 Write Last 就能把数据存盘。另外，在采集数据期间，轻松地按下记录按钮也能将数据存储到硬盘上。通过选择 Rerecord 按钮，可以把最后记录的数据文件覆盖。按重复（Repeat）按键，可以反复执行实验方案的"只观察"或记录模式。

一、实时控制

实时控制板面使你能监测实验的状态，同时能在将数据数字化时，容易地控制一些选择的输入和输出参数。实验者可以很快地测试不同的实验设置，观察正在运行的在线数据，而不必打开实验方案编辑器或实验室平台，可做如下的设置：

→改变细胞的钳制电平
→控制灌流系统的数字输出信号
→调节采样速率
→把滤波加到当前选择的数字信号

根据过去用了的时间、扫描和运行的时间，板面上会报告采集到哪里，以及你是否有条件化串或是否能做 P/N 漏减。为了呈现实时控制板面，可选择 View＞Real Time 控制，默认其在主窗口的左框出现。为了使其成为飘动的窗口，可将其从框架拖出，并把它放到标准对话框的位置。在实时控制中有下列规则可用的参数：

在只观察模式（Acquire＞View Only）采集数据时，所有的参数都可用。用这一模式调整采样速率和滤波设置。

用非节段模式记录数据时，有部分参数是可以援用的。只有模拟和数字电平能被改变，并且把每次改变的注释标签插入数据行。用节段模式记录数据时，绝大多数的参数是不能用的。只能改变数字输出电平，并且把每次改变的注释标签插入数据行。

二、封接和细胞品质（膜测试）

Tools＞Membrane Test 是一组复杂的控制，在钳制过程及其后过程期间，用以监视电极、封接和膜的状态。通过产生一个已知尺寸的方波，可以计算精确测量的范围和测量反应信号。膜测试分为三步，每一步都有各自的一组参数：

入水阶段：这一步监视进入溶液中的电极电阻。

钳制阶段：监视千兆欧姆封接的形成。

全细胞阶段：监视细胞膜的电阻和电容。

可以计算出下列的数值：① 总电阻：Rt；② 入门电阻：Ra；③ 膜电阻：Rm；④ 膜电容：Cm；⑤ 时间常数：Tau；⑥ 钳制电流：Hold。

分开的"Play""Pause"和"Stop"按键可让使用者在膜测试运行及在调试和测试时，进行控制操作。膜测试能够控制钳制电位和停止"测试暂停"的产生，也可以连接线路触发脉冲串以中断"测试暂停"。在应用膜测试之前，必须首先通过 Configure＞Membrane Test Setup 定义输入和输出信号。膜测试以数字形式显示在膜测试窗口上，同时也能在在线统计窗口上作图。能从在线性统计窗口与其他统计测量结果一起，以扩展名为 STA 的文件自动存储测试的测量结果。在电流的时间点测量的突然散粒也能存储到实验室的笔记本上。

在每次扫描期间，膜测试也能自动运行。将其连线到 Acquire＞Edit Protocol＞Stimulus 按钮，在这种模式下，膜测试的数据写到在线统计窗口，并且显示在实时控制上。这一模式也应用在 Configure＞Membrane Test Setup 的设置。显示膜测试的对话，但当计算扫描之间的膜测试时，则不能采用这一模式。

用膜测试的脉冲串给出一系列的刺激，但不关闭膜测试（在串运行时，测试脉冲停止），也可将脉冲串连线，以应用于从主要测试脉冲来的不同信号（可能在不同输出导程内），这样可以将其送到彼此分开的刺激电极上。

为了计算许多测量数据，需用单指数函数拟合瞬态电流反应，以计算衰减时间常数，并保证对可靠信号的测量，使信号达到稳态。同样，可用拟合曲线计算瞬态反应的峰值，峰值又可衍生出入门电阻。在 Configure＞Membrane Test Setup 中选择，使用者可设置每个脉冲边缘有多少瞬态反应下降相用于曲线拟合，并选择脉冲串的定时和振幅。

除了测定重要的起始封接和细胞的参数外，还能够用膜测试进行实验。如能够用脉冲串去极化细胞和刺激细胞，并且诱发分泌细胞的胞吐。然后，可以记录分泌细胞的全细胞反应和监视相关的电容变化。使用者可以把膜测试纳入顺序键序列，如作为一组阶跃顺序的一部分用于监视封接和入门电阻。

三、膜测试的测量

单纯由电极产生的电阻称为电极电阻（Re），有时也称为微吸移玻璃管（pipette）电阻（Rp）。通常除电极电阻外，还有在靠近电极尖端处由不明环境因素引起的一些电阻。细胞碎片、气泡和不良电导溶液都可能与这些电阻的产生有关（我们将其称为 R_{debris}）。电极电阻和这些附加因素引起的电阻的总和即入门电阻（Ra）。

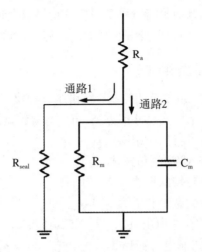

图 4-1　从电极到地两条通路的理想线路图

R_a 为入门电阻；R_{seal} 为封接电阻；R_m 为膜电阻；R_t 为总电阻；C_m 为膜电容

$$R_a = R_e + R_{debris}$$

入门电阻通常也称为串联电阻（R_s）。而"R_s"这个符号也用在 Axon 仪器的放大器上，我们避免在 pCLAMP 上使用它，因为它易与下面要涉及的封接电阻混淆。跨过细胞膜的电阻称为膜电阻（R_m）。在探头与地线之间的电阻是总电阻（R_t）。严格地说，当电极与细胞接触时，从电极的尖端到地有两条通路：一条穿过细胞膜；另一条旁路从电极尖端直接漏到孵育液中（图 4-1）。然而，在比较这两条通路的电阻时，我们一般不是忽略其中一条通路，就是忽略另一条通路，这取决于电极是否有入口进入到细胞内，还是仅钳制在细胞表面。

四、封接状态

当建立了封接但还没有撕破细胞膜时，在封接的微小膜部分的电阻非常大，因此没有任何电流能漏过细胞膜与电极之间的封接。这等效于去除掉图 4-1 中的通路 2，所有的电流都经过通路 1。漏过电流的电阻由所达到封接的品质决定，通常称之为漏电阻。在这种情况下，串联时的总电阻包括入门电阻和封接电阻，即

$$R_t = R_a + 封接电阻$$

当封接成功时，封接电阻比入门电阻大几个数量级（即 R_a 可忽略不计），因此：

$$R_t = 封接电阻$$

五、撕破细胞膜

当达到满意的千兆欧姆封接而并撕破膜片后，虽然希望绝大多数的电流都流经通路 2，但实际上 R_m 与 R_{seal} 并联，我们不能把它们彼此区分开。在这样的情况下，我们假设所有的

电阻都是膜电阻。在这一假设的前提下，总电阻由入门电阻和膜电阻串联组成：

$$R_t = R_a + R_m$$

正如前面提到，封接电阻有时以"R_s"代表，这也用来指串联电阻（即入门电阻）。基于这个理由，在 pCLAMP 中我们避免用"R_s"，当特别需要指串联电阻时，则倾向于用"R_a"、"R_t"、"封接电阻"或"R_{seal}"表示。

当电极在孵育液中时总电阻正好是电极电阻（R_e）。若电极接近细胞时，在电极尖端周围的细胞碎片可能进一步增加电阻（R_{debris}）。只有与细胞膜形成牢固的封接报告有效测量的值才是封接电阻（R_{seal}）。

利用膜测试可控制钳制电位，这个特性常用来使细胞超极化，以帮助封接的形成。只有膜测试在运行时才能保持这一控制。

六、时间、注释和声音标签

当正在收集数据时，时间标签、注释标签和声音标签可对数据加以注释。在数据采集时，采集命令以及给出的工具按钮每一个都有这种标签。

时间标签就是把简单标有时间的数字插入数据文件。注释标签可用于把另一行正文加到每一个标签。重要的是须注意，只有当标签被激活时而不是在打印完注释后，才把注释标签插入。Clampex 保留了一个注释标签表，其中包括以前用过的注释，所以使用者能很快地恢复以前的标签，而不需要重新再打印标签。

如果计算机带有声卡，则可把声音标签插入数据文件中。在存储数据到 VCR 磁带时，同样可以把声音记录到声道中。声音标签的线路连接选择 Configure＞Voice Tags。当打开数据文件时，双击声音标签即可听声音注释。

七、接界电位计算器

可对由溶液改变而产生的接界电位的测量提供重要的信息。为了启动这一计算，可选择 Tools＞Junction Potential。将计算接界电位的对话框打开，设置实验的类型和温度，以及所用的接地电极的类型。在提供这些信息后，接界电位计算器以作图的形式呈现接界电位的各种元素。为测定新的接界电位，可输入新溶液中各种离子的浓度，接界电位计算器能够计算出这种新溶液产生的接界电位。使用者可从提供的离子表中选择离子，也可以把自定义的离子加到表内。另外，也可以把接界电位计算器的结果复制到实验室的笔记本，并把它们存盘或打印出来。

八、校正精灵

采集到数据后，校正精灵（Caliberation Wizard）可让使用者定义信号的标度和补偿。把已知的标度棒拖到图纸上，这与用记录仪笔记录下连续数据，然后用标度棒测定数据中每个信号的标度因子相似。在分析窗口中观察数据时，可用校正精灵，并通过选择 Tools＞Caliberation Wizard 命令使之激活。

应用校正精灵时，可根据在数据文件中所做的测量来选择设置标度因子，或把已知的标度因子加到数据上。如果选择根据数据文件设置标度因子，可简单地把游标 1 和游标 2 定位在已知振幅的两个区域,并指出它们的数值。然后校正精灵计算出适当的标度因子和补偿,使用者可有选择地把这些数值加到实验室平台上,这样使用相同信号的其他数据文件也能同时具有校正标度因子和补偿。另外一种方法是如果在实验室平台上已经定义了标度因子和补偿,则可应用校正精灵直接更新这些设置到数据文件中。利用 Clampfit(数据拟合文件)中的 Edit>Modify Signal Parameters 可以恢复已经存在的数据文件。

九、顺序键

线路连接菜单中的顺序键命令,使你能通过敲击键盘将一些事件或事件的顺序连接起来。如可以通过定义单个键触发高数字输出以激活溶液的变化,而另一个键触发低数字输出以终止溶液的变化。在顺序工具棒的工具按钮中就有这些键。使用者也可以定义一个 tooltip 以起提醒作用,设置什么事件与哪一个键有联系。

除了设置各种数字输出外,顺序键也可用于改变钳制电平、插入标签、启动膜测试、装载或运行一个实验方案,或显示一个提示。除了能将敲击键与事件联系起来外,还可以利用顺序键把一个事件与另一个事件相联系,以及以自动的方式运行一个实验。如可以在膜测试完成后接着运行一次 I-V 方案,改变溶液,然后再运行一次 I-V 方案。利用顺序键能够把这些事件联系在一起,并且设置事件之间的时间间隔。使用者可以把整个顺序系列存盘,并对进行的每种类型的实验保持一些顺序的设置。

第三节　I-V 关系的分析

本章前两节主要介绍如何设置膜片钳放大器从活细胞采集离子通道的电信号。这些电信号携带巨大的信息量,因此从这些电信号中提取和分析信息也是一件非常细致、复杂,而且又是非常重要的工作。很多工作可以借助膜片钳仪器带有的软件进行分析。另外还有一些独立开发的软件,如 Mini Analysis Program 等,对用无缝隙连接模式采集到的自发微突触后的电流进行分析和作图也是非常有用的,且使用方便。我们实验室就经常用这种软件来分析兴奋性或抑制性突触后的电流。由于篇幅所限在此不能详细加以介绍,只讨论 I-V(电流 - 电压)关系的分析,I-V 曲线的数据采集和制作,以及如何利用采样软件采集和记录下的数据文件来进一步分析电流与电压关系。

本节先讨论如何将采样软件 Clampex 设置为能够执行一种实验,而不详细讨论该软件的各项特征。对于某个给定特征的更多信息,实验者可以通过 F1 按键即可获得在线帮助。实验的目的是研究在培养的神经元对所加药物起反应时,全细胞钙电流的 I-V 关系。

实验包括:① 获得全细胞记录;② 监视入门电阻;③ 执行 I-V 测试;④ 监视单个电压的峰电流;⑤ 在测量峰电流时加药物,然后再执行一次 I-V 测试;⑥ 测量峰电流的同时,洗脱药物;⑦ 在实验结束时,监视入门电阻。

一、硬件的应用

→ Axopatch 200B 放大器,探头设置 $\beta = 0.1$

→电子控制的溶液交换器

→数字数据 1440A 数字读出机

（一）选择数字读出机

实验的第一步是选择适当的硬件采样，用 Configure＞Digitizer 菜单条目可以做到这一点。在默认条件下，Clampex 安装上激活的"demo"数字读出机。举例时，我们将继续应用这个示教的数字读出机，但在进行实际实验前，必须选择并对数字读出机进行线路连接。

（二）在实验室平台创建输入和输出信号

运用实验室平台对实验中要用到的所有输入和输出导程的标度和补偿因子进行设定。上述实验是用 Axopatch 放大器在电压钳模式下记录对阶跃方波电压刺激的膜电流反应。我们设置 Clampex，把膜电流采集到 Analog IN #0，输出电压命令设置到 Analog OUT #0。

（三）设置输入信号

① 设置实验室平台，选择 Configure＞Lab Bench；② 选择输入信号按键，然后数字读出机导程 Analog IN #0 突出。可以注意到，这里已经有缺省信号数与 Analog IN #0 相连；③ 通过 Add 按钮，把另外一个信号加到数字读出机 Analog IN #0；④ 给信号取一个独特的名字，如"Im"；⑤ 现在为新信号设标度，分为两步：先输入信号的单位，然后设置标度因子；⑥ 调整信号单位，在标度节选择中，单位前缀选"p"，输入单位类型为"A"；⑦ 用 Scale Factor Asistant 调整标度因子，我们需要知道的是放大器的增益设置，这从仪器的面板上简单地可以读出。在我们的例子中，信号是膜电流，并且假设 Axopatch 200B 设置了 α 值为 1，β 值为 0.1；⑧ 按 Scale Factor Asistant 按钮，并指出已经把 Axopatch 2000 系列放大器连接到 Analog IN #0；⑨ 按下一个按钮；⑩ 由于实验是在电压钳模式下运行的，故选择 V-Clamp 模式的设置；⑪调整 Config Settling 到全细胞（β＝0.1），以匹配 Axopatch 200B 放大器的 β 设置；⑫设置信号单位为"pA"；⑬设置增益为 1，以匹配 Axopatch 200B 放大器的 α 设置；⑭按"结束"。

自动计算出标度因子为 $1e^{-4}$ V/pA，并作为标度因子输入。绝大多数放大器不需要调整补偿，因此我们保留补偿值为 0 的缺省值。在这个例子中，设置增益值为 1，被称为"单数增益"。

Clampex 有一个在线软件 RC 滤波器，我们能详细规定将其 Analog IN 导程的高通和低通滤波器，本示例中已把它关掉。为了确保最大化数字读出机的动态范围，在数字化之前，可能希望把附加的增益加到信号上。由于 Axopatch 200B 放大器有不同的增益输出数，所以不需要应用任何硬件来条件化膜电流信号。现在已完成了 Analog IN 导程的设置，以记录从 Axopatch 200 放大器来的"Im"信号。

然后连接 Analog IN #1 线路来记录膜电位。可以从 Axopatch 放大器加 10 mV OUTPUT 信号到 Analog IN #1，调整标度因子以记录毫伏级的电压。对于这个信号不用 Scale Factor Asistant，因为假设把 Analog IN 导程连接到 Axopatch 200 放大器已标度的输出，而不是连接到 10 mV 这样的信号。由于 Axopatch 200 放大器 10Vm OUTPUT 的增益是×10，对信号"Vm"人工设置标度因子（V/mV）为"0.01"。

用增益为 10，我们需要考虑适当记录到的信号是否利用数字读出机的动态范围。典型地，细胞的膜电位在 ±100 mV 的范围，用增益 10，则 Axopatch 200B 放大器将输出的电压在 ±1 V（100 mV×10）的范围。如果数字读出机的动态范围是 10 V，那么显然只有 19% 的动态范围（±1 V÷±10 V）被利用。但是，对于 16 比特的数字读出机（如 Digidata 1440 A 数字读出机），虽然不是最适宜的，但可以分辨成大约 6 500 步，这还是很合适的。

（四）设置输出信号

设置输出信号与设置输入信号非常相似。在给定的 Analog OUT 导程创建的每个信号，需要决定其输出标度因子和补偿。可以注意到已有 3 个信号通过默认值已经与 Analog OUT #0 连接。可加另外的一个信号"VmCmd"到 Analog OUT #0，对这个新的信号，将信号单位设置为"mV"，并用 Scale Factor Asistant 设置标度因子。须指出，"VmCmd"信号与"V-Clamp"模式被设置为一起连接到 Axopatch 200 放大器，并且在 Axopatch 200 放大器上，20 mV/ V 的外部命令输入是连接到 Analog OUT #0 的。

（五）设置钳制电平

如果要核对适当的 Configure＞Overrides 核对框，包括在实验室平台上，钳制电平能在 Clampex 中设一个存储单元数。借助当前装载的实验方案（实验方案编辑器的输出按钮），对每一个输出导程组，缺省行为有钳位电平。通过实验室平台覆盖选择，总有一个钳位电平保持在与装载的实验方案无关的导程上。然而，不管把覆盖设在哪里，从 Real Time Controls 都能对钳位电平立即做出改变。此外，如果运行膜测试程序，从其窗口内也能改变钳位电平。膜测试可把钳位电平恢复到打开膜测试时的位置。

（六）应用膜测试

建立全细胞记录的第一步是成功地建立千兆欧姆封接。在进行膜测试前，需要应用 Configure＞Membrane Test Setup，确保正确的线路连接。通常，默认应用 I_M Test 0（pA）信号设置，把膜测试设置为通过 Analog OUT #0 导程来记录输入信号，并且把膜测试信号输出设置到 Cmd 0（mV）信号上的 Analog OUT #0 导程。我们把输入信号设置到"Im"，把膜测试输出信号设置到"Vm Cmd"，以匹配在实验室平台内刚创建的信号。启动膜测试时，可以调整脉冲的振幅和设定起始钳位电平。我们起始钳位电平值设定为 0 mV。连接膜测试的线路后，能够通过 Tools＞Membrane Test 或在采集工具棒上的工具按钮把膜测试打开。在孵育液中开始膜测试后，可以观察到对方波电压阶跃的反应，可以看到 Clampex 不断地报告封接电阻值。在任何时候按 Lab Book 按钮，都能把这个数值记录到实验室的笔记本上，用频率游标也能调整给予的脉冲。在某些情况下，实验者可能希望将细胞超极化，调整"钳位（ mV）"值，可以做到这一点。

（七）编辑实验方案

在采集实验方案中已设置了采样的细节。由于这是一个相当复杂的问题，我们只讨论一些与实验设置相关的特性。在这种情况下，我们叙述如何建立两种实验方案：一是执行 I-V；二是反复阶跃细胞膜电位到相同的电压。我们为读者提供这些示范方案的文件，称为 tutor_1a.pro 和 tutor_2a.pro，顺序键叫 tutorA.sks，在…\Program Files\Molecular Devices\ pCLAMP10.0\Sample Params。

二、方案 1（常规的 I-V）

为了获得新颖的实验方案，可选择 Acquire＞New Protocol，它能产生并打开一个新的实验方案。我们研究该实验方案的每个按键，以确保方案的正确安装。

（一）模式

选择节段刺激作为采集模式。由于我们的 I-V 以 10 mV 为增量，从 -80 跃到 +60，需要有 15 步。因此，我们设置扫描次数每次运行为 15 次，须保证把从启动到下一次启动的扫描时间设置为"最小"，使实验方案尽可能快地运行。由于以 10 Hz 采集数据，扫描的持续期应设置为 0.2064 s，以确保每次扫描的时间足够长，从而收集足够的数据。

（二）输入和输出导程

按输入导程按钮，可以激活 Analog IN 导程，从这一导程采集到信号，并指出创建在实验室平台上的信号，将记录在每个导程上。我们激活导程 #0 和导程 #1，并且分别设置为 "Im" 和 "Vm"。按输出按钮，可定义 Analog OUT 导程和激活的信号。将导程 #0 设置到信号 "Vm Cmd"，后者是已创建在实验室平台上的，同时也把钳位电平设为 -80 mV。

（三）波形

下一步是在波形按钮上设置刺激波形。我们设置的波形源是由 "节段,Epochs" 定义的，用表的形式对节段加以描述。在这个实验方案中不能进行数字输出。可以改变扫描之间的钳制电平，但我们保留 "应用钳制" 的缺省值。借助选择 "阶跃" 作为类型，我们定义 A，B 和 C 节段均为阶跃节段，也可用 <PgUp> 和 <PgDn> 反复调节节段类型为阶跃或斜波（ramp）。本实验方案如表 4.1 所示。

表 4.1 方案 1 各节段的设置

项目	节段 A	节段 B	节段 C
类型	阶跃	阶跃	阶跃
采样速率	快	快	快
第一电平（mV）	-80	-80	-80
增量（δ）电平（mV）	0	10	0
第一节段持续期（ms）	50	100	50
增量持续期（ms）	0	0	0
数字比特模式（#3-0）	1111	0000	0000
数字比特模式（#7-4）	0000	0000	0000
串速率（Hz）	0	0	0
脉冲宽度（ms）	0	0	0

当完成后按表底部的 Update Preview 时，则可以预览波形。实际上，当创建一个实验方案时，打开波形预览窗口是非常有用的，并且实验者希望看到每次对实验方案所做的某些改变的效果，只需简单地按一下 Update Preview 按钮。可以把 Update Preview 的尺寸缩小，保持它始终显示在屏幕的一个角落上。

（四）触发器

本实验触发器按钮停留在缺省状态。

（五）刺激

刺激按钮是用来定义附加刺激参数的，如预扫描串、漏减和在使用者列表中的任意值。为了示范，我们用示范数字读出机，而不加 P/N 漏减到这个实验方案。然而，在进行实际的细胞记录时，实验者可能希望加 P/N 漏减到实验方案。我们已经把 P/N 漏减刺激设置在实验方案内，但不使用。检查校验框观察线路连接：设置最短的从启动到启动的时间，每次扫描发生前，发生 5 个与波形极性相反的亚扫描。漏减加到的信号是 Im 可选择显示原始或校正后的数据。

（六）统计

Clampex 能够在线显示各种采集到信号上的尖峰取向形状的统计。进入实验方案编辑器的统计按钮，并检查形状统计框。在本方案中，我们测量在"Im"信号上的峰振幅和峰时。

如果我们实际上正在记录内向钙电流，则设置峰检测的极性为负。由于我们应用的是示范驱动，故把极性设为正以说明统计显示的功能。根据节段或时间，我们能设置搜索区和基线区。我们把搜索区设置为波 0 节段 B，把基线区设置为波 0 节段 A。如果能确定正在搜索正确的波形区，则可用 Update Preview 按钮。如果能做形状统计，波形预览窗口会显示出基线和用于峰检测的第一搜索区。任何时候采集到的数据，统计都能自动存盘，如果这一功能失效，那么可从在线统计窗口中用 File＞Save As 来手工存储统计结果。这就完成了第一个实验方案的设置。用如"tutor_1.pro"作为文件名，用 Acquire＞Save Protocol As 菜单条目，存储这个实验方案。

三、方案 2（反复电流刺激的 I-V）

第二个实验方案是设计用从 −80 mV 跃迁到 ＋10 mV 的脉冲反复激活细胞的电流。当人们想监视药物效应的整个过程时，这一类型的实验方案是非常适用的。为了创建这个实验方案，我们需要改变现有的实验方案。应用 Acquire＞Edit Protocol 菜单条目编辑实验方案。用 Mode/Rate 按钮将 Sweep/run 调整为 6。处于示范的目的，我们已经把实验方案设置成可以快速运行的，但在实际应用中，实验者可能希望把扫描从启动到启动的间隔调到 10 s，再存储这个实验方案。在波形导联 #0 按钮，改变第一个阶跃节段 B 的电平为 ＋10 mV 和，δ 电平为 0，这就创建了每次扫描 100 ms，电位跃迁到 ＋10 mV。按更新预览（Update Preview）按钮确保已对实验方案进行了正确的改变。按 Acquire＞Save Protocol As 把实验方案文件用一个新的文件名（如"tutor_2.pro"）存储。

至此，已经正确地将 Clampex 连线到做实验的硬件，并且设置了两个为了进行实验所需要应用的实验方案。此外，实验者也学会了膜测试，这能帮助形成和监视千兆欧姆封接。在把任何数据存储到硬盘以前，要定义数据文件名和定位文件存储（和打开）的位置，这可在 File＞Set Data File Name 对话框内进行。我们用"tutor"作为文件名的前缀，选择长的文件名时，不能选用日期作为前缀。

四、应用顺序键

顺序键是 Clampex 具有的特别强劲和灵活的功能，能让实验者设置一个完整的实验，其中包括一些不同的实验方案、与膜测试散置和改变参数，如改变数字输出到控制溶液。顺序键可使实验者把一个事件（如运行一个实验方案、运行一种膜测试或改变一个参数）与敲击单个键和有关联的工具按钮联系起来。然后每敲击一个键能够与敲击另一个键相联系，让实验者设置一个完整实验中的一串事件。

下面我们讨论如何应用以前各节中的有关信息，设计通过触摸单个按钮来运行一个完整的实验。在设置顺序键前，决定实验的流程常常是有帮助的。我们以测定培养的神经元对所加药物的全细胞钙电流反应的 I-V 关系为例进行具体说明。

在达到全细胞记录后，我们用顺序键使实验自动化。根据实验方案和事件（如溶液的改变），应用表 4-2 中的顺序。确定在顺序键设置中想定义的一些事件后，就可以着手进行顺序系列线路连接了。

通过 Configure＞Sequencing Keys 菜单命令，或者（如果 Sequencing Toolbar 是激活的）按 Sequencing Keys 工具棒的第一个按钮，可以设置顺序键：

→一旦打开顺序键对话框，就应选择 New Set 定义一组新的顺序键

表 4-2　实验的步骤、事件和方案

步骤	事件	方案
1	获得全细胞记录	
2	监视入门电阻	膜测试
3	进行 I-V 关系测量	Tutor_1.pro
4	监视单个电位的峰电流	Tutor_2.pro
5	开始加药	Digital Out On
6	监视单个电位的峰电流	Tutor_2.pro
7	监视入门电阻	膜测试
8	进行 I-V 关系测量	Tutor_1.pro
9	洗脱药物	Digital Out OFF
10	监视单个电位的峰电流	Tutor_2.pro
11	监视入门电阻	膜测试
12	进行 I-V 关系测量	Tutor_1.pro

→为了定义顺序中的新事件，需要按 Add 按钮。提示实验者想定义什么键，选择 ＜Ctr1+1＞ 为缺省

→当按键激活时，可以定义发生运作的四个键的其中一个，这四个键是：模拟和数字钳制电平、膜测试、实验方案和信息提示

对于定义的每一个键，应用顺序按钮定义在运作完成时，发生什么事情。在这种情况下，我们连接每一个事件到下一个键，就能建立一组事件的连续顺序。

也能定义下一个事件在什么时候发生。如我们能规定：当电流采集完成后或某些固定的时间期满后，下一个该发生的事件。

在此，我们定义 ＜Ctrl+1＞ 运行膜测试 1 s，当它完成时立即运行 Tutor_1 protocol，同时将数据存储到硬盘：

1. 在运作标签中选择膜测试。
2. 顺序标签定义下一个键为 ＜Ctrl+2＞。
3. 键启动经过 1 s 后，规定"启动下一个键"。
4. 按"OK"完成定义 ＜Ctrl+1＞。
5. 点击 Add 按钮加 ＜Ctrl+2＞ 键。
6. 把运行调至"Protocol，方案"。
7. 规定作用为"Record，记录"。
8. 用浏览按钮，浏览方案文件 Tutor_1。
9. 确保重复计数是 1，只运行一次实验方案。
10.当采集完成后，在顺序标签上把顺序连接到下一个 ＜Ctrl+3＞ 键。
11 应用与上述相同的方法，加上 ＜Ctrl+3＞ 顺序键，并把该键连接到实验方案 Tutor_2，然后在顺序标签中选择 ＜Ctrl+4＞ 作为下一个键。

实验者能应用在运行标签上的 Digital OUT Bit Pattern，把有阀的电子溶液变换器打开或关掉。简单地设定想打开和关掉的数字位数，如把溶液变换器连接到 Digital OUT #0，当想激活溶液变换时，使 Digital OUT #0 能打开溶液变换器；当想结束溶液变换时，则把它关掉。

本实验定义 <Ctrl+4> 键使 Digital OUT #0 按钮弹高：

1. 加 <Ctrl+4> 顺序键。

2. 在运作标签上选择参数并使 Digital OUT Bit Pattern 能运行。

3. 除了 0 位数外，不校验所有的位数（注意：在这里可能有一个位数不能用，在实验室平台被"high during acquisition"校验框覆盖）。

4. 在顺序标签中，选择 <Ctrl+5> 作为下一个键。

在此例中，我们希望将 Digital OUT 保持在高位，直到观察到药物对细胞的效应，才把它调回到低位。当运行顺序实验方案时，为了保持数码的高数位，我们须从 Configure > Overrides 中的实验室平台建立应用数字钳制模式。只有做了这个选择，才能把数字输出的任何改变存储到实验室平台，并且只有实验室平台发生改变，才能改变应用数字钳制模式，而装载和运行实验方案时则不能使之改变。根据实验大纲可设置完整的实验顺序。可以尝试用复制按钮创建新键，然后借助 Properties 编辑新键。这时，实验顺序应该是（表4-3）：

表 4-3　实验的键顺序

当前键	下一个键	类型	描述
<Ctrl+1>	<Ctrl+2>	膜测试	从启动到启动 = 1
<Ctrl+2>	<Ctrl+3>	实验方案	用"Tutor_1.pro."1 记录 reps. 实验方案时间优先
<Ctrl+3>	<Ctrl+4>	实验方案	用"Tutor_2.pro."1 记录 reps. 实验方案时间优先
<Ctrl+4>	<Ctrl+5>	参数	Digital = 00000001. 从启动到启动 = 1
<Ctrl+5>	<Ctrl+6>	实验方案	用"Tutor_2.pro."1 记录 reps. 实验方案时间优先
<Ctrl+6>	<Ctrl+7>	膜测试	从启动到启动 = 1
<Ctrl+7>	<Ctrl+8>	实验方案	用"Tutor_1.pro."1 记录 reps. 实验方案时间优先
<Ctrl+8>	<Ctrl+9>	参数	Digital = 00000000. 从启动到启动 = 1
<Ctrl+9>	<Ctrl+Shift+1>	实验方案	用"Tutor_2.pro."1 记录 reps. 实验方案时间优先
<Ctrl+Shift+1>	<Ctrl+Shift+2>	膜测试	从启动到启动 = 1
<Ctrl+Shift+2>	None	实验方案	用"Tutor_1.pro."1 记录 reps.

可以用 Save Set 按钮保存这一顺序，把它命名为"Tutorial.sks"。关闭顺序表后，按 <Ctrl+1> 或顺序工具棒上的第 2 个键，就能启动整个实验。用 =>Clipboard 按钮把顺序组的文本复制到限幅板，然后粘贴到文字处理器，这样就可以把顺序系列打印到实验室的笔记本上。

五、显示和测量采集到的数据

采集到数据后，Clampex 可提供某些基本的分析功能。应该注意，最好用 Clampfit 分析数据，但 Clampex 也能让实验者浏览数据和进行简单的测量。选择 File > Open Data 可以打开数据文件。对话框能提供一些选择，待把数据读到 Clampex，即可控制如何把数据呈现出来，如决定是否将每一个数据文件都打开成为新窗口、如何控制轴的标度以及如何调整想呈现的信号或扫描的数目。选择 File＞Last 可打开最后记录到的数据文件。

一旦在分析窗口里把数据打开，就可出现 4 个游标，通过点击和拖拽可以移动这些游标。在窗口的不同区域点击鼠标的右键，有控制分析窗口的许多选择。现在，我们可以简单地测定，在顺序系列最后记录到的文件中在最后采样期间所采集到的钙电流峰值的 I-V 关系，并把它们呈现出来。我们测定游标 1 和 2 之间的最小值：

→调整游标 1 和 2，使它们划出内向钙电流峰的区域

→选择 Tools＞Cursors＞Write Cursors。按分析窗口顶部左侧的"check"按钮或从工具棒也可执行这个功能

→双击屏幕底部的结果窗口，或从窗口的菜单中选择结果。观察对每一条踪迹测定的一些参数

→当显示结果窗口时，选择 View＞Window Properties，可以控制测量和它们以什么顺序显示

→选择 File＞Save As，可把这些测量存储为文本文件

有超过分析窗口各种特性的广大的控制，在线帮助包含有这些细节。一个有用的提醒是，借助在分析窗口的各个区域点击右键能够调节大多数的特性。通过这一功能，实验者能调整游标和分析窗口的特性。

六、用 Clampfit 软件实时制作 I-V 图

不管 Clampex 本身的功能如何，我们现在将 Clampfit 的 I-V 作图与其采集功能合作。为了做这一示范，实验者可能希望首先把 Clampfit 恢复到工厂为其设置的缺省值。这可以通过关闭所有 Axon 仪器的软件，然后运行在 Axon 实验室程序文件夹中找到的程序 Reset to Program Defaults 来完成。选择应用 Clampfit 回到缺省值。

然后安装 Clampex 和 Clampfit 两个软件，并在 Clampex 中装载你的实验方案文件"tutor_1"或"tutor_1a.pro"提供的实验室方案文件。核对在 Configure＞Automatic Analysis 中的"Apply anatomatic analysis"。应用 Clampex 中的记录功能（不用顺序键）记录一个文件，这个文件应该出现在 Clampfit 的分析窗口。

现在利用这个文件创建我们的 I-V 作图程序，并同时将 Clampfit 与在 Clampex 中我们的实验一起设置，以运行一个快速自动 I-V 图：

1. 聚焦到 Clampfit 的分析窗口，选择 Analyze＞Quick Graph＞I-V。我们想作峰电流"Im"对命令电压"Vm Cmd"的图。

2. 对 X 轴波形组选择节段，以"节段 B 的电平"为图的 X 轴。

3. 以信号"Im"作为 Y 轴。我们希望检测在节段 B 的正的峰值，并且为极性选择"Positive"，对区域选择"节段 B，波形 0"。

4. 在峰值检测时，我们用 5 个点的平滑因子。

5. 因为我们希望看到所做的实验图中全部的 I-V 曲线，所以在目标选择项，选"添加"。

6. 当关闭这个表时，在图像窗口中将出现一个 I-V 曲线图。

7. 除 Clampex 和 Clampfit 外，最小化窗口平台上所有的应用。把鼠标移到窗口任务棒的空白部分，点击鼠标右键并选择 Tile Windows，水平对两个应用给出相等的位置。现在可以希望对安排在每个应用内的窗口，做平台空间的最大应用。除分析窗口和

作图窗口外，Clampfit 最小化或关闭所有的窗口，并且用 Clampfit 的 Windows＞Tile Vertical 命令安排窗口。

8. 在开始实验前，打开 Configure＞Automatic Analysis，核对 Generate Quick Graph 并选择 I-V。在此，需要确保没有做计算提示符标记。当以较慢的采样速率运行实际的实验时，为了从扫描中减去对照的扫描，应该使 Subtract Control File 能运作，自动分析和作出 I-V 图或踪迹对踪迹的图。

9. 在 Clampex 中，装载 tutorial.sks 顺序文件或以命令 Configure＞Sequencing Keys＞Open set 提供 tutorA.sks。如果可以看到在线统计窗口并且其中已有数据，则用命令 Edit＞Clear Statistics 清除这些数据。然后，按工具按钮＜Ctrl＋1＞开始实验。由于是用采集到的数据，所以应该在图形窗口上看到 6 条 I-V 曲线图。

此外，Clampex 和 Clampfit 同样可以快速采集和制作斜波电位（ramp）的 I-V 曲线图（请参阅第三章第 3 节，图 3-3）。Clampfit 还可以分析和拟合许多其他函数曲线，由于篇幅所限，在此仅进行上述简单介绍。建议读者仔细阅读相关仪器的操作指南，在进行实验或数据分析时，随时都可按＜F1＞按钮，可以立即获得较详细的设置及操作方面的提示和帮助。下一章我们还将进一步介绍膜片钳实验的具体操作。

参考文献

[1] Boulton AA, Baker GB, Walz W. et al. Patch clamp application and Protocals. *Neuro meth*, 1995.

[2] Hamill OP, Marty A, Neher E. et, al. Improved patch clamp techniques for high-resolution current recording from cells and cell free membrane patches. *Pflueg Arch*, 1981，391: 85-100.

[3] Molecular Devices, pCLAMP 10 Data Acquisition and Analysis For Comprehensive Electrophysiology (User Guide)。

[4] Sigworth FJ, Electronic Design of the Patch Clamp. From Single Channel Recording Chapter 4. Second edition. Edited by B. Sakmann and E. Neher, Plenum Press, New York, 1995.

[5] 温晓红，蔡浩然.离体成年非洲爪蟾视顶盖区突触后电流的研究.中国神经科学杂志，2001，17: 11-15.

第五章

膜片钳记录的操作过程

在第一章已经简单介绍到随着微电极（尖端为 0.5 μm 至几个微米）的问世，以及电子技术和计算机科学的飞速发展，人们从器官水平逐渐深入到单细胞水平，对生物体的感受细胞和神经元进行单细胞的电信号记录和研究。单细胞记录又可分为胞外与胞内记录两种：胞外记录一般用尖端为 1 μm 左右的金属微电极，可记录到的脉冲信号（即动作电位）是一种调频信号，细胞活动的强弱是以动作电位的多寡来反映，每个细胞产生的动作电位的波幅，在正常情况下基本保持恒定。然而由于电极并未真正插在单个细胞上，而是在电极的附近常常不只有一个细胞，而是有多个细胞，只不过它们离电极的远近稍微有所差别，因而记录到的动作电位的振幅也不是完全相同的。因为这并不完全是从一个细胞产生的电信号，而是由一小群细胞产生的动作电位。后来通过胞内记录，人们不仅能记录和研究单个细胞的动作电位，而且也可以通过直接改变细胞内外溶液各种离子成分，观察其对动作电位的影响，从而对动作电位产生及传导的机制进一步进行深入的研究。然而要把这种玻璃微电极插入小的神经细胞或神经纤维是比较困难的，最初人们选择一些无脊椎动物（如枪乌贼）的大神经纤维做实验标本，而不能在较小的细胞，例如，神经元进行胞内记录的研究，这显然在电生理方法学上，还是有不少的局限性。通过单细胞的胞内记录证实了，在静息状态下对 Na^+ 几乎不可通透的细胞膜，但在受收到刺激后产生兴奋时，为什么会变成对 Na^+ 是可通透的呢？人们设想了在细胞膜上有各种各样的离子单通道，在静息状态，钠离子通道是关闭的，只有在膜兴奋时，通道才作瞬态开放，Na^+ 经通道进入细胞内，产生去极化，K^+ 则朝相反的方向流出细胞，引起超极化。离子通过这些特异性通道而产生的电流是非常非常微弱的。从前人们虽然经常用到钠离子通道、钾离子通道等词，但仍不能从生物标本上得到有关离子通道的直接证据。Naher 和 Sakman 发展了膜片钳技术，广泛地探索了各种类型细胞的离子通道，直接证实并记录到了流经离子通道的微弱电流，使电生理技术也从细胞水平进入到分子生物学水平，将分子生物学与电生理学紧密地结合起来。在上一章介绍了膜片钳设备对电信号的采集与记录方案软件的设置。而这一章将以德国 LIST ELCTRONIC 公司生产的 EPC-系列产品为例，系统介绍开展膜片钳实验的具体实践。

第一节　千兆欧姆封接

在电极和标本均已准备好后（参阅第二章），首先调节微电极使之与细胞逐渐靠近，以形成封接。以往把微电极尖端对着细胞膜表面加压并吸气，则可得到高达 200 MΩ 的封接电阻。用同样的方式也能产生千兆欧姆数量级的封接。与以往的唯一差别是要求确保电极的尖端非常的清洁。主要注意点有两个：① 必须过滤孵育液和电极内液；② 每次封接都要用新拉制的电极。此外还须加以小心之处，列举如下。

千兆欧姆封接是突然形成的，高达 3 个数量级的封接电阻是以"全或无"的方式突然形成的。图 5-1 示千兆欧姆封接形成的过程：当微电极的尖端压在用酶清洁过的细胞膜表面时，封接电阻为 150 MΩ（电阻测定是从电极加 0.1 mV 电压的脉冲，并在显示器上观察其引起的电流方波幅度的变化），当稍微吸气加上负压（20~30 cmH$_2$O），在几秒之内电阻增至 60 GΩ。当再加负压时，通常在几秒钟之内就能形成千兆欧姆封接，此后即使把负压去除，仍可保持完整的封接。也有时不需要吸气加负压，就能自发地形成千兆欧姆封接。但有时则必须轻轻地吸几秒钟后再放开时才形成千兆欧姆封接。

在吸气时电极尖端的细胞膜会变形，呈一个 Ω 形状的凸起。与细胞膜变形相一致，在进行吸气前的短暂时间内，或不能形成千兆欧姆封接时，可以观察到封接电阻增加 2~4 倍，这可以解释为是由于玻璃微电极与细胞膜的接触面积增加所致。然而接触面积的增加，并不能解释千兆欧姆封接的形成。粗略估计，插在玻璃微电极与细胞膜之间的水层厚度为 2~3 nm，这一数值只相当于封接电阻为 50~200 MΩ。若封接电阻要大于 10 GΩ，则玻璃微电极细胞膜之间的分隔层只有 0.1 nm 的距离（在化学键距离范围之内）才有可能。这一距离的突然变化，可能表明两表面间的直接接触就如同不可溶的表面单层分子转到了玻璃基质上。由于小分子不能扩散通过封接区域；也证明了在千兆欧姆封接形成后，细胞膜与玻璃电极的牢固接触。在玻璃微电极外，即使加高浓度的激动剂也不能激活膜片上的单通道电流。因而在玻璃微电极与细胞膜之间的牢固接触的高电阻区域可以划分出来。从上述观察可以得出结论，利用厚壁玻璃管尖端形成千兆欧姆封接后，是很难记录到普通所谓的"电极环内通道"的电流。

形成千兆欧姆封接的可重复性：建立千兆欧姆封接的成功率，不同批次拉制成的电极各不相同。这种变化可能由于受下列诸多因素影响：① 为了避免电极尖端弄脏，当电极入水通过空气 - 水界面时，一定给玻璃微电极内稍微加上一点正压（约 10 cmH$_2$O），即使电极是第一次与细胞接触，也应有小量液流从电极内喷出。当电极接触到细胞膜并释放电极内正压时，封接电阻应增加两个数量级；② 去除正压后的电极不能第 2 次再用；③ 经过酶处理

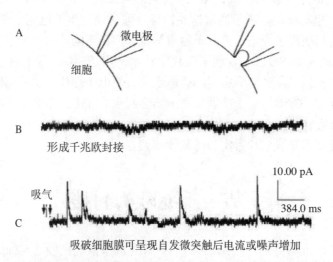

图 5-1　玻璃微电极尖端与细胞膜形成千兆欧封接（来源：作者实验室资料）

后的样本，在孵育液的表面往往覆盖了一层细胞碎片这些碎片常常粘在电极尖端，因而妨碍千兆欧姆封接的形成，利用擦镜头纸或轻轻吹气，可使水表面清洁；④ 电极内液如有钙离子时，则应该用 HEPES 作电极内液的缓冲剂，由于磷酸盐缓冲剂常常会产生小结晶而沉淀到电极尖端；⑤ 用稍微低渗（10%）的电极内液，常常更容易形成千兆欧姆封接。小心做到上述各点，则在健康的细胞上，大约有 80% 的电极，可以形成千兆欧姆封接。

形成千兆欧姆封接以改善电流记录：电极与细胞膜牢固地形成封接后，就把整个细胞膜表面分为两部分，即电极覆盖区域（膜片区）和其余剩下的细胞膜。相对于膜片区而言，总的细胞膜面积是非常大的；因此，小的膜片区的电流，是不可能明显地改变细胞的静息电位。例如，10 pA 的膜电流，对于输入阻抗为 50 MΩ 的细胞，则只能使其膜电位的改变不超过 0.5 mV。因此，可以把这一小的膜片看作没有用细胞内电极的"电压钳"。钳位电压等于细胞电位与电极电位之差。在这种"电压钳"的情况下所记录的电流的某些特性如下。

（一）增加了时间分辨率

由于降低了噪声，在 5~10 kHz 的分辨率下，可以观察到通道开放与关闭的时间过程。大的单通道电流和低的背景噪声水平，使得比从前能得到更高的时间分辨率。从而可以确定，实际通道的开放是发生在小于 10 μs 的时间间隔内。

（二）没有"电极环内通道"电流

细胞外膜片钳技术的主要问题是在电极环内的膜区域内，通道出现电流。这些电流的大小是不均匀的，干扰单通道电流振幅的估算。用千兆欧姆封接所记录到的电流，其振幅分布是很狭窄而且非常有规律的。于是：① 可毫无疑问区分电导稍有差异的不同类型的离子通道；② 可分析一些通道的电流叠加在一起时通道的活动。

（三）膜片的电压控制

以往，电极内的电压必须与细胞外液压平衡，且不超过 1 mV，否则噪声漏电流将流过封接电导；现在有高封接电阻，则容许膜片的电位变化，例如，电极内的电位改变 100 mV，则只驱动 5 pA 的电流通过 20 GΩ 的封接，此漏电流的幅度与单通道电流相当，利用漏减的方法，很容易进行处理。这种强加的膜电位，还可用来激活钠离子通道和测定单通道电流的电流 - 电压（I-V）关系。

（四）控制细胞外液离子成分

千兆欧姆封接，形成了离子从侧面扩散的屏障。这里我们指的在膜片外侧面的离子成分是电极内液的离子成分。当电极内液的主要成分是 CsCl（100 mmol），而孵育液是正常的任氏溶液时，离子通道开放的电导比用标准任氏溶液时的电导大 1.3 倍。

第二节 形成封接的过程

一、初始设置

加电压脉冲到记录电极并观察示波器上电流信号的变化，其目的是监测电极电阻的变化。当电极在微电极推进器驱动下渐渐靠近细胞膜并形成千兆欧姆封接，则引起电阻增加，于是电流信号降低。为了比较方便计算，由仪器发出的脉冲振幅为 1 mV。要获得这一数值，是将频率为 5 Hz，持续期为 10 ms，振幅为 100 mV 的脉冲加到刺激的输入端，并把刺激标尺设在 0.01。这样 1 mV 的脉冲，就将引起 1 nA 的电流流过 1 MΩ 电阻的电极，或者 0.5 nA 的电流流过 2 MΩ 电阻的电极等，照此例推。观察电流脉冲的大小可以为设置放大器增益和示波器灵敏度提供方便，因此可以使通过电极尖端的电流引起示波器屏幕上 2~3 格的偏转。例如，记录电极的电阻为 1 MΩ（这样大电阻的电极非常适合做全细胞记录），如果把增益设置为 1 mV/pA，并且把示波器调成 0.5 V/格，则在示波器屏幕上每格代表 0.5 nA。把滤波"1"设置在 10 kHz，T 为 20 μs 等。在这样的条件下，电极入水前，在示波器屏幕上的踪迹，除了有电极及其夹持器杂散电容产生的非常小的电容脉冲外，是非常平坦的。

二、电极入水

即使我们强调从灌流溶液表面吸掉某些尘埃和杂质，溶液的表面还是相当脏的。因此在电极尖端进入水面之前，非常重要的是要加小量的正压到记录电极的玻璃管内，而且在形成封接前，电极也要避免再次通过水与空气的交界面。当把电极移入灌流溶液中，电流踪迹可能超出示波器的屏幕，搜索（search）电路在几秒钟之内将会把它找回。按重置（reset）按钮可以加速反馈（注意：搜索反馈速度取决于电极电阻，例如，当电极电阻为 1 MΩ 时，通常在 1 s 之内即会反馈回来）。从电压脉冲引起的电流反应，可以计算出电极电阻。如果电极入水后，电流没有明显的变化，则应检查是否在电路上有哪个环节上开路？例如，① 是否电极尖端有气泡？② 连接探头是否有误？③ 是否没有连接参考电极？

在记录电极与参考电极之间，总会有些电位偏移。置零旋钮（Vp）是设计用来提供抵消这种电位偏移的。随着电极入水，旋转这一旋钮使显示的 Vcomm 为零 [如果用高电阻电极，按重置（reset）按钮，可以加速置零旋钮（Vp）设置时反应的变化]。

三、千兆欧姆封接的形成

当把电极向细胞推进时，电流脉冲会稍微变小，反映封接电阻增加，释放电极内正压时，通常电阻会进一步增加，有些细胞还要再"推"一下，电阻才能增加 1.5 倍（即电流减小 1.5 倍）。轻轻地再吸一吸，可使电阻进一步增加，并形成千兆欧姆封接（有时立即突然形成，有时则甚至可能要经过 30 s 才逐渐形成），其特征是脉冲电流踪迹再一次基本上变平（请参阅图 5-1B）。为了证实千兆欧姆封接的确业已形成，可把增益增加至 50 mV/pA，除了在电压脉冲开始和结束时，各有一个电容放电的尖峰电流信号外，整个电流踪迹基本上仍是平坦的。可以通过调节 C-FAST 和 τ-FAST 两个控制旋钮使尖峰电流信号减低到最小。如果在实验过程中要给予脉冲刺激，就必须这样做，因为这样可以减低由刺激输入带的各种噪声。旋转 C-FAST 控制旋钮，首先降低脉冲的大小，然后调节 τ-FAST 减低残存的双相脉冲电流成分。

第三节　几种记录模式

随着膜片钳技术的不断发展，不仅能在一个完整的细胞上钳住一小片膜进行实验，而且还可以从细胞上"撕"下一小片膜，并继续维持良好的封接状态下进行实验。于是相继发展出四种形式膜片钳。这样就可以根据研究工作的目的不同，采用不同膜片钳模式，改变膜内或膜外溶液的化学成分，来观察不同受体（或离子通道）分子构型变化的生理功能。下面分别介绍这几种形式的膜片钳的形成（图 5-2）。而全细胞记录则将在本章第五节中单独进行介绍。

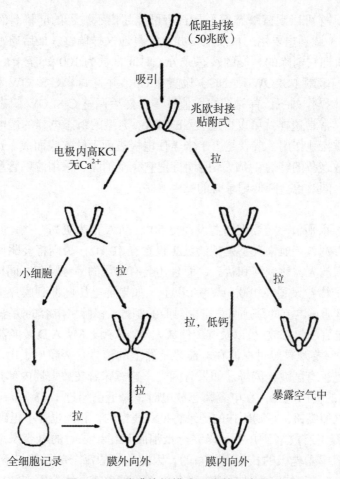

图 5-2　四种膜片钳模式形成的示意图

一、细胞贴附式

维持细胞原来正常的状态不变，不能直接测静息电位，不能改变细胞内溶液的成分，用此方法进行实验时，微电极内的化学成分一般与灌流溶液基本相同。用此方式可以研究离子单通道电流；调整微电极的钳位电压或在灌流液中加进不同激动剂，可以激活离子通道的开放。而第一、二种模式则是从完整细胞上"撕"下的膜片。根据要记录信号电流还是信号电位，又可分为电压钳或电流钳两种。

（一）电压钳模式

把开关切换至 VC（电压钳），电极内的电压仍维持在用 V-HOLD 电位器设置的水平上（如同前面已提到，既可以设置为零，也可以设置在你所想要的钳位电压位置上，例如，-70 mV）。需要注意：因为 SEARCH 和 VC 模式，在功能上两者非常相似，容易把 SEARCH 模式误认为 VC 模式。这一点必须加以特别注意，由于在 SEARCH 模式下，电极的电位很容易随时间而漂移，这种漂移将呈现在 Vcomm 上。

（二）消除瞬态电容尖峰电流

如果在实验中不需要用方波脉冲刺激（例如，记录自发电信号时），则把刺激信号关掉，以免引进伪迹。如果要加上可变动的电压，则把增益和滤波旋钮调到将要用的数值，但将 STIM SCALING 仍保留在低值（如 0.01）水平。在调至最大刺激信号前，对 C-FAST 和 τ-FAST

旋钮进行粗调，这样可以观察瞬态信号是否有可能超出示波器的屏幕。然后，把刺激标度（STIM-SCALING）调到想要用的最后值，并且反复地这样调整。最后通常还会有一个不可能用 C-FAST 旋钮把它消除的、慢的瞬态成分（时间常数为 100 μs 至 1 ms）存在。为了减低它的幅度，把慢范围（SLOW RANG）设置在 Cp，并且调节 C-SLOW 和 G-SERIES 使之消除到最低。具体操作如下：首先把初始值置零，然后调整 C-SLOW 瞬态电容尖峰电流的残余成分调平坦，常常这样就可以再调 G-SERIES。典型的瞬态电容的慢电流成分是由于电极玻璃管的电介质松弛作用，或者是由于未盖住电极表面上的水膜而成。这种慢成分，通常不具备单指数函数衰减的特性，所以不能期待把它完全消除。采用波璃管和涂膜技术可以减低慢成分的幅度，同时也会降低记录时的噪声水平。

（三）记录

为了降低噪声水平，一定要把增益设在比 50 mV/pA 稍为更高一些，除非由于某些原因需要用全 60 Hz 带宽，一般情况下是把滤波 1 设置在 10 Hz，否则将会驱使电流监视器的输出或记录器的输入放大器达到饱和状态，而且还会有大量的高频噪声。同样的理由，要用满带宽则应该避免把增益设置在 100 mV/pA 以上。如果加电压脉冲到膜片上，可能企图用计算机，从记录到有通道电流的踪迹减去空白对照的踪迹，以除去电容的瞬态电流。无论如何，重要的是要消除电容的瞬态放电，以及避免使放大器、记录设备或 A/D 转换器饱和。调 C-FAST 和 τ-FAST 的同时，要观察经过滤波在电流显示器上的信号是否超出了内部 10 kHz 的滤波。然后记录时观察是否有削波光闪烁。如果有闪光，这意味着在放大器内部是处在饱和状态和（或）电流监视器的输出电压，在电容瞬态放电时，峰值已超过了 13 V。于是就应重新调节抵消电容瞬态放电的旋钮，否则所作的记录将是非线性的，相减也是不正确的。

消除快的电容瞬态放电，并不足以完全抵消膜片钳记录时的电容瞬态放电，还有一部分是由于电极电容沿着电极的长轴而分布的，因此电容的每个单元都与不同量的电阻相连，所以单值的 τ-FAST 是不能完满地抵消电极各个部分的电容。电容瞬态放电的时间过程，也反映电极夹持器的材料和电极玻璃管的介电松弛。这种松弛不是单指数函数的衰减，但往往在 1 ms 的时间范围内发生。如果用低介电损耗的玻璃材料（例如，铝硅玻璃）做电极，或在电极尖端处覆盖一厚的涂层，松弛作用会较小。用 C-SLOW 旋钮可以抵消一部分这种慢的松弛而且把 SLOW RANG 设置在 Cp 处。设置在 Cp 处能有选择地抵消玻璃微电极的小量瞬态放电。用 G-SERIES 设置抵消电流的起始振幅，并用 C-SLOW 设置指数瞬态的总面积。注意：在贴附式膜片钳模式时，正电压相当于使膜片超极化，内向膜电流以正电信号的形式呈现在监视器上。当刺激标尺设为正值，在 10X 的刺激输入端加上正脉冲，则引起超极化。表 5.1 为四种膜片钳模式的极性。

表 5-1　在四种不同记录模式下，刺激电极的正电压导致不同的极化

记录构型	正刺激电压导致	外向膜电流在电流监视器上的极性
细胞贴附式	超极化	−
内面向外	超极化	−
外面向外	去极化	+
全细胞记录	去极化	+

二、制作"无细胞"膜片

细胞与玻璃微电极形成千兆欧姆封接后,在两者之间,不仅在电学上是紧密接触的,而且在机械力学上也是非常稳定的。可以把电极尖端从细胞膜表面拉开,并不会降低封接电阻。在含有正常钙离子浓度的溶液中,电极的尖端可以形成一个封接紧密的小泡。小泡内、外的电阻,可以降低至 100 MΩ 以下,但不会损坏千兆欧姆封接。从细胞上拉下小泡后,剩下的细胞膜还是完整的,可以用来进行其他研究。用这样的方法,可以分离出"内面向外"或"外面向内"的膜片。通过改变溶液成分,不论对细胞膜的内面或外面,都可用来研究药物或离子浓度变化对单通道电流的影响。

（一）在电极尖端形成小泡

千兆欧姆封接形成后,把微电极尖端向后拉回几微米,单通道电流变圆而且幅度下降。此时在细胞表面与电极尖端之间,常常能观察到一根非常微小的由原生质构成的小桥。进一步拉动微操纵器,则可把这小桥拉断,但仍保留完整的千兆欧姆封接。这时单通道电流进一步下降,并在几秒钟之内,完全消失在背景噪声之中。但微电极的输入电阻仍然很高。对出现上述这一连串的事件,最有可能的解释是:在拉断电极尖端与细胞膜之间的原生质丝小桥的过程中,在电极尖端形成了一个封闭的小泡(见图 5-2 右下方)。这个小泡的一部分暴露在孵育液中("外膜"),另一部分则在电极内液中("内膜")。假设通过测量小泡的电容为:1 $\mu F/cm^2$,再通过计算,那么小泡膜的面积则为 3~30 $\mu F/cm^2$。在标准的孵育液中,封闭的小泡能有规律地形成,然而当把两价离子(Ca^{2+} 和 Mg^{2+})从溶液中去除,或加 EGTA 把它们螯合掉,则很难观察到形成牢固的小泡。有人也指出,在含氟(F^-)的溶液中,也不能形成密闭的小泡。同时记录细胞的膜电位表明,小泡从细胞上分离出来后,并不会损伤细胞。微电极拉开后,细胞能再封闭,并同时也去极化,膜电位再回复到原来的静息电位。

（二）在电极尖端形成"无细胞"的膜片

在电极尖端开口处,形成的小泡,选择使其内膜或外膜破裂,这就提供了获得与细胞分离的膜片,并有可能测量其离子单通道电流。图 5-2 示意地描绘了这种可能性。使小泡的外膜破裂后,则内膜的原生质(内)面与孵育液接触,其外表面则与电极内液接触,这称之为"内面向外"的膜片。另一方面,如果使小泡的内膜破裂,则小泡内膜的内(原生质)表面与电极内液接触,而其外表面则在孵育液中,这称之为"外面向外"的膜片。

三、内面向外的膜片钳（inside-out patch）

形成分离膜片的先决条件是必须先形成一个 >20 GΩ 的封接,并形成一个小泡。在形成小泡后,使小泡的外膜破裂的方法有:① 细胞膜短暂地通过以下灌流液与空气的界面;② 将细胞膜短暂地与低浓度 Ca^{2+} 溶液、150 mmol 的 KCl 溶液或十六葵醇(hexadecane)相接触;③ 也可短暂地与液体石蜡或 sylgard 接触。一旦形成了这种膜片,则可以把试剂加到膜内的细胞质一面来研究膜通道特性。用这些方法做成的膜片进行实验时,其缺点是由于封接电阻较低,膜片的面积较大,因而热噪声较高,信噪比(S/N)较低。另外,用这些方法形成的膜片,往往有再封闭形成小泡的倾向,因此还需要有附加的机械手段使小泡完全破裂。用硫酸根(SO_4^{2-})取代溶液中的 Cl^-,可以大大地改善内面向外膜片的稳定性。随着封接后,若把电极稍微向后撤,则可清楚地看到,在电极尖端形成的膜双层,它的外面与孵育液相接触。因而可以得出如下结论:① 如同在前面章节里曾提到过的,电极尖端暴露引起电极与溶液间的电阻下降至 100 MΩ 以下；②加低浓度的乙酰胆碱（ACh）到孵育液中，可以激活单通道电流。电极电位为 –70 mV 时，这些单通道电流与在贴附式膜片钳观察到的电流相似；③在这种情况下，如果在电极内液中含有乙酰胆碱，则记录不到单通道电流。

四、外面向外的膜片钳（outside-out patch）

为了用小泡的外膜做成外面向外的膜片，要用如同前面所述的相同方法，使小泡内膜上有漏孔或使之破裂，也就是让小泡的内膜与灌有 150 mmol 的 KCl 或低浓度（$<10^{-6}$ mol）Ca^{2+} 的电极内液接触。另外，在小泡形成之前，也可机械地撕裂开，以形成膜片。如图 5-3 所示，用一根灌有 150 mmol 的 KCl 和 3 mmol HEPES 缓冲剂的电极，以分离"外面向外"的膜片过程。建立起了千兆欧姆封接后几分钟，背景噪声逐渐增加达到几个数量级，并伴随电极与溶液之间的电阻下降至 1 GΩ 以下和出现大的内向电流。把电极尖端从细胞表面稍微向后撤，在 1~2 s 之内背景噪声下降到最初的低水平，而且电极与溶液之间的电阻增加至 10 GΩ 以上。人们认为：最初电极输入电阻下降，是由于膜片裂开，而不是由于增加电极与膜之间封接的漏电。这一点从以下的观察可以得到证实，即在颇大的电极负电位（假设等于细胞的静息电位）时，内向电流反转，而且电极的输入电容也增加至相当于全细胞的电容。

图 5-3A 为用含有 150 mmol KCl 和 3 mmol HEPES 在 pH 7.2 时，在 2~3 min 内背景噪声增加。该图上方两条曲线分别代表在千兆欧姆形成后立即或 3 min 后的记录。电极内电位转变为 –30 或 –70 mV 时，可使漏电流减小或反转。电极的入门电阻也可以减低到 100 MΩ 以下，稍微把电极尖端拉回，电极的入门电阻可以再度增加至千兆欧姆范围，而且背景噪声也下降（第 3 条曲线）。加 0.5~1 μmol 的乙酰胆碱到孵育液中，膜电位为 –70 mV，则可诱发振幅为 2.5 pA 的单通道电流（第 4 条曲线）。图 5-3 B 是把激动剂（卡巴胆碱）加到"外面向外"膜片的外表面，上线为加 60 μmol 和下线为加 500 μmol 的卡巴胆碱到溶液中，在 –70 mV 的膜电位时记录到的单通道电流。可以看出：低浓度时，单通道电流脉冲是随机发放的，而高浓度的激动剂则引起脉冲爆发。

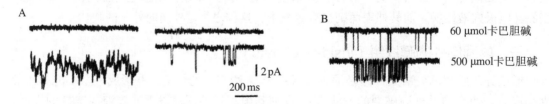

图 5-3　从大鼠肌球膜分离的"外面向外"膜片

第四节　电流钳与电压钳

由于膜电位的高低是与神经细胞的兴奋性密切相关的，所以要了解与研究膜的兴奋状态发生变化以及离子单通道开放或关闭的情况，首先要设法通过电极把细胞内电位或电流控制在一定的数值上，所谓"钳位"就是在静息状态下，将膜电位控制（也就是"钳"制）在某一个数值（如-70 mV）或将膜电流控制在某一个数值（如0 pA）。若通过仪器控制的是膜电位，而记录跨膜电流的变化，则成为电压钳（VC）；如果控制的是膜电流，而观察跨膜电位变化，则成为电流钳（CC）。总之，通过把膜内外电位或电流先控制（"钳"制）在特定的数值，则有可能测定流过膜上离子单通道的电流或膜内外的电位变化。然而这种电流是极其微弱的，一般是在皮安（pA）级水平（即10^{-12} A）。

在周围环境中，通常有各种各样的电磁干扰噪声，虽然这些噪声信号比上述微弱的电信号大得多，但采用一些综合措施可以使噪声大大地减小或去掉。然而还有一种噪声（背景噪声，又称热噪声或固有噪声），一般是很难消除的，其大小几乎比离子单通道电流信号大100倍。Naher和Sakman在解决这一问题上做了不懈努力。终于使膜片钳技术问世。

他们首先分析了信号源的热噪声公式：

$$\sigma n = \left(4kT\Delta f/R\right)^{1/2}$$

其中σn代表热噪声，k为常数，Δf为噪声的带宽，R为信号源内阻。从该公式可以看出，要使热噪声电流降得很低，而不淹没信号，则信号源内阻就应达到千兆欧姆或更高。小细胞的膜阻抗可以高达这一数量级，但前面提到的在20世纪70年代盛行的胞内记录，一般都是用无脊椎动物大细胞进行实验，这类细胞膜的面积较大，由于膜电阻是与细胞膜的总面积成反比，总面积越大，膜上离子通道的总数越多，电导越高，电阻就越小。这类大细胞的输出阻抗一般只有100 KΩ至50 MΩ，比所期望的千兆欧姆要小几个数量级，因此用普通胞内记录的方法和用大细胞做实验标本，不可能使信号源的噪声降得很低。Neher等原来也是学物理学的科学家，于是他们着手考虑如何提高信号源的内阻。首先，他们测量一小片膜，而不是整个细胞膜，他们将玻璃微电极与细胞膜表面接触，只测定与电极尖端相接触的这一部分细胞膜的跨膜电信号。如果微电极尖端与细胞膜能封接得很好，则输入阻抗可以高达几千兆欧姆，与玻璃微电极尖端接触的这一小片细胞膜则称为膜片（patch）。人们则可以测量通过这一小片膜片的电流。这种小膜片（直径为3~5 μm）的电阻很高，热噪声电流很小。于是能成功地记录到离子通道开放时，无机离子通过这一小片膜的电流。因此，我们可以很好地理解"膜片钳"充分反映了本技术"膜片"二字的内涵。"钳"是指把细胞膜两边的跨膜电位或电流钳制在某一特定的数值下，"膜片"则是指测定的是一小片细胞膜，而不是一个细胞的整个细胞膜（小细胞例外，由于其整个细胞膜的总面积也非常的小，故可进行全细胞记录，参见本章第五节）。

离子单通道电流是继微终板电流之后，在神经传递过程中发现的极其微弱的一种电流。其振幅为2.2 pA（-80 mV）~3.4 pA（-120 mV），开放持续时间为28~45 ms。显然电流振幅的大小与钳位电压的高低有关，而且也与诱发离子单通道电流的激动剂种类有关，例如，

当钳位电压为 - 120 mV 时，尼古丁型乙酰胆碱受体（nAChR）通道开放的时间也各异，亚胆碱受体通道为 45 ms，乙酰胆碱受体通道为 26 ms，卡巴胆碱受体通道为 12 ms。

从电压钳记录到电流钳记录，只需将 MODE 切换到 CC 或 CC ＋ COMM。其中 CC 方式用于记录细胞膜电位，在 VOLTAGE MONITOR 输出并在数字表显示出来，而 CC ＋ COMM 模式用于普通的动作电位的记录。

当 MODE 切换到 CC 时，膜片钳放大器强迫电流测量电路的滤波器 1 设置为 10 kHz；禁止 Rs 补偿；也禁止慢电容补偿和快电容补偿。这些措施几乎不对实验者造成什么影响，主要是为了使 CC 记录简单和可靠。然而，仍有两个细微的地方需要考虑：① 必须将 GAIN 设置在低增益范围中，CURRENT MONITOR 输出才会有正确的标度。另外，CC＋COMM 模式也提供了一个很好地监视注入电流的途径；② 为了使电流钳电路稳定，实验者应该对先前的电压钳方式下，已经调整过的快电容补偿再做小的调整，因为快电容的过度欠补偿会导致过冲、振铃甚至振荡，而尤其是少量的过补偿极容易引起振荡。其缺点是：由于探头输入端有约 1 pF 的输入电容，与玻璃电极和夹持器的电容加在一起，形成大约 3 pF 的电容，因而用非常高电阻的电极进行记录时，由于电容的滤波效应会损失时间分辨率，但是只有 10 MΩ 和更低电阻的电极将产生低于 30 μs 的时间常数，而 30 μs 是电流钳放大器本身固有的速率。电流钳电路不禁止快电容补偿是为了在保持电流钳位和动作电位记录的高带宽的同时，也保证电路的稳定性。此外，由于在电流钳模式下 Rs 补偿无效，当用 CC ＋ COMM 模式注入电流时将引起在入门电阻（即 Rs）会出现小的电压降。但因为膜片钳电极比传统微电极的电阻小得多，所以这个电压是特别小的（10 MΩ 入门电阻、100 pA 电流时，仅为 1 mV），因而我们认为对于实验者来说，禁止 Rs 补偿从而简化使用手续比提供一个桥电路补偿或中和电容更加重要。当设置为 CC 模式时，可以任意设置 V-HOLD 旋钮或改变刺激输入的信号都不会有影响，因为在 CC 模式下它们是无效的。例如，您可以在 CC 模式下，通过软件将系统 V-HOLD 旋钮（此时为钳位电流）放在 0 pA，那么切换到 CC ＋ COMM 时，就不会有刺激电流。把主机切换到 CC ＋ COMM 模式后，可以通过改变系统值，来设置钳位电流的大小（满刻度为 ± 200 pA）。同时也可以编制相应的刺激波形来记录动作电位。在 CC ＋ COMM 模式下的电流刺激标度规则很容易记忆：COMMAND INPUT 信号、COMMAND INPUT SCALING 和 V-HOLD 组合后，如果在电压钳模式下可产生 1 mV 的刺激电压，那么在 CC ＋ COMM 模式下则是 1 pA 的刺激电流。

第五节　全细胞记录

全细胞记录是在得到了很好的千兆欧姆封接后，给微电极内加负压以吸破细胞膜，或电极内液中含有制霉菌素使细胞膜穿孔。全细胞膜片钳，虽然与以往的单细胞胞内记录非常相似，但也具有一些重要的特点是以往胞内记录不具备的：① 对细胞损伤很小，不需要电极尖端插入细胞内，细胞内液与电极内溶液是相通的；② 电极内溶液与细胞的胞浆可以很快地进行交换并达到平衡（小离子只需几秒，中等大的分子如第二信使分子的装载或洗脱需 10 s～1 min；小的蛋白质大分子则需要几分钟）。这样既可以很好地控制细胞内的化学成分，也可以简单地将一些离子、化学试剂、荧光试剂和其他色素类物质（如 biocytin）加到微电极内溶液，导入细胞内；③ 单细胞胞内记录，以往常常是采用无脊椎动物大细胞才能获得成功，而膜片钳全细胞记录，则有可能用哺乳动物以至人类脑组织的小细胞（直径仅为 10 μm 左右）做标本开展研究。用膜片钳记录，一般优先采用小细胞进行实验（脊椎动物脑片内的细胞），细胞的直径要求在 10 μm 左右。因为细胞越大，则整个细胞膜的面积越大，电源电阻则越小，热噪声电流增大，信 / 噪（S/N）比下降。究竟采用哪种膜片钳方式则要根据具体研究内容而选取。例如，要观察细胞的一些自然活动过程，一般采用细胞贴附式膜片钳技术，在此情况下，细胞是完整的，可以观察离子单通道"开"与"关"的动态过程；但在另一些研究中，要尽可能在一定的控制条件下，获得一些定量的资料，需要用从细胞上撕下来的膜片比较方便，这样可以最适地控制细胞膜两边溶液的成分；全细胞记录方式，则介于两者之间，用这种方式可以控制膜电位，选择好灌注微电极的溶液，也可以不太剧烈地扰乱细胞内液的化学成分。

前面已提到为了减小热噪声电流，提高信 / 噪比，关键在于电极尖端与细胞膜之间要形成非常紧密的封接，封接电阻要达到千兆欧姆，即形成千兆欧姆封接（gigaseal），于是要求：① 必须使细胞表面非常清洁，尽量没有细胞外杂质及结缔组织，培养的成年细胞需要用酶或机械的手段使其表面清洁；② 溶液必须非常干净，既无尘埃也无血清成分中的大分子物质，电极内溶液应用 0.2 μm 的滤器进行过滤；要把培养出来的细胞清洗几次，去除血清，再进行实验；③ 要用新拉制的（2 h 之内）微电极，尖端常常需要抛光，并涂以 sylgard；④ 电极进入溶液界面至形成封接以前，应加以小的正压，以产生一个非常小的液流从电极尖端流出，这样在电极尖端就不会沾上死细胞碎片或杂质。形成千兆欧封接后，通常紧接着是再轻轻地抽吸一次，使细胞膜吸破，才进入到全细胞记录状态。第二次抽吸往往是比较艰巨的动作，在没有一定经验的情况下，往往容易失败。如果成功了，则电阻突然下降，显示器上的曲线噪声明显增加，出现因破膜后细胞膜电容加大，而引起测试的方波电流下降相减慢的微分曲线（图5-4 第 4 条曲线）。

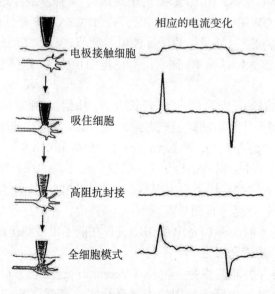

图 5-4　形成全细胞记录过程示意图

（一）破膜

形成千兆欧姆封接后，再吸一下，则有可能把膜吸破。由测试脉冲引起的电容瞬态电流会突然明显增大，表明电流在细胞内外已直接相通，并且根据细胞和电极的电阻的变化，电流水平也会发生一定的改变。有时吸第 2 次会降低入门电阻，从而引起电容瞬态电流的振幅突然变大，但持续期缩短。我们在前面已经讨论过，低值入门（串联）电阻是所期望的，并且用 Rs 串联电流方法管理补偿时，电阻也是稳定的。在电极内液中含有高水平钙缓冲能力的成分（例如，有 10 mmol 的 EGTA），有助于防止由于细胞膜开口处再封闭（reseal）因而导致入门电阻增加。

（二）消除电容的瞬态电流

如同在前面介绍过的破膜前，调节消除快的电容瞬态电流旋钮，则可以消除所有由于细胞电容而引起的电容瞬态电流。利用和 G-SERIES 旋钮消除电容瞬态电流的同时，还可以估算出膜电容和串联电导（串联电阻的倒数）的数值。应该在高时间分辨率下（10 kHz 滤波），调整这些旋钮以观察电容瞬态电流。这可以观察调整 G-SERIES 旋钮的效应。G-SERIES 设在瞬态电流振幅的起始位置，这与 C-SLOW 旋钮位置的设定相反，C-SLOW 是设置在总面积状态下。选择适当的 C-SLOW RANG（直径在 10 μm 以下的细胞为 10 pF，更大的细胞则为 100 pF），从 C-SLOW 设置在非零值开始。如果瞬态电流不太快，则在调 G-SERIES 旋钮时可以看到起始值的变化。把 G-SERIES 调为零，而瞬态电流不留在起始部位，然后调 C-SLOW 旋钮以减低瞬态电流的大小。经过 1~2 次的反复调试，有可能把瞬态电流减低至只剩下最初值的百分之几。然而如果细胞的形状不理想（例如，长圆柱形的细胞或具有长突起的细胞），由于这些形状细胞的瞬态电流不是以单指数函数衰减，因而不能使之完全消除。

（三）串联电阻补偿

如同前面已经讨论过，当膜电容电流或离子电流大到足以导致出现电压误差时，串联电阻（Rs）的补偿是很重要的。要利用 Rs 补偿旋钮，首先要调节消除电容瞬态电流的旋钮（如果有必要，包括调节 C-FAST 和 τ-FAST 两个旋钮），以提供最好地消除电容的瞬态电流。然后上调 C-FAST、C-SLOW 和 G-SERIES 旋钮，并打开 %-COMP 补偿旋钮。注意：G-SERIES 旋钮与 %-COMP 旋钮共同决定补偿加的正反馈量。调节这些旋钮时须特别小心，由于调得太低会引起过分补偿（放大器认为 Rs 比它应有的电阻值大），这样就会引起振荡，并可能损坏被记录的细胞。

如何根据未补偿的膜电流时间常数来设置 Rs 补偿控制旋钮？计算出 C-SLOW 与 G-SERIES 的设置比，则可计算出细胞膜充电的时间常数，例如，假设 C-SLOW 是 20 pF 以及 G-SERIES 是 0.1 μS（微西门子），那么 τu 是（20 pF）/（0.1 μS）=200 μs。如果 τu 小于 500 μs，那就应该切换 Rs 补偿到 FAST 设置，以提供所必需的快补偿。否则 SLOW 设置提供的补偿较少，由于未调这些旋钮而产生振荡。τu 决定能调多少补偿，如果 τu 大于 100 μs 左右，则能把它调到任意程度，直到最高达 90% 的补偿，在电压钳的反应中都不会有严重的超射或振荡。当 τu 值小时，%-COMP 旋钮应设置在低于出现振荡的位点，或甚至更低。

（四）电压监视器、滤波和极性

把 Vp/Vcomm 切换开关能监视命令电压（Vcomm；这是正常所观察到的）或者被 Rs 补偿电路改变后的命令电压。后者的用处主要是让实验者观察 Rs 回路作了多少校正，而来估算可能得到的误差大小。在没有 Rs 补偿时这个切换开关无效，但最好还是把它设置在

Vp 的位置。

　　如同用膜片记录时一样，在做全细胞记录时也很少需要把"滤波 1"切换到满带宽。甚至经串联电阻（Rs）补偿后，因为典型的细胞膜充电时间常数是比 16 μs 还长，这一数值相应于 10 kHz 带宽的时间常数。因此期望呈现在监视器上的电流信号是不包含超过这一带宽的有用信息。全细胞记录的电流和电位信号，遵循通常的原则，即外向电流为正，这是因为电极已有与细胞内直接连接的入口。

（五）全细胞记录举例

　　图 5-5 的踪迹是从一个神经胚细胞瘤的相当大的细胞胞体，在全细胞膜片钳实验中记录到的，这个细胞的膜电容为 70 pF，电极内液有铯（Cs），铯可以阻断细胞内大部分的钾电流，所以记录到的主要是钠电流。在该图 A 部分是调节慢的瞬态电流消除和 Rs 旋钮时，由持续期为 40 ms，振伏为 20 mV 的去极化脉冲（在踪迹的顶部）进行刺激所引起的不同电流的踪迹。这种刺激脉冲都很小，而不能激活膜电流，因此只能观察到膜电容和漏电流。踪迹 1：在低放大倍数时未补偿时电容电流，膜充电的时间常数颇慢，大约为 200 μs；踪迹 2：C-SLOW 已切换到 100 pF，而且电流也作了部分补偿，但 G-SERIES 和 C-SLOW 设置得太低；踪迹 3：调得太高，引起了启动时的过冲（overshoot）；踪迹 4：显示了 G-SIERIES 调整正确时，已看不见初值的"跳跃"；踪迹 5：显示正确调整了 C-SLOW 以后的状况，仅剩余一个小的脉冲电流，上升沿和下降沿都已圆滑了，这个电流是因为细胞逐渐（超过 200 μs）向电极电压充放电时流过膜漏电导的残余电流；踪迹 6：显示开大了 Rs 补偿的 %-COMP 的结果（补偿速度是 FAST），踪迹变得不平整了，瞬态伪迹在幅度上变大，但在时间上却更快。在此时可以微调一下 G-SERIES 和 C-SLOW 以减小伪迹。该图 B 部分显示了由更大的去极化刺激脉冲（50 mV）诱发出的钠电流踪迹；踪迹 7：显示了与踪迹 5 相同条件下（慢电容补偿已调整好，但没有进行 Rs 补偿）记录到的钠电流畸变；踪迹 8：显示了当 Rs 补偿打开后记录到的电流的变化；踪迹 9：显示用更大的去极化刺激脉冲（70 mV）并更仔细地调整了 G-SIERIES、C-SLOW 和 C-FAST 以后得到的电流记录，这个记录中的残余电容性伪迹可以用 P/N 漏减法减去。

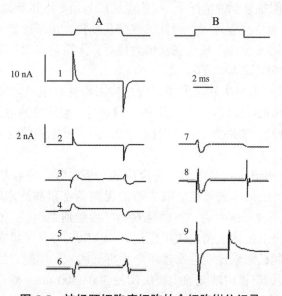

图 5-5　神经胚细胞瘤细胞的全细胞钳位记录

第六节　穿孔膜片钳记录

由于在进行全细胞记录过程中，当实验者用注射器轻轻抽吸形成千兆欧姆封接后，下一步则仍需再轻轻抽吸一次，使细胞膜吸破，才能进入到全细胞记录状态。第二次抽吸往往是比较艰巨的操作，常常不易把细胞膜吸破，相反，弄得不好还会使原来已形成的千兆欧姆封接脱开，漏电流明显增大而失败。此外即使在细胞破膜后，成功地进行全细胞记录时，往往随着记录时间的延长，不论是自发的还是诱发的电流（或电位）信号，有时也会逐渐下降，其原因主要是由于在破膜后电极内液与细胞内胞浆完全相通，两者完全能相互扩散，然而由于两者成分彼此并不可能完全相同，例如，电极内液一般均含有 EGTA，它是钙离子的螯合剂，扩散到细胞内则会逐渐改变原来细胞胞浆的 Ca^{2+} 浓度，因而一些与钙离子有关的电流反应，则会在实验过程中出现电信号逐渐衰减（run down）的现象。因此目前有一些实验室，为了克服上述两个主要问题，而采用了所谓的穿孔膜片钳记录技术（perforated patch recording），这一技术是基于 Lindau 等（1986 年）提供的对小细胞进行全细胞记录改进而得以成功的，早年他们用柱状细胞进行实验，用含有较高浓度 ATP 的电极内液进行细胞封接，结果增加了柱状细胞的通透性，由于膜的通透性增加，使膜电阻下降到足以记录到通过封接处的全细胞膜电流，而且没有电极内液通过破膜口完全透析到细胞质内去。后来 Horn 和 Marry（1988年）利用制霉菌素（nystatin）代替 ATP 而改进了这一技术，这种多烯抗生素能进到脂质双分子膜，并形成非常微小的孔，这些微孔只让单价阳离子和阴离子透过。这一改进主要由于：第一，制霉菌素的渗透作用比 ATP 产生更低的入门阻抗（access resistance）；第二，由于 ATP 不能使多种细胞都产生渗透作用，制霉菌素则有这种可能，故制霉菌素比 ATP 更为通用。这一技术被称为"穿孔膜片钳"，后来又被贬称为"高入门阻抗"（high access resistance）全细胞记录，这是由于电流要通过这种全细胞记录比普通全细胞记录有更高的入门阻抗。当时 Lindau 等（1986 年）用 ATP 所获得的为 100~500 MΩ。入门阻抗在测量全细胞电流时是一重要的参数，在没有阻抗补偿的情况下，细胞电压将与命令电压差为 IR_a，其中 I 为总电流，R_a（入门阻抗）越高，电压误差越大。因此，在穿孔膜片钳记录比普通的全细胞记录需要更多的串联阻抗补偿。图 5-6 为在形成千兆欧姆封接后，无需第二次抽吸，随着时间延长，阻抗不断减小，全细胞电流不断加大的过程。

为了防止电极内液从电极尖端蒸发掉，应尽快将灌注好电极内液的电极尖端插入到灌流小室的孵浴液（bath solution）中。按照上述步骤进行，灌注好的电极一般在 2 min 内都能得到很好的千兆欧姆封接。如果要求比这时间更长，则需要把尖端浸泡更长的时间以使灌注入尖端部分的溶液更长。

图 5-6 为在不同时间记录到全细胞瞬态反应的一组曲线。一般都是在完成千兆欧姆封接后，每隔 20 s 作一次记录。如果在电极尖端的无制菌霉素灌注液的尖端不太长（例如，500 μm 左右），在封接后 1 min 左右，制菌霉素则可接触到细胞膜，在 5 min 内入门电阻可降低达 10 MΩ 左右，15 min 内入门电阻可低达 3~4 MΩ，并且可维持在这一水平长达 2~3 h。最后要指出的是：制菌霉素比两性霉素可产生更低的入门电阻，因此更倾向于应用制菌霉素。用不含制菌霉素的电极内液充灌电极尖端约 300~500 μm，然后从电极后部灌注含制菌霉素的电极内液较为合适。

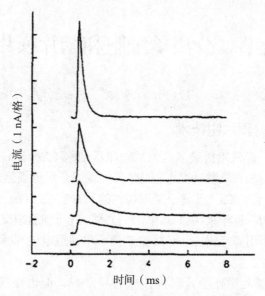

图5-6　穿孔膜片钳全细胞记录形成过程

20 mV 电压刺激，由含有两性霉素在电极内液的电极，在完成千兆欧姆封接后不同时间，从兔晶体上皮细胞记录到的瞬态电流变化的曲线。从上到下分别在形成封接后 1、2、3、4 和 5 min 时所记录到的曲线

　　Rae 等发现用制菌霉素的电极入门电阻在 3~10 MΩ 的范围内。用了不同种类的微玻璃管来制作电极，每根电极从尖端起向上约 100 μm 处的表面都涂上一层 sylgard#184，在应用前配制新鲜的制菌霉素溶液，把 5 mg 的制菌霉素粉末加到小的离心管内，再加入 100 μl DMSO，待制菌霉素完全溶解后，则再进一步稀释，从 60 mg/ml 的浓溶液中，吸取 20 μl，加到 5 ml 的电极内液中，使之成为 240 μg/ml 的最终浓度，然后用 0.2 μm 孔径注射过滤器滤去黄色的沉淀微粒，过滤后的溶液是无色的。制菌霉素在溶解后 3 h 内应用最合适。用这种新配制的制菌霉素溶液进行封接，大约可维持 30 min 左右的低入门电阻，在 2~2.5 h 后入门电阻又可以再升高，因此不要用配制超过 1 h 以上的制菌霉素溶液。

　　抛光后的微电极尖端插入到不含制菌霉素的电极内液中，插入不到 1 s，电极内液可从尖端上升 300~500 μm。根据电极尖端电阻大小的不同，溶液上升的高度也颇为不同，因此尖端浸泡的时间也不同。含有制霉菌素的电极内液是从电极后端灌入，制霉菌素到达膜片的时间，关键取决于不含制菌霉素的电极内液在电极尖端的长度。制菌霉素引起入门电阻下降过程的因素虽然繁多，但最主要的还是从电极内的制菌霉素扩散到膜的时间过程，因此有作者提出了一个扩散的数学模型。不同形状和（或）大小的电极尖端，插入电极内液中灌注所需时间也有所差异，当然尖端越大，灌注的越快。例如，尖端为 1 μm 直径，要吸灌注到达离尖端 400 μm 的距离，大约需要插入到无制菌霉素的电极内液中约 20 s。而电极尖端为 2 μm 的直径，在 20 s 内，则可上升到 900 μm。因此只需要简单地改变电极尖端的大小则可控制浸入电极内液所需的时间长短，而不需要加吸力。此外，溶液从尖端蒸发，也是一个重要因素。一般 10 s 就有可能从尖端小孔蒸发掉约 20 μm 长的电极内液。总之，一般从电极尖端有 500 μm 的不含制菌霉素的电极内液，则有足够的时间以保证在制菌霉素尚未达到电极尖端前，而做好千兆欧姆封接，这样的条件下有可能用 2 min 以完成封接。

第七节　分离单细胞和脑片膜片钳

用以进行膜片钳实验的标本，一般可分为两大类：一是分离的单细胞；二是脑片。

一、分离的单细胞膜片钳技术

各种细胞都可应用，通常用得最多的为爪蟾卵母细胞（$Xenopus$ oocyte）和人胚胎肾细胞（HEK293）。利用显微操作器移动微电极，使其尖端逐渐靠近细胞，即可将细胞"吸"住。早期有关细胞膜上 Na^+、K^+、Ca^{2+} 等离子通道特性的直接实验结果，一般都是用这种培养的单细胞进行实验而获得的。近年来结合基因工程技术，进行细胞杂交等，使膜上的一些通道分子的构型发生变化，再用膜片钳方法，观察其离子单通道电生理特性变化，已取得了很多可喜的成果。

一般来说，单细胞膜片钳比脑片膜片钳较容易掌握，但也存在一定的局限性，例如，细胞的周围环境完全是脱离了原来的原位环境，而处在人工培养液，在这样的环境下，对膜及其受体（通道）的特性会有一定的影响，更无法研究细胞与细胞间相连接的部位（例如，突触）的一些生理特性。后来则进一步发展了脑片膜片钳技术，由于脑片内的细胞基本上仍处在原来比较自然的环境下，能研究一些组织（尤其是神经组织）突触结构上一些受体的特性和细胞之间的信息传递，近年来在这方面发展非常迅速，也取得了许多突破性进展。

二、活脑片膜片钳技术

虽然普遍认为，膜片钳技术与普通的微电极细胞内记录技术相比，在技术上具有很多的优越性，但也存在一些困扰的问题，其中之一是：为了使细胞与记录电极之间形成千兆欧姆封接，必须通过某种途径处理细胞，使其膜表面"干净"。这种处理可以借助酶消化或机械断裂的方法使组织解离，接着还可以进行组织培养，使之生长。这些技术无疑会引起细胞的明显损伤，或者严重地改变在进行电生理记录时细胞周围的环境状况。另外，摘取出的组织或组织切片，仍能够维持在"器官型"的培养状态下，使许多"细胞与细胞"间的相互作用得以维持，因而减轻了上述存在的某些问题。然而，在进行电生理记录前，用上述任何手段都有可能使细胞的特性发生明显的变化。因此人们最感兴趣的是能把膜片钳记录技术应用到急性组织切片的神经元。这两种技术的紧密结合，提供了许多的优越性，但也还存在一些局限性：① 组织切片中的细胞与经受过上述处理过的细胞相比，更接近处于原始的状态。在进行切片前不会破坏正常细胞的环境，而且这种破坏也只局限于切片的表面；② 与用微电极进行通常的细胞内记录相比，增加了信／噪比（S/N ratio），并且改善了电压钳的品质，对细胞电生理学提供了实际效益，这对测量小而且快的电信号特别有帮助；③ 用全细胞记录大大地增加了控制细胞内环境的能力，这有利于研究细胞内生物化学与电生理学之间的相互联系。然而应该指出：并不是应用全细胞记录，所有的问题都能得到解决。例如，电极内液有可能洗脱掉细胞内的某些生物化学机制，进而影响电生理特性，而且也不适于控制有分枝的细胞或长形的细胞的膜电位。

脑片技术大大地有利于研究神经元电学性质和分析中枢神经系统（CNS）内神经元之间的突触传递。因为脑片仍处于健康状态，在一定程度上仍保持了神经元间的连接，细胞的外环境也得到了较好的维持，因而在一定程度上克服了分离细胞实验中所遇到的不稳定性等困难。总之，把脑片技术与膜片钳技术相结合提供了许多优点。

在进行此类实验时，不论是低等脊椎动物还是高等哺乳动物，都首先要取出新鲜的活组织迅速放入充氧的生理溶液中，在低温（4℃的冰 - 水溶液中）下用振动切片机（Vibratom）切成厚度 300 μm（200~500 μm）的脑片（脑片太厚不利于脑片供氧，太薄则受损伤的细胞太多，不利于脑片内保持有较多的健康细胞），然后将脑片放到一个不断有新鲜溶液进行灌流的浴槽（chamber）孵育约 45 min，再进行膜片钳的电生理记录。活脑片的制作方法请参阅本书第二章。一般都采用全细胞记录方式，用活脑片记录的技术，又可分为以下三种方法。

（一）清洁脑片法

这种方法是利用一根灌有与灌流液相同的溶液，而且其尖端直径比记录电极的尖端稍大一点的微小玻璃管，将覆盖在可视细胞上面的细胞碎片或其他杂物去除掉，然后用与标准膜片钳记录相类似的方式进行记录。用于这种方法的脑片制备方式与标准切片方式稍有不同。为了提高脑片的可见度，切片必须较薄，根据动物的年龄不同，通常采用的脑片厚度为 100~300 μm，然而较厚的切片，可保留较多的未受损伤的细胞。振动切片机较适合用来做活组织切片，因为用这类的切片机切出的脑片表面细胞损伤较小或死亡率较低，而且也有利于制作较薄的切片。制作脑片时，为了保持切片的稳定性和一致性，必须确保在切片时，活组织块一直保持在低温的孵育液中。随后，直到开始进行电生理记录时，应该把脑片孵育在 37℃的溶液中约 1 h，这一手续是为了软化组织，并有利于以后的细胞的清洁。可以用各种各样的方法来储存脑片，但必须特别注意要避免因为这些操作（例如，把脑片放在滤纸上），而损伤切面。脑片也可以保存在室温下或加温至 30~35℃。除了标准的膜片钳放大器及记录系统外，清洁法要使用的唯一主要仪器是一台带有水镜头的正置低倍（40×）显微镜，重要的是物镜要具有较高的孔径数，40×放大倍率的水镜头，其孔径数为 0.75。这种物镜提供的工作距离大约是 1.6 mm，因此必须把玻璃微电极以非常小的角度（一般与水平面呈 15 度角）推进。有的则配上红外照明装置，但并不是非要不可。用倒置显微镜是不行的，因为即使用非常薄的脑片，要想透过脑片看到记录电极是不太可能的。差分干涉光学设备可能会有帮助，但没有这个必要。除了把微操纵器装在显微镜台上外，特别有帮助的是将显微镜的载物台固定，这样在进行聚焦时，就不会引起脑片相对用于做清洁的微玻璃管和（或）记录电极位置的移动。安装微电极操纵器应考虑到水平和垂直方向的真实移动是优先于与电极轴平行定向的坐标系统。这样安排的优点是；单方向移动就能把电极直接降低至靶细胞上。必须通过记录槽不断地灌流脑片，而且要做到：尽管溶液在不断地流动，但脑片维持不动。为了达到这一目的，可使用一种装置，即用一根弯成平坦"U"形的铂金丝，并在其上藤绕着非常细的尼龙丝而做成的网。把这种网放在脑片上，其重量就足以防止脑片移动。另外还有一种办法是用血浆凝块，把脑片粘到记录槽的底部。

除了记录电极外，还要用一个尖端直径比记录电极尖端大得多的（5~20 μm）玻璃微管来清洗脑片，最适合的尖端直径取决于许多的因素，通常较大的尖端对较大的细胞和作较深层的清洁较有优势。然而组织的黏度和细胞的密度也影响尖端直径的选择，例如，特别"胶黏的"组织（如新皮层），小尖端的清洁玻璃管，更容易被细胞膜碎片塞满。对清洁玻璃管更易被细胞膜碎片塞满的脑片，最好根据经验而得出应采取尖端多大直径的玻璃管。另外，由于细胞碎片多半聚集在断裂而带刺的玻璃管边缘，因此最好拉成适当大小未断的玻璃管来做清洁。为了减轻清洁过程可能引起的对细胞的损伤，作清洁用的玻璃管内也应灌入与灌流液完全相同的溶液。具体清洗过程见图 5-7。

经过清洗后，开始进行电生理记录的第一步，是找到和定位一些健康的细胞。根据细胞的坚实性和不透明等表现，有可能鉴别出细胞是否处于健康良好状态。可以看到某些健康的细胞，其胞体干净，在脑片的表面，其树突投射到脑片的深处，而且也呈现出适于立即做膜片钳记录的细胞膜，无需作进一步的清洁。也可以看那些失去大多数树突的细胞，似乎是由于常常在切片过程中"粘"掉的，其胞体现出颗粒和透明。有时找到的健康细胞，在其表面存在一些细胞碎片或其他杂物，则要在作清洁用的玻璃微管后端加压，以其中的溶液吹洗脑片表面，再用负压吸掉脑片表面上的死亡细胞的残片，反复吹、吸有两个目的：① 提供脑片稠密度的信息，不同的脑片其稠密度颇不相同；同一脑片的不同区域稠密度也非常不一样；② 加正压分裂盖在想要进行膜片钳记录细胞上面的组织。当观察到这些组织已经破裂时，轻轻地吸一吸有助于去除这些疏松的细胞碎片（图 5-7）。反复地循环吹与吸，并适当地移动玻璃微管，以去除成块的组织，最终即可把脑片内的健康细胞暴露出来。

最初，掌握这种操作，可能需要较长的时间。对没有做过这种实验的工作者，也就是对脑片组织还没有具体感悟的人，往往由于吹（加压）或吸力过重，而不可避免地把细胞弄伤或弄死。然而通过反复实践是能够颇快地清洁甚至在脑片深处的细胞。细心反复调节聚焦，可大大有助于决定每一步清洁的程度。根据脑片的具体情况，可以应用一些小技巧，有利于加速获得清洁细胞的过程。例如，在胞体紧密挤在一起的区域（如海马 CA1 区锥体细胞层），就可以如同用吸尘器一样，沿着切片表面长轴移动不断地吸，以除去细胞碎片。观察被清洁过的脑片，至少能找到一个清洁的锥体细胞，然后就可以像分离细胞一样进行膜片

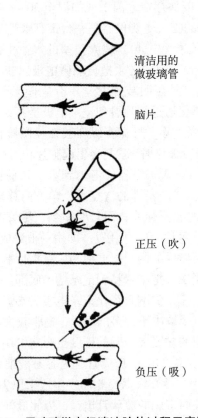

清洁用的
微玻璃管

脑片

正压（吹）

负压（吸）

图 5-7　用玻璃微电极清洁脑片过程示意图

钳电生理记录。全部 4 种主要的膜片钳模式（贴附式、内面向外、外面向外和全细胞记录）以及穿孔膜片钳，都可以用脑片标本进行实验。

（二）盲法

除了要有一个加压用的接口和适于安装玻璃微电极用的微电极夹持器外，不需要任何特殊的适用于盲法膜片钳记录的设备。有一台解剖显微镜就足够了。膜片钳放大器（如 Axopatch）可能比微电极放大器（如 Axoclamp）更有优越性，但两种型号的放大器都适宜用来做膜片钳记录。脑片可以比较厚一些，例如，300~500 μm，需要一台脉冲发生器或刺激器（后来生产的新一代仪器已包含有这种脉冲发生器）产生一个 10 Hz 的脉冲信号，以监视电极电阻的变化。在低倍镜下只能看到用脑片的大致结构和一些重要的标志（图 5-8），用微电极推进器逐渐将电极推进接近并插入脑片，利用测量脉冲电流变化以监视形成封接和破膜等过程。记录电极的入水电阻大约为 3~5 MΩ，最适的电极电阻，取决于被记录细胞的类型和大小。建立千兆欧姆封接的手续非常简单，参见图 5-4 有可能建立电压钳或电流钳全细胞记录模式。把反复出现而且频率较高的（10 Hz）小脉冲加到记录电极上，并用显示器来监视电压或电流的变化。通过与电极夹持器相连接的小管，轻轻吹气，从电极后部不断地轻轻加压，并且关闭三通旋转活塞以保持压力。然后慢慢地把电极降低到想找到细胞的脑片区域。用步进微推进器以每秒 1~5 步，每步 1~2 μm 的速度向脑片内推进，当微电极尖端与某一细胞表面相接触后，则可观察到脉冲方波信号的振幅突然下降，这意味着电阻的突然增加，再继续推进 1~2 μm，此时阻抗进一步增加，接着把电极内的正压放掉，此时电极内气压产生一个非常微小的下降，因而这一个小的负压可把细胞膜向电极方向吸引，使电极与细胞膜进一步紧密接触，阻抗会成倍的增加，有时就这样自动形成了千兆欧姆封接。封接既可以很快地在不到 1 s 之内形成，但也可能很慢，直到需要给微电极内加一个负压（通过一个与电极相连的注射器轻轻吸几秒钟）才有可能形成千兆欧姆封接，稍待稳定后，将电极内的钳制电位（holding potential）调整至接近细胞内静息电位（如 −60 mV），此时再用注射器轻轻地吸一下，把电极尖端的细胞膜吸破，因而创造了电极内与细胞内之间的电学连续性，于是阻抗突然下降，便形成了全细胞膜片钳。这样电极内溶液与细胞内溶液相通，电极内钳位电压与细胞内静息膜电位相近，使钳位状态更为稳定（图 5-9）。虽然这一技术可以成功地在脑片上进行膜片钳记录，但不论是在进行千兆欧姆封接还是在建立全细胞记录阶段，都不可避免地会遇某些困难。通过反复实践获得经验，有可能找到

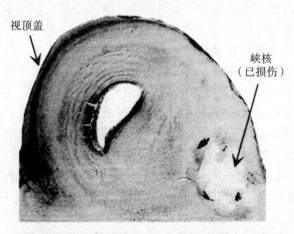

图 5-8　低倍镜下观察到爪蟾脑片的视顶盖和峡核（已损伤）部位

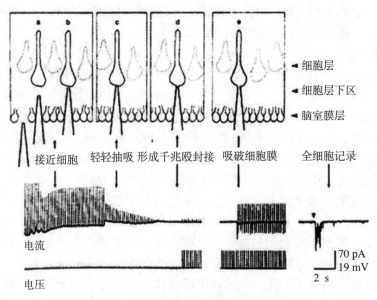

图 5-9　盲法脑片膜片钳过程示意图

在实验过程中的某些方面产生的问题。例如，当电极尖端越细越容易形成千兆欧姆封接，但不太容易破膜进入全细胞记录；如果电极尖端较大，则不易形成封接，若一旦形成封接，则较容易将膜撕破而转成全细胞记录。另外电极内溶液的渗透压和化学成分（EGTA）的浓度对封接和破膜的成功率也很重要（一般要使其渗透压尽量与胞浆的相等）。另外每次实验要多准备几根电极，因为一根电极第 1 次封接不成，第 2 次再用，成功的可能性更小，一定要更换新的电极。当电极与被记录的细胞形成千兆欧姆封接后，则可观察到离子单通道自发开放的离子单通道电流；当把细胞膜撕破后形成全细胞状态，应迅速把用以监视的脉冲信号关掉，即把仪器切换到无缝隙记录状态，否则因监视用的脉冲信号继续不断地刺激，可使细胞与电极的封接脱开。关闭脉冲信号后，显示器上变成无缝隙的连续扫描，则可观察到噪声增强，有时还可观察到自发的突触后电流（sPSC）或微突触后电流（mPSC）。

　　盲法的优点在于：① 设备较简单，价格较低廉；② 不需要从脑片内暴露出被记录的细胞，节省时间；③ 可避免清洗脑片过程中对脑片的损伤；④ 可以记录在脑片较深处的健康细胞。缺点是封接电阻与串连电阻均较低，热噪声信号较大。

　　（三）近红外差分干涉成像可视记录（水镜头）

　　这是近年来发展起来的一种新方法，是在可视条件下进行脑片膜片钳记录的方法，是前两种方法相结合的产物，有人又把这种方法称为"吹与封接"法。与"盲"法相似，被记录的靶细胞表面，由加在记录电极内的正压使之清洁，而同时又像"清洁"法那样，记录电极的部位又可在可视的条件下定位。这不仅可以从相对较大的神经元胞体，还可以从细胞的突起（树突或轴突）进行膜电位或膜电流记录。此外，还可以同时用两管微电极从同一神经元的不同部位进行记录，这样又可观察电信号在单个神经元内扩布的情况。这一节主要介绍"吹与封接"法和红外差分干涉成像（near infrared differential interference contrast, NIR-DIC）视频显微镜结合在一起的一种方法。

　　NIR-DIC 法：我们知道，在形态组织学实验室用的光学显微镜，一般有三种物镜镜头，即低倍镜、高倍镜和油镜头。显然，用低倍镜只能在视野中观察到组织的粗略结构，要清楚地观察单个细胞则必须用高倍镜甚至油镜。用油镜头能大大地增加放大倍率，除了镜头本身的光学结构具有很高的曲率半径外，更重要的是在镜头与标本之间采用了一滴油而不是空气作为介质。由于空气的折光系数比油的要小得多，因此，若以空气为介质，则油镜头也发挥不了它巨大放大效率的作用，水的折射率介于空气与油之间，故以水作为镜头与标本之间的介质，虽然还比不上油镜头，则有可能提高光学显微镜放大倍率。我们还是不能用油镜头，因为如果采用油镜头，则镜头与标本之间离得非常之近，而我们做膜片钳脑片全细胞记录时，在镜头与脑片之间还要插入一根微电极，至少也要留出 1~2 mm 的空间距离，故采用水作为镜头与标本之间的介质则可增加这距离，并设计出仅次于油镜头放大倍率的水镜头。

用高孔径数（NA）的水镜头（相应的像差光学系统和用高孔径数的聚光器），把显微镜固定，当显微镜进行聚焦时，脑片和记录电极或刺激电极的相对位置不变。另外，也可把显微镜放在一个滑动的台子上，使之能从标本处移开，这也有利于改变电极与标本之间的位置。

我们使用直立式 Olympus 微分干涉相差显微镜（图 5-10），红外线由灌流槽下方射入，成像通过显微镜上方的高性能 CCD 照相系统（High Performance CCD Camera）连接到电脑。封接前，首先在低倍物镜（×5）下找到神经细胞层，然后在高倍浸水物镜（×40）下，通过图像采集软件观察镜下细胞形态、轴突走行，选择合适的细胞后，在电脑屏幕上标记定位。

以往利用 DIC 光路，可以看到活脑片内部的神经元的胞体。若与红外（infrared，IR）光作照明相结合，可进一步改善分辨率，这是因为通过红外光时比通过可见光更能降低红外光的散射。Stuart 等（1993 年）利用 IR-DIC 视频正置显微镜，可以分辨出神经元的突起（轴突与树突），因而提供了利用膜片钳从这些突起进行电生理记录的可能性。图 5-11 为 IR-DIC 视频显微镜光路的示意图，脑片放在以玻璃做底的小记录槽（chamber）内，后者放在正置显微镜的标本台上，这种显微镜还带有高孔镜数（NA）的 40×0.75 NA 水镜头（water-immersion len），工作距离（水镜头与脑片之间）为 1.9 mm，另有一个 0.9 NA 的聚光镜，脑

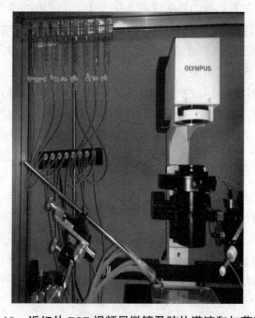

图 5-10 近红外 DIC 视频显微镜及脑片灌流和加药系统

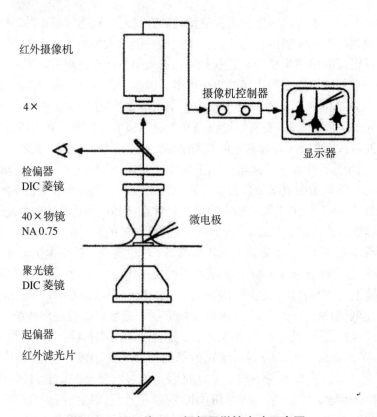

红外摄像机

4×

摄像机控制器

显示器

检偏器
DIC 菱镜

40×物镜
NA 0.75

微电极

聚光镜
DIC 菱镜

起偏器

红外滤光片

图 5-11 近红外 DIC 视频显微镜光路示意图

在光路中把红外滤光片放置在起偏器前，还有 40 倍水镜头以及两个 DIC 棱镜，一个起偏器和一个检偏器。图像再放大 4 倍，然后经红外摄像机，并通过摄像机控制器显示在监视器上

片在光路上用红外光照明，光线在进入 DIC 起偏器之前，还有一块能移动的红外滤光片（λ_{max} = 780 nm），光源为一个卤素灯（100 W，12 V）。用红外敏感的摄像机，把图像显示在黑白电视监视器上，可以看到质量高清晰的细胞与突起的图像（图 5-12）。也可使用较便宜而又对红外光波段敏感的摄像机，为了记录小的突起的电信号，在被红外敏感的摄像机检测之前，还可把图像进一步放大 2.5 倍或 4 倍。

具体观察过程是：先用可见光照明脑片，用肉眼进行观察，然后把红外滤光片移入光路，减低光密度以避免光散射，再把光路切换到红外视频摄像机，并逐渐增加光密度，直至在显示器上能看清图像为止。最关键的是调整起偏器和 DIC 棱镜（即应把起偏器调整到图像显示最黑，并且把在物镜上方的 DIC 棱镜调到对比度最大，将聚光镜的光栏完全打开，并把在物镜上方的 DIC 棱镜完全关闭，则可获得最好的分辨率。在显微镜与红外摄像机之间放置一个 4 倍放大管可以获得更高的放大倍率）。可将图像进行热打印或存储到微机的硬盘中以后再处理。总之，利用 IR-DIC 方法，能克服以前清洁法可能损伤被记录细胞周围的结构，以及盲法在低倍镜下分辨不清细胞等弱点，因而在可视条件下能找到有立体感，表面光滑的健康细胞进行活组织片的膜片钳记录，尤其是要记录一些很小的神经核团而且在核团内细胞又较分散的条件下，只有用 IR-DIC 系统，才有可能成功地开展膜片钳实验，图 4-12 是我们实验室从大鼠脑干脑片舌下神经核的 NIR-DIC 成像照片。

当微电极向脑片推进时，由于它的里面具有一个小正压，故可看到从电极尖端"喷

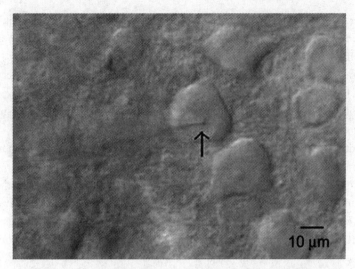

图 5-12　大鼠脑干脑片舌下神经核 NIR-DIC 成像照片
箭头所指为靠近细胞的玻璃为电极

水”的正压力波。一旦电极尖端与细胞接触上，则可观察到细胞膜轻微的凹陷或微小的位移，此时立即释放正压或稍加微小的负压，则可形成千兆欧姆封接。在一系列的大鼠海马 CA1 区锥体神经元实验中，形成千兆欧姆封接的成功率为 100%，入水时电极电阻为 $1.1\sim1.6$ MΩ，而全细胞的入门电阻为 $3.1\sim4.1$ MΩ。记录树突的电极口径则应减小，入水电阻一般为 12 MΩ，而从树突作全细胞记录的入门电阻为 25 MΩ。

借助 IR-DIC 系统不仅可以看清神经元的更细微的细节，而且还可以看到从脑片表面向下直至 $70\sim90$ μm 深处的神经元。这样就可以找到一些处在脑片的较深处，而且未因切片而受到损伤的细胞。为了减少损伤靠近脑片表面的神经元和突起，一般倾向于用年幼的动物，因为这些年幼动物接近脑片表面的神经元较少因切片过程而受到损伤，很有可能是由于年幼动物脑组织中的结缔组织较少，髓鞘化也较轻的原因。在切片过程中，脑片表面受损的神经元是很难甚至是不可能进行膜片钳实验的。这些细胞的反差明显、圆形、表面不光滑，而且细胞膜也较硬；而较“健康”的细胞则平滑、膜软，碰上电极尖端会出现凹陷等。

参考文献

[1] Blanton MG, Lo Turco JJ, Kriegstein AR. Whole cell recording from neurons in slices of reptilian and mammalian cerebral cortex. *J Neurosci. Meth*, 1989, 30: 203-210.

[2] Edwards FR, Konerth A, Sakmann B, et al. A thin slice preparation for patch clamp recordings from neurons of the mammalian central nervous system. *Pflug Arch*, 1989, 414 : 600-612.

[3] Horn R, Marty A, Korn SJ. Perforated patch recording to prevent wash-out. *Biophys*, 1988, 53: 360.

[4] Hamill OP, Marty A, Neher E, et al. Improved patch-clamp techniques for high-resolution current recording from cells and cell-free membrane patches. *Pflug Arch*, 1981, 391: 85-100.

[5] Kato F, Shigetomi E. Distinct modulation of evoked and spontaneous EPSCs by purinoceptors in the nucleus tractus solitarii of the rat. *J Physiol*, 2001, 530: 469-486.

[6] Konnerth A, Edwards F, Sakmann B. GABAergic synaptic and single channel currents recorded in rat hippocampal slices. *Pflug Arch*, 1988, 411: R 149.

[7] Lindau M, Ferandez JM. IgE-mediated degranulation of mast cells does not require opening of ion channels. *Nature*, 1986, 319:150-153.

[8] Neher E. Ion channels for communication between and within cells. Sci, 1992，256：498-502.

[9] Neher E, Sakmann B. Single-channel currents recorded from membrane of denervated frog muscle fibres. *Nature*, 1976, 260: 799-802.

[10] Rae J, Cooper K, Gates P, et al. Low access resistance perforated patch recordings using amphotericin B. *J Neurosci Meth.*, 1991, 37: 15-26.

[11] Stuart GJ, Dodt HU, Sakmann B. Patch clamp recordings from the soma and dendrites of neurons in brain slices using infrared video microscopy. *Pflug Arch*, 1993, 423: 511-518.

[12] Titmus MJ, Tsai HJ(蔡 浩 然), Lima R, et al. Effects of choline and other nicotinic agonists on the tectum of juvenile and adult *Xenopus* frog: A patch-clamp study. *Neurosci*, 1999, 91: 753-769.

[13] Xu XF(徐雪峰), Tsai HJ(蔡浩然), LI L(李琳), et al. Modulation of leak K+ channel in hypoglossal motoneurons of rats by serotonin and/or variation of pH value. *Acta Physiologica Sinica*, 2009, 61: 305-316.

第六章

生命有机体的离子通道

在前面的章节里，我们已经简单地介绍了电生理学研究的发展是从整体器官水平逐渐深入到细胞水平以至细胞的一小部分膜片（patch）的水平。与之相应的用以记录生物电信号的技术也在不断地提高，从只能记录整体器官发展到能从细胞内或细胞外进行单细胞记录，因而能获得不同器官、组织或细胞的与其功能活动相关的生物电信号。膜片钳技术的问世，更使人们能从单个细胞或膜片，记录到各种不同的离子单通道电流或它们整合而成的全细胞电流，因而我们不仅可以从细胞水平而且还可以从分子（离子通道）水平，来研究和分析有机体内各种各样的离子通道的生物物理特性和生理功能，以及复制某些离子通道的基因突变后而造成的离子通道病。从本章起，在下面的四章先着重介绍几种最基本的离子通道的结构和生物物理特性以及主要的生理功能。在后面的十余章里再讨论与离子通道相关的慢性离子通道病。

第一节　离子通道的发展和进化

离子通道是细胞膜蛋白构成的大分子孔，通过门控机制调节细胞膜内外离子流动，从而参与形成静息膜电位和动作电位，以及其他细胞膜电信号的传导等。离子通道存在于所有类型的细胞膜上，目前虽然我们不清楚它们在最早生命形式中的起源、进化和作用，但是我们知道离子通道是可兴奋细胞，具有兴奋性的基础。与酶负责新陈代谢相似，离子通道负责神经、肌肉和突触中的电信号的产生与传递。虽然它们没有酶那么多种类，但是在协调信号的开放和关闭以及神经系统反应等功能中，仍然有许多种类的离子通道参与。

大约30亿年前，原始的复制形式变成了一种脂质双分子膜，这种扩散屏障使活细胞从环境中分隔开。尽管这种脂质膜可以保留重要的细胞成分，同时也可能阻止必需的离子进入细胞和细胞产生的废物从细胞中排出，因此需要新的转运机制来解决这个问题。一种解决方式就是细胞膜上产生一些孔，这些孔的大小必须能够让所有小的代谢产物通过，而仍保留一些大分子在细胞内，事实上，革兰氏阴性菌和线粒体的外膜都是这样的模式。然而所有现代有机体的胞膜遵循更精细的设计，有多种可选择的转运装置来处理不同的功能。

这些膜转运装置是如何工作的呢？我们所得到的知识，大部分是来自于20世纪80年代大量的生理学测定。基于动力学证据，传统的生理学把转运机制分为两种方式：① 载体；② 孔。例如，早期研究试图根据分子选择性、流量的饱和浓度依赖性或者转运分子数量的化学计量耦合等将载体和孔区分开。认为载体相当于一个渡船，能在特异的结合位点上携带小分子进出细胞膜，而孔被认为是一个狭窄的、充满水的通道，只允许大小合适的少数离子或小分子通过细胞膜。

从膜上纯化并克隆得到的载体大多数是大的蛋白质，这种大的蛋白质分子扩散和旋转的速度不能满足它们所催化的跨膜电流，因此把载体看做是移动的渡船这一观点不十分全面。此外，它们的氨基酸序列显示转运蛋白质的肽链在大量的跨膜片段中稳定地来回穿过，当时又有学者认为跨膜载体可能是蛋白质内非常小的移动子，其大分子部分固定在膜上，而转运结合位点不断在细胞内和细胞外变化，这个假设不难想象但是缺乏实验证据，因此仍然不能接受转运的一些特殊机制，如钠钾泵、钙泵、钠-钙交换体、葡萄糖转运子、钠-偶联反转运子等。幸运的是，在 2000 年首次观察到载体的晶体结构，这有望提供新的理论依据。与载体结构相反，被认为是另一种转运机制的充满水的"孔"理论已经被确认，即兴奋性细胞膜上的离子通道。1965—1980 年，关于可兴奋性细胞膜和孔模型研究相互影响，例如，脂质双分子层的短杆菌肽通道的研究加速了我们对转运机制的理解。这个时期最大的技术进步是对单个通道分子功能研究方法的发展，测出了一个开放的通道离子通过的速率（$> 10^6$ 个离子）远远高于除了孔之外的任何机制。晶体结构也显示出了连续的水通路，选择性、饱和性和化学计量不再能够为区分孔和载体提供较好的证据。随着膜片钳、免疫组织化学和 RT-PCR 等技术的发展，对离子通道的生物物理学、电生理学和药理学的认识将会有进一步更全面的了解。

第二节　离子通道的命名

最初离子通道的命名是非常不系统的。生物物理学研究希望通过离子通道的动力学、药理学以及对离子的反应来区分通过细胞膜的成分。动力学模型往往表达的是数学上明显的成分，默认的是假定模型的每个部分对应特定的通道，并且将符合通透性成分的通道冠以相同的名字。Hodgkin 和 Huxley（1952 年）在枪乌贼巨型轴突对离子电流进行了经典的分析，他们发现三种电流成分，分别称之为 Na^+ 电流、K^+ 电流和漏电流。直至今天，钠离子通道和 K^+ 通道在轴突离子通道的分类中还被广泛援用。

在 Hodgkin 和 Huxley 的研究发表 30 年之后，离子通道的鉴定进入了新的时代。分子遗传学的发展使得克隆单个通道并测序及其整个基因组成为可能，现在我们能够认识大量的通道基因，可以在不同进化水平认知通道的各个组分，并且发现大量的通道亚型。仅仅就钠、钾、钙离子通道而言，在哺乳动物（如大鼠）和蠕虫（如秀丽隐杆线虫）中已发现有100 多种通道基因，因此，我们所面临的问题是给这些通道做行之有效的命名。

根据通透的离子类型命名似乎是合理的，但是涉及所通透的离子不明确或者是没有主要的通透离子时就行不通了，而且这种方法在不同种类通道允许相同离子通过的时候就更加容易混淆了。还有其他一些命名方法比较简单：根据阻断剂命名，如对阿米洛利敏感的 Na^+ 通道；根据神经递质命名，如甘氨酸受体；根据突变命名，如 *Shaker*；根据疾病相关的通道缺陷命名，如 CFTR（囊泡纤维化跨膜调节子）。自从开展通道克隆以来，各个实验室用他们发现的新序列的首个字母缩写来命名通道，如 ROMK、GIRK、PN2 等，由于不同实验室可能同时克隆出相同的序列，因此同一通道可能有不同的名字。

上述不精确、不系统的命名法不利于实际应用，因而一些研究者不得不组织起来研究给通道进行系统的命名，这类似于酶委员会给酶命名。通道序列的测定使得结构和进化关系成为通道分类的基础，首先给哺乳动物电压依赖性钾离子通道命名：$K_V1.1$、1.2……8.1 通道。国际病理协会给其他通道克隆制定了新的命名系统，这些统一的通道名字很快就能得到认可和应用。除了这些命名外，后基因组时代将提供每种组织的同源染色体上的基因名字，除非是处理特殊的基因疾病时，这些名字很少被通道生理学家广泛应用。

第三节　离子通道的家族

生物物理学家很早就认识到电压依赖性钠、钾、钙离子通道有许多功能是相似的，如突触通道受乙酰胆碱、甘氨酸和 γ- 氨基丁酸的门控调节是相似的，分子遗传学已经证实了他们之间的关系。通道的氨基酸序列显示同组通道结构极为相似，我们称之为同源染色体通道蛋白家族，它们可能是从相同的原始通道在进化过程中经过基因复制、突变和选择不断发展而来的。通道的一个功能特定类型不是一个单一的结构体，所有的通道都是由不同基因编码或者拼接变异而表达成多种亚型，在特定的细胞类型、生物体生长和发育的特定阶段表达也不尽相同，例如，在视觉发育过程中，视皮层突触上的 NMDA 受体的两种亚型 NR2A 与 NR2B 的比值，就随着刺激视觉系统的环境变化而改变（详见本书第十一章）。在进化过程中，当旧的通道部分和膜的功能区域相结合就会产生新的通道类型或分级，从而使信号蛋白产生新的功能。

第四节　离子通道的电流 - 电压关系（I-V）

在生物学的许多领域，离子通道的研究可以通过应用简单的物理定律来理解和推导。关于离子通道的知识很多是通过电学定律推论而来的，因此在讨论实验前记住一些电学定律是必需的，这里我们简单介绍一些必需的物理学定律。要想做好生物物理学实验，实验者必须能熟练应用一些基本的电学理论，其中最重要的就是欧姆定律，显示的是电流、电压和电导之间的关系，在前面的章节里我们已经做了介绍，在此不再赘述。

生物物理学家习惯用简单的电路图来表示膜和通道的特性，我们已经在前面章节中讨论过膜相当于电容器，离子通道相当于电导体，但是如果我们把欧姆定律应用到细胞膜，我们会发现有这样一个偏差：电流为 0 的电压是 E_K，而不是在 0 mV。因此 Hodgkin 和 Huxley（1952 年）提出了修正后的电流 - 电压定律为：

$$I_K = g_K(E - E_K)$$

其中是 I_K 是钾电流，g_K 是钾离子通道的电导，E 是电压，E_K 是孔的电动势，K^+ 净驱动力是（$E - E_K$）而不是 E。和欧姆定律一样，这个公式是经验性的，并且需要在每种情况下进行实验测定。电流 - 电压（Ⅰ - Ⅴ）关系最大程度地接近线性是最理想的状态，但是许多孔的电流 - 电压关系都是非线性的。可以看出，尤其是可通透的离子的浓度在膜两侧相差较大或者通道结构不对称的时候，更是如此，计算通过孔扩散的电荷可以测定某些离子通道电流的斜率。

如何从简单的电流 - 电压（Ⅰ - Ⅴ）测定中得到更多有关离子通道的信息呢？图 6-1 是以等效电路图的方式列举了一个假设的例子。图 6-1A 给出了三条线性 I-E 曲线，它们都经过原点，所以在等效电路图中没有电阻，我们可以推测通道是非选择性的或者没有有效的离子浓度。I-E 曲线斜率按照 1∶2∶3 连续递增，所以相对应的电导和离子通道开放数目是相应增加的，因此电导的测量可推测出在膜特定区域离子通道开放的程度。

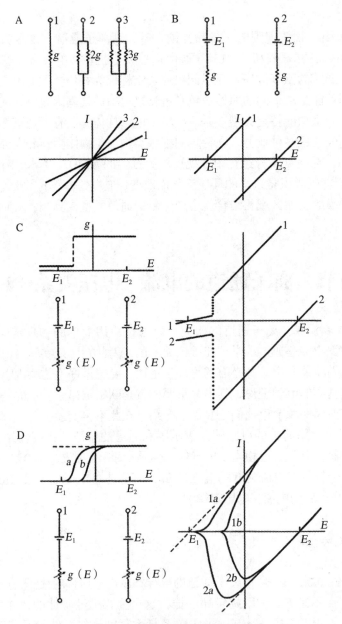

图 6-1 细胞膜的电流 - 电压关系

A 和 B 图的上方为等效电路，下方为 I-E 曲线；C 和 D 图的左侧为刺激信号和等效电路，右侧为 I-V 曲线

图 6-1B 中两条 I-E 曲线斜率相同，但是电流为 0 时的电压不同，相应的等效电路图是有相同电导，但是电阻不同的电动势不同。这种情况可能是：① 由于具有不同离子选择性的不同的离子通道产生的；② 由于通过细胞膜的离子的浓度不同造成的。因此根据电流为 0 时的电压可以研究通道的离子选择性。

图 6-1C 显示的是电压依赖性通道开放时的情况，这个需要通过多个步骤来分析。由于 I-E 曲线不通过原点，因此我们可以再次确定在这种通道中有电动势。负的 E_1 和正的 E_2 都可以用图 6-1B 来表示，但是与图 6-1B 不同的是这些 I-E 曲线不是单条直线。这就提示膜电导随着电压的变化而变化，即所谓的电路的整流特性。生物膜具有整流特性常常意味着通道电流在特定的膜电位时突然开放，在另一膜电位时则关闭，我们可以将其想象成为打开后关闭通道的电压门控装置。在这个例子中，负的膜电位时电导很低，当电压升高时电导突然增大，大量通道开放。在 I-E 曲线中，低电导和高电导的部分都是线性的，外推可以找到 0 电流对应的通道电位。这也就是所谓的反转电位（reverse potential，E_{rev}），不同的离子通道，其反转电位也各不相同。

图 6-1C 所显示的是符合离子通道开放时具有灵敏的电压阈值。测定真正的电压门控通道开放的电压依赖性变化并呈非线性关系，如图 6-1D 所示，这与实际测量到的情况更为相符，首先可以看到在膜电位低于 E_1 时没有离子电流，因此电导为 0，通道肯定是关闭的；膜电位高于 0 mV 时，I-E 曲线变陡，与图 6-1B 中的直线相似，此时电导很高，通道是开放的；膜电位在 E_1 至 0 mV 之间时，电流比电导最大时测得的电流低，说明有一部分通道是开放的。要确定在每个电压下通道开放的数目就必须计算在每个电压下的离子电导，这需要用修正后的欧姆定律 $I_K = g_K (E - E_K)$，精确的通道电动势 E_1 或者 E_2，推动力 $g(E)$。在一个狭窄的电压范围内，电导平缓的从 0 变到最大。在第一个最大值，这种连续的电导 - 电压曲线反映了一群通道开放概率的电压依赖性，认为这种通道是电兴奋性的、电压门控通道。

第五节 离子选择性

不同的离子通道允许不同的离子进出是细胞兴奋性的基础，然而没有一种通道的选择性是绝对的，比如轴突的 Na^+ 通道对 NH_4^+ 是完全通透的，甚至允许少量的 K^+ 通过。如何通过电学测量来确定通道的选择性呢？最简单的方法就是测量离子通道的电动势或者 0 电流电位，假设细胞膜外 A^+ 和细胞膜内 B^+ 是等价的，并且没有其他离子存在，那么两种离子通透性之比（P_A/P_B）可以用下面的方程计算：

$$E_{rev} = \frac{RT}{zF} \ln \frac{P_A [A^+]_o}{P_B [B^+]_i}$$

其中电流为 0 的电位就是前面提到的反转电位（reversal potential，E_{rev}），因为在这个电压附近，电流的方向是反转的。该公式中：R 为气体常数；T 为绝对温度；Z 为离子价；F 为法拉第常数；$[A^+]_o$ 为细胞外离子浓度；$[B^+]_i$ 为细胞内离子浓度。

上面这个方程与 Nernst 方程类似，只不过涉及的是两种离子，表达了重要的理论：如果达到 0 电流的电动势所需的 A^+ 浓度和 B^+ 浓度相同的话，那么这个通道对 A^+ 的通透性与对 B^+ 的通透性相同；如果达到 0 电流的电动势所需的 A^+ 浓度是 B^+ 浓度的两倍，那么通道

对 A^+ 的通透性是 B^+ 的通透性的一半。上述方程是 Goldman 以及 Hodgkin 和 Katz 离子扩散理论最简单的表达形式，与 Nernst 方程不同，该方程表示的是离子在稳态时的相互扩散，0 电流的电位是代表 A^+ 和 B^+ 在膜两侧的净流量。

第六节　离子通道的多样性

目前在活细胞上发现 300 多种离子通道，根据其门控特性进行分类，不同的离子通道可以选择性通过特定的离子。组成离子通道的亚单元不同能够引起特定的电流，这也是离子通道多样性的原因之一，亚单元的缺失或突变都可以造成离子通道功能缺陷，导致疾病发生。

一、根据门控特性分类：

（一）电压门控离子通道

这类通道的开放和关闭受控于细胞膜电位的变化，常用其选择性通透的离子来命名。

1. 电压门控钠离子通道（voltage-gated sodium channel）：该通道家族至少包含 9 个成员，主要参与动作电位的形成和传递。形成通道孔的 α 亚单元非常大（>4 000 个氨基酸）和由 4 个同源重复区域（Ⅰ~Ⅳ）组成，每个区域又由 6 个跨膜片段（S1~S6）组成，共计 24 个跨膜段。与 β 辅助亚单元结合，α 和 β 亚单元广泛糖基化。

2. 电压门控钙离子通道（voltage-gated calcium channel）：该通道家族包含 10 个成员，由 $α_2δ$、β、γ 亚单元组成，这些通道在肌肉兴奋收缩偶联以及神经递质释放中发挥重要作用，其 α 亚单元与钠离子通道 α 亚单元的结构相似。

3. 电压门控钾离子通道（voltage-gated potassium channel）：该通道家族至少包含 40 个成员，划分为 12 个亚系，主要参与细胞膜动作电位之后的复极化过程，α 亚单元有 6 个跨膜片段，与钠离子通道的单个区域是同源结构域，通道是四聚体结构。

4. 瞬态受体电位（transient receptor potential）通道：这组通道通常简称为 TRP 通道，包含至少 28 个成员，有多种激活方式。一些 TRP 通道在静息电位时是开放状态，而另一些则由细胞膜电压、细胞内的 Ca^{2+}、pH 值、氧化还原状态、渗透压、机械张力变化门控。TRP 通道选择性通过的离子也不同，一些选择性通过 Ca^{2+}，而另一些非选择性通过阳离子。TRP 通道被细分为 6 个亚家族：TRPC、TRPV、TRPM、TRPP、TRPML 和 TRPA。

5. 超极化激活的环核苷酸门控通道（hyperpolarization-activated cyclic nucleotide-gated channel）：这类环核苷酸门控通道的开放是由于超极化而非去极化引起对环核苷酸敏感，cAMP 和 cGMP 改变了这类通道开放的电压敏感性，允许单价阳离子 K^+ 和 Na^+ 通过。该通道家族有 4 个成员，均是由 6 个跨膜的 α 亚单元形成的四聚体。由于在超极化时开放，因此，这类通道主要功能是参与心脏起搏，尤其是在窦房结的细胞上。

6. 电压门控质子通道（voltage-gated proton channel）：这类通道在去极化时开放，但对 pH 值非常敏感。当细胞膜电化学梯度向外（细胞内浓度高于细胞外）时开放，因此只允许质子离开细胞。它们的功能是将酸排出细胞，另一个重要的功能发生在吞噬细胞（如嗜酸性粒细胞、中性粒细胞、巨噬细胞）的"呼吸爆发"（respiratory burst），当细菌或其他微生物被吞噬时，NADPH 氧化酶聚集于细胞膜，并产生活性氧（ROS），杀死细菌。NADPH 氧化酶是产生电的、跨膜移动的电子，质子通道开放允许质子通过以平衡电子运动产生的电流。

（二）配体门控离子通道

又称亲离子受体，当特定的配体分子与受体蛋白细胞外部分结合时通道开放，配体结合引起通道蛋白构象变化最终导致通道开放和离子通过细胞膜。这类通道包括允许阳离子通过的尼古丁乙酰胆碱受体（nAChR）、谷氨酸受体（GluR）、ATP 门控 P2X 受体，允许阴离子通过的 γ- 氨基丁酸门控的 $GABA_A$ 受体，第二信使激活的离子通道也被划分为这类通道。

二、根据通过的离子类型分类

（一）氯离子通道

该通道家族大约有 13 个成员，包括 ClC、CLIC、Bestrophins 和 CFTR，这类通道非选择性的、允许小的阴离子通过，主要是允许 Cl^- 通过，对这类通道的功能还知之甚少。

（二）钾离子通道

① 电压门控钾离子通道（voltage-gated potassium channel）：如 K_V、K_{ir} 通道等；② 钙激活钾离子通道（calcium-activated potassium channel）：如 BK_{Ca}、SK 通道等；③ 内向整流钾离子通道（inward-rectifier potassium channel）；④ 双孔钾离子通道（two-pore-domain potassium channel）：有 15 个成员，如漏钾离子通道。

（三）钠离子通道

分为：① 电压门控钠离子通道（voltage-gated sodium channel，Na_V 通道）；② 上皮细胞的钠离子通道（epithelial sodium channel，ENaC）。

（四）钙离子通道

（五）质子通道

（六）非选择性阳离子通道

这类通道允许多种阳离子通过，主要是 Na^+、K^+ 和 Ca^{2+}。

第七节 离子通道的阻断剂

多种无机和有机分子能够调节离子通道活动和电导，以下是常用的阻断剂：

1. 河豚毒素（tetrodotoxin，TTX）：河豚和某些水蜥防御用的，能够阻断钠离子通道。

2. 蛤蚌毒素（saxitoxin，STX）：由海洋生物膝沟藻属双鞭毛藻产生的小分子量非蛋白质的神经毒素，毒性高，阻断电压依赖性钠离子通道。

3. 芋螺毒素（conotoxin，CTX）：由海洋腹足纲软体动物芋螺的毒液管和毒囊内壁的毒腺所分泌，μ-CTX 和 δ-CTX 阻断电压敏感性钠离子通道，ω-CTX 阻断电压敏感性 Ca^{2+} 通道。

4. 利多卡因（Lidocaine）和普鲁卡因（Novocaine）：局麻药，阻断钠离子通道。

5. 树眼镜蛇毒素（bendrotoxin）：树眼镜蛇分泌的毒素，阻断钾离子通道。

6. 伊比蝎毒素（iberiotoxin）：阻断钾离子通道。

第八节 离子通道的结构

不同的通道允许通过的离子不同（如 Na^+、K^+、Cl^-、Ca^{2+}），这可能取决于组成通道的亚单元数量和结构不同。最大类的离子通道，包括构成神经冲动基础的电压门控通道，由 4 个亚单元组成，每个亚单元有 6 个跨膜螺旋结构。激活状态下，这些螺旋发生移动，通道孔打开。其中两个螺旋分离，在孔处呈线性排列，是决定离子选择性和通道电导的因素。20世纪 60 年代 Bezanila 等首先提出了离子选择性的机制，认为孔内面 K^+ 可以有效地取代水分子，而 Na^+ 太小不能屏蔽，因此不能通过细胞膜，在阐明通道结构后这个假说被最终确认，是 Roderick MacKinnon 用 X 射线晶体结构分析法确定了离子通道的分子结构，获得了 2003 年诺贝尔化学奖。

因为离子通道体积小，X 射线分析膜蛋白晶体有困难，因此，直到最近科学家们才能够直接检测出离子通道"看起来像什么"。尤其是晶体学研究需要将离子通道从细胞膜上分离出来的情况，许多研究人员认为已获得的图像是试验性的，2003 年 5 月才公布了期待已久的电压门控钾离子通道的晶体结构，这个晶体结构能够代表钾离子通道任何状态，如开放和关闭状态。目前，通过电生理学、生物化学、基因序列比较和诱发突变等方法可以推断离子通道的结构。

离子通道有单个至多个跨膜区域，跨膜形成离子通道孔，孔决定了通道的离子选择性，在孔区的内面或者外面形成门控结构，有关其详细结构和具体功能在后面相关章节还会做详细介绍。

参考文献

[1] Bezanilla F, Armstrong CM. Negative Conductance Caused by Entry of Sodium and Cesium Ions into the Potassium Channels of Squid Axons. *J Gen Physiol*, 1972, 60: 588–608.

[2] Chandy, KG. Simplified gene nomenclature. *Nature*, 1991，352: 25.

[3] Gabashvili IS, Sokolowski BH, Morton CC, et al. Ion Channel Gene Expression in the inner ear. *J Assoc Res Otolaryngol*, 2007, 8: 305–328.

[4] Hille B. Ion Channels of Excitable Membranes (3rd Edition). Sinauer Associates, 2001.

[5] Hodgkin AL, Huxley AF. A quantitative description of membrane current and its application to conduction and excitation in nerve. *J Physiol*, 1952，117: 500-544.

[6] Jiang Y, Lee A, Chen J, et al. X-ray structure of a voltage-dependent K^+ channel. *Nature*, 2003, 423: 33–41.

[7] Vicini S. New perspectives in the functional role of GABA(A) channel heterogeneity. *Mol Neurobiol*, 1999, 19: 97–110.

第七章

钙离子通道

1953 年，Fatt 和 Katz 在研究蟹腿神经 - 肌肉接点传递时，偶然发现 Na^+ 被 Cl^- 取代后，仍然能够产生动作电位，并且其幅值增强。用四乙胺（TEA）和四丁铵（TBA）阻断 K^+ 通道后仍然能够激发动作电位。1958 年，Fatt 和 Ginsborg 提出了"钙火花"（calcium spark）的概念，证实了动作电位上升相有赖于 Ca^{2+} 的内流，并证明 TEA 或者 TBA 诱发的动作电位需要溶液中有 Ca^{2+}、Sr^{2+} 或 Ba^{2+} 的存在，Mg^{2+} 没有这种作用，Mn^{2+} 则可阻断这种作用。1964 年，Hagiwara 和 Naha 降低细胞内的游离 Ca^{2+} 浓度可以增强甲壳类动物肌肉的 Ca^{2+} 动作电位。20 世纪 70 年代后期，Kostyuk 成功地分离出较小的 Ca^{2+} 电流。在这一章中我们将要谈到电压门控钙离子通道广泛地存在于所有的可兴奋性细胞中，它与钠离子通道和延迟整流钾离子通道有许多相似的特性。电压门控钠、钾、钙离子通道上游家族成员都有明显电压依赖性，在细胞膜去极化时开放并有一定的延续时间，在复极化时则迅速关闭，也有一些类型的离子通道是不失活的。通道的最小孔径足以让可通透的离子通过，并且都能被多种疏水性的四价试剂所阻断，预示着这些通道至少有中等程度的离子选择性。它们在结构上也有很大的相似性，但是钙离子通道还有一个独特的作用：能够将电信号转换为化学信号。通过控制 Ca^{2+} 进入胞质，能够调节一系列 Ca^{2+} 依赖性的细胞内的分子事件。

第一节　钙离子通道存在于所有的可兴奋细胞

1963 年前，Hagiwara 等一直着手从事 Ca^{2+} 动作电位和 Ca^{2+} 内向电流的广泛电生理研究，从节肢动物肌肉细胞到其他种类动物的细胞都进行了研究，他们发现了钙离子通道的许多特性，并于 1983 年做出了总结。他们发现在 barnacle 肌细胞上，细胞内 Ca^{2+} 螯合剂有利于细胞兴奋，可通透的二价离子竞争通过钙离子通道，转运的二价金属离子如 Ni^{2+}、Cd^{2+}、Co^{2+} 等可竞争性阻断 Ca^{2+} 流。还发现在海星卵细胞上有两种不同的钙离子通道，这两种钙离子通道的激活电位和离子选择性都不相同。他们还证明了脊椎动物心脏细胞持续几百毫秒的动作电位是钙离子通道电位，并且还描述了节肢动物、软体动物、文昌鱼等的肌肉细胞和各种神经元、卵母细胞、杂交瘤细胞以及多种细胞系都有钙离子通道存在。

目前已经知道，钙离子通道普遍存在于从低等动物草履虫到人类的各种组织的细胞中，它是一系列重要生物反应（从肌小节缩短到分泌功能）的基础。在许多细胞中，钙离子通道与钠离子通道是共存的，参与心肌细胞和神经细胞兴奋性的调控。在内分泌细胞和神经轴突末端也有钙离子通道，调节分泌功能。如果钙离子通道在可钳制的膜上有较高的密度，用传统的电压钳方法可以研究钙离子通道的生物物理学特性，然而这些通道通常密度都不高，并且在细胞的树突、神经末梢等的膜上是难以钳制的，即使是存在于细胞膜表面和神经元胞体的钙离子通道，也由于它们的电流较小，易被细胞膜上其他通道电流（尤其是钾电流）所掩盖。这些因素都阻碍了对钙离子通道生物学特性的深入的研究。

20 世纪 70 年代，对贝类的神经节细胞做了许多电压钳实验研究。与酶消化和机械法相结合，从神经节上分离出直径为 100~1 000 μm 的单个细胞，为了更好地完成电压钳实验，玻璃微管电极也在不断发展，为后来千兆欧姆封接的全细胞膜片钳技术奠定了基础。另外，在电极内液中用较大的阳离子（如 Cs^+、TEA 或 N- 甲基 - 葡萄糖胺）代替胞质内的 K^+，致使 K^+ 不能通过钾离子通道，这样就比较容易地分离出振幅较小的钙电流（I_{Ca}）。

早年有人从神经节细胞记录到的钙电流，当膜去极化到 –7.5 mV 时可记录到内向电流。早期瞬态内向电流中有一部分电压依赖性钠离子通道电流成分，用 Tris 代替细胞外 Na^+ 后，剩下的就只有稳态的内向 I_{Ca}。I_{Ca} 在几毫秒内激活，在去极化的 80 ms 内几乎不失活，当膜复极化时通道迅速关闭。Ca^{2+} 电流密度仅有 40 μA/cm^2，比轴突或骨骼肌纤维细胞的典型钠电流密度小两个数量级。无 Na^+ 溶液中记录到的内向电流可被 1 mmol 的 Cd^{2+} 完全阻断。

膜片钳技术和千兆欧姆封接技术的发展使用小细胞进行研究成为可能，从肾上腺分离出来的嗜铬细胞（12 μm）上有电压依赖性 Na^+、K^+、Ca^{2+} 电流。用 TTX 阻断钠离子通道，用 Cs^+ 和 TEA 阻断钾离子通道后，就能够记录到单一的 I_{Ca}（图 7-1A）。细胞去极化从 –50~ + 50 mV，每步进 10 mV 时，开放的钙离子通道增多，I_{Ca} 增加。图 7-1B 是用 I_{Ca} 峰电流对电压作的 I-V 曲线，可以看出，膜去极化到 -15 mV 左右通道开放数量达到最大值，电流最大，进一步去极化由于 Ca^{2+} 电化学驱动力消失使得电流减少。与 I_{Na} 相比，需要在较高的膜去极化电压下才能使钙离子通道开放，这种钙离子通道通常称为高电压激活的钙离子通道（high-voltage activated calcium channel，HVA），与 HVA 相对应，在较低膜电位下能激活的钙离子通道称为低电压激活的钙离子通道（low-voltage activated calcium channel，LVA）。最大内向电流可达 110 pA，用细胞膜面积标度后的钙电流密度（50 μA/cm^2）比轴突或脊椎动物骨骼肌细胞的 I_{Na} 小 100 倍。

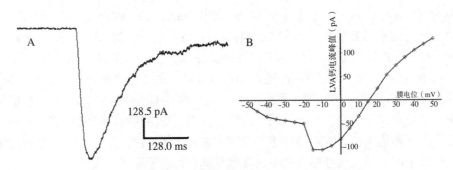

图 7-1　电压钳记录的钙电流（来源：作者实验资料）

第二节 Ca^{2+}可以调节肌肉收缩、细胞分泌和门控特性

既然电压门控钙离子通道在各种组织是普遍存在的，那么它们承担哪些生理功能呢？钙离子通道主要有两个作用：产生电信号和调节生理功能。图 7-2 是 Hodgkin 描述的轴突上电压门控钠离子通道和钾离子通道引起经典的通道激活的循环，它主要强调生物电产生的作用：各种刺激作用于门控离子通道，离子通道产生生物电。

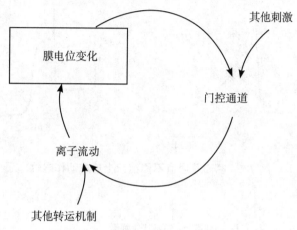

图 7-2　电兴奋过程的经典循环

钙离子通道的确能够形成正反馈的动作电位，如图 7-3。在窦房结心脏起搏细胞和平滑肌细胞上没有功能性钠离子通道，它们的动作电位完全是由电压门控钙离子通道的开放引起的。另一方面，心室肌细胞上的钠离子通道密度很高，形成动作电位的快速上升支和快速传播，与轴突相似，绝大多数钠离子通道在 1 ms 内迅速失活，然后 HVA 钙离子通道能保持细胞几百毫秒的去极化。脊椎动物脑干的下橄榄核神经元的动作电位至少涉及三种类型的离子通道。LVA 钙离子通道可能在静息电位附近是开放的，其内向电流能够达到使 Na^+ 电流爆发（bursting）的阈值，开放的 HVA 钙离子通道电流能维持细胞几毫秒的去极化。钠离子通道和钙离子通道分布通常是不同的，在脊椎动物神经元，在轴突起始节段和朗飞节上钠离子通道的密度最高，而多种 HVA 钙离子通道存在于树突和胞体上。图 7-2 没有显示出通道的全部功能，可兴奋细胞最终将电兴奋转化为其他形式的生理功能，一般来讲，可兴奋细胞通过 Ca^{2+} 流动将生物电转化为各种活动，Ca^{2+} 的流动由电压敏感的 Ca^{2+} 可通透的通道调节（图 7-4）。因此，Ca^{2+} 也是一种细胞内的第二信使，可以激活多种细胞功能。静息状态细胞胞质内的游离 Ca^{2+} 水平是很低的，活细胞的正常 $[Ca^{2+}]_i$ 为 30~200 nmol，与细胞内质子（H^+）浓度相似（pH 7.4 时为 40 nmol）。在细胞膜表面和细胞内的细胞器（如内质网和肌质网）内都是由 ATP 依赖性钙泵、Na-Ca^{2+} 交换体共同作用维持这种低的 $[Ca^{2+}]_i$。无论是在细胞膜还是在细胞器上，只要钙离子通道开放，Ca^{2+} 就会流进细胞质，局部的 $[Ca^{2+}]_i$ 瞬时增加，直到通过扩散作用、缓冲作用和泵机制阻断或移除多余的 Ca^{2+}。与 Na^+ 和 K^+ 完

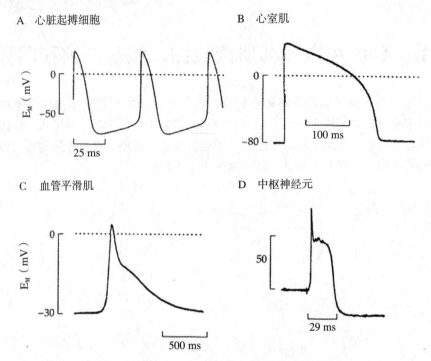

图 7-3　钙离子通道不同组织上形成动作电位

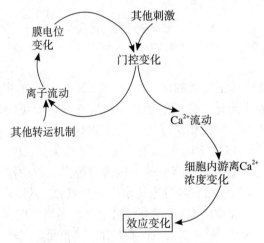

图 7-4　Ca^{2+} 传导电信号的过程

全不同，钙离子通道的去极化反应可迅速使 $[Ca^{2+}]_i$ 升高，Ca^{2+} 活动是局部的，在进出 Ca^{2+} 的通道附近发生。

在不同的肌细胞，活化的 Ca^{2+} 主要通过肌质网或内质网的 Ca^{2+} 释放通道（Ca^{2+}-release channel）和（或）通过细胞外的电压门控钙离子通道。Ca^{2+} 一旦进入肌浆就可以被特异性的、高亲和力的受体如钙调蛋白、肌钙蛋白等识别，这些蛋白质有多个 Ca^{2+} 结合位点，对于 Ca^{2+} 浓度变化（0.1~10 μmol）非常敏感，然后激活相应的酶，从而引发蛋白质磷酸化级联反应、三羧酸循环、磷脂循环以及基因表达等一系列生理变化。在肌肉最明显的变化就是随着肌动球蛋白 ATP 酶的激活，肌小节缩短。在非肌肉细胞 Ca^{2+}- 钙调蛋白系统作用于影响细胞运动的细胞骨架成分，如细胞迁移以及纤毛和鞭毛运动等。

神经末梢的神经递质的分泌也是 Ca^{2+} 依赖性的。化学性突触的突触前末梢有许多小的突触小泡，突触小泡内含有高浓度的神经递质分子，如乙酰胆碱、谷氨酸、去甲肾上腺素、γ- 氨基丁酸等。当有动作电位传递到神经末梢时，一个或者多个突触小泡就会溶解破裂（即发生胞吐现象），将含有的神经递质释放到细胞外。其他分泌细胞的分泌产物如激素、肽类或者蛋白质也是包裹在小囊泡内的，比如胰腺腺泡细胞内有消化酶的酶原颗粒，嗜铬细胞的小囊泡内有肾上腺素颗粒和多种蛋白质等。与神经递质一样，这些颗粒都是通过小囊泡的 Ca^{2+} 依赖性的胞吐作用分泌的：囊泡膜与细胞膜表面融合，将其内含物释放到细胞膜的外面。神经末梢和多数可兴奋细胞的刺激性分泌都需要细胞外有 Ca^{2+}，而钙离子通道可被胞外 Mg^{2+} 阻断。Dodg 和 Rahamimoff 研究发现，青蛙的神经 - 肌肉接点在动作电位到达时，细胞外 Ca^{2+} 浓度增加达到 4 倍突触小泡才能释放神经递质。Katz 和 Miledi 提出突触前动作电位可以使突触前末端的电压门控钙离子通道开放，使 Ca^{2+} 内流，从而触发细胞内 Ca^{2+} 传感器，这些传感器控制对应的一个突触小泡释放，从而遵循 Ca^{2+} 依赖性规律。这个假说已经得到了证实，Katz 和 Miledi 等学者作了进一步的研究证实。他们首先用枪乌贼巨突触进行实验，它的突触前末端比较大，足够容纳多个细胞内电极。用可视的 Ca^{2+} 荧光指示剂显示突触前末梢去极化引起的 Ca^{2+} 流动，并用电压钳记录到内向的钙电流（I_{Ca}）。人工注入 Ca^{2+} 缓冲液可直接诱发神经递质释放。现在可以用钳制电极直接记录中枢神经系统的神经末端的电流。图 7-5 是单个海马突触前动作电位和 $[Ca^{2+}]_i$ 升高。后者产生 I_T，形成低阈值钙尖峰电位（LTS），

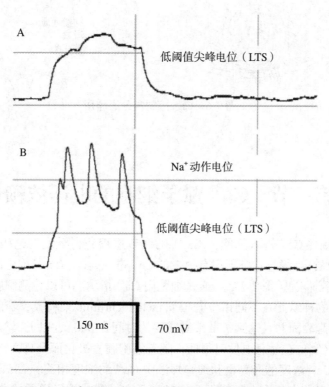

图 7-5　Ca^{2+} 经 T- 型通道流入的 Ca^{2+} 电流（I_T），形成低阈值钙尖峰电位（LTS），后者又有可能激活普通的 Na^+ 动作电位（来源：作者实验室资料）

当 LTS 达到一定高度时，它又可激活 Na 动作电位，后者又可引起 Ca^{2+} 内流，当动作电位由 1 个增加到 5 个时，Ca^{2+} 电流的幅度也明显增大。这些电压门控钙离子通道聚集在突触前的小泡上。Ca^{2+} 敏感的荧光染料分子是贯穿整个末梢的，因此测到的 $[Ca^{2+}]_i$ 是一个平均值。

图 7-6 显示的是 Ca^{2+} 信号在分泌功能中的作用，在一些分泌细胞 Ca^{2+} 来自细胞膜上的钙离子通道，而在另一些分泌 Ca^{2+} 来自细胞内储钙细胞器（钙库）。分泌神经递质和激素的 Ca^{2+} 传授器是一致的，一些囊泡的结合蛋白是可以与 Ca^{2+} 结合的。细胞内 Ca^{2+} 还可以直接影响通道的门控功能。在多个钙、钾、氯离子通道和一些非特异阳离子通道以及突触 NMDA 受体通道，都是电压或配体门控调节的，这些通道都有固有的 Ca^{2+} 结合位点和（或）细胞内面有钙调蛋白。1958 年 Gardos 首次报道了红细胞内 $[Ca^{2+}]_i$ 增高可以刺激的 K^+ 通透性，后来 Meech 发现在软体动物神经元注入 Ca^{2+} 可以激活一组钾离子通道，缓冲液的 $[Ca^{2+}]_i$ 只需 100~900 nmol 就已足够发挥这种作用，关于钙依赖性钾离子通道在以后的章节会详细介绍。同样细胞内的 Ca^{2+} 浓度还可激活一种氯离子通道。Ca^{2+} 的浓度稍高一些（1~6 μmol）又可以激活另一种单价阳离子通道，这种通道被称为非特异性阳离子通道。另一种受影响的通道是钙离子通道本身，对于这个问题在本章第八节中再做介绍。

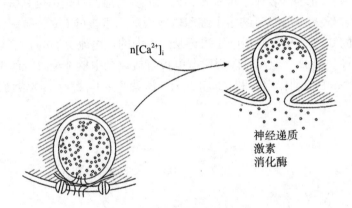

图 7-6　Ca^{2+} 控制内分泌作用

第三节　Ca^{2+} 赋予细胞的电压依赖性

随着电压依赖性 Ca^{2+} 进入细胞，$[Ca^{2+}]_i$ 的调节过程获得继发的电压依赖性。从钙电流的 I-V 曲线上可以看出，静息状态下仅有很少的 Ca^{2+} 进入，在 +10 mV 附近时电流达到最大值，进一步去极化后逐渐减低（图 7-7A）。通过细胞内 Ca^{2+} 指示剂可以检测细胞内游离 Ca^{2+} 浓度。图 7-7B 是软体动物神经元在不同钳位电压下 metallochromic 染料吸收峰值的变化，Ca^{2+} 进入直径 300 μm 的细胞表面并且达到扩散平衡需要的时间在 300 ms 以上，靠近细胞表面的 $[Ca^{2+}]_i$ 增加 5~25 倍。$[Ca^{2+}]_i$ 在静息电位时很低，随着细胞膜去极化而升高，在正的电压步幅又逐渐降低。细胞内 Ca^{2+} 浓度的升高也和细胞外液中 Ca^{2+} 的浓度相关。

图 7-7C 是突触前末梢在电压钳下，枪乌贼巨突触释放神经递质的电压依赖关系，突触后电位的高低可以作为释放神经递质多寡的指标，释放的神经递质越多，突触后电位越高，

从该图可以看出，在去极化幅度较小时神经递质释放较少，在 0 mV 时释放达到最多，在 +100 mV 时又降到最低。细胞外 Ca^{2+} 浓度从 9 mmol 降低至 4.5 mmol 时，在相应的突触前正脉冲刺激下，突触后电位相应地降低。图 7-7D 显示了耳蜗神经元所有钾电流的电压依赖性，去极化通过增加 K^+ 通道开放数目和增加 K^+ 驱动力两个方面来增加钾电流，① 在正常任氏液中，漏钾电流的 I-V 曲线呈现 N 形。很明显，总的钾电流有两个主要成分，在 +40 mmol 达到峰值，进一步去极化后逐渐降低，几乎没有 Ca^{2+} 进入细胞；② 用 Co^{2+} 代替细胞外 Ca^{2+} 和 Mg^{2+} 后，I-V 曲线呈现简单的上升形式，这一曲线是典型的延迟整流钾离子通道中的 I-V 曲线呈现电压依赖性钾电流。图 7-7E 显示的是脊椎动物感光细胞氯电导类似的电压依赖性，去极化超过 –30 mV 通道开放，去极化到 0 mV 时电流达到最大值，更高的去极化通道开放再次减少。$[Ca^{2+}]_i$ 增加可以激活这种氯离子通道，用 10 μmol 的 Cd^{2+} 阻断钙离子通道后氯离子通道不能激活，在电极内液中加入 Ca^{2+} 螯合剂可加速这种通道电流的衰减。

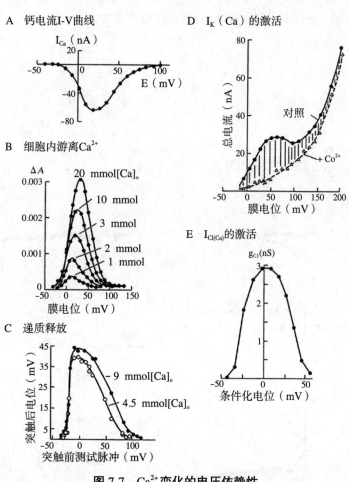

图 7-7 Ca^{2+} 变化的电压依赖性

第四节　多通道类型：二氢吡啶敏感的离子通道

从 20 世纪 50 年代开始，电压依赖性钙离子通道的分类经历了三个发展阶段。早期是根据它们的激活电压分类，然后根据功能和药理学分类，最终根据克隆和基因来分类。最初发现一些钙离子通道需要大的去极化电流激活，而另一些则只需要小的去极化就能激活。低电压激活的钙离子通道（low-voltage activated calcium channel，LVA）通常是快速的、电压依赖性失活。高电压激活的钙离子通道（high-voltage activated calcium channel，HVA）通常是不失活的。图 7-8 显示了心房肌细胞上这两种钙离子通道，外液中加入了 TTX 和 115 mmol Ba^{2+}，当钳制电位为 -30 mV（足以使 LVA 失活），去极化到 -20 mV 时没有 Ba^{2+} 电流，在 +10 mV 时出现大的、持续的电流，即 HVA。当钳制电位为 -80 mV，去极化到 -20 mV 时有一个瞬态电流（LVA）出现，在 +10 mV 时 LVA 的电流成分则和 HVA 的电流成分重叠在一起，因此可以通过改变钳制电位来区分这两个电流成分。

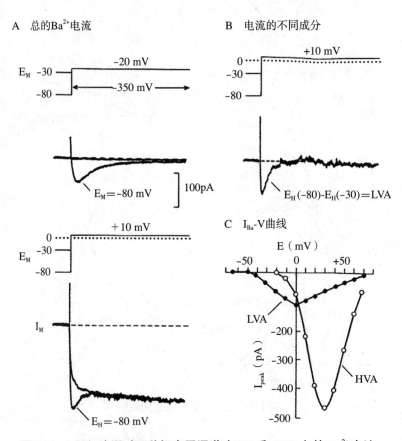

图 7-8　心肌细胞通过两种钙离子通道（LVA 和 HVA）的 Ba^{2+} 电流

第五节　神经元有多种 HAV 钙离子通道亚型

随着膜片钳技术的发展，在脊椎动物神经元上发现了多种 HVA 钙离子通道亚型。例如，Tsien 实验室发现小鸡感觉神经元有抗二氢吡啶性 HVA 钙离子通道，其单通道电导大小介于 T 型钙离子通道和 L 型钙离子通道之间，并称之为 N 型神经元钙离子通道。后来研究发现用来自蜘蛛等的肽类毒素可以对神经元多种"N 样"钙离子通道进行鉴别。这些毒素包含有大量与离子通道有特异性的、高亲和力结合的肽类和小分子，通常用希腊字母来命名这些肽类，比如 ω 用于钙离子通道毒素，μ 对应钠离子通道毒素。N 型钙离子通道被称为 ω-CTX GVIA 敏感的通道，P/Q 型通道被称为 ω-Aga IVA 敏感的通道，R 型通道被称为抗这些毒素的通道等。除了药理学方面的特性外，N 型、P/Q 型和 R 型钙离子通道功能相似，都是电压依赖性失活并且能被 G 蛋白偶联受体所阻断。它们主要在分泌神经递质的突触前神经末梢，参与产生突触前动作电位。多种类型 HVA 钙离子通道（包括 L 型钙离子通道）在脊椎动物神经元胞体和内分泌细胞共同表达。

第六节　钙离子通道的分类

钙离子通道是一组选择性通透 Ca^{2+} 的离子通道，根据激活方式的不同可以分为电压依赖性钙离子通道（voltage-dependent calcium channel, VDCC）和配体门控钙离子通道（ligand-gated calcium channel），本章主要介绍电压依赖性钙离子通道，有关配体门控钙离子通道在第九章会有介绍。表 7-1 和表 7-2 显示了不同类型钙离子通道的门控、基因、分布和功能。

表 7-1　电压依赖性钙离子通道

类型	门控	蛋白	基因	分布	功能
L 型钙离子通道	高电位	$Ca_V1.1$ $Ca_V1.2$ $Ca_V1.3$ $Ca_V1.4$	CACNA1S CACNA1C CACNA1D CACNA1F	骨骼肌、成骨细胞、心室肌、大脑皮质神经元树突	平滑肌细胞和心肌细胞的收缩、延长心肌细胞动作电位
P 型 /Q 型钙离子通道	高电位	$Ca_V2.1$	CACNA1A	浦肯野神经元、小脑颗粒细胞	神经递质释放
N 型钙离子通道	高电位	$Ca_V2.2$	CACNA1B	大脑	神经递质释放
R 型钙离子通道	中等电位	$Ca_V2.3$	CACNA1E	小脑颗粒细胞、神经元	不清楚
T 型钙离子通道	低电位	$Ca_V3.1$ $Ca_V3.2$ $Ca_V3.3$	CACNA1G CACNA1H CACNA1I	神经元、有起搏功能的细胞	调节窦性节律

表 7-2　配体门控钙离子通道

类型	门控	基因	分布	功能
IP$_3$ 受体型	IP$_3$	ITPR1 ITPR2 ITPR3	内质网	内质网 Ca^{2+} 释放
Ryanodine 受体型	二氢吡啶受体，细胞内 Ca^{2+} 增加	RYR1 RYR2 RYR3	内质网	肌细胞 Ca^{2+} 诱导的钙释放（calcium induced calcium release，CICR）
储备型通道	内质网 Ca^{2+} 损耗间接引起	ORAI1 ORAI2 ORAI3	胞膜	

第七节　电压依赖性钙离子通道的分子结构

电压依赖性钙离子通道蛋白由多个亚单元组成，包括 α_1、$\alpha_2\delta$、β_{1-4}、γ，其中 α_1 是构成钙离子通道的主要亚单元，$\alpha_2\delta$、β_{1-4}、γ 是辅助亚单元，调节 α_1 亚单元的功能，这些亚单元合在一起构成了允许 Ca^{2+} 通过的孔道，其中 α_1 亚单元构成跨膜区，与以二硫键结合的 $\alpha_2\delta$ 亚单元、细胞内磷酸化的 β 亚单元以及跨膜的 γ 亚单元共同构成通道。不同类型的高电压依赖性钙离子通道的结构具有同源性，其结构非常相似，但又不完全相同（图 7-9）。

α_1 亚单元（图 7-10）：大约由 2 000 个氨基酸组成，分子量为 200～240 kD，是构成 Ca^{2+} 选择性的必要结构，每个结构域中有 6 个跨膜片段，α_1 亚单元构成 Ca^{2+} 选择性孔，包含了电压敏感性和药物 / 毒素的结合位点。在人类已经发现 10 种 α_1 亚单元，有 4 个同源结构区域（Ⅰ - Ⅳ），每个结构区域有 6 个跨膜螺旋（S1~S6），这种同源四聚体形式与电压依赖性钾离子通道和钠离子通道相似，推测这种结构与通道的电压依赖性的进化有关。S1~4 跨膜螺旋构成了通道主体，S5 和 S6 螺旋位于通道的内表面，S1-4 螺旋决定了通道的门控和电压敏感性。

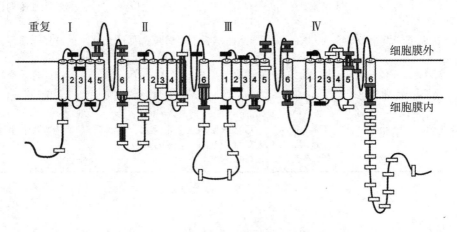

图 7-9　钙离子通道跨膜结构示意图

α₂δ 亚单元：$\alpha_2\delta$ 基因编码两种亚单元，即 α_2 亚单元和 δ 亚单元，这两个亚单元通过二硫键结合在一起，分子量为 170 kD，α_2 是位于细胞外的糖基化亚单元，与 α_1 相互作用。δ 亚单元在细胞内的部分有一个单独的跨膜区，作为质膜的锚定蛋白。$\alpha_2\delta$ 能够增强 α_1 的表达水平，从而导致增强电流幅度和快速激活和失活动力学。

β 亚单元：分子量 55 kD，分为 4 个亚型。目前认为 β 亚单元主要功能是稳定 α_1 亚单元的结构，通过调节细胞膜 α_1 亚单元表达来调控电流密度。此外，β 亚单元还可调节通道激活和失活动力学特性，通过调节 α_1 使得通道在较小的去极化状态下电流增大，因此 β 亚单元在通道电生理特性中起着重要的调节作用。直到最近研究发现，位于 α_1 亚单元 S1 和 S2 之间的一个高度保守的 18 个氨基酸的区域和 β 亚单元的 GK 域区之间的相互作用是 β 亚基调节作用的结构区域。

γ 亚单元：γ_1 亚单元存在于骨骼肌电压依赖性钙离子通道上，是含有 4 个跨膜区域的糖化蛋白，分子量为 33 kD。

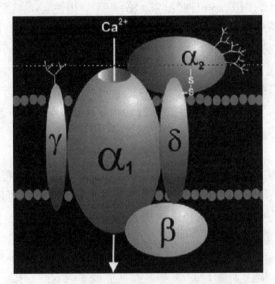

图 7-10　α_1 亚单元拓扑结构示意图

第八节　钙离子通道的功能特性

一、L 型钙离子通道

L 型钙离子通道阻断剂在临床上的广泛应用，使得很多临床医生和临床药理学家熟悉这个通道。L 型钙离子通道阻滞剂广泛用于治疗高血压、心肌缺血、心律失常等。然而，这些心血管疾病适应证并不能反映这些通道在生理状态下的重要性。L 型钙离子通道不仅是心血管功能的基础，还在神经元、内分泌细胞和感觉细胞广泛表达。我们知道，这些通道还参与神经可塑性、神经元电位发放和基因表达的调节、记忆、情绪控制和与毒品有关的行为、视觉、听觉、多种激素释放以及骨骼肌收缩等多种生理功能。为了完成上述各种功能，L型钙离子通道存在多种功能各异的异构体，通过亚单位组成的变化、磷酸化／去磷酸化、G蛋白激活、钙调蛋白、细胞骨架的交互和其他调节通路改变和调整通道功能。

（一）生理病理功能

构成L型钙离子通道的四个亚型（$Ca_V1.1 \sim Ca_V1.4$）与二氢吡啶及其他钙离子通道阻滞剂具有高亲和力，尽管这些通道功能多样化，但是他们在通道孔都具有与这些药物结合的结构区域。

$Ca_V1.1 \alpha_1$——骨骼肌二氢吡啶受体：只在骨骼肌横小管表达，当细胞膜去极化时引起快速构象改变，从而激活内质网的兰尼碱受体，导致内质网 Ca^{2+} 释放增加。慢的构象改变也能够激活通道钙电导，参与调节肌细胞钙稳态。与恶性高热、低钾性周期性麻痹等疾病相关。

$Ca_V1.2 \alpha_1$——心血管L型钙离子通道：与 $Ca_V1.1$ 和 $Ca_V1.4$ 通道不同，$Ca_V1.2$ 通道不仅仅在一种组织中表达，而是在心血管系统（心房、心室、窦房结细胞，血管平滑肌，子宫、气管和肠道平滑肌，内分泌和神经内分泌细胞）和神经元广泛表达。临床上应用的钙离子通道阻断剂的药理作用表明，血管舒张和心脏的抑制作用几乎都是阻断了心血管系统中 $Ca_V1.2$ 通道而发挥作用的。目前认为，大脑中L型钙离子通道（80% $Ca_V1.2 \alpha_1$ 和20% $Ca_V1.3 \alpha_1$）不是直接控制突触前 Ca^{2+} 流以及神经递质释放的，现已经分离出突触前L型钙离子通道，但是只有在较强的激活状态时（比如，神经元放电频率较高或者由BayK8644激活通道）才参与神经递质的释放。大脑中L型钙离子通道主要位于神经元胞体和树突，Ca^{2+} 变化使基因转录发生改变，从而调节神经元功能。在神经胶质细胞缺血时开放增加。

$Ca_V1.3\alpha_1$——神经内分泌L型钙离子通道：对于这种L型钙离子通道的生理和药理作用知道的并不是很多，对膜电位变化的反应不同于 $Ca_V1.2$ 通道，在更负的电压时激活，失活也更为缓慢，这些特性使得这种通道更适合维持感觉细胞持续的神经递质释放，与神经递质释放紧密偶联（所谓的带状突触）。上述生物物理学特性决定了在 $Ca_V1.2$ 通道还处于关闭的膜电位水平时，$Ca_V1.3$ 通道即可调节 Ca^{2+} 内流。在舒张期去极化时（$-60 \sim -40$ mV），通过窦房结 $Ca_V1.3$ 通道 Ca^{2+} 流入对于控制静息心率是非常重要的。同样，$Ca_V1.3$ 通道调节电流以维持神经元平台期电位和膜双稳态，从而控制神经元放电。在老化的脑组织中表达增加。

$Ca_V1.4\alpha_1$——视网膜L型钙离子通道：在先天性X连锁不完全夜盲症（CSNB2）患者中发现视网膜上有特异蛋白质突变，认为是由于 $Ca_V1.4\alpha_1$ 功能异常导致光感受器—双极细胞突触传递受损造成的。

（二）与其他电压门控阳离子通道一样，钙离子通道也存在三种状态

①静息状态，细胞膜电位处于负的静息电位，此时通道是关闭的，而且是可以开放的；②开放状态，细胞膜去极化引起通道开放，Ca^{2+} 可以通过通道，但开放时间不是一直持续的；③失活状态，去极化也不能使通道开放。一旦膜电位复极化到静息状态，那么已失活的通道可以再次开放。钙离子通道阻断剂主要通过"变构调节"使通道一直处于关闭的失活状态，从而抑制 Ca^{2+} 内流，还有一些阻断剂是通过延迟失活状态向静息状态的转化，来延长通道的不应期。许多二价、三价阳离子可阻断钙离子通道，其效力顺序为：$La^{3+} > Co^{2+} > Mn^{2+} > Ni^{2+} > Mg^{2+}$，研究时多用 Cd^{2+} 作为阻断剂。临床常用的钙离子通道阻断药物主要有三类：二氢吡啶类（如硝苯地平）、苯烷胺类（如异搏定）和地尔硫䓬类。某些

双氢吡啶类药物如 BayK8644 不仅没有阻断钙离子通道的作用，反而具有激活效应，已经作为常用的钙离子通道开放剂应用于实验室研究。

二、T 型钙离子通道

T 型钙离子通道代表电压门控钙离子通道中的 Ca_V3 通道家族，目前许多研究关注于这类通道作为药物靶点治疗心血管或中枢神经系统疾病，尽管关于这类通道分子信息越来越多，也克隆出它们的 α_1 亚单元，但是有关这类通道的生理病理功能还知之甚少。T 型钙离子通道在身体各个器官有表达，包括：神经组织、心脏、肾、平滑肌、精子和许多内分泌器官。参与各种生理过程，包括：神经元放电、激素分泌、平滑肌收缩、肌细胞融合和受精等。从不同细胞记录到的 T 型钙电流记录具有相似的电生理特性，但生物物理和药理学特性存在差异，不同基因编码三种 T 型钙离子通道可以部分解释这种差异。$Ca_V3\alpha_1$ 亚单元构成 T 型钙离子通道的 Ca^{2+} 选择性孔，但是仍不清楚 $Ca_V3\alpha_1$ 是如何结合其他辅助亚单元的，有报道称 $\alpha_2\delta$ 和 γ 亚单元调节 $Ca_V3\alpha_1$ 门控和表达水平，但尚无直接的生化证据能证实。

（一）生理病理功能

T 型钙离子通道在多种不同的细胞类型均有表达，提示它们参与不同的生理功能。电压依赖性的激活和失活为这些多样性提供了线索，可以预测在何种条件下这些通道将被激活。静息膜电位较负的细胞（低于-70 mV），T 型钙离子通道能够起到中等起搏器的作用，神经元兴奋性突触后电位（EPSP）可以直接使 T 型钙离子通道开放，产生一个 LTS，这反过来激活钠动作电位和更高的电位激活的钙离子通道。因此，T 型钙离子通道在神经元簇爆发（burst firing）的发生起重要作用。静息膜电位较高细胞（高于-70 mV），T 型钙离子通道多数处于失活状态。神经元 EPSP 能直接激活钠离子通道，然而，如果神经元是 IPSP 形成的超极化状态，那么 T 型钙离子通道可以从失活状态迅速恢复和产生反弹爆发（rebound burst）。这是丘脑神经元放电机制，在癫痫发作中起重要作用。有报道指出 T 型钙离子通道在血管平滑肌细胞上有表达，其功能尚不清楚，主要是因为平滑肌细胞的静息膜电位相对较正，多数 T 型钙离子通道是灭活的。尚无证据表明，T 型钙离子通道在人的冠状动脉上有表达。内分泌细胞有 T 型钙离子通道表达，血管紧张素 II 刺激醛固酮分泌，这种效应受 T 型钙离子通道的调节。皮质醇分泌似乎也受 T 型钙离子通道控制，其效应可被多种阻断剂所抑制。在严重的癫痫动物模型中发现 T 型钙离子通道表达增加，T 型钙离子通道表达上调还可能参与神经元损伤、心脏肥大和心脏衰竭等病理过程。

（二）调节

不同的细胞激素能够抑制或刺激 T 型钙电流。在神经元或内分泌细胞的 T 型钙电流能被多巴胺、5-羟色胺、鸦片肽、ANP 和血管紧张素 II 等抑制，内皮素和 5-羟色胺能分别使心脏、平滑肌细胞和神经元上的 T 型钙电流增大，表明这些通道可以调整以适应其不同的生理功能。现已确定有几个信号通路参与上述 T 型钙电流的调节，其中蛋白激酶 A 似乎并没有发挥主要作用，蛋白激酶 C 调节 T 型钙离子通道的抑制效应，酪氨酸激酶和 CaM 激酶 II 能够激活 T 型钙离子通道。在全细胞和单通道水平膜片钳研究发现 CaM 激酶 II 能够激活肾上腺 T 型钙离子通道，结果表明电极内液中 Ca-CaM 使全细胞电流激活的电压依赖性曲线向负电位方向转移，在细胞贴附模式下，激活的通道能够被 CaM 激酶 II 的抑制剂 KN-62 所阻断。肾上腺皮质 T 型钙离子通道由 $Ca_V3.2$ 编码，HEK293 细胞中与 CaM 激酶 II 共表达的人 $Ca_V3.2$ 通道可被钙/钙调蛋白激活。许多药物都能阻断 T 型钙离子通道电流，但是这些化合物都不具有高度选择性阻断这些通道的能力，因此分离单一的T型钙通流非常困难。咪拉地尔曾经上市用于治疗高血压和心绞痛，但是在短时间内被撤销，这是由于它的药代动力学和药效学与其他心血管药物相互作用。咪拉地尔能与骨骼肌L型钙离子通道（$Ca_V1.1$）和大脑的电压门控钠离子通道结合，其离解常数分别为2.3 nmol和17 nmol。它还可以阻止钾和氯离子通道。显然，咪拉地尔并不是体外或体内研究T型钙离子通道的理想的工具药物。还有许多能阻断T型钙电流的药物，包括L型钙离子通道阻滞剂（尼莫地平、硝苯地平和地尔硫草），IC_{50}值高于L型钙离子通道。不能否认具有较低水平阻断T型钙离子通道的抑制剂也有助于治疗作用的，但这种可能性很小。更重要的是，T型钙离子通道能够被L型钙离子通道激动剂（如BayK8644）激活。因此任何钙电流，只要能够被这些激动剂激活都可以被划分为二氢吡啶敏感的L型通道。与此同时所有L型钙离子通道亚型都能被BayK 8644激活。

以下两个研究提示，T型钙离子通道在癫痫的发病机制中有重要作用，首先，T型钙离子通道是TC神经元低阈值钙火花的基础，这种发放模式与癫痫棘波放电有关。第二，不同的癫痫动物模型的T型钙电流增加。据报道，治疗浓度的乙琥胺能够抑制T型钙电流。T型钙电流能被治疗浓度的吸入性麻醉药所阻断，如异氟烷、氟烷和氧化亚氮。其中异氟烷还能够阻断高电压激活的钙离子通道，但氧化亚氮只能阻断T型钙离子通道（$Ca_V3.2$）。由于这些药物还会影响其他离子通道的活性，因此很难评价T型钙离子通道在其中发挥多大的作用。二苯丁哌啶类抗精神病药物也是非选择性T型钙离子通道阻滞剂。哌咪清抑制T型（$Ca_V3.1$）和大鼠心室肌细胞的L型通道，还抑制N型和P型通道。研究显示，南非蝎毒素（kurtoxin）是研究低阈值T型钙离子通道功能和结构的工具药，能够抑制低阈值的$Ca_V3.1$和$Ca_V3.2$钙离子通道，其效能和选择性都较高。在丘脑神经元，500 nmol kurtoxin几乎完全阻断了T型钙离子通道电流，但也使高阈值钙离子通道电流降低了50%。在交感神经和丘脑神经元，250~500 nmol kurtoxin抑制部分N型、L型和R型钙离子通道电流。

三、N型钙离子通道

N型钙离子通道（N-type calcium channel）是由$Ca_V2.2$ α_1（170~250 kD）、$\alpha_2\delta$（~170 kD）、β（58~78 kD）和γ（~36 kD）的亚单元构成的，β亚单元中主要是β_4和β_1参与构成N型钙离子通道。如图7-11所示，N型钙离子通道有多个作用位点，可接受多种胞内蛋

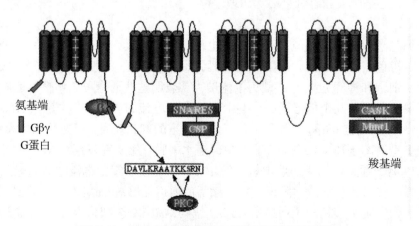

图7-11 胞内蛋白质调控N型钙离子通道示意图

白质的调控（如 Gbg、PKC、SNARE 蛋白和 CSP）。

（一）生理病理功能

N 型钙离子通道的 α_1 亚单元是广泛分布于大脑各个区域，早期的研究表明，$Ca_V2.2$ α_1 亚单元除了定位在胞体树突外，还定位于多少神经元的突触前末梢，与其调节神经递质释放的生理作用相吻合。然而，研究 $Ca_V2.2$ 通道异构体的精确结构仍然十分重要，因为其结构的微小变化可能与其定位和功能密切相关。$Ca_V2.2$ α_1 亚单元 Ⅱ ～ Ⅲ 区域与突触蛋白结合，是 N 型钙离子通道相关的突触前神经末梢神经递质释放的关键结构，然而，有研究证实在人类中枢神经系统广泛表达有缺失的 Ⅱ ～ Ⅲ 区域异构体，包括与突触蛋白作用位点的缺失，表明这些变异可能调解特异的细胞功能。Ⅱ ～ Ⅲ 区域近 N 末端插入 21 个氨基酸是受神经系统不同区域调节的，交感神经节超过 80% 的总 mRNA 中包含这种插入。在中枢神经系统，插入的 21 个氨基酸 mRNA 水平在脑干中下降 50% 以内，新皮质下降少于 20%。研究发现，成年大鼠这种插入的 21 个氨基酸 mRNA 似乎优先在单胺能神经元较多的脑区表达，目前尚不清楚这种插入对神经递质释放的影响。和 $Ca_V2.2$ α_1 亚单元重要功能相关的可变剪接是比较少的，但这些变化在神经系统的不同区域对神经递质释放的精密调控发挥重要作用，同时和 N 型钙离子通道的其他生理功能可能有关。

（二）调节

N 型钙离子通道的主要功能是控制钙依赖的神经递质释放，参与脊髓背角痛觉信号的传导。N 型钙离子通道是公认的治疗慢性疼痛和缺血性脑损伤引发的神经元变性的重要靶点。ω- 芋螺毒素 GVIA（ω-conotoxin GVIA）能特异性阻断 N 型钙离子通道，已广泛用于分离和鉴定不同细胞类型中的 N 型钙离子通道。临床上已经使用人工合成 ω- 芋螺毒素相似物治疗恶性和非恶性疼痛综合征。齐考诺肽（ziconotide）是一种非鸦片类镇痛药物，其作用机制是通过阻断 N 型钙离子通道，从而抑制初级疼痛传入神经的神经递质释放，阻止疼痛信号传入大脑。从蜘蛛分离出来的一些毒素，如 ω-Aga Ⅲ A 和 ω-grammotoxin-SIA 可以阻断 N 型钙离子通道，同时也可以阻断 L 型和（或）P/Q 型钙离子通道。除了 BayK 8644 外，大多数二氢吡啶类化合物对钙离子通道都是有抑制作用的。

四、P/Q 型钙离子通道

P/Q 型钙离子通道（P/Q type calcium channel）属于高电压激活的电压依赖性钙离子通道，主要在大脑皮质、小脑、丘脑和下丘脑表达，在小细胞肺癌细胞系 SCC-9 也有表达，但在心脏、肾、肝和肌肉中无表达。其中 P 型钙离子通道是浦肯野细胞的主要钙离子通道，参与突触前末梢的神经递质释放以及神经元信息的整合，Q 型钙离子通道主要在小脑颗粒细胞表达，功能尚不清楚。P/Q 型钙离子通道可以被 Ftx 和 ω-agatoxin-IVA 这些毒素抑制，但对二氢吡啶和 ω-conotoxin-GVIA 不敏感。P/Q 型钙离子通道功能缺陷可能参与脊髓小脑性共济失调、家族性偏瘫性偏头痛（FHM1）、发作性共济失调等疾病的发生。

参考文献

[1] Barnes S, Hille B. Ionic channels of the inner segment of tiger salamander cone photoreceptors. *J Gen Physiol*, 1989, 94: 719-43.

[2] Bean BP, Two kin Barnes S, Hille B. Ionic channels of the inner segment of tiger salamander cone photoreceptors. *J Gen Physiol*, 1989, 94: 719-743.

[3] Bertil Hille. Ion Channels of Excitable Membranes, 3rd Edition. Sinauer Associates, 2001.

[4] Bischofberger J, Geiger JR, Jonas P. Timing and efficacy of Ca^{2+} channel activation in hippocampal mossy fiber boutons. *J Neurosci*, 2002, 22: 10593-10602.

[5] Catterall WA. Structure and regulation of voltage-gated Ca^{2+} channels. *Annu Rev Cell Dev Biol*, 2000, 16: 521–555.

[6] Catterall WA, Perez-Reyes E, Snutch TP, et al. International Union of Pharmacology. XLVIII. Nomenclature and structure-function relationships of voltage-gated calcium channels. *Pharmacol Rev*, 2005, 57: 411–425.

[7] Cens T, Rousset M, Leyris JP, et al. Voltage- and calcium-dependent inactivation in high voltage-gated Ca^{2+} channels. *Progress in biophysics and molecular biology*, 2006, 90 (1-3): 104–117.

[8] Chin D, Means AR. Calmodulin: a prototypical calcium sensor. *Trends Cell Biol*, 2000, 10: 322-328.

[9] Chuang R, Jaffe H, Cribbs L, et al, Inhibition of T-type voltage-gated calcium channels by a new scorpion toxin. *Nat Neurosci*, 1998, 1: 668-674.

[10] Ertel EA, Campbell KP, Harpold MM, et al. Nomenclature of voltage-gated calcium channels. *Neuron*. 2000, 25: 533–535.

[11] Fenwick EM, Marty A, Neher E. Sodium and calcium channels in bovine chromaffin cells. *J Physiol* 1982, 331: 599-635.

[12] Ghasemzadeh MB, Pierce RC, Kalivas PW. The monoamine neurons of the rat brain preferentially express a splice variant of a1B subunit of the N-type calcium channel. *J Neurochem*, 1999, 73: 1718-23.

[13] Hell JW, Westenbroek RW, Warner C, et al. Identification and differential subcellular localization of the neuronal class C and Class D L-type calcium channel α1 subunits. *J Cell Biol*, 1993, 123: 949-962.

[14] Jarvis SE, Zamponi GW. Interactions between presynaptic Ca^{2+} channels, cytoplasmic messengers and proteins of the synaptic vesicle release complex. *Trends Pharmacol Sci*, 2001, 22: 519-525.

[15] Kaneko S, Cooper CB, Nishioka N, et al. Identification and characterization of novel human $Ca_V2.2$ (a1B) calcium channel variants lacking the synaptic protein interaction site. *J Neurosci*, 2002, 22: 82-92.

[16] Koschak A, Reimer D, Huber I, et al. Alpha 1D ($Ca_V1.3$) subunits can form l-type calcium channels activating at negative voltages. *J Biol Chem*, 2001, 276: 22100-22106.

[17] Koschak A, Reimer D, Walter D, et al. $Ca_V1.4alpha1$ subunits can form slowly inactivating dihydropyridine-sensitive L-type Ca^{2+} channels lacking Ca^{2+}-dependent inactivation." *J Neurosci*, 2003, 23 : 6041–6049.

[18] Llinás R, Yarom Y. Electrophysiology of mammalian inferior olivary neurones in vitro. Different types of voltage-dependent ionic conductances. *J Physiol*, 1981, 315: 549-567.

[19] Magee J, Hoffman D, Colbert C, et al. Electrical and calcium signaling in dendrites of hippocampal pyramidal neurons. *Annu Rev Physiol*, 1998, 60: 327-346.

[20] Miljanich GP, Ramachandran J. Antagonists of neuronal calcium channels: structure, function, and therapeutic implications. *Annu Rev Pharmacol Toxicol*, 1995, 35: 707-734.

[21] Neher, E. Vesicle Pools and Ca21 Microdomains: New Tools for Understanding Their Roles in Neurotransmitter Release. *Neuron*, 1998, 20: 389–399.

[22] Oguro-Okano M, Griesmann G.E, Wieben ED, et al. Molecular diversity of neuronal-type calcium channels identified in small cell lung carcinoma. *Mayo Clin Proc*, 1992, 67: 1150-1159.

[23] Olivera BM, Miljanich G, Ramachandran J, et al. Calcium channel diversity and neurotransmitter release: The omega-conotoxins and omega-agatoxins. *Ann. Rev, Biochem*, 1994, 63: 823-867.

[24] Perez-Reyes E. Molecular physiology of low-voltage-activated t-type calcium channels. *Physiol Rev*, 2003, 83:117-161.

[25] Piser TM, Lampe RA, Keith RA, et al. ω-grammotoxin SIA blocks multiple, voltage-gated, Ca^{2+}

channel subtypes in cultured rat hippocampal neurons. *Mol Pharmacol*, 1995, 48: 131-139.

[26] Platzer J, Engel J, Schrott-Fischer A, et al. Congenital deafness and sinoatrial node dysfunction in mice lacking class D L-type calcium channels. *Cell*, 2000, 102: 89-97.

[27] Rang HP. Pharmacology. Edinburgh: Churchill Livingstone. 2003: 53.

[28] Sidach SS, Mintz IM. Kurtoxin. a gating modifier of neuronal high- and low threshold Ca channels. The *J Neurosci*, 2002, 22: 2023-2034.

[29] Striessnig J, Grabner M, Mitterdorfer J, et al. Structural basis of drug binding to L calcium channels. *Trends Pharmacol Sci*, 1998, 19: 108-115.

[30] Striggow F, Ehrlich BE. Ligand-gated calcium channels inside and out. *Curr Opin Cell Biol*, 1996, 8 (4): 490-495.

[31] Tanabe T, Adams BA, Numa S, et al. Repeat I of the dihydropyridine receptor is critical in determining calcium channel activation kinetics. *Nature*, 1991, 352: 800-803.

[32] Tanaka O, Sakagami H, Kondo H. Localization of mRNAs of voltage-dependent Ca^{2+} channels: four subtypes of a1- and b-subunits in developing and mature rat brain. *Brain Res Mol Brain Res*, 1995, 30: 1-16.

[33] Tombola, Francesco, Pathak, et al. How Does Voltage Open an Ion Channel? *Annual Review of Cell and Developmental Biology*, 2006, 22: 23-52.

[34] Westenbroek RE, Sakurai T, Elliott EM, et al. Immunochemical identification and subcellular distribution of the a1A subunits of brain calcium channels. *J Neurosci*, 1995, 15: 6403-6418.

[35] Westenbroek RE, Hoskins L, Catterall WA, Localization of Ca^{2+} channel subtypes on rat spinal motor neurons, interneurons, and nerve terminals. *J Neurosci*, 1998, 18: 6319-6330.

[36] 李泱，程芮. 离子通道学. 武汉：湖北科学技术出版社，2007.

第八章

钾离子通道和钠离子通道

在细胞生物学领域，钾离子通道是分布最广泛的离子通道类型，几乎在所有生物体中都有分布。钾离子通道具有K^+选择性跨细胞膜孔道，此外钾离子通道分布在大多数细胞类型，参与多种细胞功能：在可兴奋性细胞（如神经元）中，钾离子通道参与动作电位的形成和维持静息膜电位；它还能调节心肌细胞动作电位时程，钾离子通道功能异常能导致危及生命的心律失常；它还能参与血管紧张度的维持；调节多种细胞生理功能，如激素分泌（胰腺β细胞释放胰岛素），因而钾离子通道功能障碍也会导致发生多种疾病（如糖尿病等）。

钾离子通道有四种主要类型：① 钙激活钾离子通道（calcium-activated potassium channel）：Ca^{2+}或其他信号分子存在时使通道开放；② 内向整流钾离子通道（inwardly rectifying potassium channel）；③ 串联孔钾离子通道（tandem pore domain potassium channel）：通常处于开放状态或者高活化状态，如神经元的静息钾离子通道或者漏钾离子通道。这类钾离子通道开放时允许K^+非常快速地通过细胞膜；④ 电压门控钾离子通道（voltage-gated potassium channel）：跨膜电压变化引起这类钾离子通道开放或关闭。主要类型的钾离子通道比较见表8-1。

钾离子通道是由4个相同的蛋白质亚单元构成的对称的四聚体结构，四聚体复合物围绕中央离子孔排列，所有的钾离子通道亚单元有一个独特的孔隙环结构，孔隙的顶部与钾选择性渗透有关。目前已发现80个编码哺乳动物钾离子通道亚单元基因，X射线晶体学研究发现为什么K^+能通过这些通道，而直径更小的Na^+却不能通过。钾离子通道可分为选择性滤器（selectivity filter）结构、疏水区（hydrophobic region）和中央腔（central cavity）。① 选择性滤器结构：在细胞膜外侧，可识别结合水化的K^+（hydrated K^+），这个滤器从上到下有4个K^+结合位点，当离子进入选择性滤器时，钾离子通道会去除离子水化膜。选择性滤器是由每个亚单元P环中的5个氨基酸残基（TVGYG-）形成的，5个残基带有负电荷的羧基氧原子向滤器孔中心排列，围绕每个K^+结合位点形成一个类似于水溶膜的反棱柱体。选择性滤器的羧基氧原子和结合位点的K^+之间的距离与水中的氧原子和水溶液中的K^+间的距离是一样的，这为钾离子通道的去除K^+水化膜提供了有效的路径。由于滤器和螺旋孔之间的强烈作用，阻碍了通道折叠成较小的Na^+的大小，Na^+不易通过。选择性滤波器向细胞外液打开，露出甘氨酸残基的4个羧基氧原子，与下一个朝向细胞膜外的带负电荷的Asp80残基一起共同构成形成连接蛋白中央腔与胞外溶液的孔；② 疏水区：这个区域主要功能是中和K^+周围环境以便不会吸引任何电荷；③ 中央腔：一个中心孔大约1 nm，位于跨膜通道的中心，由于通道壁面的疏水性，这里的能量屏障是最高的。充满水的空腔和孔C末端的螺旋结构减轻离子的能量屏障。目前认为多个K^+排

表 8-1 钾离子通道分类、功能、药理学比较

分类	亚型	功能	阻断剂	激动剂
钙激活钾离子通道 （6 个跨膜区，1 个孔）	BK 通道 SK 通道	抑制细胞内 Ca^{2+} 增加的刺激	卡律蝎毒素 伊比蝎毒素 apamin	1-EBIO NS309 CyPPA
内向整流钾离子通道 （2 个跨膜区，1 个孔）	ROMK(K_{ir}1.1)	肾单元 K^+ 循环和分泌	非选择性阻断： Ba^{2+}、Cs^+	无
	GPCR 调节的 (K_{ir}3.x)	调节 G 蛋白偶联受体抑制作用	GPCR 拮抗剂 Ifenprodil	GPCR 激动剂
	ATP 敏感的 (K_{ir}6.x)	促进胰岛素分泌	glibenclamide tolbutamide	diazoxide
串联孔钾通 （4 个跨膜区，2 个孔）	TWIK (TWIK-1, TWIK-2, KCNK7) TREK (TREK-1, TREK-2, TRAAK) TASK (TASK-1, TASK-3, TASK-5) TALK (TASK-2, TALK-1, TALK-2) THIK (THIK-1, THIK-2) TRESK	参与形成静息电位	bupibacaine 奎宁丁	halothane
电压门控钾离子通道 （6 个跨膜区，1 个孔）	hERG(K_V11.1) K_VLQT(K_V7.1)	参与动作电位复极化过程 控制动作电位频率	四乙胺 4- 氨吡啶 dendrotoxin	Retigabine

斥力是离子吞吐量的动力。空腔的存在可以被理解为离子通道克服介质阻挡直观的机制，或者通过低电解质膜的排斥，或者通过保持 K^+ 在潮湿、高介电环境。

钾离子通道对所有可兴奋细胞的功能是必需的，主要控制动作电位的形状、形成动作电位、调节动作电位的频率、调整静息膜电位，在调节神经递质释放、心率、胰岛素分泌、神经元兴奋性、上皮电解质传导、平滑肌收缩和细胞体积的调节等细胞信号转导过程中有重要作用。目前已经克隆了 50 多种人类基因编码的各种钾离子通道，通过对其生物物理特性、亚单位化学计量学、第二信使和受体调节、晶体结构等的研究，证实了许多疾病如 QT 延长综合征、发作性共济失调或多发性纤维性肌阵挛、家族性癫痫、听力和前庭疾病、Bartter 综合征，婴儿的家族性持续性高胰岛素血症性低血糖等都存在钾离子通道的突变。学习和记忆存储的分子和生理机制研究表明，在脊椎动物和无脊椎动物中，钾离子通道与 Cp20（一种分子量为 20 kD 的 GTP 结合蛋白）、胞内 Ca^{2+}、蛋白激酶 C（PKC）共同行使学习和记忆的功能，其中钾离子通道在学习记忆中起着关键作用。

第一节 钙激活钾离子通道

细胞内 Ca^{2+} 浓度（$[Ca^{2+}]_i$）变化是普遍存在的信号机制，常伴随着膜电位的变化。这些信号是由钙激活钾离子通道（K_{Ca}）的激活进行整合的，细胞内 Ca^{2+} 增加可以提高 K_{Ca} 的开

放概率，从而引起细胞膜超极化。钙激活钾离子通道参与许多生理过程，包括神经分泌、平滑肌紧张度、动作电位形状和发放频率的调节。在不同组织和几乎所有的多细胞生物都发现了这类通道。钙激活钾离子通道家族氨基酸序列、单通道电导和药理作用都不相同，每种亚型在参与生理过程中发挥特定的作用，根据电导不同，钙激活钾离子通道家族可以大致分为三个亚型：大电导钙激活钾离子通道［BK，电导为 100~300 pS（皮西门子）］、小电导钙激活钾离子通道（SK，电导为 5~25 pS）和中电导钙激活钾离子通道（IK，电导为 25~100 pS）。

一、大电导钙激活钾离子通道

大电导钙激活钾离子通道（BK_{Ca} 通道）单通道电导非常高，电导为 100~300 pS，具有 K^+ 选择性，细胞膜去极化和细胞内 $[Ca^{2+}]_i$ 增加可协同激活该通道，在神经元和平滑肌细胞上 BK_{Ca} 通道和电压依赖性钙离子通道（VDCC）同时存在时，这些特性可以解释 BK_{Ca} 通道可能作为 VDCC 正反馈性调节机制，这对离子通道之间的相互作用具有重要的生理意义。此外，在无钙条件下 BK_{Ca} 通道也能开放，认为是钙和膜电位依赖性是相互独立的，它们都可以提高通道开放概率。首先在平滑肌细胞发现有大量 BK_{Ca} 通道，其他组织如大脑、胰腺和膀胱也发现有 BK_{Ca} 通道。BK_{Ca} 通道有多种调节机制。

BK_{Ca} 通道是由 α 和 β 两个亚单元组成的四聚体结构，这个 BK_{Ca} 通道的 α 亚单元首先是从果蝇上发现的，随后在肌肉和神经元中被也发现，这些通道也被称为 dSlo，多个转录启动子和 slowpoke mRNA 的选择性剪接，导致通道电生理表型的多样性。人类的 dSlo 基因的同源体（hSlo）是从大脑中克隆出来，在小鼠大脑和骨骼肌中得到相应的 dSlo 基因（mSlo）。人类的 BK_{Ca} 通道基因被称为 KCNM，BK_{Ca} 通道的 α 亚单元由 KCNMA1 基因编码，β 亚单元由 KCNMB1 编码。不同种类哺乳动物 BK_{Ca} 通道的主要氨基酸序列几乎是完全相同的，与电压依赖性钾离子通道的 6 个跨膜片段 Sl~S6 高度同源。特别是 S4 段上带正电的同源氨基酸组成钾离子通道电压传感器（sensor）部分，然而哺乳动物的和果蝇的 BK_{Ca} 通道疏水区是由 5 个额外的跨膜的疏水段，1 个氨基末端内域和 4 个在羧基末端组成。有研究表明，α 亚单元 S0 段的氨基酸末端是跨膜区，氨基末端残基在细胞外，其他疏水片段 S7~S10 的 70% 是 α 亚单元（见图 8-1）。

α 亚单元是形成通道的，β 亚单元起调节作用的功能。α 亚单元由 N 末端的 7 个跨膜片段（S0~S6）、S5 和 S6 之间的 P 环和 C 末端的 4 个疏水片段（S7~S10）组成。BK_{Ca} 通道比 SK 和 IK 通道多一个疏水区片段（S0），N 末端与 β 亚单元相连。K^+ 选择性孔位于 4 个 α 亚单元的中心，孔最窄的部分称为选择性滤器，它决定了钾通透率远高于其他阳离子。S6 片段被认为是门控钾选择性孔。在每个 α 亚单元的孔包括 P 环、S5 和 S6 片段。P 环上有与孔阻断剂［如伊比蝎毒素（iberiotoxin，IbTX）和卡律蝎毒素（charybdotoxin，ChTX）］结合的感受器。S2 片段的酸性残基和 S3 片段与 S4 片段上的精氨酸残基决定了通道的电压敏感性。去极化引起这些带点残基移动，形成门电流（gating current）。

C 末端有一个钾电导调节子（RCK），由一个非保守的链连接到末端。C 末端包含多个调节位点，如四聚体区、"Ca^{2+} 碗（Ca^{2+} bowl）"、蛋白质间的相互作用的亮氨酸链，以及多个 cAMP- 和 cGMP- 依赖性蛋白激酶、蛋白激酶 C、酪氨酸激酶的磷酸化位点。C 末端尾部是 S9 和 S10 段，决定通道的 Ca^{2+} 敏感性。BK_{Ca} 通道具有钙敏感性，但是 α 亚单元主序列并不包含钙结合位点，在 S9~S10 片段有 28 个氨基酸区可以结合钙，参与激活过程，包含

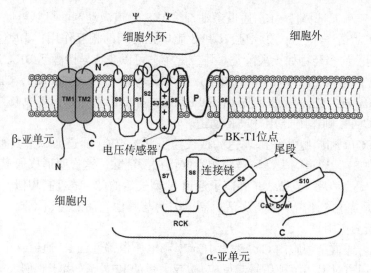

图 8-1 BK$_{Ca}$膜结构示意图

许多负电荷氨基酸残基，主要是天冬氨酸，是通道结构的高度保守区（图 8-1）。这个区域对钙具有高度选择性，但是应该注意的是BK$_{Ca}$通道至少一个以上的区域可结合钙并参与通道的激活过程。

在一些组织，BK$_{Ca}$离子通道还有一个β- 亚单元，能深刻地调节BK$_{Ca}$通道门的活性。β-亚单元不是K$_V$通道亚单元的同系物，并且跨膜两次，其N- 和C- 末端都在细胞内。与其他多基因K$_V$通道家族不同，脊椎动物的BK$_{Ca}$通道的β- 亚单元是由单个基因编码。新近发现的 Slo3 β- 亚单元似乎是 pH- 依赖性的而不是电压性依赖的。BK$_{Ca}$通道的多样特性是通过多个交替出现的接头形式达到的。这导致鸡或龟的内耳形成具有不同动力学参数的通道。BK$_{Ca}$通道的动力学变化导致对动作电位振荡的频率可以明显地加以分辨，人们设想这提供了一个电学元件给单个毛细胞对不同的声音频率有不同的敏感性。虽然 α 亚单元单独表达，是足以成为 Ca^{2+} 依赖的 K$^+$ 通道，但这些通道的许多特性是受β- 亚单元复表达的影响。β- 亚单元是BK$_{Ca}$通道对 DHS-I（dehydrosoyasaponin）敏感不可缺少的，因为后者是BK$_{Ca}$通道的特殊的激活剂。脑和耳蜗，β- 亚单元有不同的表达模式，这为BK$_{Ca}$更多的变化提供了结构基础。

β 亚单元分为四种：β$_1$~β$_4$，其中两个有细胞外环连接的跨膜区（TM），平滑肌和心脏中的β 亚单元比较多，而在淋巴组织、大脑和肝内的分布很少，它的氨基和羧基末端位于细胞内，细胞外环上有 4 个保守的半胱氨酸残基形成的二硫键，与 α 亚单元共表达，通过引起激活电位负向移动影响钙敏感性。此外β 亚单元还影响卡律蝎毒素（charybdotoxin）的结合，与兴奋剂 dehydrosoyasaponin 结合使通道兴奋性上调。尽管大多数 BK$_{Ca}$通道具有β 亚单元，但β 亚单元并不是BK$_{Ca}$通道必备的结构。α 亚单元主要序列有磷酸化位点，内源性或外源性蛋白激酶可以增强或抑制BK$_{Ca}$通道活性，细胞内氧化还原剂如 NADH 和谷胱甘肽对BK$_{Ca}$通道都有调节作用。

BK$_{Ca}$通道激动剂包括一系列合成苯并咪唑酮衍生物如 NS004 和 NS1619、联芳胺如甲灭酸和氟灭酸、NS1609、吡啶胺；天然的激动剂如 dihydrosoyasaponin-1 和类黄酮。其中 NS004

和 NS1619 是 α 亚单元选择性 BK_{Ca} 通道激动剂。BK_{Ca} 通道激动剂的机制可以是：① 调节 α 亚单元 C 末端 Ca^{2+} 结合位点；② 增强 α 和 β 亚单元之间的相互作用；③ 类似 α 和 β 亚单元结合位点作用。许多药物如灭酸酯类、雌二醇等，可以非特异性激活 BK_{Ca} 通道。BK_{Ca} 通道阻断剂有伊比蝎毒素（iberiotoxin，IbTX）、卡律蝎毒素（charybdotoxin，ChTX）、四乙胺（tetraethylammonium，TEA）、四丁胺（tetrabutylammonium，TBA），其中 IbTX 选择性作用于 BK_{Ca} 通道，ChTX 则作用于 IK 和 SK 通道。

嗜铬细胞 PC12 和胰腺 β 细胞表达一种快速失活的 BK_{Ca} 通道，调节其神经分泌活动。在大鼠嗜铬细胞 BK_{Ca} 通道的失活可被内源性胰蛋白酶消除，这表明形成通道蛋白的胞质部分参与了这个过程，似乎与 Shaker 钾离子通道 N 型失活的球 - 链机制相似，然而，这个过程不同于之前所描述的钾离子通道失活机制，因为与其他失活的通道不同，胞质部分不显示开放通道阻断剂作用。

大电导 BK_{Ca} 通道是细胞内 Ca^{2+} 浓度 $[Ca^{2+}]_i$ 和电压依赖性的 K^+ 通道，广泛表达在各种细胞膜上，这些通道对上述两种信号起反应，引起大量的 K^+ 外流（由于它们大的单通道电导）和细胞膜的超极化。它们与膜内 Ca^{2+} 浓度的变化联系在一起，以调节细胞的电学兴奋性。它们表达的部位很广，包括：平滑肌、耳蜗、肾、内分泌和外分泌上皮细胞，以及中枢神经系统。有趣的是应用 mSlo 抗体发现 BK_{Ca} 通道还表达在心肌细胞的线粒体内膜上。神经元 BK_{Ca} 通道表达在神经纤维的末梢，在此处 BK_{Ca} 通道使原生质膜超极化和调制突触前动作电位的持续期。

高血压对心血管病患者是最普遍的危险因素，几乎 30% 的成年人有高血压。控制血管张力的关键成分是 BK_{Ca} 通道。血管平滑肌上的 BK_{Ca} 通道也是由一个传导离子的 α- 亚单元和一个调节性的 $β_1$- 亚单元组成。后者把细胞内局部 Ca^{2+} 的增加偶联到通道活性的放大和血管的松弛方面。Fernandez 等（2004 年）在大样本基因流行病学研究中，从 $β_1$- 基因（KCNMB1）鉴定出一种新的单核苷酸取代物（G352A），这相应于蛋白质的 E65K 突变。这一突变引起通道获得性功能，并且与中等或严重的舒张性高血压的低度流行相关。与野生型通道相比，$BK-β_{1E65K}$ 通道表现出增加 Ca^{2+} 的敏感性，而不改变通道的动力学。$BK-β_{1E65K}$ 通道对血管平滑肌收缩提供更有效的负反馈效应，这与 K 等位基因对抗舒张性高血压严重性的保护效应相一致。

β- 亚单元似乎也是负责增加平滑肌细胞 BK_{Ca} 通道对 Ca^{2+} 的敏感性，并且还在如同刚才前面提已到的可能在耳蜗毛细胞的声音频率调谐中发挥作用。虽然 β- 亚单元可以说明 BK_{Ca} 通道多样性的某些方面，但在很多细胞 BK_{Ca} 通道的表型仍不能加以解释。例如，肾上腺嗜铬细胞、胰腺的 β 细胞和海马中的一些细胞，某些 BK_{Ca} 通道表现出失活作用。此外，果蝇飞行肌肉以及有可能内耳（耳蜗）的毛细胞，存在由 Slo 基因产物引起的失活的 Ca^{2+} 依赖电流。因此，在持续 $[Ca^{2+}]_i$ 和去极化的条件下，这种 BK_{Ca} 型通道起初是激活，然后成为沉默的。在这些细胞，动作电位后快速的复极化通过改变可援用的 BK_{Ca} 通道数目，在调节电兴奋性中，BK_{Ca} 通道的失活可能发挥作用。对大鼠肾上腺嗜铬细胞，BK_{Ca} 通道的失活研究得最多。肾上腺嗜铬细胞 BK_1 通道的失活与电压依赖性 K^+ 通道 N- 末端失活，有某些共同的特性。如同 Shaker B 通道，BK_1 通道失活是由于多个胰蛋白酶敏感区域上引起。然而与 Shaker B 通道 N- 末端多肽产生阻断开放通道相反，BK_1 通道孔的细胞内阻断剂，并不与天然的失活区竞争。以往的工作未能揭示可以说明失活表型 Slo α- 亚单元接头（splice）的变异。新近在脑内还表现出有另外一种亚单元。最近克隆出的一种新的亚单元 $β_2$，是表达在胚胎肾内，但在脑内较少。现在还不清楚，β_2 亚单元是不是脑内 β 亚单元的主要类型。还有一种新的亚单元，β_3，是表达在胰岛素血症的瘤细胞和肾上腺嗜铬细胞内。

二、小电导钙激活钾离子通道

小电导钙激活钾离子通道（small conductance calcium activated potassium channel，SK）在所有可兴奋性细胞中发挥作用，这些通道具有 K^+ 选择性，细胞内 Ca^{2+} 增加激活该通道。SK 通道激活导致细胞膜超极化，从而抑制细胞动作电位发放。动作电位发放诱发的细胞内 Ca^{2+} 增加，并使其衰减变缓慢，允许 SK 通道激活形成长时程超极化，称为慢后超极化（sAHP）。sAHP 限制了重复动作电位的发放频率，发放频率的调节保护细胞免受连续强制刺激的有害影响，这对正常神经传递是至关重要的。

sAHP 可以大致被分为两组：蜂毒明肽敏感型和蜂毒明肽不敏感型。大多数的兴奋性细胞 sAHP 是蜂毒明肽敏感型，只有少数细胞类型表现出蜂毒明肽不敏感型 sAHP。蜂毒明肽敏感型 sAHP 在一个动作电位后迅速激活，衰减时间常数约为 150 ms；相比之下，蜂毒明肽不敏感型 sAHP 上升相缓慢，0.5~1 s 才能达到峰值，衰减时间常数约为 1.5 s，这些动力学差异的原因还不十分清楚。SK 通道与电压门控钾离子通道和 BK_{Ca} 通道在结构上有相似之处。

SK 通道存在于多种细胞类型，分为两种药理类型，即前面提到的蜂毒明肽敏感型通道和蜂毒明肽不敏感型通道。蜂毒明肽敏感型 SK 通道的电导为 4~14 pS。中枢神经系统内的一些神经细胞有蜂毒明肽不敏感型 SK 通道，电导为 5~20 pS。SK 通道能被细胞内皮摩尔级浓度的 Ca^{2+} 激活。海马神经元 1 pmol Ca^{2+} 时 SK 频通道开放率 $P(o)$ 为 0.5，能够引起蜂毒明肽敏感型 SK 通道半数最大激活的 Ca^{2+} 浓度为 400~800 nmol。克隆的蜂毒明肽敏感型 SK 通道和蜂毒明肽不敏感型 SK 通道的半数最大激活的 Ca^{2+} 浓度为 60~700 nmol。SK 通道的激活迅速，Hill 系数为 2~4。sAHP 的衰减速率对膜电压不敏感。

神经元发放动作电位后会迅速激活蜂毒明肽敏感型 sAHP，τ 值约 5 ms，与蜂毒明肽敏感型钙离子通道快速激活是一致的，表明这种 SK 通道亚型与电压依赖性钙离子通道比较相似，与蜂毒明肽不敏感型 sAHP 的缓慢上升完全不同。在交感神经元毒蕈碱型受体激活引起蜂毒明肽敏感型 sAHP 下降。相比之下，多数受体调节的 sAHP 都是蜂毒明肽不敏感的，包括肾上腺素、5-羟色胺、组胺、多巴胺、代谢型谷氨酸和毒蕈碱型受体等对蜂毒明肽不敏感型 sAHP 都有抑制作用。

蜂毒明肽敏感型 SK 通道参与重要的生理过程。在中枢神经系统，蜂毒明肽作用于下丘脑感觉运动部分导致癫痫发作；脑室内注射蜂毒明肽扰乱生理节律和正常的睡眠模式；注射蜂毒明肽的小鼠学习任务的速度和保留时间增加，并且增加海马的 c-fos 和 c-jun mRNA 水平；在外周豚鼠近端结肠段蜂毒明肽阻断了神经降压素诱导的松弛作用，导致结肠收缩。去神经的骨骼肌或肌营养不良患者的骨骼肌中有蜂毒明肽敏感型 SK 通道和蜂毒明肽结合位点，而正常成人骨骼肌中没有。这表明蜂毒明肽敏感型 SK 通道是某些病理过程的中心环节，可能是有价值的治疗干预目标。

SK 通道与电压门控钾离子通道结构相似，有 6 个跨膜片段（TM），C 和 N 末端残基位于细胞内。虽然 SK 亚单元保留了电压门控钾离子通道的整体结构，但是主要的氨基酸序列非常不同，是钾离子通道上家族的分支之一。与其他钾离子通道唯一显著的同源性在于第 5 和第 6 跨膜片段之间的孔区。SK 序列有一个高度的保守区，包括不同数目和分布的磷酸化位点。

对蜂毒明肽的敏感性是天然的 SK 通道药理学分类基础，克隆的 SK 通道也是一样。克隆的 SK2 通道对蜂毒明肽非常敏感，半数阻断量是 60 pmol，而 100 nmol 的蜂毒明肽对克隆的 SK1 通道也没有影响。SK3 通道的敏感性居中。大鼠大脑中 SK2 和 SK3 通道 mRNA 原位杂交与 ^{125}I- 蜂毒明肽显示结合位点相对应，然而 SK1 mRNA 表达模式对应的细胞类型是蜂毒明肽不敏感型 sAHP，如海马锥体神经元。调节蜂毒明肽敏感性的氨基酸是天冬氨酸和天冬酰胺残基，位于通道孔的相对面。总之，小电导的 Ca^{2+} 激活的 K^+ 通道（SK），是负责介导 sAHPs 的。这种通道介导的电流在各种组织中广泛存在。这些通道与 BK_{Ca} 通道的区别，在于他们对 Ca^{2+} 的高度敏感性（$EC_{50} < 1\ \mu mol$），低电导和弱的或可以忽略不计的电压依赖性。目前，已经克隆出四种 SK 通道。SK2 对多肽毒素（apamin 和植物生物碱，d- 筒箭毒碱）是敏感的，而 SK1 对 100 nmol 的 apamin 是不敏感的。

三、中电导钙激活钾离子通道

1997 年从人胰腺组织中克隆出来的，编码中电导钙激活钾离子通道（intermediate conductance calcium activated potassium channel，IK）蛋白质的基因属于 KCNN4 基因家族编码人类 $K_{Ca}3.1$ 通道蛋白，IK 通道是电压依赖性的异四聚体钾离子通道也被细胞内 Ca^{2+} 激活，引起细胞膜超极化，促进 Ca^{2+} 内流。N 末端位于膜内侧，6 个 α 螺旋结构的疏水跨膜域 S1~S6 片段，C 末端也位于膜内侧。孔区与电压依赖性钾离子通道类似，其中高度保守序列与 K^+ 选择性有关。IK 通道可被 CTX 阻断，但不被 IBX 阻断。大鼠小胶质细胞表达 IK 通道，IK 通道参与细胞膜超极化，在佛波醇酯引起的小胶质细胞 NADPH 介导的呼吸爆发过程中，IK 通道发挥至关重要的作用。大脑血管中有 IK 通道表达，IK 通道激活使血管平滑肌超极化，血管舒张，调节脑血管局部血流。

SK3 是中等电导的通道。表达 SK 通道的电导具有 10 pS 的单通道电导率。与之紧密相关的 IK1（也称 SK4）具有中等的电导率为 15~40 pS。IK1 对 apamin 或伊比蝎毒素是不敏感的，但对卡律蝎毒素高度敏感。SK/IK 不是由 Ca^{2+} 直接结合到通道的 α- 亚单元进行门控，而是功能的 SK/IK 通道与钙调蛋白形成异聚复合物，后者以不依赖于 Ca^{2+} 的方式 与 α- 亚单元结合。SK/IK 通道的 Ca^{2+} 门是由 Ca^{2+} 结合到钙调蛋白和随后通道蛋白构象的改变所介导的。IK1 表达在许多不同种类的组织，它在血红细胞中形成 Ca^{2+} 激活的 K^+ 通道，也是众所周知的 Gardos 通道。它被杀菌剂 clotrimazole，所阻断，这种物质抑制红细胞的体积减小。它也表达在 T- 淋巴细胞，并且在 T- 细胞激活期间高度上调。SK3 通道的基因含有多形 CAG 重复。最近，提示精神分裂症的病原学中这种多形现象（polymorphism）的作用。但通过进一步的研究，有关精神分裂症与 SK3 多形现象之间的一般联系受到了反驳，而精神分裂症的基因的负面不利的症状，可能部分是由 SK3 基因介导的。

第二节 内向整流钾离子通道

内向整流钾离子通道（inwardly rectifier K channel，K_{ir} 通道）是一组特殊的 K^+ 选择性阳离子通道，目前在不同的哺乳动物细胞类型中已经发现 7 个亚家族（表 8-2）。在植物细胞中也发现了 K_{ir} 通道，是多种毒素的作用靶点，多种疾病与 K_{ir} 通道功能异常相关。K_{ir} 通道有两个主要的生理作用：保持静止膜电位使之靠近 K^+ 平衡电水平，和调节 K^+ 跨膜转运。$K_{ir}1.x$ 通道参与经上皮的膜转运，特别是在肾；$K_{ir}2.x$ 通道在控制心脏和大脑的兴奋性中起重要作用；$K_{ir}3.x$ 通道是 G 蛋白激活的，调节某些 G 蛋白偶联受体对心脏、神经元和神经内分泌细胞电活动的影响；ATP 敏感钾离子通道（K_{ATP}）由 $K_{ir}6.x$ 通道和磺脲类受体（SUR）亚单元组成，受胞质内核苷酸调节，将细胞代谢与细胞电活动及 K^+ 内流联系起来，参与调节胰岛素分泌、心脏和大脑缺血、血管平滑肌紧张度；$K_{ir}4.1$、$K_{ir}5.x$、$K_{ir}7.x$ 通道功能尚未完全阐明。

表 8-2　内向整流钾离子通道 K_{ir} 分类

基因	蛋白	别名	结合亚单元
KCNJ1	$K_{ir}1.1$	ROMK1	NHERF2
KCNJ2	$K_{ir}2.1$	IRK1	$K_{ir}2.2$、$K_{ir}4.1$、PSD-95、SAP97、AKAP79
KCNJ12	$K_{ir}2.2$	IRK2	$K_{ir}2.1$ 和 $K_{ir}2.3$ 形成通道，辅助亚单元为 SAP97、Veli-1、Veli-3、PSD-95
KCNJ4	$K_{ir}2.3$	IRK3	$K_{ir}2.1$ 和 $K_{ir}2.3$ 形成通道，PSD-95、Chapsyn-110/PSD-93
KCNJ14	$K_{ir}2.4$	IRK4	$K_{ir}2.1$
KCNJ3	$K_{ir}3.1$	GIRK1, KGA	$K_{ir}3.2$、$K_{ir}3.4$、$K_{ir}3.5$、$K_{ir}3.1$
KCNJ6	$K_{ir}3.2$	GIRK2	$K_{ir}3.1$、$K_{ir}3.3$、$K_{ir}3.4$
KCNJ9	$K_{ir}3.3$	GIRK3	$K_{ir}3.1$、$K_{ir}3.2$
KCNJ5	$K_{ir}3.4$	GIRK4	$K_{ir}3.1$、$K_{ir}3.2$、$K_{ir}3.3$
KCNJ10	$K_{ir}4.1$	$K_{ir}1.2$	$K_{ir}4.2$、$K_{ir}5.1$、$K_{ir}2.1$
KCNJ15	$K_{ir}4.2$	$K_{ir}1.3$	
KCNJ16	$K_{ir}5.1$	BIR 9	
KCNJ8	$K_{ir}6.1$	KATP	SUR2B
KCNJ11	$K_{ir}6.2$	KATP	SUR1、SUR2A、SUR2B
KCNJ13	$K_{ir}7.1$	$K_{ir}1.4$	

K_{ir} 通道是 4 个亚单元组成的四聚体（包括同源四聚体和异源四聚体），每个亚单元有两个跨膜区（TM1 和 TM2），与一个细胞外孔区（H5）、胞质氨基（NH2）和羧基（COOH）末端相连。K_{ir} 通道孔区作为 K^+ 选择性滤器，与其他钾离子通道有共同的 K^+ 选择序列为 T-X-G-Y(F)-G。K_{ir} 通道没有 S4 片段电压传感器区域，因此 K_{ir} 通道对膜电压不敏感，在任何膜电位水平下都有可能被其他因素激活。$K_{ir}1.x$、$K_{ir}2.x$ 和 $K_{ir}6.x$ 通道是同源四聚体，$K_{ir}3.x$ 通道是异源的（大脑中 $K_{ir}3.1 + K_{ir}3.2$、心脏 $K_{ir}3.1 + K_{ir}3.4$）。$K_{ir}6.x$ 通道比较特殊，与调节亚单元磺脲受体（SUR）组成八聚体（图 8-2）。

内向整流特性是指通道在向内（进入细胞）方向更容易允许正电荷通过。认为这个电流形成静息膜电位，在调节神经活动中发挥重要作用。电压钳记录的向内电流方向向下，而外向电流（正电荷移动的细胞）方向向上。膜电位低于反转电位，内向整流钾离子通道允许带正电的 K^+ 进入细胞，把膜电位恢复至静息电位水平。图 8-3 中可以看到，当膜电位钳制在较静息电位更负的水平（如-60 mV），产生内向电流（即正电荷流入细胞），当膜电位钳制较高的水平（+60 mV），这些通道允许流出细胞的电荷非常少。简而言之，这个通道在向

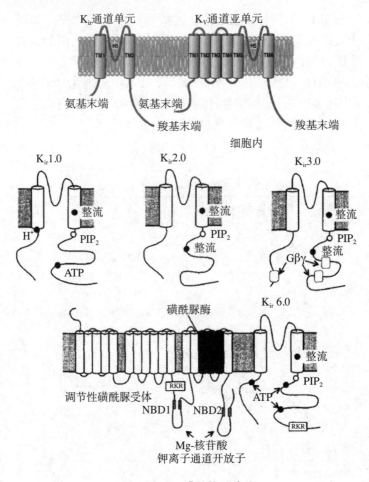

图 8-2　K_{ir} 膜结构示意图

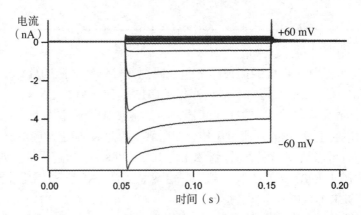

图 8-3　HEK293 细胞的 $K_{ir}2$ 内向整流钾电流

内方向更容易产生电流。但是这些通道并不是完美的整流器，钳制电压高于静息电位 30 mV 范围内还是可以产生外向电流的。

内向整流钾离子通道与串联孔钾离子通道主要负责漏钾电流不同，一些被称为"弱的内向整流钾离子通道"在比 K^+ 反转电位高的情况下，可以记录到外向钾电流，但远远小于相对应的内向电流（图 8-3 中，0 nA 线上的外向电流远远小于线下的内向电流）。这类内向整流钾离子通道与漏钾离子通道共同形成细胞的静息膜电位。其他被称为"强的内向整流钾离子通道"几乎不产生外向电流，在负电位水平比较活跃。

K_{ir} 通道的内向整流现象是被内源性多聚胺类即精胺以及 Mg^{2+} 高亲和性阻断的结果，正电位时这些分子插入通道孔，使外向电流减少，精胺的这种电压依赖性阻断作用可以诱导产生内向电流，内向整流的具体机制仍存在争议。

K_{ir} 通道存在于多种细胞，包括巨噬细胞、心肌细胞、肾细胞、白细胞、神经元和内皮细胞。通过在负膜电位水平调节小的去极化钾电流，参与形成静息膜电位，在不同细胞类型中具有不同的生理功能：心肌细胞 K_{ir} 通道接近去极化，减慢膜复极化过程，保持较长时程的心脏动作电位。这种类型的 K_{ir} 通道有别于参与神经和肌细胞动作电位后复极化的延迟整流钾离子通道和形成静息电位基础的漏钾离子通道。上皮细胞 K_{ir} 通道参与氧化亚氮合成酶的调节作用。肾 K_{ir} 通道保证 K^+ 进入肾集合小管或者参与机体 K^+ 重吸收。神经元和心脏细胞 G 蛋白激活的 K_{ir}（$K_{ir}3$）通道是重要的调节子，受神经递质调节。GIRK2 通道突变导致 weaver 小鼠突变。"weaver"突变小鼠表现为运动失调，多巴胺能神经元退行性改变。胰岛 β 细胞的 ATP 敏感钾离子通道（由 $K_{ir}6.2$ 和 SUR1 亚单元组成）控制胰岛素分泌，这将在本书的第十七章中进一步详细介绍和讨论。

第三节　双孔钾离子通道

有关表达在神经组织的离子通道的许多研究，以往主要集中在电压门控或配体门控离子通道上。近年来，讨论另外一种相当新的类型离子通道，对这些通道的构造活性的了解比对它们的门控特性的了解还要多。在 1995 年以前，分离出具有一个孔区的钾离子通道亚单元，这些亚单元编码电压门控通道或内向整流器通道。然而，就在那一年，鉴定出一种酵母 K^+ 通道亚单元，后者在它的氨基酸主序列上含有两个串联着的孔区。当形成表达的功能通道时，膜电位又为钾离子通道的平衡电位时则激活，并且在去极化时有大量的外向电流通过这些通道。因此把这种通道称为 TOK1（两个 P 区的外向整流器钾离子通道）。在酵母内，只有 TOK1 K^+ 通道，在较低等的有机体，没有鉴定到串联孔区亚单元。现在我们知道，在较高等的基因组串联孔区亚单元是丰富的。在 C. elegans 的 100 Mb 基因组的 90 个钾离子通道中有超过 40 个钾离子通道含有串联孔区。

与其他钾离子通道只有一个孔结构不同，双孔钾离子通道有四个跨膜片段（4TMS）和两个孔（2P），因此被称为双孔钾离子通道（K_{2P}），见图 8-4。在啮齿动物和人类克隆出 8 个不同 K_{2P}，分为四大类：TWIK-1 和 TWIK-2（2 个孔串联，有弱的内向整流特性）；TREK-1（TWIK 相关钾离子通道）和 TRAAK；TASK-1 和 TASK-2（酸敏感钾离子通道）；KCNK6 和 KCNK7（沉默亚单元，需要有其他通道共激活）。

目前已经克隆出 15 种人类双孔钾离子通道基因（表 8-3），K_{2P} 主要结构特点是有 4 个跨膜片段（M1~M4）和 2 个孔区（P1，P2），短的 N 末端和长的 C 末端位于胞质内，以及 M1 和 P1 之间的环位于胞外。这些亚单元与 6TMS/1P 和 2TMS/1P 钾离子通道序列同源性较低，通常不超过 45%，TWIK-1 和 TWIK-2 之间为 58%，TREK-1 和 TRAAK 之间为 54%。

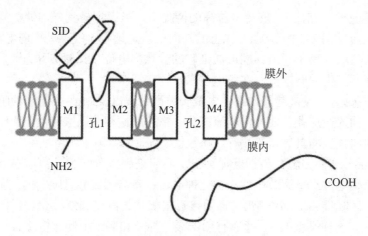

图 8-4　双孔钾离子通道结构示意图

这个保守序列与一些功能特性相关，然而 TASK-1 和 TASK-2 功能相似，但是同源序列 <33%，说明不能通过序列比较来预测 K_{2P} 通道功能。

表 8-3　人类双孔钾离子通道

基因	通道	家族	别名
KCNK1	K2p1.1	TWIK	TWIK-1
KCNK2	K2p2.1	TREK	TREK-1
KCNK3	K2p3.1	TASK	TASK-1
KCNK4	K2p4.1	TREK	TRAAK
KCNK5	K2p5.1	TASK	TASK-2
KCNK6	K2p6.1	TWIK	TWIK-2
KCNK7	K2p7.1	TWIK	
KCNK9	K2p9.1	TASK	TASK-3
KCNK10	K2p10.1	TREK	TREK-2
KCNK12	K2p12.1	THIK	THIK-2
KCNK13	K2p13.1	THIK	THIK-1
KCNK15	K2p15.1	TASK	TASK-5
KCNK16	K2p16.1	TALK	TALK-1
KCNK17	K2p17.1	TALK	TALK-2, TASK-4
KCNK18	K2p18.1		TRIK, TRESK

一、弱的内向整流 TWIK-1 和 TWIK-2 通道

外源表达系统中表达的 TWIK-1 和 TWIK-2 产生小的瞬时 K^+ 电流，不失活，高去极化时外向电流达到饱和，提示通道具有弱内向整流特性。TWIK-1 电导为 34 pS（140 mmol KCl），在所有电压下均表现出非时间依赖性，参与保持静息电位，接近 K^+ 平衡电势（E_K）。

Ba^{2+}、奎宁、奎尼丁能够阻断 TWIK-1，但不能够阻断 TWIK-2。两个通道对经典的钾

离子通道阻断剂四乙胺（TEA）、4-氨基吡啶（4-AP）和 Cs^+ 不敏感。两种通道的调控特性相似，蛋白激酶 C（PKC）活化使 TWIK 电流增加，而内环境酸化时抑制 TWIK 电流。对于 TWIK-1，这些影响是间接的。TWIK-1 和 TWIK-2 对细胞外 pH 改变和蛋白激酶 A（PKA）不敏感。

TWIK 通道广泛分布在成年小鼠和人类的多种组织中，参与多种细胞类型背景钾电导的控制。胰腺腺泡细胞记录到类似的电流主要是维持静息电位，TWIK-1 和 TWIK-2 一样，这些电流可被细胞内酸抑制，对 TEA 和 4-AP 不敏感。然而对 Ba^{2+} 不敏感，这表明这类通道更可能是 TWIK-2。肝细胞也发现了弱的内向整流通道，胞内酸化能引起去极化而且奎宁可阻断的钾离子通道。TWIK-1 和 TWIK-2 在大脑中高表达，原位杂交表明这些通道仅分布于少数脑区，海马、小脑颗粒细胞和浦肯野细胞信号最强，认为 TWIK-1 维持神经细胞静息电位中起主要作用。

二、酸敏感 TASK-1 和 TASK-2 通道

TASK-1 是第一个从哺乳动物克隆出来的具有背景电流或基线电导特征的通道，是时间和电压非依赖性电流。随电压变化瞬时发生，不具有激活、失活或去失活动力学特征，生理状态的不对称 K^+ 条件下，TASK-1 电流显示外向整流特性，在对称 K^+ 条件下记录不到该电流。整流特性可用 Goldman-Hodgkin-Katz 方程估计，计算电流-电压曲线斜率。TASK-2 不具有整流特性，对电压不敏感。TASK-1 和 TASK-2 电导分别是 14 pS 和 60 pS。

TASK-1 和 TASK-2 对 Ba^{2+}、Cs^+、TEA 和 4-AP 不敏感，TASK-2（TASK1 在某种程度上）可被奎宁和奎尼丁阻断，Zn^{2+} 是 TASK-1 和 TASK-2 较强的阻断剂，局麻药利多卡因和丁哌卡因可抑制 TASK 通道，挥发性麻醉剂氟烷和异氟烷能够使 TASK-1 开放。

TASK 通道对外部 pH 变化极为敏感，pH 7.7 时记录到最大 TASK-1 电流的 90%，pH 6.7 则只有 10%，膜电位为 0 mV 时，抑制 50% 电流的 pH 是 7.3。TASK-2 对 pH 的敏感性没有 TASK-1 明显，pH 8.8 时记录到最大 TASK-2 电流的 90%，pH 6.5 时为 10%，膜电位为 0 mV 时，抑制 50% 电流的 pH 是 8.3。pH 对通道的影响是由于激活通道数量的变化而不影响通道的单通道电导。TASK 通道对 PKC 激活剂不敏感，PKA 活化剂对 TASK-1 有抑制作用。

TASK-1 和 TASK-2 存在于多种组织，如胰腺、胎盘、肾、肺、肝、卵巢癌、前列腺癌、小肠，参与形成静息膜电位和（或）与再循环和分泌相关的 K^+ 跨膜转运。TASK-1 和 TASK-2 都存在于非兴奋组织，但只有 TASK-1 存在于大脑和心脏。

TASK-1 和 TASK-2 是非时间依赖性和非电压依赖性的，类似瞬时电流且不失活，不受电压门调控，生理 K^+ 条件下显示外向整流特性。多数 TASK 电流对 TEA 和 4-AP 不敏感，对 Ba^{2+} 反应不尽相同。TASK-1 兴奋性细胞背景电流的主要成分，除了维持静息电位外，还调节这些细胞电活动。TASK-1 受细胞外质子调制，这可能对它的生理功能有重要意义。

三、不饱和脂肪酸和机械牵张激活的 TREK-1 和 TRAAK 通道

TREK-1 和 TRAAK 具有特殊的功能特性，是不饱和脂肪酸和机械敏感性钾离子通道。与 TASK-1 通道一样，这些通道产生瞬时电流，在生理 K^+ 梯度下具有外向整流特性，高 K^+ 时 TRAAK 电流是线性的，但 TRAAK 在强超极化时仍是外向整流电流。TREK-1 和 TRAAK 单通道电导分别是 100 pS 和 45 pS（150 mmol KCl）。

与 TASK 相比，TREK-1 和 TRAAK 电流有较低基础活动。可以被花生四烯酸激活，激活过程可逆且具有浓度依赖性。细胞膜机械牵拉也能激活这些通道，激活作用可被 5- 羟色胺阻断。剪切应力、细胞肿胀、负压均可激活这两个通道。TREK-1 和 TRAAK 半数激活压力分别是 236 mmHg 和 246 mmHg。生物或机械性（如秋水仙碱、细胞松弛素、膜切除）因素导致的细胞骨架破坏可使通道开放增加，这表明通道的机械门控不需要细胞骨架完整，激活力是直接来自双分子层细胞膜。此外，能插入细胞膜药物和细胞形状变化都可能激活这些通道。

作为机械敏感性离子通道，TREK-1 和 TRAAK 被微摩尔浓度的 Gd^{3+} 可逆性阻断，对 TEA 和 4-AP 不敏感，高浓度 Ba^{2+} 可以部分阻断通道电流，奎尼丁可阻断 TREK-1。用于治疗肌萎缩性脊髓侧索硬化症神经保护剂利鲁唑（riluzole）可激活这两个通道。

小鼠的 TRAAK 只在神经元表达，TREK-1 存在多种组织。人类 TREK-1 通道主要分布在大脑、卵巢和小肠，TRAAK 在大脑和胎盘高表达，在海马、皮质、小脑、脑干核团、嗅球都有 TREK-1 和 TRAAK 表达。然而用特异抗体进行免疫定位发现，这两种通道分布不同，TRAAK 主要表达在胞体，轴突和树突表达较少，而 TREK-1 主要集中在树突表达。

四、沉默亚单元 KCNK6 和 KCNK7

KCNK6 亚单元有经典的 4 个跨膜片段、双孔（4TMS/2P）拓扑结构和 Ca^{2+} 结合位点。虽然 KCNK6 能够像其他 K_{2P} 亚单元一样形成二聚体结构，但是它在内质网里无法在细胞表面形成离子通道活动，KCNK6 不是真正意义上的通道，而是需要结合未知配基才能到达细胞膜的亚单元结构。KCNK6 主要表达眼、肺、胃，眼中表达水平最高。原位杂交和免疫组织化学显示，KCNK6 只在神经节细胞和某些内核层神经元表达。哺乳动物出生后第 2 天观察到视网膜自发 Ca^{2+} 波形，是动作电位发放引起的 Ca^{2+} 内流所致，认为 KCNK6 在调节视网膜电活动中起作用。

人类 KCNK7 亚单元与 KCNK6 密切相关，94% 序列同源，KCNK7 组织分布比 KCNK6 更广泛，在外周血白细胞表达水平最高。此外，KCNK7 在其第 2 孔区存在一个特殊序列的：钾离子通道功能标志性序列是孔区 GYG 序列，在 K_{2P} 通道的 TASK-1、TASK-2、TREK-1、TRAAK 由 GFG 序列取代了 GYG，TWIK-1 和 TWIK-2 由 GLG 序列取代了 GYG，发现 KCNK7 由谷氨酸的残基 (GLE) 取代了保守的甘氨酸残基 (GLG)。这种特殊的序列可能与离子选择性变化有关。

第四节　电压门控钠离子通道

很长时间就已知道钠离子通道为轴突和胞体的动作电位打下了基础，近来的研究表明，钠离子通道还积极参与锥体神经元树突内信息的传播。TTX- 敏感的钠离子通道也为幅度小而不失活的内向电流奠定了基础。这些持续的 Na^+ 电流放大突触电位和其他阈值下去极化电位，并且还可作为动作电位发放的起搏电流，而且也可能在疾病突然发作和缺血时是 Na^+ 流入神经元的决定因素。在大脑、心脏和骨骼肌内已鉴定出了不同类型的钠离子通道。应用定向位点抗体免疫组化技术研究了大鼠大脑中钠离子通道的不同分布，在新皮质和前脑，一半以上的钠离子通道是 Ⅱ 型钠离子通道，Ⅰ 型钠离子通道则占据了剩余脑的大部分。虽然在胞体和树突，Ⅱ型钠离子通道都是相当丰富的，但这些通道主要是在胞体和树突（Ⅰ型）或轴突（Ⅱ型）内。在发育的早期只显著地表达Ⅲ型钠离子通道。迄今在Ⅰ型和Ⅱ型通道之间，尚未发现在生理或药物敏感性方面有重要的差别。然而，克隆出的Ⅲ型钠离子通道比Ⅰ型或Ⅱ型通道，有较慢的激活速率和特别慢的失活速率。现在，新型的钠离子通道已克隆出来了，并且表达在整个大脑的神经元和神经胶质细胞。

在生理的膜电压范围内，不管细胞膜是去极化或不去极化，TTX 阻断通道相同的百分比，所以 TTX 的作用是不依赖于电压的。这与电压依赖的通道阻断剂［例如，苯妥英（phenytoin）、卡马西平（carbamazepine）和一组在一些功能方面与利多卡因相似的药物］不同。持续去极化可增加对通道的阻断，例如，在 -85 mV 时，苯妥英的 $IC_{50} = 120$ μmol，而在 -60 mV 时，$IC_{50} = 10$ μmol，因此是电压依赖性的。此外，在用这些试剂之前，给予短暂的电压脉冲打开钠离子通道，则可增加这些试剂的阻断效应，这是所谓的应用-依赖的阻断作用。电压依赖的通道阻断剂改变钠离子通道的功能，并且与探测剂（例如，batrachotoxin 和 veratridine）的生理作用（或结合）竞争，考虑这些探测剂是改变了 Na^+ 通道分子的构象。在体外应用电生理或毒素探测剂进行测定，一些化合物显出与钠离子通道有相互作用。有关钠离子通道的生物物理学的研究证明对帮助了解电压依赖通道阻断剂的作用是有用的。有人做了定量分析表明，钠离子通道的生理失活作用很像配体（失活门）结合到受体，结合的亲和力是通道分子构象的函数。关闭失活门的速率，过渡到通道开放通路的 4 个顺序状态中的每一个状态增加 27 倍。因此，开放的通道与完全静止状态相比，失活速率增快数千倍。无论如何，甚至没有通道开放时，从大约 -140 mV 起去极化，失活是以非常有限的速率进行。除非苯妥英具有比失活门慢得多的结合动力学，同样的动力学模型也可以描述苯妥英结合和阻断通道的电压依赖性。因此，有苯妥英比没有苯妥英的情况下，钠离子通道失活到较大的程度和去极化程度较小。在这个模型中，药物似乎只增加失活，因为失活和药物诱发的阻断两者都防止通道开放，并且两者都具有相似的电压依赖性。第二个分析表明，苯妥英的阻断是浓度依赖性的，但关闭的速率则不依赖于浓度。相当慢的关闭速率说明这是反复去极化的积累效应（应用依赖性的阻断）。结合这两种速率和一些其他独立分析，定义去极化细胞的阻断亲和力（K_i）大约在 6 μmol。苯妥英的治疗相关的浓度（8 μmol）阻断一半的钠离子通道，但这只是细胞维持在去极化状态至少 5 s 的条件下。这可以解释为什么苯妥英的治疗剂量不改变 EEG 的"间歇爆发的尖峰电位"（interictal spikes）、正常的动作电位或兴奋性突触电位，每种去极化事件均持续少于 200 ms。然而，持续去极化大大地增加了苯妥英和相似药物的阻断作用。因为在影响药物诱发阻断动力学的电压范围内，苯妥英结合，发生在相应于快速失活状态，而不是缓慢的失活过程。

因为电压门控钠离子通道（voltage-gated sodium channel，VGSC——Na_V 通道）在中枢和外周神经系统中，对神经元的兴奋性起重要的作用，在许多类型的慢性疼痛症状中，从生理学和药理学两方面都证实这些通道起关键的作用。这些通道的功能改变似乎是直接与神经元的兴奋性亢进有联系。许多类型的疼痛似乎是反映神经元的兴奋性亢进，在治疗许多类型的慢性疼痛中，应用 VGSC 的阻断剂是有效的。有关疼痛与离子通道的关系，在本书的第十三章将进一步详细介绍，在这里先主要介绍 VGSC 的结构、分类和功能特性等。

在绝大多数可兴奋性细胞中，Na_V 通道介导动作电位的产生和扩布。在可兴奋细胞和非可兴奋细胞中，Na_V 通道所起的其他作用，重点是 Na^+ 内流介导对刺激起反应，而不是细胞膜的强而短暂的去极化。环绕细胞的类脂膜是不能透过带电荷的离子，这些离子在膜的两侧分布是不相等的，这种带电粒子分布的不相等，产生膜电位的去极化（膜的内面更负）。离子通道是跨膜的蛋白质，并形成通道，离子能通过通道和产生离子电流。绝大多数的离子通道是以开放和关闭的构象而存在的。两个主要构象之间的转变是高度受到控制的。通过转变为能传导离子的构象，使电压敏感的通道对膜电位变化起反应。电压依赖性 Na^+ 通道（Na_V 通道）是以瞬态的 Na^+ 内流，对膜去极化而起反应的分子装置，产生动作电位（AP），AP 是主要的神经元和肌肉的电信号。因此，VGSC 的表达和（或）功能的变化，对感觉传入神经元以及中枢神经系统神经元的动作电位的发放模式有深刻的影响。

一、Na_V 通道的结构、命名和分布

Na_V 通道属于电压依赖性离子通道蛋白中较大的上游家族，这一家族也还包括 K_V 通道和 Ca_V 通道。每个 VGSC 包括 1 个大的 α 亚单元（~260 kD）和一个或多个 β 亚单元（33~36 kD）（图 8-5）。α 亚单元是电压敏感的，由 4 个同系的区域聚合形成，每个区域又包含 6 个跨膜片段（S1~S6）和 1 个在 V 和 VI 区域之间形成孔的环。除了离子孔外，α 亚单元还包含电压传感器（在 IV 区域）、1 个离子选择性滤器和 1 个负责快速失活的片段（在 III 区域 S6 和 IV 区域 S1 之间的第 3 内环中的 3 肽片段，IFM）。因此，单个 α 亚单元就可以构成一个功能的 VGSC。α 亚单元也包含介导门控药理调制或透过过程的主要位点，比如在区域 I 的结合 TTX 的位点。α 亚单元也包含了许多磷酸化作用的位点，这些位点使通道门控特性能快速地得到调制（图 8-5、表 8-4）。

对于高等的生命有机体，Na_V 通道基因是以 4 个相似的区域编码蛋白质，每个区域相应于 K_V 通道四聚体中的一单个亚单元。在哺乳动物已经鉴定出 9 个相关的编码 Na_V 通道的基因，所有这些离子通道组成相关蛋白质家族。在这些 Na_V 通道中，有 70% 或更多的氨基酸序列是相同的。表达在细胞上克隆出的单独 α 亚单元对药物和毒素（如 TTX、STX 和利多卡因等）起反应。所以认为单个 α 亚单元为一个具有 4 个同源区域（I~IV）的独立电压依赖性通道，而每个区域又由 6 个跨膜片段（S1~S6）所组成。每个跨膜片段是一个由大约 22 个氨基酸组成的 α 螺旋结构。高度带电荷的片段（S4）把跨膜电压转导为构象的改变。在所有 4 个区域中 S5 和 S6 片段之间的区域形成通道的细胞外入口，并且 S6 与引导离子通过的孔相连。由 Na^+ 通道原初氨基酸序列特殊区域形成的突变或嵌合体，能改变通道的特性（例如，Ca^{2+} 和

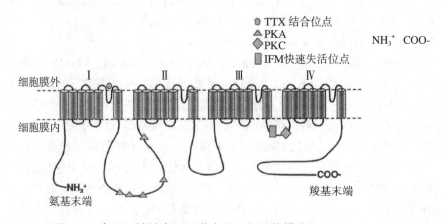

图 8-5　电压门控钠离子通道家族二级结构模式图

Na⁺ 的选择性)。虽然它的三维结构还不清楚，然而绝大多数的研究者认为，这4个Na⁺通道区域，每一个都与电压敏感的钾离子通道模型相似。晚近已用分子生物学的方法分析Na⁺通道的不同区域。用定位抗体和定位突变已经确定了形成失活环的氨基酸残基，这种失活环在通道开放后几毫秒内关闭。这个失活环在离子传导的通路细胞膜内侧的入口处是由45个氨基酸组成。它对于产生失活作用是关键的，特别是其中的3个氨基酸（位置在1 488~1 490的 Ile-Phe-Met）。失活作用也取决于Ⅳ区域跨膜片段S6的残基1764或1771，当通道关闭时，失活环这里就结合起来。TTX结合到通道细胞外入口的残基，可以用诱变定位标记技术加以识别。与此相反，原初设想苯妥英和利多卡因的结合位点在细胞膜的内侧，这一点用分子生物学的技术进行研究，在心脏细胞内已得到了证实。在残基1764或1771处单个氨基酸的改变不能改变通道门，但能减低局部麻醉的作用。单个突变（1769）可以颇为明显地增强局部麻醉剂的阻断作用。取代残基1761可以改变麻醉剂的阻断作用，并且实质上也改变了对透过通道分子的选择性。因此，局部麻醉剂阻断的分子位点是在离子传导通路内，靠近失活环和选择性过滤器。苯妥英和利多卡因的阻断也发生在这一区域。许多研究提示局部麻醉剂和抗惊厥剂作用在VGSC的紧密相关的位点。局部麻醉剂结合的位点是同源定位在电压门控钙离子通道上维拉帕米（verapamil）结合位点。这意味着在L-型钙离子通道上维拉帕米的电压依赖阻断作用与钠离子通道上的电压依赖阻断作用之间的相似性。实际上，维拉帕米 除了在L-型钙离子通道上的作用外，也是有效的钠离子通道的开放通道的阻断剂。

表8-4　电压门控钠离子通道家族的分类、组织分布和功能特性

亚型	TTX 敏感性 大鼠体内（nmol）	激活阈值	失活速率	组织定位
Na$_V$1.1	Brain Ⅰ	—	低	快	中枢神经系统、背根神经节和运动神经元
Na$_V$1.2	Brain Ⅱ A	18	低	快	中枢神经系统
Na$_V$1.3	Brain Ⅲ	15	低	快	胚胎神经系统、成人中枢神经系统
Na$_V$1.4	SkM1	5	低	快	骨骼肌
Na$_V$1.5	H1	1 800	低	中等	心肌、胚胎背根神经节
Na$_V$1.6	SCP6，PN4	1	低	快	中枢神经系统、背根神经节和运动神经元
Na$_V$1.7	PN1	2	低	快	大部分背根神经节、中枢神经系统
Na$_V$1.8	PN3，SNS	>100 000	高	慢	背根神经节（80% 小直径，20% 大直径）
Na$_V$1.9	PN5，NaN	39 000	低	中等	背根神经节（小直接）中枢神经系统

β亚单元也有许多功能，包括使通道找到和瞄准在原生质膜上的特殊位点和调制α亚单元的门控特性。然而总的说来，哺乳动物细胞中的β亚单元功能还是模糊不清的，因为孤立的α亚单元也还保留有基本的Na⁺通道的生理学和药理学的特性。已经鉴定出了基因编码的10个α亚单元和3个β亚单元。决定许多细胞类型的功能特化和异种遗传方面，这些通道亚型的细胞和组织的特异表达可能是关键的，这些细胞中也包括把感觉或疼痛信号，扩

布到脑或脊髓的外周神经系统的感觉神经元。

Na_V 通道最初以一定的组织或区域特异性的异构体，表达在可兴奋的组织（神经和肌肉）。这一点通过从人类胚胎干细胞衍生的心肌细胞检测到心脏 $Na_V1.5$ 通道异构体得到了阐明。然而，新近的发现表明，神经元的 $Na_V1.1$ 和 $Na_V1.3$ 通道控制小鼠心脏的起搏，而心脏异构体 $Na_V1.5$ 通道是表达在大鼠大脑的边缘系统区域。也有一些报道指出，Na_V 通道表达在非可兴奋细胞。这表明 Na_V 通道的组织特异性。9种 Na_V 通道基因是聚集在不同的染色体上。

二、Na_V 通道的药理学

Na_V 通道涉及一些不同的疾病和疼痛的介导作用，实际上这些蛋白质也是许多药物（包括抗癫痫剂和麻醉剂）的靶分子。此外，许多带有毒液的有机体，也以它们的猎物或攻击对象的 Na_V 通道为靶点。一般根据受体在通道上的位点，分类 Na_V 通道的药理孔，其中有一些分子阻断通道，而另一些则通过增加通道的激活或减慢它们的失活来增加通道的活性。TTX、STX 和 m-conotoxin 从细胞外阻断通道的孔来调制 Na_V 通道。TTX 和 STX 对不同的 Na_V 通道的异构体之间是非选择性的，而 μ-conotoxin 更具有特异性，并且可分化 Na_V 通道不同异构体的电流成分。在实验室应用的浓度范围内，这些试剂是广泛地用来阻断可兴奋组织内的电流传导。局部麻醉剂和与其相关的化合物如 QX-222 和 QX-314，通过与细胞内靠近孔的位点相结来合阻断 Na_V 通道。当在细胞内加这些试剂时，它们能阻断所有的 Na_V 通道的异构体。然而，一旦从细胞外加这些试剂，则分别地阻断不同的 Na_V 通道，这可能与这些试剂通过开放的通道渗入细胞的能力有关。由于这些化合物只有在通道一旦开放时才能发挥阻断效应，故称它们为开放通道阻断剂或活性依赖的阻断剂。从不同动物提取的许多毒素含有一些是 Na_V 通道激活剂的多肽。迄今，蝎目类（scorpion）动物的毒液是阻断剂最大的源泉。α 和 β 蝎毒两者都结合到 Na_V 通道的 IV 和 II 区域的细胞外部分，以分别减慢失活作用和增加激活动力学。海洋白头翁的 Na_V 通道毒素（例如，anthopleurin-C、APE 1-2 或 ATX II）结合到 α 蝎毒素结合的位点，并且可对失活作用起相似的效应。在黄蜂的毒液中找到两种小分子的多肽毒素，α- 和 β-pompilidotoxin，并且通过减慢失活过程增进 Na_V 通道电流。也用这些毒素来模拟或特异性上调 Na_V 通道活性（如持续的或再冲击电流）的阈值。因此，可用 Na_V 通道电流毒素的激活剂，作为在静息状态下或在非可兴奋细胞中诱导 Na_V 通道电流的有力工具。

三、TTX 敏感的和 TTX 不敏感的 Na_V 通道

在感觉神经元内的 VGSC 的电生理特性各有不同。结合对神经毒素 TTX 的敏感度表明，在感觉神经元有两种不同的 Na_V 通道：① 一种能被 TTX 阻断的（TTX- 敏感的——TTX-S）；② 另一种是对 TTX 不敏感的（抗 TTX——TTX-R）。TTX-S 的电流能被纳摩尔范围内低浓度的 TTX 阻断。这些 VGSC 倾向于具有低的激活阈值（在 −55～−40 mV 之间），是快速激活和快速失活的。大约有 50% 的这种通道是在接近静息膜电位水平（～−60 mV）激活。在感觉神经元的绝大多数 TTX-S 电流，以相当慢的时间过程从失活状态恢复。然而，在神经损伤后则失活恢复的速率增加，这与在感觉神经元中 TTX-S 的 VGSC 表达模式的变化相一致。基于可以区别的生物物理特性，可以把 TTX-R 的 VGSC 进一步再分为几种不同的离子电流：① TTX-R 中之一种电流具有与 TTX-S 电流相似的生物物理特性，具有低的激活阈值以及相当快的激活和失活速率。这种低阈值的 TTX-R 电流被称作为 TTX-R3 电流或快速 TTX-R 电流。在感觉神经元中，还有另外一种激活阈值非常低的 TTX-R 电流，新近进

一步的分析这种低阈值 TTX-R 表明，这种电流是由 $Na_V1.5$ 通道介导的；② 第二种 TTX-R 电流是对 TTX 浓度 >10 μmol 不敏感。这种电流的激活和静态失活两者都具有高阈值（~−30 mV），激活和失活都相当慢，但从失活或准备激活的恢复则相当快。此外，研究资料表明，在痛觉传入纤维，也观察到这种高激活阈值的电流。因为这种电流在持续膜电位去极化时仍然大量存在，并且从膜超极化的失活快速恢复，这些特性表明，当通道的其他亚型由于去极化电位而失活时这种电流仍能维持低活动水平。这种高阈值的 TTX-R 电流称之为 TTX-R1。有证据表明 $Na_V1.8$ 通道奠定了这种高阈值 TTX-R 电流的基础。关键的是将 $Na_V1.8$ 通道的 cDNA 注入从敲除了 $Na_V1.8$ 通道的小鼠体内分离出的感觉神经元细胞核中，所引起的 TTX-R 电流的表达是与 TTX-R1 相同的；③ 第三种 TTX-R 电流在 TTX 浓度 >10 μmol 也对 TTX 不敏感。与其余的 VGSC 家族相比，这种电流具有唯一的生物物理特性，就是它有非常低的激活阈值（在 −90 和 −70 mV 之间）以及激活曲线的中点在 ~−44 mV，这两点特性使电流激活是在很大的电压范围内，并且能够深刻地影响神经元的兴奋性。这个电流称作持续 Na^+ 电流。由于这种电流的激活速率非常慢，它不可能对动作电位有贡献，但可能决定膜的静息电位和与阈下刺激有关的膜去极化。$Na_V1.9$ 通道似乎是奠定这个电流的基础，因为：① 表达这种持续电流的神经元的特性和表达 $Na_V1.9$ 通道的神经元特性之间，有良好的相关；② 从敲除了 $Na_V1.8$ 通道的小鼠的背根神经节的神经元是可以检测的这种电流的；③ $Na_V1.9$ 通道的氨基酸序列预示这个通道对 TTX 是不敏感的。总之，明显的结构、功能和药理的特性，可把染色体编码的其中三种 Na_V 通道与其余的钠离子通道分开，这主要由于对河豚毒素（TTX）的敏感性不同，除 $Na_V1.5$、$Na_V1.8$ 和 $Na_V1.9$ 三种异构体不敏感外，其他都对 TTX 敏感。

还没有找到选择性的通道阻断剂，能抑制特异的某种 VGSC 亚型的功能特性，经典的通道阻断剂，比如局部麻醉剂、抗癫痫药剂和膜稳定剂，在通道的亚型之间几乎表现不出特异性。虽然药理学的工具仍不能使特异的 VGSC 功能特征化。一些新的方法与现有的药理学工具相结合已经得到了重要的结果。首先，TTX-S 通道介导动作电位沿着有髓和无髓轴突传导。这是基于观察到把 TTX 加到离细胞体较远的轴突上能完全阻断电位的传导。因此，虽然有证据表明在轴突中存在有功能的 TTX-R 通道，但在绝大多数（>92%）的无髓鞘轴突和所有的有髓鞘轴突中，TTX-R 通道的密度是不足以介导电位传导的。痛觉刺激引发的快信号需要动作电位传导，这种观察到的结果表明，阻断 TTX-S 通道的效应是控制疼痛的基础。第二，TTX-R 通道 $Na_V1.8$ 通道对在体内的高阈值感觉神经元胞体动作电位有贡献。在有持续的膜去极化时，引起 TTX-S 通道失活，$Na_V1.8$ 通道则足以使绝大多数的高阈值传入神经产生动作电位。然而，较常见的是 $Na_V1.8$ 通道似乎与 TTX-S 电流结合在一起发挥作用以产生动作电位。在这种情况下，较高的激活阈值以及较慢的激活和失活速率使 $Na_V1.8$ 通道能够成为动作电位波形成的唯一冲击。在动作电位的较后阶段 TTX-R 只对离子流动做贡献，这在动作电位的下降相是最重要的。在这一阶段这些通道似乎是延长膜的复极化，实质上使 Ca^{2+} 内流。Ca^{2+} 内流又能调节细胞突起的数目，并且这对损伤起反应时，启动痛觉传入纤维中转录变化是重要的。有证据表明，$Na_V1.8$ 通道存在于痛觉传入纤维的外周末梢。有研究人员观察到，TTX-R 通道在多种模式的痛觉感受传入纤维中介导动作电位的启动，并且这些启动位点（不是所有的）是非常接近传入纤维的末梢。最后，有证据表明，TTX-R 电流可能对从传入神经纤维中枢端末梢释放神经递质有贡献。这些证据是来自离体标本用以研究初级传入神经元和背角神经元之间的相互作用而得到的。在这种离体标本中似乎从初级传入纤维末梢释放出的 ATP 能返回作用在传入纤维末梢，以易化释放附加的谷氨酸。重要的是，附加的谷氨酸释放依赖于在传入纤维内的主动传导，后者由取决于在传入纤维末梢 TTX-R 通道的激活。

动作电位作为 Na_V 通道的启动因子：由于在原生质膜的内表面上正电荷的堆积，引起静息膜电位去极化。因此，Na^+ 内流引起膜去极化。这种正电荷离子内流引起膜电位进一步去极化，再激活邻近的离子通道。这种机制形成一个正反馈回路，这个回路是奠定心脏细胞膜兴奋性的基础，而形成绝大多数动作电位的上升相。动作电位是反复产生的电压依赖性的尖峰电位，借助离子电流沿着细胞膜传播，并且激活其他电压依赖性的离子通道（与 Na_V 通道共同在一起的 K_V 通道和 K_{Ca} 通道，使细胞膜复极化，结束信号）。在神经元沿动作电位着轴突快速地传播长距离，以传递细胞编码的信息。在神经元和肌肉细胞，编码人类 Na_V 通道的 9 个基因的绝大多数，都参与动作电位的产生。可兴奋细胞的 Na_V 通道异构体相结合决定动作电位发放频率的参数，而发放频率又是神经元编码的基础。实际上，不同的细胞类型表达 Na_V 通道不同异构体的相结合，在不同的病理生理条件下这种表达模式发生改变。例如，功能 Na_V 通道表达水平的变化，形成与慢性疼痛现象有关的背根神经节（dorsal root ganglion，DRG）神经元的传导特性改变的基础。最近，有证据表明，ubiquitin 系统参与调节心脏功能 $Na_V1.5$ 通道的表达，附加另外一个层次的效应以调节心脏的兴奋性。

在静息电位附近和非可兴奋性细胞离子经 Na_V 通道内流：通常离子通过 Na_V 通道内流是简短和瞬态的，一般在去极化后 1 ms 之内激活 Na_V 通道和在 10 ms 之内结束（如果此时刺激仍持续存在，则称这一过程为失活）。因此，动作电位是由 Na_V 通道的简短的活动引起，这是对动作电位产生的极端的去极化反应。然而，当膜电位是在静息水平或温和的去极化水平，一些机制和 Na_V 通道可能引起不同的活动。这相应于神经源性和在非兴奋组织生理和病理状态时 Na_V 通道显露的作用。在静息或温和去极化时，Na_V 通道对神经元的调制可以由电压依赖的通道的动力学特性（如失活、持续和再冲击）所引起。在动作电位通过的前后，上述这些现象控制 Na_V 通道的有效性，因此影响动作电位的显露概率。这些差异可能由固有的特性引起，也可能由于与其他因素相互作用的能力所引起。不同异构体的表达模式产生神经元具有不同动作电位爆发行为存在巨大的差异。实际上（例如，在病理条件下），Na_V 通道的长期持续变化是与神经元在这方面编码能力的改变相关。神经元的调制也可由电压敏感性以外的因素将通道激活而引起。在小鼠 DRG 神经元，$Na_V1.9$ 通道电流可由发炎剂（前列腺素 E2）以 G-蛋白依赖的方式而上调。另外一个重要的例子是神经生长因子（neurotrophic factor，NT）可激活 TTX-R 的 $Na_V1.9$ 通道。表现在海马神经元，则 BDNF（脑源性神经生长因子）通过 TrkB 受体和 $Na_V1.9$ 通道激活长持续的 Na^+ 电流，并且比在神经胚胎细胞的相似电流还长 4 倍。在蛙的交感神经元，NGF 可上调 TTX-S 的和 TTX-R 的 Na_V 通道电流。另外一方面，NGF 和 BDNF 降低 $Na_V1.3$ 通道的表达，并且伴随 DRG 的轴突变性。这些相互作用与 NT 和 Na_V 通道之间的特殊相互作用对疼痛感觉和病理生理学可能也有贡献。这些相互作用，通过调节外周神经系统的 Na_V 通道对介导不同的 NT 的痛觉缺失效应而奠定基础。所有这些阈下的通道活动是相互关联的，并且可解释这些对电压高度敏感的通道表达在非可兴奋细胞而不爆发动作电位。

在细胞体积调节和相关的运动性方面，离子通道的活性也是重要的因素。有相关的机制提示，转移的神经胶质细胞是按照这类方式获得迁移的能力，以扩散脑瘤。也有报道指出，在前列腺癌细胞株一些 Na_V 通道是上调的。有趣的是，这种 Na_V 通道电流的幅度是依赖存在于细胞培养基血清中的环境因素。在疾病入侵与 Na_V 通道电流水平或表达之间的正相关，提示 Na_V 通道所起的作用。最重要的是，一种高度特异的 Na_V 通道阻断剂（TTX），减低入侵细胞的效应。在 Jurkat T 细胞证明 Na_V 通道在调节细胞体积方面可能有作用，而对蛤蚌毒素（saxitoxin，STX）敏感的 Na_V 通道在与细胞皱缩有关的凋亡和死亡有作用。此外，在癌细胞株以 p53 依赖的方式，上调 Na_V 通道辅助亚单位 β3（SCNB3），提示 Na_V 通道在诱导癌细胞凋亡中的作用。这些观察着重凸显了以下的概念，即可能在极端的细胞条件下，电压激活的离子通道可以表达在非可兴奋的细胞内。

四、持续钠离子通道

除了上述的瞬态 Na_V 通道电流（I_{NaT}）外，在哺乳动物的许多类型的神经元中，还有所谓的持续钠电流（I_{NaP}），它与经典的瞬态钠电流（I_{NaT}）共同在一起表达。持续钠电流的基本特性包括在延长去极化期间，它是持续存在的、激活的阈值比瞬态钠电流（I_{NaT}）低，以及振幅低（正常只有总电导的 0.2%~2%）。在新皮质神经元、海马、基底神经节、杏仁核、丘脑、下丘脑、小脑以及外周神经节的神经元，都先后观察到这种 I_{NaP} 电流的存在。由于它的电压依赖特性，这种电流具有重要的整合功能，例如，① 兴奋性突触后电位的放大作用；② 产生起搏活动；③ 动作电位爆发模式的定型。由于 I_{NaP} 电流能够产生双稳态和平台电位，故它还可能涉及某些类型癫痫的病因。此外，由于 I_{NaP} 能保持长时期 Na^+ 内流，因而稳定地增加细胞内 Na^+ 的浓度，这有可能在神经变性机制中起作用。从大脑皮质投射到海马的主要区域，鼻内皮层（entorhinal cortex，EC）的 Ⅱ 层的星状细胞，I_{NaP} 参与 θ 节律范围的阈下膜电位振荡起关键作用。θ 节律对突触可塑性过程有贡献，因此，相信它在颞叶的学习和记忆功能中起主要作用。另外一方面，现在已知 EC 在颞叶癫痫的发生也起关键的作用，故现在有人假说 EC 有茁壮的 I_{NaP} 存在可能与癫痫发作有关。

五、Na_V 通道病

涉及在病理条件下的 Na_V 通道变化可能来自于通道活性的遗传学的变化或来自于通道功能表达水平方面的改变。Na_V 通道蛋白编码的基因突变，引起一些遗传性的神经元、心脏和肌肉疾病。此外，突变可以是新发生的（父母双亲都不带突变的基因），并且像突变的 $Na_V1.5$ 通道还与婴儿突然死亡综合征有关联。在突变的许多例子中，由于减低了通道的失活，通道的活性上调，因而引起基础的活性上升。在多发性硬化症（multiple sclerosis，MS）病例中已经得到证实，在病理状态下各种 Na_V 通道的表达模式和水平都可能发生改变，并且与该病的特异表型有关。此外，在小鼠 MS 模型身上观察到，应用与 Na^+-Ca^{2+} 交换分子复合定位的 Na_V 通道的抗体表明有增加轴突降解作用。在轴突损伤部位 Na_V 通道的表达也有变化，证明这些受损伤的神经纤维分支改变了爆发神经冲动的行为。这一机制也是异常痛疼痛现象的基础。

六、钠离子通道阻断剂

（一）临床应用

电压依赖性钠离子通道阻断剂，除了用于局部麻醉和抗心律失常外，某些药物（如卡马西平、利多卡因和苯妥英）也偶然用来治疗神经病理性疼痛，例如，三叉神经痛、糖尿病的神经病理性疼痛和其他类型的神经损伤。然而，最普通的是用来防止癫痫的发作。在动物癫痫模型中，苯妥英一类的抗惊厥药，可以防止由于用最大电休克而引起的啮齿类张力型伸肌抽搐的发作，减低发作的严重性，以及提升易发作模型的后发放的阈值。然而，对于抗 GABA 受体拮抗剂（如 pentylenetetrzole 和荷包牡丹碱），以及其他化学惊厥激动剂（例如，士的宁和兴奋性氨基酸）引起慢性发作，这些化合物一般是缺乏功能活性的。对没有癫痫发作的大鼠，这些药物也几乎没有功能活性。苯妥英一类的抗惊厥剂，可以防止由于去除细胞外液 Ca^{2+} 而引起的离体脑片的长持续期发作样事件。现在在设想这种作用是由于抑制了 VGSC 引起，然而，目前还不知道是否也抑制动作电位或某些其他事件。在培养的海马单细胞中，苯妥英有抗惊厥剂类的作用；犬脲喹啉酸（kynurenic acid）持续处理可做出"发生癫痫"的神经元。在这种模型中，5 μmol 的苯妥英可以阻断持续的 TTX- 敏感的平台电位，而不改变动作电位的爆发。这表明苯妥英可以阻断在发作期间发生的持续慢电流，而没有阻断动作电位。

（二）急性神经变性的保护作用

有证据表明，在全脑和局灶性缺血的模型中电压依赖性钠离子通道阻断剂是神经保护的药剂。值得注意的是，在相对无副作用的剂量下，这类药剂中有许多是保护大脑的，这与兴奋性氨基酸拮抗剂和 L- 型钙离子通道阻断剂明显不同。例如，在大脑中动脉阻塞的大鼠模型，以不明显改变自发运动行为或有意识动物的心血管参数的剂量，拉莫三嗪、BW61989 和苯妥英是有效的。而局灶性脑缺血模型，用拉莫三嗪、BW61989 和苯妥英保护的程度与用 NMDA 拮抗剂观察到的保护程度，是具有可比性的。不像神经保护的兴奋性氨基酸拮抗剂，对于离体标本，钠离子通道阻断剂能防止缺氧对哺乳动物白质的损伤。因此，钠离子通道调质对治疗一定类型的脑出血或主要损伤白质束的神经元创伤是有优越性的。有人主张，很多药物除了有阻断钠离子通道的作用外，还可能有其他机制引起神经保护作用。然而，在一些模型中发现，TTX 是有显著的神经保护作用，提示其中的某些试剂单独阻断钠离子通道本身就可以说明它具有神经保护作用。此外，对苯妥英、拉莫三嗪和利鲁唑及其衍生物进行了广泛的研究表明，只有比调制钠离子通道更高的浓度下，这些药物在药理学上的其他位点才是有活性的。有报告指出，一些其他药物，在啮齿类缺血的模型中，以不同的假设机制发挥保护作用，如 GABA 受体的增强作用（地西泮，diazepam）、钙离子通道进入口的阻断作用（维拉帕米，verapamil）、κ 鸦片受体激动机制（enadoline）、NMDA 受体拮抗机制（remacemide）和 β 肾上腺受体阻断作用（carvedilol）等，这些机制似乎也都产生钠离子通道阻断作用。因此，钠离子通道阻断是一种（至少部分），可以用颇宽广范围的神经保护试剂的概念，来说明神经保护作用的机制。钠离子通道阻断剂的另一个潜在的重要临床应用目标，是头颅和脊椎的创伤。在损伤后 15 min 服用 BW1003C87，可以减轻液体撞击模型区域性的脑水肿。

（三）肌萎缩侧索硬化症和其他神经变性疾病

美国称为肌萎缩性脊髓侧索硬化症（amyotrophic lateral sclerosis，ALS）的疾病或英国叫做运动神经元疾病，是以脊髓和新皮质运动神经元进行性变性、导致骨骼肌麻痹为特征的神经系统疾病。在确诊后 3~5 年内，患者通常由于呼吸衰竭而死亡。用药物治疗这种疾病虽然还只是刚刚开始，但用电压依赖 N^+ 通道阻断剂，利鲁唑（riluzole），进行临床对照研究已获得某些有希望的结果，这种药物明显地延长了一组这种患者的生存期。最近在安慰剂研究中第Ⅱ期，已经证实了用利鲁唑治疗运动神经元疾病的临床结果。值得指出的是，在体外利鲁唑和 TTX 对设计为模拟 ALS 的模型，都有神经保护作用。抗惊厥药，如苯妥英、拉莫三嗪（lamotrigine）及其他，也可能延迟 ALS 的症状。然而为了试验这种想法，仔细的临床对照研究是必需的。

（四）脑出血和头创伤的临床研究

最近有报道指出，用 lifarizine 的临床试验作为脑出血的急性治疗。虽然 lifarizine 是混合的阳离子通道阻断剂，它某些作用是阻断钠离子通道。随机地让受试者在脑出血发生后 6 h 之内静脉注射 lifarizine（250 μg/kg 体重）或安慰剂，并在随后 5 d 每天口服 60 mg，在 147 个患者中的 117 个可以进行评估，治疗组患者的死亡率（63 人中有 9 人死亡）低于安慰剂组（54 人中有 13 人死亡）的。3 个月后，神经学检测结果表明，用 lifarizine 是有好处的。

（五）神经保护作用的机制

在持续几秒的细胞去极化条件下，苯妥英、利多卡因和功能上与钠离子通道相关的阻断剂，能更有效地发生作用。因此，这些药物对正常的神经元发出信号没有什么效应，但在病理条件（如疾病发作或缺血），这些药物则能阻断钠离子通道。因缺氧使大鼠海马脑片神经元去极化，TTX 显著地减少 Na^+ 内流，这意味着电压依赖离子通道阻断剂也可在疾病发作或缺血期间，减轻神经元的 Na^+ 负荷。减低 Na^+ 电流是特别有益的，因为这样节省了细胞的 ATP，在神经元内，ATP 通常是作为 Na^+/K^+ 运输的 ATP 酶的燃料。在脑缺血事件的级联反应中，较早地耗尽 ATP。维持细胞内 ATP 在较高的水平，这将延迟或防止由缺血引起的生物化学事件中级联反应的负面效应。Ca^{2+} 从细胞内运输出来显著地依赖于由静息的跨膜 Na^+ 梯度驱动的原生质膜的 Na^+-Ca^{2+} 交换机制。现在一般认为，当减低膜的 Na^+ 梯度时，上述离子交换机制能够起逆转作用，引起单纯的 Ca^{2+} 内流。有证据表明，在体外哺乳动物白质缺氧期间，逆转的 Na^+-Ca^{2+} 交换机制是 Ca^{2+} 内流的主要通路。在缺血期间钠离子通道的阻断降低 Na^+ 负荷和细胞的去极化作用，这又降低了 Ca^{2+} 通过 Na^+-Ca^{2+} 交换机制而内流。可以推测，如同在血管平滑肌上所观察到的那样，细胞的 Na^+ 负荷将引起 Ca^{2+} 从细胞内释放出来。钠离子通道的阻断延迟了缺氧去极化的启动、扩布阻抑样的离子体内平衡的衰失，这对脑内能量库是严重的负荷，并且可能导致缺血时脑细胞的严重损伤。最近，一些钠离子通道的调制剂（BW1003C87、BW619C89、CNS1237、利鲁唑）和混合阳离子阻断剂 lifarizine 以及还有可能其他化合物，例如，κ 鸦片激动剂 enadoline 等，它们的抗缺血作用归因于降低了缺血而引起的谷氨酸释放。缺血期间谷氨酸的释放基本上与生理血管的谷氨酸释放不同，一些研究表明，某些模型缺血的谷氨酸释放很少是 Ca^{2+} 依赖性的，而是由反转 Na^+- 依赖的谷氨酸运输介导的。在剥脱氧和葡萄糖的海马脑片中，加 TTX 明显地减少谷氨酸溢流。减少缺血的谷氨酸释放可能是电压依赖的钠离子通道阻断剂作用的主要模式。在疾病发作和缺血期间，从电压依赖性钠离子通道中 Na^+ 内流的主要贡献是 Na^+ 内流引起细胞去极化，后者又造成许多不符合需要的功能（例如，开放钙离子通道和 Ca^{2+} 依赖的谷氨酸释放，开放钾离子通道，减轻 Mg^{2+} 依赖对 NMDA 受体的阻断）。此外，通过钠离子通道以及其他来源（例如，AMPA 受体）连续不断的 Na^+ 内流，把细胞内 Na^+ 浓度升到异常高的水平，引起其他有决定性意义的变化（ATP 的耗尽、大量的 Cl^- 内流以平衡电荷和紧接着的细胞肿胀、Na^+/Ca^{2+} 交换机制的逆转、介导谷氨酸的载体反转和其他神经递质的运输）。

总之，在缺血的生物化学级联反应的相当早期的阶段，发生钠离子通道开放，而且通常加速其他缺血引起的变化，因此选择性的钠离子通道阻断剂可能缓和在缺血级联反应较晚的各种有决定意义的作用。因为钠离子通道阻断剂相对没有副作用，故它们有胜过其他抗缺血机制（如兴奋性氨基酸拮抗剂、神经元的钙离子通道阻断剂或中断正常脑功能的其他机制）的优点。

第五节　非电压门控钠离子通道（上皮的钠离子通道，ENaC）

人们通常理解上皮吸收水和盐的决定因素是吸收 Na^+ 的速率。上皮吸收的 NaCl 的决定部分是电学中性的，主要通过位于上皮膜顶部（或发亮的）一侧的 Na^+/H^+ 交换者（NHE）和 Cl^-/HCO_3^- 交换者。在这里不讨论这两种交换者的问题。Na^+ 也沿着非常有利的电化学梯度通过位于上皮膜顶部的离子通道，以产生电的方式而被吸收。吸收到的 Na^+ 然后通过处在基底侧膜上的 Na^+-K^+-ATP 酶泵出，因而创造了吸收另外 Na^+ 的驱动力。一些运输分子和离子通道（主要是基底侧膜上的 K^+ 通道和顶膜上的氯离子通道）的协同作用，也帮助维持这种有利于 Na^+ 的化学梯度。

上皮 Na^+ 通道（ENaC）也介导直肠、肾和肺中 Na^+ 的吸收。ENaC 通道由三个不同的亚单元组成，它们都是 ENaC 家族的成员：α、β 和 γ 亚单元。在人体也鉴定出了这个家族的第 4 个成员，δ 亚单元（但在大鼠和小鼠体内没有）。δ 亚单元能取代 α 亚单元，与 β 和 γ 亚单元一起形成有功能的离子通道，并且主要表达在大脑。因此，上皮组织中的功能 ENaC 通道是一个具有设想的 $α_2βγ$ 化学计量法的异聚体。当 α 亚单元单独表达在爪蟾卵母细胞时，它也能够产生小的电流；而 β 或 γ 亚单元单独表达时，则一点电流也不产生。δ 或 γ 与 α 亚单元共同表达，则可增加电流 3~5 倍，而三种亚单元一起表达可使电流增加 100 倍。因此，最适的 ENaC 功能取决于所有亚单元的正确装配。ENaC 具有保守的拓扑结构，由两个带有在细胞内的 N- 和 C- 末端的跨膜区域和一个大的糖基化的区域组成。功能的 ENaC 通道有非常个别的生物物理特性：这个通道是不依赖于电压的，而有非常长的关闭和开放时间。ENaC 通道正如同它的名字所意味的那样，它对 Na^+ 的选择性远胜过 K^+ 的，这种通道可被利尿化合物 amiloride（和它的类似物）阻断。EnaC 的中心作用是调节 Na^+ 的体内均衡，因此，ENaC 通道的功能获得性或衰失性突变而引起的两种人类的疾病鉴定，强调说明对血压的影响。Liddle 综合征是遗传型的高血压，这是由于 ENaC 通道某种亚单元（β 或 γ 亚单元）占优势的突变引起的，结果引起通道的过度活动，因而增加 Na^+ 的吸收。相反，假醛固酮增多症（pseudoaldosteronism，PHA）Ⅰ 型是由于三种 ENaC 通道亚单元中的一种，发生了与功能衰失型的突变有关的、Na^+ 吸收低劣的高血压为特征的功能障碍。这些疾病的出现是保持全身体内 Na^+ 均衡失控的指标，因此，ENaC 的功能是受到严密的控制。虽然有一些机制变得更为明显，能使 ENaC 通道的表达和功能的紧密调节可以达到这种严密的控制。由于通道的开放的概率非常高，调节 ENaC 的主要机制是控制在细胞表面通道的表达。通过把表面 ENaC 通道结合到 Nedd4-2（一种蛋白质，是 E3 ubiquitin 蛋白连接酶家族的一个成员），可以达到控制通道在细胞的表达。ENaC 的泛酸化给蛋白质内在化和降解贴上标签，从而使 Nedd4-2 成为一个 ENaC 功能的负调节子。实际上，引起 Liddles 综合征的基因突变是在负责结合 Nedd4-2 的 ENaC 的区域（位于 β 和 γ 亚单元的细胞内 C- 末端的 PY 片段）突变。因此，Liddles 综合征突变的通道不能与 Nedd4-2 结合，并遭受到降解，引起表面 ENaC 通道表达增加。相反，引起 PHA 的突变干扰 ENaC 运输到细胞表面，引起在表面表达的通道下降，从而降低了 Na$^+$ 的吸收。全身 Na$^+$ 体内均衡的主要调节者是盐皮质激素醛甾酮（mineralocorticoid aldosterone，ADH）。醛甾酮通过经典的反馈抑制机制调节 Na$^+$ 的体内均衡。高 Na$^+$ 水平的原生质诱导从肾上腺皮质合成和释放醛甾酮。在对醛甾酮起反应的上皮，如远端直肠和肾，醛甾酮进入细胞并以高亲和力与盐皮质激素受体（MR）结合和以低亲和力与糖皮质激素受体（GR）结合。激素与受体结合成的复合体转移到细胞核和启动分子的级联反应，引起 ENaC 的顶膜表达增加，从而而增加 Na$^+$ 的吸收。最后，接着而来的低 Na$^+$ 水平将减低醛甾酮的水平和关闭代谢的反馈。介导醛甾酮诱导增加 ENaC 功能的严格的机制，现在已经成了热门的研究课题。醛甾酮诱导增加 ENaC 表达的机制之一，是借助增加通道亚单元的转录和因此增加蛋白质的合成。然而，在能够检测到 ENaC 转录明显升高之前，增加 Na$^+$ 的吸收对醛甾酮起反应,提示醛甾酮可能还诱导其他调节运输 ENaC 的蛋白质转录。这种蛋白质之一是丝氨酸 - 苏氨酸激酶 SGK1。SGK1 通过它与 Nedd4-2 相互作用，至少部分地调节 ENaC 表面的表达。SGK1 结合和磷酸化 Nedd4-2,结果 Nedd4-2 不能与 ENaC 结合，并且随后减低 ENaC 的内在化和降解。ENaC 的活性和 Na$^+$ 的吸收也能被其他激素［例如，抗利尿激素（vasopressin）和胰岛素］，通过还没有得到很好了解的机制调制，但这种机制有可能涉及 cAMP 和 P13-K 通路的激活。这些机制之一是通过涉及囊泡纤维化跨膜调节子（cystic fibrosis transmembrane conductance regulator，CFTR）通道控制 ENaC 的活性，CFTR 通道与 ENaC 通道在气道和直肠的上皮顶膜共同复表达。随着细胞内 cAMP 升高，CFTR 激活减低 ENaC 介导 Na$^+$ 的吸收。相反，那些已经减低了 CFTR 通道表达的病人，表现出增加 ENaC 活性，ENaC 活性的增加与该病的病理生理症状相连。

参考文献

[1] Hille B. Ion Channels of Excitable Membranes. 3rd Edition. Sinauer Associates press, 2001.

[2] Bichet D, Haass FA, Jan LY. Merging functional studies with structures of inward-rectifier K$^+$-channels. *Nat Rev Neurosci*, 2003, 4: 957–967.

[3] Doyle DA, Morais Cabral J, Pfuetzner RA, et al. The structure of the potassium channel: molecular basis of K$^+$ conduction and selectivity. *Science*, 1998, 280: 69–77.

[4] Fernandez-Fernandez JM, Tomas M, Vazquez E, et al, Gain of function mutation in the KCNMB1 potassium channel subunit is associated with low prevalence of diastolic hypertension. *J of Clinical Investigation*, 2004, 113: 1032-1039.

[5] Hellgren M, Sandberg L, Edholm O. A comparison between two prokaryotic potassium channels (K$_{ir}$Bac1.1 and KcsA) in a molecular dynamics (MD) simulation study. *Biophys Chem*, 2006, 120: 1–9.

[6] Hille Bertil. Chapter 5: Potassium Channels and Chloride Channels. *Ion Channels of Excitable Membranes*. Sunderland, Mass: Sinauer, 2001: 131–168.

[7] Jan LY, Jan YN. Cloned potassium channels from eukaryotes and prokaryotes. *Annu Rev Neurosci* , 1997, 20: 91-123.

[8] Jesse ll, Thomas M, Kandel, et al. Chapter 6: Ion Channels// Principles of Neural Science, 4th ed. New York: McGraw-Hill, 2000: 105–124.

[9] Jiang Y, Pico A, Cadene M, et al. Structure of the RCK domain from the E. coli K$^+$ channel and demonstration of its presence in the human BK channel. *Neuron*, 2001, 29, 593–601.

[10] Kanold PO, Manis PB. Transient potassium currents regulate the discharge patterns of dorsal cochlear nucleus pyramidal cells. *J Neurosci*, 1999, 19: 2195-2208.

[11] Kubo Y, Adelman JP, Clapham DE, et al. International Union of Pharmacology. LIV. Nomenclature and molecular relationships of inwardly rectifying potassium channels. *Pharmacol Rev*, 2005, 57: 509–526.

[12] Lai J, Porreca F, Hunter JC, et al. Voltage-gated sodium channels and hyperalgesia. *Annu Rev Pharmacol Toxicol*, 2004, 44: 371-394.

[13] Larsson PH, Baker OS, Dhillon DS, et al. Transmembrane movement of the Shaker K$^+$ channel S4. *Neuron*, 1996, 16: 387-397.

[14] Littleton JT, Ganetzky B. Ion channels and synaptic organization: analysis of the Drosophila genome. *Neuron*, 2000, 26: 35–43.

[15] MacKinnon R, Cohen SL, Kuo A, et al. Structural conservation in prokaryotic and eukaryotic potassium channels. *Science*, 1998, 280 :106–109.

[16] Peng J, Xie L, Stevenson FF, et al. Nigrostriatal dopaminergic neurodegeneration in the weaver mouse is mediated via neuroinflammation and alleviated by minocycline administration. *J Neurosci*, 2006. 26: 11644–11651.

[17] Quirk JC, Reinhart PH. Identification of a novel tetramerization domain in large conductance K(ca) channels. *Neuron*, 2001, 32: 13–23.

[18] Rang HP. *Pharmacology*. Edinburgh: Churchill Livingstone. 2003: 60.

[19] Sah P. Ca^{2+}-activated K$^+$ currents in neuroner: types, physiological roles and modulation. *Fends Neurosci*, 1996, 19:150-1 54.

[20] Schilling T, Repp H, Richter H, et al. Lysophospholipids induce membrane hyperpolarization in microglia by activation of IKCa1 Ca^{2+}-dependent K$^+$ channels. *Neuroscience*, 2002, 109: 827-835.

[21] Shih TM, Goldin AL. Topology of the *Shaker* potassium channel probed with hydrophilic epitope insertions. *J Cell Biol*, 1997, 136: 1037-1 045.

[22] Taylor CP, Meldrum BS. Na$^+$ channels as targets for neuroprotective drugs. *Trends in Pharmacol Sci*, 1995, 16: 309-316.

第九章

配体门控离子通道

与电压门控离子通道不同，另一类主要调节神经系统的快速突触传递的离子通道，是通过与化学神经递质结合来调节离子通道的开放和关闭，这些特异的化学神经递质主要包括乙酰胆碱（ACh）、谷氨酸、甘氨酸、γ- 氨基丁酸（GABA）等，这类通道被称为配体门控离子通道。这类通道研究得最多的是脊椎动物神经 - 肌肉接点的 ACh 受体通道，研究发现当突触前神经末梢释放神经递质 ACh 时，突触后的肌细胞膜电位发生去极化。如果两个 ACh 分子结合到这个通道的受体位点，那么就可以使通道开放，允许多种阳离子进出，引起去极化。在交感神经和副交感神经节细胞、大脑的神经元等也有这种 ACh 受体通道，这类通道被称为尼古丁型 ACh 受体（nAChR）通道。nAChR 通道是第 1 个用分子术语描述的通道，是第 1 个用膜片钳记录到的电流，是第 1 个确定完整的氨基酸和基因序列的通道，其功能是第 1 个通过将纯化的大分子插入人工脂质膜而重现的通道，是第 1 个通过分子克隆技术在外源细胞表达的通道，也是第 1 个确定其二维结构的通道，因此对于这类通道的性质了解到比较详尽。在这一章里主要以尼古丁型 ACh 受体（nAChR）通道为例，介绍配体门控离子通道的一些特性和功能。

第一节　配体门控受体结构

nAChR 通道是一个圆柱形分子，其宽大的外口从细胞膜伸出到细胞外，至少哺乳动物有 17 种基因编码这种通道的同源亚单元，果蝇有 17 个 nAChR 样的基因。图 9-1A 显示肽链的拓扑结构，位于细胞膜外部的 N 末端上有配体结合位点，整个肽链跨膜 4 次。nACh 受体有 4 种亚单元：α、β、γ、δ，每个亚单元是一个分子量约 55 kD 的跨膜蛋白，组成比例是 2α：1β：1γ：1δ，因此整个 nACh 受体的分子量约为 275 kD，受体的大部分在细胞外侧，小部分在细胞内侧，5 个亚单元垂直于膜中心轴呈对称排列，通道两端开口很大，直径约为 2.5 nm，并在细胞内外侧形成大致为圆柱体的前庭，长度分别是 6.5 nm 和 2 nm，这两个前庭由跨膜的长度为 3 nm 的疏水区相连，这个区域是通道中唯一对离子流起限制作用的结构。ACh 受体的跨膜区段通常呈 α 螺旋，因此，需要约 20 个氨基酸形成足够长的螺旋以横跨脂质双分子层。ACh 受体的 α 亚单元序列在 N 末端是一个长的亲水段，然后是 3 个疏水段和 1 个亲水段，第 4 个疏水区靠近 C 末端，C 末端也在细胞外。4 个亚单元结构相似，最保守区段是 4 个跨膜区，细胞内环变化最大。

许多突触后配体门控受体结构与之相似，例如，谷氨酸受体（glyR）、γ- 氨基丁酸受体

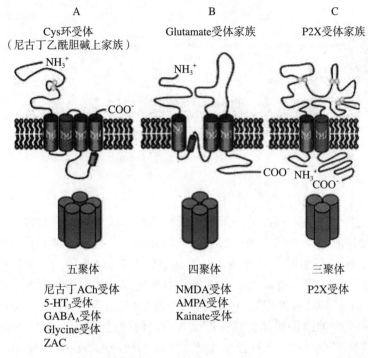

图 9-1　配体门控通道结构图

（GABAaR）、5- 羟色胺受体（5-HT₃R）、谷氨酸受体（GluClR）等，目前已经发现 40 多种哺乳动物 nAChR 上游家族，并不是每一个亚单元都有配体结合位点，但是整个的五聚体复合物会有 2~5 个配体结合位点。乙酰胆碱激活的钾离子通道（K$_{ACh}$）所有成员均为五聚体蛋白质，由 2~4 种分子量为 50~60 kD 不同亚单元组成。每种受体中有一个亚单元与配体结合，类似于 ACh 受体通道上 α 亚单元上。GABA 受体则在 α、β 亚单元上均有结合位点。神经元上的 ACh 受体、GABA 受体和甘氨酸受体的亚单元的结构非常相似，每个亚单元在总体上都有相同的疏水部位，所有亚单元都有一条长的细胞外 N 末端亲水序列和 4 个跨膜片段，在 M3 和 M4 之间有一个长的细胞内环，疏水序列高度保守。突触后配体门控受体的另外两个基因家族与 nAChR 上家族结构明显不同，即具有阳离子选择性的谷氨酸受体（gluR，图 9-1B）和 ATP/ 嘌呤类核苷酸受体（P2XR，图 9-1C），它们在肽链折叠方式和亚单元数目上都与 nAChR 不同，gluR 有 4 个亚单元，P2XR 的亚单元还不清楚。

第二节　激动剂通过多种途径作用于 ACh 受体

如何研究配体门控离子通道？与其他类型离子通道一样，电压钳是研究其离子通透性和门控特性的最好方法，但是由于这类通道不是电兴奋的，因此电压钳的去极化刺激不足以激活静息状态的配体门控膜通道，而必须要有天然的神经递质或者能够识别神经受体的相关分子才能激活这类通道，这些刺激分子被称为激动剂（agonist），从实验研究的角度来讲，激动剂越多，可控传递方式越好。脊椎动物神经 - 肌肉接头有以下六种激动剂传递方式：

1. 电刺激运动神经元在短时间内引起神经末梢量子的随机释放神经递质。

2. 自发的量子释放将单个 ACh 传递给受体。

由 1、2 两种方式诱发的 ACh 脉冲衰减很快（时间常数为 200 μs，22℃），这种衰减是由于 ACh 与受体结合，扩散和被乙酰胆碱酯酶水解所致。

3. 通过细胞外液或者通过小的液流系统加入特定浓度的激动剂。

4. 在电极内液中加入激动剂。

5. 通过充满激动剂的微电极的电泳方法可以传送带电的受体激动剂。

6. 人工合成的激动剂可以设计成具有不同结合位点或激活特性的两种互相转换的异构体，不同波长的光照可使激动剂在不到 1 μs 时间内迅速在两种异构体间转换，从而可以快速地改变激动剂的局部浓度。

目前研究注意力集中在通道而不是突触，克隆的通道亚单元多是异源表达的，因而外面向外的膜片钳模式可在溶液的快速流动时进行研究，可在 1 ms 内加入或去除激动剂。

第三节　终板电流的衰减反映通道门控动力学的特性

1951 年，Fatt 和 Katz 推论神经引起的终板电位是由局限于肌肉终板区域的内向离子电流引起的，用电压钳记录到了终板电流证实了他们的结论，图 9-2 记录的是在不同电压下的肌细胞终板电流（epc），电流持续约 1 ms，反转电位为 0 mV。每次刺激神经都会有潜伏期，这个潜伏期是动作电位传导到神经末梢的时间和突触前 Ca^{2+} 依赖性胞吐作用所需的时间；潜伏期后出现突触后终板电流，其上升相不是瞬时的，因为突触前末梢的突触小泡释放的神经递质扩散需要一定时间，而且神经递质分子必须沿着肌肉表面扩散直至找到未被结合的 nACh 受体也需要一定时间；终板电流的下降相符合单指数函数，此时 ACh 分子仍与受体结合，开放着的通道对离子仍有较高的通透性。

Magleby 和 Stevens 于 1972 首次研究了终板电流的衰减时间常数（τ_{epc}），尽管他们的模型在现在看来是比较简单的，但是他们的推理揭示了一种有价值的、经典的生物物理学方法。他们提出两个完全相反的假说，一个是 ACh 以指数衰减方式在突触间隙消除，衰减时间常

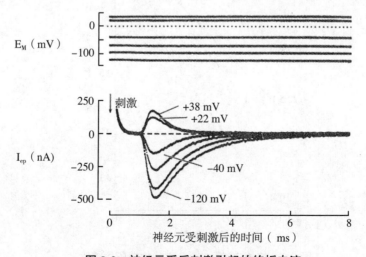

图 9-2　神经元受后刺激引起的终板电流

数为 τ_{epc} ；另一个是 ACh 消除得比较快，通道固有的关闭时间常数即为 τ_{epc} 。在第一种假说中，固有的通道关闭速率常数比（$1/\tau_{epc}$）快，游离 ACh 的衰减是速率限制性的。然而，这种假说和图 9-2 中的另一个结果不一致，换句话说，终板电流的衰减速率是电压依赖性的：+38 mV 时的衰减速率是– 120 mV 时的 4 倍（图 9-3），细胞外扩散不依赖于肌细胞膜电位，此外衰减速率还依赖于温度。Magleby 和 Stevens 提出下面的动力学模型：

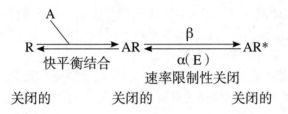

激动剂（A）与关闭状态的受体（R）刚开始结合的速度很快，形成的激动剂 - 受体复合物（AR）与游离 A 和 R 达到平衡，如果神经释放的游离 ACh 能够快速移除，那么终板电流的衰减反应为开放的通道（AR*）的指数形式的关闭，速率常数为 α。一旦通道关闭，AR 复合物将迅速解离，激动剂 A 留在突触间隙内或者被乙酰胆碱酯酶分解。图 9-3 中显示的 τ_{epc} 的电压依赖性可以解释为门控放电，这与电压依赖性门控通道相似。通道的构象变化（AR* → AR）可能伴有细胞膜上电荷的重新分布，因为其电压依赖性相对较弱，所以达到转化状态的通道的等量门控电荷只有 0.15~0.20。

开放的配体门控通道总是以激动剂 - 受体复合物的形式存在的，激动剂不仅触发通道开放，使之成为开放状态，通道关闭时激动剂仍结合在通道上。虽然激动剂能够从开放的通道上解离下来，但是这种情况只是在衰减常数比通道关闭速率常数慢的时候才会发生，因此，

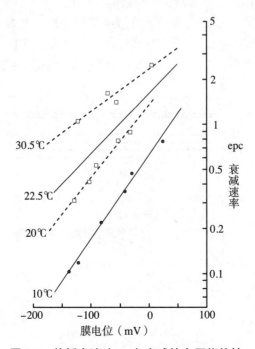

图 9-3 终板电流（epc）衰减的电压依赖性

通常情况下是开放的通道在激动剂解离之前就已经关闭了。通道能够再次开放是由于在整个开放过程中激动剂始终与通道受体相结合的原因，激动剂不同，通道爆发的时程（τ）也随之改变，例如，与乙酰胆碱（ACh）相比，辛二酰二胆碱（suberyldicholine）引起的τ是ACh的两倍，甲酰胆碱和胆碱引起的τ是ACh的一半，这表明通道对最初由哪种类型的激动剂引起的开放有记忆，解离和关闭速率常数通常是没有差别的。

第四节　配体门控受体的去敏作用

如果ACh持续作用于终板，那么在几秒钟内终板的电导会下降，这个过程被称为去敏作用（desensitization）。在激动剂作用下通道开始时开放的，但是如果激动剂持续作用，多数通道就会关闭。去敏的通道对ACh不再有反应，直到去除ACh后几秒甚至几分钟后才恢复其敏感性。nAChR通道的去敏作用与钠离子通道的失活类似，可能涉及多个不反应状态，下面的反应式显示去敏作用发生的几个时间段：

$$可激活态 \rightleftharpoons 快的去敏态 \rightleftharpoons 慢的去敏态$$

现举个例子来说明这个问题，在膜片钳记录模式下，在0.8 s内可以观察到一个通道连续被激活8次（一串动作电位发放），并持续1 s对刺激无反应（快的去敏态），然后可再次发放。这种反复的模式可以持续10 s左右，然后细胞会有持续数10 s的静默期，不会有动作电位爆发（慢的去敏态）。去敏现象的生理学意义还不十分清楚，在过度刺激时通道关闭，去敏现象在研究独立的nACh受体的实验中是一个非常重要的问题，因为此时激动剂作用的时间是以秒来计算的。还可能参与外科中去极化阻断剂的传递-阻滞效应，以及可以阻断杀虫剂和神经毒气的致命作用，这些化学物质抑制胆碱酯酶分解细胞外的ACh。肌细胞nAChR通道与2个ACh分子结合平均连续快速的开放两次，开放的间隔期很短以至于很难检测，每个开放持续0.5 ms左右，所以整个发放持续1 ms左右，然后通道关闭，激动剂从受体上解离下来。在一个正常的终板电位过程中，ACh浓度下降得很快以至于通道再次结合神经递质后也不能再次被激活，其微观的门控动力学特性是非常复杂的，包括通道的多个开放、电压依赖性以及去敏状态变化等。

第五节　尼古丁乙酰胆碱受体介导的非选择性阳离子电流

在生理条件下，终板上nAChR通道电流的反转电位接近-5 mV（图9-2），这个值与任何一种主要离子的平衡电位都不相符。以往的研究证实这些通道对Na^+和K^+有很高的通透性，对Ca^{2+}也有一定的通透性，但是对所有阴离子都不能通透，终板上这种通道曾经被称为ACh敏感的钾离子通道和钠离子通道，后来发现这种ACh诱发的电流在-5 mV时降至0，这个结果否定了ACh敏感的钾离子通道和钠离子通道的假说，并且表明了Na^+和K^+是通过同一门控通道进出的。研究发现终板通道允许50多种小的阳离子通透，能够通过0.65 nm×0.65 nm孔的一价和二价阳离子都可以通透，通透的离子不仅包括所有的碱性金属离子和碱性无机阳离子，还包括有机阳离子如胆碱、组氨酸，这些有机离子的通透性是 Na^+ 的 4%~30%。尽管通道不允许阴离子通过，但是对小的阳离子的通透是没有选择性的。许多有机阳离子，包括大的疏水药物分子能够与通道孔的外口结合而阻断离子流，如果这些阳离子足够小能够通过孔，那么它们的透过速度是很慢的。研究显示这些复杂的孔不仅仅有开放和关闭两个电导状态，而是有多个电导状态，在这些状态下，孔的大小还不清楚[2]。

兴奋性氨基酸使阳离子通道开放。脊椎动物中枢神经系统占主导优势的兴奋性氨基酸是 L- 谷氨酸，可能每一个中枢神经元都接收谷氨酸能兴奋，由于一些神经元释放的酸性氨基酸能够作用于一些谷氨酸受体，所以确切地说应该是涉及一系列兴奋性氨基酸，包括 L- 谷氨酸、L- 天冬氨酸和其他神经递质。快速的突触谷氨酸受体被称为离子变构型受体（iontropic receptor），这样可与代谢型（metabolitropic）谷氨酸受体区分开，代谢型谷氨酸受体不形成离子通道，而是和细胞内的信号转导系统相偶联。事实上，对于脊椎动物外周神经系统的谷氨酸能突触还不十分清楚，神经元上 ACh 对 nAChR 的作用与肌肉细胞既有相似之处也有不同之处。此外，ATP 和 5- 羟色胺是快速的兴奋性神经递质，无脊椎动物的快速兴奋也需要谷氨酸和 ACh，但是与脊椎动物的作用部位不同。比如软体动物的"中枢"神经节有许多 nAChR 型的兴奋性突触，节肢动物神经 - 肌肉接头也用谷氨酸作为兴奋性神经递质。由于脊椎动物中枢神经系统的快速突触后谷氨酸受体（glutamate receptor, GluR）有多种亚型，因此，谷氨酸反应的药理学作用很复杂，亚型分为三大类：NMDA、kainate、AMPA，这里我们将其分为 NMDA 亚型和非 NMDA（主要包括 AMPA 和 kainate 两种）亚型。关于受体有多种亚型的原因有：至少有 6 种编码 NMDA 亚型的基因，9 种编码非 NMDA 亚型的基因；这些基因转录后的拼接变化较多；在受体复合物中的亚单元组合方式不同等等。许多特异性激动剂和阻断剂作为分子生物学工具用于鉴定这些基因产物，阳离子选择性谷氨酸受体上家族在果蝇至少有 30 个谷氨酸受体样基因，线虫有 15 个，哺乳动物至少有 17 个。出乎意料的是，谷氨酸受体（GluR）在氨基酸序列、结构以及进化起源等方面都与 nAChR 通道有明显不同（图 9-1），此外，GluR 与钾离子通道有共同的祖先（一种细菌的谷氨酸受体通道），这个通道 P 环的 -GYG- 序列形成孔的狭窄部分，细胞膜拓扑结构显示与一般的钾离子通道相似。细菌的谷氨酸受体对 K^+ 具有选择性，与钾离子通道一样，所有 GluR 都是同源亚单元构成的四聚体。

大多数中枢神经元都存在 NMDA 受体和非 NMDA 受体，在许多突触部位两者可以同时存在。与肌肉的 nAChR 一样，神经元的非 NMDA 受体介导中枢神经系统快速兴奋性信号传递，个别的有快速去敏的现象。尽管激动剂持续存在时，通道仍处于关闭状态，加入 0.1 mmol 谷氨酸或者 1 mmol 使君子氨酸可使突触后通道开放 1 ms 或者 2 ms。在终板，通常是通过快速酶水解作用使 ACh 从突触间隙快速去除，然而在突触间隙没有分解谷氨酸、甘氨酸和 GABA 的酶，因此这些神经递质是通过快速扩散和 Na^+ 偶联转运体结合的方式返回到神经元和神经胶质细胞，受体的去敏作用可能也有助于终止这些神经递质的作用。NMDA 受体特有的通透特性可以将其与其他快的配体门控通道区分开，尽管 NMDA 受体可以产生电信号，但这不是它们的主要作用，这类通道通过增加细胞内游离 Ca^{2+} 浓度使检测信号和传导信号保持一致。NMDA 受体有三个特有的性能：① NMDA 受体通道对 Ca^{2+} 的通透性是对 K^+ 和 Na^+ 的 5~10 倍；② 与非 NMDA 受体的快去敏亚型相比，NMDA 受体通道发放的时程较长，对谷氨酸较敏感；③ NMDA 受体具有电压依赖性（图 9-4）。在正常孵育液中，尽管存在激动剂，但是在 -80 mV 的静息电位时通道的电导很小，如果细胞膜去极化到 -50 mV 并且有谷氨酸存在时通道电导升高。这与电压依赖性通道的电压依赖性激活的意义是不同的，对于 NMDA 受体来讲，配体门控孔道是其基础，确切地说，去极化只是减少了细胞外离子（如 Mg^{2+}）对孔的电压依赖性阻断作用，去除孵育液中的 Mg^{2+} 可以引起 NMDA 电流，其电压依赖性也随之消失（图 9-4）。NMDA 受体激动剂有谷氨酸、甘氨酸和 D- 丝氨酸等。NMDA 受体参与学习和记忆过程，其电压敏感性使得他们可作为分子标志进行相关的检测，细胞在静息电位（–80 mV）时突触释放谷氨酸，由于在静息电位下通道被 Mg^{2+} 所阻断，因此，通道仍然是关闭的。但是如果细胞已经去极化时，NMDA 受体通道将开放，持续数十毫秒，引起 Ca^{2+} 进入突触后神经元。因此，检测到突触后的去极化和突触的谷氨酸释放是一致的，Ca^{2+} 作为第二信使进入突触后细胞可引起突触的变化。这个接连发生的过程是海马 CA1 区突触长时程增强（LTP）的基础（参阅本书第十二章），突触电位可被几秒钟的刺激所诱发，但是在活体 LTP 能够持续达几天的时间。

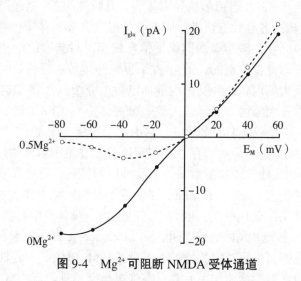

图 9-4　Mg^{2+} 可阻断 NMDA 受体通道

节肢动物兴奋性神经肌肉接头的谷氨酸受体与脊椎动物非 NMDA 受体相似，都是非选择性阳离子通道，谷氨酸或者使君子氨酸可以使通道开放，NMDA 对其通道没有作用。非 NMDA 受体的一个亚型在谷氨酸作用 1 ms 左右内去敏，这种去敏作用可以维持正常的、时程短的兴奋性突触后电流，为了对抗这种去敏作用，所有的膜片钳实验都必须应用球蛋白 A（球蛋白 A 能够消除谷氨酸受体的去敏作用）。非 NMDA 受体单通道电导较高，约为 150 pS。另外两种快速兴奋性突触可使用 5- 羟色胺（5-HT）或者 ATP 作为神经递质使之激活，$5-HT_3$ 受体介导的 5- 羟色胺能突触在氨基酸序列和功能上与 nAChR 相似，嘌呤能突触有 P2X 受体，这种受体与其他类型的配体门控通道没有明显的关系。

第六节　毒蕈碱乙酰胆碱受体介导的 M- 电流（$I_{K(M)}$）

在许多类型的神经细胞中，可以发现一种非失活的钾电流，称为 M- 电流。在各种细胞中，这种电流主要是通过使膜电流只维持在始发动作电位的范围内，来控制细胞膜的兴奋性。这种电流可能由一大阵列受体群所调制，对该电流的调制，既可是压抑效应也可是增强作用。在 20 多年前就曾有描述，这种电流是缓慢激活和去活（deactivating）的 K^+ 电流，激活一些 G- 蛋白偶联的受体 ［包括毒蕈碱乙酰胆碱受体（muscarinic acethylcholine receptor，mAChR）］，可抑制这种 K^+ 电流，并因此而得了 M- 电流的名。M- 通道以比产生快动作电位的通道的速率慢大约 100 倍开放和关闭，因此 M- 通道允许单个动作电位产生，但不能重复爆发。从这一点出发，就很容易了解为何 M- 通道的突变引起的电流减低能够诱发神经元的超兴奋性（hyperexitability）并因此而诱发癫痫。有趣的是，M- 通道能控制神经元的超兴奋以及这个通道的两个成分 $K_V7.2$（KCNQ2）和 $K_V7.3$（KCNQ3）通道表达在背根神经节的感觉神经元这一事实，提示这个通道对控制疼痛可能是一个有吸引力的治疗靶点。此外，这个离子通道家族还有一个最晚被克隆出来的成员 $K_V7.5$ 通道，至今对它的研究较少，它是仅有的一个仍有待将它与遗传疾病联系起来的一个亚家族成员。$K_V7.5$ 通道是广泛表达在大脑各个部位，并且与 $K_V7.3$ 通道形成异聚体后，其特性像 M- 型通道，因此提出了这种可能性，即它对 M- 电流的差异性有贡献。胆碱能神经元合成、存储和释放神经调质，乙酰胆碱。有两种胆碱受体介导乙酰胆碱的胆碱能信息传递。对药物的亲和力和解剖学定位两个方面，这两种胆碱受体是有差别的。① 尼古丁胆碱受体是在骨骼肌的神经肌肉接点、交感和副交感神经节以及大脑内，这种受体在前面已做了介绍；② 毒蕈碱胆碱受体是在平滑肌和心肌、外分泌腺以及大脑内。毒蕈碱乙酰胆碱受体（mAChR）属于一组鸟嘌呤核苷酸结合蛋白偶联的受体，这是一条单的多肽链，它由 4 个细胞外片段、7 个跨膜片段以及 4 个细胞内片段组成。mAChR 以 5 种亚型存在，广泛地分布在整个躯体内。5 个不同的毒蕈碱受体（m1～m5）是表达在哺乳动物的大脑，以及外周神经元、心脏和平滑肌细胞和其他组织。已经得到了很好的证实，m1、m3 和 m5 受体亚型是与激动剂诱发的 IP_3 产生增加有关联。有许多第二信使通路汇聚在一起，以调节这种电流，具体有两种类型的 M- 电流调节，① 受体介导的调制；② 细胞内 Ca^{2+} 对其宏电流（macroscopic current）振幅的控制。这两种类型的调节，都是通过调制单通道门的特性而实现的。M- 电流是一种低阈值、非失活的钾电流，它在静息电位附近发挥功能作用，并且在许多类型的神经元，M- 电流是负责尖峰电位频率适应（spike frequency adaptation，SFA）。因此，在中枢神经系统，$I_{K(M)}$ 对许多不同类型的细胞膜静息电位和兴奋性有重要的影响。现在不仅根据它们的生物物理特性而且也根据它们对 linopirdine 和 XE991［10,10-bis(4-piridinylmethyl)-9(10H)-anthracenone］的敏感性，因而设想 $K_V7.2$（KCNQ2）和 $K_V7.3$（KCNQ3）钾离子通道亚单元共同装配奠定了 $I_{K(M)}$ 的基础。基于这两种离子通道的两种化合物是 $K_V7.1$ 同系物以及与新生儿型癫痫（良性家族性新生儿惊厥，BNFC）家族基因位点克隆出来，使这两种通道得到了鉴定。这两个亚单元中的一个突变则可引起发病，这两个亚单元主要表达在神经元组织内，其表达模式大多数是彼此覆盖，这表明，在体内这两种亚单元可能形成单个的 4 聚离子通道。实际上发现 $K_V7.2$ 和 $K_V7.3$ 通道的异聚体是与介导所谓的 M- 电流蛋白质分子相关。M- 通道的抑制剂，可以增加递质的释放和改善动物模型的学习功能。因此，正在试验用它们来治疗 Alzheimer's 病的潜力。这些阻断剂的活性是与 SFA 减低有关，并且当 $I_{K(M)}$ 受到抑制时，观察到细胞膜去极化。当细胞膜钳制在 -30 mV 时，linopirdine 和 XE991 两者都是 $I_{K(M)}$ 有效的阻断剂。然而在膜超极化时，它们的效力逐渐降低，当膜电位保持在 -70 mV 时，linopirdine 对 $I_{K(M)}$ 阻断效力几乎是零，表明它们的阻断活动是电压依赖性的。然而，在超极化的电压下，用其他抑制剂（如 oxotremorine-methiodide 和钡）能抑制 $I_{K(M)}$。在电流钳条件下，linopirdine 和 XE991 减低 SFA 是无效的，两者只能诱发缓慢发展的、小的细胞膜去极化（分别为 2.27 mV 和 3.0

mV）。与此相反，钡（1 mmol）和 oxotremorine-methiodide（10 μmol）可使小鼠颈上神经节的神经元去极化大约 10 mV 和减低 SFA。与经典的 $I_{K(M)}$ 抑制剂不同，linopirdine 和 XE991 对 $I_{K(M)}$ 作用是电压依赖性的。因此，这些新开发的 $I_{K(M)}$ 阻断剂不减低 SFA。这些结果可能对体内这些认知增强剂的作用模式放出曙光。利用这些新开发的药物（如 linopirdine 和 XE991）来抑制 $I_{K(M)}$，为研究一些神经疾病、学习和神经保护作用，产生了巨大的期望。此外，有研究证明 linopirdine 和 XE991 对良性的新生儿癫痫（由 KCNQ2/3 通道亚单元突变而诱发）是有用的。在反映去极化刺激和改善动物模型的学习和记忆的性能方面，linopirdine 增加释放乙酰胆碱。因此，用这种药物治疗 Alzheimer 病，也已进入临床试验阶段。

第七节　嘌呤能受体

细胞和组织损伤、胞吐分泌和原生质膜运载分子的激活，都把 ATP 释放到细胞外介质。许多类型的兴奋性或非兴奋性细胞，都保持一些特殊的受体对在细胞膜表面 ATP 或其他核苷酸起反应。核苷酸受体（也称 P2 受体）介导细胞外核苷酸（ATP、ADP、UTP 和 UDP）的作用，以及调节一些生理反应（其中包括心脏功能、血小板凝聚和平滑肌细胞增殖）。与 P1 腺嘌呤核苷受体不同，P2 受体包括两个不同的亚家族：离子型的 P2X 受体和代谢型的 P2Y 受体。

一、P2X 受体

P2X 受体属于配体门控离子通道家族和负责快的兴奋性神经传递，涉及许多神经系统的疾病。P2X 受体家族至少由 7 个异构体（P2X1～P2X7）组成。P2X 受体与其他离子通道一样，每个功能受体是由一个以上的亚单元组成的低聚蛋白质。除了 P2X6 外，与其他离子通道相同，功能通道是由一些同型或异型的低聚物亚单元组装形成。P2X6 亚单元似乎只作为异聚复合体的一部分发挥功能作用。P2X7 似乎是唯一不与其他 P2X 亚单元组装在一起的亚单元。现在对每个异聚型功能受体的亚单元数目还不清楚。电生理研究提示一个三聚体作为 P2X 受体的最小单元。迄今已鉴定出了 4 个有功能的异型多聚体，包括：P2X2-P2X3、P2X4-P2X6、P2X1-P2X5 和 P2X6。P2X 受体具有普通的拓扑结构，包含细胞内的 N 和 C 末端，和一个大的糖基化的细胞外环，这个外环含有 10 个保守的半胱氨酸。这个拓扑结构与 ENaC/ASCI 上游家族的拓扑结构相似。这一组装的化学计量法还不清楚。这些通道的差异是它们对 ATP 和不同的 ATP 类似物的敏感性以及失活动力学不同。结合在细胞外的 ATP 导致非选择性的阳离子通道开放，可以透过 Ca^{2+}。把缓慢失活的异构体延长暴露在含有 ATP 的环境下，导致孔扩张，使之可以透过较大的分子。除了由透过 Ca^{2+} 和能透过分子量小于 900 D 的分子介导的非去活的 P2X7 外，孔扩张的生理功能关系是不清楚的。在平滑肌细胞中占优势的 P2X 型是 P2X1。小鼠 P2X1 基因断裂导致雄小鼠无生育能力，这是由于输精管平滑肌不能收缩。这阐明了 ATP 与从交感神经共同释放的去甲肾上腺素作为神经介质的重要作用。有趣的是，高度表达在血小板的 P2X1，它在小鼠的基因断裂后并不导致任何出血的疾病。然而，对于人类占优势的 P2X1 基因突变，则由于损伤了 ADP- 诱导的血小板凝聚，而导致严重的出血疾病。P2X 受体的绝大多数类型分别分布在中枢和外周神经元。其中，P2X3 表达是局限在感觉神经元的亚群，这些神经元用特异的外源凝集素（lectin）IB4 着色呈阳性，并表达辣椒素。在过去的几年积累的资料表明，在痛觉通路上涉及 P2X 受体，人们把注意力特别聚焦在 P2X3 受体上。因为在结构上它的选择性表达与痛觉信号有关联（在小的和中等大小的 DRG 神经元、外周和中枢感觉神经末梢和背角表面）。P2X3 受体是以同型聚合的受体以及异型聚合受体（P2X2-P2X3）的形式表达。在组织创伤、肿瘤或周期性偏头痛的情况下，释放出大量的 ATP 激活 P2X3 受体，这使痛觉信号易于从外周向脊髓传递，以增强疼痛的感觉。P2X 受体（特别是 P2X3）已经成为用做止痛剂的可能目标。由于组织损伤而释放出的 ATP 能诱发疼痛的感觉，提示损伤的感觉（痛觉）是与这一异构体（P2X3）有关。实际上 P2X3 受体缺失的小鼠对产生痛觉的刺激和对非伤害的温度（<45℃）也都较为不敏感。奇怪的是 P2X3 似乎传导膀胱压力的感觉，这最有可能是由于伸张引起从尿路上皮释放出的 ATP 介导的。在其他感觉神经元，则由 P2X2/P2X3 异型低聚物介导感觉信号。P2X4 和 P2X6 是高度表达在中枢神经系统，两者可能形成异型的低聚物，它们的功能作用仍有待阐明。在血管上皮上的切变应力导致 ATP 释放到血流。表达在血管内皮的 P2X4 似乎涉及切变应力介导的 Ca^{2+} 内流。P2X7（P2Z）受体表达在免疫和血生成起源细胞，它介导细胞分裂素的释放、刺激转录因子，并在凋亡中也有重要的作用。它不表达在单核细胞，但当单核细胞分化出大吞噬细胞时则出现。激活大吞噬细胞的刺激可使 P2X7 受体高度上调。它涉及多种功能，例如，细胞中毒、多核巨细胞的形成、抗原呈递和 IL-1 分泌。P2X7 也表达在大神经胶质细胞。

二、P2Y 受体

这些代谢型 P2Y 受体属于 G- 蛋白偶联受体的上游家族。当今有 6 个哺乳动物的功能 P2Y 受体：P2Y1, P2Y2, P2Y4, P2Y6, P2Y11 和 P2Y12，它们对腺嘌呤和尿嘧啶核苷酸有不同的选择性反应，ATP（P2Y 11 受体）、ADP（P2Y1、P2Y12 受体）和 UTP（P2Y4 受体）。P2Y4 对 ATP 的反应是种属依赖性的。UDP 激活 P2Y6 受体。ATP 和 UTP 相等强势激活 P2Y2 受体。绝大多数 P2Y 受体（P2Y11 和 P2Y12 除外）是与磷酸酯酶 C（PLC）激活相偶联，导致形成肌醇 1,4,5- 三磷酸（IP_3）和移动细胞内 Ca^{2+}。P2Y12 受体是与腺苷环化酶的抑制相偶联，而 P2Y11 受体是与 PLC 和腺苷环化酶两者相偶联。P2Y 受体对百日咳毒素的敏感性不同，这提示涉及不同的 G- 蛋白。克隆的 P2Y12 受体与其他 P2Y 受体没有多少同系物，例如，它与 P2Y1 尽管有最紧密的相关，但它们只有 22% 的氨基酸序列相同。最近，又定义出了一种新的 P2Y 受体。这种受体是对 ADP 有高度亲和力的受体，并且与 G- 蛋白中的一种 $G\alpha_{16}$（或 $G\alpha i$）相偶联。基于它的结构和药理学上与 P2Y12 相似性，提示这种受体可称为 P2Y13 受体。

P2Y 受体是广泛分布在心脏、血管、结缔组织、免疫和神经组织，并且与 P2Y12 受体复表达在血小板。激活表达在血小板的 P2Y1/12 受体可导致血小板的形状变化、凝聚和细胞内 Ca^{2+} 上升。对 ADP 诱导的血小板形状变化，P2Y1 受体是关键的，但在加 ADP 后血小板的凝聚需要激活相伴随的 P2Y1 和 P2Y12 两种受体。当有出血疾病和血小板凝聚受损伤的家族，表现出在基因编码区隐藏着两个被删除的碱基而引起 P2Y12 受体的 mRNA 转录丧失时，P2Y12 受体在体内的功能得到了证实。反转录多聚酶链反应的结果表明，除了血小板以外，表达 P2Y12 受体的组织只是大脑。P2Y12 受体成为治疗血管栓塞和其他血液凝固疾病潜在的治疗药物作用的靶点。P2Y4 的分布非常局限，几乎唯独表达在胎盘内。P2Y4 受体有广泛的分布在支气管、细支气管、肺泡和黏膜下腺体的上皮。有报道指出，P2Y2 受体也涉及囊泡纤维化（CF）和癌症。囊泡纤维化的特征之一是液体和溶质的积累，这是由于跨过上皮异常运输而引起的（CF跨膜调节突变的结果），这样在气道形成黏稠脱水的黏液。在囊泡纤维化患者中，死亡的绝大多数是因肺病的结果。新近对囊泡纤维化的治疗，在延长寿命方面已取得了成功，但也仍然只能活到大约30岁。显然仍需要新的治疗手段来加以改进，因此P2Y2受体已成为有希望的候选者。P2Y2受体的激活调制一些生理活动，可以增加黏性的清洁度，实际上旁路不良的囊泡纤维化上皮跨膜调节功能。迄今，正在开发P2Y2受体激动剂以处理各种损伤黏液分泌的疾病，包括囊泡纤维化和慢性支气管炎。对于癌症，细胞外ATP的效应仍有争议。在乳腺癌细胞和人类卵巢癌细胞株OVCAR-3，发现在体内ATP通过P2Y2受体增加细胞的增殖。然而，在Ehrlich瘤细胞和食管鳞状癌细胞，ATP有抗细胞增殖效应，使P2Y2受体成为治疗食管鳞状癌新手段有希望的目标。

P2Y6受体是G-蛋白偶联的嘌呤能受体家族的一个成员，UDP优先将它激活。虽然现在已经发表了许多报告讨论P2Y6受体的潜在作用，但有关它的功能知道得仍很少。有报道指出，激活1321N1神经胶质细胞有抗凋亡的效应，这可能是通过激活控制Erk磷酸化作用的PKC来实现的。也有报道指出，P2Y6受体在介导大脑动脉收缩方面突出的作用。P2Y6受体在大脑血液循环方面的明显效应，使之成为治疗与大脑血管痉挛相关的疾病药物的适宜目标。

参考文献

[1] Auerbach, A, G. Akk. Desensitization of mouse recombinant acetylcholine receptors channels: a two-gate mechanism. *J General Physiology*, 1998, 112: 181-197.

[2] Bertil Hille. Ion Channels of Excitable Membranes. 3rd Edition. Sinauer Associates, 2001.

[3] Dingledine R, Borges K, Bowie D, et al. The glutamate receptor ion channels. *Pharmacol Rev*, 1999, 51: 7-61.

[4] Graham L, Collingridge RW, Olsen JP, et al. Michael Spedding.A nomenclature for ligand-gated ion channels. *Neuropharmacology*, 2009, 56: 2–5.

[5] Lingle CJ, Maconochie D. Activation of skeletal muscle nicotinicacetylcholine receptors. *Journal of Membrane Biology*, 1992, 126: 195-217.

[6] Magleby KL, Stevens CF. A quantitative description of end-plate currents. *J Physiol*, 1972, 223: 173-197.

[7] Magleby KL, Stevens CF. The effect of voltage on the time course of end-plate currents. *J Physiol*, 1972, 223:151-171.

[8] Nowak L, Bregestovski P, Ascher P, et al. Magnesium gates glutamate-activated channels in mouse central neurones. *Nature*, 1984, 307: 462-465.

[9] Peters JA, Malone HM, Lambert JJ. Recent advances in the electrophysiological characterization of 5-HT3 receptors. *Trends Pharmacol Sci*, 1992, 13: 391-397.

第十章

尖峰电位爆发（簇）、谐振和双稳态与阈下振荡

　　人类和动物的神经系统是一个极其复杂的神经网络。在这个网络中，对来自机体内部和外部的信息进行复杂的加工、编码和存储。信息的载体主要是电信号（即所谓的尖峰电位 spike 或动作电位 action potential）。神经元对刺激产生的反应大体有两种模式，即张力型（tonic）和爆发型（burst）反应模式。在神经网络中，突触间单个尖峰电位的传递不可靠，其传递的失败概率很高。因此，有很多种类的神经元发放的神经冲动不是单个的尖峰电位，而是一串尖峰电位组成的簇爆发（burst），也就是以"簇"的形式发出信号，而且不同细胞发出簇内的频率和簇的持续时间的长短也各不相同。另一方面，各类神经元本身又具有特定的固有谐振频率，只有当神经元接受到的输入信号频率与其固有谐振频率相一致，才能有选择地传递信号，达到有选择的通信效应。有些神经元在引起动作电位激发的膜电位阈值下水平，也表现出自发或诱发的阈下振荡。簇和（或）阈下振荡的出现机制，都与细胞膜上的多种离子通道相互作用密切相关。

第一节　神经元的尖峰电位和两种反应模式

一、两种常见的尖峰电位模式

　　钙离子通道的低阈值尖峰电位（low-threshold spike，LTS）是由 T 型钙离子通道介导，其阈值低于细胞静息电位或在静息电位附近，但总是低于诱发 Na^+ 尖峰电位的阈值。LTS 是很多脑区神经元具有的特性，这些脑区包括下橄榄核、海马、丘脑和下丘脑等。在这些脑区，LTS 助推 Na^+ 尖峰电位。Pinado（2003 年）等报道了在电压钳和电流钳模式下，用全细胞记录研究龟嗅球颗粒细胞的兴奋性。他们观察到，在正常生理溶液中，在钠尖峰电位阈值下的电位，可诱发出 LTS，这种 LTS 是从静息状态下诱发的；在细胞超极化状态下，诱发的 LTS 振幅增加，因此 LTS 更容易助推使 Na 尖峰电位发放。当溶液中有 TTX 时，仍能够诱发 LTS，但能被 T 型钙离子通道阻断剂所拮抗。LTS 的电压依赖性、动力学和失活特性是钙离子通道的 LTS 电位的特征。LTS 的阈值稍微高于静息电位，但明显地低于 Na^+ 尖峰电位的阈值，在正常生理溶液中常能孤立地诱发出来。TEA 和 4- 氨基吡啶（4-AP）对 LTS 只有微弱的效应，但可揭示高阈值钙尖峰电位（high-threshold spike，HTS）的存在，Cd^{2+} 能拮抗 HTS。LTS 显示出配对脉冲衰减，在静息膜电位下从失活恢复的时间标度大约为 2 s。

LTS 强烈地助推 Na^+ 尖峰电位启动，若反复进行刺激，LTS 控制 Na^+ 尖峰电位的发生。

二、张力型和爆发型是中继细胞反应的两种模式

当一个神经元从外界接受到刺激，或从上游神经元接受到输入信号，则引起细胞膜去极化，进而产生动作电位。一般这些动作电位组成不同的反应模式。例如，所有的丘脑中继细胞都以两种不同的模式（mode）对兴奋性输入起反应，这两种反应模式分别是张力型（tonic）和爆发型（burst）。反应的模式取决于电压 -（时间 -）依赖的内向 Ca^{2+} 电流，即所谓的 I_T，因为它涉及在胞体和树突膜上的 T 型 Ca^{2+} 通道。在爆发型模式中，I_T 被激活和 Ca^{2+} 内流，产生去极化的波形，即所谓的低阈值尖峰电位（LTS），后者又能激活一簇普通的 Na^+ 动作电位。当一个中继细胞去极化大约长达 100 ms 或更久时，I_T 失活，细胞的发放模式变为张力型。然而在 100 ms 以后或相对地处于超极化状态，失活了的 I_T 缓解，细胞又爆发动作电位簇而成爆发型。某些奠定和控制 Ca^{2+} 通道的重要的细胞特性请参阅图 10-1。图 10-1A 和 B 显示 LTS 的电压依赖关系。当细胞相对去极化时（A），I_T 失活，并且只要刺激维持在发放动作电位的阈值之上，细胞以单个动作电位起反应，这就是张力型发放模式。当细胞超极化时（B），I_T 是去 - 失活 (de-inactivated)，实际上就是再激活，因而电流脉冲激活，出现带有 4 个 Na 动作电位在其顶峰的 LTS。图 10-1C 在有 TTX 存在下记录到的全或无的 LTS，较小的（阈下）脉冲，诱发纯粹的电阻 - 电容反应，但是所有更大的（阈上）脉冲则能诱发许多的 LTS。LTS 很像普通的 Na^+ 动作电位，它们的振幅全都相同。通过这两种发放模式，丘脑中继细胞对输入反应产生强烈的影响。我们实验室在大鼠海马 CA1 区也观察与之完全相同的现象。

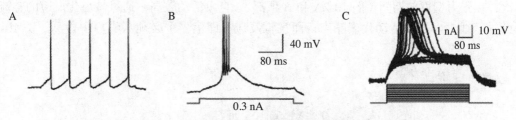

图 10-1　丘脑中继神经元两种反应模式和低阈值尖峰电位（LTS）
A. 张力型反应。B. 爆发型反应（簇）。C. 低阈值尖峰电位（LTS）

过去人们曾考虑，在正常觉醒行为时，只有张力型发放，而成簇爆发则局限在嗜睡、慢波睡眠或一些病理条件下。然而新近的资料表明，在觉醒行为时，成簇爆发是重要的中继模式，Crick 首先提出，丘脑中继细胞的成簇爆发在注意过程中起重要作用。

爆发型反映一次长的节律性动作电位爆发，同步了一大群中继细胞的发放，这一过程可控制中继细胞到这样的程度，以至爆发的发放模式阻碍正常的中继功能。按照这一观点，动物在觉醒时（或从病理状态解脱出来时），中继细胞去极化，因而使 I_T 失活，并有利于张力型发放，而张力型发放被看做是仅仅有用的中继模式。然而来自啮齿类动物、猫和猴子的外侧膝状核的研究资料表明，爆发簇作为在觉醒状态时是有效的中继模式。膝状体细胞偶尔有自发的爆发型发放，但对视觉刺激产生强有力的节律性发放。在觉醒状态下，这种爆发型发放模式的例子在行为的猴也可以观察到。张力型与爆发型发放之间的交替，每几百毫秒到几秒的时间间隔无规律地发生，可能反映膜电位在 I_T 失活和去失活之间的缓慢变化（图

10-1）。在觉醒时，猫和猴子膝状体神经元自发性爆发的程度相当低，但在视觉刺激时，则有更多的爆发（此时猴子的爆发占 10% 左右）。似乎爆发簇的水平取决于许多未经试验的行为因素，并且有颇大的变化。例如，在觉醒时爆发簇，行为的猫在 1 s 的时间内总共的概率为 0.09，这在凝视的起始相（即视觉刺激的第一个周期），则有高度的发生率。觉醒猴子的丘脑的体感部位，簇发放也非常明显。也有报道指出，觉醒的人类丘脑神经元也常有节律性簇发放。因为人患有各种疾病，常把记录丘脑的电信号作为治疗效果的一个指标，故常把观察到的簇假设是病理信号。然而现在对人类的研究表明，在非常广泛的各种病理条件下，都产生相同类型的簇发放，在不同的病理条件下，不可能产生同样的簇发放，所以他们得出的结论是，与动物同样，觉醒的人类发放簇，也是正常的功能。

三、中继信息时，张力发放与簇爆发之间的差异

在张力型发放时，中继细胞的动作电位直接与那些细胞的兴奋性突触后电位（excitatory postsynaptic potential，EPSP）相联系，在簇爆发模式时，动作电位与 EPSP 之间的联系是间接的，要通过全或无的 LTS（图 10-1A 和 B）。因此，在张力型发放时，较大的 EPSP 引起较高的发放率，在簇爆发模式时，较大的 EPSP 不能引起大的 LTS，也不能引起较高的发放率。因此张力型发放时，输入与输出的关系几乎是线性的，而簇发放时是非线性的，并且像阶跃函数的关系。在体内，膝状体对视觉刺激反应表明，两种反应模式都能适当地传递相等的信息量，唯独簇代表有用的中继模式。无论如何，在两种模式之间信息的品质是不同的（图 10-2）。首先，在两种模式发放期间反应是敏捷的，但对正弦输入的反应轮廓图，在张力型发放期间比爆发（簇）型发放期间更为正弦（图 10-2A 和 B 底部），因而反映更优的线性总和。其次，在张力型发放期间（图 10-2A 和 B 顶部），自发活动较高，通过最小化反应的整流以帮助维持线性。自发活动代表噪声，而视觉反应（即信号）必须从噪声中检测。图 10-2A

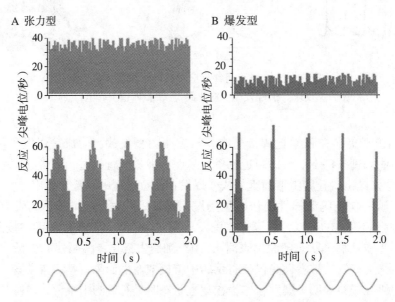

图 10-2　猫外侧膝状核的中继细胞对视觉刺激的张力型和爆发型反应
A 和 B 均为平均反应直方图，上图为自发活动，下图为细胞对 4 个周期的条栅刺激的反应

和 B 的直方图表示信 / 噪比。因此，在簇爆发期间比张力发放期间的检测能力高，利用基于信号检测理论的技术来测定检测能力已得到了证实。因此张力发放提供更优的线性，而簇发放支持更佳的信号检测。由每种发放模式所中继的其他方面的信息差异也有过报道。张力型发放在传递过程中，使非线性失真减低到最小，因而使视觉世界更真实地重构。爆发（簇）模式，使最初刺激的检测最大化，可作为一种在周围环境中发生了某些变化的唤醒机制。这可能是奇特的想象，当在慢波睡眠时，簇发放作为一种唤醒信号，发放簇支配丘脑中继细胞的反应。虽然这个概念可能是不正确的，似乎在睡眠期间，中继细胞的节律性同步爆发，反映对大脑皮质的一个不同信息，也同样是似是而非的，这表明从外周完全失去被传递的信息。"唤醒"的概念与以前 Crick 提出的"寻找光的假说"相似，他提出在丘脑网状核的神经元，强有力地抑制中继细胞，因而去失活这些细胞的 I_T，并且引起下一个兴奋性输入，激活一个簇爆发。尽管 Crick 的假说包括有更特殊的对网状核的寻光控制的提示和簇爆发对动态细胞装置的效应，这与现在提出的假说是相似的。现在的假说考虑的一个例子是膝状体细胞对以前在视觉空间没有兴趣的或不注意的区域出现一个新奇的目标起反应。如果细胞是爆发型则比张力型能更好地检测这一目标的信号，并允许其对它进行粗略的分析，一旦检测到变化，神经元则转变成张力型发放，这样就可能更忠实地分析新的目标。仍然不能肯定簇爆发是否能更有效地激活它的目标皮质细胞的 EPSP，因为现在有证据表明，膝状体的动作电位只有大约在 10 ms 内，接着又有另一个动作电位，才有可能激活在皮质的靶细胞。

四、反应模式的控制

在前面提到的功能假说中，有效控制反应模式到达神经元回路是必然存在的，例如，在图 10-3 所示。除了从视网膜有信号输入到中继细胞外（这只占在中继细胞上的突触 5%~10%），还有从局部 γ- 氨基丁酸能细胞（大约 30%），脑干胆碱能细胞（大约 30%）和视皮层第 6 层的细胞（大约 30%）与之形成突触，另外还有少数（<5%）从其他细胞输入来源。因此，到膝状体中继细胞来的主要巨大的输入，不是来自视网膜的信息而是涉及调制视网膜与膝状体的传递。

在外侧膝状核的突触输入中，通过神经递质作用在突触后的两类受体（即离子型受体和代谢型受体）进行。离子型受体简单地以快速的突触后电位进行反应，典型的潜伏期 <10 ms，持续期为几百毫秒或更多一些。在中继细胞上的离子型受体包括 AMPA 和 NMDA 受体（对谷氨酸起反应），以及 GABAa 和尼古丁受体（对乙酰胆碱起反应）。通过代谢型受体的持续的突触后电位（PSP）更适于控制反应模式。正如较早就注意到 I_T 的失活或去失活需要维持去极化或超极化大约 100 ms，离子型受体不适合这一点，而代谢型受体则是理想的。因此有趣的是代表起驱动作用从视网膜来的输入只激活离子型受体，而所有代表调质的非视网膜来的输入激活代谢型受体，而且常常也能激活离子型受体（图 10-3）。

现在，人们还不清楚，是否单个非视网膜轴突，只激活代谢型或离子型受体。无论如何，受体的联系模式清楚地表明，非视网膜输入的一个重要作用是控制 I_T 的状态，因此也就是控制反应的模式。大脑皮质和脑干输入对中继细胞的激活，能引起持续的 EPSP 使 I_T 失活，因而产生张力发放；而 GABA 能输入，则能引起持续的抑制性突触后电位（IPSP），并产生与上述情况相反的结果。相同的大脑皮质和脑干的传入纤维支配的中继细胞和局部的 GABA 细胞表明，这些非视网膜的、丘脑外传入纤维，以推挽（push-pull）的方式能有效地控制中继细胞的反应模式。

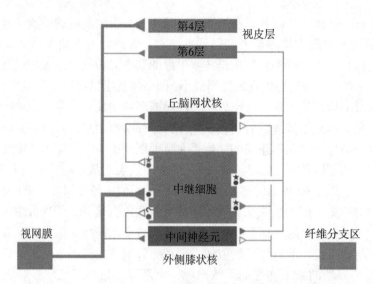

图 10-3 （也见彩图）中继细胞上的相关受体与外侧膝状体的神经回路
蓝色表示谷氨酸能细胞和轴突；红色表示 GABA 能细胞和轴突；褐色表示胆碱能细胞和轴突。视网膜输入只激活离子型受体（圆圈）；而非视网膜输入激活代谢型受体（星号）而且常常也激活离子型受体

　　"簇"作为"唤醒"信号的假说，能够做如下的扩充，设想一个或一小群膝状体中继细胞支配一个爆发簇的皮质柱，根据定义，这些细胞将是超极化，并沉默大约 100 ms，因此皮质柱（包括第 6 层）也将相对是失活的，然后由一个新奇的刺激使 LTS 激活并且引起中继细胞爆发动作电位簇，这样能建立起对大脑皮质第 4 层和第 6 层强有力的突触输入，因为绝大部分传入纤维的分支都支配这两层。如果某些在第 6 层被激活的靶细胞，是皮质 - 丘脑细胞，那它们反过来又可能去极化传入的丘脑细胞，并把它们转换为张力型。因此，簇开始激活皮质柱，并准备从膝状体传入纤维接受更线性的输入。

　　总之，有关丘脑的功能，现在的这些解释将引发更多的需要研究的问题，虽然这些资料是从研究外侧膝状体核所得到的结果，但从这些研究显示的原理是可以广泛地应用整个丘脑的。现在已经清楚张力型和爆发型两种反应模式，在传递功能上起重要的作用，更重要的是要学会如何应用和控制这些模式。也曾有人提出一种似是而非的推测，认为这可以作为今后研究内容的理论框架。此外，有证据表明，簇爆发的模式对皮质内突触间通信是特别有效的。那么有关丘脑 - 皮质传递的发放模式的效应仍需进一步研究，可能提供区分反应模式间的另一种思路。因此，丘脑中继细胞能以两种不同的张力型和爆发型模式发放，似乎奠定了丘脑重要的传递功能。

第二节　尖峰电位爆发（簇）

　　在上一节中，我们介绍了神经元的两种主要的反应模式，即张力型和爆发型。在这一节里，将着重进一步讨论爆发型反应模式，揭示动作电位的爆发（簇）是了解神经元如何通信的重要一步。其主要观点是：为了增加神经元之间通信的可靠性，需要动作电位成簇地爆发（bursting）。簇作为神经信息传播的单元，它可使不可靠的突触传递成为可靠的。一些证据表明尖峰电位构成的短暂（＜25 ms）的簇，对脑功能有特别重要的意义。有研究表明，许多中枢突触，把从突触前来的单个动作电位信号传递给突触后神经元是很不可靠的，然而，成簇的信号则有利于神经递质的释放，因此传递的信息是可靠的。尖峰电位的爆发（簇）对突触可塑性和信息处理过程似乎也有特殊的作用，单个簇可引起海马内长时程突触改变。在起计算作用的脑结构中，成簇到达的动作电位比单个到达的动作电位可提供更精确的信息。需要复合的输入才能诱发细胞发放尖峰电位的实验结果提示，能使一个细胞兴奋的最佳刺激（也就是神经编码）是互相一致的尖峰电位簇。从大脑进行单个神经单元记录，揭示了感觉输入和动物细胞内部是如何影响神经元的尖峰电位。分析这些尖峰电位串，人们想了解信息是如何编码的。关键问题是突触后神经元检测尖峰电位的时间特性。有关神经编码的一个共同观点是，尖峰电位的发放速率是一个重要的可变量，隐含在这一观点的内涵是，假设在整合尖峰电位期间，尖峰电位发放的细节是不重要的；突触后反应峰不取决在整合期间是否有短暂的高频簇输入或是平均分布数目相同的输入。这一观点的另一个极端是，单个神经元的速率是不重要的，使突触后神经元发放动作电位的是从各个细胞输入而来的相一致突触后电位。这一观点总结了神经编码的另一种形式：用短暂的簇发放的形式。有证据表明，突触前的增强性质，检测暂时的发放模式，并且有选择地传递给突触后神经元。然而，由于大多数神经元的激发需要多个突触的输入，与簇同步的神经编码数据是最优的输入。

一、从大脑记录中观察到定型的簇

有关特化簇的最明显的证据是来自海马的工作。细胞外单个神经元的记录显示共同发生称之为具有"复合尖峰电位"特征的簇，这种簇持续时间最短为 25 ms 并包含 2～6 个动作电位，其频率大约为 200 Hz。这些簇的定型特征是在爆发期间，动作电位的振幅进行性地减低。海马的主要细胞（锥体细胞）产生这些簇。大脑的其他区域也观察到相似的簇。尖峰电位簇的产生可能简单地来自大的瞬态输入。然而，现在可以清楚地看到，突触输入与细胞固有的离子通道电流相互作用引起簇的爆发。这些固有的机制产生的去极化慢波，不同类型的细胞各不相同，可能涉及 Ca^{2+} 尖峰电位、非失活的 Na^+ 通道或 NMDA 通道。虽然细胞的几何形状能影响簇的特性，然而簇并没有细胞的固定特征。神经递质、静息电位的变化或细胞外 K^+ 浓度相当小的变化都可能调节爆发簇的能力。有产生簇的特殊机制存在，提示簇可能是神经信号重要的时间特性。然而，簇的特殊过程并不取决于簇是由特殊的固有机制所引起，而是简单地由于强的突触输入所引起。

二、单个尖峰电位产生不可靠的突触传递

人们有颇大的兴趣，发现了中枢突触传递是非常不可靠的。不可靠就意味着突触前末梢的动作电位经常不能引起突触后细胞的反应，这个结果首先是来自运动神经元和 Maothner 细胞的研究。近来的工作也表明，在大脑皮质和海马也是如此。不同的突触传递的概率是不同的，并且有可能低于 0.1。支持这一结论的证据是涉及应用 NMDA 受体阻断剂 MK801，这种拮抗剂不可逆地阻断 NMDA 通道，但首先需要有神经递质将这种通道打开后，MK801 才能发挥这种阻断作用。当突触反复地受到刺激后，如果对某一突触释放递质的概率越高，MK801 阻断这个突触的 NMDA 通道越快。在海马 CA1 突触上进行实验时，反复给予足以激活许多突触的突触前刺激，则关键地观察到至少有两种非常不同的时间常数，使 NMDA 受体介导的反应逐渐减小。快的时间常数反映一小部分具有高概率（P 值范围为 0.3~0.5）

的突触,慢的时间常数提示剩下 75% 以上的突触具有低得多的概率(P 值范围在 0.06~0.09)。另外一个有关突触不可靠的证据是来自测定刺激单根突触前轴突所引起的兴奋性突触后电流(EPSC)。这种单位反应的研究表明,成功的传递概率低于"1"。众所周知,对于这种单根连接,有时由于突触接触多个部位,用这种方式所确定的概率是精确的上限。有 3 个著名的实验,用解剖的方法以确定在 CA1 锥体细胞与中间神经元之间的突触连接是单突触。从 3 对这样的神经元,双电极记录测定其突触传递的概率为 0.35、0.85 和 0.95。现在有可能用光学的方法测定单个突触的概率 P 值,例如,用激光共聚焦显微镜在脑片标本上有可能观察到 CA1 区锥体细胞的单个突触棘。对单个突触前纤维进行刺激,单个突触棘发生短暂的 Ca^{2+} 升高反应,这些信号是由于 Ca^{2+} 通过 NMDA 离子通道进入神经元,在蘑菇状突触棘上,突触前刺激引起突触后信号的概率是 >0.2,但用光学的方法也检测到更低概率的部位。值得指出,低 P 值的突触与"沉默突触"是不同的。后者是定义为没有功能的 AMPA 通道,但如若检测 NMDA 通道,就有高 P 值。突触传递的不可靠性质可能是由于不可靠的刺激轴突,或动作电位不能扩布到释放递质的部位而引起的,然而有关这些概率的直接研究表明,这些都不是不可靠性的主要源由。

三、不可靠突触能够可靠地传递簇爆发

虽然单个脉冲刺激时,突触可能只有低 P 值,成簇的刺激则有可能引起突触前的易化作用(facilitation)而增加 P 值,并且很有可能在发生簇的期间在某一点发生突触传递。业已证明,兴奋性反应的易化作用是利用很多突触输入的综和反应。通过简单给两个时间上紧密接近的刺激,则第 2 个反应有可能比第 1 个反应大[配对脉冲的易化作用(paired-pulse facilitation,PPF)]。4 个刺激构成的簇,其易化作用的例子如下,因为在第 2 个刺激没有发生之前,最初的刺激引起 Ca^{2+} 升高和 Ca^{2+} 结合还没有回到基线,所以发生易化作用。有关易化作用的实验是测定整个实验突触群体的平均数,最近的研究提供了在海马 CA1 区单个突触易化作用的例子。用一对空间紧密靠近的脉冲刺激突触,对第 1 个刺激所发生的突触后反应的概率(P=0.2~0.6)是所期待的,有趣的是对第 2 个刺激的反应强烈地取决于在第 1 个刺激发生后的多长时间,如果第 1 个刺激未引起递质释放,则第 2 个刺激的释放概率超过 0.9 (图 10-4A),这表明第 1 个刺激对第 2 个刺激有很强的易化作用。如果突触后细胞对第 1 个

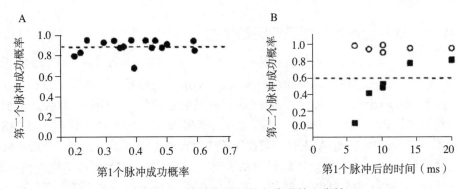

图 10-4　簇爆发增加信息传递的可靠性

A. 成对脉冲刺激时,第二个脉冲诱发的成功概率很高(约 0.9)。B. 成功的释放引起随后的持续去极化(大约 20 ms)

刺激已经产生了递质释放，并在 6 ms 后进行第 2 次刺激，则第 2 个刺激引起递质释放的概率低于 0.1，这表明第 1 个刺激对第 2 个刺激的抑制作用，抑制作用的恢复，大约发生在第 1 个刺激后的 15 ms（图 10-4B）。这表明易化作用甚至比突触群体所产生的反应还更强，这是由于易化作用和抑制作用过程结合所产生的效应，这也表明易化作用是强到只有两个动作电位构成的簇，在几乎每一个突触都能产生成功的突触传递。

用光学的方法研究突触提供了第 2 个证据，证明在成簇发放尖峰电位时，突触传递变得更可靠，甚至对非常低的 P 值的突触也是如此。当两个突触的部位在同一树突上，在低频（2 Hz）刺激时，实际上给以 40 个以上的刺激，在突触后细胞的 B 部位上检测不到反应，而在另一个部位 A，则至少立即对每串 10 个的刺激起反应，表明 $P > 0.1$。当用高频（20 Hz）簇刺激同一部位时，在每一串刺激期间，两个部位都起反应。

四、记忆存储的含意

人们可以想象，"不可靠的"突触不仅有可能可靠地对每个簇起反应，而且实际上对每个簇产生相同的整合反应，甚至对具有不同数目动作电位组成的簇也是如此。这种情况可能发生如下：如同前面已经讨论过，在一簇电脉冲刺激期间，易化作用至少确保释放一个突触小泡，而突触的抑制作用，则大大地减低了第 2 个突触小泡释放的概率。此外，如果释放出第 2 个突触小泡，它产生的反应将被衰减，这是因为第 1 个突触小泡所释放出的神经递质几乎与所有的突触后 AMPA 通道相结合，使其中许多的 AMPA 通道进入到去敏状态（desensitized state）。因此，突触的这些特性，可以作为对簇实际上产生起决定性作用的反应。如果达到了这种完善程度，突触后对簇反应的决定性因素将是 AMPA 通道的突触后反应。

量子的大小是精确的数量，是只受长时程增强调制的特性，是记忆存储最现代的模型（详见本书第十二章）。如果假设长时程也调制 P 值，突触后细胞 P 值对簇引起的反应的影响是小的、也许是微不足道的，因此，突触生理可能被突触后修饰演变成记忆的存储，而单个簇则能复现这种突触后的修饰作用。

五、单个簇能诱发突触修饰

人们发现单个簇足以产生长时程增强（long-term potentiation，LTP）和长时程压抑（long-term depression，LTD），这支持簇作为信息功能单位的重要性。有关 LTP 和 LTD 的大部分工作，是在海马脑片上进行的，并且在没有胆碱能调制下完成的。在这样的条件下是需要数以百计的动作电位才产生突触修饰。在这种环境下，单个簇是无效的，而且海马脑片的条件对在体内觉醒条件并不是好的模型，因为在进行切片的过程中，所有的神经调制输入都被切断。在脑功能正常时，到海马的胆碱能输入对诱发 5~8 Hz 称为 θ 节律的网络振荡起重要的作用。在脑片中加乙酰胆碱激动剂（卡巴胆碱）也能诱发相同频率的网络振荡。在振荡状态期间，突触的可塑性大增，以至增加到单个短暂（15 ms）的簇就能产生长时程突触修饰。图 10-5A 示在 θ 振荡的顶峰加单个簇则可诱发 LTP。单个簇加在振荡的波谷，则引起以前增强突触的 LTD（去增强作用）。只有两个动作电位的簇不大可能产生突触的修饰作用；有 3 个动作电位的簇，才可产生一些 LTP 和 LTD，而有 4 个动作电位的簇，则可引起接近最大的 LTP 和 LTD。这样看来，似乎在适当的神经调制的条件下产生突触的修饰对体内出现的簇的类型是非常敏感的。

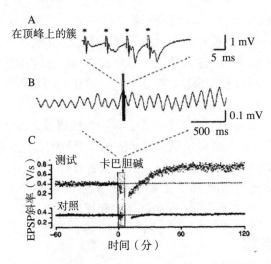

图 10-5　在 θ 振荡的顶峰上，单个簇引起长时程增强（LTP）

A.高时间分辨率的 EPSP。B.在 θ 振荡的顶峰上，给一个簇的尖峰电位。C.由测试刺激引起的 fEPSP 的斜率，单个簇则引起 LTP

六、簇的信息是丰富的，而单个尖峰电位则可能是噪声

如果簇是重要的信息单位，应该有可能证明在进行运作的情况下它们是信息丰富的。从不同脑区得到的一些结果表明都有这一问题，海马在一定环境下，其细胞是用多模式输入计算动物的定位。当发生尖峰电位时，通过制作动物的位置图可以进行实验测定。发现如果只考虑簇比考虑所有的尖峰电位更能精确地定位目标所在的位置。这表明，如果将单个尖峰电位滤掉，只由簇使神经元兴奋，则下游神经元将更容易获得动物位置的指标。

获得相关数据的第二脑区是初级视觉皮层。在这个脑区的细胞，运算刺激物的取向和空间频率。当呈现视觉刺激时，既增加单个尖峰电位的发放率也增加簇的发放率，在这种条件下，簇的发放率取决于刺激的取向。相反，单个尖峰电位的发放率，几乎对取向没有任何依赖关系。对空间频率的选择也得到了相似的结果。这表明，单个尖峰电位不仅运算能力弱，而且实际上是噪声（无信息）。如果神经元自发地发放电信号，突触不能传递单个尖峰电位，实际上可能是一种关键的滤波形式，这样滤掉噪声而不会减低有意义信息的簇。

Livingstone 等提供了进一步的证据，说明在初级视皮层簇爆发的重要性。觉醒的、能自由观看刺激目标的猴能够由直接测定眼睛的部位，记录到每一个尖峰电位，进而指出尖峰电位在视野中的部位。人们惊奇地发现，所有的尖峰电位图显示不出任何目标物的指标，然而，如果只用簇进行作图，则目标物的部位和取向都能容易地被分辨出来。这个实验直接证明在没有适宜刺激时簇是非常少的。簇在决定 MT 区的运动方向中的重要性也是清晰的，分析尖峰电位串，用以评估在斑点矩阵中的干涉运动（coherent motion）的方向，干涉运动是指斑点的某些部分的运动方向与目标的运动方向相同。在接近阈值时，动物用几秒钟检测干涉运动，因此只用几秒钟就能分析尖峰电位串。这些结果表明，如果把簇当作事件单位处理则能对运动方向做出较好的估计。然而如果只考虑簇爆发，则对边缘的估计较差，在这种情况下显然单个尖峰电位在携带信息。因此，简单地把单个尖峰电位认作是噪声这一观念在一定情况下是真实的，但不能把它考虑为有效的通则。最后一个例子是在外侧膝状核由视觉刺激引起的簇爆发，是以簇的模式还是以非簇的模式运算取决于神经调质的存在，

当产生簇时，它们则增加对模糊不清刺激的检测。

七、神经码（相一致的簇）

在突触处，簇能成功地传递过去，但单个突触产生的 EPSP，只能达到海马锥体细胞所需的去极化阈值的 1/15～1/30 和海马颗粒细胞所需的 1/400。单个轴突常常与其靶神经元构成多个突触，除少数例外，它们的协同作用仍然太小，不能触发尖峰电位。因此，对于绝大多数神经元，都是采取从多个轴突来的"相一致"输入总和以触发突触后反应。如果这些输入是簇爆发，则只需最小数目的输入，就能触发突触后细胞。因此，神经编码的形式是相一致的簇爆发。需要有效地触发突触后神经元相一致的程度取决于神经元的时间整合特性。企图把整合时间与突触后神经元的被动时间常数等同起来，但现在看来整合时间似乎是一个取决于许多突触后过程的复杂过程。在皮质神经元，受到电压依赖性电导的强烈影响。在其他例子中，时间整合期可以被平台电位延长到 100 ms 的范围或长的突触电导（例如，NMDA电导）开放期，还有特化作用出现，使整合期下降到毫秒范围内。因此，时间整合期似乎有待一个与一个为基础地进行测定。有关簇和时间一致性的作用，一个重要的展望来自对大脑皮质和海马中发现的 γ（40 Hz）振荡的考虑。曾经有人假设，这些振荡把一定的知觉项目的不同部分"结合"在一起代表一个细节的一组细胞同步地发放，并因此能被其他神经元利用相符合的检测所识别。然而，目前还不清楚在这一问题上同步的含意是什么？如果必须代表多个细节，它们是代表在 40 Hz 周期的不同相位同步发放的细胞组吗？在哪些情况下，同步必须在毫秒的时间尺度范围内发生？另外，根据相继 γ- 周期发放的细胞组是代表不同的细节吗？在哪种情况下 10 ms 范围内的同步就足够了呢？近来理论和实验工作都支持后一种模型，至少在记忆过程是如此。尤其假设记忆顺序从海马 CA3 区以每个周期读出一个记忆，提供了像大鼠通过熟悉的线性轨迹，海马起搏细胞定量的相前（phase-advance）描述。这种记忆的时间组织，是与通过簇进行信息通信相适应的。一个簇的持续期（<25 ms）产生暂时的拖影（smear）。然而，如果同步的功能定义是细胞以相同的嘎玛周期（其持续期为 25～30 ms）发放，则拖影是没有问题的。

总之，定型簇的出现是信息丰富的，而且能可靠地传递到突触后靶细胞。这一事实表明，簇在神经的信息处理过程中有着特殊的作用。最好使细胞发放的输入，是一些相一致的簇。如果簇是信号，而单个尖峰电位是噪声（在某些情况下的确是如此），那么我们的"不可靠"突触的观点是浮现出一个有趣的观念。突触在传递信息方面是可靠的，不可靠的是它不能过滤掉所有的噪声。完善的突触对于突触前的单个尖峰电位从不起反应（P 值为 0），然而对来自突触前的成簇的尖峰电位，往往其 P 值总是接近 1 进行传递（即有无限的易化作用）。如果某些神经调质能增加易化作用，则有助于使突触更接近于完善。

第三节　神经元的谐振特性和频率选择

认识脑的各种行为和知觉状态与不同的脑节律相联系，引发了对神经元振荡行为的兴趣。近来的研究揭示，神经元的振荡与谐振之间有紧密的联系。谐振是一种容易测量的神经元特性，用以描述神经元对不同频率的输入信号有选择性地起反应。实验中通常给细胞输入一个在一定频率范围内，频率可连续变化而振幅保持恒定的所谓 ZAP 函数，来测定从细胞输出的快速傅里叶转换（FFT）后的阻抗峰值（图 10-6）。各种离子机制支持神经元的谐振与振荡。了解涉及产生谐振的基本原理，可以提供用以简化这些机制的分类。谐振和频率选择的特性抓住了神经元的基本特征，后者可以在大脑中围绕特定频率作为协调网络活动的基础。

在工作的大脑根据特有的空间和时间标度显示大量神经元的节律性的激活特征，这些相干活动表现为脑的各种节律，与机体行为状态有联系提供了有力的证据，证明脑细胞的节律活动反映大脑的基本动态模式。是什么决定每种脑节律的特征频率范围呢？广义地说，有两种解释，一种是援引神经元与突触动态特性连接的模式。例如，再次进入神经回路的回响活动，能引起在一定带宽范围内的基本非振荡神经元的节律活动。另一个解释认为，网络的节律性来自振荡亚单元的偶联，而每个亚单元都具有固定的频率选择。这两种解释并不互相排斥（网络连接能增强由偶联振荡器所产生的兴奋模式）。然而，目前还没有弄清楚的例子是基于连接模式决定频率而产生的节律。另一方面，还没有很好的证据来表明单个神经元具有频率选择性，使之能产生自发膜电位振荡，或在一个狭窄的频率范围窗口内能够最好地起反应的单个神经元。这种固有的特性，在决定相干的脑活动的动力学中有一定的作用。这里将要探讨奠定神经元频率选择的各种机制具有共同因素的可能性。谐振是神经元的注入电流能最好地起反应的频率特性，它提供在共同的基础上，描述不同神经元频率依赖特性的手段。虽然谐振的测定只评估神经元的小信号反应（因此忽略或只大概地评估强的非线性特性），通常这足以了解神经元如何处理在阈下电位时的振荡输入。利用谐振揭示不同神经元振荡机制之间的相似性，导致基本洞察有关大脑中节律的发展和调制，了解它们的差别，为药物作用在各种癫痫发作和失眠症这一类的病症产生特殊的新目标。

一、谐振作为频率选择的探头

应用频率响应分析以了解神经元的功能，Cole（1941 年）是先驱者。他在电压钳技术问世之前，利用频率响应分析在枪乌贼巨神经上做的电生理记录，描述了与动作电位有关的某些事件。这些作者应用频畴技术开展研究，用傅里叶技术分析神经元反应成分。应用这种技术注意到某些神经元明显的特性是阻抗曲线上出现一个明显的尖峰，这就是谐振。神经

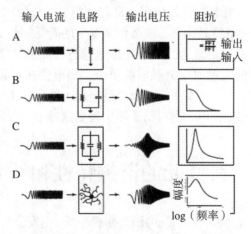

图 10-6　电子回路和神经元的频率依赖特性
电流输入（第 1 行）和电子回路或神经元（第 2 行）的电压输出（第 3 行）之间的关系，能把阻抗换算成频率的函数（第 4 行）。应用 ZAP 输入函数，可集中在特殊频率范围能进行分析

元具有谐振这一事实表明，神经元能够基于频率容量对输入信号加以区分。因此接近谐振频率的振荡输入能引起最大的反应（图 10-6）。现在发现很多可兴奋细胞、内耳的毛细胞以及各种外周和中枢神经元都有谐振特性。有一些报道指出，用频率分析证明谐振与阈下膜电位振荡之间有着紧密的联系。下橄榄核神经元协调阈下振荡的门控输入，起定时装置作用。振荡需要有低电压激活的钙电流（I_T）。在脑片记录中测定阻抗表明，即使不发生振荡，所有的橄榄核神经元都呈现谐振（图 10-7A）。谐振峰与振荡频率是一致的，两者有直接关系，用 I_T 阻断剂可将振荡与谐振两者都消除掉。丘脑神经元涉及 I_T 相似的机制负责谐振和振荡频率几乎相同。

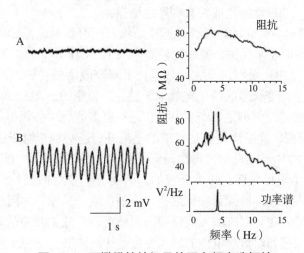

图 10-7　下橄榄核神经元的固有频率选择性

A.橄榄核神经元全细胞记录时稳态静息电位（左），同一神经元的阻抗曲线（右），揭示其谐振频率为 4 Hz。B.另一个橄榄神经元，稳定的膜电位振荡（左）在 4 Hz 为功率谱（右下）所示该神经元的谐振频率峰值，与振荡频率峰值相同，振荡由谐振触发

新皮质的锥体细胞在不同电压下有两种谐振：一种为 1~2 Hz 的谐振，发生在接近静息电位的条件下，需要激活超极化的阳离子电流（I_h）；另一种是 5~10 Hz 的谐振（准确的频率取决于电位），是电位比 −55 mV 更正的情况下出现。这种去极化条件下产生的谐振是涉及两种离子电导，因为 K^+ 通道阻断剂 TEA 可使这种谐振消失，另外用 Na^+ 通道阻断剂 TTX 也可使其强烈地衰减，但不改变谐振频率。此外，这种谐振是与偶发在谐振频率附近的自我保持的膜电位阈下振荡有联系。振荡需要完全整合这两种涉及谐振的电流，因为用四乙胺（tetraethylammonium，TEA）或河豚毒素（tetrodotoxin，TTX）都能使之消失。把振荡解释成 TEA 和 TTX 敏感机制相互作用的结果，前一种机制是产生谐振，后一种机制则能放大谐振，因而强烈地产生振荡。在丘脑和大脑皮质神经元上所观察到的谐振和振荡，其功能上的重要性，是基于已知这些神经元参与大脑的各种节律活动。皮质和丘脑的低频谐振，似乎是支持 δ 波振荡，后者在深睡眠时突出呈现出来。而奠定大脑锥体细胞和抑制性神经元谐振基础的高频振荡，则可能涉及某些在认知过程中所呈现的高频节律。

二、如何产生谐振

在上述例子中表明，神经元有各种创建谐振和振荡的途径。有幸的是，有支配这些过程的规律性存在，特别是奠定新皮质细胞去极化谐振的双重机制，负责谐振存在的基本机制和随后将谐振放大产生振荡的机制之间没有联系。这使研究这些过程是相对孤立地进行。中枢神经元的谐振往往来自其主动和被动特性的相互作用。事实上要产生谐振，必须结合神经元的两种机制，这两种机制具有特殊的频率范畴特性：一是衰减对高频端输入发生的反应，另一则是衰减低频端输入的反应。这样把高、低频滤波相结合，有效地创建了一个陷波滤波器（notch filter），后者能阻抑带通以外频率的输入。定位神经元引起低通滤波特征的性质没有困难，这种机制是众所周知和普遍存在的。所有细胞的基本特征是外膜的平行漏电导和电容构成的等价滤波器以衰减对高频输入的反应，然而对奠定低频衰减的机制则知之甚少。这些机制是有特殊类型的门控电流来控制。有两种基本规律决定哪些电压门控电流起高通滤波作用，并能与神经元的被动特性相结合而产生谐振。

（一）主动对抗膜电位变化的电流，能产生谐振：用有延迟整流相似特性的电压门控电流（I_K）刺激等效电位神经元模型，通过比较图 10-8 中 A 和 B 部分，加 I_K 后大大减低了对电流脉冲反应的电压变化。根据定义，反转电位下降至激活曲线的基线附近时，将以同样的方式对抗膜电位的主动变化。这些电流的例子是外向整流的 I_K 电流和内向整流的 I_h 电流。然而，对抗电压变化的能力仍不足以产生谐振，还有更多的要求必须得到满足。

（二）为了产生谐振，除了满足上述标准的电流外，还必须相对于膜时间常数是缓慢的激活，这一点用有 I_K 的神经元模型，再次得到了证实（图 10-8B）。这个模型表示在注入电流启动和关闭时，发生阻尼振荡，作为缓慢的 I_K 动力学，使之回到相对落后于被动膜充电的"开"和"关"状态，在神经元常被称之为"下垂"或"反弹"的阻尼振荡，是谐振时间范畴的鲜明标志。对"ZAP"电流输入的反应，同样可以看到相同的基本现象，I_K 的慢动力学使之产生最有效的跟踪和对抗膜电位的低频变化。其结果是 I_K 衰减低频，并起高通滤波作用，由其激活的时间常数决定角频。此外，膜的被动特性所形成的低通滤波器，是由 RC 时间常数决定角频。谐振在中间频率时出现，在此频率下，输入导致电压的变化不太高，不会被 I_K 抵消；并且也不会太低，而被膜的被动特性所抵消。在衰减的高频区和低频区之间，如果没有足够的间隙，谐振则消失。按照一般规则，为了产生谐振，电压门电流激活的时间常数，应该比膜的时间常数慢，如果这个标准得到满足，谐振频率发生在这两个时间常数之间。

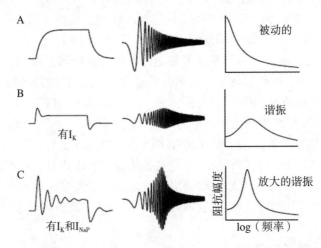

图 10-8　神经元的主动和被动特性相互作用形成振荡的三个模型

A. 只有被动特性。B. 被动特性加谐振电流（IK）。C. 被动特性加谐振电流再加放大电流（INaP）。与每个模型对电流脉冲反应显示在左侧；对 ZAP 输入电流的反应在中间；相应的阻抗幅度在右侧

总之，主动对抗膜电位改变的缓慢激活电流产生谐振。当知道激活和被动时间常数值相同时，则可估算近似的谐振频率。如果谐振电流是电压依赖性的，谐振频率也会是电压依赖性的。

三、放大电流放大谐振和振荡的幅度

对于产生谐振电流的解释遗漏了放大电流，这种电流基本上是与谐振电流相反。它的反转电位在激活曲线的顶部附近而不在底部，因此它是主动的电位而不是对抗电压的变化（图10-8 B 和 C）。此外，它激活快，相对于时间常数则慢。放大电流通过与负责动作电位上升相相似的弱再生机制，增强电压的波动。例如，持续的 Na^+ 电流（I_{NaP}），流过 NMDA 受体通道的电流（I_{NMDA}）和对双氢吡啶敏感的高阈值 Ca^{2+} 电流（I_L）。放大电流与谐振电流相互作用，增强谐振而不影响谐振频率。通过比较图 10-8B 和 C 的 ZAP 反应或阻抗曲线就可看出这一点。如果用电子学术语加以描述，这种机制是带通放大器而不是带通滤波器。在大鼠的体感新皮质细胞证明，被放大的谐振是 I_{NaP} 和 I_h 相互作用而引起，以及在豚鼠额叶皮质细胞去极化时，谐振是由 I_{NaP} 和缓慢激活的 K^+ 电流引起。

当放大电流足够强时，这些电流能把谐振偶联到自身维持的膜电位振荡。利用刺激模型理论上显示了这一点，而且在实验中也得到了证实。两种电流相互作用显露出放大了的谐振或自发振荡，其频率由一种电流决定，另一种电流则决定其强度。橄榄核和丘脑神经元的振荡和谐振，是由 I_T 所引起，现在这可以在谐振和放大电流的框架下加以解释。简单地说，I_T 是一个特例，它把谐振和放大电流一起包装在同一电流中。I_T 的失活过程满足产生谐振的全部需要，而快的激活机制起放大器的作用。引起谐振或自发振荡，集中在静态激活和失活曲线叠加区的电压（即"窗口"电流）区。I_T 的失活动力学决定频率。

总之，有许多不同的方式构成谐振或选频，尽管有差异，然而奠定的这个主题的基础，浮现出神经元振荡特征的简单分类。中枢神经元有三类频率依赖性机制：① 由谐振电流引起的单独谐振；② 由谐振和放大机制相互作用，产生放大了的谐振；③ 当谐振电流与放大电流，强烈地相互作用，以致使静息膜电位失去稳定而引起自发振荡。只有最后一种神经元的频率选择明显地表现为起搏器振荡。在前两类中，神经元的频率选择是潜在的，只在有输入时才显示出来。如果有大量不同的电压控制离子通道可以援用，则有可能大脑的每一个神经元在某些条件组合下和在某些膜电位范围内都具有谐振。因此，产生一个问题，谐振是被神经元利用或是简单偶发的现象呢？

奇怪的是发现大脑没有找到应用一组能调谐神经元到特殊频率的机制，尤其是当做占优势的脑节律。基于更特殊的水平，显然有坚强放大谐振的环境，用于协调围绕优势频率浮现网络活动的模式。下橄榄核的情况就是如此，也可应用于丘脑参与 δ 波和纺锤波的产生。在其他脑区，所观察到的阈下振荡的功能尚未发现，研究工作还刚刚开始。最后，对于较弱的谐振，认为广泛具有谐振强度，以帮助神经元整合输入。实际上，弱的谐振建立使神经元成为在特定频带内活动的好听众，许多好听众交互连接，调谐网络在有特殊生物学意义频率范围内运作。

第四节　谐振和选择性通信

首先考虑短暂簇的爆发，对膜电位具有阻尼振荡的突触后细胞的影响，振荡频率（本征频率）起关键作用。由于阈下膜谐振和频率选择，当簇内尖峰电位（动作电位）的频率等

于细胞的本征频率时，则这种细胞的反应（即电压振荡）将被放大。然而如果簇内尖峰电位的频率，是本征频率的两倍，则细胞的反应小到可以忽略不计。因此根据细胞的本征频率不同，相同的尖峰电位的爆发（簇），对一些细胞是能引起反应的，而对另一些细胞则是无效的，故尖峰电位的簇可为神经元之间的通信提供有效的机制。

一、神经元的谐振

了解神经元编码特性是神经科学最基础的问题，在突触前神经元的尖峰电位串中，什么对突触后神经元是最重要的呢？是平均发放速率或尖峰电位之间的时间间隔编码"信息"？还是一些别的什么？回答这些问题，对我们了解神经系统的基本功能是不可或缺的。产生两个、三个或一短段尖峰电位簇而不是单个尖峰电位是重要的功能吗？对这个问题流行的答案，受到了有半个世纪历史的、把神经元看做是一些时空积分器的影响，认为簇增加神经元之间的可信度。实际上发出一短串尖峰电位簇而不是单个尖峰电位，则增加了避免由于一个尖峰电位造成的突触传递失败的机会。在簇中尖峰电位的定时不起任何的作用。另外，还认为尖峰电位之间的时间间隔越短越好：如果在一个簇内，两个尖峰电位触发突触传递，则两个尖峰电位之间的间隔越短，共同结合起来产生的动作电位就越大（图 10-9 A）。上述的机制实际上是有价值的，但只有当突触后神经元显示出非振荡的突触后电位时才是如此（图 10-9 A），在计算神经科学文献中，把这类神经元称为积分器，有别于后面将要讨论的谐振器。

大脑皮质、丘脑和海马的许多神经元都呈现出振荡电位（图 10-9B 和 C）。这些神经元的反应对簇内尖峰电位之间的定时是很敏感的，在此利用 Hodgkin-Hueley 模型和一些其他模型来阐述图 10-9 的内容。第 1 个尖峰电位诱发膜电位的阻尼振荡，后者又引起相对于阈值还有一定距离的振荡。所有这些振荡都具有相同的周期（本征周期），第 2 个峰电位的效

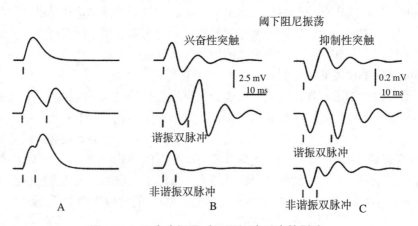

图 10-9　双脉冲间隔对不同细胞反应的影响

A. 在 Morri 和 Lecar 系统可变的电压呈现以指数函形式（非振荡的）衰减到静息状态。当两个尖峰电位以小的延搁到达，这个系统的反应变大。B. 在 Hodgkin 和 Huxley 模型中，可变的电压呈现阻尼振荡。当尖峰电位之间的距离接近振荡周期（谐振对称子），其反应变大。在这种情况下，第二个尖峰电位加到第一个尖峰电位上。当两个尖峰电位之间的间隔是振荡周期的一半（非谐振对称振子），则模型的反应缩小。第二个尖峰电位"抵消"第一个尖峰电位的效应。C. 与 B 相同，但对称振子是抑制性的

应取决于它相对于第 1 个峰电位的时间。如果两个尖峰电位之间的时间间隔接近本征周期或它的倍数，第 2 个峰电位在振荡的上升相到达，则可增加振荡的振幅，如图 10-9B 中间的曲线。在这种情况下，两个尖峰电位的效应是叠加和起来的。如果两个尖峰电位之间的时间间隔是接近本征周期的一半，则导致振荡振幅下降，如图 10-9B 底下的曲线。在这种情况下，两个峰电位彼此有效地抵消。同样的现象发生在抑制性突触，如图 10-9C 所示。在此种情况下，如果第 2 个尖峰电位在振荡波的下降（上升）相到达，则第 2 个尖峰电位将增加（减低）振荡的振幅。这一机制与众所周知的阈下膜谐振现象有关；神经元的阈下反应取决于输入 2 倍、3 倍频率的容量或短暂的尖峰电位簇。如果簇内尖峰电位之间的时间间隔是接近突触后细胞的本征周期，则这种簇是谐振的，否则是非谐振的。关键在于观察到同样的一簇尖峰电位，对一个神经元是谐振的，而对另外一个神经元则可能是非谐振的，这取决于细胞的本征周期[7]。

例如，在图 10-10 中，神经元 B 和 C 有不同阈下振荡周期，分别为 12 ms 和 18 ms，如果给予一簇尖峰电位，在簇内尖峰电位的时间间隔为 12 ms，则 A 神经元能引起 B 神经元的反应，但不能引起 C 神经元的反应。因此，A 神经元仅通过改变簇内尖峰电位之间的频率，而不改变突触连接的效率，有选择地影响神经元 B 或 C。神经元之间存在这种选择性通信，这是早些时候由 Izkikevich 提出的一种新的假说。

二、多重的输入

图 10-11 表明通过簇的选择性通信机制的本质，然而这只是大网络中的一部分，神经元 B 和 C 能在同一时间从其他神经元接受数百个输入，这些输入将不可避免地干扰它们的反应。在图 10-11 的例子中，我们考虑神经元 B，接受随机而又不相关的脉冲（踪迹 2）是通过标记为 N 的 1 000 根神经纤维（每根纤维每秒钟发放一个随机的尖峰电位），如用在踪迹 1 中，选择突触连接强度正好随机地输入诱发神经元 B 的阈下活动，偶尔带有个别的动作电位。即使没有随机输入，由于神经元呈现出振荡电位其活动仍然是有节律的。其节律活动

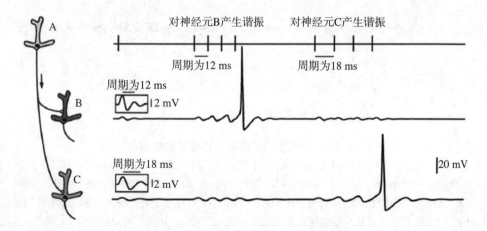

图 10-10　通过簇进行频率选择性通信

神经元 A 发出尖峰电位簇到分别具有不同本征周期 12 ms 和 18 ms 神经元 B 和 C（两者都用 Hodgkin 和 Huxley 模型进行刺激）。当改变尖峰电位间的频率，结果神经元 A 只能选择性地影响神经元 B 或 C，而不改变突触的效应

的周期是变动的，但都在本征周期附近（大约为 10 ms）。神经元 B 对来自神经元 A 并具有谐振（10 ms）和非谐振（5 ms）脉冲时间间隔的双尖峰电位起反应。在图的左侧，画出的是谐振。为了表明神经元 B 的活动对谐振的双脉冲是敏感的，用同样的输入进行刺激，起始条件也相同，只是一条曲线有从神经元 A 来的输入（踪迹 3），而另一条则没有（踪迹 1），比较踪迹 1 和 3，可以看出神经元 B 实际上对谐振的双脉冲刺激是敏感的。在踪迹 3 上，尖峰电位发放较早，这两个脉冲都在神经元 B 膜电位振荡的上升相即已到达，每个脉冲都增加振荡的振幅，因此导致神经元 B 更早地发放尖峰电位。在踪迹 4，改变了双脉冲的定时使每个脉冲都在振荡的下降相时到达，这样由于每个脉冲都在振荡的下降相到达，因而减低振荡的振幅，阻碍尖峰电位发放。为了比较踪迹 1、3 和 4，把这 3 条踪迹叠加在一起为曲线 5。可以清楚地看出，有定时的谐振双尖峰电位能引起明显的瞬态膜电位变化。图 10-3 的右侧，

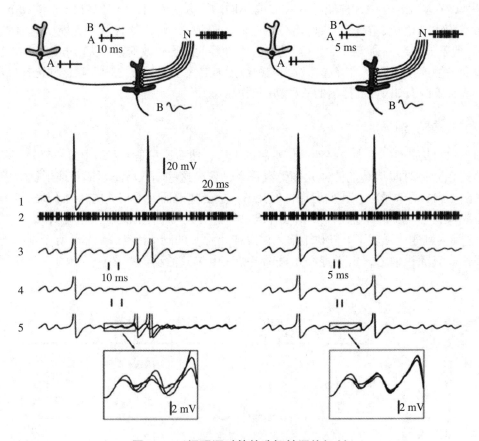

图 10-11　阐明通过簇的选择性通信机制

描绘在踪迹 2 的随机尖峰电位串 N 以大约 10 ms 的本征周期，诱发神经元 B 的噪声节律活动（踪迹 1）（用 Hodgkin 和 Huxley 模型刺激，在 200 ms 的时间间隔内，接受 200 个随机尖峰电位）。在图的左侧（"谐振对称振子"），从神经元 A 用相同的尖峰电位串 N 得到的 10 ms 对称振子进行叠加。取决于对称振子相对于阈下振荡相位的定时，神经元 B 可能较早地发放动作电位（踪迹 3，切断了的动作电位），或者也可能根本不发放动作电位（踪迹 4）。踪迹 5 是踪迹 1、3 和 4 的叠加。人们可以清楚地看到，神经元 B 的活动是对 10 ms 对称振子的存在和定时是敏感的。当以 5 ms 的对称振子，把相同的随机尖峰电位串叠加（图右侧 "非谐振对称振子"），神经元 B 对于对称振子的出现或定时是不敏感的。踪迹 3 和 4 几乎与踪迹 1 完全相同，从它们的叠加就能看出（踪迹 5）

描绘的是神经元 B 对从神经元 A 来的非谐振双脉冲（5 ms）的反应。由于这个双尖峰电位的时间间隔是振荡周期的一半，第 1 个尖峰电位在膜电位振荡的下降相到达，第 2 个尖峰电位则在上升相到达，这种情况下，第 1 个尖峰电位减低振荡的振幅，第 2 个尖峰电位则增加振荡的振幅，这样两个脉冲的效应就彼此抵消了，如图 10-11B 底下的踪迹所示。踪迹 4 双脉冲延迟半个周期到达因此第 1 个脉冲落在膜电位振荡的下降相，第 2 个脉冲落在上升相，在这种情况下，第 1 个脉冲减低振荡的振幅，第 2 个脉冲则增加振荡的振幅，这两个脉冲的总效应再次相互抵消。因此神经元 B 的膜电位对这种非谐振的双脉冲刺激的出现和定时都是不敏感的。从踪迹 5 可以看出，这是由踪迹 1、3 和 4 叠加在一起而成，右侧底部插图中的 3 根膜电位振荡踪迹几乎完全重合，与之对应的左侧插图的 3 条踪迹的振幅则彼此相差很大，其中还有一条已激发出了 1 个尖峰电位。

第五节　平台电位、双稳态和簇振荡

一、平台电位和双稳态

持续期短暂突触兴奋可触发平台电位，进而引起自我维持和持续较长久的尖峰电位发放，后者又能被短暂持续的突触抑制而终止。平台电位能让神经元以双稳态的方式发放尖峰电位，即在稳态的低发放频率和高发放频率之间移动，在非约束的大鼠足底运动神经单元观察到这种双稳态发放现象。Kiehn 等从人类足底和胫骨前肌的运动单元，记录单个运动单元的活动，观察能否诱发双稳态现象和（或）延长持续时间的尖峰电位的发放。足够强的短暂去极化电流脉冲或短暂的兴奋性输入的猛烈冲击，都可引起比刺激持续期更久的、自我维持的尖峰电位的发放。平台电位既可以自发地终止，也可由简短的抑制性刺激而使之终止。在猫和龟的运动神经元，平台电位的激活和失活都在运动神经元两个稳态膜电位状态下转换，一个低于发放普通动作电位的阈值，另一个则高于此阈值。此外，由于猫的运动神经元有平台电位，使之呈现真实的双稳态发放，也就是用短暂的兴奋性或抑制性刺激可以引起低发放频率与高发放频率之间的转变。在后一种情况下注入稳态去极化电流到细胞内可产生低频率发放。为了获得运动神经元平台电位的结论性证据，必须用运动单元进行记录，以寻找自发的或实验性诱发的并与运动神经元兼容的运动神经元发放行为，尤其是有双稳态发放模式和（或）持续发放比兴奋性刺激持续时间更久的尖峰电位（并且也能被简短的抑制性刺激所终止）。以前研究没有束缚的大鼠足底肌肉显示在正常运动行为中有平台电位，因此，下行突触驱动是恒定时，在安定状态下，通过刺激外周神经持续短暂的突触兴奋或抑制运动神经元，能够实验性诱发双稳态发放，运动神经元能在低频发放（10 脉冲/秒）和长持续期高频发放（20~25 脉冲/秒）之间自发变换。产生这种长持续期张力发放的发育过程与下行单胺能投射的成熟相平行，并在选择性地耗尽单胺后消失。Baldissera 等指出，平台电位可能是在某些痉挛和肌纤维颤搐的病例中，所见到的持续肌肉收缩的原因。研究人类的肌肉表明，被振动肌腱或用电刺激 Ia 传入纤维给予运动神经元弱的兴奋作用，都能诱发持续的肌肉收缩，并且收缩的持续时间比兴奋性输入的时间更久。在刺激停止后延长发放的持续时间，这是张力震动反射（tonic vibration reflex，TVR）的特征，这种后发放有时能持续几分钟，在这种神经元有平台电位这一特性，可以容易解释刺激后 TVR 延迟衰退，提示脊髓中间神经元网络的混响活动也可作为一种神经机制。

Heyward 等报道，用全细胞膜片钳记录研究大鼠脑片标本主嗅球僧帽细胞的电生理特性发现大量的僧帽细胞也是具有双稳态的特性，这些细胞在两种膜电位（相差大约 10 mV）之间自发地交替变换。相对去极化的上态是在产生尖峰电位的阈值范围周围，在相对超极化的下态不产生尖峰电位。在没有离子型兴奋性或抑制性输入时双稳态自发地发生。双稳态是电压依赖性的，从下态到上态的转换是由简短去极化脉冲激活的再生事件。简短的超极化能使膜电位从上态切换到下态。对刺激嗅神经的反应，僧帽细胞在上态比在下态更可能发放动作电位，刺激嗅神经也能把膜电位从下态转变为上态，简短的突触输入可引起延长和放大的去极化。总之，双稳态是僧帽细胞固有的特性，是其对嗅神经输入起反应的主要决定因素。

二、平台电位和簇

由于运动神经元能产生平台电位和有条件的簇振荡，因而需要再评估在运动系统中，运动神经元只起"被动的中继作用"的概念，因为这些非线性的膜性质明显地改变运动神经元对突触电位反应的输出。在稳态电流 - 电压（I-V）关系中。负斜率电阻（NSR）区域赋予运动神经元双稳态的电位，这对产生平台电位和某些类型的簇振荡是必需的。NSR 是由电压依赖的 Ca^{2+} 通道或持续的（慢的失活动力学）的 Na^+ 通道共同产生的，有些神经元也可能由激活 NMDA 谷氨酸受体产生。运动神经元的平台电位和簇振荡这一类的双稳态行为是与动物的姿势维持和运动有关。虽然突触的整合对形成适当的运动神经元输出模式是关键的，但在维持突触电位堵塞期间，平台电位和簇振荡不是由兴奋性突触后电位的时间总和而引起的，而是由膜的双稳态而引起，这是固有的膜特性所赋予的，能由简短的突触输入而启动或终止。内源的神经信使调制固有的膜性质，提供神经元灵活而有选择地以募集双稳态特性。三叉运动神经元受 5-HT 影响，是三叉神经核从缝隙核接受 5-HT 能神经纤维投射，在口腔运动时，缝隙核神经元增加三叉运动神经元的活性。在皮质诱发的节律性颌腭运动时，三叉运动神经元上的 5-HT 受体的激活，增加尖峰电位的发放可持续几分钟。5-HT 增加三叉运动神经元的兴奋性，部分是由于在静态 I-V 关系中诱发的 NSR 区。有关奠定 NSR 内向电流和在这些条件下双稳态膜性质的离子基础也有人进行了初步研究，他们观察到，在电压钳记录时，在低于 –58 mV 稳态电流 - 电压（I-V）关系中，10 μmol 的 5-HT 诱发 NSR 区，这对膜的双稳态创造了必须的条件。利用特殊的离子通道拮抗剂和激动剂，观察到持续的 Na^+ 和 Ca^{2+} 电流对产生 NSR 所做的贡献。用 L- 型 Ca^{2+} 通道拮抗剂尼弗地平（nifedipine）可以消除 NSR。加尼弗地平后，在相似的电压范围内（大于 –58 mV），I-V 关系曲线中仍有内向整流电流存在。随后这个区域还可被 TTX 线性化，这表明有持续的 Na^+ 电流存在。在低浓度 Ca^{2+} 溶液中，去极化电流可引起尖峰电位短时的排发，再加 TTX 则使尖峰电位完全消失，表明持续 Na^+ 电流介导尖峰电位。当用低浓度 Ca^{2+}（0.4 mmol）的溶液灌流把 5-HT 诱发的 NSR 除去以后，再用 Na^+ 通道的激动剂 10 μmol 的 Veratridine 可以把 NSR 恢复。与双稳态相对应的是，灌流液中加 5-HT 在电流钳模式下记录时，瞬态的去极化或超极化刺激可引起平台电位。对照组和加 TTX 的条件下都观察到去极化刺激诱发平台电位，但能被尼弗地平所阻断，提示 L- 型 Ca^{2+} 电流参与了平台电位的形成。由释放超极化后引起的平台电位，可被 300 μmol 的 Ni^{2+} 阻断，提示这一反应是基于 T- 型 Ca^{2+} 电流的去极化。尼弗地平或低浓度 Ca^{2+} 可阻断尖峰电位簇的出现，而 L- 型 Ca^{2+} 通道的激动剂 Bay K8644（10 μmol）则延长单个簇的持续期，表明 L- 型 Ca^{2+} 电流的作用。当用尼弗地平或低浓度 Ca^{2+} 阻断尖峰电位簇时，可以通过加 Veratridine 增强持续的 Na^+ 电流使之恢复。他们的结论是：L- 型 Ca^{2+} 电流和持续 Na^+ 电流介导三叉运动神经元膜的双稳态行为（尖峰电位簇的发放），5-HT 与在口腔运动时三叉神经元的活动增强相联系，5-HT 诱导双稳态膜性质代表这种细胞机制。我们实验室近年在大鼠脑干舌下运动神经核神经元，也观察到 5-HT 可增强诱发尖峰电位簇的发放，更详细的资料将在本书的第十三章做进一步的介绍。

第六节　神经元的阈下振荡

在中枢神经系统中的神经元存在两种明显不同的电活动模式，一种是由整合兴奋性和抑制性输入而决定，并有助于神经元网络内或网络之间的通信；另一种则是以内在（固有）触发为特征的膜电位（电流）振荡。应用细胞内记录和（或）全细胞膜片钳技术，已从多种哺乳动物神经元记录到了后一种电振荡现象，我们近年在爪蟾中脑脑片视顶盖神经元上也首次观察到，去极化的短暂方波能诱发阈下阻尼振荡和（或）慢的内向电流，并对此已做了报道。

一般认为，电流振荡在协调不同神经元间和（或）神经回路间的活动中起重要作用。然而，目前对它的细胞机制和生理功能尚未了解清楚。人们期望用脑结构较简单的非哺乳类脊椎动物对阈下振荡进行类似的研究，以阐明这些振荡的电流机制，并有可能提供相对简单而又用的信息处理模型系统。尽管已经发现，从 –70 mV 的钳位电压，去极化可以使蛙的视顶盖区神经元产生一种快内向电流，并紧接着出现一个快外向电流，但没有观察到振荡活动。目前在膜片钳实验中，我们发现：在含有河豚毒素（tetrodotoxin，TTX）孵浴溶液中的爪蟾视顶盖脑片，当通过记录电极给以较长时程（60 s）的 DC 电流，阶跃地（stepwise）使神经元的膜电位去极化，则可引起阈下电流振荡和（或）慢内向电流（slow inward current，SIC）（图10-12）。为了初步弄清这些电流的发生机制，我们也变换细胞外溶液中的两种二价离子（Ca^{2+} 和 Sr^{2+}），研究其对阈下振荡和（或）慢内向电流的影响。结果表明，在无 Ca^{2+} 的细胞外液条件下，SIC 和振荡活动都完全消失，用 Sr^{2+} 代替 Ca^{2+} 导致振荡活动的振幅和频率降低，此外，在 SIC 平台部的连续的振荡活动消失，有些用含 Sr^{2+} 溶液孵浴的神经元，使其膜电位去极化可诱发 SIC，但不能诱发阈下振荡活动。阈下振荡是一串正弦样的膜电位或膜电流的变化，常可以与脉冲活动相区别。从前，阈下振荡已在多种哺乳动物细胞（包括脊髓背根神经节、中脑的三叉神经核、丘脑神经核和大脑皮质的神经元）中曾记录到。然而，在非洲爪蟾尚未见阈下振荡和 SIC 的文献报道。我们的研究首先发现当通过记录电极注入 DC 电流使神经元去极化，从一部分非洲爪蟾的视顶盖神经元，不论是有或无 SIC，都能记录到电流或电压振荡。然而，当细胞的钳位电压在静息电位（–50 mV）附近或当给予 60 s 的超极化脉冲时，均无自发性的或超极化诱发的振荡活动和 SIC。哺乳动物感觉神经元振荡的频率相对较慢，与爪蟾顶盖神经元振荡频率 $[(8.16 \pm 0.80)\, Hz, n = 9]$ 接近，文献报道的豚鼠皮质和丘脑神经元的振荡频率，低于脊髓背根神经节神经元的频率。神经系统不同水平的神经元可能具有不同的本征频率，目前研究表明，低频率的振荡也可能是由于细胞内液含有 Cs^+ 所致。细胞内液的 Cs^+ 可以通过阻断持续的电压门控钾离子通道降低振荡频率；另一方面，

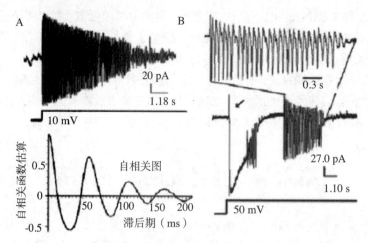

图 10-12　去极化电压诱发爪蟾视顶盖神经元的阈下振荡

A. 去极化膜电位（从 –50~–40 mV）诱发阻尼振荡电流（上线）和相应的自相关图（下线）；B. 膜电位去极化（从 –90~–40 mV）先诱发大的慢去极化内向电流，并在其上叠加两串振荡活动

Cs$^+$ 也可使大多数神经元产生缓慢的去极化和有利于发生振荡。Amir 等 报告在膜片钳记录的头 5~20 min，Cs$^+$ 从电极内溶液进入细胞内，15 个原来无振荡的细胞开始出现去极化诱发的振荡。作为对照，我们也用 KCl 替代 Cs-gluconate，去极化 5 个神经元均未能诱发振荡活动和 SIC。通常情况下 K$^+$ 的外向电流可以抵消 Ca^{2+}（或 Sr^{2+}）的内流，Cs$^+$ 能够通过抑制 K$^+$ 外流，从而使 Ca^{2+} 内流反复增加，产生振荡。

有一些文献认为振荡活动与神经元的谐振特性有密切的联系。例如，橄榄核神经元有阈下振荡，其谐振峰值与振荡频率是一致的。此外，Puil 等发现，豚鼠丘脑神经元谐振的产生需要低阈值的 Ca^{2+} 电流（I$_T$），但不需要超极化激活的阳离子电流（I$_h$）。低频率谐振对 TTX 是敏感的，Cs$^+$ 可完全阻断整流作用，但不能改变低频谐振峰值。这些结果与我们得到的 TTX 和 Cs$^+$ 对振荡影响的结果相一致。

我们还发现，振荡发生的概率随被记录神经元的静息电位的高低而变化，无振荡的神经元的平均静息电位明显低于有振荡的神经元［（–60.8±4.8）mV 对（–50.5±8.8）mV］。与此相似，自发产生阈下振荡的脊髓背根神经节神经元的静息电位高于无自发阈下振荡的神经元［（–49.4±6.4）mV 对（–60.5±6.5）mV，$P<0.01$］。尽管在脊髓背根神经节神经元可记录到自发阈下振荡，但发生振荡的神经元的数量是随去极化而增加的。中脑三叉神经核中，产生自发阈下振荡的神经元，平均静息电位是（–50.2±3.0）mV，而无自发阈下振荡的神经元平均静息电位是（–54.2±2.5）mV。此外，P7（产后 7 d）大鼠中脑的三叉神经核神经元发生阈下振荡更加频繁，与此相应 P7 神经元的平均静息电位也更高。综上所述，这些结果提示较高的静息电位有利于振荡的产生。

振荡可以分为两种类型：TTX（-S）敏感型（例如，背根神经节神经元和中脑的三叉神经核神经元）和 TTX（-R）不敏感型（如丘脑、皮质和橄榄核神经元和爪蟾视顶盖神经元）。对 TTX（-S）敏感型神经元，振荡的上升相由电压依赖性钠电流，而钾电流则负责下降相。对 TTX（-R）不敏感型，则 Ca^{2+} 电导负责振荡的上升相。非洲爪蟾的顶盖神经元的振荡和 SIC 都是 TTX（-R）不敏感的，这就提示 Ca^{2+} 起作用，而不是 Na$^+$。

在实验中，当把 TTX 加到灌流溶液足以阻断 Na^+ 动作电位的情况下，去极化可以诱发阈下振荡活动和（或）产生 SIC。然而，但在无 Ca^{2+} 灌流溶液条件下，则既不产生阈下振荡活动也不产生 SIC。此外，用 Sr^{2+} 取代浸浴溶液中的 Ca^{2+} 后，仍能产生 SIC 而且时程延长，但振荡活动的振幅明显降低，甚至在一些神经元的阈下振荡活动完全消失。因此，SIC 和阈下振荡活动的产生是依赖于细胞外液的 Ca^{2+} 或 Sr^{2+} 的存在。有报道指出，从七鳃鳗的机械感受神经元可以记录到延长而又耐受 TTX 的 Ca^{2+} 尖峰电位，如果 Ca^{2+} 被 Sr^{2+} 代替，这种神经元的反应比 Ca^{2+} 尖峰电位更长。在细胞内记录的实验中，Alvarez-Leefmans 和 Miledi 曾报道过去极化脉冲可诱发蛙运动神经元延长的再产生去极化反应，这种反应也是 TTX 耐受性的，并依赖于细胞外液 Ca^{2+} 的存在，Sr^{2+} 可以取代 Ca^{2+}，但 Sr^{2+} 依赖性反应较 Ca^{2+} 依赖性反应明显延长。他们的结果支持 Ca^{2+} 尖峰电位的阈值比静息电位略高，但明显地低于 Na^+ 尖峰电位的阈值。

White 等（1989 年）报道，给大鼠的脊髓背根神经节神经元短暂的钳位电压的去极化可产生一种内向电流。如果神经元孵浴在无 Ca^{2+} 溶液中，内向电流则下降 90%。这些结果提示这个内向电流需要 Ca^{2+} 的存在。进一步的研究表明，是 Ca^{2+} 内流相，而不是 Ca^{2+} 激活产生的阳离子内向电流，例如，使用 Ni^{2+}（一种 T 型 Ca^{2+} 通道阻断剂）的情况下，内向电流完全消失。对橄榄核和其他脑组织的神经元，这种低阈值、对电压和 Ca^{2+} 敏感的内向电流也是产生阈下振荡的重要因素。近年来，Pinado 等也提出，去极化可诱发 Ca^{2+} 的低阈值尖峰电位（LTS），在有 TTX 存在的条件下仍持续存在，但它可以被 T 型钙离子通道阻断剂（如 Ni^{2+}）抑制。我们报道的 SIC 的一些特性与大鼠脊髓背根神经节神经元的内向电流以及龟嗅球颗粒细胞的 LTS 很相近，SIC 是否涉及 T 型或其他类型的 Ca^{2+} 通道仍有待进一步研究。

振荡产生的机制和它在神经整合中的作用目前还存在争论。一些学者认为神经网络的节律性活动可能是个别神经元产生的固有的振荡所驱动。Izhikevich 等提出阈下振荡通过谐振簇爆发对选择性通信是十分重要的。新皮层的锥体神经元有两种谐振，两者具有不同的电压依赖性：$1\sim2$ Hz 谐振发生在静息电位附近，可能是丘脑皮质的 delta 波振荡的来源；$52\sim0$ Hz 震荡发生在高于 -55 mV 的膜电位，是在认知活动时出现后一种的高频节律活动。两栖动物视顶盖相当于哺乳动物的皮质，其神经元在视觉信息处理过程中起重要作用。我们的结果表明，顶盖神经元的振荡频率在 8 Hz 左右，是在哺乳动物大脑皮质的高频节律范围之内，因此，这种阈下振荡在蛙的生理和行为功能（如模式辨认、认知猎物及躲避行为等）中可能起重要的作用。进一步深入的研究可能阐明这种振荡活动在哺乳动物和非哺乳动物神经活动整合过程中的作用。

爪蟾视顶盖神经元振荡的模型可归纳如下：有 Na^+ 电流阻断剂（TTX）存在的条件下，阈下振荡活动是由激活电压敏感而又耐受 TTX 的钙离子通道所产生的，它伴有快速激活、失活以及准备再激活的动力学过程，并与欧姆 K^+ 漏电流引起超极化交互起作用。在非洲爪蟾，电压门控钾离子通道和 K^+ 漏电流两者都可能对复极化做贡献。阈下振荡的产生是去极化电流（如 Ca^{2+} 电流）和复极化或超极化电流（如漏 K^+ 电流）相继交互激活的结果。首先，激活去极化电流，使神经元去极化；进一步地去极化导致被动的复极化或激活超极化电流，同时，也可能使去极化电流的失活；超极化电流使神经元超极化，越来越负的电压变化使超极化电流失活，同时有可能使去极化电流再次激活，循环往复，因而表现出阈下振荡。

参考文献

[1] Amir R, Devor M. Spike-evoked suppression and burst patterning in dorsal root ganglion neurons of rat. *J Physiol*, 1997, 501: 183-196.

[2] Amir R, Liu CN, Kocsis JD, et al. Oscillatory mechanism in primary sensory neurons. *Brain*, 2002, 125:421-435.

[3] Crick F. Function of the thalamic reticular complex: the searchlight hypothesis. *Proc Natl Acad Sci*, 1984, 81:4586-4590.

[4] Gutfreund Y, Yarom Y, Segev I. Subthreshold oscillations and resonant frequency in guinea-pig cortical neurons: physiology and modeling. *J Physiol*, 1995, 483: 621-640.

[5] Heyward P, Ennis M, Keller A, et al. Membrane bistability in olfactory bulb mitral cells. *J Neurosci*, 2001, 21: 5311-5320.

[6] Hsiao CF, Del Negro CA, Trueblood PR, et al. Ionic basis for serotonin-induced bistable membrane properties in guinea pig trigeminal motoneurons. *J Neurophysiol*, 1998, 79: 2847-2856.

[7] Hutcheon B, Yaron Y. Resonance, oscillation and the intrinsic frequency preferences of neurons. *Trends Neurosci*, 2000, 23: 216-222.

[8] Izhikevich EM, Neural exctability, spiking and bursting. *International J Bifurcatin and Chaos*, 2000, 10: 1171-1266.

[9] Izhikevich EM. Resonate-and-fire neurons. *Neural Networks*, 2001, 14:883-894.

[10] Izhikevich EM. Resonance and selective communication via bursts in neurons having subthreshold oscillations, *BioSystems*, 2002, 67: 95-102.

[11] Kiehn O, Erdal J, Eken T, et al. Selective depletion of spinal monoamines changes the rat soleus EMG from atonic to a more phase patern. *J Physiol* (Lond), 1996, 492: 173-184.

[12] Liu C, Devor M, Waxman SG, et al. Subthreshold oscillations induced by spinal nerve injure in dissociated muscle and cutaneous afferents of mouse DRG. *J Neurophysiol*, 2002, 87: 2009-2017.

[13] Llinas R, Yarom Y. Oscillatory properties of guinea-pig inferior olivary neurons and their pharmacological modulation: an in vitro study. *J Physiol*, 1986, 376: 163-182.

[14] Lisman JE. Bursts as a unit of neural information: making unreliable synapses reliable. *Trends Neurosci*, 1997, 20: 38-43.

[15] Muller RU, Kubic JI, and Ranck JB. Spatial firing patterns of hippocampal complex-spike cells in a fixed environment. *J Neurosci*, 1987, 7: 1935-1950.

[16] Pinado G, Midtgaard J. Regulation of grannule cell excitability by a low-threshold calcium spike in turtle bulb. *J Neurophysiol*, 2003, 90: 3341-3351.

[17] Rekling JC, Feldman JL. Calcium-dependent plateau potentials in rostral ambiguos neurons in the newborn mouse brain stem in vitro. *J Neurophysiol*, 1987, 78: 2483-2492.

[18] Sherman SM. Tonic and burst firing: dual modes of thalamocortical relay. *Trends in Neurosci*, 2001, 24: 122-126.

[19] Tsai HJ (蔡浩然), Li L (李琳), Zhu D (朱丹), et al. Two oscillatory patterns induced by depolarization in tectal neurons of Xenopus. *Acta Physiologica Sinica*, 2009, 61: 85-93.

[20] Xu XF (徐雪峰), Tsai HJ(蔡浩然), Li L (李琳), et al. Modulation of leak K^+ channel in hypoglossal motoneurons of rats by serotonin and/or variation of pH value. *Acta Physiologica Sinica*, 2009, 61: 305-316.

第十一章

视觉发育过程中突触连接的可塑性与弱视的发病机制

有关视觉发育过程存在敏感期，在电生理学和组织形态学上都得到了很好的证实。近年来对低等动物（如非洲爪蟾）及高等哺乳动物（如猫、猴等）视觉系统发育的研究表明，在视系统中突触的形成与稳定方面，都有敏感期。有关敏感期的研究已经从细胞水平深入到分子生物学水平，以活脑片为标本进行的全细胞膜片钳记录，已广泛应用于视觉发育过程的研究中。视觉系统的可塑性是指在敏感期突触形成与改造的过程。突触可塑性是视觉神经系统发育研究和临床弱视防治中的重要课题。突触膜上受体的类型、数量的变化以及由此引起突触效能的变化奠定了突触可塑性的基础。本章主要介绍以全细胞膜片钳技术结合分子生物学和遗传工程技术，在视觉发育的敏感期，对视觉神经系统发育过程中，依赖视觉经验的突触修饰作用，以及敏感期间和敏感期后突触膜上受体的变化等一些研究的成果。

第一节　视觉发育过程中的敏感期

就视觉系统的个体发育而言，通过将幼猫进行视觉输入的单眼剥夺（MD，把一只眼的眼睑缝合上）及双眼剥夺（BD，例如，把动物饲养在完全黑暗的环境下或将双眼的眼睑缝合上）的实验，Hubel 和 Wissel 于 1970 年提出了敏感期（sensitive period）的概念，指出在敏感期内，基于双眼相对活动的程度，对小猫视皮层神经细胞的双眼驱动特性是可以修饰的。后来用猴子开展实验，发现幼猴也同样有敏感期，只不过比幼猫稍晚和更长。

我们可以简单地说，敏感期是指在这一期间，从左右两侧的外侧膝状体（LGN）来到大脑皮质的神经元轴突，彼此竞争与视皮层的第一级神经元建立联系，以形成突触（synapse）。这时，只要从左右两眼来的输入保持平衡，那么在皮层细胞上所形成的突触，就按正常的左右两眼的比例进行分配，但如果从左右两眼来的轴突的相对活动有任何变化，则可导致与两眼形成突触的多寡不平衡，于是在生理上也导致两眼的优势不相等。

一、视皮层眼优势可塑性的敏感期

动物在个体发育的早期（例如，啮齿动物出生后，眼睑尚未打开时），神经元之间的连接（突触）是由遗传因素决定的，然后在发育过程中，则受周围环境刺激而引起的神经元活动的影响。突触可塑性是指脑能够对感觉经验发生改变时在结构上和功能上进行重组的反应；是中枢脑结构内神经元回路发育的基础；也是使脑能适应其环境的基础。因此，突触可塑性是神经元之间突触连接的变化，包括突触效能的增强或减弱、受体蛋白分布和突触后信号传导机制的改变,以及神经元间突触分布的数量变化等。有机体在正常的生长发育过程中,只有在一定的时间窗口(敏感期)受到外界环境变化的刺激影响,突触可塑性才会显现出来。

用视皮层眼优势来了解视觉活动如何整理和重组大脑的回路是眼优势可塑性的经典模型,即从双眼不平衡的输入引起视皮层回路的快速改变。早在 1963 年诺贝尔奖获得者 Wissel 和 Hubel 即曾报道,将幼猫进行单眼剥夺(即单眼缝合)一定时间以后,则可以使猫的视皮层神经元从两眼获得输入信息的平衡发生改变。由于从被剥夺眼而来的传入冲动几乎完全消失,因而改变了双眼与单眼驱动皮层细胞的比例。正常生长发育的猫视皮层细胞,有 80% 以上为双眼细胞,但进行了单眼视觉剥夺的猫,其绝大多数的视皮层细胞,只对给予未给缝合过的眼进行刺激才起反应,而对曾经缝合过的眼给予视觉刺激则不起反应,因此绝大多数视皮层细胞也由双眼细胞变成了单眼细胞。用猴子以及雪貂的实验也得到了类似的结果。但是,如果把幼猫两只眼同时都缝合起来,经过一个时期后再把它们打开,并马上进行电生理实验,是不是在这样的情况下,皮层细胞对左右两眼的刺激均不起反应呢?其结果并非如此,所以单眼剥夺引起绝大多数视皮层细胞对刺激被剥夺过的眼不起反应,这不仅仅是由于这只眼睛平时失去视觉刺激所致。于是后来建立了所谓的"双眼竞争"(binocular competition)的概念。其后,Hubel 和 Wissel 提出了敏感期的概念,并且指出:在敏感期内,基于双眼相对活动的程度,对小猫的视皮层神经细胞双眼驱动的特性是可以改变的(modifiable)。他们还指出,在小猫出生后 3 个星期以前或 3 个月以后,单眼剥夺对皮层细胞的眼优势现象(ocular dominance)均没有多大影响。但在 4 周龄左右的猫,即使单眼剥夺 1 d 左右,对视皮层细胞的眼优势现象也有非常明显的影响。在高度敏感期(又称"关键期"),甚至几小时的单眼剥夺,其效应也是非常明显的。后来用猴子做实验发现,幼小猴子也同样有关键期,只不过比小猫的关键期稍晚和更长。什么是关键期?在关键期这一特定的时间窗口内,眼优势的可塑性最为明显。然而,近年来关于关键期的严格定义,甚至是否所有的啮齿类动物都有关键期,都提出了怀疑。引起争论的是由于发现啮齿类的可塑性变化,可能出现在经典的关键期之外,导致得出一致的观点,即把关键期作为发育的一个敏感时期,在这期间内,视觉经验即使发生非常短暂的变化,也会诱导出皮层的可塑性(特别是皮神经元的结构和突触连接方面)的改变。活动本身和它的经验历史等诸多因素,都可使之发生这些变化。无论如何,超过了关键期,延长改变的感觉经验或最初的经验,都有可能导致突触的变更。在成年后,这些变化不仅可介导眼特异驱动的强度,而且也可介导非剥夺眼的反应特性。虽然,在啮齿类动物的大脑皮质第Ⅳ层,没有分化出优势眼的皮层柱,但的确已分离出双眼的皮层区域。这一区域的扩展,可使皮层的回路在结构上和功能上重排。与高等哺乳动物相似,单眼剥夺或缝上一只眼,在关键期只需 1~2 d,就可把第Ⅳ层双眼区的神经元反应特性向开着的眼反应特性转变。出现这种现象的原因,首先是由于剥夺眼的突触连接可逆性减弱,以及在表面皮层内的突触连接重组;后来在皮层的非剥夺眼的代表区加强,并伴随丘脑皮质传入通路的解剖学上的重组。近年来的主要进展是了解诱导这种视觉活动依赖性变化的细胞和分子机制。

二、敏感期视系突触连接的可塑性

通过对哺乳动物(猫、猴)视皮层单个神经元活动的研究结果表明,视皮层细胞的一些特性,例如,前面提到的眼优势现象(双眼性),细胞的分辨率和对比敏感度,以及取向选择性(orientation selectivity)和方向选择性(direction selectivity)等,都取决于动物出生后早期发育过程（即敏感期）所经历的视觉环境。而且有大量的事实表明，其机制主要在大脑视区纹状皮层的神经元与从外膝体来的轴突形成突触的过程，是属依赖于视觉经验的突触修饰作用（visual experience-dependent synaptic modification），这一过程不仅在现有形态组织结构上有所调整，而且皮层神经元的突触效力也有改变。Hebbis 认为，只有突触前（presynaptic）与突触后（postsynaptic）细胞同时都处于活动状态，其突触效力才会提高。用这一观点，也可以解释单眼剥夺（MD）与双眼剥夺（BD）所引起的效果各不相同。人们认为，在双眼剥夺期间，虽然从两眼来的传入纤维都是处于活动状态，但这种活动是一种无规律"噪音"状态，因而也就不足以驱动视皮层的神经元。在单眼剥夺期间，从未经缝合（非剥夺）眼来的传入神经纤维是处于竞争的优势状态，因为从这些神经纤维来的神经冲动，在时间上与空间上都是一致的，也就是说突触前神经元的活动是协调一致的。而这种协调一致的神经元活动，对视皮层突触修饰起重要作用。当然，突触后神经元（也就是视皮层细胞）本身的活动以及它所处的状态，对视皮层神经元的突触修饰作用也是一重要的先决条件。因此，另外一个解释活动（经验）依赖的可塑性是遵循所谓的 Bienenstock-Cooper-Munro（BCM）规则。按照这一规则，可以说明经验依赖的视皮层细胞突触可塑性的许多方面，它假设活动的突触经历长时程压抑（LTD）或是长时程增强（LTP）取决于突触后反应水平（有关 LTP 和 LTD 将在本书第十二章进一步加以讨论）。假设 LTD-LTP 交叉点（修饰阈值，θ_m）不是固定的，而是随突触后皮层神经元以前的活动状态而变化；因此，在活动增加的时期，θ_m 增加，加速突触的压抑作用，而在活动降低时期，θ_m 下降，加速突触的增强作用。在本章以后各节中，将着重叙述当今对前馈（feed-forward）和反馈（feed-back）机制的了解，由这些机制改变神经元的活动，进而导致视皮层内突触和网络的可塑性。

实验结果表明，受 MD 影响的突触，主要是兴奋性突触，它主要是在视皮层神经元的树突脊上，也就是说它属于轴突——树突脊这一类型的突触。在皮层 17 区，视觉信息的传递是通过兴奋性氨基酸突触（excitatory amino acid synapse，EAA）。兴奋性氨基酸（如谷氨酸等）是作用在 NMDA（N- 甲基 -D- 门冬氨酸）受体和 non-NMDA 受体上来激活视皮层神经元，越来越多的实验结果表明，NMDA 受体的数量和活动程度，与突触修饰和稳定密切相关。在敏感期内，NMDA 受体较多而且较活跃，一旦敏感期结束，则 NMDA 受体数目明显下降。我们知道，NMDA 受体实际上是突触后膜上的一种蛋白质，它属于谷氨酸受体。

在低等动物和高等动物视觉中枢发育过程中，突触前、后膜上受体的种类和数量，以及其相互关系对突触效能的影响方面，国内外学者应用膜片钳技术进行了大量的实验工作，并取得了可喜的研究成果。视觉神经系统的发育过程是依赖于视觉经验的突触修饰过程，而突触可塑性正是突触膜上受体变迁以及由此引起的突触效能变化的过程。可塑性是指大脑在结构和功能上重新组织其突触的连接，以适应感觉经验变化做出反应的能力。可塑性奠定中枢脑结构中神经元回路发育的主要基础，并使大脑适应其环境而做出的一些结构上的相应变化。依赖于经验的可塑性体现了有机体个体发育的历史，并使神经元回路匹配输入特性，因而能进行适当的信息处理。重要的是，这种驱动的突触组织结构，还可以作为随后突触重组的临时框架，为学习和记忆奠定基础。实际上，在发育阶段的许多有关可塑性机制是作为成年以后各个脑区的学习与记忆机制的基础。此外，对神经元连接的发育和可塑性机制的研究，不仅能了解神经回路的形成，而且也能说明发育过程中神经系统疾病的病因学。长期以来，视皮层就提供了经验依赖的可塑性研究基础，这是因为视觉经验的研究比较容易操作，而且其结果也容易在解剖、生理和分子生物学的水平加以测定。

第二节　敏感期突触修饰的机制

一、离体细胞突触修饰的机制

正在发育的神经系统，神经元之间的连接（即突触）的形成，是依赖于神经元的电活动来调节的。这种调节作用既包括在功能上突触效力的加强或抑制，也包括在结构上突触连接的稳定或消除。利用神经 - 肌肉的体外培养系统，Poo 等报道了电活动依赖（activity-dependent）的突触调节作用。他们指出，在由多个神经元支配的肌细胞上，若反复刺激其中的某一个神经元，则其他未受到刺激而与该肌细胞形成的突触（在此特定的条件下，也就是神经——肌肉接点），在功能上受到了抑制，而受到刺激的神经元与该肌细胞形成的突触，其突触效力则不变或增强，在单个神经元支配的肌细胞上，反复单独在突触上加乙酰胆碱（ACh）或同时给予不同步的突触前刺激，也可以引起立即的和持久的突触抑制。但同步的突触前和突触后共同作用则没有抑制效应，另外也观察到时间的特异性，当突触前与突触后刺激的时间相隔仅仅 10 ms，则可引起明显的突触抑制作用。他们认为，上述多突触不均匀的刺激和不同步的作用所引起的突触抑制作用，似乎是由于神经递质释放下降，但也需要突触后细胞质内 Ca^{2+} 浓度升高。突触活动是与一些物质（而不是神经递质）的释放有关。ATP、CGRP（多肽）和神经营养素（neurotrophin）等都对突触前递质释放机制或突触后反应，产生快速的调制效应。Ca^{2+} 流入突触后细胞内，也能触发细胞内的一些活动。总之，从细胞培养的结果表明，在发育的突触膜上，有着复杂的生物电活动相互作用以及化学物质的双向相互交换。

二、低等动物视觉系统突触修饰机制

有一种两栖动物叫非洲爪蟾（Xenopus），在其视觉发育过程中，显示视觉经验也起作用。这种动物与高等动物相似，在视系统的突触的形成与稳定方面，同样有敏感期或关键期（critical period）。爪蟾视觉系统的结构是相当简单的，一只眼睛的视神经纤维，通过完全的视交叉，投射到对侧的中脑视顶盖（optic tectum）（这是低等动物的视觉中枢），然而有一部分神经纤维又从视顶盖投射到在该侧中脑较深的一种叫峡核（nucleus isthmi）的神经核团，再由峡核发出神经纤维，第 2 次再交叉返回到原来同侧的视顶盖（图 11-1）。因此，当一只眼睛受到光刺激时，则在同侧和对侧的视顶盖都能记录到电信号。但视觉信息传到对侧视顶盖的比较简单的，它只有一个突触的联系，而到同侧视顶盖，则反而较复杂，要经过两级突触，即① 先从对侧视顶盖→对侧峡核；② 又从对侧峡核→同侧视顶盖。由于电信号在突触部位传递时，延搁的时间比较长（一般为 10 ms 左右），因此，我们如果给这种动物的一只眼睛进行刺激（例如，闪光），则在它的对侧视顶盖先记录到电信号，然后才可能在同侧的视顶盖记录到电信号，这种同侧视顶盖记录到的电信号，可作为对侧峡核与同侧视顶盖神经元间突触形成情况的指标。实验表明，这种从峡核→同侧视顶盖的第二级突触形成依赖于在视觉发育的敏感期内是否双眼都接受到视觉刺激。爪蟾的敏感期，大约是在它们蝌蚪脱尾而变成幼蟾后的 2 个月左右的时间内。在这种期间峡核→顶盖突触的形成，具有可塑性，而且证明这种可塑性是与突触上的 NMDA 受体有关。在敏感期内，如果用一种

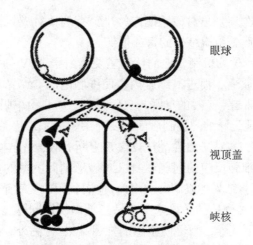

图 11-1 代表至视顶盖的双眼通路的模式图
每个峡核从脑的同侧视顶盖接受输入并投射到双侧

NMDA 受体拮抗剂（例如，2- 氨基 -5- 磷羟基戊酸，简称 APV），则可中断这种突触形成的可塑性，当在敏感期以后（即脱尾后 2 个月以上），若用 NMDA 进行处理，则又可以恢复其可塑性，也就是说可以使动物恢复到敏感期的状态。电生理实验的结果还表明，在敏感期内，APV 处理能改变峡核 - 视顶盖间突触的电活动，而在敏感期后，用 NMDA 处理后，促进了 NMDA 受体的效力，使敏感期结束后的峡核 - 视顶盖间突触的可塑性得到了恢复。因此认为在敏感期后失去可塑性（也就是去敏感）的原因，是由于 NMDA 受体的减少。

三、高等哺乳动物视觉系统突触修饰机制

高等哺乳动物（猫等）的实验表明，在视皮层神经细胞膜上也有 NMDA 受体，而且这种受体的激活，可以导致视皮层突触传递发生变化。因此，认为与 NMDA 受体有关的一些生理过程，可能对于视皮层细胞眼优势（ocular dominance）的可塑性是很重要的。

Kleinschmidt 等和 Bear 等，对小猫进行单眼剥夺的同时，在离记录电极部位几毫米的地方，慢性灌注 APV 于视皮层，而另一组小猫则在视皮层灌注生理盐水作对照。发现对照组的动物，视皮层细胞的眼优势（也就是细胞的双眼性）发生了明显的变化，即对刺激被缝合过的眼起反应的细胞很少，而对刺激未缝合的眼起反应的细胞占绝大多数。用 APV 慢性灌注皮层的小猫，尽管对他们的一只眼睛在敏感期内进行了缝合，但却未显出单眼剥夺的效果。从视皮层所记录到的单细胞的反应特性，表现出与正常视觉环境下发育而未进行过任何单眼剥夺组小猫非常相似，即大部细胞对双眼的刺激均起反应，而只对左眼或右眼刺激起反应的单眼细胞则很少，与正常幼猫没有多大差别。从而可以看出，由于使用 NMDA 受体的拮抗剂（APV），使 NMDA 受体受到抑制，因此也阻止了在敏感期内突触修饰过程，说明敏感期的突触修饰是需要有 NMDA 受体的正常运作的。

在敏感期内慢性灌注微量 APV 以抵消单眼剥夺效应，还与以下因素有关：① APV 的剂量（一般每小时灌注 20 nmol~5 μmol）；②记录电反应的部位与灌注 APV 部位之间的距离（一般在 3~6 mm 可显出效应）；③ APV 的立体异构化学特性：仅 D- 型 APV 才有效，

而 L- 型 APV 则无效；④ 只对敏感期内的小猫有效，对成年猫无效；⑤ 在上述有效浓度灌注后，APV 并未引起脑组织结构的持久损伤。

关于上述效应产生的机制，他们认为主要是由于 APV 的抑制作用，它抑制了 Ca^{2+} 通过 NMDA 受体（Ca^{2+} 通道）而进入细胞内，使细胞内的 Ca^{2+} 浓度得不到升高，因而不能增强突触的效力，进而抑制了突触的加强与巩固过程，于是由单眼剥夺而引起视皮层神经细胞的眼优势转变不能出现，详细的机制后面还要介绍。

Fox 等考虑到用 D-APV 慢性灌注皮层来阻断 NMDA 受体，有可能引起视皮层细胞的反应下降，而视皮层细胞反应的强弱本身又对敏感期间突触的修饰有重要影响，这样就有碍于对灌注 APV 的实验结果加以解释。因此,他们利用改变敏感期来考察 NMDA 受体的功能，而不是用阻断 NMDA 受体的手段来考察敏感期内修饰问题。人们发现，如果把刚出生的小猫放在黑暗的环境下饲养，则可使敏感期推迟结束，（另外，最近也有人报道，交替遮盖猴子的两眼也可使敏感期推迟）。然后如果把这种生后一直在暗环境下饲养长大的小猫，只要在暗处不超过 6 个星期，再把它们转移到亮环境下继续饲养，这些小猫在短期内仍保持有突触修饰的能力。如果 NMDA 受体是视皮层神经元突触修饰必不可少的，那么在暗环境下饲养的小猫，直到 6 周龄，它们的 NMDA 受体应该仍有正常的功能。而且 NMDA 受体的功能下降，应该与突触修饰能力的下降是一致的。另外还发现，暗处饲养 6 个星期而成长起来的小猫，只要把它转移到光亮环境下大约 128 h（5 d）则会结束它的突触修饰作用，于是也就结束了它的可塑性（或敏感期）。因此，他们设计了一组实验，先把小猫饲养在暗处 6 个星期，然后立即或再在明亮处饲养 4 d 或 10 d，再来测定 NMDA 受体的功能。他们是用一个运动的小光棒（light bar）移进或移出小猫视皮层第Ⅳ层一个神经元的感受野，而诱发该神经元的放电反应，一组为出生后一直在暗处饲养 47 d 的小猫，另一组则为在正常明亮环境下饲养的 49 d 的小猫。分别记录在未加 D-APV 和加 D-APV 2~3 min 后，以及 8 min 后，用光棒进行刺激，观察引起反应的情况。结果表明，加 D-APV 使在暗处成长的小猫视皮层神经元反应大大降低（降至只有未加 APV 时的 11%）。而在亮处成长起来的小猫，其Ⅳ层细胞的反应在加 APV 后不受影响。他们把由于加 APV 而使之消失的那一部分反应称为视觉反应中的 NMDA 成分。因为这一部分反应，只在 NMDA 受体存在时才出现，而 NMDA 受体受到阻抑时，这一部分则消失这样就可以把视觉反应中的 NMDA 成分作为 NMDA 受体存在的及其活性的指标。顺便指出，Fox 在他们的实验中 APV 是紧挨着记录电位的微电极部位加入的，而不是像前面介绍的 Kleinschmidt 实验中两个部分彼此相距几毫米的距离，另外，是观察加 APV 后的立即效应，这也是慢性注入 APV 的方法不同。

他们的结果还表明：① APV 对视觉 NMDA 成分的影响，不仅与小猫是在暗处或亮处饲养的条件有关，而且与神经元在视皮层的深浅有关，一般对Ⅱ～Ⅲ层的神经元影响不大，而对Ⅳ～Ⅵ层的神经元影响明显；② 也用了一些受体的非特异性阻断剂 CNQX 进行实验，以便与 NMDA 受体的特异性阻断剂 APV 的效应进行比较。结果发现，CNQX 在所有的例子（包括暗处和亮处成长的小猫）都能减低视觉反应，其中还包括 APV 无效的情况。而且 CNQX 对视皮层各层的神经元均有效，这一点也与 APV 不同。总之，CNQX 能够降低视觉反应。在 APV 不起作用的情况下，视觉刺激所激活的主要是非 -NMDA（non-NMDA）受体，后者几乎包含在亮处成长的 6 周龄以上小猫视皮层Ⅳ～Ⅵ层所有的神经元上，而在暗处成长的幼猫，则在其视皮层各层神经元的上，NMDA 受体与非 -NMDA 受体是混合共存的；③ 视觉反应的 NMDA 成分减少是由于小猫在亮处生活而直接或间接造成的后果。因此需要研究一下先在暗处生活了 6 周的小猫，然后转移到亮处饲养，再过多少天，还会有视觉反应的 NMDA 成分存在？结果表明，转移在亮处饲养 4 d，不能明显降低 NMDA 成分，因此先在暗处饲养 6 周，然后在亮处生活 4 d 的小猫与出生后一直在亮处饲养的小猫相比，前者仍有较多的 NMDA 受体。然而，如果将小猫在暗处生活 6 周，再转移到亮处生活 10 d，它们与出生后一直在亮处生活 6 周的小猫相比，则无明显的差别；④ 他们也注意到在暗处饲养的小猫，其视皮层神经元的平均发放率为（9.5±6）/s，比在正常亮度下饲养的小猫皮层元的平均发放率［（19±11）/s］要低得多。另外，在暗处饲养 6 周的小猫再转移到亮处饲养 4 d，对其视皮层神经元的平均发放率无明显增加，转移到亮处 10 d 后，其平均发放率明显的增加，然而还是低于一直在亮处饲养 6 周小猫的平均发放率；⑤ 在暗处饲养 6 周的小猫，其视皮层神经元的方向选择性较差，无方向选择性的细胞占 68%，如果把这些小猫放在亮处再饲养 4 d，其无方向选择性神经元则下降到 35%。但在亮处继续生活 6 d，其方向选择性神经元所占的比例，并不再进一步增加。因此，在暗处饲养 6 周再转到亮处生活 10 d 的小猫，其视皮层的方向选择性神经元约占 54%，远低于在亮处饲养 6 周的正常小猫的方向选择细胞的比例（91%）；⑥ 在暗处饲养的小猫，其视皮层神经元眼优势直方图与双眼剥夺的猫基本相似，单眼细胞所占的比例较少。

总之，通过将出生后的小猫放在暗处饲养这一手段，可以把视觉发育过程依赖于视觉经验的一些事件与不依赖于视觉经验的一些事件分开。在暗处饲养，可以推迟外膝体→皮层的传入纤维的分化，推迟对单眼剥夺最敏感的关键期，推迟视皮层神经元取向选择性和方向选择性的发育，以及推迟神经纤维的髓鞘化等。另外，上述结果表明 NMDA 受体功能的下降，是依赖于视觉经验的，在暗处饲养的 6 周时间内，NMDA 受体功能是不会下降的。从实验结果也可看出，在视觉系统中兴奋性突触的发展，是从 NMDA 受体与 non-NMDA 受体混合传递而转变为以 non-NMDA 受体传递为主。这种转变可能涉及通过 non-NMDA 受体传递增加，以及通过 NMDA 受体传递的减少。NMDA 受体减少或功能下降，是由于谷氨酸的作用而引起，因此认为，如果在视觉发育的过程中，在突触释放的谷氨酸增加，则可以导致 NMDA 受体的效力下降。然而我们也注意到，视觉反应的 NMDA 成分的消失远早于敏感期的结束，但都与神经元突触的快速发育及感受野自我的改善在时间上是一致的。

第三节　视皮层功能变化的细胞和分子生理学机制

出生后就饲养在黑暗环境下的动物，待开眼后则可观察到它们的皮层神经元显示不成熟的特性，这包括与成年动物相比，取向和方向选择性的调谐降低、感受野变大和视锐度下降。这些都是未成熟神经元的典型特征。全部丧失视觉经验，也可影响到视皮层神经元的细微结构，例如，树突脊的密度和主要连接的突触后谷氨酸能受体减低。当动物一旦暴露在有光的环境下，正常的发育过程则可得到恢复，因而取向和方向选择性这一类的神经元反应特性也可恢复正常。在本书这一节，随后将着重介绍近年来由于视觉活动而诱发视皮层功能变化的细胞和分子生物物理学机制。这些研究结果主要来自啮齿类动物的实验。这是由于它们的视觉系统比较简单，并且较容易对其基因进行操作。把某些基因改变成过表达或低表达后的小鼠表明：在可塑性过程中有许多分子起关键的作用，并且可以继续作为研究靶分子的重要工具。在体内，突触和特殊类型细胞的结构和生理的动态变化，有可能用小鼠表达的荧光活动而实现，把高分辨率的成像技术与活性的荧光探头相结合，并且导入对特定分子与荧光探头再结合。更进一步，还用微矩阵扫描可以鉴定发育各阶段的基因编码顺序以及新的调节活动基因和潜在的介导可塑性的通路。

一、双眼竞争的细胞生物学基础

眼优势的定义是从两眼来的输入，在脑皮质竞争"突触空间"或皮质领域。在这一范畴下，单眼剥夺的效应，几乎都是在大脑皮质的第Ⅳ层的双眼区域内进行的研究，在此区域被剥夺眼失去的输入，似乎从非剥夺眼所得到的输入平衡掉了。尽管经过数10年的研究，然而双眼竞争背后的机制仍是扑朔迷离的。两眼输入竞争什么？前面的叙述已简单地提到，在这期间，从左、右两眼外侧膝状体（lateral geniculate nucleus，LGN）来的神经元轴突，彼此竞争与视皮层的第一级神经元建立联系，以形成突触。这时只要从左右两眼来的输入保持平衡，则在皮层细胞上形成的突触，就按正常左右两眼的比例进行分配；但如果从左右两眼来的轴突的相对活动有任何变化，则可导致与两眼形成突触多寡不平衡，于是生理上也导致两眼的优势不相等。有关视觉发育过程敏感期的存在不仅有上述生理学上的充分证据，而且在组织形态学上也得到了很好的证实。例如，在单眼剥夺后，导致从被剥夺眼的外侧膝状体，到视皮层的神经纤维（轴突）逐渐萎缩（因竞争失败而未能与皮层细胞形成突触），进而在外膝体内发出这些神经纤维的细胞体也萎缩凋亡。

另外，人们还做了一些逆转的视觉剥夺的实验，这种实验就是先将一只眼睛缝合，经过一定时间后将其打开，在此同时又将另一只眼睛缝合。结果表明，两组外膝体轴突的相对活动，对于它们在视皮层形成突触既有正面的影响，也有负面的影响。组织形态学结果表明，如果在早期进行这种反转剥夺，则原来被剥夺眼对所连接的视皮层Ⅳc层细胞带，从非常狭窄而重新扩展开来。并且从生理功能上也伴随对原来被剥夺眼刺激引起反应的细胞增多。如果出生后即将右眼缝合，然后在不同时间将其打开并将左眼缝合，直至14周后再做电生理实验。结果表明，如果在早期做这种反转剥夺，则眼优势转变进行得非常快，在1周左右的时间便可完成。实验结果还表明，如果仅仅把原来缝合的眼打开，而不同时缝合另一只眼，则未观察到上述Ⅳc层的眼细胞带改变。因此在视皮层细胞建立突触联系，不仅是简单地依赖从两眼来的传入冲动多少的绝对数值，而是由来自两眼传入冲动数目的比值所决定。这些实验结果表明：① 支持了竞争学说；② 为临床治疗弱视进行健眼遮盖和两眼交替遮盖提供了理论依据；③ 在临床上治疗小孩的其他各种眼病（例如，在眼手术后）进行短期遮盖要谨慎从事，要警惕遮盖引起的副作用。

但是，人们毕竟要问，经过单眼视觉剥夺后，双眼细胞比例发生变化，究竟与弱视（至少形觉剥夺性弱视）的视锐度下降，有没有什么内在的关系？众所周知，不论是人还是动物（如猴），视锐度和对比敏感度均是在出生后得到了逐步改善和提高。

Blakemore等测定了猴子视皮层和外膝体单个神经细胞的空间分辨率（视锐度是整个眼睛的空间分辨率的一个测量单位）和对比敏感度，他们发现，在外膝体与视皮层内的神经元的空间特性，出生后都在不断地改善，而且与视锐度的增加是平行的，实验表明，在出生后的头几周，即使空间分辨率没有什么改善，但在此期间对于外膝体来的轴突与皮层细胞形成突触是很重要的。最明显的证据是来自对猴子反转视觉剥夺的实验，即出生后将一只眼缝合，直到45 d，然后将其打开，而同时又将另一只眼缝起来，几个月后进行电生理实验表明，大部分的细胞是单眼细胞，而且两眼比例大致相等。奇怪的是发现原来开着而在45 d后再缝合的那只眼睛，其空间分辨率和对比敏感度与正常成年猴相似。而那一只最初缝合，45 d后一直打开的眼所驱动的皮层细胞的空间分辨率和对比敏感度则特别差。这充分表明，在出生后大约 7 周（此时外膝体轴突与皮层Ⅳc 层细胞建立突触联系），对调整 LGN 轴突与皮层神经元之间的突触联系是非常重要的。

　　上述结果表明视皮层神经元的眼优势改变（即单眼细胞的增多）与弱视的关系并不大。因为实验表明围绕敏感期的高峰时期进行长期单眼剥夺，也仍有少量皮层神经元是被剥夺眼所驱动，甚至可达 20%（猴的皮层Ⅳc 层细胞）。另有实验表明，即使在出生后不久的非常短时期内（1~8 d）进行单眼剥夺，虽然几乎不太容易引起视皮层神经元眼优势的分布比例发生改变，但剥夺眼的对比敏感度明显地低于非剥夺眼。在敏感期后期（14~24 个月），有单眼剥夺的猴子进行实验，结果表明眼优势明显转至非剥夺眼，然而细胞的空间分辨率则两眼无明显差别，虽然在低频端（低于 3 周 / 度）两眼有些差别，但正常动物也常有这种现象。高频端无差别，而且曲线外推与横坐标交叉处（即视锐度）则完全相同。

　　总之，从上述视皮层单细胞电生理实验结果可以看出，如果在动物视觉发育的敏感期内进行单眼剥夺，既可以引起视皮层神经元的眼优势细胞（如双眼细胞）分布的改变，也可以引起视锐度（细胞的空间分辨率）和对比敏感改变，这些变化都是由于从两侧外膝体传入神经纤维（轴突）与视皮层第一级神经元竞争形成突触的胜负所致。然而这种竞争机制的实质和确切部位在哪里？近年来研究又有了新的进展。

二、突触修饰的分子生物学基础

　　谷氨酸等一类的内源性物质（如 NMDA），其前提是突触后神经元必须去极化达到较高的水平，谷氨酸等才能使 NMDA 受体激活，在敏感期，突触后细胞膜上的 NMDA 受体的数量较多，只要有足够的视觉刺激（视觉经验），就能使众多的 NMDA 受体激活，因而根据当时的视觉经验（包括正常的与异常的）进行突触修饰。敏感期结束后 NMDA 受体大大地减少，因而外界的视觉刺激也不能再使 NMDA 受体激活，也就无法再进行突触修饰。前面曾经提到，D-APV 可以阻断 NMDA 受体，使突触膜上这种受体失去功能，也就可经提前使敏感期结束，突触修饰也就不再进行，可喜的是从目前的一些实验结果表明，在敏感期过后，如果从外源给实验动物补充 NMDA，则能恢复敏感期，使突触又具有可塑性，从而可再根据视觉经验进行突触修饰，这就给我们临床上防治弱视采取新措施提供了重要而有趣的启示。例如，是否可能寻找到某种药物以延长或恢复年龄较大弱视患者的敏感期，然后对其产生弱视的病因进行矫正，这样是否可能对目前认为过了敏感期进入成熟期后弱视治愈无望的患者，对于像弱视这类的视觉系统发育性疾病的患者，找到合理的治疗手段。

　　前面已经提到，低等动物实验结果证明，在敏感期内，NMDA 受体较多而且也较活跃，一旦敏感期结束，则 NMDA 受体数目明显下降。高等哺乳动物（猫等）的实验表明，在视皮层神经细胞膜上有 NMDA 受体，而且这种受体的激活，可以导致视皮层突触传递发生变化，可能对于视皮层细胞眼优势的可塑性有重要意义。Carmignoto 等报道，以幼年猫为实验对象，对其视皮层第Ⅳ层神经元进行全细胞膜片钳记录，在钳位电压（HP）= –70 mV 条件下，可以观察到两种 EPSC 成分：一种是可被 non-NMDA 受体阻断剂 NBQX 所阻断的早 EPSC（AMPA-EPSC）成分，另一种是可被 NMDA 受体拮抗剂 CPP 所阻断的晚 EPSC（NMDA-EPSC）成分。与成年期动物实验的记录结果相比，幼年期 NMDA 受体介导的 EPSC 则持续时间更长。这种持续时间较长的 NMDA-EPSC 介导的 Ca^{2+} 进入细胞内，引起后续的细胞内活动，从而加强了突触传递（有关介导视皮层可塑性的关键细胞和分子机制的细节，请参阅图 11-2）。因此，随动物逐渐发育到成年，其视皮层突触可塑性降低相平行的现象，可能与 NMDA-EPSC 持续时间逐渐缩短有关。

三、前馈可塑性机制

（一）低等动物——非洲爪蟾的 NMDA 受体的研究

在上一节中已谈到，非洲爪蟾（Xenopus）是一种两栖动物，这种动物和高等动物相似，在视觉系统的突触形成和稳定方面，同样有敏感期或关键期。由于在视觉发育的关键期，非洲爪蟾峡核（nucleus isthmi）- 顶盖间突触的形成具有可塑性，因而成为研究视觉神经系统突触可塑性的理想模型之一（图 11-1）。以往的研究表明，脱尾后 4 个月内，动物处于视觉发育的敏感期，而且证明，在这一期间，峡核 - 顶盖突触的可塑性与突触上的 NMDA 受体有关。对处于敏感期的幼年非洲爪蟾视顶盖区神经元进行的全细胞膜片钳记录，可记录到两种兴奋性突触后电流：早 EPSC 成分和晚 EPSC 成分。实验中加入 AMPA 受体阻断剂可阻断早 EPSC 成分，加入 NMDA 受体阻断剂 APV（2- 氨基 -5- 磷酸基戊酸），可阻断晚 EPSC 成分。以往对幼年非洲爪蟾视顶盖区神经元所做的膜片钳记录，在去极化状态下，自未成熟神经元记录到由 NMDA 受体介导的电流，而较成熟的神经元可同时记录到由 NMDA 受体和 AMPA 受体介导的电流。研究表明，视区 NMDA 受体数量及效能的变化是与峡核 - 顶盖突触可塑性的进展相一致的，并已有证据表明，NMDA 受体对多突触效应的作用，在爪蟾的敏感期得到加强，但这种增强作用可被视觉剥夺所阻断。

对成年非洲爪蟾视顶盖区突触后膜上受体的变化国内也做了一些较深入的研究，我们实验室用脱尾后 5～10 个月的成年非洲爪蟾作为实验对象，采用膜片钳盲法对其脑片视顶盖区第六层细胞进行全细胞记录，在钳制电压（HP）＝ –50 mV 条件下，可记录到突触后膜有分别由 AMPA 受体介导的微兴奋性突触后电流（mEPSC）和由 GABA 受体介导的微抑制性突触后电流（mIPSC），表明成年动物视顶盖区突触后膜上，除了有谷氨酸类受体外，还有 GABA 受体。实验在灌流液中加入外源性 NMDA 能诱发突触后慢的内向膜电流，同样在灌流液中加入抑制性 GABA 受体激动剂 muscimol 则可诱发慢的外向膜电流，进一步证实了成年动物突触后膜上确有 NMDA 受体和 GABA 受体的存在。但调整钳制电压为 HP ＝ ＋60 mV 的去极化状态下，仍然记录不到 NMDA 受体介导的 EPSC 成分，很可能是由于成年动物视顶盖区突触后膜上的 NMDA 受体数目和(或)效能已大大下降。值得注意的是，从实验中记录到，由 GABA 介导的抑制性微突触后电流（mIPSC）频率较由 AMPA 受体介导为主的兴奋性微突触后电流（mEPSC）频率明显增高，表明进入成年期后，GABA 受体介导的抑制作用占据突触后活动的主要地位，而且随着神经系统的发育成熟，在关键期与可塑性密切相关的 NMDA 受体的功能，逐渐被 AMPA 受体的功能所替代，而且由 AMPA 受体介导的兴奋性活动还受到同处于突触后膜的抑制性 GABA 受体的制约。我们还比较了脱尾后 2～12 周龄幼年和脱尾后 5～10 个月成年爪蟾的视顶盖神经元的微抑制性突触后电流的发放频率和平均振幅以及乙酰胆碱受体激动剂对其的影响。结果发现，幼年动物视顶盖神经元的 mIPSC 的发放频率和平均振幅分别为（2.65±0.69）Hz 和（0.68±0.23）pA，而成年的分别为（9.82±1.30）Hz 和（15.36±2.40）pA，其中成年动物的 mIPSC 的频率是幼年频率的 3.70 倍；尼古丁乙酰胆碱受体（nAChR）激动剂卡巴胆碱可使幼年及成年的 mIPSC 频率均增加，但增强效率有所不同，幼年增加至对照组的 192.0%，而成年组仅为 146.2%。

总之，随着视顶盖神经元的成熟，其突触 GABAa 受体功能也相应增强。另外，我们也观察了幼年爪蟾的视顶盖区，视觉系统突触前、后的 NMDA 与 GABA 受体彼此相互作用，用含谷氨酸受体激动剂 NMDA 溶液灌流脑片后，首先引起 mIPSC 的频率明显增加，并出现慢的内向膜电流以及高频 mEPSC，经过用生理盐溶液洗脱一段时间后，可使 mIPSC 和 mEPSC 完全消失，膜电流也完全恢复到未加 NMDA 时的水平。用 GABAa 受体激动剂（γ- 氨基丁酸）可以诱发明显的外向膜电流，而 GABAa 受体拮抗剂（荷包牡丹碱，bicucullin，BM），不仅能将 mIPSC 全部抑制，而且还可诱发 mEPSC。谷氨酸受体的拮抗剂 APV 对 mPSC 也有类似的作用，不仅可以抑制视顶盖神经元的 mEPSC，而且可使原有的 mIPSC 的频率和振幅均增加。总之，幼年期爪蟾的视顶盖区神经元突触前、后膜上，既有兴奋性谷氨酸能受体，也有抑制性 γ- 氨基丁酸能受体，而且在突触前膜上的受体可以调制突触末梢神经递质的释放。因此突触前、后膜上的受体间存在相互作用，以确保突触前、后活动和功能上的稳定，因而达到神经网络的平衡。

（二）高等哺乳动物 NMDA 受体的研究

谷氨酸等一系列内源性物质可能激活突触后膜上的 NMDA 受体，但其前提是突触后神经元必须去极化达到较高的水平，谷氨酸等才能使 NMDA 受体激活，在敏感期，突触后细胞膜上的 NMDA 受体数量较多，只要有足够的视觉刺激（视觉经验），就能使众多的 NMDA 受体激活，因而根据当时的视觉经验来进行突触修饰。敏感期结束后，NMDA 受体大大减少，故外界的视觉刺激再不能激活 NMDA 受体，也就无法再进行突触修饰。D-APV 可阻断 NMDA 受体，使突触后膜上这种受体失去功能，也就可以使敏感期提前结束，因而终止了突触修饰的功能。

目前的一些实验结果还表明，在敏感期后，若补充外源性 NMDA，则又可以恢复其可塑性，从而再根据视觉经验对突触进行修饰。前面已经提到，这给我们临床上对防治弱视采取新措施提供了重要的启示。我们知道，NMDA 受体实际上是在突触后膜上的一种蛋白质，它是属于谷氨酸受体中的一类。因此，有关敏感期的研究，已经从细胞水平深入到分子生物学的水平，而且也取得了不少的进展。此外，NMDA 受体的研究，与大脑其他结构（如海马等）内的突触形成和改造都有重要的意义，因此，与 LTD、LTP 以及学习和记忆等脑功能机制也是密切相关的，这在下一章里将进一步加以阐述。

谷氨酸门控的 NMDA 受体和 AMPA 受体介导的兴奋性传递，由这些受体的数目和亚单元成分的变化，可调节细胞的去极化和细胞内 Ca^{2+} 浓度的水平，并通过代谢型谷氨酸受体（mGluR）调节下游的信号。有证据表明，每种谷氨酸受体都有可能促进视皮层的可塑性。钙通过 NMDA 受体内流是由 NMDA 受体的亚单元成份（NR1 和 NR2A 或 NR2B）决定，并且反复地使之激活，将增加突触的 AMPA 受体插入，进而导致 LTP 增强。曾经证实，眼剥夺（OD）的可塑性直接依赖于 NR1 亚单元，用有条件的敲除 NR1 基因即可得到证实。视觉剥夺也影响到 NMDA 受体的 NR2 亚单元成分，这种成分在正常出生后发育过程中，NR2A/NR2B 的比值是由低到高，而在暗环境下饲养动物或将动物眼睑缝合，则减低这一比值，并且曝光后有可能逆转这种变化。这些亚单元成分取决于活动的改变，也表现在成年动物。若在单眼剥夺前把动物饲养在暗环境下，能使 NR2A/NR2B 的比值下降，并加速眼优势的可塑性，而且也潜在地影响 LTP 的阈值。有趣的是：NR2B 过表达的动物，对可塑性并不过于敏感，因为可能调制 NR2B 转录并不影响 NR2A/NR2B 的比值。然而失去 NR2A 亚单元，则减低对单眼剥夺的敏感度，用 diazepam 增加抑制作用，则可恢复单眼剥夺减低的敏感度。这些结果表明，发育过程中 NMDA 介导的兴奋性电流，能调节经验依赖性的可塑性能力。NMDA 受体亚单元的组成双相变化的时间过程与视皮层 LTD/LTP 阈值变化很好地相关联，因此，人们假设剥夺光引起的失活逐渐降低 NR2A/B 的比值，比值的下降又降低了 LTD/LTP 的阈值。这个模型对人们是有吸引力的，因为降低的 NR2A/B 的比值具有延长和增加通过 NMDA 受体 Ca^{2+} 电流的效应，和募集钙 / 钙调蛋白依赖性蛋白激酶 II，这种变化是为触发 LTP 需要降低 NMDA 受体激活的阈值水平所期待的。

大脑中的 AMPA 受体主要包括 GluR2 和 GluR1 或 GluR3 亚单元，突触强度（包括 LTP）既明显地由 AMPA 受体数量和钙的通透性决定，而且也由 AMPA 受体的一些亚单元成分决定。有一些研究证明，AMPA 受体的亚单元，倾向于插入经历 LTP 的突触，并从经历 LTD 的突触去除，这一过程也可在视皮层内发生。然而，注意在所有的皮质各层，对 LTD 不需要 AMPA 受体的胞饮作用（endocytosis），但对突触前末梢的内源性大麻油信号是必需的，并且足以诱发视皮层 II / III 层的 LTD；在 LTP 期间，阻断 II / III 层内源的大麻油受体，可以阻止眼优势的转变。也有直接的证据表明，代谢型谷氨酸受体涉及视皮层的可塑性，但由于该受体不同的亚型和皮质不同的层次，而起不同的作用。例如，与对照组相比，降低转基因小鼠 mGluR5 受体水平的 50%，可使优势眼向非剥夺转移，提示单眼剥夺后在皮层的双眼区域，mGluR5 受体在可塑性重排的增强中，起前馈作用。

（三）钙信号和下游分子

视皮层神经元的反应特征（如眼优势、分辨能力、取向和方向选择性等）都取决于敏感期双眼的视觉经验。根据视觉经验，对外膝体轴突与视皮层神经元树突形成的突触，在敏感期这些突触都是可以进行修饰的。近年来，从分子生物学的水平对突触修饰的机理作了进一步深入的研究，现在一般认为，只有在敏感期内，由于在外界的视觉刺激作用下，突触后神经元去极化达到较高的水平（高于产生动作电位的阈值），则可使 NMDA 受体激活，于是 Mg^{2+} 从 NMDA 受体上的离子通道上脱离而排出，然后 Ca^{2+} 才能通过原来被 Mg^{2+} 堵塞的离子通道进入神经细胞的树突内。进入树突内的钙离子起第二信使的作用。它可经过引起细胞内大分子的构型改变，进而引起一系列的变化，而有效地修饰突触，并使突触稳定下来。

突触后膜去极化引起的钙内流，能激活一些分子的级联反应，后者可改变以钙依赖方式的一些不同的细胞反应过程。用转基因小鼠做实验和（或）用药理学方法，业已鉴定 3 种能调节突触强度并且对诱发眼优势转移是关键的信号激酶：① 细胞外调节信号的激酶 1,2 （extracellular signal-regulated kinase 1.2，ERK1.2），也叫 p42/44 促细胞分裂剂（mitogen）的蛋白激酶；② 蛋白激酶 A（protein kinase A，PKA）；③ 钙调蛋白（calmodulin）依赖的蛋白激酶 II α（CaMKIIα）。这些激酶可以通过在突触的谷氨酸或 γ- 氨基丁酸（r-aminobutyric acid，GABA）受体，直接磷酸化可塑性调节分子，快速地促进眼优势的可塑性。从而调节突触强度，或发出信号到细胞核，以介导基因转录的变化。由这些激酶信号所介导的细胞内激活机制，能导致激活环腺苷酸反应结合的蛋白（cAMP-responsive element-binding protein，CREB），后者又控制环腺苷酸反应成分（cyclic AMP-responsive element，CRE）- 介导的突触信号分子宿主的基因表达。单眼剥夺诱发 CREB 激活。利用病毒介导的 CREB 隐性表达型到雪貂表明，眼优势可塑性需要 CREB。在体研究工作，附加 CRE- 驱动的 LacZ 受体与激酶特异的药理阻断剂结合表明，当 PKA 和 ERK（细胞外信号调节激酶）的抑制作用影响 CRE- 介导的基因表达时，PKA 的效应是依赖于 ERK 的磷酸化作用。这些结果表明，ERK 作为视觉驱动活动的分子传感器。有趣的是，当 ERK 激活和 CRE- 基因表达出现强力相关时，则 ERK 的激活和磷酸化的 CREB 往往并不叠加，表明 CREB 的其他共同激活物是突触活动的重要转换器。如同许多其他介导可塑性变化的分子一样，CREB 的水平也随年龄的增长而下降。特别有趣的相关发现是，在年幼大鼠，视觉刺激可介导 CREB 激活，但成年大鼠则不行，证明在不同年龄，不同的细胞通路对皮层可塑性做出不同的贡献。有趣的还在于，这些信号分子，也涉及皮层其他区域的活动依赖的可塑性。这些分子途径也可能会集在一起，以介导被单眼剥夺所诱导的结构重排。例如，在体外研究表明，PKA 定位在树突脊上，并且在 NMDA 受体激活时，肌动蛋白重排；而 ERK 控制神经生长，并且还需要脑源性神经生长因子（brain-derived neurotrophic factor，BDNF）- 依赖的树突脊密度的增加。还有一些似乎对依赖钙的过程是重要的分子，也可能介导大脑的可塑性。例如，在钙信号与细胞骨架之间的附加连接，发现钙传感器分子，即在关键期的视皮层中提高了心营养素 C（介导钙依赖的肌动蛋白 - 肌球蛋白相互作用复合体的一部分），并且受视觉活动的调节。此外，一种钙与钙调蛋白激活的磷酸酶（calcineurin）证明是眼优势可塑性有效的负调节物。calcineurin 过表达，能可逆地防止小鼠关键期的眼优势转移。因此，钙依赖的激酶和磷酸化酶活性的平衡，似乎对视觉剥夺导致的突触重组也是重要的（图 11-2）。

（四）GABA 能抑制作用和 BDNF 信号

GABA 能系统在中枢神经系统中是主要的抑制性神经网络，几乎影响神经过程和所产生行为的每一个方面。γ- 氨基丁酸以典型的突触小泡的形式，从 GABA 能神经末梢释放，它与突触后膜上的 GABA 配体门离子通道相结合，以介导快速的递质的抑制作用。γ- 氨基丁酸也结合到 G- 蛋白偶联受体（GPCR）的 GABA 突触。GABA 介导的抑制作用可调节皮层的多个前脑部位的可塑性。皮层抑制作用的成熟，涉及单眼优势可塑性和猫皮层眼优势柱发育关键期的定时。现在有颇多的证据表明：对于眼优势可塑性的启动，最低水平的抑制作用是必不可少的，而且影响发育和 GABA 传递的一些因素（如 BDNF、benzodiazepine、PSA-NCAM 和 fluozetine）能控制皮层回路可塑的特性。更有甚者，在 MD 期间灌注 BDNF 能够再诱发出成年猫的可塑性，这可能是通过减低 GABA 能传递而实现的。当今药理学研究，把更多的注意力集中在 GABA 能神经元的特殊亚组副血清蛋白能（parvalbumin）阳性细胞在视觉可塑性的作用上。例如，这些细胞的成熟是由 BDNF 来调节，以及对 benzodiazepine 敏感的 GABAa-α1 亚单元是定位在接受 parvalbumin 阳性传入纤维的特殊受体上。失去这些受体的小鼠，有更多的持续性的 GABA 电流，这一效应与给以 benzodiazepine 的效应相似。此外，在视皮层，快速发放脉冲的篮状细胞，表现出介导加强的抑制作用，提示这是一个重要的负反馈机制，这一机制对单眼剥夺后，快速地压抑剥夺眼的作用有贡献。在突触发育和可塑性方面，对 GABA 能传递的结构上的作用也有证据。例如，成年小鼠树突分枝的重组，是局限于 GABA 能神经元之间，而谷氨酸能细胞，则没有这种重组的能力。此外，成年啮齿类动物在改变 GABA 能传递后的条件下（例如，在丰富的环境和给 fluozetine）是能重新诱导出眼优势可塑性。

（五）神经营养素在突触形成中的作用

神经营养素（neurotrophin）（其中 "neuro" 为神经的意思，而 "trophe" 为营养物的意思）是一组可溶的基础生长因子。它们调节和维持中枢和外周神经系统神经元的发育、生存和死亡。神经生长因子（NGF）是第一个被发现的这一家族的成员。此外还有：BDNF、NT3 和 NT4/5。有两类受体介导它们发挥作用：TrK 受体家族（每种神经营养素有与它自身相匹配的受体）和 p75[NTR] 受体（这是一种通用的神经营养素受体）。各种神经营养素都影响树突

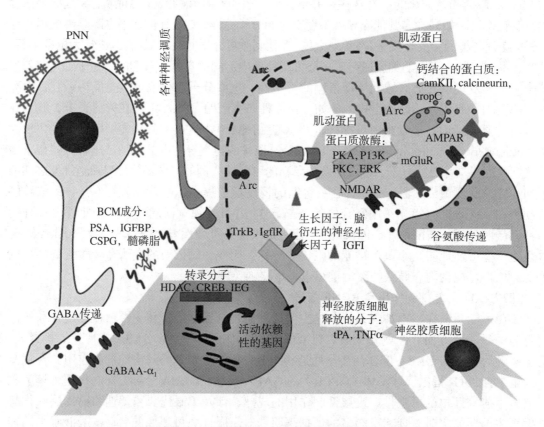

图 11-2　（也见彩图）介导视皮层可塑性的关键细胞和分子机制模式图

锥体细胞（黄色）接受来自 GABA 能神经元（蓝色，左侧）和谷氨酸能突触前末梢（粉色，右侧）的输入。GABA 和谷氨酸受体的组成和密度调制皮层的可塑性，这些调制涉及受体的交通分子（Arc）。检测和结合到突触后的钙分子［如同心脏的 Troponin C、Calcineurin 和钙调蛋白依赖性蛋白激酶（CamKII）］，对眼优势的可塑性也是重要的。其他效应物包括 MIIC（主要的组织兼容性复合物）分子和生长素，如 BDNF、IGF1 和神经调质（5- 羟色胺、乙酰胆碱和去甲肾上腺素）。紧接着钙内流的变化是发出级联反应信号，包括 EKR、PKR 和 CamKII 一类的一些蛋白质激酶，并且终止激活环腺苷酸反应结合蛋白（CREB）介导的转录。这种转录是受染色质重塑酶进一步控制。功能突触的修饰和树突与树突脊的结构重排偶联在一起，而这种结果重排最有可能是由肌动蛋白所介导的。在细胞外水平，与髓磷脂相关的受体（NogoR）和细胞外基质成分（硫酸软骨素蛋白多糖、聚唾液酸、胰岛素样的生长因子结合蛋白和组织血纤维蛋白溶酶原激活剂）对结构可塑性和（或）效应物分子进入到细胞体的容量进行调节。在抑制性副血清蛋白能神经元周围，上述某些成分形成网络（围绕神经元的网络，extracellular perineuronal net，PNN），这种网络似乎对可塑性有限制作用。5- 羟色胺、胆碱能和去甲肾上腺素能传入纤维也调制视觉的可塑性。最后，神经胶质细胞借助调制谷氨酸能传递和产生与可塑性有关的分子（如 IGFBP、tPA 和 TNFα）对皮层的可塑性作出贡献。PNN，围绕神经元的网络；PSA：聚唾液酸；ECM：细胞外基质；IGFBP：胰岛素样生长因子 -1- 结合的蛋白质；CSPG，：硫酸软骨素蛋白多糖；HDAC：组蛋白脱乙酰酶；IEG：早期速发基因；CREB：cAMP-反应成分结合的蛋白；tPA：增殖型血纤维蛋白溶酶原激活剂；TNFα：α 肿瘤坏死因子；PKA：蛋白质激酶A；PKC：蛋白质激酶 C；PI3K：磷酸肌醇 -3 激酶；ERK：细胞外信号调节激酶；tropC：心肌钙蛋白 C；CamKII：钙 / 钙调蛋白 - 依赖的蛋白质激酶Ⅱ；BDNF：脑源性神经生长因子；Igf1R：胰岛素样生长抑制 1 受体；TrkB：酪氨酸受体激酶 B

和轴突的生长、突触传递效率、突触接触的成熟、突触神经支配的密度和在视皮层眼优势柱的发育。BDNF 作为一个中心角色在视皮层显露，并且在建立神经元之间的联系、轴突和树突分枝的调制、增加突触传递效率以及影响突触和网络的成熟都是不可缺少的。突触是在两个神经元之间或在神经元与肌细胞之间的神经肌肉接点，是不对称的通信。化学突触使细胞与细胞之间能通过分泌神经递质进行通信，而在较为稀少的电突触，则通过缝隙连接进行信号传递。当轴突接触到它们的靶标，并与靶神经元的树突分枝或胞体之间建立接触，则开始形成突触装置。

为了说明神经营养素与功能突触形成之间的联系，要研究的第一件事是神经营养素对突触数目的影响。Causing 等（1997 年）发现，在 BDNF 过表达的转基因小鼠的颈上神经节，突触密度增加 2.5 倍，并在敲除 BDNF 基因的小鼠，突触密度下降。没有 TrkB 和 TrkC（BDNF的特殊受体）也表现出突触密度下降。每种神经营养素有一特定的效能：在培养的海马神经元，BDNF 诱导兴奋性和抑制性两种突触形成，而 NT-3 只诱导兴奋性突触的形成。神经营养素对突触数目的影响，不仅反映在新的突触的产生，而且也反映在已经存在的突触的稳定作用上。也有人发现，缺乏 TrkB 和 TrkC 小鼠的轴突末端突触小泡的密度下降，并且突触前特殊的蛋白也明显的下调。通过调节某些突触前蛋白的水平，来指引神经营养素在突触结构发育和成熟过程中发挥作用。在确立了神经营养素影响突触的数目和稳定性后，必须根据电生理的标准确定这些突触都是有功能的突触。第一个直接证明，需要有神经营养素存在，才能形成功能性突触，是从 Lymnae 神经元上得到的。当把细胞并置进行培养时，在各种突触前和突触后神经元之间形成兴奋性突触取决于外加的营养因子，并且这种效应是由受体的酪氨酸激酶所介导，结果表明毫无疑问这涉及神经营养素，但特异的神经营养素尚未鉴定出来。在中枢神经系统谷氨酸能突触上，BDNF 促进未成熟、电学上"沉默（silent）"的突触转变为成熟的有功能的突触。神经营养素作用的精确机制尚有待阐明。突触的形成是一个复杂的过程，有多种可能性在生物化学和拓扑图的水平进行调节。其中一点有待澄清的是神经营养素效应的精确定位。在突触形成期间，突触前部位含有神经递质的突触小泡成簇的出现。有报道指出，在海马脑片的 CA1 区神经元活动带的突触前末梢，BDNF 特别增加进入的突触小泡的数目。另一方面，在 Lymnae 神经元，突触后尼古丁乙酰胆碱受体的调制作用，足以说明营养素导致兴奋性突触的形成。因此，由于有这些实验证据，似乎神经营养素的作用部位既可能在突触前，也可能在突触后。电活动对突触形成的影响是复杂的，根据经典的 Hebb 定律，能成功地刺激突触后神经元的兴奋性突触，或在突触后神经元去极化时是活动的兴奋性突触，都是稳定的。然而有河豚毒素（TTX，能阻断电压门控钠离子通道）的条件下，神经营养素能促进兴奋性和抑制性突触的发育，表明神经营养素不需要突触前末梢的动作电位的到达，就可促进这些突触成熟。

总之，神经营养素家族，通过特有的 Trk 受体的活动，对中枢和外周神经系统突触的形成和成熟是不可缺少的。神经营养素复杂作用的精确机制，正在用体内和体外模型甚至单个细胞加以研究。继续阐明这一蛋白质家族的多方效应，我们将会更接近完全了解神经系统不可思议的功能。

（六）结构可塑性，树突的动态变化和细胞的外环境

谷氨酸能传递的解剖和生理学改变的关键部位是在树突脊，在中枢神经系统的树突脊接受绝大多数的兴奋性输入。由于先进的多光子显微镜和应用在体细胞标记的分子生物学技术，对大脑内突触活动与树突脊的形态之间的联系和动态变化，获得了比较多的了解。在啮齿动物,视觉经验既影响树突脊的结构,也影响树突脊的动态变化。经过短暂的单眼剥夺后,在视皮层的双眼区树突脊的密度减低,提示树突脊的丧失与被剥夺眼的驱动迅速减低之间的相关联系。同样地,雪貂在体的大脑皮质第Ⅳ层,绿色荧光蛋白标记神经元的结构成像与眼优势区域的功能轮廓图相结合证明:在视觉剥夺后,生理功能的变化伴随明显而又可逆的树突脊的丧失。在视皮层脑片上加 AMPA 和(或)NMDA 使树突脊动态变化下降,表明突触的激活使树突脊稳定。也观察到生活在黑暗环境下的动物,其树突脊丧失和形态学上的变化,并且双眼剥夺后的动物以年龄特异的方式改变树突的特性,这表明双眼竞争对树突脊的重组不是主要的因素。树突脊的数量和动态变化,是严重地受作用在细胞外基质分子,如软骨素酶 ABC 和组织血纤维蛋白溶酶原激活剂(tPA)的影响。视皮层在细胞外围绕神经元网络(PNN)的表达与关键期的发育相匹配,可被饲养在暗环境下而延迟,并且大部分局限在 GABA 表达的神经元群。利用软骨素酶 ABC 有选择地降解 PNN,有可能诱发成年动物的眼优势转移,这表明成年动物在正常的情况下,降解 PNN 防止了在眼优势可塑性期间发生的回路重组。假设有与 tPA 相似的作用,神经元中的丝蛋白酶也以活动依赖的方式释放出来。用蛋白质水解酶的级联反应,使细胞外基质与 tPA/ 血纤维蛋白溶酶原一同降解,可防止单眼剥夺 4 d 后,在正常情况下所诱发的皮层表面树突脊的丧失;但在 tPA 敲除后的小鼠,未观察到这一效应。在短暂(2 d)的单眼剥夺后,则观察到给予 tPA 可模拟树突脊动态增加。重要的是缺乏 tPA 的小鼠,不能发生任何眼优势的转移。这些结果表明:"自由上调"细胞外基质,促进剥夺期间突触连接的结构重组,这是 tPA 的重要前馈作用。

调节眼优势可塑性的另外一种细胞外因素,是从环绕寡树突细胞(oligodendrocyte)而来的髓磷脂,具体是通过与 Nogo 受体(与髓磷脂相关的受体)相互作用。无 Nogo 受体的小鼠,尽管其调节可塑性的因素(如 tPA 水平和 GABA)能正常地传递发育,眼优势可塑性的关键期时间窗口实际上是延长的。有趣的是,皮层髓磷脂化似乎是不受视觉经验的调节,因为在黑暗环境下饲养下的小鼠,不影响与髓磷脂相关的蛋白质的表达。视觉剥夺改变与可塑性有关的分子数目转录时,与髓磷脂相联系的基因,随发育过程的增加而维持不变。

(七)神经调制系统对皮层可塑性的效应

有一些研究的目的是指向神经调质对皮层可塑性的贡献,特别是与前馈机制的关系。经过 30 多年的努力,人们了解到:肾上能和胆碱能系统的激动剂有利于启动眼优势可塑性,以后也有人指出,5- 羟色氨(5-hydroxytryptamine,5-HT)能系统也有类似的功能。这些系统对皮层的基本功能是重要的,因为特别在早期发育时,产生纤维的脑区(胆碱能系统的基底前脑和产生正肾上腺传入纤维的兰斑)的损伤,可改变眼优势的特性和皮层神经元的取向选择性。服用 5-HT 选择性再吸收抑制剂(fluoxetine)可以恢复成年人眼优势的可塑性,这可能是由于减低了相关的抑制作用。如同其他许多涉及皮层可塑性的分子一样,不同的受体和纤维(去甲肾上能纤维)是受到发育调节的和取决于皮层输入(胆碱能受体)。关系到神经调质及其受体的时空分布的最有趣的观察是,在小猫视皮层 5-HT 表达是组织成片状的,并与眼优势柱的细胞色素氧化酶着色互补。神经调质也控制神经回路形态学上的重组,因为去甲肾上腺素和 5-HT 可以调制年龄依赖方式的突触数目。这可能是由于这些调质能调制 LTP/LTD 的阈值。在体外,加 5-HT 可促进成年猫脑片的 LTP 和 LTD 的诱发,并且同时刺激和加入卡巴胆碱或去肾上腺素,可诱发视皮层脑片的 LTD。神经调质对视皮层可塑性影响的解释,是这些调质通过第二信使通路,能独特地改变细胞内的钙浓度,因而潜在地改变对 LTP/LTD 产生的必要条件;在胆碱能系统,则不同的毒蕈碱受体激活不同的细胞内通路。因此，相同的刺激，按照神经调质的相对贡献，以单一的途径改变可塑性。这些调质系统也可以进一步与生长因子相结合，影响可塑性的变化。例如，乙酰胆碱纤维接纳大量的神经营养生长素受体，因而可能介导生长素对眼优势可塑性的影响。

四、反馈可塑性机制

人们观察到单独用反馈机制可以简单地解释眼优势可塑性，于是也就推测，反馈机制的存在也调节可塑性。首先援引一种企图根据 BCM 理论的反馈可塑性概念，来解释皮层突触可塑性。这一理论（或学习规则）是假设系统外部运作的反应取决于阈值，这一阈值在体内没有固定值，而是随突触活动的功能变动而变动的。这一理论有助于解释在小鼠和猫的实验中的一些结果。例如，在单眼剥夺后，接着刺激双眼，而不只是刺激缝合过的对侧眼，则单眼剥夺后的功能恢复会更快，并且阈值的重新调整要用比 Hebb 可塑性更长的时间（几小时）。然而正如下面将要叙述，反馈的可塑性实际上与前馈可塑性是能分开的和有区别的一个过程。

（一）网络的体内均衡

作为前馈调节，驱动皮层神经元动态地改变突触的数目、突触的权重和神经回路的结构。因此，细胞独立自主的和非自主的反馈机制的数目，用以维持平衡了的网络兴奋性和保持有效的信息传递，包括突触的体内均衡、改变固有的兴奋性和调节抑制的驱动。这些机制不仅在视皮层而且也在整个发育过程中的神经系统，都是活动依赖可塑性的整体部分。近年来已鉴定出了一些不同的信号分子，这些分子在大脑皮质回路内的特定部位，根据发育的年龄、视觉操作的类型和前馈可塑的变化方向（向单纯兴奋或单纯压抑方向），以介导这些负反馈反应。

（二）眼优势可塑性期间，突触的体内均衡

研究得最好的负反馈机制是突触标度（synaptic scaling），细胞从发放率优势点偏离突触标度，则导致整个突触强度上升或下降，而不破坏突触的相对权重。有趣的是，这种突触标度在大脑皮质中是片层特异的，因为阻断神经元活动后，在第 IV 层的微兴奋性突触后电流（mEPSC）振幅的标度是仍限制在关键期前，而 II / III 的标度变化则不明显。此外，人们一般认为成年动物的脑比年幼动物的脑有较低的可塑性，用各种方式对成年动物进行双眼剥夺，都能诱发突触标度变化，但这是一种不同形式的标度（非 - 倍增的标度），因此所用的机制可能与关键期用的机制有所不同。

活动阻断诱发的精确的负反馈机制，可能依赖于剥夺出现的时间和强度（或）品质。例如，用河豚毒素（TTX）使单眼失活 2 d 可导致受影响的单眼 II / III 皮层锥体细胞 mEPSC 振幅标度上调，而将眼睑缝合相同的时间（2 d）则导致维持原来固有的兴奋性标度，即保留 mEPSC 的强度不变。这些操作也导致皮层网络内兴奋 / 抑制平衡的不同变化。虽然两种操作都引起自发发放增加，但使之达到发放增加的机制是不同的（图 11-3）。有趣的是，丧失突触标度机制的小鼠，则阻止经过眼睑缝合或暗处饲养 4~6 d 后，由于视觉剥脱而诱发的视觉反应增加，提示在体内（in vivo）反馈事件的时间标度或机制是不同地加以调节的。需要进一步研究来了解：是如何引起的这些不同的负反馈机制，以及这些负反馈机制如何能聚集在一起使皮层回路稳定？

对感觉经验变化的反应，皮层的微电路以活动相关的形式做出改变。精细调整这种经验依赖性的微电路，在视皮层进行了广泛的研究，并且认为需要两种形式的可塑性：一是

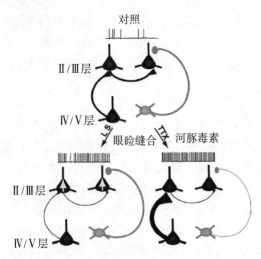

图 11-3　眼睑缝合和眼内注射 TTX 导致微电路改变

突触特异的可塑性，如 LTP 和 LTD；另一种是体内均衡型的可塑性，如突触标度（synaptic scaling），它使神经元和网络的特性稳定。然而这些不同类型的可塑性在复杂的皮层微电路内，是如何相互作用，目前仍是知之甚少。维持最适水平网络兴奋性（"增益"）的体内均衡，使皮层神经元能有效地检测输入信号和产生适当的输出反应是非常重要的。这种非 Hebbian 型的突触可塑性，能够使突触强度按比例增加或降低，以稳定发放率，这在培养的神经元网络中早有报道。后来证明，在啮齿类动物的大脑皮质也有相似的机制存在。视皮层的体内均衡可塑性是强烈地受发育过程调节的。在开眼后第 1 周直到出生后 18 d（P18），在啮齿动物经典的关键期开始后，这种可塑性，只在大脑皮质的第Ⅳ层才会出现。大约从出生后 19 d 左右开始，用简短的视觉剥夺，则再也不能诱发突触标度，而代之转移到第Ⅱ/Ⅲ层才可以诱发突触标度，直到成年。因此在以分层为特征的关键期内，赋予视觉皮层的体内均衡可塑性。两种类型的视觉剥夺（眼内注射 TTX 和眼睑缝合）都可导致细胞和突触发生变化，而且也增加Ⅱ/Ⅲ层锥体细胞的自发放电，表明降低了的感觉驱动得到了一般的网络水平的补偿。TTX 通过增加Ⅱ/Ⅲ层内兴奋/抑制（E/I）平衡来增加自发活动。相比之下，眼睑缝合则降低 E/I 平衡，但增加Ⅱ/Ⅲ层内锥体细胞的兴奋性。因此Ⅱ/Ⅲ层内的微电路是用不同类型的体内均衡可塑性以补偿视觉驱动的丧失。图 11-3 是眼睑缝合和眼内注射 TTX 导致微电路改变的模式图。在Ⅳ层和Ⅱ/Ⅲ层内的锥体神经元（黑色）和抑制性中间神经元（灰色），上部为对照；下部为眼睑缝合后（左侧）或眼内注射 TTX 后（右侧）。在这两种操作条件下，通过不同的机制，都可增加在Ⅱ/Ⅲ层内的锥体神经元的自发放电率。眼睑缝合是通过突触前和突触后多种来源的机制，减少兴奋性突触驱动到Ⅱ/Ⅲ层内的锥体神经元，但增加Ⅱ/Ⅲ层内的锥体神经元的固有兴奋性（胞体上的箭头标出）以作补偿。反之，TTX 产生重复Ⅱ/Ⅲ层兴奋连接的选择性突触前压抑，但增加 mEPSC 标度和从Ⅱ/Ⅲ层诱发兴奋性驱动（粗的轴突标记），而且同时减低抑制性驱动（细的轴突标记）。这些变化的纯效应是转移 E/I 平衡向兴奋性增加方向。还有报道指出：在出生后 12~23 d，主要神经元的 mEPSC 的频率，陡峭地增加，并且伴随 mEPSC 的振幅也增加，而饲养在黑暗环境中 12 d，可以防止上述变化。此外，只要单眼剥夺 2 d，则可按皮层不同层次和年龄依赖的方式，使 mEPSC 振幅按比例增加。这些结果证明，随着发育和感觉经验的增加，总的 mEPSC 振幅按比例增加或降低，说明突触的标度可能涉及神经活动依赖的使皮层神经元连接得更精美的机制。动物的行为活动，可以调节输入对给定神经元的总的突触强度。研究得最清楚的反馈机制，是突触标度。在突触标度过程中，细胞偏离设置优先的发放率，而导致总的突触强度按比例增加或按比例减低，而不破坏突触的相对权重。这种标度是片层特异的，因为在阻断电活动后，在关键期前，兴奋性微突触后电流（mEPSC）振幅增加是局限的第Ⅳ层，然而在关键期前，第Ⅱ～Ⅲ层的标度则是不明显的。此外，一般认为：成年脑的可塑性不如年幼脑的，然而在成年期用各种方法进行短暂的双眼剥夺，都能诱发突触标度，虽然这种标度不是同一种形式（非倍增的），并且有可能利用与关键期不同的另外机制。阻断活动诱发严格的反馈机制，有可能取决于剥夺的持续时间和强度（或）质量两者。例如，用河豚毒素（TTX）使单眼失活 2 d，可导致受影响眼的单侧皮层的Ⅱ/Ⅲ层锥体细胞的 mEPSC 振幅按比例增加；而将单眼缝合同样的时间，则导致固有的兴奋性的标度变化，而 mEPSC 振幅不变。这些不同的实验处理方式也导致皮层网络在兴奋（或）抑制平衡过程不同的变化。因此，虽然这两种处理方式，都能引起神经元增加放电，然而它们的机制是不同的。失去突触标度机制的小鼠，可以防止视觉剥夺（通过缝合眼睑或在黑暗环境下饲养 4~6 d）诱发的视觉反应增加，这表明在体内反馈事件的时间标度或机制，是经受不一样的调节的。进一步的研究是需要了了解如何引起这些负反馈的，以及这些机制又如何可能会集起来稳定皮层的回路。

（三）突触标度的分子机制（TNFα 和 Arc）

相对而言，我们还不太清楚控制固有兴奋性的机制，业已鉴定出了一些活动依赖性分子作为突触标度（scaling）中介物。有一些分子介导 mEPSC 振幅的正和负标度，这些分子改变突触膜上的谷氨酸（Glu）受体的含量。Malenka 和他的同事指出，离体的海马在阻断活动 48 h 后，神经胶质增加，产生一种叫 α 肿瘤坏死因子（TNFα）的细胞分裂素（cytokinin），后者又导致增加突触的 GluR1 和 mEPSC 振幅的标度。由于缺乏 TNFα 消除双眼剥夺皮层中从非剥夺眼而来的输入增加，这样就抵消了剥夺眼驱动的减少；因此，在视皮层，对于反馈可塑性，TNFα 是关键。在短期（4~5 d）双眼剥夺期间，抵消所发生的惊奇前馈压抑，TNFα- 介导的标度也是关键。这些结果表明，在视皮层直接介导感觉剥夺的效应上，神经胶质细胞起的新作用。发现 TNFα 正向调节 β3 integrin 则是另一种标度调制剂，表明在活动剥夺期间，这些分子可能会集起来，促进反应的反馈增加。在阻断期间，当这些分子对突触标度是关键时，另外的细胞自动机制也是不可或缺的。例如，减低 CaMK Ⅳ 的激活和转录的变化。CaMK Ⅳ 的基质之一是 CRBE（cAMP- 反应成分结合的蛋白），这是一种防止前馈可塑型的调制剂。神经元表达的 Arc（Arg3.1）揭示了一种互补作用。交通分子（Arc）是神经活动诱导的早期基因的一种中间产物。Arc 的信使核糖核酸（mRNA）输送到整个神经元，并且在树突能合成 Arc 蛋白。在活动增加期，Arc 直接与 dynamin 相互作用以增加 AMPA 受体的胞饮率，因而减低突触强度，但保留相对的突触权重不变。由于谷氨酸受体的胞饮作用，在 Arc 过表达或将其去除的实验中，对允许阻断活动所诱导的标度，适当的 Arc 水平是关键。与 TNFα 不同，Arc 也可能诱发 Hebbian 型可塑性，但其功能可能与反馈机制串联。新近研究应用单眼剥夺的示例，开始了解在体 Arc 的复杂功能。结果表明：缺乏 Arc 的年幼小鼠防止眼剥夺后的可塑性，甚至剥夺 7 d，都不足以引起被剥夺眼反应前馈的减少或非剥夺眼反应前馈的增加。在突触驱动没有极端改变的情况下，反馈机制的作用是有趣的。例如，在第Ⅵ层最初建立取向选择性时，不需要视觉输入，视觉经验增加神经元选择性的过程，则需要神经元增加优先取向的反应，并减低非优先取向的反应。在这种突触选择性减弱和加强的过程中，由 Arc 和 TNFα 介导的反馈机制也可能是重要的。从缺乏 Arc 小鼠视皮层神经元的反应，可以证明上述看法是对的，因为缺乏 Arc 引起低取向选择性神经元的百分比增加和调谐曲线变宽，但对其优先取向神经元的平均放电反应仍保持正常。TNFα 在整形视觉反应中的补充作用仍在研究中。

（四）抑制的反馈调节

除了在谷氨酸能突触上总的标度上调外，抑制性微电路也发生反馈改变以补偿前馈的变化。例如，在突触驱动减少的反应中，中间神经元把抑制作用反馈回锥体细胞，以了解减低的强度。这在细胞培养中已观察到，剥夺活动 2 d，不仅增加了兴奋性的传递，而且也降低了微抑制性突触后电流（mIPSC）的振幅，同时也降低突触后 GABA 受体免疫染色。相似地，在切片标本上，眼内注射 TTX 后，Ⅱ/Ⅲ层细胞的兴奋/抑制比增加。介导脱抑制的机制仍不太清楚，但可能涉及 TNFα，后者表明可调节 GABAa 受体的胞饮作用。反之，增加活动可导致锥体细胞释放 BDNF 和在 GABA 能细胞上兴奋性突触的 BDNF- 依赖的加强。这样可导致整个的兴奋/抑制间的平衡下降，特别是当与潜在的 Arc- 介导的重复兴奋性连接的标度按比例下降相结合时，下降则更为明显。

五、介导可塑性的分子路线和基因系统

过去几年里，利用基因筛选研究视觉皮层可塑性的分子机制开辟了考察可塑性分子新家族的门路。这些研究分析了成百上千个基因图谱。大规模基因表达的研究与一些途径（如采样选择、操作性质和基因选择标准等）彼此不同。考虑到所有的这些因素，以及基因表达分析固有的变化，各研究工作之间的差异是在预料之中的。然而在视皮层基因表达的最新研究中，还是有许多有意义和有趣的共同发现。发育期间考察基因表达的研究发现，在关键期，与髓磷脂有关的基因增加。相似地，研究基因组变化的学者，在改变输入后，都鉴定出了 MAPK 途径和与胰岛素样生长因子 1（IGF1）有关的分子。一般在所有的视皮层基因研究中，都考察了活动依赖性基因表达的较宽广转录，有三个目的：① 在关键期是否有特定的基因决定增加可塑性的能力，并且奠定使可塑性机制起作用的条件；② 通过视觉剥夺后，考察转录变化，以了解哪些基因介导可塑性；③ 利用有关新基因表达图，以考察这些基因，是否在视觉剥夺期间，转译成有功能的改变。这些分析令人惊奇地揭示了奠定正常发育和视觉剥夺两者基础的分子机制。

视觉调节各年龄段的一些信号分子（如 MAPK 信号）的表达，也存在年龄特异的基因组，有可能分担普通信号分子对大脑可塑性的影响。年龄特异的基因组，也受动物以前的视觉经验的控制。分析"自发"和"养育"之间的相互作用，有趣地发现，在关键期许多基因上调起促进突触稳定作用（例如，肌动蛋白的稳定和髓磷脂化），单眼剥夺逆转几乎所有的"关键期"基因表达。这些发现证明电活动的预料，因此，在正常饲养时，倾向于突触重排，这一过程可能需要生长促进的和生长抑制的过程之间的再平衡。为了区分由不同的视觉操作所驱动的各种基因之间的差别，另外一种筛选在黑暗环境下短期（4 d）和长期（16 d）单眼剥夺效应之间的差别，用关键期年龄的小鼠进行了比较；出生后立即饲养在暗环境下，导致基因引导的突触形成和突触传递增加，以及与抑制有联系的突触形成和突触传递下降，这与延缓成熟状态是一致的。引人注目的是，单眼剥夺所特有的基因组上调是与生长因子和免疫/发炎系统的信号有关，在长期剥夺后，免疫/发炎系统的信号特别丰富，表明炎症信号的一种潜在的新反馈作用。支持这种观念，Tropea 等发现，特殊的胰岛素样生

长因子（insulin-like growth factor，IGF）1- 结合蛋白（IGF binding protein，IGFBF）5，在剥夺眼对侧皮层上调，而且剥夺导致的 IGFBP5 增加对眼优势区转移是关键的。通过外源增加 IGF1 增加 IGF1/IGFBP5 的比值，可以阻止单眼剥夺效应，提示：想要引起用单眼剥夺诱发的可塑性变化，减低 IGF1 是必不可少的一步。与此相反，免疫 / 发炎信号通路，如 JAK/STAT（Janus 激酶 / 信号转换分子和转录激活因子）和配对的免疫球蛋白样的受体 B（PirB）/MHC 对限制眼优势可塑性似乎是重要的。非常有趣的是今后可以观察：是否在关键期限制可塑性的上述分子，在成年可塑性方面也起相似的作用。例如，早年在成年猫的实验中发现，在视网膜产生盲区后，视皮层的剥夺区 IGF1 和 BDNF 上调，然而，年幼的小鼠对降低视觉输入的反应，这些相同的分子却是下调的。眼优势可塑性是一个强有力的模型，可以利用它来破译发育期皮层介导活动依赖变化的候选分子和机制的作用。这种可塑性是一种复杂而且相互关联的、涉及大量不同种类分子的机制。大多数分子是受发育调节的，而且由感觉经验使之分别发生改变。了解这些分子作用的框架是考虑它们前馈和反馈机制的功能。这些机制介导突触特异的和总的变动，进而突触、细胞和回路水平的可塑性。总之，这些机制翻译外界的信息到神经网络，进而适当地处理这些信息。

小结：突触受体的一系列变化，使视觉发育具有关键期或敏感期特有的可塑性，随神经系统的成熟逐级降低，而 NMDA 受体所介导的活动是突触可塑性存在的基础。对于弱视这类视觉系统发育性疾病，目前一般认为如果错过了敏感期，进入成熟期后则治愈无望，然而临床上也有例外。目前在皮层可塑性领域开展研究的重要目的，是在于了解以及指引前馈和反馈可塑性的许多分子机制，是如何募集在一起的？又如何相互作用以及如何会容许和指导可塑性？而且总在起作用。研究可否寻找到某种措施或药物以延长或恢复年龄较大弱视患者的敏感期的可塑性，然后对其产生弱视的病因进行矫正。其中心是祈求神经元如何确定和设置优先发放点。以及在反馈机制启动前，细胞必须偏离这一点多远和多久？细胞又如何感受兴奋性水平，和将当时的兴奋性水平与将要达到的兴奋性水平进行比较。进一步则要研究是否同类的分子机制，既涉及发育过程中的可塑性，又能涉及成年后的可塑性。不同种属动物的这些机制都一样吗？要回答这些问题，需要有新的研究工具和手段。无疑这也将导致更深入地了解天然和饲养在不同环境下，如何相互作用以修饰大脑皮质。

参考文献

[1] Bear MF, Kleinschmidt A, Gu Q, et al. Disruption of experience-dependent synaptic modification in striate cortex by infusion of an NMDA receptor antagonist. *J Neurosci*, 1990, 10: 909.

[2] Bienenstock EL, Cooper, LN, Munro, PW. Theory for the development of neuron selectivity: orientation specificity and binocular interaction in visual cortex. *J Neurosci*, 1982, 2: 32–48.

[3] Blackmore C. The sensitive periods of the monkey's visual cortex, In "Strabismus and Amblyopia", 1988: 219-234.

[4] Cabelli RJ, Shelton DL, Segal RA, et al. Blockade of endogenous ligands of TrkB inhibits formation of ocular dominance columns. *Neuron*, 1997, 19: 63–76.

[5] Carmignoto G, Vicini S. Activity-Dependent Decrease in NMDA Receptor Responses During Development of the Visual Cortex. *Science*, 1992, 258: 1007-1011.

[6] Clothiaux EE, Bear MF, Cooper LN. Synaptic plasticity in visual cortex: comparison of theory with experiment. *J Neurophysiol*, 1991, 66: 1785–1804.

[7] Crawfood WLJ. Electrophysiology of cortical neurons under different conditions of visual deprivation.

In "Strabismus and Amblyopia", 1988, 207-218.

[8] Fox K, Daw N, Sato H, et al. The effect of visual experience on development of NMDA receptor synaptic transmission in kitten visual cortex. *J Neurosci*, 1992, 12: 2672.

[9] Fox K, Sato H, Daw N. The effect of varying stimulus intensity on NMDA-receptor activity in cat visual cortex. *J Neurophysiol*, 1990, 64: 1413.

[10] Hubel DH, Wiesel TN. The period of susceptibility to the physiological effects of unilateral eye closure in kittens. *J Physiol*, 1970, 206: 419–436.

[11] Kleinschmidt A, Bear M, Singer W. Blockade of NMDA receptors disrupts experience-dependent plasticity of Kitten striate cortex. *Science*, 1987, 215: 355.

[12] Liu CH, Heynen AJ, Shuler MG, et al. Cannabinoid receptor blockade reveals parallel plasticity mechanisms in different layers of mouse visual cortex. *Neuron*, 2008, 58: 340–345.

[13] Moffei A, Turriginno GG. Multiple modes of network homeostasis in visual cortical layer 2/3. *J Neurosci*, 2008, 28: 4377-4384.

[14] Malenka RC, Nccll RA. Silent synapses speak up. *Neuron*, 1977, 19: 473-476.

[15] Poo MM. Activity-dependent modulation of developing synapses and molecular mechanisms. In "The proceeding of the second international symposium", 1993: 22.

[16] Titmus MI, Tsai HJ(蔡 浩 然), Lima R, et al. Effects of choline and other nicotinic agonists on the tectum of juvenile and adult *Xenopus* frogs: A patch-clamp study, *Neurosci*, 1999, 91: 753-769.

[17] Tropea D, Kreiman G, Lyckman, A, et al. Gene expression changes and molecular pathways mediating activity-dependent plasticity in visual cortex. *Nat Neurosci*, 2006, 9: 660–668.

[18] Tropea D, van Wart A, Sur M. Molecular mechanisms of experience-dependent plasticity in visual cortex. *Phil Trans R Soc B*, 2009, 364: 341-355.

[19] 温晓红，蔡浩然. 离体成年非洲爪蟾视顶盖区突触后电流的研究. 中国神经科学杂志，2001，17: 11-15.

[20] 王红, 温小红, 蔡浩然. 爪蟾视觉发育过程中抑制性 GABAa 受体功能的变化. 中国神经科学杂志，2003, 19: 216-222.

[21] 刘燕，温晓红，蔡浩然. 幼年非洲爪蟾视顶盖区突触前、后膜上受体间的相互作用. 中国神经科学杂志，2004, 20: 411-415.

第十二章

长时程增强效应与抗老年痴呆症

在上一章我们已经介绍了突触可塑性与视觉发育敏感期有关的问题，突触可塑性表达的另一个重要的问题是长时程增强（long-term potentiation，LTP），对 LTP 虽然在上一章中略有提及，但未加深入讨论。由于 LTP 涉及记忆的形成与存储，以及神经元的损伤。另外，临床上最普通的一种神经变性疾病——阿尔兹海默病（Alzheimer's disease，AD），是以进行性的记忆和认知受到损伤为特征，并且脑内的细胞外 β 淀粉样蛋白斑（plaque）沉积和神经元内神经纤维缠结（neurofibrillary tangle，NFT）。

第一节　海马结构与学习记忆的功能

一、海马结构

在神经系统进化过程中，相对于新皮层而言，海马是古皮层。在中枢神经系统中，海马结构（hippocampal formation，HF）由海马（hippocampus）、齿状回（dentate gyrus）和围绕胼胝体的海马残体（hippocampal rudiment，如胼胝体上回等）组成。海马残体是不甚明显的痕迹，所以 HF 主要包括海马及齿状回，是属于脑的边缘系统中的重要结构。它是与学习、记忆、认知行为等功能密切相关的重要脑区。它不仅和陈述性记忆有关，而且还涉及认知功能和位置导航，是一重要的信息处理部位。大量研究已证明其与学习记忆（特别是空间认知）功能有关，尤其 CA3 区被认为与空间辨别性学习记忆活动的关系尤为密切。在动物实验中，人们发现损毁海马能促进操作性逃避的学习，但可减弱在 "T" 迷宫逃避足部电击的视觉辨别问题的学习。也有实验结果表明，海马突触结构的细胞内游离钙特异性的升高与动物学习记忆力的减退相一致。临床资料表明，因治疗颞叶癫痫而进行海马切除的患者，其新近记忆丧失，丧失的程度取决于切除部位的大小。双侧海马损伤的患者，当他们在一段时间内集中注意力，虽可记住一个短句或一个短位数字，但当患者把注意力转向某些其他事物时，即使是片刻，也将完全忘记这个短句或短位数字。这种障碍使患者不能学习新事物，也不能记忆新近的经历，但对发病前获得的技能以及生活中曾发生的事情，仍有良好的记忆。海马结构，属大脑边缘系统，近年来，AD 与海马的神经生化和形态结构的联系是 AD 防治的研究热点。有人报道，Alcl3 痴呆小鼠经中药治疗后，海马 CA1 区锥体细胞层神经元树突得以改善。这说明海马在 AD 发病和治疗上是一个值得关注的领域，海马与记忆有着密切的联系。海马通过脑干网状结构系统及皮质下行纤维接受来自视、听、触、痛等多种感觉信息，并参与调节内分泌活动。

（一）海马结构是电生理研究的理想标本

海马脑片是中枢神经系统研究中应用最为广泛标本之一。其原因有以下几点：① 海马与脑的其他部位相对隔离，较易剥离，且剥离后受到的损伤较小；② 海马具有高度分化的片层结构，一方面，海马神经回路在片层中的分布有一定的空间规律，如锥体细胞的胞体分布在锥体细胞层，而 Schaffer 侧支突触分布于辐射层，且海马中存在一个三突触联系的回路，即穿通纤维 - 齿状回颗粒细胞层、苔藓纤维 -CA3 区锥体细胞层、Schaffer 侧支 -CA1 区锥体细胞层等（图 12-1），因此，在海马中可以较准确地记录到特定神经元或突触的反应；另一方面，这种片层结构有利于解释在某一部位从胞外记录到的场电位（field potential）的意义。这些都使海马成为电生理学研究的理想标本。

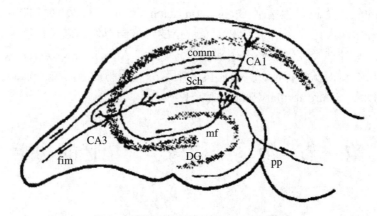

图 12-1　简化的大鼠海马切片模式图

comm：联合系统；DG：齿状回；mf：苔藓纤维；pp：穿通纤维；Sch：Schaffer 侧支

（二）学习记忆与突触效能的长时程增强

在大脑中，外界事件以神经活动的模式来代表。学习和记忆的印象必然存储于突触中，这些突触支持活动依赖的突触效力的变化，在 20 世纪 40 年代，Hebb 和 Konorski 重合检测规则（coincidence-detection rule），也就是说，如果两个同时活动的细胞连接成突触，则这种突触是加强的。这样加强了的突触，首先哺乳动物脑的穿通纤维与海马颗粒细胞的兴奋性连接得到了证实。一短串的高频脉冲刺激海马兴奋性单突触通路，则会突然引起突触传递效率的持续增加，Bliss 称这一效应为长时程增强（LTP）。后来发现，不仅是海马而且在其他许多脑区也都能诱导出 LTP。并且有越来越多的证据表明，LTP 至少奠定了一定的记忆形式的基础。在以往的几十年中，海马的 LTP 已成为哺乳动物脑内活动依赖性的突触可塑性主要模型。活动依赖性的突触增强，在短到数毫秒内则可出现，且持续时间为数秒或数分钟以上，麻醉的动物或离体脑片的 LTP，可持续几小时，而自由活动的动物，其 LTP 甚至可持续几天。根据持续时间的长短，又可分为：① 强直刺激后增强（post-tetanic potentiation, PTP）；② 短时程增强（short-term potentiation, STP）；③ LTP。有实验结果表明，STP 的表达部位是在突触前，而 LTP 的表达部位在突触后。蛋白激酶 C（PKC）的抑制剂都能阻断 LTP 的诱发，但不影响 STP。当今的观点认为，激活突触后的激酶活性是短暂的，而激活突触前的激酶活性持续时间较长（但低于 1 h）。LTP 表现为从单细胞或神经元群记录到的诱发反应的突触后成分的大小持续增加。20 世纪 70 年代以来，对这种由强直刺激引起的 LTP 的特征、产生条件及产生机制等进行了大量研究工作。现在一般认为用高频 θ 节率进行刺激，引起了与单次刺激大不相同的谷氨酸受体 - 和 GABA 受体 - 介导的反应，具体可以用图 12-2 模式图加以叙述。该图 A 部分为低频信号的突触传递。如果在海马的 Schaffer 侧支上给以单个脉冲刺激，则诱发单个 EPSP 反应，这种 EPSP 主要是由于神经递质（L-谷氨酸）作用在非 -NMDA 离子型谷氨酸受体上而诱发的，它能被 CNQX 这样一类的拮抗剂所阻断，由于这些受体是选择性地对 AMPA 起反应，故称之为 AMPA 受体。这种受体相应于克隆出的 GluR1~GluR4 受体家族。当刺激雪氏侧支 - 联合纤维通路时，也激活 GABA 能中间神经元（通过与锥体细胞上相似的 GABA 能突触），并且导致产生包含有 EPSP 在内的双相 IPSP。这种 IPSP 的起始部分，是单独由于激活 GABAa 受体（包括完整的 Cl^- 通道）所引起，并且紧接着激活 GABA$_b$ 受体（间接与 K^+ 通道偶联）。由于 NMDA 受体具有相对较慢的激活动力学，故 NMDA 受体对突触反应几乎没有什么贡献。此时，大多数的 NMDA 通道是处在开放状态，IPSP 使神经元超极化，这样就大大地增加了 Mg^{2+} 对 NMDA 通道的阻断。尽管如此，NMDA 受体系统对低频信号的突触传递，仍存在有限度的贡献；然而在正常环境下，这并不足以启动改变突触传递效率。

该图的 B 部分为高频信号的突触传递：NMDA 受体对突触传递的贡献，从根本上改变了对高频输入的反应。这是因为高频强直刺激，使神经元保持在去极化的状态下，后者又减

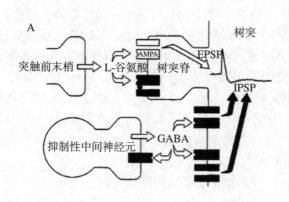

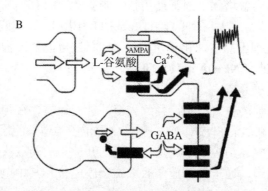

图 12-2　诱发 LTP 过程中氨基酸受体的作用

A. 为低频信号的突触传递。B. 为高频信号的突触传递。详细解释请参阅有关正文

低了 Mg^{2+} 诱发的对 NMDA 通道的阻断的程度，同时还提供 L- 谷氨酸促进 NMDA 通道开放的条件。有一些因素可能在强直刺激期间，对细胞保持在去极化状态下有贡献，这些因素包括：AMPA 受体介导的 EPSP 的总和，以及由细胞内 Cl^- 和细胞外 K^+ 建立起来的 Cl^- 和 K^+ 的反转电位向去极化的方向转移。主要机制是 θ 节率压抑 GABA 介导的突触抑制作用。这是由 $GABA_b$ 自我受体介导的主动过程。产生这一效应需要 10 ms 以上，并且能保持长达几秒钟。结果是低频传递不受这一过程影响，然而在高频信号传递时，每个脉冲信号引起释放出的 γ- 氨基丁酸相当少，于是向兴奋和抑制平衡方向转变。减低抑制作用，使 NMDA 系统有更大的表达，后者使细胞去极化，并进一步减低 Mg^{2+} 的阻断水平。突触电导的长持续期，意味着在高频传递期间，NMDA 受体介导的 EPSP 能非常有效地总和。

Thompson（1982 年）用兔瞬膜条件反射模型观察到海马齿状回的突触功效有随行为训练而增加的 LTP 样变化，这种变化与条件性行为的反射建立相对应。这是第 1 次直接结合行为学习的 LTP 现象。其后 Ruthrich 等报道条件反射的训练过程中伴随着 LTP 的变化，他们在大鼠的前穿通纤维及齿状回颗粒细胞层分别埋藏了刺激和记录电极，然后训练动物在 Y 型迷宫内进行分辨回避反应，每隔 24 h 复训一次，并分别在训练前及训练后的 1 min、1 h、4 h 及 24 h 观察 LTP 效应。发现训练后 4 h 及 24 h 刺激前穿通纤维所诱发的群峰电位发放（population spike, PS）的振幅较训练前明显增大，其中记忆好的动物，其 LTP 效应增大更为显著，记忆差的动物 LTP 效应增大则不明显，而对照组（即灯光与电击无规律地结合）诱发的群峰电位则无明显变化。后来有人进一步验证了 LTP 出现的快慢与条件反应建立的快慢（个体差异）相吻合，即在明暗辨别学习中出现突触效力长时程增强，其保持时间的长短与巩固性训练的多少呈正相关，而且 LTP 消退，习得性行为也消退。应用慢性埋藏电极技术与电生理学技术结合行为学的方法，观察大鼠海马 CA3 区锥体细胞在明暗辨别反应的建立、巩固、消退和再建立的连续过程中，突触效力的变化规律。结果发现，在条件反射建立过程中，产生突触效力 LTP；在条件反射巩固过程中，LTP 继续保持；在条件反射消退过程，LTP 消退；在条件反射的再建立过程中，再次产生 LTP，而且这种习得性 LTP 的发展和变化，超前于习得性行为的产生和改变。以上资料表明 LTP 可能是学习记忆的神经基础，特别在运动学习过程中对新的神经回路的形成起着重要作用。解剖学的研究结果表明，啮齿动物 LTP 的诱发与突触脊的形成和突触脊容积的增加有联系。

长时程增强也能由短暂地加化学试剂到海马突触而诱发，这些试剂包括：Ca^{2+}，花生四烯酸，代谢型谷氨酸受体激动剂（ACDP），K^+ 通道阻断剂（TEA）和 G 蛋白激活剂（$Na^+/AlCl_3$）等。化学诱发的突触增强，通常能用强直刺激诱导的 LTP 所阻断（这是由于一种因素诱发的 LTP 饱和，而防止了另一种因素的诱导 LTP 作用），表明两种机制的会聚。一般而言，NMDA 受体的拮抗剂不能阻断化学诱导的 LTP，这可能是因为各种化学试剂所激活的 LTP 级联反应的成分是处在 NMDA 受体的下游。

（三）海马的相关离子通道

锥体细胞是构成海马的主要细胞，释放兴奋性神经递质，在神经信息的传递中起主要作用。它们约占海马总细胞的 80%~90%，胞体主要位于锥体细胞层。锥体细胞主要离子通道类型有两类：一类是配体门控离子通道，通道的开放与关闭取决于是否与配体结合；另一类是电压门控离子通道，通道的开放与否取决于膜电位。其中电压门控通道，包括了电压门控钙离子通道（VGCC）、K^+ 电压门控通道等。配体门控离子通道根据它们的结构特征可以分为三个基因组，一类是离子通道型谷氨酸受体；另一类是 ATP 受体的复型；第三类以尼古丁乙酰胆碱受体（nAChR）作为代表。其中离子通道型谷氨酸受体根据其选择性激动剂不同又分为两类：NMDA 受体以及 AMPA/KA 受体（或称非 NMDA 受体）。它们都是兴奋性的氨基酸受体，与学习记忆信号传递具有密切关系。NMDA 受体的通道开放时可以透过 Ca^{2+}，使之从浓度高的细胞外液进入到细胞内。这样就提供了诱导 LTP 所必需的瞬态 Ca^{2+} 信号，也有可能诱发从细胞内 Ca^{2+} 库进一步释放，使 Ca^{2+} 信号放大。突触后成分增加有 4 种可能的来源：① 突触前的变化：引起对每次刺激脉冲所引发释放出的 L- 谷氨酸量增加；② 突触后的变化：例如，受体的数目增加或由沉默的 (silent) 受体转变为有功能的受体；③ 突触外的变化：例如，神经胶质细胞吸收 L- 谷氨酸量减少，而导致受体可援用的神经递质增加；④ 形态学上的变化。实际上，在不同时间可能出现这些变化相结合的效应。

二、海马脑片

相对于离散的细胞，脑片保留了局部神经元的解剖环境，并且保留了神经元之间的联系。由于神经元之间突触联系的可塑性变化是脑内信息存储过程的核心，突触可塑性模式之一的 LTP 具有时程长的性质，而且有实验显示记忆保持好的动物，其 LTP 效应增大显著，影响 LTP 的因素或药物，也能影响学习记忆过程，反之亦然，因此认为 LTP 是学习记忆的可能神经机制之一。而只有保留了神经元之间联系（即突触）的脑片才能成为研究 LTP 一个良好的模型。

在生理条件下可能产生的 LTP 的研究还发现，当刺激脉冲的时间间隔大约 200 ms 时，海马 CA1 区 LTP 的诱发是最佳的，此时时间间隔与自然产生海马 θ 节律（大约 5 Hz）的频率一致，提示 LTP 和刺激节律相互关联，并有实验表明 θ 节律的存在，易化 LTP 的诱发，θ 节律可能是构成涉及学习记忆的突触可塑性的基础。除了群峰电位外，还有采用兴奋性突触后电流（EPSC）和抑制性突触后电流（IPSC）为指标来衡量海马神经元活动的研究。刺激 CA1 传入纤维能影响 EPSC 和 IPSC，继而以脉冲间隔为 50 ms 的配对刺激代替单刺激，通过 EPSC2/EPSC1（P2/P1）值的变化可观察一些干预的手段对 LTP 的影响。

三、体内动物实验

在膜片钳技术的应用研究中，无论研究所采用的标本是海马离体细胞还是离体组织块（脑片），获得的实验结果都可能与整体动物的真实情况有很大差别。例如，在急性分离海马细胞标本时，其受体或离子通道可能由于蛋白质分解酶的作用而发生损伤；培养的神经元所表达的离子通道可能有基因变异。离体海马脑片标本虽然保持了局部神经元的解剖环境，可以用来研究局部神经元之间的相互作用，但其显然不能观察到药物对动物整体情况下神经系统的影响，以及体内其他系统对神经系统的影响。在体膜片钳记录技术发展了在体细胞外和细胞内记录技术，不仅弥补了上述不足，而且在药理学研究中使药物的给药途径更加丰富，为药物的作用及机制研究提供了准确可靠的方法。利用立体定位仪，能对于大鼠海马部位进行在体群峰电位以至全细胞膜片钳记录的检测。

第二节 β 淀粉样蛋白在 Alzheimer 病中的神经毒性

AD 是一种神经系统退行性疾病。临床以大脑皮质获得性高级功能受损，即痴呆为主要特征，包括不同程度地进行性记忆力、感觉能力、判断力、思维能力和运动能力等减退和受损，以及情感反应障碍和性格改变。其主要病理特征为：① 颞叶和海马皮质等部位神经元丢失；② 神经元纤维缠结（NFT）；③ 在神经元上出现老年斑（senile plaque，SP）。虽然目前仍不太清楚启动 AD 的分子生物学基础，然而，近年来广泛的研究表明，β 淀粉样蛋白多肽（amyloid peptide，Aβ）在 AD 的早期起了不可或缺的病因作用。AD 的痴呆严重程度与皮层可溶性 Aβ 的水平比不溶的淀粉样蛋白斑有更强的相关性。实验表明，可溶的 Aβ 低聚物特别能阻断海马的 LTP；④ 脑血管淀粉样病变。其中神经元丢失、NFT 和 SP 为特征性病理改变。AD 患者主要的神经病理学变化是与神经变性相联系的皮层萎缩、突触脊的密度下降和神经元明显丧失。

一、β 淀粉样蛋白的级联学说

1984 年，首次从 AD 和 Down 综合征患者脑膜血管壁中纯化并测得了 Aβ 氨基酸顺序，并随后发现其与 AD 脑内 SP 中的淀粉样物质为同系物。基本结构中都含 40 或 42 个氨基酸多肽，统称为 β 淀粉样蛋白。

Aβ 是老年斑形成的启动因子，也是老年斑核中的核心成分，是淀粉样肽先体蛋白（β amyloid precursor protein，APP）正常代谢的产物。APP 是由 695~770 个氨基酸组成的跨膜蛋白，它经过 β 与 γ 分泌酶协同作用产生了 Aβ。APP 经酶裂解后，产生的肽段发生自身聚集，与细胞膜连接后使细胞变性。研究表明流动的脂单层可促进与 β 淀粉蛋白相互作用的不变区的发展。改变 $A\beta_{42}$ 的 C 端 12 个疏水基后观察，可知 $A\beta_{42}$ 的疏水序列能促进 Aβ 的聚集。导致 AD 脑内 Aβ 异常增多的原因可能为：① APP 的非 Aβ 源加工途径受阻抑，Aβ 源的途径激活，导致 Aβ 产生增多；② Aβ 清除或降解受阻；③ APP 基因突变或表达也是造成 APP 异常裂解而产生大量 Aβ 的原因之一。APP 基因突变和早老蛋白基因 12 突变主要导致 Aβ 延长 2 个氨基酸，使患者血浆和培养的成纤维细胞中 $A\beta_{1-42}$ 浓度明显升高。神经元中 APP 的轴突转运通过与 APP 直接相连的蛋白激酶 1（微管动力蛋白）中的轻链蛋白质调节。

在正常情况下，Aβ 是可溶性的，Aβ 的分子结构和状态与 Aβ 神经毒性关系密切，β 片层结构可促进 Aβ 聚集成不溶性纤维，不易被蛋白酶降解，进一步形成极难溶的沉淀，并由此生成老年斑。Aβ 神经毒作用是聚集相关毒性，即可溶性 Aβ 聚集成不溶性 Aβ 纤维才具有更强毒性。AD 中主要的淀粉样沉积物为 $A\beta_{39-43}$，体外研究表明 β 淀粉蛋白能改变 DNA 构相，诱导 DNA 的凝集，而 DNA 的凝集是 β 淀粉蛋白产生毒性的原因之一。在 APP 转基因的小鼠模型，体内形成不可溶的 Aβ 沉积之前，即可检测到突触可塑性的损伤。有报道指出，合成的 Aβ 聚合物抑制 NMDA 受体介导的 LTP，但不抑制 AMPA 受体介导的 LTP，这与 Aβ 能影响在细胞表面的表达，并可能增加或降低 NMDA 受体的电导是相一致的。

二、β 淀粉样蛋白与炎性反应

Aβ 沉积所形成的神经炎性斑，即老年斑是 AD 脑内特征性病理变化之一，而 Aβ 又是炎症反应的一个重要的诱导物，可诱导小胶质细胞的激活，释放炎症因子和神经元毒性介质，导致神经元的损害。越来越多的研究表明，AD 是一个慢性炎症过程，在 AD 患者脑内存在严重的免疫和炎症反应。

Aβ 通过激活经典和旁路补体途径，导致 AD 患者脑内产生大量具有生物学活性的蛋白质，如 C1q、C4、C3、C5、C6、C 7、C8、C9 等，其结果是引起小胶质细胞和星形胶质细胞的激活和增殖，并产生致炎性细胞因子，如 IL-1、IL-6、IL-8、TNF-α 及 iNOS 等，引起脑内炎症反应。而炎症反应又可以促进 Aβ 的沉积，加重神经斑的形成，导致恶性循环。同时 IL-1 和 TNF-α 可以诱导神经元表达 COX-2，使神经元内 COX-2 表达增加，酶活性增强，前列腺素合成增加，进而启动神经源性炎症反应途径。COX-2 又称诱导型环氧化酶，正常情况下无表达，但在致癌基因、生长因子、激素以及炎性因子等作用下可在包括神经元在内的多种细胞表达，在 AD 患者脑内，COX-2 表达增加与 Aβ 水平具有高度一致性，而且 COX-2 与含神经元纤维缠结的神经元共存，说明 COX-2 在神经元内的表达增加，可能导致神经元死亡。中低剂量的非甾体类抗炎药（non-steroidal anti-inflammatory drug，NSAID），如阿司匹林、消炎痛等，具有解热镇痛的效果，而大剂量的 NSAID 通过抑制 COX-2 的表达及酶的活性，阻断前列腺素介导的炎症反应通路，可抑制局部炎症反应。最近的研究显示，NSAID 可以延缓 AD 的发生，减慢 AD 的发展，降低 AD 发生的危险性，其机制可能与该制剂抑制 COX-2 有关。因此，慢性炎症在 AD 的发病过程中起重要作用，构成 AD 发病过程不可缺少的一部分，是 AD 脑损伤的一个主要原因，其与 AD 神经元退行性变的相关性已得到证实。

TGF-β1 是脑损伤与炎症反应的主要调节因子，与体外 Aβ 沉积密切相关。在 AD 中存在正负两方面的作用。正面作用为：重组体 TGF-β1 刺激培养的小胶质细胞对 Aβ 的清除，促进小胶质细胞抑制脑内 Aβ 沉积。负面作用：有研究发现 TGF-β1 诱导 Aβ 在转基因小鼠的脑血管壁和脑膜沉积。TGF-β1 与 APP 共表达的转基因小鼠出现类似于 AD 样改变，并加速 Aβ 的沉积。TGF-β1 在尸检的 AD 患者中要高于正常对照组，此结果说明 TGF-β1 启动并促进 AD 患者淀粉样斑块的形成。

AD 患者外周的 T 淋巴细胞可使巨噬细胞炎性蛋白 -1α（MIP-1α）表达增高。T 细胞高表达的 MIP-1α 与人脑微血管上皮细胞的 CCR5 的相互作用能促进 AD 患者 T 细胞从血液迁移到脑。

三、β 淀粉样蛋白与氧化应激反应

氧化应激反应与阿尔兹海默病之间有相关性，阿尔兹海默病患者脑标本和可观察到 β 淀粉样蛋白沉积病理征象的转基因鼠都显示，淀粉样斑块部位氧化应激反应升高，人工合成的 β 淀粉样蛋白可引起培养神经细胞中过氧化氢水平增高和类脂质过氧化物在细胞中积累，而抗氧化酶和抗氧化剂维生素 E 可对抗这种作用。溶解型 β 淀粉样蛋白可使一些酶类失活，诱发类脂质过氧化，说明 β 淀粉样蛋白本身可形成自由基损伤神经元。此外，β 淀粉样蛋白还可诱导小胶质细胞释放活性氧化亚氮。氧化应激反应还可促进 β 淀粉样蛋白聚集，从而损伤神经元。β 淀粉样蛋白聚集是 AD 氧化损伤的直接原因。

体外的实验已经证实，Aβ 能在体外自我聚集形成 Aβ 纤维。在此过程中伴有自由基的产生，而自由基的产生又可使蛋白质氨基酸氧化、交联，因而加速了 Aβ 纤维的形成，这也许是少量纤维性 Aβ 形成或接种后，加速 Aβ 纤维形成的原因之一。然而，体内外的环境条件不同，在体内 Aβ 纤维形成的过程会更加复杂。由于脑的高耗氧量，自由基的来源非常丰富。各种来源的自由基可通过影响或损伤 Aβ 分泌酶活性对可溶性 Aβ 的清除能力，而增加 Aβ 的生成，促进 Aβ 纤维沉积。在此过程中，Aβ 肽自由基的形成也会加速这一沉积过程。Aβ 能诱导神经细胞氧自由基增加，破坏细胞内 Ca^{2+} 稳态，增加线粒体膜的黏滞系数和降低线粒体膜流动性，增加丙二醛含量，降低 Na^+-K^+-ATP 酶活性，从而诱发细胞凋亡和引起神

经元退行性变。此外β淀粉样蛋白参与体内第10因子的调节，导致第10因子缺乏，产生氧化损伤，使特殊的神经递质减少。

β淀粉样蛋白引起氧化损伤的机制有几种假说，一是淀粉和糖原摄取，加剧了阿尔茨海默病患者的神经元变性，葡萄糖代谢降低还会使乙酰辅酶A生成减少，乙酰胆碱的合成受阻，导致胆碱能神经元和海马神经元功能减退甚至死亡。另一方面，胆碱酯酶形成复合物后，能够促进β淀粉样蛋白的沉淀，进一步增强β淀粉样蛋白的神经毒性。其神经毒性作用表现为：① 激活蛋白激酶P糖原合成酶激酶-3β，引起tau蛋白磷酸化以及磷酸化线粒体丙酮酸脱氢酶，使酶活性降低，乙酰辅酶A减少，并抑制琥珀酸脱氢酶，使供能降低造成胆碱能神经元的损伤；② 增加神经元对兴奋性毒性物质、低血糖或过氧化物损伤等有害因子的敏感性；③ 可引起脑易损伤的区域的一些神经元的凋亡；④ Aβ可激活小神经胶质细胞释放细胞因子（白细胞介素-6、肿瘤坏死因子-α、白细胞介素-1、白细胞介素-1β、碱性成纤维细胞生长因子）和老年斑相关的炎性标识物（CD18、CD45）的表达。

四、β淀粉样蛋白抑制海马长时程增强

大量的研究结果表明，Aβ及其某些较短的活性片段对海马LTP的诱导和维持均产生抑制作用。

LTP一般是指单突触连接间，在接受一定量的强化刺激后，突触传递的效力增强，主要研究指标是兴奋性突触后电流（位）（EPSC）的增强反应。LTP是突触水平上的一种信息存储方式，也是学习和记忆的电生理指标。LTP具有以下的几个特点：①LTP具有长时间持续现象，离体组织为几小时，完整动物可持续几小时甚至几天；②LTP是突触反应增大，而不是受刺激的轴突数目增加，LTP的产生也不是突触后神经元兴奋性的持续改变，因为在给予强直刺激的前后，给锥体细胞的去极化脉冲是维持恒定不变的；③LTP有"相同突触强化"的特异性，即LTP现象只限于受到过强直刺激的突触出现，没有受到强直刺激的突触不产生LTP；④LTP具有联合特性：使用两个电极分别刺激两条分离而又共同汇聚到相同靶细胞群的传入通路，如果只刺激一条通路，不产生LTP，但同时刺激两条通路后，则在原来不出现LTP的通路上产生LTP。现在一般认为诱发LTP的机制主要是NMDA受体钙离子通道开放引起的Ca^{2+}内流过程。其步骤大致是：当突触后膜接受到较强的刺激时，而且其去极化强度足以消除Mg^{2+}对NMDA受体通道的阻断作用，同时由于突触前神经末梢的兴奋，引起神经递质（谷氨酸或天门冬氨酸）的释放，这些神经调质经突触间隙扩散到突触后膜，并与NMDA受体结合，使NMDA钙离子通道开放，大量的Ca^{2+}从细胞外或突触间隙内流到突触后膜内，进而使突触后神经元内的Ca^{2+}浓度升高，因而触发细胞内一连串的生物化学级联反应。例如，Ca^{2+}可以激活钙/钙调蛋白依赖性的蛋白激酶Ⅱ（CaMKⅡ）、蛋白激酶C（PKC）、有丝分裂素激活的蛋白激酶（MAPK）、磷脂酰肌醇3激酶（IP_3）及酪氨酸（Src）激酶。LTP的巩固，则需要环腺苷酸蛋白激酶（PKA）、有丝分裂素激活的蛋白激酶（MAPK）和环腺苷酸反应结合蛋白（CREB）等的参与。MAPK信号通路是关键中介，它不仅能调节短期突触功能，并且也促进后期LTP过程所必需的新蛋白质的转录和翻译机制。

（一）β淀粉样蛋白抑制海马长时程增强

1. 离体海马脑片灌流实验：1999年，Akio等使用脑内自然存在但以人工方法合成的$Aβ_{1-40}$对大鼠进行脑室内灌注（300 pmol/d），10 d后进行离体海马脑片LTP记录，发现经

过 Aβ 预处理动物的海马 CA1 区的 LTP 诱导明显受到压抑，群峰电位（PS）的幅度在高频刺激 10 min 后显著低于对照组，这种压抑作用可以一直持续到 45 min 后结束。随后，Nakagami 等的工作证实，另一种脑内自然存在的 $Aβ_{1-42}$ 片段，也可以明显减弱大鼠海马脑片的 LTP。并且，Aβ 在不导致组织形态学改变的浓度下，就可以明显地抑制海马的这种长时程突触可塑性，提示 Aβ 对海马产生 LTP 的功能性影响要早于形态学改变。有趣的是，Wang 等发现，在 $Aβ_{1-42}$ 对海马齿状回强直刺激诱导的 LTP 产生压抑的效应中，细胞分泌的 Aβ 比人工合成的 Aβ 具有更强的压抑作用，前者发挥作用的阈浓度还不到后者的 1%。产生这种现象的原因可能是，具有生物活性的 Aβ 分子低聚物在两种不同来源的溶液中浓度不同，人工合成的 Aβ 溶液中 Aβ 低聚物浓度远较细胞自己分泌时低得多。有人比较了 $Aβ_{1-40}$、$Aβ_{1-42}$ 和 $Aβ_{25-35}$ 三种 Aβ 片段对海马 LTP 的作用，发现 $Aβ_{25-35}$ 与 $β_{1-40}$ 和 $Aβ_{1-42}$ 相似，不仅明显抑制了海马齿状回 LTP 的诱导，而且还压抑 Schaffer 侧支 -CA1 锥体细胞这一突触传递通路上的 LTP。他们认为，Aβ 分子中的 25~35 序列是 Aβ 产生 LTP 压抑效应所必需的。$Aβ_{25-35}$ 虽然并非脑内自然存在的 Aβ 片段，但可能是 Aβ 分子产生神经毒性作用的活性中心。

2. 在体脑室注射实验：相对于离体实验，在体实验与正常的生理状态更为接近，海马内部以及与周围组织的神经联系得以完整保留。在这种情况下，观察外源性给予 Aβ 及其片段对 LTP 的影响，能够较准确地反映脑内沉积的内源性 Aβ 的实际作用。Cullen 等经侧脑室注射 $Aβ_{1-40}$ 和 $Aβ_{1-42}$ 后，发现大鼠海马 LTP 的诱导受到了明显的压抑。Rowan 等和 Klyubin 等的研究发现，野生型和突变型的 $Aβ_{1-40}$ 均可抑制大鼠海马 CA1 区的 LTP，而外源性给予的或内源性产生的抗 Aβ 抗体，则能有效阻止 Aβ 对 LTP 的抑制作用。有人比较了 Aβ 的 4 种片段即 $Aβ_{15-25}$、$Aβ_{25-35}$、$Aβ_{35-25}$ 和 $Aβ_{1-40}$ 对大鼠海马 CA1 区 LTP 的作用，发现 $Aβ_{15-25}$ 对 LTP 的诱导没有明显作用，而 $Aβ_{25-35}$ 和它的反转序列 $Aβ_{35-25}$ 及 $Aβ_{1-40}$ 均对 LTP 诱导有明显损害，并且这种损害作用具有时间和浓度依赖性。

3. 转基因动物实验：已经证实，家族性 AD 的发生与基因突变有关。因此，与上述脑片灌流和脑室注射外源性 Aβ 的实验相比，转基因动物实验能够更准确地反映内源性 Aβ 对 LTP 的作用。

APP 基因突变与一些家族性 AD 的发病密切相关，故 APP 基因突变小鼠成为最常用的 AD 动物模型之一。研究表明，APP 基因突变动物的脑内可出现与 AD 患者类似的神经病理学改变，例如，Aβ 的沉积和老年斑的形成。而且，这些动物多有海马 LTP 损害和认知功能障碍。例如，Postina 等观察到，APP 突变（V717I）的小鼠不仅脑内沉积的 Aβ 和老年斑明显增多，海马 LTP 的诱导也明显受损；同时，水迷宫寻找平台的行为学实验证实，这种小鼠的学习能力明显下降，寻找平台的潜伏期较对照组增加了两倍之多。进一步的研究表明，过表达突变（V717F）的人类 APP 的转基因小鼠，在 Aβ 沉积尚未形成前就已经表现出 LTP 的明显受损。具有 APP（肽链长度为 695）Swedish 突变的转基因鼠，可表达具有两个点突变（L670A、M671L）的人类 APP；Chapman 等发现，这种突变虽然没有影响小鼠海马 CA1 区和齿状回的基础性突触传递和短时程突触易化，但 LTP 则随年龄增长而受到严重损害，且 LTP 的损害与动物的学习和记忆行为的损害密切相关。有趣的是，Klyubin 等比较了野生型和两种突变的 $Aβ_{1-40}$ 对海马诱导 LTP 的抑制效应，发现有突变的 Aβ 比野生型的 Aβ 抑制 LTP 的作用要强 100 倍左右。

（二）β 淀粉样蛋白抑制长时程增强的机制

Aβ 及其有效片段影响 LTP 的作用机制非常复杂，目前尚未完全清楚。一般认为，它们首先作用于神经元的膜离子通道和受体蛋白质，引起离子通道和受体的功能性改变，进而引起细胞内信号转导通路和基因转录、蛋白质表达等过程的改变，最终影响 LTP 与学习和记忆功能。

1. 影响电压门控钙离子通道：保持细胞内钙稳态是维持正常 LTP 的一个重要因素。全细胞电压钳记录表明，急性给予 $Aβ_{1-40}$ 或 $Aβ_{25-35}$ 可以显著增强离体海马神经元的钙电流；使用 L 型电压依赖性钙离子通道阻断剂，则可减轻 Aβ 引起的海马 LTP 的损伤，这表明 Aβ 引起的 LTP 压抑作用可能与电压门控钙离子通道的激活有关。另有证据表明，Aβ 及其 5 肽片段 $Aβ_{31-35}$ 除了促进电压门控钙离子通道开放外，还能抑制电压门控钾离子通道，并且可以在细胞膜上形成新的、对 Ca^{2+} 高度通透的阳离子通道。我们推测，Aβ 可能经由这些途径导致细胞内钙超载，进而抑制海马的 LTP。

2. 影响 NMDA 受体：离子型 NMDA 受体对一价阳离子和 Ca^{2+} 具有高度通透性。有资料表明，NMDA 受体主要参与 LTP 的诱发过程，而 LTP 的维持既与 NMDA 受体有关，也与非 NMDA 的谷氨酸能受体有关。$Aβ_{1-42}$ 在抑制海马齿状回 LTP 的同时，还可降低齿状回颗粒细胞由 NMDA 受体介导的突触电流，因而推测 NMDA 受体通道的抑制可能是 Aβ 损害 LTP 的机制之一。另有人发现，单独用 $Aβ_{1-42}$ 以及用 $Aβ_{1-42}$ 和谷氨酸同时对海马脑片进行预处理后，后者对高频电刺激诱发的 LTP 的压抑作用要比单独使用 $Aβ_{1-42}$ 引起的压抑作用为强。他们推测，使用 $Aβ_{1-42}$ 和谷氨酸预处理可以损害 NMDA 受体的功能，从而累及 LTP。但是也有报道表明，Aβ 对 LTP 的压抑作用可能并非直接经由 NMDA 受体，而是通过干扰其下游信号转导通路发挥作用的。

3. 影响 n 型胆碱能受体（nicotinic receptor）：n 型乙酰胆碱能受体（nAChR）在脑内参与众多生理过程的调节，包括 LTP 的诱导和维持。除了使用尼古丁可以在海马脑片诱导出 LTP 之外，使用 nAChR 中一种 $α_4β_2$ 型受体的特异性激动剂 epibatidine，也能在活体小鼠齿状回诱导出 LTP，因而认为胆碱能 $α_4β_2$ 型的乙酰胆碱能受体在小鼠齿状回 LTP 的诱导中发挥着重要作用。采用促细胞分裂剂激活的蛋白激酶（mitogen-activated protein kinase，MAPK）抑制剂的实验表明，尼古丁可以通过激活 MAPK 级联反应，在大鼠海马 CA1 区诱导出 LTP。已经证实，基底前脑胆碱能神经元丧失是 AD 的一个重要病理特征。而且，在 AD 发展过程中，脑内存在明显的 nAChR 的功能性紊乱。除了免疫组化实验证实 $Aβ_{1-42}$ 在皮摩尔和纳摩尔的浓度范围内分别对 $α_7$ 和 $α_4β_2$ 型乙酰胆碱能受体有高亲和力以外，大鼠基底前脑胆碱能神经元全细胞和单通道膜片钳记录也表明，Aβ 可以作为大鼠基底前脑胆碱能神经元非 $α_7$ 型乙酰胆碱能受体的激动剂，通过激活 $α_4β_2$ 型 nAChR 引起膜去极化反应和内向电流，最终导致钙稳态失调和产生神经毒性作用。另有报道表明，Aβ 的慢性暴露可以导致 $α_7$ 型 nAChR 上调和过度活化，继发性地引起 ERK2（细胞外信息调节激酶 2，extracellular signal-regulated kinase 2）- MAPK 系统下调和该激酶下游效应物的功能紊乱。由于 ERK2-MAPK 信号传导系统在啮齿类动物海马 CA1 区 LTP 的晚期阶段是必需的，所以 Aβ 可能通过 nAChR 或通过 MAPK 信号传导系统而最终影响 LTP。

4. 影响其他蛋白激酶：除上述 ERK2-MAPK 系统外，多种蛋白激酶也可能参与了 Aβ 对 LTP 的抑制。

SAPK 通路：即应激活化蛋白激酶通路，又称 JNK（c-Jun N-terminal kinase）信号通路，它属于 MAPK 通路，在细胞应激时被激活。研究发现，此激酶的磷酸化增强和 IL-1β 的浓度增加，与海马 LTP 的损害有关，而 Aβ 的作用可能通过 SAPK 磷酸化和 IL-1β 增加使下游的细胞转导通路活化，引起细胞凋亡，最终损害海马 CA1 区 LTP；使用 SAPK 抑制剂则可阻止合成的 $Aβ_{1-42}$ 和 $Aβ_{25-35}$，以及自然分泌的 Aβ 对 LTP 诱导的压抑作用。因此，SAPK 信号转导通路的活化可能是 Aβ 影响突触可塑性的机制之一。

PKA（环腺苷酸蛋白激酶）/CREB（环腺苷酸反应结合蛋白）通路：PKA/CREB 通路对于记忆的获取十分重要。有研究发现，$Aβ_{1-42}$ 在低于引起细胞死亡的浓度下，就可导致海马神经元 PKA 活性的快速而稳定的下降，导致谷氨酸诱发的 CREB 的磷酸化减弱。例如，Vitolo 等在小鼠海马脑片 LTP 的实验中证实，$Aβ_{1-42}$ 对 LTP 诱导的压抑作用可能是通过抑制腺苷酸环化酶的活化，使细胞内 cAMP 水平降低、PKA 失活，最终使转录因子 CREB 不能磷酸化而启动转录所致。

其他与 MAPK 有关的通路：p38 MAPK 和 p42-p44 MAPK 属于 MAPK 家族的不同亚型，前者参与炎性反应和细胞死亡过程，而后者是与生长相关的刺激引起的信号转导通路的中间组分。Wang 等发现使用高选择性的 p38 MAPK 抑制剂可以阻断 $Aβ_{1-42}$ 对 LTP 诱导的压抑作用，而使用 p42-p44MAPK 抑制剂则无效。据此推测，Aβ 可能通过 p38MAPK 信号转导途径及其下游的促炎性通路而导致 LTP 的抑制。此外，属于丝氨酸 - 苏氨酸激酶的 Cdk5（cycline-dependent kinase-5）的活化，以及 CaM K Ⅱ 自身的磷酸化，也参与 Aβ 引起的海马 LTP 的抑制。

5. 逆行信使的参与：在中枢神经系统，NMDA 受体的活化诱导 Ca^{2+} 依赖的氧化亚氮合酶（NOS）的激活和一氧化氮（NO）的释放，继而激活鸟苷酸环化酶合成 cGMP，这是调节 LTP 的一个重要因素。有研究发现，AD 脑内老年斑附近细胞内的诱发型氧化亚氮合酶（iNOS）水平明显升高；Aβ 还可以导致胶质细胞内的 iNOS 的产生；敲除小鼠 iNOS 基因或使用选择性的 iNOS 抑制剂后，Aβ 对海马 LTP 的抑制作用便不能实现。由此证实，在 Aβ 抑制 LTP 诱导的过程中，iNOS 可能发挥着重要作用。与此同时，通过减少超氧化物的来源和增加超氧化物的降解，均可减弱 Aβ 对 LTP 诱导的抑制作用。据此，Wang 等推测，Aβ 可能通过作用于某种受体，使胶质细胞活化、产生 NO 和超氧化物，NO 和超氧化物结合产生的过氧亚硝酸盐，可以对诱导 LTP 必需蛋白质产生氧化和酪氨酸硝基化反应，从而导致 LTP 诱导的抑制。但是，关于 NO 在 Aβ 压抑 LTP 中的介导作用也有相反报道。Chalimoniuk 和 Strosznajder 使用大鼠海马、大脑皮质和小脑脑片的研究发现，$Aβ_{25-35}$ 可以明显降低 NMDA 受体调节的钙和钙调蛋白依赖的 NO 合成，从而损害 NO 和 cGMP 信号转导通路。因此，有关 Aβ 抑制海马 LTP 的过程中逆行信使 NO 水平的改变及其意义，仍有待进一步研究。

6. 影响基因表达：Dickey 等使用 APP+PS1 双重转基因小鼠的研究发现，该小鼠的大脑皮质和海马中与 LTP 和长时记忆相关的一些突触后活动有关的基因（包括 Arc、Zif268、NR2B、GluR1、Homer-1α、Nur77/TR3）的表达出现了选择性下调；一些和炎症相关的基因的表达水平则上调；而作为突触前末梢和神经元标记的基因（包括 synaptophysin、neurofilament-M、synapsin-1 和 synaptotagmin Ⅴ）的表达没有改变。这些结果提示，APP^+PS1 小鼠所以不能巩固记忆，可能是由于过表达的 Aβ 通过与一条或多条信号转导通路相互作用而使神经元活性普遍下降，选择性下调了一些与记忆相关的基因，尤其是突触后神经元的基因的表达所导致。

Aβ 压抑 LTP 的神经毒性作用的机制是相当复杂的，可以经由某些已知的电压 / 配体门控通道或未知的膜受体，干扰细胞内 Ca^{2+} 稳态，改变 PKA、MAPK 和 SAPK 等蛋白激酶的活性，选择性下调与记忆有关的突触部位，主要是突触后神经元的某些特殊蛋白质基因的表达，而有些机制在细节上目前尚不清楚。β 淀粉样蛋白可以通过多个环节在 Alzheimer 病中产生神经毒性作用，因此采用 β 淀粉样蛋白造成的 AD 模型更符合实际的病理过程。

五、β 淀粉样蛋白增强海马长时程压抑

长时程突触压抑（long-term synaptic depression, LTD）是指在一个未受过刺激的天然（native）神经通路上诱发的、活动依赖性的持续性电位减弱现象，它与 LTP 的电位增强现象正好相反。在曾经诱发过 LTP 的神经通路上产生的电位减弱现象，一般称为去增强作用（depotentiation），诱发它的条件及表现与 LTD 类似，可以用较长时间（5~15 min）的低频刺激诱发使之产生，也是发生在神经系统的广大区域内，由不同的生化反应所介导的电生理现象，也与某些记忆功能有关。在形态学上则可观察到，LTD 减低突触脊容积和使突触脊消失。虽然目前对 LTD 的确切机制还不太清楚，大量研究表明：适当的细胞内 Ca^{2+} 浓度和 Ca^{2+} 内流、抑制性突触传递活动或突触 mRNA 的翻译，是诱发 LTD 的必要条件。与 LTP 形成过程的生物化学反应相类似，多种神经递质和细胞内第二信使信号系统都参与了 LTD 的形成，例如，低频刺激海马 CA1 区诱发的 LTD，也需要突触后膜上 NMDA 受体或电压门控钙离子通道的激活以及 AMPA 受体介导的细胞膜的去极化，而配对脉冲低频刺激诱发的、代谢型谷氨酸受体介导的 LTD，则主要依赖于 T 型钙离子通道的激活和蛋白激酶 C（PKC）的活动。其他信号系统如：CaM K Ⅱ（钙调蛋白依赖性蛋白激酶）、PKA、PKC 和 MAPK 等，参与 LTP 过程的各种酶，也都参与 LTD 的形成过程。

目前有关 Aβ 淀粉样蛋白对 LTD 的效应及机制的研究还不多，而且所得到的结果也不一致。例如，有报道指出，合成的 Aβ 多肽在体内，以 NMDA 受体依赖方式，促进 LTD 的诱发；而其他一些研究则没有发现 Aβ 对脑片的 LTD 有任何的影响。Li 报道，从典型的 AD 患者脑组织直接提取到的可溶性 Aβ 的二聚体和三聚体，有利于通过代谢型谷氨酸受体的机制，促进在小鼠海马 CA1 区 LTD 的诱发。如果 NMDA 受体和代谢型谷氨酸受体两者的激活都涉及 Aβ 对 LTD 的影响，是否 Aβ 干扰了谷氨酸的清除作用的机制？人们相信，除了谷氨酸能影响突触可塑性外，谷氨酸的兴奋毒性效应也影响到 AD 患者进行性神经元丧失。此外，在 AD 患者海马和额叶皮层兴奋性氨基酸的运载分子（EAAT1 和 EAAT2）的蛋白质水平和基因表达也发生改变。从不同来源得到的小的可溶性 Aβ 多聚物，通过改变谷氨酸的摄入，而增加海马突触的 LTD。与 LTP 相似，诱发海马 CA1 区的 LTD，也需要激活 NMDA 受体和（或）代谢型谷氨酸受体介导，这取决于不同的刺激方案和记录条件。从机制上加以分析，突触的加强或压抑，最终取决于细胞内钙浓度的变化和一些激酶以及磷酸酯酶的激活，其中包括：促细胞分裂剂激活的（mitogen-activated）蛋白激酶（MAPK）和 calcinerin［蛋白磷酸酯酶 2B（PP2B）］。细胞外谷氨酸清除系统，可以防止 LTD 的诱发。用谷氨酸再摄入的抑制剂（TBOA）可以模拟 Aβ 易化 LTD 的诱发，其中包括对细胞外钙浓度水平的依赖性和 PP2B 以及 GSK-3 信号的激活。可溶性 Aβ 低聚物，可以明显地减低突触对谷氨酸的摄入，并通过谷氨酸循环和促进突触的 LTD 的诱发，来干扰突触的可塑性。他们根据实验所得到的一些结果，概括出了有关可溶性 Aβ 低聚物如何促进 LTD 的模式图（图 12-3）。该图的左侧部分为：普通的 LTD 的诱发，只需要 NMDA 受体介导的细胞外 Ca^{2+} 内流和 Ca^{2+} 从细胞内钙库释放，最终激活 PP2B、GSK-3β 或 p38 MAPK 信号通路而诱发 LTD。该图的右

侧部分则表示，可溶性 Aβ 低聚物，导致更多的 NMDA 受体激活进而导致更多的钙内流和激活 PP2B、GSK-3β 通路以促进 LTD 的诱发。Aβ 低聚物通过神经元的运载分子（红色标志的 x），降低谷氨酸的摄入，增加 NMDA 受体的激活，因而有利于 LTD 诱导的通路。

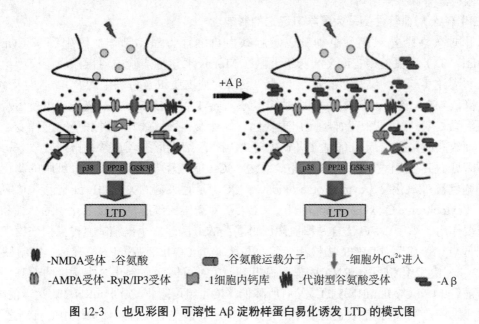

图 12-3　（也见彩图）可溶性 Aβ 淀粉样蛋白易化诱发 LTD 的模式图

第三节　中药淫羊藿苷逆转 β 淀粉样蛋白效应

淫羊藿苷（*Icariin*，ICA）是小檗科（berberidaceae）淫羊藿属（epimedium L）植物淫羊藿茎叶中提取的总黄酮（total flavonoids）的主要有效成分。现代药理学研究证明，ICA 具有抗肿瘤、增强免疫功能、改善心脑血管功能、调节内分泌等多重药理学作用，是近年来国内外学者研究的热点中药单体成分之一。下面着重简单叙述其在神经系统的作用。

一、淫羊藿苷对神经系统的作用

（一）ICA 对 β 淀粉样蛋白模型的影响

正常给大鼠侧脑室注射 $A\beta_{25-35}$，制成阿尔茨海默病大鼠模型；造模前、后连续灌胃 ICA PNS 21 d，应用跳台法和八臂电迷宫法判断给药前、后大鼠的空间学习和记忆能力，测定脑组织中乙酰胆碱酯酶 AChE 活性。模型大鼠八臂电迷宫错误次数明显增加，跳台学习和记忆错误次数明显增加。给药组大鼠上述行为学指标则得到明显改善，脑组织 AChE 活性降低。ICA PNS 对侧脑室注射 $A\beta_{25-35}$ 所致大鼠空间学习和记忆障碍有显著的预防和治疗作用，该作用与降低脑组织中 AChE 活性相关。

（二）ICA 对氧化损伤模型的影响

神经元缺氧损伤与自由基损伤线粒体有关，采用 Fe^{2+} 以及维生素 C 为氧自由基生成系统，建立氧自由基损伤线粒体的体外模型。观察 ICA 对线粒体肿胀度、呼吸链复合体酶 I ～ IV

活性、丙二醛（MDA））含量的影响。Fe^{2+}/VitC 可使线粒体的肿胀度和 MDA 含量显著增加，呼吸链复合体酶 II ～ IV 活性不同程度下降。预先加入 ICA 能显著抑制线粒体肿胀，减少 MDA 含量，提高呼吸链复合体酶 II ～ IV 的活性，表明 ICA 对氧自由基损伤的大鼠脑线粒体呼吸链具有保护作用。

（三）ICA 对血管性痴呆大鼠学习记忆的影响

采用永久性结扎双侧颈总动脉以及脑缺血再灌注方法，制作血管生痴呆（vascular dementia，VD）大鼠模型，ICA 给药组大鼠在 Morris 水迷宫实验中各指标优于模型组；在脑缺血再灌注实验中，结果也相似。并升高大鼠大脑皮质以及海马中的 SOD 活性及 AChE 含量、降低 MDA 含量；剂量相关性增加海马内 ChAT 及 AChE 表达。光镜、电镜下观察模型大鼠海马 CA1 区可见大量神经元出现变性、坏死及丧失，线粒体肿胀呈空泡样变，突触变性；而给药组可见核周固缩现象明显减轻，CA1 区细胞形态较正常，排列较整齐，正常线粒体多见，突触变性少见且结构完整。总之，ICA 能减轻皮层及海马神经细胞的凋亡。

细胞色素 C 氧化酶（cytochrome oxidase，CO）是呼吸链的关键酶，细胞色素 C 氧化酶亚基 II（cytochrome C oxidase subunit II，CO II）对于维持细胞色素 C 氧化酶的活性和功能起着重要作用。采用 2-VO 法合并取血降压再灌注的方法建立小鼠脑缺血再灌损伤模型，在不同时间点用半定量 RT-PCR 法检测各组小鼠大脑的 CO II 亚基 mRNA 表达。在脑缺血再灌后 72 h，模型组 CO II mRNA 的量明显上升，ICA 可以明显阻止其表达量的升高。在脑缺血再灌后 14 d CO II mRNA 的量又有所降低，ICA 组可阻止 CO II mRNA 表达量的降低。ICA 对于维持 CO II 的正常表达有一定的作用，提示可能是其发挥脑保护作用的机制之一。

ICA 具有十分强的生物活性，对于多种器官、组织都具有显著作用，特别是内分泌、免疫系统以及抗肿瘤作用方面，相关研究很多，在此不多赘述。而 ICA 对于神经系统疾病，如痴呆模型也有较好的作用，但目前研究还不多见，作用机制研究也局限于抗氧化等方面。药代动力学研究表明，ICA 可以通过血脑屏障，因此 ICA 对于神经系统等是否具有其他作用，我们也进行了一些初步的研究。

二、淫羊藿苷对 Aβ 作用后海马锥体细胞电压门控钙离子通道的影响

随着世界人口的老龄化，老年性痴呆（Alzheimer's disease，AD）的发病率逐年增加。AD 已经成为继心脏病、肿瘤和中风之后的第 4 位致死疾病，严重危害老年人的身心健康与生活质量。由于 AD 的病因和发病机制涉及广泛，目前还缺乏理想的治疗药物。中医药防治老年性痴呆有悠久的历史，积累了丰富的经验，中药特别是复方中药有整体调节、多靶点的作用特点，加之中药毒副作用极低或几乎无毒副作用，所以中药在防治 AD 方面有独特优势。近年来，在国内应用补肾益精方剂加味五子衍宗方（淫羊藿、枸杞子、车前子、五味子、覆盆子、菟丝子等组成）对 AD 前期—轻度认知障碍进行干预。采用严格的临床研究证实了加味五子衍宗方能有效改善轻度认知障碍患者的记忆功能，降低海马指数和颞角宽度，无明显的副作用。动物实验也证明加味五子衍宗方及其黄酮、多糖组分对中枢胆碱能系统损伤的学习记忆障碍有保护作用。通过改变脑乙酰胆碱代谢，提高中枢胆碱能系统功能可能是该方保护学习记忆作用的机制之一，该复方的黄酮、多糖组分是该方促智的有效成分。因此，在前期研究的基础上，我们选取了该方的活性成分单体淫羊藿苷（ICA）来进一步研究该方保护学习记忆作用的机制。

第四节 淫羊藿苷和Aβ$_{25-35}$对钙离子通道和海马神经元突触传递的影响

Aβ在突触处可能起配体的功能作用。有许多报道指出，低浓度的Aβ低聚物损伤LTP，并不影响基础的突触传递，但目前仍不太清楚Aβ低聚物是如何抑制LTP的。有学者认为Aβ是借助改变一些离子的运输系统来改变细胞的调节功能。在突触膜蛋白中，电压门控钙离子通道（VGCC）和NMDA受体对LTP诱导起重要的作用。有可能这些离子通道和受体是Aβ影响LTP的靶分子。有关VGCC通道的作用，Rovira等报道，加入低浓度Aβ低聚物，可以升高VGCC电流。至于NMDA受体介导的兴奋性突触后电流（EPSC），所得到的结果是不一致的。例如，Wu等报道，加可溶性Aβ低聚物后，可以增加NMDA受体介导的EPSC，但Raymond等则得到的是相反的结果。近年来，我们用Aβ$_{25-35}$加入灌流离体大鼠脑片的溶液中，观察其对VGCC电流和NMDA受体介导的mEPSC的效应。

一、淫羊藿苷和Aβ$_{25-35}$对VGCC通道电流的影响

（一）VGCC通道的特性

用含有河豚毒素（TTX）的人工脑脊髓液（ACSF）灌流阻断钠离子通道，电极内液中的CsCl$_2$阻断钾离子通道，给予去极化脉冲，即可记录到内向的Ca^{2+}电流。钙离子通道的激活阈电位范围为-20~+10 mV，记录到的Ca^{2+}电流是内向的阳离子电流（流向胞内的阳离子电流踪迹向下），最大峰值出现在由-70 mV~-10 mV的去极化脉冲刺激下，诱发的内向电流平均值为（-252.1±26.7）pA（$n=7$）。

（二）Ba^{2+}对Ca^{2+}的替代作用

Ba^{2+}同样能作为电荷携带者（charge carrier）通过钙离子通道，并且携带电流大于Ca^{2+}携带的电流，因此，Ba^{2+}能增大内向电流的幅度，相当于扩大Ca^{2+}电流效应，并且还可以阻断钙激活的内向K$^+$电流。我们将ACSF中2 mmol浓度的Ca^{2+}用2 mmol浓度的Ba^{2+}取代，仍旧给予-50 mV~+50 mV的去极化方波刺激。结果表明，钡溶液没有明显改变在钙溶液中I-V曲线形状，两种离子的I-V曲线峰值都出现在-10 mV。此时的在钙溶液和在钡溶液中的最大电流分别为（-252.1±26.7）pA（$n=7$）和（-409.6±50.8）pA（$n=6$）。即在相同的刺激条件下，在钡溶液中记录到的内向电流要远大于钙溶液中记录到的内向电流，这样就能更灵敏地观察到在外部干预因素（如加ICA或Aβ$_{25-35}$等）对电流振幅影响的变化。

（三）Ni^{2+}和Cd^{2+}对钙离子通道的阻断作用

海马锥体神经元细胞的电压门控钙离子通道存在多种亚型，如T型、L型等，在不同的神经元细胞分布不同。这些亚型钙离子通道可以分别被不同的阻断剂（如Ni^{2+}或Cd^{2+}等）所阻断。为了验证对于Ni^{2+}或者Cd^{2+}对于内向电流的阻断作用进行了如下两组实验。结果表明：①在浓度为100 μmol的Ni^{2+}溶液灌流后，内向电流的幅度减小，并且I-V曲线向右偏移，由原来-20 mV或者-10 mV刺激下出现峰值，转移到+5 mV方出现内向电流最大值。这提示Ni^{2+}选择性阻断低阈值的内向Ba^{2+}电流（即T型钙离子通道电流），但是未能阻断高阈值的Ba^{2+}电流（如L型钙离子通道电流）；②相反，50 μmol Cd^{2+}加入含钙或者钡

灌流液当中，内向的电流可以完全被阻断，仅可以观察到剩下的外向 K^+ 电流。提示 Cd^{2+} 是一种广谱的钙离子通道阻断剂，不仅可以阻断低阈值钙离子通道，还可以阻断高阈值的钙离子通道。证明所记录到的内向电流不仅包含低阈值钙离子通道，还包含高阈值的钙离子通道，这与以前其他文献记录不太一致。以上二价离子（ Ni^{2+} 和 Cd^{2+} ）对 Ba^{2+} 和 Ca^{2+} 电流的阻断作用，证明了内向电流是由电压门控钙离子通道所介导。将钡溶液中所测得的内向最大电流平均值设为 100%，钙溶液中的内向电流减小（ 73.5 ± 3.5 ）%（ $n=6$ ），加入 100 μmol Ni^{2+} 阻断低阈值钙离子通道之后，内向电流进一步减小至（ 55.6 ± 6.5 ）%（ $n=4$ ），加入 50 μmol Cd^{2+} 后内向电流基本全部被阻断，减小至（ 1.60 ± 0.4 ）%（ $n=4$ ）。总之，在我们的实验条件下，尽管 VGCC 主要通过 Ca^{2+} ，但是 Ba^{2+} 形成的内向电流振幅更大，使实验效应更为明显。因此，在后面的实验均在含钡的灌流液中进行。

（四）$A\beta_{25-35}$ 对海马脑片 CA1 区锥体细胞 VGCC 的作用

凝聚态和可溶性 $A\beta_{25-35}$ 都具有神经毒性。$A\beta_{25-35}$ 对 VGCC 的毒性可以被尼弗地平（nifedipine）所阻断，尼弗地平是一种选择性的 L 型钙离子通道的阻断剂，这证明 $A\beta_{25-35}$ 可以影响 L 型钙离子通道。为了验证 $A\beta_{25-35}$ 对于内向 Ba^{2+} 电流的影响，在灌流液中加入 10 μmol$A\beta_{25-35}$。结果表明，10 μmol $A\beta_{25-35}$ 可以显著增大内向的 Ba^{2+} 电流。与对照组进行比较，加入 10 μmol $A\beta_{25-35}$ 后，内向电流增大了一倍多（ 105.3 ± 19.56 ）%。为了验证这种作用是否持久，我们使用了持续期为 500 ms，一串-50 mV 去极化至 +50 mV 的去极化脉冲刺激，分别在加入 10 μmol $A\beta_{25-35}$ 5 min，15 min 以及洗脱 $A\beta_{25-35}$ 15 min 后，记录 VGCC 的电流。发现以上在时间点采用去极化刺激得到的电流踪迹形状和振幅都是相似的，这说明 $A\beta_{25-35}$ 对于 Ba^{2+} 电流的影响是个持续稳定的作用。

（五）淫羊藿苷（ICA）对 $A\beta_{25-35}$ 作用后的 VGCC 的影响

为了研究 ICA 对于 $A\beta_{25-35}$ 作用后的 VGCC 的影响，在含有的 10 μmol 的 $A\beta_{25-35}$ 灌流液中再加入 ICA 的灌流液。实验流程为先记录在空白对照灌流液中，用去极化刺激所激诱发内向电流，然后切换为含 10 μmol 的 $A\beta_{25-35}$ 灌流液，稳定后记录此时内向电流；再次切换至含有 ICA 和 $A\beta_{25-35}$ 的灌流液。25 μmol 的 ICA 可以将 10 μmol 的 $A\beta_{25-35}$ 作用后，增加的内向电流抑制（ 30.4 ± 4.03 ）%（ $n=5$，$P<0.01$ ）。ICA 浓度升高可使这种抑制作用更加明显。浓度为 50 μmol 的 ICA 可以将 10 μmol $A\beta_{25-35}$ 作用后增加的内向电流抑制（ 46.9 ± 5.63 ）%（ $n=6$，$P<0.01$ ）；100 μmol 的可以抑制（ 59.5 ± 6.82 ）%（ $n=6$，$P<0.01$ ）（图 12-4A）。结果显示 ICA 的剂量与其对 $A\beta_{25-35}$ 增高的平均内向 Ba^{2+} 电流的抑制作用之间存在量效关系。如图 12-4B 所示，这种量效关系没有达到饱和。

总之，比较用 $A\beta_{25-35}$ 以及 ICA 干预后的内向 Ba^{2+} 电流，10 μmol $A\beta_{25-35}$ 可以使电流增大 50% 以上（图 12-4B；$P<0.01$，$n=6$），更重要的是，加入 icariin 后可使这种电流升高的作用减小或消失。但是与对照组相比，$A\beta_{25-35}$ 加 ICA 溶液中记录到的内向电流仍稍大于对照组，并且统计学仍存在显著差异（ $P<0.05$，$n=6$ ），说明 ICA 不能完全使 $A\beta_{25-35}$ 的效应消失。但是，持续灌流 100 μmol ICA（不含 $A\beta_{25-35}$）对于正常的内向 Ba^{2+} 电流则没有作用。在灌流单纯 ICA 溶液 5 min，15 min，以及洗脱 ICA 15 min 之后，内向 Ba^{2+} 电流踪迹的形状及振幅几乎不变。

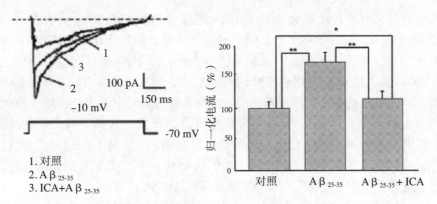

1. 对照
2. Aβ$_{25-35}$
3. ICA+Aβ$_{25-35}$

图 12-4 ICA 逆转 Aβ$_{25-35}$ 增加 Ba^{2+} 电流的效应

A. 由 $-70 \sim -10$ mV 去极化脉冲诱发的 Ba^{2+} 电流曲线；B. 去极化脉冲诱发的 Ba^{2+} 电流振幅平均峰值（$n = 6$，*：$P < 0.05$；** $P < 0.01$）

以上实验结果表明，10 μmol 浓度聚集态的 Aβ$_{25-35}$ 在加药 5 min 后即可以显著增大内向的 Ba^{2+} 或 Ca^{2+} 电流，即：使细胞内 Ca^{2+} 超载。无论从原代培养的皮层神经元或者海马神经元，还是急性分离的海马 CA1 区锥体神经元来看，[Ca^{2+}]$_i$ 浓度的增多意味着 Aβ 产生毒性。即短暂的给予 Aβ$_{25-35}$ 可以明显增大急性分离海马锥体细胞电压门控钙离子通道电流振幅。然而也有的文献报道，Aβ 对于钙离子通道的毒性作用是个慢性过程，需要较长的时间。但是考虑到我们的实验 Aβ$_{25-35}$ 的较高浓度（10 μmol），短暂暴露于 Aβ$_{25-35}$ 中即发生 VGCC 毒性作用是合理的，且这种毒性作用是稳定的。

L 型 VGCC 被认为是 Aβ$_{25-35}$ 蛋白毒性作用的特异离子通道。Aβ 全细胞电压钳记录表明，急性给予 Aβ$_{1-40}$ 或 Aβ$_{25-35}$ 可以显著增强离体海马神经元的钙电流；使用 L 型电压依赖性钙离子通道阻断剂则可减轻 Aβ 引起的海马 LTP 的损害。这表明 Aβ 引起的 LTP 压抑作用可能与电压门控钙离子通道的激活有关。另有证据表明，Aβ 及其 5 肽片段 Aβ$_{31-35}$ 除了促进电压门控钙离子通道开放外，还能抑制电压门控钾离子通道，并且可以在细胞膜上形成新的、对 Ca^{2+} 高度通透的阳离子通道。我们推测，Aβ 可能经由这些途径导致细胞内钙超载，进而引起对海马 LTP 的抑制。但是，我们试图分离参与了 Aβ$_{25-35}$ 毒性的 VGCC 类型，本实验从 -50 mV 去极化至 $+50$ mV 刺激所发的 Ba^{2+} 电流可以部分为 100 μmol 的 Ni^{2+} 阻断，但全部 Ba^{2+} 电流能被 50 μmol Cd^{2+} 所阻断。说明 Aβ$_{25-35}$ 所引起胞外钙内流增加而导致的胞内钙超载，不光是通过 L- 型 VGCC 介导，也还有可能通过 T- 型 VGCC 所介导。我们的结果与以前报道的 Aβ$_{25-35}$ 只作用在海马锥体神经元 L- 型 VGCC，Aβ$_{1-40}$ 只作用于海马锥体神经元 T- 型 VGCC，是不完全一致。

一系列的证据表明，能减少通过 VGCC 流入胞内的 Ca^{2+} 的药物都能减轻 Aβ 导致的细胞毒性。例如，尼莫地平、Co^{2+}、维生素 E 和 P 物质等，都能通过抑制异常的钙内流，而减弱 Aβ 神经元毒性。其作用机制之一就是清除自由基。尼莫地平和 Co^{2+} 可以抑制 LDH 释放，显著清除胞内氧自由基。自由基清除剂 VitE，有力地减少胞内氧化自由基堆积和 Aβ$_{25-35}$ 引起的自由基生成。而自由基的生成可以损害细胞膜上 VGCC 的结构蛋白质，从而导致大量 Ca^{2+} 通过 VGCC 内流。

淫羊藿苷单体对于神经系统的保护作用已经有了不少报道。在体实验中，ICA 对 $A\beta_{25-35}$ 侧脑室注射所致大鼠空间学习和记忆障碍有显著的预防和治疗作用，该作用与降低脑组织中 AChE 活性呈正相关。对于血管性痴呆模型大鼠，淫羊藿苷也有升高大鼠大脑皮质以及海马中的 SOD 活性及 AChE 含量、降低 MDA 含量；剂量相关性增加海马内 ChAT 及 AChE 表达的作用。体外实验中，淫羊藿苷能明显抑制 Fe^{2+} 等氧自由基损伤线粒体的 PC12 细胞模型线粒体肿胀，减少 MDA 含量，提高呼吸链复合体酶 Ⅱ～Ⅳ 的活性。因此，基于 ICA 具有抗氧化的作用以及具有抗氧化作用的物质可以减轻 $A\beta_{25-35}$ 对 Ca^{2+} 通透性损害，降低内向 Ca^{2+} 电流，从而达到保护神经元的作用，我们认为 ICA 对于 VGCC 的抑制作用机制之一是由于其抗氧化作用可以保护 $A\beta_{25-35}$ 损害的细胞膜，减少 Ca^{2+} 内流。

总之，我们观察到 $A\beta_{25-35}$ 可以增大内向 Ba^{2+}（或）Ca^{2+} 电流，是通过海马 CA1 区锥体神经元细胞上的 L- 型与 T- 型 VGCC 共同发挥这种作用。更重要的是，ICA 可以抑制这种异常增大的内向 Ca^{2+} 电流，并且这种抑制作用与剂量存在正相关性。因此，ICA 可能通过平衡胞内 Ca^{2+} 超载来发挥保护神经元受到损害的作用。考虑到胞内钙平衡失调是 $A\beta$ 引起的毒性的初始事件，它可以触发其他不良事件的发生，因此，可以使细胞避免发生 $A\beta$ 毒性引起的钙平衡失调的药物，淫羊藿苷，有望成为治疗 AD 患者的候选药物。

二、淫羊藿苷和 $A\beta_{25-35}$ 对海马锥体细胞配体门控通道的影响

老年痴呆症患者，其外在最主要的症状是记忆力恶性、进行性丧失。而记忆的丧失，不仅在于单个神经元细胞的损伤凋亡或减少，更在于多个神经元之间突触联系的损伤或丧失，导致突触传递的中断而引起的学习记忆能力下降。

神经元之间的突触是具有可塑性的，表现在突触之间的联结是可以改变的。海马区的 LTP 作用被认为是突触建立和学习记忆增强的标志，LTP 作用的减弱，代表突触可塑性降低。LTP 可以表现为持续的微突触后电位（流）频率增加，以及振幅增大两种形式。最初，人们是用强直刺激来诱发 LTP，强直刺激属于物理方法，其作用在突触前传入纤维末梢，引起突触后电流的上升相加快或振幅增加。后来，发现一些化学试剂也可以引起 LTP 作用。化学试剂既可以作用在突触前膜末梢的特异受体上，也可以作用在突触后膜的受体上。如果作用在突触前末梢，则改变突触小泡（量子）释放的数量，引起微兴奋性突触后电流（mEPSC）频率的变化；而作用于突触后膜的化学试剂则引起微突触后电流振幅的变化。

在多种突触膜受体蛋白中，NMDA 受体和 VGCC 在 LTP 的发生中扮演了重要的角色，因为钙电流是 LTP 增强所必不可少的，而 NMDA 受体正是 Ca^{2+} 流入神经元内的主要途径。突触 NMDA 受体的激活是海马 CA1 区 LTP 产生的必要条件。前面的实验已证明了淫羊藿苷对于 β 淀粉样蛋白作用后的 VDCC 通道的影响，下面介绍我们用膜片钳全细胞记录技术，以微兴奋性突触后电流（miniature excitatory postsynaptic current, mEPSC）为指标，观察淫羊藿苷对 β 淀粉样蛋白作用后，海马 CA1 区锥体细胞突触后 NMDA 受体的 mEPSC 活动的影响。

（一）海马神经元自发电活动的特性

在出生 7 d 的大鼠海马脑片的 CA1 区锥体细胞的兴奋性微突触后电流（mEPSC）的平均发放频率为（0.42 ± 0.32）Hz（$n = 36$），平均振幅为（26.36 ± 13.65）pA（$n = 36$），平均上升相为（7.30 ± 0.68）ms，下降相为（14.30 ± 1.10）ms。在含氯化铯的电极内液

及含有 GABAa 受体特异性阻断剂荷包牡丹碱（BM，20 μmol），GABAb 特异性阻断剂 2-hydroxysaclofen（100 μmol）无镁灌流液中，HP = –60 mV 的情况下，mEPSC 为内向电流，能被 NMDA 受体特异性阻断剂 D-AP5（50 μmol/L）所阻断，这种效应是可逆的，用正常无镁灌流液溶液冲洗 10~15 min 后可以恢复（图 12-5 踪迹 1~2）。使用非 NMDA 受体阻断剂 CNQX（50 μmol/L），mEPSC 几乎不受影响（图 12-5，踪迹 3~4）。当在灌流液中加入 NMDA 受体激动剂 NMDA（50 μmol/L）后，以诱发成簇的内向微突触后膜电流爆发（图 12-5，踪迹 5）。

（二）Aβ$_{25-35}$ 对 EPSP 的影响

为了观察 Aβ$_{25-35}$ 对 EPSP 的效应，将老化后的 Aβ$_{25-35}$ 加入灌流液，记录 mEPSP 并分析其对频率和振幅的影响：① 可使 mEPSC 的发放频率明显减少，在一组（$n = 5$）实验中，加入 10 μmol 的 Aβ$_{25-35}$ 后，mEPSC 的发放频率与空白对照相比，降低 44.3%（ANON 检验，$F = 3.006, P < 0.05$）；经过洗脱后，被抑制的发放频率可以恢复（洗脱后与对照相比，$P = 0.193$）；② 与空白对照相比，10 μmol 的 Aβ$_{25-35}$ 可使 mEPSC 的振幅明显增加；对照平均振幅为（28.71 ± 9.56）pA，加入 Aβ$_{25-35}$ 后 EPSC 的平均振幅上升至（35.17 ± 10.39）pA，经过洗脱后，平均振幅又下降为（29.34 ± 6.50）pA（$n = 5, P < 0.05, F = 45.02$）。增加的振幅可以恢复到接近未加 Aβ$_{25-35}$ 前的水平（洗脱后与加药前对照相比，$P = 0.383, n = 5$）。

（三）淫羊藿苷（ICA）单独对 mEPSP 的影响

我们观察到，单独在灌流液中只加入 100 μmol 的 ICA 可使：①海马锥体细胞的自发 mEPSC 的发放频率增加。在一组（$n = 6$）实验灌流溶液中，加入 100 μmol 的 ICA 后，可引起 EPSC 的发放频率增加 16.69 %（ANON 检验，$F = 4.75, P < 0.05, n = 6$）；经过洗脱后，增加的发放频率可以基本恢复（洗脱与对照相比，$P = 0.09$）；② 100 μmol 的 ICA 可使

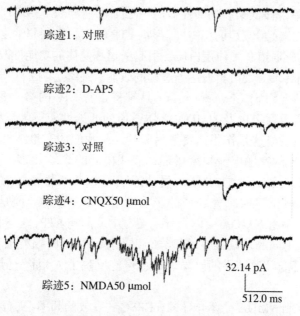

踪迹1：对照

踪迹2：D-AP5

踪迹3：对照

踪迹4：CNQX50 μmol

踪迹5：NMDA50 μmol

32.14 pA

512.0 ms

图 12-5 谷氨酸受体激动剂和拮抗剂对 EPSP 的影响

mEPSC的振幅明显增加。在同一组实验中,对mEPSC的振幅进行分析,该组对照平均振幅为:(27.35±3.56)pA,加入ICA后,EPSC的平均振幅上升为:(29.16±5.82)pA,与空白对照相比,($P<0.05$,$F=45.02$,$n=6$)。洗脱后平均振幅又下降为:(25.52±5.44)pA,(洗脱后与对照相比,$P=0.383$)。

(四)$A\beta_{25-35}$与ICA共同作用对EPSP的影响

在灌流液中先加入10 μmol的$A\beta_{25-35}$,记录一段时间的自发mEPSC后,再加入100 μmol的ICA,与10 μmol的$A\beta_{25-35}$共同灌流之后洗脱。起初$A\beta_{25-35}$使得EPSC振幅增加,但是其频率受到抑制($P<0.05$)。当再加入100 μmol的ICA后,则出现脱抑制现象,mEPSC的频率升高,恢复到接近对照水平($P<0.05$),平均振幅与单独加入$A\beta_{25-35}$相比增加不明显($P>0.05$),洗脱后EPSC频率及平均振幅与对照相比也没有显著性差异。

总之,从以上的实验可观察到,EPSC在特定的无Mg^{2+}细胞外液和钳位电压为-60 mV的条件下,可记录到内向微突触后电流。NMDA特异性拮抗剂D-AP5可以完全拮抗此mEPSC,NMDA受体的特异性激动剂NMDA可以诱发成簇的内向微突触后膜电流爆发,说明在实验记录到的海马CA1区锥体细胞的mEPSC是由NMDA受体介导的。

现代神经科学的研究资料业已经证明,谷氨酸是哺乳动物及人类中枢神经系统(CNS)内最重要的兴奋性神经递质。CNS内存在与谷氨酸结合并发挥生理效应的两类受体,即离子型谷氨酸受体(ionotropic glutamate receptors,iGluR)和代谢型谷氨酸受体(mGluR)。在离子型谷氨酸受体家族内,根据外源性激动剂的不同,又分为NMDA受体与非NMDA受体(其中主要是AMPA受体)等。哺乳动物中枢神经系统内NMDA受体分布在从大脑皮质到脊髓的广泛部位,其中在大脑皮质和海马的密度最高。NMDA受体有复杂的分子结构和独特的药理学特性,尤其重要的是,它对Ca^{2+}具有高通透性,高钙电导是NMDA受体的特性之一,也是NMDA受体与谷氨酸兴奋性神经毒性、触发突触长时程增强(LTP)效应、学习记忆形成机制密切相关的原因。

Aβ及其某些较短片段低聚物的活性对海马LTP的诱导和维持均产生抑制作用,是其影响学习记忆的毒性之一。Aβ及其有效片段影响LTP的作用机制非常复杂,一般认为,它们首先作用于神经元的膜通道和受体蛋白质,引起通道和受体的功能性改变,进而引起细胞内信号转导通路和基因转录、蛋白质表达等过程的改变,最终影响LTP与学习和记忆功能。

保持细胞内钙情况稳定(homeostasis)是维持正常LTP的一个重要因素,Aβ可以通过改变电压门控钙离子通道以及NMDA受体通道的通透性使得大量的Ca^{2+}进入胞内,进而损坏正常LTP的诱发。这是作用在突触后膜的。从我们的实验结果来看,加入$A\beta_{25-35}$后引起NMDA受体介导的突触电流幅度增加,表明内流的Ca^{2+}增多。其机制是$A\beta_{25-35}$作用于突触后膜上,使在突触后膜的NMDA受体通道对Ca^{2+}的通透性增加。这与我们前一部分的实验,即Aβ对电压门控通道Ca^{2+}的影响的结果是一致的。但是有研究指出$A\beta_{1-42}$可以降低齿状回颗粒细胞由NMDA受体介导的突触电流影响LTP,这与我们的结果不太一致。考虑到Aβ淀粉蛋白不同的片段毒性的差异,以及海马齿状回颗粒细胞与CA1区锥体神经元细胞的差异,有可能导致结果的差异。这也可能反映了Aβ淀粉蛋白影响学习记忆机制的复杂多样性。

另一方面,Aβ抑制NMDA受体介导的mEPSC的发放的频率,从而抑制海马的突触传递,也是Aβ损害LTP的机制之一。用$A\beta_{1-42}$和谷氨酸同时对海马脑片进行预处理后,前者对高频电刺激诱发的LTP的压抑作用要比单独使用$A\beta_{1-42}$引起的压抑作用更强。这也说明Aβ对于海马 LTP 的抑制是谷氨酸受体介导的。从我们的结果来看，Aβ$_{25-35}$加入后，引起 NMDA 受体微突触后电流发放频率受到抑制作用。可能是 Aβ$_{25-35}$使海马 CA1 区神经元的突触数目或突触前膜突触小泡数量减少，进而降低发放频率。这与他人结果是相一致的。

以前有结果表明，淫羊藿苷单体可以降低电压门控钙离子通道的通透性，使向内流的减少，可能主要是由于其抗氧化损伤作用引起的。在我们的实验里，淫羊藿苷单独作用可以使 NMDA 受体介导的微突触后电流的频率和幅度都增加。但是与 Aβ$_{25-35}$共同作用后，可以恢复被 Aβ$_{25-35}$抑制的由 NMDA 介导的微突触后电流发放频率，维持正常的突触传递，从而发挥其对学习记忆的保护作用。考虑突触电流发放频率与突触前末梢有关，因此，淫羊藿苷这种保护作用应该是作用在 CA1 区锥体细胞传入纤维的突触前末梢上。然而，100 μmol 的淫羊藿苷单体对于 Aβ$_{25-35}$改变微突触后电流的平均振幅度并不明显，也就是说 100 μmol 的淫羊藿苷单体对突触后膜 NMDA 受体的作用是较小的。

100 μmol 的淫羊藿苷单独作用对于突触前膜及突触后膜 NMDA 受体通道都有影响，而与 Aβ$_{25-35}$共同作用时，淫羊藿苷仅能解除 Aβ$_{25-35}$抑制 mEPSC 频率的效应，而对其电流振幅没有多大影响，因此，推测淫羊藿苷有增加正常突触后膜 NMDA 受体通道的通透性的作用；但是对于 Aβ$_{25-35}$损伤了的受体通透性则没有多大作用，当然也不会加剧损害，即其对于 NMDA 受体的通透性发挥的是单向调节作用。它对学习记忆的保护作用可能主要是通过恢复突触前末梢上的 NMDA 受体发放更多的突触小泡及其中的神经递质来起效的。

参考文献

[1] Bliss TVP, Lomo T. Long-lasting potentiation of synaptic transmission in the dentate area of the anaesthetized rabbit following stimulation of the perforant. *J Physiol*, 1973, 232: 331-356.

[2] Bliss TVP, Collingridge GL. A synaptic model of memory: long-term potentiation in the hippocampus. *Nature*, 1993, 361:31-39.

[3] Chalimoniuk B, Strosznajder HB. Aging modulates nitric oxide synthesis and cGMP levels in hippocampus and cerebellum. *Mol Chem Neuropathaol*, 1998, 35: 77-95.

[4] Catherine, R, Nicolas A, Jean M. Aβ$_{(25-35)}$ and Aβ$_{(1-40)}$ act on different calcium channels in CA1 hippocampal neurons. *Biochem Biophys Res Commun*, 2002, 296: 1317-1321.

[5] Chen L, Liu C, Tang M, et al. Action of β-amyloid peptide 1-40on IHVA and its modulation by ginkgolide B. *Acta Physiol*. Sin, 2006, 58: 14-20.

[6] Chittajallu R, Alford S, Collingridge GL. Ca^{2+} and synaptic plasticity. *Cell Calcium*, 1998, 24: 3773-3785.

[7] Collingridge GL, Kehl SJ, McLennan HJ. Excitatory amino acids in synaptic transmission in the Schaffer-collateral commissural pathway of rat hippocampus. *J Physiol* (Land), 1983, 334: 33-46.

[8] Dickey CA, Loring JF, Montgomery J, et al. Selective reduced expression of synaptic plasticity-related genes in amyloid precursor protein + presenilin-1 transgenic mice. *J Neurosci*, 2003, 23: 5219-5226.

[9] Hyman BT.New neuropathological criteria for Alzheimer disease. *Arch Neurol*, 1998, 55: 1174-1176.

[10] Klyubin I, Walsh DM, Cullen WK, et al. Soluble Arctic amyloid beta protein inhibits hippocampal long-term potentiation in vivo. *Eur J Neurosci*, 2004, 19: 2839-2846.

[11] Li L(李娌), Tsai HJ(蔡浩然), Li Lin(李琳), et al. Icariin inhibits the Increased inward Calcium Currents Induced by amyloid-β$_{25-35}$ peptide in CA1 pyramidal neurons of neonatal rat hippocampal slices. *Am J of Chin Med*, 2010, 38: 113-125.

[12] Li S, Hong S, Shepardson NE, et al. Soluble oligomers of amyloid β protein facilitate hippocampal long-term depression by disrupting neuronal glutamate uptake. *Neuron*, 2009, 62: 788-801.

[13] Mattson MP, Ryde RE. Beta-Amyloid precursor protein and Alzheimer's disease: the peptide plot thickens. *Neurobiol*, 1992, 13: 617-621.

[14] Mattson MP, Lovell, MA, Ehmann WD, et al. Comparison of the effects of elevated intracellular aluminum and calcium levels on neuronal survival and tau immunoreactivity. *Brain Res*, 1993, 602: 21-31.

[15] Molitor SC, Manis P. Voltage-gated Ca^{2+} conductance in acutely isolated guinea pig dorsal cochlear neurons. *J Neurophysiol*, 1999, 81: 985-998.

[16] Nakagami Y, Nishimura S, Murasugi T, et al. A novel beta-sheet breaker, RS-0406, reverses amyloid beta-induced cytotoxicity and impairment of long-term potentiation in vitro. *Br J Pharmacol*, 2002, 137: 676-82.

[17] Nomuraa, I, Nobuo KB, Toru KC, et al. Mechanism of impairment of long-term potentiation by amyloid is independent of NMDA receptors or voltage-dependent calcium channels in hippocampal CA1 pyramidal neurons. *Neurosci Lett*, 2005, 391: 1-6.

[18] Qi JS, Qiao JT. Suppression of large conductance Ca^{2+}-activated K^+ channels by amyloid beta-protein fragment 31-35 in membrane patches excised from hippocampal neurons. *Acta Physiologica Sinica*, 2001, 53: 198-204.

[19] Raymond CR, Ireland DR, Abraham WC. NMDA receptor regulation by amyloid-β does not account for its inhibition of LTP in rat hippocampus, *Brain Res*, 2003, 968: 263-272 .

[20] Rovira C, Arbez N, Mariani J. Aβ $_{(25-35)}$ and Aβ $_{(1-40)}$ act on different calcium channels in CA1 hippocampal neurons, Biochem. *Biophys Res Commun*, 2002, 296: 1317-1321.

[21] Strosznajder J, Chalimonniuk M, Samochocki M. Activation of serotonergic 5-HT receptor reduces Ca^{2+} and glutamatergic receptor-evoked arachidonic acid and NO/cGMP release in hippocampus. *Neurochem Int*, 1996, 28: 439-444.

[22] Trubetskaya, VV, Stepanichev MY, Onufriev MV, et al. Administration of aggregated beta-amyloid peptide (25-35) induces changes in long-term potentiation in the hippocampus in vivo. *Neurosci Behav Physiol*, 2003, 33: 95-98.

[23] Wang Q, Walsh DM, Rowan MJ, et al. Block of long-term potentiation by naturally secreted and synthetic amyloid beta-peptide in hippocampal slices is mediated via activation of the kinases c-Jun N -terminal kinase, cyclin-dependent kinase 5, and p38 mitogen-activated protein kinase as well as metabotropic glutamate receptor type 5. *J Neurosci*, 2004, 24: 3370-3378.

[24] Weiss JH, Pike CJ, Cotman. CW. Ca^{2+} Channel blockers attenuate β-amyloid peptide toxicity to cortical neurons in culture. *J Neurochem*, 1994, 62: 372-375.

[25] Wu J, Anwyl R, Rowan MJ. β-Amyloid selectively augments NMDA receptor-mediated synaptic transmission in rat hippocampus. *Neuro-Report*, 1995, 27: 2409-2413.

第十三章

痛觉与离子通道

慢性疼痛是与腰损伤、偏头痛、关节痛、带状疱疹、糖尿病性神经痛、颞下颌关节综合征和癌症等疾病有联系。选择有效的治疗手段是局限于阿片类药物（吗啡和相关的药剂）以及非甾体类抗炎药（NSAID）；然而，阿片类药物有明显潜在的副作用，并且 NSAID 对中度到重度的疼痛是无效的。疼痛能由于痛觉感受器受到温热、机械、化学或发炎等刺激而引起，并且已得到证实，离子通道起轴心作用。沿着疼痛传导路径的若干部位，可以把疼痛信号阻断。在疼痛传导通路上所鉴定出的神经递质和受体表明，用药物控制疼痛信息传递到大脑，有很多的可能性。

第一节　疼痛的分子机制

痛觉提醒我们现实存在的或即将发生的损伤，并触发适当的保护性反应机制。不幸的是，疼痛常常比作为警告系统有更为持久的作用，并成为慢性而使疼痛感觉衰弱。这种向慢性时相的转移，涉及在脊髓和大脑内的变化，但在疼痛信息最初发生之处，即原初感觉神经元水平，也有显著的调制作用。测定这些神经元如何检测产生疼痛的热、机械或化学性质的刺激，已经揭示了新产生痛觉信号的机制，使我们更接近了解从急性向慢性持久性痛觉转变的一些分子事件。

正如同在视像中的美丽不是固有的特征一样，疼痛是一种复杂的体验，它不仅涉及有害环境刺激的转化，而且也涉及大脑的认知和情感过程。现在鉴定疼痛信息处理的皮层轨迹已取得了一些进展，但更大的进展是在于了解初级感觉神经元检测引起痛觉的刺激（急疼痛感受过程）的分子机制。这些洞悉主要来自动物感觉系统的分析，以及对无脊椎动物的研究。当然无脊椎动物本身没有疼痛的体验，但它们的确具有转换机制，这种机制使它们能检测和避免在其环境中潜在的有害刺激。这些信号通路可以被认作为脊椎动物痛觉信息处理的进化先驱，另外基因的研究，也有利于鉴定和转化对有害刺激作出贡献的分子和信号传导的路径，实际上，我们在此所指的受体和离子通道，是与重点在阐明蝇类或蠕虫的机械感觉、视觉或嗅觉的分子机制相关。

一、初级传入痛觉感受器

将近一个世纪以前，谢灵顿（Sherrington）就设想有痛觉感受器存在，这是一种能引起组织损伤的刺激所激活的初级感觉神经元。根据这一感觉模式，疼痛感受器具有特定的阈值

231

或敏感度，使之能与其他感觉神经纤维相区别。实际上，电生理研究表明：机体内存在能被有害的热、强的压力或有刺激性的化学物质所兴奋的初级感觉神经元，但这些神经元不能被温和的或轻度的接触所兴奋。在这一方面，急性疼痛可以认作是更像视觉和嗅觉，细胞以适当地调谐接收特性来检测刺激的性质或强度。

公认的疼痛定义是一种不愉快的感觉，以及与急性或潜在的组织损伤有联系的情感体验，这是国际疼痛研究协会下的定义。实际上疼痛是一种自我保护机制。疼痛感觉的发生表现为伤害、疾病或躯体损伤时，大脑对电或化学变化的反应。背根神经节（dorsal root ganglionectomy，DRG）的神经元感觉到疼痛，并把它传递到中枢神经系统（CNS），从功能上可以分为三个亚细胞部分：① 外周末梢的痛觉感受器（nociceptor），检测引起痛觉的刺激（机械感受、热感受和疼痛的感受）；② 传导痛觉信号的轴突；③ 突触前末梢，把信号传递到下一个神经元和向上传到大脑，在那里把信号翻译成疼痛（图 13-1）。支配外周感觉的神经元的胞体，位于三叉神经节和脊神经节内。从形态和功能上加以区分，有四类初级的感觉神经元，分别为：Aβ、Aα、Aδ 和 C 纤维（图 13-2）。有两种类型的痛觉，即神经痛（neuropathic）和组织痛（nociceptive）。曾有报道指出，神经痛大约占人群 1%，主要是由于神经系统损伤或功能障碍所引起。依据损伤或功能障碍发生在什么部位，神经性疼痛又分为中枢性的神经痛和外周性的神经痛两种。外周性神经痛可能由疾病引起，而中枢性神经痛则可能由于脊髓或大脑的损伤而引起。损伤组织在表面上痊愈后，中枢性疼痛还能持续较长的时间，并且常会转变为慢性神经疼痛。神经疼实际上干扰损伤或疾病后正常功能的恢复。组织痛可以再分成躯体痛（皮表或深层组织）和内脏痛（内部器官的疼痛）。当内脏感受器受到损伤或发炎的组织释放的物质刺激而起反应时，则发生内脏痛。这些物质聚合在一起称为"炎症汤"（inflammatory soup），后者包含有细胞外质子（H⁺）、核酸、神经生长因子、5-羟色胺、血管

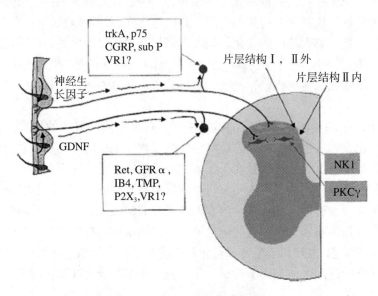

图 13-1　两类主要的痛觉感受器

这个模式图表示两类主要的痛觉感受器的外周和中枢靶标感受域、营养因子的依赖性和生物化学特性。在啮齿类动物，其中 CGRP/TrkA 痛觉感受器群大约占 40% 的 DRG 的神经元；而 IB4 痛觉感受器群大约占 30%。两群痛觉感受器都对辣椒素敏感，假设这些表达为 VR1 或 VR1 家族的另外成员。在没有完成适当的复定位研究以前，还不能确立是否是这种情况

缓激肽和其他物质。这些外周末端的痛觉感受器，对机械刺激和热刺激也起反应（图13-1）。内脏痛既可能是尖锐的刺痛，也可以是钝痛。这种疼痛通常只是在有限的时间内出现（一旦组织损伤痊愈，疼痛则可消失），因此，这种疼痛达到了机体自我保护的目的。

（一）有各种各样的疼痛就有各种各样的痛觉感受器

在各种感觉模式中，疼痛是唯一能在觉醒人类的单根初级感觉神经纤维上做过电生理记录的。当头部和躯干部位受到刺激时，可以同时测定心理物理反应。支配头部和躯体的这些神经纤维，分别来自三叉神经节和背根神经节细胞的胞体，并且基于解剖和生理学的标准，可以把它们归类为三个主要的组（图13-2）。其中一种细胞的胞体发出具有最大直径、有髓鞘、快速传导的神经纤维（轴突）。绝大多数的（但不是所有的）Aβ纤维检测作用在皮肤上、肌肉和关节上的非有害的刺激。因此对痛觉的产生没有贡献。实际上，当摩擦双手刺激Aβ纤维时，可以减轻疼痛感觉。与此相反，从小的和中等直径的细胞体，发出的绝大多数的痛觉感受器，包括无髓鞘的缓慢传导的C纤维和较快速度传导的Aδ纤维。很早以前就假设Aδ和C痛觉感受器分别介导"第一"和"第二"时相的疼痛，也就是有害刺激诱发的快速急性尖锐的疼痛，和延迟的更为弥散的钝痛。有两类主要的Aδ痛觉感受器，两者都对强的机械刺激起反应，但能以不同的方式分别对强的热或组织损伤起反应。绝大多数的C纤维的痛觉感受器，也是多模式的，对有害的热刺激和机械刺激起反应。其他C纤维对机械刺激是不敏感的，但对有害的热起反应。重要的是，绝大多数C纤维痛觉感受器，也对有害的化学刺激，例如，酸或辣椒素（热樱桃胡椒的辛辣成分）起反应。最后，某些痛觉感受器的天然刺激物是难以进行鉴定的，这些所谓的"沉默"或"睡眠"的痛觉感受器，是只有当组织损伤使之敏化后才有反应。这些痛觉感受器的轮廓，大部分是由分析支配皮肤的神经纤维而得到的。但在其他组织则可能有非常不同的特性。例如，虽然角膜的传入纤维能被辣椒素激活和被炎性介质敏化，但在正常情况下，也能被无害的触觉引起痛觉。另外，几乎任何刺激都可引起牙痛。内脏痛也是独特的，没有第一（快的）和第二（慢的）时相之分，

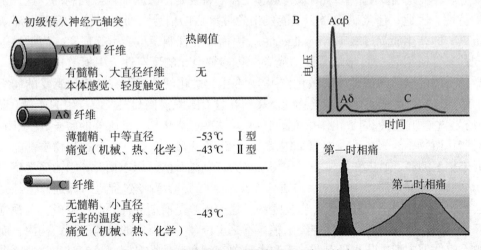

图13-2 不同的痛觉感受器检测不同类型的疼痛

A. 外周神经包括小直径的（Aδ）和中等至大直径的（Aα, β）有髓鞘传入纤维，以及小直径的无髓鞘传入纤维。B. 传导速度直接与纤维直径有关，这一点可以从外周神经记录到的复合动作电位得到进一步证实。大多数痛觉感受器是Aδ或C纤维，它们有不同的传导速度（分别为6~25 m/s和大约1.0 m/s），分别说明对损伤的第一（快的）和第二（慢的）痛觉时相起反应

疼痛常很难定位，是深部的钝痛。内脏痛的发生，也不需要组织损伤，疼痛可能由于膨胀而引起（例如，直肠）。缺血性疼痛可能有独立的特性，它反映由不同的初级酸敏痛觉感受器的神经亚组支配血管装置。这些特性阐明，只基于激活阈值或是否诱发疼痛来定义痛觉感受器是困难的。

（二）痛觉感受器的神经化学

对于所有的痛觉感受器，谷氨酸是主要的兴奋性神经递质。然而，成年背根神经节（DRG）组织化学研究揭示，有两大类的无髓鞘 C 纤维。第 1 类是所谓的多肽能纤维，含有多肽神经递质（P- 物质）和表达 TrkA 受体，后者是对神经生长因子（nerve growth factor，NGF）有高度亲和力的酪氨酸激酶受体；第 2 类是不表达 P- 物质和 TrkA 受体，但能用有选择性地与 α-D- 半乳糖结合的外源凝集素 IB_4 进行标记和表达 P2X3 受体（一种特殊的 ATP 门控离子通道的亚型）（图 13-1）。这种分类首先是痛觉感受器近似的，因为只有有附加的标志可以援用时，才有可能鉴定出新的亚组。然而，目前还不太清楚，是否这些从神经化学上区分出的不同类型，是否代表不同功能的痛觉感受器类型？此外，在组织或神经损伤后，因为神经递质、它们的受体和其他信号分子的表达都发生了变化，故都会增加痛觉感受器神经化学的复杂性和意义。

二、痛觉感受器信号的多样性

所有的感觉系统都必须把环境的刺激转变为电化学信号。在视觉或嗅觉的情况下，初级感觉神经元，只需检测一种刺激（光或化学气味），并且用后备和会集的生物化学机制以完成这一目标（图 13-3）。在这一点上，痛觉感受器又是独特的，因为"痛觉通路"的单个神经元有明显的能力，来检测广泛的刺激模式。若与其他系统的感觉神经元比较，痛觉感受器必须装备不同的转换装置。与此同时，明显不同的化学（辣椒素和酸）物理学的（热）刺激，通过激活单个受体可使痛觉感受器兴奋，使细胞能整合信息，并在生理环境下，对复杂的变化起反应。在一定程度上，初级传入痛觉感受器的特性是能被其他因素调制的，这也是它们独有的特性。因此，痛觉感受器不仅能发出急性疼痛的信号，而且对持久病理疼痛条件下也有贡献，即产生痛觉过敏（hyperalgesia），因而非有害刺激也能引起痛觉。痛觉过敏由两种不同的条件所引起：① 增加脊髓"痛觉"传递神经元的反应性（中枢敏化作用）；② 降低痛觉感受器的激活阈值（外周敏化作用）。在中枢敏化的情况下，非痛觉感受的初级感受纤维的活动也能产生痛觉。当痛觉感受器暴露在含有组织损伤和发炎所产生的产物（聚集成"炎症汤"）中，则诱发外周敏化作用（图 13-4）。这些产物包括：细胞外的质子、花生四烯酸、其他类脂代谢物、5- 羟色胺、血管舒缓激肽、核苷酸和 NGF 等，所有这些物质都能与感觉神经元末梢上的离子通道和受体相互作用。当无害刺激激活外周末梢时，因为痛觉感受器能释放出多肽和神经递质（例如，P- 物质、多肽和 ATP），后者通过促进从邻近非神经元细胞和血管组织的释放因子，有利于产生炎症汤。这一现象是所谓的神经源性发炎。与视觉、嗅觉和味觉不同，痛觉刺激的感觉神经末梢，不是定位在一个特定的具体解剖结构内，而是分散在整个躯体，支配皮肤、肌肉、关节和内脏器官。在这种情况下，虽然对痛觉通路做了生物化学分析，结合应用电生理、药理和基因学的方法，在了解痛觉感受器发出的信号的分子基础上，正在取得明显的进展。在某些方面，这一领域能与 20 多年以前的细胞免疫学相比拟，那时重要的目的之一，是要定义淋巴细胞特殊亚组的生化标志。痛觉感受器研究的目标，是要阐明关键细胞表面的信号功能，并赋予在分子水平上定义感觉神经元亚组的生理作用。

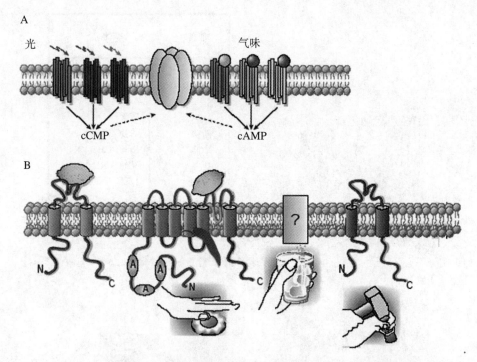

图 13-3　多种模式的痛觉感受器利用非常不同的信号转导机制以检测生理刺激

A. 哺乳动物用会聚的信号通路（G- 蛋白偶联的信号通路调制产生环核苷酸第二信使以检测光和气味，而第二信使通过调节单个类型的阳离子通道的活性），来改变感觉神经元的兴奋性；B. 而痛觉感受器则用不同的信号转换机制，来检测物理和化学的刺激。TRP 通道家族的成员（VR1 和 VRL-1）检测有害的热刺激，而 ENaC/DEG 通道家族检测机械刺激。有害冷刺激的转导分子仍然是不可思议的。有害化学物，如辣椒素和酸（细胞外的质子）可能是通过共同的转导分子（VR1），阐明痛觉中过剩的方方面面。同时单个类型的刺激能与多种检测器分子相互作用，如图所示，细胞外质子不仅能激活 VR1，而且也能激活 ASIC，后者又是 EnaC/DEC- 通道家族的成员。

三、有害刺激的检测器

（一）热反应

当把感觉神经节分离出来，并把它放到培养基中，它仍能够保持许多功能特征。因此，大约 45% 小至中等直径的神经元，呈现具有"中度"阈值（约 45℃）热诱发的膜电流，而另外 5%~10% 的细胞，对"高"阈值（约为 52℃）起反应，但对辣椒素是不敏感的。前者相应于 C 型和 Ⅱ Aδ 型痛觉感受器，后者相当于 Ⅰ Aδ 型痛觉感受器。通过什么分子基础在这些痛觉感受器的亚型确定特定的阈值？答案来自痛觉领域已得到了很好证实的成就。也就是鉴定分子的目标，通过它的天然产物（例如，从阿片罂粟得到的吗啡，或从水杨树皮得到的阿司匹林）引起或调制我们的疼痛感觉。在由 C 和 Ⅱ Aδ 传入纤维引起的中等热痛觉的例子中已克隆的或功能上特征化的香草油受体 VR1（图 13-3B），揭示了转换分子，用辣椒素或其他香草化合物可激活 VR1。VR1 是一种非选择性原生质膜上的阳离子通道，具有非常陡的温度依赖关系（Q10 = 20.6）和热激活阈值为 43℃左右，与天然感觉神经的热诱发电流的特征相同。中度热与辣椒素之间有明显相关，以及非选择性阳离子电流与奠定这些反应的药理学之间的相似性，支持热和辣椒素共同激活转换器的假设。从感觉神经元或

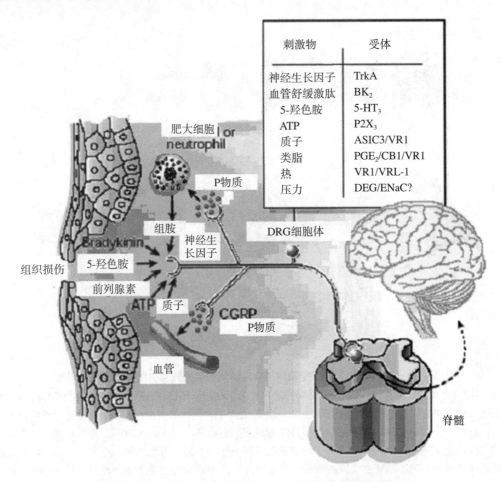

刺激物	受体
神经生长因子	TrkA
血管舒缓激肽	BK₂
5-羟色胺	5-HT₃
ATP	P2X₃
质子	ASIC3/VR1
类脂	PGE₂/CB1/VR1
热	VR1/VRL-1
压力	DEG/ENaC?

图 13-4 初级传入痛觉感受器对炎性物质的反应模式图

通过对在组织损伤部位释放的炎性物质的反应。阐明初级传入纤维的痛觉感受器分子的复杂性。显示了"炎症汤"某些主要成分，包括：多肽（血管舒缓激肽）、类脂（前列腺素）、神经递质（5-羟色胺和 ATP）和神经营养素（NGF）。也表明炎症汤的酸性。这些因子中，每一种都通过与这些神经元表达在细胞膜表面的受体相互作用，敏化（降低阈值）或兴奋痛觉感受器的末梢。在方框中标明了这些因子的一些例子和代表性的靶分子。痛觉感受器的激活不仅传递传入信息到脊髓背角（并且从那里再到脑），而且也启动神经性发炎的过程。这是痛觉感受器的效应功能，包括释放神经递质，例如，P 物质和与降钙素基因有关的多肽（CGRP）从外周导致血管扩张或使原生质进入周围组织（蛋白质和液体从毛细血管后的小静脉漏出），以及激活很多非神经元细胞，包括巨噬细胞和中性粒细胞。这些细胞又附加一些物质到炎症汤中

表达 VR1 的细胞上撕下的膜片，可记录到热诱发的单通道电流，表明 VR1 是固有的热敏通道，在细胞表面起温度计的功能作用。感觉神经元在全细胞记录水平，热与辣椒素的敏感性之间存在高度相关，在单通道记录水平是不很明显的。虽然这一观察能够用通道的不同功能状态加以解释，但有关联系天然和克隆通道的活性之间，仍出现了一些争论。研究缺乏功能 VR1 通道的小鼠，清楚地表明，从没有 VR1 通道小鼠培养的背根神经节（DRG）的神经元，是严重缺乏由中等阈值热诱发的反应，而仍保持高阈值的热反应。VR1⁻/⁻ 小鼠的热敏 C 纤维也明显地减少。虽然热能够诱发 C 纤维的输出反应，但可能比野生型小鼠的减少大约 85%。因此，虽然 VR1 不是唯一的中等阈值热刺激的检测器，但说明它是这种反应的主导者，并且在正常动物，必然对热编码有明显的贡献。VR1⁻/⁻ 小鼠在接近激活 VR1 和

C 纤维阈值的温度时，表现出正常的行为反应，但在较高（＞50℃）的温度时，痛觉行为反应则明显降低。换言之，$VR1^{-/-}$ 能识别有害的热刺激，但很难区分不同强度的有害热刺激。也许，痛觉行为反应的阈值是由少数痛觉感受器的阈值来决定，而阈上温度的区分，则需要从一大群足够编码刺激强度的痛觉感受器得到信息。在某些方面，$VR1^{-/-}$ 小鼠的表型可阐明，有关是不是通过一定的通路，连接到脊髓的特殊痛觉感受器的活性而产生痛觉，以及是不是整个传入神经纤维的活动模式决定疼痛反应？这些问题的长期争论是无益的。两种模式都可能是有关的，它取决于刺激强度和测定的来龙去脉。此外，因为绝大多数的痛觉感受器是多模式的，我们能够区分痛觉是由热、冷或压力所引起的，必然会涉及痛觉信号在中枢神经系统内的解码。$VR1^{-/-}$ 小鼠的另一个明显而又有意义的表型，是在组织损伤的情况下，缺乏发展增加对热的敏感性。这一缺陷提示，VR1 是受作用在痛觉感受器上，增加对热敏感度的炎症汤中一个或多个成分的调制。什么东西介导 $IA\delta$ 型传入纤维的高阈值热反应？一个候选的转换器分子是类香草油受体（VRL-1）通道，后者与 VR1 大约有 50% 氨基酸排列顺序相同。在转染的哺乳动物细胞和蛙卵母细胞中，对 VRL-1 功能分析表明，这一类通道是不对香草油类化合物起反应的，但能够被有害的热刺激所激活，阈值为 52℃左右。VRL-1 是最突出的是表达在 DRG 的中等和大直径的有髓鞘神经元上。但因为 VRL-1 转录也表达在神经系统以外，所以这一通道可能有多种生理功能。VR1 和 VRL-1 属于瞬态受体电位（transient receptor potential，TRP）通道（参见本书第十八章），其核心跨膜结构与电压门控钾离子通道或环核苷酸门控通道相似。这种原型 TRP 通道是在果蝇光电转换通路上发现的，在该处它是激活磷脂酶 C（phospholipase C，PLC）偶联的视黄醛的下游。某些哺乳动物的 TRP 通道，也被 G-蛋白偶联的或酪氨酸酶受体所激活，后者又刺激 PLC。但在果蝇奠定这种门控的机制，仍是不可思议的。最近的研究表明，PLC-介导的膜磷脂-磷酸脂酰肌醇 -4,5- 二磷酸［$PtdIns(4,5)P_2$］和随后产生的类脂第二信使，构成 TRP 通道激活的重要步骤。

上面已经提到，中度热与辣椒素之间有明显相关，我国民间和中医都把辣椒这依赖的物质认为是"热"性的，吃多了容易上"火"。更有趣的是在西方的一些国家里，他们似乎就没有"辣"的感觉这一词，他们称辣椒的味道也是"热"（hot）。热、上火（发炎）和辣，这三个从表面上似乎很不容易统一理解的词。因为很容易把热理解为一种物理属性，是由物质的分子布朗运动加速引起，而辣的感觉则是受到一些化学物质（如辣椒素等）刺激引起的一种主观感觉。但现在从受体、离子通道的角度加以考虑，它们能得到很好的解释，因为它们共同都由某种通道（如 VR1）所介导。

（二）有害冷的测定

与热的敏感度相比，冷敏感度的定义没有那么严格，这大部分是因为激活冷敏纤维的阈值，不像热那样陡峭和可区分的，以及由冷诱发的疼痛也不那么严谨。有害的热（47℃）激活支配啮齿类后脚爪，而有害的冷（4℃）可能只兴奋相同的皮肤感受野内的 10%~15% 的纤维。然而，当刺激强度扩展到低于 0℃时，分离为冷敏的 C 和 Aδ 纤维的比例明显增大。很少的冷敏传入纤维是热敏的，并且 $VR1^{-/-}$ 小鼠在后脚爪表现出正常冷反应纤维的分布比例，这表明有害的热和有害的冷，是由不同的机制进行检测的。现在还不知道，有害的冷使神经纤维去极化，是通过抑制（Na^+-K^+）ATP 酶或背景钾电流，还是通过促进钙和（或）钠内流？

（三）压力和机械应力

由于直接压迫组织畸变或渗透性变化引起的机械应力，可以激活痛觉感受器，因而有可能检测触觉、深部压觉、内脏器官膨胀、骨骼的破损或肿胀。虽然，像细菌、蠕虫和果蝇等有机体的基因模型，对鉴定动物的机械感觉传感器，提供了重要的线索，但功能的机械门控通道仍有待加以鉴定。一个称为 MDEG 的 degenerin（DEG/EnaC）家族的离子通道［另外又称脑钠离子通道 1（BNC1）］或酸敏的离子通道 2（ASIC2）（图 13-3B），在痛觉领域里吸引了人们的特殊兴趣，因为它的信使 mRNA 是表达在初级神经元上。从 BNC1 缺陷小鼠初级感觉神经纤维，对鉴定快速适应机械感受器中一类特殊的机械刺激范围，表现出降低对毛发运动的敏感度。这些突变小鼠的其他类型传入纤维（包括 C 纤维）具有正常的反应，这表明 BNC1 涉及无害机械感受（触觉）的某些方面，但不检测有害机械刺激。检测压力或组织畸变的一种途径是激活机械门控蛋白。另外的机制，可能涉及机械化学过程，从而牵张刺激可诱发弥散的化学信使，后者又能兴奋附近的初级感觉神经末梢。细胞外的 ATP 是特别有趣的，因为大、小直径的感觉神经元都表达 G- 蛋白偶联的受体或 ATP 门控离子通道（分别为 P2Y 和 P2X 受体）和细胞外 ATP 可兴奋初级感觉神经元。利用蛙卵母细胞作模型，发现机械刺激能引起 ATP 从细胞释放，促进在细胞表面 P2Y 受体激活。在体内，机械力可促进在外周的一种或多种类型的细胞释放 ATP，在此处它激活附近痛觉感受器末梢上的嘌呤能受体（例如，$P2X_3$）。实际上，$P2X_3$ 缺陷的小鼠表现出降低了不能排空已被尿液充盈膀胱的排尿功能。膀胱的充盈和伸张，促进 ATP 从平滑肌层下的上皮细胞内释放。一旦 ATP 被释放，则可兴奋在膀胱壁上的感觉神经末梢，以启动排尿反射。在 $P2X^{-1-}$ 小鼠观察到的缺陷提供了强有力的证据，证明组织的机械膨胀 ATP 转导机械的组织膨胀信号转变成初级感觉神经元的去极化，在这种情况下，机械膨胀信号是通过直接激活阴离子通道的。

四、化学传感器使痛觉加重

正如前面所述，损伤能通过增加痛觉感受器对热和机械刺激的敏感度，加强我们对痛觉的感受。这种现象，部分是由于在环境中，从初级感觉神经末梢和非神经细胞［例如，成纤维细胞、椳细胞（mast cell）、中性粒细胞和血小板］产生和释放的化学介质所引起。炎症汤的某些成分［例如，质子（H^+）、ATP、5- 羟色胺或类脂］，通过与痛觉感受器表面上的离子通道相互作用，能直接改变神经元的兴奋性；而其他成分（例如，血管舒缓激肽和 NGF）结合到代谢型受体，并通过第二信使发出级联信号，以介导它们的效应。在了解这些调制机制方面，目前已取得了颇大的进展，现介绍如下。

（一）细胞内的质子和组织酸中毒

局部组织酸中毒是损伤标志性电生理反应，疼痛或不舒适的程度，是与酸化的幅度明显相关。加酸（pH 5）到皮肤上，引起第 3 种或多种模式支配感受野的痛觉感受器持续发放冲动。在细胞水平，质子通过直接激活非选择性阳离子电流，使感觉神经元去极化。在许多 DRG 神经元上，这种反应主要包括由携带 Na^+ 的瞬态快速失活的电流，以及随后的持续非选择性阳离子电流。有人假设，持续性反应，可作为与组织酸中毒联系在一起的持久疼痛的基础，但这不可能在所有的生理状态下发生。例如，在心脏缺血时，支配心外膜的神经元显出对细胞外质子产生大的瞬态反应。在感觉神经元上已发现若干对质子敏感的离子通道，因此重要的目标是鉴定在体内若干痛觉感受器上对质子敏感的大分子。这里有两个主要的候选者：VR1 和 ASIC 家族。在分离的 DRG 神经元上，天然质子（pH 5）诱发的和辣椒素诱发的电流之间的相似性是已得到了证实，细胞外低的 pH 值，能增强培养的 DRG 神经元对辣椒素的反应。这些观察表明，质子和香草油化合物，在痛觉感受器上与相同的离子通道复合体相互作用，这可能符合给细胞提供合理烹饪"热"酸汤的要求。在异种的表达系统，分析克隆的香草油受体已证实了这些观察所得到的结果。质子对 VR1 功能有两种主要的效应：第一，当细胞外 pH 降低到 6 以下时，在室温下则可能激活 VR1 产生电流。这种电流与在感觉神经元上观察到的、质子诱发反应中的持续电流成分相似；第二，在质子浓度范围为 pH 6~8 的情况下，质子加强细胞对辣椒油或热的反应，这一点与各种形式组织损伤有关联的局部酸中毒的程度相匹配。甚至在正常体温下，也可期待这些 VR1 活性的改变来增加痛觉感受器的兴奋性。当今结构与功能的研究，已识别一些在细胞外的 VR1 蛋白环上的负电荷残基对于介导这些效应是重要的，支持质子直接与香草油受体相互作用，变相地调制通道的功能。虽然质子诱发 VR1 的热敏度变化，与发炎期间痛觉感受器所表现出的变化密切相似，但在体内，实际上 VR1 对痛觉感受器的敏感度有贡献吗？从 DRG 的神经元，或从 VR1^{-1-} 缺陷小鼠的感觉神经纤维进行电生理记录，实际显示质子（pH 5）诱发的持续膜电流明显减小。然而在 VR1^{-1-} 小鼠，质子诱发的反应（特别是瞬态性质的反应），并不完全消失，这可能是被 ASIC 通道家族成员介导所致。

Lazdunski 和他的同事（1999 年）叙述，两个跨膜区的蛋白质家族与假设的机械感受器 DEG/EnaC 通道有关。这些新的阳离子通道亚单元叫 ASIC，因为在异种系统表达时它们能够被细胞外 pH 降低来控制离子通道门的开放（图 13-3B）。包括接头的变异在内，大鼠至少有五种 ASIC 亚型，每一种亚型都有独特的 pH 敏感度、激活和去敏速率、离子透性和组织分布的轮廓图。绝大多数的亚型为 ASIC1b 和 ASIC3（也分别称为 ASIC-β 和 DRASIC）表达在 DRG 上，显出在感觉神经节内独有的或优先的表达。ASIC 通道能说明在 DRG 神经元上观察到的、质子诱发的瞬态或持续电流的哪些方面呢？大多数异种表达的 ASIC 亚单元，产生由单个瞬态时相的电流，或一个有 Na$^+$ 选择性的或只在非生理质子浓度（pH ≤ 5）条件下产生的持续电流成分组成。然而，ASICS 与 ASIC2b（MDEG 的变种，又称 MDEG2）产生出更像天然的电流，包含具有非选择性阳离子能透过的持续电流成分。有人证实，所观察到的这些电流成分是从在相当少的 DRG（2%~3%）传入纤维亚组上的 ASIC3/2b 异聚通道（而不是 VR1），由质子诱发的瞬态电流，而这些 DRG 传入纤维是支配心脏的神经纤维。这一点有很重要的生理意义，因为心脏动脉阻塞产生的中度酸中毒（刚刚低于 pH7），就足以激活心脏的痛觉感受器或 ASIC3/2b。相反，基因研究表明，MDEG（BNC1）基因的产物（ASIC2a 和 ASIC2b），在多数非心脏的痛觉感受器上，对酸的敏感度很低或没有贡献。因此，BNC1^{-1-} 小鼠在大直径或小直径 DRG 的神经元中，未表现出 pH5 诱发的反应明显下降。此外，从这些动物皮肤 C 纤维上也记录到由酸引发的持续放电。因此，必须敲除这一家族的其他基因成员，以澄清 ASIC 对质子检测和在不同生理状态下，痛觉感受器的敏化作用。

（二）多肽和生长因子

组织损伤促进有生物活性的多肽，在损伤部位从非神经细胞和血浆蛋白释放或产生。其中主要是九个氨基酸组成的血管舒缓激肽（bradykinin），当把这种激肽加到初级感觉神经末梢或培养的感觉神经元，立即引起膜去极化，以及对其他有害的或甚至无害的刺激出现敏化作用。血管舒缓激肽，激活在这些细胞上的 G-蛋白偶联受体（BK$_2$）以刺激 PLC 催化的 PdtIns (4,5) P$_2$ 水解，因而从细胞内钙库释放 Ca^{2+} 并激活蛋白激酶 C（PKC）（图 13-5）。用血管舒缓激肽处理培养的 DRG 的神经元，增大这些细胞热诱发的电流，这是一个由 PKC 的 ε-异构体通过直接或间接改变 VR1 介导的效应。PKC-ε-敲除的小鼠，用肾上腺素或乙酸处理后，出现对机械或热刺激的超敏性减低，但没有见过血管舒缓激肽效应的报道。在任何反应过程中，反应途径中分子的确认，都需要生物化学的证据，以证明 VR1 在对 BK$_2$

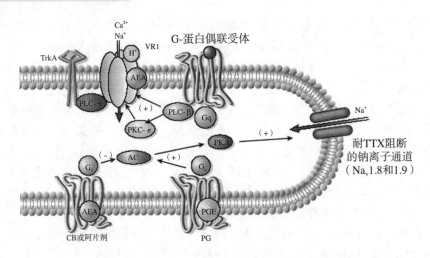

图 13-5　损伤或发炎引起痛觉感受器的兴奋性改变

当痛觉感受器暴露在损伤或发炎产生的产物中，通过细胞内各种不同的信号通路改变它们的兴奋性。该图阐明香草油类受体（VR1）和抗河豚毒的（TTX-R）电压门控钠离子通道（$Na_v1.8$ 和 1.9）作为调制的下游目标。通过 VR1 通道直接与细胞外质子（H^+）或类脂代谢产物如花生四烯乙醇胺（anandamide，AEA）相互作用，可能加强 VR1 对热的反应。一些试剂如神经生长因子（NGF）或血管舒缓激肽（Bradykinin）也可能增强 VR1 的活性，这些试剂结合到细胞自身表面的受体（分别为 TrkA 和 BK）以刺激磷脂酶 C（PLC-γ 或 PLC-β）信号通路。这又导致原生质膜类脂水解和随后刺激蛋白激酶 C 异构体（如 PKC-ε）。假设这两种作用都增强 VR1 的功能。前列腺素（PGE_2）和其他通过 G_s- 蛋白偶联受体激活腺苷酰环化酶（AC）的发炎性的产物，也增加痛觉感受器的兴奋性。发生这种情况部分原因是由于环 AMP- 依赖的蛋白激酶（PKA）、$Na_v1.8$ 和（或）$Na_v1.9$ 的效应。通过激活 G_i- 偶联的受体的效应，阿片和大麻油能抑制受体兴奋性增加，并引起外周介导的痛觉缺失

受体激活起反应时，磷酸化 VR1，以及一个或多个接受磷酸的残基突变来废除通道的调制作用。血管舒缓激肽也通过与 PKC 无关的过程来提高 VR1 的敏感度。在这机制中，作为 PLC 介导的 PdtIns (4,5) P_2 水解的直接结果，产生通道的调制作用。从 PdtIns（4,5）P_2 介导的抑制作用有效释放 VR1，这一有规律机制的优先，来自有关对环核苷酸门控通道和 G- 蛋白门控内向整流钾电流的研究。此外，前面提到的 TRP 通道家族的一些成员，激活 PLC—偶联受体的下游分子，并且最近还有来自无脊椎动物和脊椎动物的证据表明，在调制这些通道活性时，PdtIns（4,5）P_2 水解也是重要的。从外源加类脂（如花生四烯乙醇胺、花生四烯酸或二烯基甘油）能激活 VR1 或其他 TRP 通道，这提出了如下的可能性，即从通道复合体上的抑制部位置换 PdtIns（4,5）P_2 或其他膜类脂。已知 NGF 是胚胎神经元的生存因子，并且是所有初级痛觉感受器发育不可或缺的。但在成年后，NGF 有非常不同的功能，是由在损伤或发炎部位的肥大细胞、成纤维细胞或其他类型的细胞释放的，在那里作用在初级感觉神经末梢上，以促进对热的超敏感性。与这一作用相一致，把培养的 DRG 神经元暴露在 NGF 中几分钟，则产生辣椒素诱发反应的急性敏化作用。虽然在基因表达中，NGF 引起长时程的变化，它也能促进短时程的痛觉感受器敏化作用，这表明涉及后转译机制。

　　HGF 与多肽能敏感的 TrkA 酪氨酸激酶结合，激活促细胞分裂剂，后者又激活蛋白激酶（MAP）和 PLC-γ 通路。当用 NGF 处理表达 TrkA 和 VR1 的蛙卵母细胞数分钟后，则可增加质子、香草油或热诱发的反应，重现在培养的 DRG 神经元或初级感觉神经纤维上发生

的敏化作用。TrkA 特别分裂受体与 PLC-γ 的联系，消除 VR1 的 NGF 增加，这与血管舒缓激肽的加强机制相一致。MAP- 激酶通路，在调节基因表达方面的重要性得到了很好的评价，但 PLC 激活对神经营养素发挥作用的生理意义仍是不可思议的。这些发现提示 PLC 信号对 NGF 介导热超敏感的贡献，以及可能对其他短时程痛觉的形成和转译后的痛觉感受器的调制作用也有贡献。用 NGF 或血管舒缓激肽处理 $VR1^{-/-}$ 小鼠后，不能使它发展成为对热有超敏性，表明这个通道可能是调制这些或其他激活 PLC 的痛觉因素的下游目标。果蝇眼睛里有 TRP 通道与光电转换机制的其他成分组成的复合体存在，后者放大敏感度和信号处理动力学的效应。有趣的是，VR1 与异原系统的 TrkA 和 PLC-γ 形成信号复合体，在痛觉感受器中是不是有相似的临时信号平台存在，有待进一步研究，但多基因比较表明是有这种可能性的。

（三）类脂的敏化作用（sensitization）和激活

非甾体类抗炎剂（例如，阿司匹林）一般属于环氧酶（COX）阻断剂，COX 转变花生四烯酸（一种类脂的信使）为前列腺素 E_2（PGE_2）。大多数研究表明，PGE_2 通过结合到 G- 蛋白偶联的受体，对外周的敏化作用有贡献，而 G- 蛋白偶联的受体可增加痛觉感受器内的 cAMP 的水平。然而，在脊髓里似乎也有环氧酶的产物，这些产物在这里可以与痛觉感受器的中央末梢上的各种受体相互作用。这一概念引起了很大的兴趣，因为它主张 COX 抑制剂通过调制在中央和外周两个部位的痛觉感受器，来实现缓解疼痛的效应。近来的研究提供了可能有关分子目标的重要信息，通过这些分子，PGE_2 可敏化初级感觉纤维。在痛觉感受器上表达电压门控 Na^+ 通道的一个特殊的亚型，这一亚型是对 TTX 不敏感的。人们相信不被 TTX 阻断的 Na^+ 通道（TTX-R），对小直径神经元的脉冲发放率和持续期有明显的贡献。电生理研究表明，PGE_2 增加 DRG 神经元的兴奋性，把 TTX-R Na^+ 通道激活的电压依赖关系，部分地转向超极化方向。这样就减低了为启动动作电位时，细胞膜所需要的去极化电位的程度和有利于产生尖峰电位（spike）。药理学和生物化学研究表明，依赖于 PGE_2 的 TTX-R Na^+ 电流的调制，涉及 AMP 依赖的蛋白激酶的通道蛋白磷酸化。现在还不清楚两种 TTX-R 的 Na^+ 通道中的哪一种（$Na_V1.8$ 或 $Na_V1.9$ 通道）是类脂的目标，以及在什么条件下发生这种反应。$Na_V1.8$ 通道缺陷的小鼠行为分析揭示，中度缺陷 $Na_V1.8$ 通道的小鼠对有害刺激敏感。这些动物也显示出延迟发生炎性的超敏反应，但它们的最大反应是与野生型动物的最大反应相当，这些观察支持 $Na_V1.8$ 通道涉及组织损伤诱发的超敏性；但也提示，在痛觉感受器中，有过剩的电压门控 Na^+ 通道亚型存在。辣椒素是一类疏水的分子，它们的结构与一些类脂第二信使相似，因而提示类脂的代谢物，可以作为香草油受体的内源性激动剂。搜索这些配体已取得了进一步的进展，认识到香草油受体是属于 TRP 家族，它们的某些成员能被多聚不饱和的或其他脂肪酸，或其他类脂代谢物激活。实际上，内源性大麻油受体激动剂，花生四烯乙醇胺（anandamide）或花生四烯酸代谢脂肪氧合酶产物 [例如，12- 和 15-（S）羟基过氧化二十碳四烯醇酸]，激活含有 VR1 通道的全细胞或分离膜片上的、天然或克隆的香草油受体。这些类脂信使作为 VR1 的激动剂，与辣椒素相比，公认是较弱的（EC_{50} 大约为 1~10 μmol，在 25℃ 和 pH 7.6 的条件下），并且引起了有关这些化合物否能作为"内源性的香草油"的一些争论。但在生理情况下，这些分子像是能起 VR1 通道的激动剂作用（涉及发炎），因此，一个相关的问题应该是：它们是否与其他诱发炎症因素（例如，血管舒缓激肽、NGF 或质子）能易化 VR1 通道门开放，并在组织损伤部位促进热的超敏化。最后，有可能存在一些对 VR1 通道有较大潜能的内源性配体，这仍有待今后发现。

初级传入痛觉感受器的中枢末梢：所有的初级痛觉感受器，与脊髓灰质（背角）内的神经元构成突触联系（图 13-4）。背角神经元的亚组又发出轴突投射到更高级的脑中枢，并把痛觉信息也传递到那里（包括网状结构和丘脑，最后到大脑皮质）。因为在皮质内的神经回路是非常复杂的，人们有很大的兴趣聚焦去了解它，是否有初级痛觉感受器脊髓回路的亚组，能够区分用临床上相关的痛（即发炎）引起的疼痛和神经损伤引起的神经痛的差别。涉及痛觉感受器的一个最有趣的问题，是涉及脊髓背角中枢的受体功能可以达到在外周末梢上的受体或传感器功能的什么程度（在突触前末梢是否也有功能？如果有，其功能是否与突触后的受体相同？）。对某些神经递质起反应的受体（例如，阿片受体），其内源配体的来源是清楚的：即在背角表面的中间神经元能合成阿片肽，后者作用在突触前的阿片受体上，通过降低 Ca^{2+} 电导，调节神经递质的释放。正如前面所指出，脊髓产生的 PGE_2，有可能作用在痛觉感受器的中枢末梢上。另外前面也谈到，有突触前功能嘌呤能受体存在，并已经能鉴定 ATP 的来源。相比之下，在有害的温度下，从来未暴露有突触前的香草油受体存在，或在痛觉感受器外周末梢上 VR1 通道门的可调节的 pH 变化幅度范围内，发现香草油受体存在，因此，必须考虑有其他配体存在。与类脂介体（如花生四烯乙醇胺）可能是有关系的。有证据表明，突触前神经递质的调节，是通过花生四烯乙醇胺作用在脊髓前角的大麻油受体和香草油受体上。相似地，中枢对 ASIC 的功能还不清楚，也还不知道对于这些通道是否有新的配体存在。

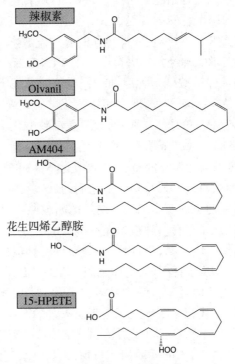

图 13-6　辣椒素及人工合成结构近似的化合物

把天然的和人工合成的香草油受体的激动剂排列在一起，以阐明它们结构的相似性。Olvanil 是一种人工合成的非辛辣的辣椒素，与激活时具有相当慢的动力学的 VR1 相似。花生四烯乙醇胺是一种内源的类脂代谢物（结构上与花生四烯酸相似），这是最初作为一种大麻油受体的配体而发现的。AM404 是人工合成的药物，它能阻断细胞再摄入花生四烯乙醇胺。这两种化合物在体外以相当慢的动力学，都能激活天然的和克隆的香草油受体，与 Olvanil 相似。15-HPETE 和其他花生四烯酸代谢脂肪氧合酶产物，在体外以与花生四烯乙醇胺和 AM404 相似的效能（1～10 μmol）激活 VR1

第二节　离子通道在疼痛过程中的作用

在痛觉外周末梢的许多离子通道受到损伤后，影响到神经元的兴奋性，因而也影响到疼痛的感觉。电压门控钠和钾离子通道，配体门控离子通道（TRP、ASIC 以及 P2X），NMDA，AMPA，以及 Kainate 受体等都是涉及疼痛病因的一些离子通道。

前面提到疼痛路径的所有三个阶段，都涉及离子通道和受体，它们都在外周神经末梢的痛觉感受器上，并且首先检测引起疼痛的刺激（热、压力、组织损伤等）并将其进一步传递出去。有时炎症汤的一些成分调制离子通道的活性，而导致病理状态，如异常痛觉（由在正常情况下不会产生疼痛的刺激而引起疼痛的感觉，例如，光照皮肤在正常条件下不痛，但受日光之苦使皮肤晒黑）和痛觉过敏（一种对有害刺激的过度反应）。迄今为止，离子通道已成为寻求新的治疗疼痛的重要目标。

离子通道这一词包含有多种基因家族的成员，它们对各种各样的刺激起反应。这些离子通道中的许多成员是定位在外周神经末梢的痛觉感受器上，受到伤害刺激后影响神经元的兴奋性，结果引起疼痛的感觉。电压门控和配体门控离子通道，都是一些涉及疼痛病因的一些离子通道。下面对这些离子通道做进一步的分析和讨论。

一、疼痛的检测

（一）瞬态受体电位（TRP）阳离子通道

哺乳动物的感觉系统能感受广大范围的温度。温度低于 15℃或高于 43℃诱发伴随痛觉的热感觉。有 6 种热敏的离子通道，全都是 TRP 家族的成员。每种通道表现出不一样的热激活阈值：TRPV4(>25℃)、TRPV3(>31℃)、TRPV1(>43℃)、TRPV2 (>52℃)、TRPM8(<28℃) 和 TRPA1(<17℃)。TRPV1 通道主要表达在痛觉感受器和感觉神经元上，是与组织损伤和发炎有关。热和辣椒素能激活 TRPV1 通道。有报道指出，在天然的 DRG 神经元和杂交系统，分别通过 P2Y2 和 B2 受体，发炎介质、ATP 和血管舒缓激肽增强通通的作用。在发炎的情况下，TRPV1 似乎是上调的。因此考虑它是炎症疼痛通路的整合者。在人类，TRPV1 表达的变化是与消化系统炎性疾病以及应激性消化系统综合征有联系。热敏离子通道的其他成员有：TRPV2、TRPM8 和 TRPA1，在有害温度范围内都具有激活阈值，表明可能涉及热痛觉。

（二）P2X 受体

ATP 已鉴定作为生理过程中的兴奋性神经递质和调质。由神经末梢释放出的 ATP 激活一类称之为嘌呤能的受体，又分为：① 代谢型 P2Y 受体；② 离子型 P2X 受体。P2X 受体属于配体门控离子通道家族，是负责快的兴奋性神经传递，并且也涉及一些神经疾病。这种配体门控离子通道家族，至少包括 7 个称为 P2X1 ~ P2X7 的受体亚型，都能被细胞外 ATP 所激活。同其他离子通道一样，P2X 是低聚蛋白质，每个功能受体由一个以上的亚单元所组成。所有 P2X 亚单元都能装配成同聚或异聚的有功能离子通道；但 P2X6 例外，它似乎是以异聚复合体的一部分，而发挥功能作用。P2X7 似乎是一个唯一不与其他 P2X 亚单元装配在一起的亚单元。每个异聚功能受体的 P2X 数目现在还不清楚。电生理研究表明，一个三聚体可作为 P2X 受体的最小单位。现在鉴定出 4 个功能异多聚物，包括：P2X2-P2X3、P2X4-

P2X6、P2X1-P2X5 和 P2X2-P2X6。其中一种重要的、文献上已有很好记载的并在痛觉信息处理中扮演重要角色的是 P2X3 离子通道。不同的通道表现出不一样的表达模式。已经在中枢和外周神经系统中找到了 P2X1-6，在免疫系统细胞（具体是存在抗体的细胞）和小神经胶质细胞内（它介导释放炎症的细胞分裂素，刺激转录因子并且在凋亡过程中也可能有重要的作用）则找到了 P2X7。现有资料已鉴定到 P2X7 受体存在于表型异源神经元的胞质鞘上，并且作为 ATP- 门控离子通道在各种类型的细胞核上。

ATP 是各种细胞反应（如肌肉收缩、蛋白质合成等）的首要能源。然而最近有资料表明，ATP 有非常不同的新作用：激活痛觉受体。最近几年的资料表明，在痛觉通路上涉及 P2X 受体。从受伤或发炎的细胞释放出的 ATP 激活 P2X3 受体，以启动组织痛觉信号。注意力特别聚焦在 P2X3 受体上，因为它有选择性地表达在与痛觉有联系的结构上（小的和中等的 DRG 神经元，外周和中枢感觉神经末梢和背角表面）。P2X3 受体是以同聚受体和异聚受体（P2X3/ P2X2）两者表达在 DRG 的痛觉神经元上。在组织创伤、肿瘤或周期性偏头痛的情况下，释放出大量的 ATP 激活的 P2X3 受体，这样有利于把痛觉信号从外周转递到脊髓，因而在这样的条件下产生强烈的疼痛感觉。P2X 受体，尤其是 P2X3，有可能成为止痛药的目标。有报道指出，在动物模型上，随着损伤后的神经痛，在脊髓的背角和背根神经节上的 P2X3 受体上调。从外部加入选择性的非核苷酸拮抗剂（A-317491）到同聚体和异聚体两型的 P2X3 受体，证明可以减轻损伤和慢性组织痛。虽然在介导急性发炎或内脏疼痛方面，P2X3 和 P2X3/2 似乎没有起主要的作用，但这些受体仍有可能作为目标，把它们开发成为疼痛杀手的目的。

（三）酸敏感的离子通道（ASIC）

组织酸中毒是与发炎相联系的，并且也是显著疼痛的源泉。在发炎时，细胞外的 pH 下降（低于 pH 6），由门控的 ASIC 通道激活疼痛感受器。ASIC 是属于变性素（degenerin）/ EnaC 上游家族的钠离子通道。业已鉴定出了六种异构体，由 4 个不同的基因编码而成：ASICa、ASICb、ASIC2a、ASIC2b、ASIC3 和 ASIC4。在痛觉方面最有趣的是 ASIC3，它主要表达在 DRG 内的神经元上，因而使之成为很好的痛觉感受分子的候选者。人类的 ASIC3 可能与痛觉过敏有关。ASIC3 在人体组织中的分布比小鼠的更为广泛，这可能表明它在人类的痛觉中有更广泛的作用。

二、疼痛信号的传播

（一）电压门控 Na+ 通道

电压门控 Na+ 通道（VGSC，Na_V 通道）在沿轴突传导（包括初级感觉神经元在内）过程中起关键的作用。人们认为：这些通道，在由于外周神经损伤而引起的一些慢性神经疼痛中起关键作用。生理学和药理学的证据表明，作为神经或组织损伤的结果，在初级神经元上，所观察到的兴奋性超常的发展和保持方面，VGSC 起主要的作用。电压门控 Na+ 通道是一族 9 个结构上相当于 α 亚单位的分子（$Na_V1.1$~$Na_V1.9$ 通道），这 9 个亚单位表现出不同的表达模式，并且与一个或多个附属的 β 亚单位（β1 至 β3）相联系。α 亚单位异构体的表达是受发育过程的调节，并且是组织特异的。根据其对 TTX 的敏感性不同，可把 VGSC 分为两个组：TTX 敏感（TTX-S）的通道和 TTX 不敏感的（TTX-R）的通道。除 $Na_V1.4$ 通道外，所有的 VGSC 在感觉神经元都有一定程度的表达。

（二）TTX- 敏感的 VGSC

$Na_V1.6$ 通道存在于绝大多数的感觉神经元。$Na_V1.3$ 通道高度表达在胚胎的感觉神经元，但在成年的感觉神经元中，其水平则明显地下降。最近有一些叙述损伤后的神经元和损伤的脊髓中，有 $Na_V1.3$ 通道表达上调的报道。$Na_V1.7$ 通道主要表达在 DRG 上，$Na_V1.7$ 通道基因显性突变是与红皮病（erythermalgia，一种罕见的常染色体病变，其特征是断续的烧灼痛，伴随肢端发热和发红）有关。这些资料可以证实 $Na_V1.7$ 通道在疼痛中的作用。

（三）TTX 不敏感的 VGSC

特别有趣的是，前面已提到有两种 TTX 不敏感的通道（$Na_V1.8$ 和 $Na_V1.9$），这两种通道主要表达在小直径的 DRG 上。$Na_V1.9$ 通道表达在 C- 纤维上，而 $Na_V1.8$ 通道则表达在 A 纤维上。至今仍不太知道 $Na_V1.9$ 通道在神经痛中所起的作用。尽管这一通道是定位在 DRG 上，但到目前为止，所积累的资料并未表明它对疼痛有何贡献。用计算机分析 $Na_V1.9$ 通道动力学特性表明，在静息膜电位的条件下，$Na_V1.9$ 通道是激活的，并且可以调制痛觉感受器的静息电位及其对阈下刺激的反应。虽然人们认为 $Na_V1.9$ 通道只表达在小直径的 DRG 上，现在有资料表明，在海马也有 $Na_V1.9$ 通道，BDNF 可以激活海马的 $Na_V1.9$ 通道。由于发现 $Na_V1.9$ 通道的表达不是唯独局限于 DRG，使它成为治疗疼痛的候选剂没有多大的吸引力。与之相反，发现抑制 $Na_V1.8$ 通道，对减轻躯体传入神经元轴突受伤或组织发炎后的疼痛是有效的。也曾经证明，在化学刺激膀胱后，$Na_V1.8$ 通道涉及传入神经激活。基于 $Na_V1.8$ 通道的结构和功能，有的制药公司已经在开发拮抗 $Na_V1.8$ 通道的药物。一个是 $Na_V1.8$ 通道的阻断剂，另一个是 $Na_V1.8$ 通道的调节剂，它们都能使 $Na_V1.8$ 通道的功能表达下调。$Na_V1.8$ 和 $Na_V1.9$ 通道在疼痛中的作用仍然是有不同意见的，有一些观点支持它们涉及疼痛过程：由于 ① 若干 Na^+ 通道在 DRG 的神经元上有明显的表达；② 在损伤或发炎后，表达的水平和模式发生变化。然而 Na^+ 通道影响痛觉的机制仍有待阐明。

VGSC 的调质已从各种各样的有机体（包括蜘蛛、海白头翁、蝎目纲动物和锥形螺丝）的毒液中分离出来。对那些能区别不同的 VGSC 的特殊毒液、多肽，在科研方面有很大的乞求。VGSC 调质的丰富的来源可能是锥形螺丝。有两种主要能影响 VGSC 的毒素是 μ 和 δm Conotoxin。μ-Conotoxin 能阻断两栖类交感和感觉神经元的对 TTX 不敏感的 VGSC 电流。人们推测，在蛙的 DRG 是由于 $Na_V1.8$ 和 $Na_V1.9$ 通道的抑制发生了不可逆的电流阻断；而蛙的骨骼肌的可逆抑制是由于 $Na_V1.4$ 通道的抑制。μ-Conotoxin δm ⅢA 和它的模拟物，可能是治疗疼痛有吸引力的毒素。

（四）神经元尼古丁乙酰胆碱受体（nAChR）

nAChR 是一族配体门控阳离子通道，它的内源性配体是乙酰胆碱（ACh），并由生物碱（尼古丁）所激活，这些对 Ca^{2+}、K^+ 和 Na^+ 的五聚电导通道是由若干同系物的亚单元形成，以各种各样形式与这些亚单元离子通道相结合，在药理学和组织结构分配上各不相同。一族 Conotoxin 可阻断 nAChR，并能将神经元和骨骼肌的 nAChR 亚单元分开，称之为 α 和 α A Conotoxin。后一种称为 α- 毒素是对与其相似的 α-Bungarotoxin（银环蛇毒素）而言，这种毒素是肌肉型 nAChR 的阻断剂。α-Conotoxin 抑制突触后节点（神经元之间和神经 - 肌肉之间）的信号传递，它是与 nAChR 的 α 单元相结合，因而阻断乙酰胆碱和其他激动剂的结合，这样就抑制动作电位传播所需的 Na^+ 内流。α-Conopeptide Vc 1.1（ACV1）是 16 个氨基酸组成的多肽，含有两个二硫键，它的顺序是从毒液基因的核酸排列顺序推导出来的。Vc 1.1 作为神经元 nAChR 的拮抗剂是有活性的。对牛的嗜铬细胞上 Vc 1.1 的功能研究表明，它能抑制对 C- 纤维激活的血管反应，并且加速受损伤的外周神经功能的恢复。这些外周无髓鞘感觉神经是涉及疼痛传导的。最近有的公司正在开发作为慢性神经痛的镇痛剂，并用合成的制剂已开始临床实验。

（五）去甲肾上腺素运输抑制剂

去甲肾上腺素（norepinephrine，NE）参加到一些生物学通路，包括情感调节、睡眠和行为的表达以及警觉和觉醒等。在疼痛期间，脊髓内的 NE 水平上升，抑制疼痛信息，在此期间肾上腺素运输者再把去甲肾上腺素运回到突触。

（六）NMDA 受体拮抗剂

在哺乳动物的 CNS，谷氨酸是主要的兴奋性神经递质，谷氨酸从突触前末梢释放，结合到突触后离子型的 NMDA、AMPA 和 Kainite 受体。谷氨酸作用在 NMDA 受体上，是负责启动 CNS 的敏化作用和在神经损伤后脊髓的超常兴奋性。非特异 NMDA 拮抗剂能缓解损伤诱发的疼痛，但有明显的副作用。

三、疼痛信号传递到中枢神经系统

（一）电压门控 Ca^{2+} 通道

电压门控 Ca^{2+} 通道（VGCC）在痛觉感受器上也有表达，主要表达在背角的 DRG 神经元突触前末梢上，在那里 VGCC 控制神经递质的释放。Ca^{2+} 通道是由一些亚单元（形成的孔的 α_1 亚单元）和调制 α_1 功能的辅助单元 β、γ、$\alpha_2\delta$ 组成，由 α_1 亚单元定义通道的亚型。迄今已有 10 个编码 VGCC 的基因已得到了鉴定，并且把它们分为三个家族：Ca_V1 家族（$Ca_V1.1 \sim Ca_V1.4$ 相应于 L- 型钙离子通道）、Ca_V2 家族〔（相应于 P/Q 型钙离子通道）、$Ca_V2.2$（N- 型钙离子通道）、$Ca_V2.3$（R- 型钙离子通道）〕和 Ca_V3（$Ca_V3.1 \sim Ca_V3.3$，相应于 T- 型钙离子通道）。

（二）N- 型钙离子通道

在寻找痛觉杀手或减轻疼痛的药物时，对 N- 型钙离子通道（$Ca_V2.2$）有特别的兴趣。$Ca_V2.2$ 通道能控制包括脊髓水平在内的 CNS 和 PNS 的突触疼痛信号传递。一种 PNS 特异的 $Ca_V2.2$ 通道高度表达在背角的表层，考虑到这一层是负责痛觉的脊髓通路。在慢性疼痛状态时，发现在脊髓 $Ca_V2.2$ 通道与辅助的 $\alpha_2\delta$-1 亚单元一起上调。N- 型钙离子通道阻断剂表现出阻断 Ca^{2+} 内流，并因而阻断在脊髓内 P- 物质的释放。此外，N- 型钙离子通道对于吗啡一类的 μ 阿片肽受体激动剂是敏感的。近年来，人们假设 T- 型并可能 P/Q 型钙离子通道参与痛觉路径，并作为可能的治疗的目标。从锥形蜗牛、蜘蛛和蛇等的毒液中分离出大量的 VGCC 多肽抑制剂。至今已知分离出的最有选择性的 N- 型钙离子通道抑制剂有：ω-Conotoxin GVIA、ω-Conotoxin MVIIV 和 ω-Conotoxin CVID。ω-Conotoxin MVIIV（一个 25 个氨基酸的多肽）是强有力的和有选择性的 N- 型 VGCC 的阻断剂。有的药厂开发了人工合成的 ω-Conotoxin MVIIV 的类似物叫 prialt，用以治疗与癌症和艾滋病有关的剧烈慢性、炎性疼痛和神经痛。虽然，鞘膜内注入这种药物的效力比吗啡大约强 1 000 倍以上，但并不引起与通常含阿片药有联系的对药物产生耐受性和成瘾的问题。服用 prialt 也会产生严重的副作用，包括：低血压、镇静状态和精神错乱。AM333 也表现出，抑制 PNS- 特异的 N- 型 VGCC，后者与从神经节前的神经末梢释放神经递质有联系；另外，AM333 与 ω-Conotoxin MVIIV 相比，有宽广的治疗指数。近来就设计、生产、代谢稳定性和投药方式而言，企图做转化，以这些毒素作为枢轴把残基结合到一些较小的分子量的化合物上，则这些化合物可能会具有最优的品质。有一些证据提示：N-型钙离子通道在脊髓水平是传递痛觉信号的关键。用N-型钙离子通道阻断剂，能停止像P-物质一类的神经肽释放。抑制这些钙离子通道可压抑疼痛。在敲除失去编码N-型钙离子通道基因的小鼠对神经痛和发炎引起的疼痛敏感性降低也得到了证实。表达在感觉神经元上的 $Ca_V2.2$ 通道是吗啡作用的目标（通过GPCR阿片受体），并且当把其他N-选择性多肽阻断剂注入人类或动物的脊髓或其周围时，可使疼痛缓解。然而，由于这些非选择性的阻断所有的N-型钙离子通道，而不只是有选择地阻断在痛觉感受器上的N-型钙离子通道，所以这些多肽也可能引起严重的副作用。最近，发现N-型钙离子通道的另一种异构体，主要表达在痛觉神经元的亚组。拮抗这种异构体的药物可能没有副作用，这是由于这种药物只阻断特殊的通道。尽管有些副作用，一些小的N-型钙离子通道阻断剂正在开发之中。

（三）P/Q-型钙离子通道

间歇性偏头痛是以严重的单侧头痛为特征，罹患者占人群的10%~15%。发现误认突变 Ca^{2+} 通道 $Ca_V2.1$（型）是患家族性偏头痛被测试家族的大约50%。

（四）T-型钙离子通道

T-型钙离子通道是首先发现在DRG的外周感觉神经上，但其功能仍不清楚。虽然有证据表明，T-型钙离子通道在疼痛过程中起作用，但缺乏T-通道的选择性阻断剂，使之很难评估它在神经痛表现中的作用。

（五）$\alpha_2\delta$-1 辅助单元

有证据表明，$\alpha_2\delta$-1辅助亚单元在神经痛过程中有重要的作用。在随实验性神经损伤后，不论是mRNA水平还是蛋白质水平，在DRG上的 $\alpha_2\delta$-1亚单元都上调。它有高度的亲和力与gabapentin（一种抗痉挛药物，临床抗神经痛有效）相结合。鞘膜内注射gabapentin以取决于剂量的方式，抑制动物模型的神经功能障碍，而对非神经功能障碍的大鼠则没有任何影响。由于 $\alpha_2\delta$-1上调，既不伴随 α_1 亚单元的上调，也不伴随辅助单元的上调，因此 $\alpha_2\delta$-1除了调制VGCC外，还可能有别的功能作用。

总之，现已积累的资料表明，在疼痛路径上，离子通道起关键的作用，很多离子通道已经成为治疗和药物开发的候选者。然而其作用机制还没有完全阐明，特异性和副作用问题也还有待处理。目前主要的调制，是了解特殊痛觉感受器和神经回路两者的特殊生理性质，它们从事中枢神经系统测定疼痛感觉和因而产生的行为。分子的标记，使之有可能鉴定和操控痛觉感受器亚组的活性，以利于被特殊痛觉感受器群共同运作的脊髓和脑干线路图。重要的是要了解在痛觉感受器上表达的许多神经递质、受体和传感器的功能，以及在损伤中，它们转录和转译后的调节。虽然阿片和非甾体类抗炎剂是首选治疗疼痛的止痛药，但由于它们也作用在疼痛通路以外相同的受体上，产生不可接受的副作用，而使它们的应用受到了限制。因为许多通道和受体是唯一在痛觉感受器上的（例如，TTX-R Na^+-通道、$P2X_3$ 和VR1），这些代表了为开发新的、高度选择性的局麻药和止痛剂，以治疗各种广泛存在的持续性疼痛，提供了有希望的目标。

参考文献

[1] Catterall WA, Striessnig J, Snutch TP, et al. Compendium of voltage-gated ion channels: calcium channels. *Pharmacol Rev,* 2003, 55: 579-581.

[2] Chen C C, Zimmer A, Sun WH, et al. A role for ASIC3 in the modulation of high-intensity pain stimuli.

PNAS, 2002, 99: 8992-8997.

[3] Cummins TR, Aglieco F, Renganathan M, et al. Na$_V$1.3 sodium channels: rapid repriming and slow closed-state inactivation display quantitative differences after expression in a mammalian cell line and in spinal sensory neurons. *J Neuroscience*, 2001, 21: 5952–596.

[4] Cummins TR, Dib-Hajj SD, Waxman SG. Electrophysiological properties of mutant Na$_v$1.7 sodium channels in a painful inherited neuropathy. *J Neurosci*, 2004, 24: 8232-8236.

[5] Eglen RM, Hunter JC, Dray A. Ions in the fire: recent ion-channel research and approaches to pain therapy. *Trends Pharmocl Sci*, 1999, 20: 337-342.

[6] Fang X, Djouhri L, Black JA, et al. The presence and role of the tetrodotoxin-resistant sodium channel Na$_V$1.9 (NaN) in nociceptive primary afferent neurons. *J Neurosci*, 2002, 22: 7425-7433.

[7] Fjell J, Hjelmstrom P, Hormuzdiar W, et al. Localization of the tetrodoxin-resistant sodium channel in nociceptors. *Neuro Report*, 2000, 11: 199-202.

[8] Goldin AL, Barchi RL, Caldwell JL, et al. Nomenclature of Voltage-Gated sodium channels. *Neuron*, 2000, 28: 365–368.

[9] Hains BC, Klein JP, Saab CY, et al. Upregulation of sodium channel Na$_v$1.3 and functional involvement in neuronal hyperexcitability associated with central neuropathic pain after spinal cord injury. *J Neurosci*, 2003, 23: 8881– 8892.

[10] Julius D, Basbaum AI. Molecular mechanisms of nociception. *Nature*, 2001, 413: 203-211.

[11] Lai J, John C, Hunter JC, et al. The role of voltage-gated sodium channels in neuropathic pain. *Curr Opin Neurobiol*, 2003, 13: 291-297.

[12] Nassar MA, Stirling C, Forlani G, et al. Nociceptor-specific gene deletion reveals a major role for Nav1.7 (PN1) in acute and inflammatory pain. *PNAS*, 2004, 101: 12706-12711.

[13] Sawynok J. Topical and peripherally acting analgesics. *Pharmacol Rev*, 2003, 55: 1-20.

[14] Snider WD, McMahon SB. Tackling pain at the source: new ideas about nociceptors. *Neuron*, 1998, 20: 629-632.

[15] Sugiura T, Tominaga M, Katsuya H, et al. Bradykinin lowers the threshold temperature for heat activation of vanilloid receptor. *J Neurophysiol*, 2002, 88: 544-548.

[16] Suzuki R, Dickenson AH. Neuropathic pain: nerves bursting with excitement [horizontal ellpsis].*Neuro Report*, 2000, 12: R17-21.

[17] Tominaga M, Wada M, Masu M. Potentiation of capsaicin receptor activity by metabotropic ATP receptors as a possible mechanism for ATP-evoked pain and hyperalgesia. *J Neurobiol*, 2004, 61: 6951-6956.

[18] Welch, JM, Simon SA, Reinhart PH. The activation mechanism of rat vanilloid receptor 1 by capsaicin involves the pore domain and differs from the activation by either acid or heat. *Proc Natl Acad Sci. USA*, 2000, 97: 13889-13894.

[19] Yoshimura N, Seki S, Novakovic SD, et al. The involvement of the tetrodotoxin-resistant sodium channel Na$_V$1.8 (PN3/SNS) in a rat model of visceral pain. *J Neurosci*, 2001, 2: 8690-8696.

第十四章

G-蛋白偶联受体与帕金森病

G 蛋白偶联的受体（G protein-coupled receptor，GPCR）是在哺乳动物基因组中最大和功能最多的蛋白家族。它们与 G 蛋白相互作用以激活许多细胞内的信号通路和调制离子通道的活动。GPCR 通道以两种不同的途径来调制离子通道，在这一章里首先介绍 Gβγ 亚单元膜划界通路直接调制 N- 型、P/Q 型 Ca^{2+} 通道和 Kir3 型 K^+ 通道。由于离子通道和 GPCR 两者，在细胞内发放信号起重要的作用，它们已成为寻找治疗癌症、心脏病、肥胖症和帕金森病等药物的目标。在本章的下半部分，将以多巴胺受体作为 GPCR 的事例，对与之相关的帕金森病进行较为详细的介绍和讨论。

第一节　受 GPCR 调制的离子通道

一、GPCR 的上游家族

作为细胞通信工具的细胞内信号，是一个非常复杂和多样的过程。这一过程取决于精心组成的蛋白质系统，它使细胞能对细胞内外环境各种刺激起反应。这些膜蛋白内的 GPCR 是处在上游。它形成最大的和最多样化的细胞膜表面受体和蛋白质家族。例如，仅在神经元上就有 1 000 种 GPCR 之多。这一上游家族的多样性，是由于包含在这一家族内有大量成员的结果。它们能形成不同的二聚结合，能对许多刺激起反应，以及能激活大量的细胞内信号通路（图 14-1）。

尽管结构和功能上巨大的差异，但所有的 GPCR 有共同相似的分子结构。这些受体都是由 7 个跨膜区，通过交替的细胞内环和外环连接起来，N- 末端在细胞膜外，C- 末端在细胞膜内。

大量的信号分子、激素、神经递质、趋化学的细胞趋化因子（chemokine）和局部的介质等，都能激活具有高度的特异性不同的 GPCR。GPCR 是与不同种类的异三聚 GTP- 联合的蛋白质（G- 蛋白）相结合。G- 蛋白包括三种亚单元：α、β 和 γ。迄今，已经鉴定出：大约 17 个基因编码 α- 亚单元，5 个基因编码 β- 亚单元和 12 个基因编码 γ- 亚单元。G- 蛋白与 GPCR 相互作用导致 Gα 单元从 Gβγ 分离，并且每个亚单元都可能作为下游的效应物起作用。Gβγ 以二聚亚单元起作用，增加由激活各种不同的目标分子阵列（如酶和离子通道）介导的受体信号。随 G- 蛋白异三聚物再结合后，这些信号事件则结束。这是由于 Gα 亚单

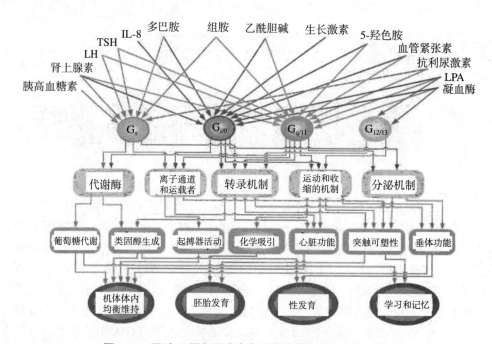

图 14-1　通过 G 蛋白通路发出信号调节全身的生理功能

许多细胞外的化学试剂，例如，激素（如胰高血糖素、促黄体生成激素和肾上腺素）、神经递质（乙酰胆碱、多巴胺和 5- 羟色胺）、细胞趋化因子（chemokine，IL-8）和局部的介质（LPA），发出信号到 4 个主要的 G 蛋白家族，以调节细胞机制，如代谢酶、离子通道和转录的调节基因。这些细胞机制活性的调制又引起细胞功能的改变，如肝中葡萄糖代谢的变化或改变心脏起搏细胞活性。这些细胞的活性对全身大范围调节，如有机体的体内平衡、学习和记忆做贡献。因此，G 蛋白通路能通过增加有机体的复杂性层次把调节信息传播出去。在该图显示的例子中只代表在各个水平与 4 种 G 蛋白偶联的细胞外试剂的和被这些通路调节的各种功能的一个例子

元固有的 GTP 酶活性将 GTP 水解为 GDP。通过一组蛋白质可使这种活性加速，GTP 酶激活的蛋白质称为 G- 蛋白 - 信号的调质（regulator of G protein signaling，RGS）。通过与 Gα 相互作用，RGS 发挥它们的作用。基于 Gα 亚单元顺序相似性，可以把 G- 蛋白分为主要的四大类：$G\alpha_s$、$G\alpha_{I/q}$、$G\alpha_{q/11}$ 和 $G\alpha_{12/13}$（图 14-1）。这种分类既定义受体的特性，也在大多数情况下定义效应物的特性。Gs 和 Gq 有两个已定义的效应物通路，分别为腺苷酰环化酶（AC）和磷脂酶 C-β（PLCβ）通路。G_I 和 G_o 定义的通路少得多。多年来，研究者聚焦于不同的 Gα 亚单元在 GPCR 激活通路上所起的作用。然而，现在已经确立，Gβγ 亚单元通过与不同的效应物（包括 AC，P13 激酶，MAPK 通路蛋白质和一些离子通道）相互作用，介导信号转换。通过介导电流和控制特定的离子浓度证明，各种离子通道对可兴奋细胞的功能是必要的。然而，这些通道也广泛表达在非可兴奋的细胞膜上。离子通道包含有一大家族的跨膜蛋白质。这些离子通道调节离子跨过细胞膜的运动，并根据通道的离子的特异性进行分组：Na^+ 通道、Ca^{2+} 通道、K^+ 通道、Cl^- 通道和非特异性阳离子通道等。绝大多数的离子通道是多亚单元蛋白质，经历过转译后的变化过程。GPCR 通过两条不同的途径来调制离子通道的活性：① 间接通路：涉及共同的第二信使，导致通道的磷酸化；② 直接通路：涉及 Gβγ 直接与通道结合，也起膜调制作用。尽管 GPCR 和它们的效应物是多种多样的，曾有人想企

图假设用一种机制以解释信号通路的特异性。这种机制提示，有一种预先装备好的、能发出信号的大分子复合体存在，这种大分子使一种特异的 GPCR 对准它的最终效应物作为靶点。假设这种复合体对 β_2 肾上腺素能受体和 L- 型 $Ca_V1.2$ 通道、多巴胺受体（D_2 和 D_4），以及内向整流器钾离子通道（$K_{ir}3$）家族起作用，并且似乎与其他离子通道也有关联。

二、GPCR 调制的离子通道

（一）钙离子通道

Ca^{2+} 调节许多的细胞过程，例如，分泌、增生和凋亡过程，Ca^{2+} 也是许多蛋白质的辅助因子。在神经元，通过 Ca_V 通道进入到细胞内的 Ca^{2+} 触发神经递质的释放。一些高电压依赖性的钙离子通道，介导哺乳动物中枢神经系统中快突触传递。有五种钙离子通道表达在中枢神经系统，它们是：L- 型（Ca_V1）、N- 型（$Ca_V2.2$）、P/Q- 型（$Ca_V2.1$）、R- 型（$Ca_V2.3$）和 T- 型（Ca_V3）通道。每种 Ca_V 通道都是一种多聚蛋白质，由一个形成孔的 α 单元和辅助的 β（$Ca_V\beta$）、$\alpha_2\delta$ 以及 γ 亚单元组成。除了 4 个 $\alpha_2\beta$ 亚单元和 8 个 γ 亚单元外，还有 4 个已知的 $Ca_V\beta$ 亚单元。当 GPCR 调节最特征化的 Ca^{2+} 通道是 N- 型和 P/Q- 型钙离子通道时，这些通道在神经元通信中起显著的作用。这一机制是由内源激素以及外加试剂（如吗啡引起的痛觉缺失）两者引起突触调制的基础。可利用特殊的毒素来鉴定 GPCR 调制的钙离子通道类型：ω-Conotoxin-GVIA 可鉴定 N- 型通道；用 ω-Agatoxin-IVA 可鉴定 P/Q- 型通道。由前面提到的两种不同机制，通过许多不同的 GPCR 对 N- 型和 P/Q- 型钙离子通道进行负调节。间接机制是与电压无关的，并且激活多种细胞内的信号通路，其中大部分涉及第二信使和通道磷酸化作用。细胞的类型、通道在神经元上的位置以及神经递质的类型，都决定由哪种 G- 蛋白亚单元［$G\alpha_q$、$G\alpha_i$ 和（或）$G\beta\gamma$］来介导反应。第二种机制是电压依赖性的通路，它抑制 N- 型和 P/Q- 型 Ca^{2+} 通道（但不抑制 L- 型通道），并且涉及 $G\beta\gamma$ 与 α_1 亚单元直接相互作用。抑制的程度取决于 $G\beta\gamma$ 亚单元和通道类型两者相结合。关于电压依赖性抑制机制的研究发现，在 Ⅰ～Ⅱ 连接区（L1）证明 $G\beta\gamma$ 的结合部位是关键的。$G\beta\gamma$ 连接位置是邻近通道的 $Ca_V\beta$ 的结合位置，并与之稍微有些重叠，而且可以提供有关 $G\beta\gamma$ 实现其抑制效应机制的线索。然而也发现了 $G\beta\gamma$ 亚单元另外的结合位置：①已鉴定出在 α_1 亚单元的 C- 末端，有另外的结合位置与 $Ca_V\beta$ 相重叠；②在 N- 末端，鉴定出了假设的 $G\beta\gamma$ 结合顺序，并发现这是 Ca_V2 通道电压依赖性抑制作用的关键位置。虽然叙述了 3 个潜在的结合位置（图 14-2），间接动力学研究结果指出，每个通道只有单个 $G\beta\gamma$ 结合位置，提出了有这种可能性，即不同的 $G\beta\gamma$ 在 α_1 亚单元上的结合片段创造出 $G\beta\gamma$ 的实际结合位置。

（二）K⁺ 通道

有四种 K^+ 通道家族：①电压依赖性的钾离子通道，以 K_V 通道表示，由 14 个亚家族组成；②双孔区通道（K_{2p} 通道），由 14 个亚家族组成；③钙激活的钾离子通道（K_{Ca} 通道），包括 5 个亚家族；④内向整流器钾离子通道（K_{ir} 通道）包括 7 个亚家族，以 $K_{ir}1$~$K_{ir}7$ 通道表示，有 15 个成员。

GPCR 调制若干钾离子通道，然而研究得最多和最有特色的 K^+ 通道的是内向整流器 $K_{ir}3$ 亚家族（$K_{ir}3.1$~$K_{ir}3.4$ 通道），在刺激 $G_{i/o}$- 偶联的受体后，低的通道基础活动水平显著增加是 $K_{ir}3$ 通道的特征。内向整流器钾离子通道（$K_{ir}3$ 通道，正式名称是 GIRK 通道，即 G- 蛋白偶联的内向整流器钾离子通道），通过调节动作电位的持续期和膜的兴奋性，在维持静息电位方面起重要的作用。功能的 $K_{ir}3$ 通道由 4 个亚单元组成，这 4 个亚单元可以相同的

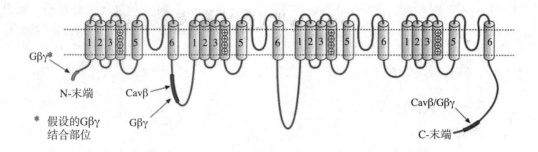

图 14-2　在 Ca_V2 的 α_1 亚单元内 $G\beta\gamma$ 的结合位置

四聚体，形成同四聚体通道；也可以是彼此不同的 4 个亚单元，形成异四聚体通道。异四聚体通道是全身功能通道最丰富的形式。在不同的组织中，证明 $K_{ir}3$ 亚单元有不同的组合。心脏的 $K_{ir}3$ 通道由 $K_{ir}3.1$ 和 $K_{ir}3.4$ 通道组成，并与心率的调节有关。神经元的 $K_{ir}3$ 通道主要由异四聚体 $K_{ir}3.1/K_{ir}3.2$ 通道组成。

各种 GPCR 有选择性地与对 $G\alpha_{i/o}$ 蛋白质敏感的百日咳毒素（PTX）相互作用的，可以激活 $K_{ir}3$ 通道。当 $G\beta\gamma$ 亚单元直接结合到每个 $K_{ir}3$ 通道的亚单元 N- 和 C- 末端区域，则 $K_{ir}3$ 通道被激活。这些通道也能被磷脂酰肌醇二磷酸（PIP_2）激活，而在 PIP_2 激活 $G\beta\gamma$ 后，PIP 对原来的通道门控是必不可少的。每个 $K_{ir}3$ 通道的 4 个 $G\beta\gamma$ 结合位置的定位表明，是在 N- 末端和 C- 末端两个区域。这 4 个区域之间的协同作用增加，是由于这些区域物理学上紧密结合的结果。调制 $K_{ir}3$ 通道的 GPCR 是毒蕈碱受体（muscarinic receptor）、P2Y 受体、生长激素受体、多巴胺受体和 GABA（b）受体等。

三、涉及 GPCR 在 Ca^{2+} 和 K^+ 通道的调制作用

前面已经提到，GPCR 具有广谱调制离子通道活性的功能。肾上腺素、谷氨酸、5- 羟色胺、毒蕈碱型乙酰胆碱（mAChR）、多巴胺、阿片、P2Y、大麻油、生长激素和 GABA（b）受体，都具有调制 Ca^{2+} 和 K^+ 通道活动的作用。

（一）毒蕈碱受体

毒蕈碱受体是代谢型乙酰胆碱受体，广泛地分布在整个人体内。在中枢神经系统，有证据表明：毒蕈碱受体涉及运动控制、温度调节、心血管调节、学习和记忆等。有五种已知的毒蕈碱受体：m1~m5。这五种受体都表达在大脑，并且每一种的分布模式都各异。毒蕈碱受体能调制 Ca^{2+} 和 K^+ 通道。

毒蕈碱的信号通路似乎是最复杂的，并且涉及大量的化学成分，例如，G- 蛋白、酶、第二信使、辅助蛋白、细胞生长因子、转化因子和离子通道。毒蕈碱受体通过两种机制来调制 Ca^{2+} 通道的抑制作用。这两种机制分别是电压依赖的和非电压依赖的机制。从药理学实验积累的资料表明，大鼠和小鼠的 m1 受体涉及非电压依赖的抑制机制，抑制一些高、低压依赖的 Ca^{2+} 电流。m1 受体通过包括细胞原生质的第二信使在内的非电压依赖机制，调制 N-型和 L- 型钙离子通道。这一机制与毒蕈碱受体 m1、m3 和 m5 有关。另一方面，考虑毒蕈碱受体 m2 和 m4，通过电压依赖的机制介导 Ca^{2+} 通道的抑制作用，直接把 $G\beta\gamma$ 亚单元连接到通道的 α_1 亚单元。虽然考虑借助相同的机制，m2 和 m4 调制 Ca_V 通道；但最近有文献报道，

用敲除基因的小鼠做实验揭示，这种 m4 有缺陷的小鼠，电压依赖的机制不受影响，而敲除 m2 的小鼠，则丧失了电压依赖的通路。

虽然上面所叙述的一般机制已经确定，但在不同的组织和不同的细胞株上，不同类型的毒蕈碱受体参与不同通路的激活。对于 N3H-3T3 细胞，m1 激活不影响 Ca_V3 通道（T-型钙离子通道），但 m3 和 m5 受体的激活增加钙离子通道的活性。只有预先用 Forskolin 处理细胞以提高 cAMP 水平、产生对通道的抑制后，m2 受体才影响通道的活性。表达 $Ca_V2.3$ 通道的 HEK293 细胞，用 m1 和 m2 受体既表现出对 R-型通道的增强，也表现出对 R-型通道的抑制。然而 m1 受体的抑制作用比增强作用弱得多；而 m2 抑制作用则比增强作用明显得多。毒蕈碱受体对表达在一些细胞株上的 R-型通道有不同的效应表明，通道对毒蕈碱受体调制作用的敏感度有差异。由同样受体的增强作用和抑制作用，可能是如同这些受体对各种抑制剂所表现的那样，是通过不同途径而发挥效应的。这可能也关系到对其他类型的 Ca^{2+} 通道进行校正。

如前面所述，毒蕈碱受体也调制 K^+ 通道。用乙酰胆碱刺激心脏的毒蕈碱 m2 受体，通过膜的划界机制引起 $K_{ir}3$ 通道激活。通过直接结合到 N- 和 C- 末端 $G\beta\gamma$ 亚单元激活 $K_{ir}3.1/K_{ir}3.4$ 通道，引起心跳减慢。用 $K_{ir}3.1$、$K_{ir}3.4$ 通道和 m2 的 mRNA 注入爪蟾卵母细胞后，用卡巴胆碱刺激 m2 受体则能激活 $K_{ir}3$ 通道。用 Fertapin（一种 $K_{ir}3$ 通道特异阻断剂，既能阻断 $K_{ir}3.1$ 通道，也能阻断 $K_{ir}3.4$ 通道）可以逆转上述的这种激活作用。$G_{q/11}$ 偶合的 m1 受体也抑制基础的及被受体激活的 $K_{ir}3$ 通道电流。虽然准确的机制还不清楚，但可能由于通过 $G\beta\gamma$ 与通道直接结合，而发生 $K_{ir}3$ 通道的激活，这表明 m1 产生抑制作用，可能是由于 G1 蛋白失活，或许由于直接命中 $K_{ir}3$ 通道这个靶点。交感神经元的 m1 也抑制 K_V7（KCNQ）家族（M- 型 K^+ 通道），这可能是由于局部去除 PIP_2 的结果，而为了保持 K^+ 通道在开放的状态，是需要 PIP_2 的。

（二）P2Y 受体

除了在细胞内起经典的生物能源分子的作用外，细胞外的腺嘌呤核苷酸和 ATP，激活大多数类型细胞特异的跨膜受体。可以把这些对嘌呤起反应的受体（嘌呤能受体）分成两大类：P1（ATP 受体）和 P2（腺嘌呤核苷酸受体）。后者也称核苷酸受体，具有两大家族：P2X 和 P2Y 受体家族。P2X 是离子型 ATP - 门控阳离子通道，而 P2Y 是代谢型受体。代谢型 P2 受体是具有 7 个跨膜区的 G- 蛋白偶联受体的一部分。当今 P2Y 受体的命名只基于克隆的年代学。P2Y 这一词，是用于已经克隆出并且证明能介导细胞外核苷酸效应的受体。而用小字母（p2y）则代表已克隆但还未显出起核苷酸受体的功能作用。细胞外 ATP 和 ADP 这一类的核苷酸，通常与其他递质一起从细胞内释放出来，并与细胞表面的 P2Y 受体相互作用，产生广泛的生理反应，影响心脏功能、血小板聚集和平滑肌细胞增殖。已知的哺乳动物 P2Y 受体有 8 种：P2Y1、P2Y2、P2Y4、P2Y6、P2Y11、P2Y12、P2Y13 和 P2Y14。在 P2Y 家族中，基于基因顺序的同一性和信号的特性，已确定有两个亚家族，并使这两个亚家族能彼此加以区分：① P2Y1 亚家族：包括 P2Y1、P2Y4、P2Y6 和 P2Y11 受体，是偶联到磷脂酶 C，再介导肌醇三磷酸（IP_3）增加；② P2Y1 2 家族：由 P2Y12、P2Y13 和 P2Y14 受体组成，并与 AC 的抑制作用偶联。所有 P2Y 受体的亚型是表达在脑组织，并都有能力调制离子通道（P2Y14 例外，其特性尚未鉴定）。所有克隆的和功能表达的 P2Y 受体都偶联到磷脂酶 C，导致磷酸肌醇断裂成肌醇 -1,3,5- 磷酸（$InsP_3$）和二酰基甘油，而且增加细胞内 $InsP_3$- 依赖的 Ca^{2+} 浓度。

在初级的交感神经元上，P2Y1、P2Y2、P2Y4 和 P2Y6 是能抑制 Ca^{2+} 电流和 K^+ 电流的。通过两种机制（即电压依赖的和非电压依赖的机制），可以达到 Ca^{2+} 通道（N- 型）的抑制作用。这些受体对 K^+ 通道（$K_v7.2$、3 和 5）的抑制作用，是由 PLC 和 IP_3- 依赖的细胞内 Ca^{2+} 增加介导的。虽然 P2Y1、P2Y2 和 P2Y6 受体都同样能抑制 Ca^{2+} 和 K^+ 电流，但偶联到 K_v7 通道的 P2Y4 受体比偶联到 Ca^{2+} 通道的更有效得多。相反，P2Y12 受体只通过电压依赖的机制，抑制 Ca^{2+} 通道。与 P2Y14 相似，P2Y13 受体可能经过 $G\beta\gamma$ 亚单元，通过电压依赖的机制，抑制 N- 型 Ca^{2+} 通道，然而对这一点尚未得到确认。

1. P2Y1 受体：这种受体广泛分布在心脏、血管、结缔组织、免疫和神经组织，也与 P2Y12 受体复合表达在血小板上。P2Y1 受体广泛地分布在血小板上，对 ADP 起反应，导致血小板最初的形状变化。对 ATP- 诱导的血小板形状变化，P2Y1 是关键，但是在加 ATP 后血小板的聚集作用，则需要 P2Y1 和 P2Y12 受体两者相伴随的激活。敲除 P2Y1 基因小鼠的血小板，对标准浓度的 ADP 是不能产生聚集作用的。这些小鼠是能抵抗由静脉注射 ADP、胶原或肾上腺素而引起血栓栓塞的。

2. P2Y2 受体：这种受体分布很广泛，主要表达在支气管的、小支气管的、牙槽的和黏液下腺的上皮上，也曾有报道指出，P2Y2 受体涉及肺泡纤维变性（CF）和癌症。在气道，细胞外的 ATP 或 UTP 可以调节液体分泌的容积和组成。表达在上皮细胞上的 P2Y2 通道与 Ca^{2+} 激活的 Cl^- 通道连接，因为后者可以提供 Cl^- 电导，这与肺泡纤维变性的跨膜电导调质不同，从而提示 P2Y2 可作为治疗肺泡纤维变性有潜力的候选药物之一。CF 的一个特征是，由于异常跨过上皮运输的液体和溶质堆积（由 CF 跨膜调质突变的结果），这就使气道内形成脱水而又黏稠的黏液。大部分肺病是死于肺泡纤维变性。迄今，在延长寿命方面，CF 的治疗已取得了不少成就，但该病的平均寿命仍然只有 35 年。显然需要新的治疗 CF 的手段，激活 P2Y2 受体调制一些增加清除黏性的生理活动，实际上是绕过 CF 在上皮上缺乏的跨膜调节功能。当今，正在开发 P2Y2 受体的激动剂，以治疗各种分泌黏液功能的损伤（包括 CF 和慢性支气管炎）。对于癌症，一些有关细胞外 ATP 效应的报道是有争议的。在乳癌细胞和人类卵巢癌细胞株 OVCAR-3，ATP 在体内通过 P2Y2 受体，增加细胞的增殖。然而，对 Ehrilich 肿瘤细胞和食管鳞癌细胞，ATP 有抗增殖的效应，使 P2Y2 受体成为治疗食管癌新途径有希望的目标。有趣的是，在 P2Y2$^{-/-}$ 小鼠的气道上皮完全缺乏核苷酸依赖的通道，但肠上皮细胞的 Cl^- 通道不受损伤。

3. P2Y4 受体：它的分布很局限，几乎只独特地表达在胎盘上。

4. P2Y6 受体：P2Y6 受体是 G- 蛋白偶联的嘌呤能受体家族的一个成员，它优先被 UDP 激活。虽然近来有一些讨论 P2Y6 受体的报道发表，但有关它的功能知之甚少。有报道指出，激活星形胶质细胞中的 P2Y6 受体是具有抗凋亡的效应。这可能是通过控制 Erk 磷酸化的 PKC 激活而实现的。也有报道指出，P2Y6 受体在脑循环中的明显效应，使之成为治疗适于与脑血管痉挛有关联的疾病药物的目标。

5. P2Y11 受体：它是偶联到腺苷酸环化酶通路上。P2Y11 受体也介导一些 ATP- 依赖从白血病衍生的细胞株中的白细胞分化。

6. P2Y12 受体：这一受体与 P2Y1 受体复表达在血小板上。这些受体激活导致血小板形状变化、聚集和细胞内 Ca^{2+} 上升。P2Y12 受体，也负责晚期 ATP- 依赖的血小板聚集和血栓稳定化的放大作用。根据反转录多聚酶链反应和 northern blotting 实验结果表明，P2Y12 受体除表达在血小板上以外，在大脑也有表达，这已成为治疗血栓和其他血液凝聚病药物的目标。

有关 P2Y 受体在不同组织中的功能的现代知识，仍然是远不完善的。与其他 G-蛋白偶联受体相比较，这一组受体的高度多样性，使之较难鉴定出新的 P2Y 受体。

（三）生长激素受体

生长激素（somatostatin）是小的环形多肽，广泛表达在整个中枢神经系统和外周组织。在外周组织，生长激素对分泌过程起抑制效应；而在大脑，它以兴奋和抑制两种方式起神经递质的作用。5 个基因编码的 6 个受体奠定生长激素作用的基础：SSTR1、SSTR2（以已知的两种交替异构体：SSTR2a、SSTR2b）、SSTR3、SSTR4 和 SSTR5。所有的生长激素受体都表达在中枢神经系统和内分泌（外分泌）腺上。激活生长激素受体是偶联到多个信号通路。所有的生长激素受体抑制 AC 活性，与此同时能有选择地激活其他转换目标。SSTR 也调制一些其他离子通道。其中包括：K_{ir}、K_V、Ca^{2+} 激活的 K^+ 通道（K_{ca}）和高电压激活的 L- 型和 N- 型 Ca_V 通道。然而，有关在杂系统中，SSTR1 和 SSTR2 与 AC 和离子通道偶联，也有不一致的结果报道。在垂体细胞，发现生长激素受体激活 K^+ 通道和抑制电压依赖的 Ca^{2+} 通道。在胰岛 β 细胞株 MIN-6，SSTR 激活两类内向整流器 K^+ 通道：K_{ATP} 和 $K_{ir}3$ 通道。生长激素受体也表现出调制瞬态受体电位香草油 1 通道（TRPV1）。在很多的情况下，表达 TRPV1 的脊髓背根神经节细胞（DRG）也表达 SSTR2。行为研究指出，在活体内 SSTR 能调制 TRPV1 通道，这一点也进一步得到了体外实验的支持。

（四）大麻油受体

许多年来在东方用大麻油作为疼痛缓解剂。迄今，已知两种特异的大麻油受体，即 CB1 和 CB2 都已经鉴定出来。两者都偶联到 G-蛋白（$G_{i/o}$）受体上。CB1 显出调制不同组织和细胞株的 Ca^{2+} 和 K^+ 通道。用一些大麻油（内源大麻油以及外源加的大麻油）在异种表达的哺乳动物神经元、培养的海马神经元、成神经细胞胶瘤（neuroblastoma glioma）的细胞（只是 N- 型）和垂体瘤细胞（P/Q- 型）外源表达的 CB1 受体，对突触前 N- 型和 P/Q- 型 Ca^{2+} 通道的抑制作用，都已得到了证实。内源大麻油对 CB1 受体刺激作用，也表现出激活垂体瘤细胞和异种表达的哺乳动物神经元的 $K_{ir}3$ 通道，CB1 受体对离子通道的调制作用，也取决于受体表达的水平。这提示，不同的 CB1 的激动剂可能诱发受体的不同构型状态，进而影响到受体与 G-蛋白之间相互作用的选择性。

（五）GABA（b）受体

这类受体介导脑和脊髓的慢突触抑制作用，并由一种主要的抑制性神经递质 γ- 氨基丁酸激活。GABA（b）受体偶联到百日咳毒素敏感的 G-蛋白（$G_{i/o}$）。功能的 GABA（b）受体是异二聚体，由两个亚单元［GABA（b）R1 和 GABA（b）R］组成。细胞表面的表达所依赖的受体是二聚体。GABA（b）R2 对于把受体运送到细胞膜表面以及激活效应系统是必不可少的；而 GABA（b）R1 对配体与 GABA（b）R2 结合也是重要的。业已证明，一方面 GABA（b）受体对 Ca^{2+} 通道（N- 型和 P/Q- 型）的抑制作用，另一方面对 $K_{ir}3$ 通道有激活作用，可能是通过涉及直接与 Gβγ 亚单元结合的相同的电压依赖机制而实现的。

总之，经 GPCR 调制离子通道比最初所预期的要多样化和复杂得多。离子通道的多样性与大量的 GPCR 相结合，创造了控制细胞功能的各种各样的信号通路阵列。当新的功能在不断地发现，这种复杂性也就不断地增长。在寻求治疗癌症、心脏病和肥胖症等药物方面，离子通道和 GPCR 两者已成为目标。

第二节　肾上腺素受体

肾上腺素受体是属于 GPCR 上游家族的 7 个跨膜蛋白质。这些蛋白质通过诱发生理的级联效应，对内源配体肾上腺素和去甲肾上腺素起反应。这些受体具有调节血压、平滑肌松弛和血管收缩的作用。至今肾上腺素受体已成为研究得最多的 GPCR，而且也是正在为其开发激动剂和拮抗剂研究的目标。肾上腺素和去甲肾上腺素，是由肾上腺内的酪氨酸合成的两种儿茶酚胺（单胺）。在应激的情况下，通过肾上腺素受体，实现一系列的生理级联通路反应，于是这两种儿茶酚胺诱发"战斗或逃离"的反应。肾上腺素能受体原初分类为 α- 型和 β- 型。经过在放射配体结合研究、分子分析和它们的信号性质研究中的广泛药理分析，现在已把肾上腺素受体分为三个组：α_1-、α_2-、和 β- 肾上腺素受体组，还可以把这些组进一步细分。

这些受体都属于 G- 蛋白偶联受体的上游家族，因此它们具有 GPCR 的经典特征，即 7 个跨膜区和能偶联到各种 G- 蛋白最终决定细胞的输出。此外，肾上腺素受体也会发生去敏化作用，以调节或终结它们的信号，而这些信号是许多疾病的关键。如同下面要仔细地分析，已知的有关最好的肾上腺素能受体的作用是在调节血压和心脏功能方面，如同许多其他激动剂（拮抗剂）一样，已经开发和正在开发为治疗肾上腺素受体信号功能障碍的药物。

一、α_1- 肾上腺素受体

当今已鉴定出三种 α_1- 肾上腺素受体的亚型：α_{1A}-、α_{1B}- 和 α_{1D}- 肾上腺素受体。现已知道所有这三种受体都偶联到 $G_{q/11}$ 并且激活磷脂酶 C（PLC），后者最终导致细胞内 Ca^{2+} 增加。然而，在大鼠的心脏，观察到 α_1- 肾上腺素能受体偶联到 Gs，因而导致细胞内 cAMP 水平增加。许多 GPCR 能形成同型二聚体和异型二聚体，和（或）低聚体。α_{1D}- 肾上腺素受体似乎也是如此，当异型表达时，这是仅有属于这一家族的受体；这种受体在大部分细胞内都可找到，但大多数都是非功能性的。然而，α_{1D}- 与 β- 肾上腺素受体复表达增加其细胞表面的表达，提示 α_{1D}- 功能和表达可能涉及异型二聚作用。

α_1- 肾上腺素受体是负责介导平滑肌收缩的。在血管系统它则主要负责控制血压。事实上出血降低血压，激活压力感受器的反射，通过 α_1- 肾上腺素受体，释放肾上腺素，并与之相伴随血管收缩。一般，α_1- 肾上腺素受体的拮抗剂（prazosin）降低高血压患者的血压（虽然普通不用），是一种特异的 α_1- 肾上腺素受体的阻断剂，给患有高血压症的患者服用是相当安全的，因为它不影响心脏功能。在肾上腺素受体的发展历史上，对 Prazosin 的敏感性曾作为分类的先决条件；α_{1H} 和 α_{1L} 分别是代表对 prazosin 的高和低的敏感性。显然 α_{1H} 匹配 α_{1A}、α_{1B} 和 α_{1D} 的敏感性。在不同组织上对 prazosin 低亲和力的受体（α_{1L}- 肾上腺素受体）都进行了功能检测，可是至今尚未得到肯定的结果。现在相信 α_{1L}- 肾上腺素受体是 α_{1A}- 肾上腺素受体的构象状态或功能表型。令人信服的证据来自以下的研究事例，即敲除 α_{1A}- 肾上腺素受体基因的小鼠不呈现 α_{1L}- 肾上腺素能受体的表型（只有当 α_{1A}- 存在时，这种表型才明显）。这些受体的激动剂已用于治疗高血压。通过 L- 型或 T- 型 Ca^{2+} 通道，Ca^{2+} 进入细胞，或从钙库中释放的 Ca^{2+}，介导去极化，这些激动剂增强血管收缩效应。

在视觉系统，α_1- 肾上腺素受体是负责扩瞳肌的收缩，因而引起瞳孔扩大和增加到达视网膜的光量。服用 α_1- 肾上腺素受体激动剂可以治疗眼内压异常的患者，这些激动剂可以通

过降低这一区域的血流而发挥作用。

α_1- 肾上腺素受体的其他作用包括：通过在去甲肾上腺素到顶盖前区传入纤维，由突触后的 α_1- 肾上腺素受体（和 α_2）介导而诱发睡眠、肠胃道收缩、唾液腺分泌、支气管收缩以及泌尿生殖系统主要的作用，这又包括：前列腺的功能、射精和膀胱收缩（这可能还包括 α_{1D}- 肾上腺素受体）。

二、α_2- 肾上腺素受体

迄今，在哺乳动物系统，已鉴定出三种 α_2- 肾上腺素受体的亚型：α_{2A}-、α_{2B}- 和 α_{2C}- 肾上腺素受体，原来在大鼠和小鼠还鉴定出了第 4 种受体，α_{2D}- 肾上腺素受体。但今天大多数学者都认为，这种受体实际上，是在这两类动物中呈现稍微不同的药理现象的 α_{2A}- 肾上腺素受体。无论如何，似乎这些肾上腺素能受体分类的复杂性，实际上是因为某些有机体表达多种 α_2- 肾上腺素能受体的复杂性所造成。虽然某些基因可能是复制的，斑马鱼和河豚（globefish）表达 5~8 种受体。所有偶联 $G_{i/o}$ 的 3 种受体都能降低腺苷酸环化酶的活性。然而，α_2- 肾上腺素受体也能偶联 Gs，并因此增加细胞内 cAMP 水平。有趣的是，观察到在低浓度激动剂时，α_2- 肾上腺素受体降低 cAMP 水平，而在高浓度激动剂时则增加 cAMP 水平。α_{2A}-、α_{2B}- 和 α_{2C}- 肾上腺素受体广泛地分布在中枢和外周神经系统。大脑和它的各个区域都表达这些受体。在外周的血小板、肾、胃黏膜、动脉、脾、心脏和肝，都能发现 α_2- 肾上腺素受体的各种亚型。这些种类的受体参与正常的心血管系统和中枢神经系统的生理功能。通过表达在大脑皮质的 α_2- 肾上腺素受体，它们的生理作用还包括运动的协调。

不足为怪，通过药理学的研究对 α_2- 肾上腺素受体进行了鉴定，但是由于没有特异的药理工具，每种亚型的特殊功能仍是令人迷惑的。仍然 α_{2A}- 肾上腺素能受体似乎是介导大多数经典的 α_2- 肾上腺素受体的功能，譬如：用 α_2- 激动剂对 α_{2A}- 肾上腺素受体作用时所观察到的抗高血压效应和心搏迟缓效应，以及 α_{2A}- 肾上腺素能受体在调节心血管系统所表现出的主要作用，均已在敲除基因的小鼠实验中得到了证实。这些小鼠在发生高血压、心率增加和发生心衰事件中有较高的概率。由于 α_{2B}- 肾上腺素受体与它的对应物 α_{2A}- 和 α_{2C}- 肾上腺素受体相反，它们的大多数是突触后受体。α_{2B}- 肾上腺素受体也介导大鼠怀孕的子宫收缩，而 α_{2A}- 和 α_{2C}- 肾上腺素受体则抑制怀孕晚期的大鼠子宫收缩。α_{2C}- 肾上腺素受体主要定位在中枢神经系统，也可能在小鼠对 α_2- 激动剂的镇静效应起对抗作用。这一受体亚型，在各种精神错乱中（包括应激依赖的抑郁、精神分裂症以及药物撤除等），也都具有有益的效应。α_2- 肾上腺素受体的激动剂也正在用于治疗注意力缺乏的多动症（ADHD）。当 α_2- 肾上腺素受体是最丰富的，并且也是最有优势的加强细胞的功能时，α_{2B}- 和 α_{2C}- 肾上腺素受体亚型，除了它们自身独立的作用外，它们对依赖 α_{2A}- 肾上腺素受体的过程，则要么有贡献，要么产生反作用。

三、β- 肾上腺素受体

β- 肾上腺素受体可分类为：β_1-、β_2- 和 β_3- 亚型。激活 β_1- 肾上腺素受体导向它偶联到 Gs，随后并增加细胞内 cAMP 水平。β_2- 和 β_3- 肾上腺素受体偶联 Gs 和 Gi，使 β_2- 肾上腺素受体信号更为复杂。虽然所有这三种受体都表达在心脏，并且在其他组织也有表达，但 β_1- 肾上腺素受体在心脏表达最为明显，并且也调节肾的一些关键事件。β_2- 肾上腺素受体（主要存在于气道平滑肌）也就是呼吸道的平滑肌，而 β_3- 肾上腺素受体大多数分布在脂肪组织，

在脂肪组织里它刺激类脂从白色脂肪细胞移动，并增加棕色脂肪细胞的热源。β_1-肾上腺素受体的中心作用和涉及正常心脏功能方面，可以从以下的事实得到证实，即患心脏衰竭的患者，表现出 β_1-肾上腺素受体细胞表面的表达下降，这种表达下降部分是由于受体的内在化和去敏作用。

有关突变和编码单核苷酸多形变态（coding single nucleotide polymorphisms, cSNP）的证据，越来越多地涉及编码 β-肾上腺素受体的效应和发生率。多形变态错误地影响到受体的偶联和去敏速率。观察到 β_1-肾上腺素受体的 cSNP 影响心血管病的风险和对治疗的反应（即抗药性）。β_2-肾上腺素受体基因失觉（missense）突变是与肥胖症结合在一起。一种 β_2-肾上腺素受体的多形变态，也与肥胖症以及糖尿病有关。

β-肾上腺素能受体的激活，最终导致受体去敏作用的通路的激活。这种机制关闭包括受体磷酸化作用在内的信号反应。β-肾上腺素受体的去敏作用，能够是同系的，单独激活的受体磷酸化，这需要 GPCR 激酶 2 和 3（GRK2，GRK3）。异系的去敏作用是非特异的，而且未被激活的受体也磷酸化；这种磷酸化作用需要 PKA 的活性，并且在随着受体激活后，很快就会发生。β-肾上腺素受体的磷酸化，最终导致受体与 G-蛋白的偶联断开，并通过 clathrin-涂的"陷阱"（pit）进行内在化，而使之去磷酸化，并回收到细胞表面或降解。很长时间，用 β-肾上腺素受体的激动剂（β-激动剂）治疗哮喘病，为的是诱导其支气管扩张。显然，某些 β-激动剂也具有增加肌肉群力量和降低体脂的能力。虽然 β-激动剂在治疗像肌肉营养不良这一类的疾病，是有实用价值的；但 β-激动剂在体育竞赛中为增强体格和运动员妄图改善他们的技能，已成为滥用药。

第三节　多巴胺和多巴胺受体

多巴胺（dopamine, DA）是涉及控制一些关键的大脑和外周神经功能的神经递质。它起调制自主神经和外周神经功能的作用，控制心血管功能和肾功能。这些作用是通过多巴胺与特殊的多巴胺受体相互作用而介导的，这是一类代谢型的 G 蛋白偶联的受体。有五类多巴胺的亚型已现做出了鉴定，并知道是涉及帕金森病、精神分裂症、注意力缺乏的多动症（ADHD）、成瘾和高血压，因此而作为共同的神经药物目标。

多巴胺受体也是一类有 7 个跨膜区的代谢型 G-蛋白偶联受体，并且在脊椎动物的中枢神经系统（CNS）和外周神经系统（PNS）中显得突出。神经递质多巴胺是去甲肾上腺素和肾上腺素的前体，是主要的多巴胺受体的内源性儿茶酚胺配体。多巴胺是在神经组织和非神经组织中合成的神经递质，根据神经元的功能状态，多巴胺能够改变目标神经元对其他神经递质的反应。在大脑中，多巴胺能神经元不多，但在调节脑的一些基本功能方面起重要的作用，这些功能包括：认知、记忆、学习、动机、意志以及细微运动的控制等，而且也调制神经分泌的信号。基于多巴胺同序物的生理和功能特性，至少有五种亚型：D_1、D_2、D_3、D_4 和 D_5。最近研究指出，还可能存在 D6 和 D7 受体，但对其作用还未鉴定。多巴胺对它的受体的亲和力是在纳摩尔的浓度范围之内。在更高的浓度时，α- 和 β-肾上腺受体和 5-羟色胺受体也与之相结合。虽然多巴胺受体广泛分布在大脑，但不同的脑区受体的密度是不同的，认为这反映它起不同的功能作用。一些神经精神疾病是由于异常的多巴胺受体发出信号和多巴能受体的功能障碍而引起。多巴胺受体也广泛地分布在非中枢神经系统的区域,包括心-

肺系统和泌尿系统。

根据腺苷环化酶水平的高低，多巴胺受体产生兴奋或抑制作用，传统上把多巴胺受体分为两大家族：① D_1-样家族：曾经有报道，存在两种 D_1-样受体：D_{1A}（人体的 D_1）和 D_{1B}（人体的 D_5）。D_1-样家族的激活偶联到 G-蛋白 G_S，后者随后激活 AC，增加细胞内 cAMP 的浓度；② D_2-样家族：曾有报道有五种 D_2-样受体：$D_{2S（短）}$ 和 $D_{2L（长）}$ 异构体，D_3 和 D_4 受体。D_2-样家族的激活与 G-蛋白 G_j 偶联，后者通过抑制 AC 酶腺苷酰环化酶直接抑制 cAMP 的形成。

一、多巴胺受体的分布

（一）在中枢神经系统的多巴胺受体

D_1-样多巴胺受体在体内有广泛的分布，与在身体的其他部位相比，在大脑 D_1-样多巴胺受体的密度最高。很少有研究考察 D_5-样多巴胺在大脑中的分布。这种受体的分布与 D_1-样多巴胺受体相比，更为局限。D_2-样受体在大脑的分布与 D_1-样受体的分布非常相似，而 D_3-样受体的分布则更为局限。D_4-样多巴胺受体的分布不像其他 D_2-样多巴胺受体，而更与 D_1-样多巴胺受体的分布相似，在皮质和其他纹状外脑区（extrastriatal brain region）的表达最多，而在纹状区（striatal region）表达的水平非常低。

（二）多巴胺受体在肾的定位

在肾系统中已检测到 D_1-样和 D_2-样两种多巴胺受体。激活 D_1-样多巴胺受体引起血管扩张、低血压、增加肾血流、利尿、钠尿和高血压蛋白原酶（renin）释放。调制机制包括多巴胺对近端肾小管的 Na^+/K^+ 交换效应的抑制作用，这是由 D_1-样多巴胺受体激活所引起。虽然两类多巴胺受体在肾都有表达，但多巴胺的钠尿效应主要的由 D_1-样多巴胺受体介导，其中最主要的由 D_1-样受体介导。在 Na^+ 负荷期间，D_2-样受体也可能对钠尿有贡献，但最多的贡献还是 D_3-样多巴胺受体。

（三）心-肺系统的多巴胺受体

服用或在离体实验标本中加入多巴胺或多巴胺受体的激动剂，都可导致血管扩张并引起低血压。D_1-样多巴胺受体似乎是最涉及血管扩张这一机制的多巴胺受体，它是在血管平滑肌上。这一受体受到刺激，可引起血管松弛，减低血管阻力。D_2-样多巴胺受体是主要的前联合受体，涉及神经源的（交感神经的）血管收缩的抑制作用。

二、正常和病态时，多巴胺受体的功能

（一）多巴胺受体与记忆

在多巴胺传递的局限范围内，空间作业的记忆能最佳地运行，并且在前额叶皮质 D_1-样多巴胺受体发出信号。当年龄增大时，由于急性应激而引起前额叶多巴胺不足，或过分传递，都可导致空间作业记忆受损。分别用 D_1-样受体的激动剂或拮抗剂进行治疗可以使之改善。在体和离体的研究都证明了，在促进前额叶锥体细胞兴奋性和有利于这些细胞的 NMDA 输入中，多巴胺都发挥着重要的作用。有证据表明，D_1-样多巴胺受体调制的一些协同作用机制之间，有精细的平衡。有从动物和人类实验研究的证据表明，前额叶多巴胺传递，在一定限度的工作范围内，对有效的皮质功能和认知过程进行运作，有促进作用。

（二）多巴胺受体在精神分裂症、注意缺陷多动障碍和成瘾中的作用

在大脑皮质和皮质下结构中的多巴胺传递，关键涉及与情感相关的感觉信息处理。从临床、遗传、行为和电生理研究得到的证据表明，D_4-样多巴胺亚单元，在情感记忆表达方面，

起着关键的调制作用，并且在单细胞水平以及神经元系统水平，对神经病理学综合征也起关键的调质作用。多巴胺传递过剩学说，奠定精神错乱（如精神分裂症）的基础，已得到了一些关键的事实支持。围绕精神分裂症的多巴胺学说中心是 D_2- 样多巴胺受体。而在 D_4- 样多巴胺受体与精神分裂症之间没有遗传的联系，但有越来越多的证据支持，D_4- 样多巴胺受体亚型在各种神经精神疾病（包括注意缺陷多动障碍）中起特殊的重要作用。现在有颇多的证据表明，注意缺陷多动障碍与 D_4- 样多巴胺受体失调的表达和 D_4- 样多巴胺受体发出信号与病理生理相联系。

尽管成瘾是非常复杂的问题，根据奠定心理变化和神经病理学相关的关系，对于成瘾行为有一个共同的重要特性，是涉及情绪过程、学习和记忆过程紊乱和冲动的行为。现在已经得到了确认，多巴胺传递的紊乱这种因素，是与滥用药物引起的药物依赖性有关。有越来越多的证据表明，D_4- 样多巴胺受体作为奠定与成瘾有关的因素发挥作用。利用情绪、学习和记忆的模型，有不断增多的研究证明，D_4- 样多巴胺受体介导的神经传递，在特殊的神经回路中，对情绪过程和神经可塑性方面起着重要的作用。

三、多巴胺受体和血压

现在已知多巴胺是重要的血压调节剂。因此，多巴胺受体的功能受损和（或）在中枢神经系统以外产生多巴胺使血压升高，并引起高血压症。多巴胺作用在肾血流动力学、上皮迁移和体液物质运输上，在调节细胞外液的体积和血压的体内稳定平衡中，都处在关键的位置。多巴胺通过中枢神经系统和胃肠道摄取液体和 Na^+ 系统，也调制和调节心血管控制中心，控制心脏和动静脉的功能。多巴胺和多巴胺受体功能异常的产生，伴随出现高百分率人群的基础高血压症和一些类型的啮齿类遗传性的高血压。所有的五种多巴胺受体亚型，都通过某种亚型的特异机制，参与血压的调节。某些受体（D_2- 样和 D_5- 样）影响中枢和（或）外周神经系统，而另一些受体则影响上皮迁移和一些激素受体（D_1- 样、D_3- 样和 D_4- 样受体，这些受体与血管紧张肽激酶 - 血管紧张肽系统相互作用），以及调节激素的分泌。此外，肥胖与高血压之间还存在着密切的相关。有报道指出，肥胖个体的大脑中的 D_2- 样多巴胺受体表达减少。D_{1A} 缺陷能导致动脉高血压（AHT）的发展。如同 D_1- 样和 D_2- 样受体对利尿和钠尿有协同效应，这些受体中的任何一种缺陷，都不排除在肾功能的水平以及发展肥胖两者共同改变的可能性。

其他发现表明，多巴胺及其受体在肺上皮依赖的血管舒张活动中的可能作用。多巴胺受体亚型的密度和沿人类肺动脉树的异源分布，可能与肺循环的不同水平和多巴胺的不同的功能作用有关。多巴胺诱发的肺动脉血管扩张反应，较大程度上是内皮依赖性反应。并且认为在人类最主要是通过 D_1- 样多巴胺受体介导的。

第四节　多巴胺受体与帕金森病

由于引入多巴胺替代治疗，用 L-3-4- 二羟（基）苯胺（L-DOPA）治疗帕金森病和对有关应用 L-DOPA 出现的问题的认知，现在很多研究帕金森病的工作，着重研究多巴胺受体的调节和功能。这些研究提供了洞察该病的过程和慢性多巴胺治疗的分子生物学的结果，但在鉴定出新的目标药物或如同 L-DOPA 一样有效减轻帕金森综合征的治疗规范，取得的成功很少。在这一节里，主要介绍一些近年来在发生帕金森病时，多巴胺受体的调节和功能变化，并讨论近年来帕金森病药物治疗的成就和存在的问题。

自从引入 L-3-4- 二羟（基）苯胺（L-DOPA）治疗帕金森病，至今已有 40 多年，很多研究工作考察了在大脑中多巴胺受体的状态，企图了解奠定 L-DOPA 疗效下降的和增加 L-DOPA 治疗反效应的机制。L-DOPA 治疗对帕金森病患者的生活品质影响的副作用，故必须把 L-DOPA 的药量降低到使患者感觉不到帕金森病的综合症状得到缓解的水平，这显然是患者不愿意的。

一、帕金森病的病理和治疗

帕金森病是进行性的运动减退神经系统紊乱，以异常姿势、运动徐缓、僵硬、运动不能和静息震颤为特征。随着病情的发展，也可出现认知下降、抑郁、睡眠障碍、自主神经和感觉运动功能障碍等。大多数病例的主要病理变化是黑质的多巴胺能细胞丧失，并出现细胞内蛋白包涵体（Lewy body）。然而也有脑干神经核的胆碱能、去甲肾上腺素能、5- 羟色胺能和多肽能细胞变性。黑质纹状体多巴胺能神经元的丧失，引起在纹状体的多巴胺水平下降，后者又改变纹状体神经核的输出活动，这又引起基底神经节（外苍白球和黑质致密部）输出的脱抑制，导致从丘脑到大脑皮质兴奋性谷氨酸能神经纤维投射的抑制增加。于是出现皮质的运动输出减少与帕金森病患者的运动缺乏的结果。由于外源性多巴胺是不能通过血脑屏障直接进入脑内，但左旋多巴可通过血脑屏障，入脑后经多巴脱羧酶的脱羧后转变成多巴胺，因而应用多巴胺前体 L-DOPA（左旋多巴）能发挥代替疗法的作用。还可用所谓的复方左旋多巴，这是由左旋多巴与本身不能透过血脑屏障的脑外脱羧酶抑制剂（例如，卡比多巴、苄丝肼）的混合制剂，可以减少左旋多巴的脑外脱羧，从而增加左旋多巴进入脑内的含量，以减少左旋多巴的用量，减轻左旋多巴的周围性副作用。另外，L-DOPA 与外周的多巴脱羧酶抑制剂，或用直接作用在多巴胺受体上的激动剂（麦角灵、卡糖灵、嗅隐亭、pergolide、lisuride）或非麦角灵类的衍生药物：吡贝地尔（piribedil，又称泰舒达）、普拉克索和罗匹尼罗，可以恢复多巴胺替代治疗的运动功能。泰舒达这种非麦角灵类的衍生药物，是 D_2/D_3- 样多巴胺受体激动剂，早期联用左旋多巴，可显著地改善各种运动症状和显著减少左旋多巴的用量。也可以用非 -DOPA 能药物如：毒蕈碱胆碱能受体激动剂（例如，苯扎托品、苯海索）和 NMDA 受体拮抗剂（金刚烷胺），治疗帕金森病。金刚烷胺的药理作用是促进多巴胺在神经末梢的合成和释放，阻止其重吸收。还可以用外周的儿茶酚 -O- 甲基 - 转移酶（COMT）抑制剂，其药理作用是高度选择性地作用于外周组织，而较小强度作用于中枢组织，可逆性抑制 COMT，抑制多巴胺代谢，包括自身产生的多巴胺和左旋多巴形成的多巴胺，因此，有更多的左旋多巴可以达到中枢神经系统，并转化为多巴胺，例如，恩他卡朋和托卡朋可降低在 L-DOPA 治疗过程中，由于增加剂量而引起的运动不能（akinesia）的出现，并且增加"开"的时程。

除了用 L-DOPA 和多巴胺激动剂急性治疗所引起的全身副作用（恶心、呕吐和低血压）外，慢性长期服用会引发更严重的反作用。也就是运动控制的波动（最终剂量恶化、开 - 关现象）和运动障碍（舞蹈病、张力障碍和手足徐缓症）。"开 - 关"现象是指长期用抗帕金森病药物的患者突然不能活动和突然行动自如，可在几分钟至几十分钟内交替出现，是常见的症状。出现耐药的"关"现象，则应增加左旋多巴的服药次数，改为饭前服药或静脉注射。对于开 - 关现象，可加用多巴胺能激动剂或 COMT 抑制剂，用恩他卡朋可减少"关期"现象；另外，单胺氧化酶 B（MAO-B）抑制剂，雷沙吉兰，也可减少"关期"现象。用普拉克索治疗早期帕金森病时，与复方左旋多巴有协同作用，也可改善疾病后期的"关期"现象。这些虚弱的运动副作用，与治疗诱发的精神错乱：如精神病、躁狂症和谵妄症混合在一起。由于病程进展和（或）对药物治疗的适应反应，通过多巴胺受体表达的变化可能引起这些运动副作用。而精神效应假设，是来自作用在大脑边缘区或皮质的多巴胺受体的效应。用 L-DOPA 或（和）多巴胺受体激动剂，治疗帕金森病的早期阶段，对运动症状提供有效的缓解。经过 4~6 年的治疗以后，40% 的患者会体验到运动的副作用。随着治疗时间的延长，运动副作用效应增加，例如，用 L-DOPA 或（和）多巴胺受体激动剂治疗 10 年以后，绝大多数的患者（有些研究报告占 95%）表现出某些治疗诱发的运动并发症。这些运动并发症，是 L-DOPA 剂量产生的后果，因而必须把 L-DOPA 的剂量水平降低，以至不能提供所期望的逆转帕金森病的症状。

二、多巴胺受体在正常大脑中的表达

有五种多巴胺受体的亚型广泛地分布在整个大脑内，每一种亚型有独特的分布。可以理解，鉴于已知的帕金森病病理学和有限可以援用死亡人类的组织，大部分研究考察了纹状区（尾核、豆状核、侧核）与基底节的纹状外区（苍白球、黑质），而大脑其他纹状外区、丘脑、大脑皮质，特别是小脑受到的注意较少。在人类的大脑，受体的某些亚型表达在特定的脑区没有进行很好的检测，因此在这些脑区不一定没有多巴胺受体。实际上，在啮齿类和非人类的灵长类的研究表明，虽然在某些区域的多巴胺受体水平非常低，但实质上在几乎所有检测过的脑区，都有多巴胺受体蛋白存在。然而，有关结合部位或免疫反应是否代表功能受体，特别是那些接受很少多巴胺能神经支配的区域，是存在一些争议的。这些矛盾表明放射性配体的缺点。例如，尽管考虑每一种结合都是多巴胺受体特异的配体，D_2- 样多巴胺受体的激动剂 [^{3}H]CV 205-502 和 D_2- 样多巴胺受体的拮抗剂 [^{3}H]speroperidol，则产生相似而又有区别的标记图。这一点与多巴胺受体的 mRNA 相对比，有没有转录是明确的。虽然 mRNA 研究，还不能严格地证实，受体编码在神经元的哪个确切的地方，或是否 mRNA 能转译成有功能的受体。

（一）D_1- 样多巴胺受体

在大脑，D_1- 样多巴胺受体蛋白比其他多巴胺受体有最广泛的分布和最高的密度。用放射性配基结合和放射自显影图以及免疫组化的方法，已经在死后的人类大脑中检测出 D_1- 样多巴胺受体。发现 D_1- 样多巴胺受体的最高密度是在尾核、豆状核和侧核，在这些部位 D_1- 样多巴胺受体原初是定位在 GABA 能中等大小的脊神经元上，而这些神经元投射到苍白球内段（internal segment）和黑质网状部（直接通路），并且 D_1- 样多巴胺受体与 P- 物质和 dynorphin 共同定位在一起。从大脑皮质和丘脑投射来的谷氨酸能突触前末梢上，也发现有 D_1- 样多巴胺受体。中等水平的 D_1- 样多巴胺受体蛋白也存在于苍白球的两段以及黑质和小脑。低水平的 D_1- 样多巴胺受体也存在于大部分的大脑皮质和脑的其他区域。D_1- 样多巴胺受体 mRNA 的分布，在大部分已检测过的纹状区（尾核、豆状核、侧核），是与 D_1- 样多巴胺受体蛋白分布相匹配的，只有苍白球内段和下丘脑核例外，在这些部位没有检测到 D_1- 样多巴胺受体的 mRNA。有少数的研究考察了 D_5- 样多巴胺受体在人类有限的脑区的分布。发现 D_5- 样多巴胺受体的分布比 D_1- 样多巴胺受体的分布更为局限。由于没有可援用的高度选择性的 D_5- 样多巴胺受体的配体，利用有选择性的抗体进行免疫组化或检测 D_5- 样多巴胺受体的 mRNA，来定位 D_5- 样多巴胺受体。在背侧纹状区的 GABA 能中等大小的脊神经元上和大的胆碱能神经元上，有低水平的 D_5- 样多巴胺受体免疫反应，而较高水平的 D_5- 样多巴胺受体免疫反应则发现在腹侧纹状区（ventral striatum）（嗅结节、Callejia 小岛）和中隔区。在纹状区外，在苍白球和人脑的海马，有 D_5- 样多巴胺受体免疫反应。啮齿类和灵长类的脑研究表明，在黑质（多巴胺能和非 - 多巴胺能两种细胞类型）、丘脑、丘脑下部、海马、小脑和整个大脑皮质，都有 D_5- 样多巴胺受体免疫反应。在人类海马、大脑的运动皮质和颞皮质以及猿猴脑的纹状区都检测到 D_5- 样多巴胺受体的 mRNA。

（二）D_2- 样多巴胺受体

D_2- 样多巴胺受体在脑中的分布与 D_1- 样多巴胺受体非常相似。其主要的差别是：① D_2- 样多巴胺受体在整个大脑皮质的水平较低；② 在纹状区的多巴胺神经元末梢有突触前受体。D_2- 样多巴胺受体蛋白，用放射性配基结合和放射自显影技术以及人类死后的免疫组化方法进行了鉴定。发现其最高的密度是在尾核、豆状核和侧核上，并且也定位在纹状皮层的 GABA 能神经元的树突上。在嗅结节和 Callejia 小岛上检测到中等量的 D_2- 多巴胺样受体。较低水平的 D_2- 样多巴胺受体也存在于黑质（致密层 > 网状层）。在苍白球外段和海马可检测到低水平的 D_2- 样多巴胺受体蛋白，而苍白球的内段以及所有的皮质区和小脑有非常少量的 D_2- 样多巴胺受体。D_2- 样多巴胺受体 mRNA 分布与 D_2- 样多巴胺受体蛋白分布相似，在尾核、豆状核和侧核都已被检测到。然而两者叠加的程度并不精确，并且在一项研究中，在大脑皮质或海马中没有检测到 D_2- 样多巴胺受体的 mRNA。在另外一些研究中，即使找到了 D_2- 样多巴胺受体但也只是非常低的水平，这表明，在皮质 - 纹状投射（corticostriatal projection）的神经末梢可能没有 D_2- 样多巴胺受体。这支持早期的研究，即剥离脑皮质不影响纹状区的 D_2- 样多巴胺受体蛋白的水平。然而近来的研究发现，D_2- 样多巴胺受体是存在起源于前额皮质的皮层 - 纹状区（corticostriatal）神经元的末梢。在受体蛋白表达和 mRNA 水平之间不相似的另外一个区域是丘脑，丘脑中的多巴胺受体 mRNA 即使存在也非常少，但是可以检测到 D_2- 样多巴胺受体蛋白。

D_3- 样多巴胺受体的分布比 D_2- 样多巴胺受体的分布具有大得多的局限性，除了在 Callejia 小岛的表达水平接近 D_2- 样多巴胺受体水平外，D_3- 样多巴胺受体表达是比 D_2- 样多巴胺受体水平低得多的（低 10~100 倍）。在 Callejia 小岛、侧核和嗅结节，D_3- 样多巴胺受体蛋白水平最高，而在尾核和豆状核的水平非常低。在人类大脑的皮质外区，在苍白球的两个片段、丘脑、海马、杏仁核、黑质的两个部分和腹侧盖区，有中到低水平的 D_3- 样多巴胺受体蛋白。在大鼠的大脑，除了上面提到的这些区域外，在小脑的 9 和 10 叶，已标记出 D_3- 样多巴胺受体，以及在前额皮质和海马，也发现有低密度的结合部位。利用抗体提高 D_3- 样多巴胺受体特异的多肽，发现大鼠大脑中 D_3- 样多巴胺受体有相似的分布。在大部分脑区，D_3- 样多巴胺受体 mRNA 表达平行于该受体蛋白的表达。

D_4- 样多巴胺受体的分布不像其他 D_2- 样多巴胺受体，而像 D_1- 样多巴胺受体的分布，发现其表达最高水平是在皮质和其他纹状外脑区，在纹状区的表达水平非常低。利用 $[^3H]$ NGD94-1 测定 D_4- 样多巴胺受体蛋白的分布，发现结合部位密度最高是在外侧隔核和背内侧丘脑，在内鼻侧和额叶皮质以及海马和下丘脑则只检测到较低的密度水平。在尾核、豆状核、侧核和小脑则没有结合的证据，这与利用间接普通结合方法，在纹区（striatum）的 D_4- 样多巴胺受体密度的测定所得到的结果相一致，表明在纹状区只有非常低水平的 D_4- 样多巴胺受体蛋白。这与 D_2- 样和 D_3- 样多巴胺受体相反，这两种受体在这些区域具有高水平的蛋白。利用特异抗体在猿猴脑的研究，提出了相反的证据，发现 D_4-样多巴胺受体与前两者的分布相似，另外还证明，在运动前区皮质、黑质网状部和苍白球两段的 GABA 能神经元上，有 D_4-样多巴胺受体免疫反应。在纹状区，没有找到 D_4-样多巴胺受体蛋白。有 D_4-样多巴胺受体蛋白存在的地方，也就是：前额叶、颞叶和枕叶皮质以及海马，都检测到 D_4-样多巴胺受体的 mRNA，但在纹状区则没有。纹状区没有 D_4-样多巴胺受体的 mRNA 表明，纹状区的 D_4-样多巴胺受体，是在皮质-纹状区谷氨酸能投射的末梢上。

三、帕金森病患者多巴胺受体的适应问题

利用死后的脑组织在体外和在体内利用功能成像技术，如正电子发射拓扑图和单光子发射拓扑图，研究了帕金森病患者多巴胺受体的表达。这些研究得出的结果各异，报道有关 D_1-样、D_2-样和 D_3-样多巴胺受体亚型表达水平，有增加的、降低的和不变的（参见后面的叙述）。这矛盾的资料来自于用以测定受体表达状态的实验方法各异（实验方案、配体和探头类型不同等）以及考察的脑区（例如，前纹状区还是后纹状区切片）的不同。此外，所分析组织的固有变化，例如，服用过不同的药物、遗传背景和濒死状态都影响结果。常有两种情况要研究，即在未治疗和经治疗后，测定多巴胺受体的状态。前者提供有关神经元对切除神经反应的线索，而后者可以洞察治疗后发生的适应性反应。基于输入和输出连接以及纹状区神经元的神经化学特性，可以定义纹状区的功能组织机构。一种组织机构是把纹状区分成小片或矩阵分隔空间，这相应于从皮质的片层结构来的不同的输入。而另外一种区分是用直接或间接的通路加以定义。在纹状区，D_1-样和 D_2-样多巴胺受体主要存在于纹状皮层 GABA 能神经元的树突上，这些树突接收从传入多巴胺能神经元来的输入。D_1-样多巴胺受体也发现在从大脑皮质和丘脑来的谷氨酸投射纤维的末梢。在纹状皮层神经元的亚群，每种受体的亚型都是丰富的。在支配苍白球内段和黑质网状部（直接通路）的 GABA 能神经元上 D_1-样多巴胺受体表达较高，而且与 P-物质和 dynorphin 复合定位在一起；而在支配苍白球的外段（间接通路）上的 GABA 能神经元，D_2-样多巴胺受体有较高的表达水平，而且与 enkephalin 复合定位。然而，也有一定程度的叠加，在大多数纹状区 GABA 能神经元上，与每一种受体的亚型复表达，这样纹状区神经元的划分应该基于 D_1-样或 D_2-样多巴胺受体的相对水平，而不是具体受体亚型的存在与否。在多巴胺能神经元的末梢，也有 D_2-样多巴胺受体，因此，也起自我受体（autoreceptor）功能的作用。胆碱能中间神经元表达 D_2 受体的 mRNA，表明在纹状区的 D_2-样多巴胺受体有一定比例是存在于这些神经元上。D_3-样多巴胺受体的分布与 D_2-样多巴胺受体的分布相似，但在尾核和豆状核中它们的密度很低，只有在 Callejia 小岛和纹状区的腹侧区域有较高的水平。D_3-样多巴胺受体与 D_1-样多巴胺受体或 D_3-样多巴胺受体复表达在多达 1/4 腹侧纹状核的神经元上。D_5-样多巴胺受体，像 D_3-样多巴胺受体，在腹侧纹状区有最高的密度，但不像 D_2-样和 D_3-样多巴胺受体，它们不定位在多巴胺能神经元的末梢上，而发现存在于胆碱能中间神经元上。D_4-样多巴胺受体在纹状区的表达水平很低。D_4-样和 D_5-样多巴胺受体，在帕金森病症状和治疗上的意义，目前尚不清楚。

（一）帕金森病纹状区多巴胺受体的表达

帕金森病患者纹状区的多巴胺神经支配退化，因此突触前 D_2-样多巴胺受体丧失。尽管如此，文献上一般支持在没有治疗的帕金森病患者的纹状区（尤其是豆状核）D_2-样多巴胺受体密度增加；而不管是用在体内功能成像技术还是用死后的脑组织在离体进行的检测，

D_3-样多巴胺受体都没有变化。由于多巴胺能神经元的退化，突触前 D_2-样多巴胺受体丧失。而 D_2-样多巴胺受体增加，可能是由于在其他神经元末梢上的 D_2-样多巴胺受体数目增加所引起；或是由于在纹状皮层内神经元或胆碱能中间神经元合成引起。Falardeau 等证明，在 MPTP-处理过的猿猴，其 D_2-样多巴胺受体对神经切除的反应取决于损伤的程度（这一点在死后人类的脑组织是不知道的）。这就是说，不完全脑损伤能引起突触前受体丧失，但不增加突触后 D_2-样多巴胺受体的密度。由于有研究报道，在 MPTP-处理过的猿猴纹状区，D_2-样多巴胺受体的 mRNA 水平增加或不变，所以还不清楚在什么解剖部位发生了 D_2-样多巴胺受体表达的变化。用抗帕金森病的药物治疗后，在豆状核会出现 D_2-样多巴胺受体下调到正常水平，而且在尾核常降低到低于正常水平；而 D_1-样多巴胺受体则维持不变或显得中度增加。尽管 D_2-样多巴胺受体水平是与对照组相似，但在纹状区 D_2-样多巴胺受体的神经元上的分布，与经过治疗的帕金森病患者是不同的（突触后 ＞＞ 突触前）。

有关帕金森病患者的死后脑组织的 D_3-样多巴胺受体表达研究，得到了根本不同的结果。在尾核的尾部、侧核和豆状核，D_3-样多巴胺受体均明显地减少；但也有一些报道指出，在背侧或腹侧纹状区，D_3-样多巴胺受体的密度或 mRNA 没有变化。在帕金森病患者的纹状区，D_4-样和 D_5-样多巴胺受体表达状况还不得而知。

（二）帕金森病纹状外区多巴胺受体的表达

发生在帕金森病的神经变性，除了影响到纹状区，也影响到有多巴胺能神经元的核间体（perikarya）和多巴胺能投射的区域。用 L-DOPA 衍生的多巴胺或多巴胺能药物，慢性刺激纹状外区的多巴胺受体，可改变纹状外区多巴胺受体的表达。然而如同研究纹状区多巴胺受体的表达一样，在帕金森病纹状外区多巴胺受体的表达的研究结果，也常产生一些相互矛盾的结果。这一点，与相对缺乏一个帕金森病患者纹状区多巴胺受体表达的研究在一起，意味着还不能概括出有关帕金森病患者纹状外区多巴胺受体的表达。利用放射性配体结合分析，从帕金森病患者的脑组织中，在黑质致密部和网状部，测得 D_1-样多巴胺受体减少。然而，也有人应用放射自显影，发现在脑区的各个部位的 D_1-样多巴胺受体没有差异。在苍白球内外两段、小脑、海马、内鼻皮质（entorhinal cortex）、枕叶皮质、额叶皮质和运动皮质，都发现 D_1-样多巴胺受体没有改变。实际上只有在脑的红核这个区域是 D_1-样多巴胺受体明显减少，这个红核区域涉及接受从小脑、运动皮质和纹状区来的传入纤维，以及发出到丘脑的效应纤维的协同作用；而且红核与黑质有交叉连接。其他研究发现，D_1-样多巴胺受体在苍白球的内段是不变的，而在苍白球的外段则有所减低，或苍白球作为一个整体 D_1-样多巴胺受体是不变的。关于 D_1-样多巴胺受体的 mRNA，在帕金森病患者大脑的黑质网状部和小脑悬雍垂（9 叶）的 D_1-样多巴胺受体的 mRNA 下降，而在苍白球外段则没有发现下降。

帕金森病患者的黑质的两部和苍白球、红核、小脑和额叶皮质，D_2-样多巴胺受体没有变化，但在海马 CA3 区和枕叶皮质的深层 D_2-样多巴胺受体则增加。

帕金森病患者的大脑的苍白球的两段，D_3-样多巴胺受体蛋白不变；而在小脑悬雍垂（9 叶），D_3-样多巴胺受体的 mRNA 减少。正电子发射拓扑图研究发现，在眶额叶，D_1-样多巴胺受体的水平下降，而在背外侧前额叶、前舌面隆起和颞皮质以及丘脑内侧核，D_2-样多巴胺受体的密度减低。

上述离体的研究，是在死亡期间正在接受多巴胺能治疗的患者脑组织进行的。因此，治疗可能对受体表达变化有明显的影响部分。尤其是在纹状外区有这种可能性，由于这些区域接受很少的多巴胺能的神经支配，而且减少到这样的程度，以至弄不清楚帕金森病是否发生了神经变性。明显的是,在病理变化最明显的地方以及在治疗前受体水平有变化的区域,一般 L-DOPA 或多巴胺受体激动剂治疗引起多巴胺受体水平正常化。L-DOPA 或多巴胺受体激动剂治疗时引起受体表达变化的脑区,在这些脑区在治疗前,很少或没有明显的病理改变并且受体也是正常的水平。

上述的多巴胺受体表达的变化对帕金森病症状和治疗副作用的意义,有很多都还不知道。在纹状外区多巴胺受体的表达变化,可能反映补偿的变化。Whone 等证实,在早期帕金森病投射到苍白球内段的黑质神经元,增加 [^{18}F]-DOPA 的摄取。而 Bezard 等用 2- 脱氧葡萄糖摄入测定,发现在症状出现前或完全对帕金森病 MPTP- 处理的猿猴的辅助运动区,代谢活性发生改变。发生这种改变,可能是用以纠正由于丧失了多巴胺能到纹状区的输入,而引起的皮层输入不平衡。从该病的动物模型得到的资料表明,多巴胺受体表达水平的改变,不仅与运动障碍有关,而且实际上与其他治疗的运动副作用也有关。然而,纹状外区的变化(特别是皮质和海马的变化)在帕金森病的认知和精神症状以及治疗引起的副作用方面,起重要的作用。这一点得到了功能成像研究的支持,该研究显示帕金森病患者的海马和前额叶皮质异常。

四、帕金森病多巴胺受体功能发生的变化

帕金森病的多巴胺受体功能不仅因疾病而改变,而且也受药物治疗的结果而改变。丰富的受体密度改变可能引起治疗的并发症。但是,尤其是 D_2- 样多巴胺受体,受体表达水平的变化与治疗引起的运动并发症的出现之间,没有时间上的相关。然而,越来越多地认识到,多巴胺受体发出级联反应信号改变是帕金森病发生去神经支配的后果和用以治疗该病的多巴胺能药物治疗的结果。尽管受体的表达水平没有变化,但由于这些受体偶联到第二信使的变化,因而多巴胺受体的功能会发生改变。在克隆和明确证明 5 个多巴胺受体亚型之前,D_1- 样多巴胺受体定义是与腺苷酸环化酶正相关,而 D_2- 样多巴胺受体与这个酶有的偶联为负相关。已经知道的与 D_1- 样多巴胺受体相互作用的信号级联反应的数目有颇为明显的增加,此后 Neve 等对此进行了广泛的评述。由于实验技术不能用于死后的脑组织或活着的人类受试者,所以主要的资料来自转染细胞或动物模型的研究。然而假设在人的大脑中,多巴胺受体相似地偶联到第二信使的设想也是合理的。虽然最后的细胞反应是相似的,但在分子水平,多巴胺受体可能具有相反的作用。例如,用细胞株做实验,D_2- 样和 D_4- 样多巴胺受体亚单元都能增加花生四烯酸的释放,但 D_2- 样多巴胺受体需要激活蛋白激酶 A 参与,而 D_4- 样多巴胺受体则需要激活蛋白激酶 C 参与。最近的资料还表明,不同的多巴胺受体亚型(例如,D_1- 样和 D_2- 样)在细胞内还能形成异多聚物并能彼此交叉地磷酸化。这意味着 D_1- 样多巴胺受体的激动剂能引起 D_2- 样多巴胺受体介导的细胞反应,并且反之亦然。显然,当外推这些研究得到的资料到大脑天然受体的功能,必须小心加以观察。但是这种分子水平的相互作用,可以解释如在 D_1- 样和 D_2- 样多巴胺受体之间的增强作用,以及在帕金森病的动物模型中所观察到的这种相互作用的功能障碍。本节讨论的重点是讨论已经鉴定的能改变帕金森病或该病动物模型功能的第二信使。

(一)帕金森病的多巴胺受体信号

人们相信,受体的超敏导致纹状区直接和间接输出通路之间的失衡,是奠定了慢性长期使用 L-DOPA 或多巴胺受体激动剂后,产生某些运动并发症的基础。用切除纹状区多巴胺能神经支配后所产生的 D_2- 样多巴胺受体密度增加,至少可以部分解释帕金森病和该病

的动物模型的由 D_2- 样多巴胺受体介导的效应。而受体表达水平没有一致的变化，改变 D_1-样多巴胺受体功能反应，可以由于信号机制的变化引起。Corvol 等发现帕金森病患者死后大脑和用 6-OHDA 损伤的大鼠脑组织豆状核内 $G\alpha_{olf}$ 和 $G\gamma_7$ 增加。在大鼠可以用 L-DOPA 或 D_1- 样多巴胺受体激动剂，使 $G\alpha_{olf}$ 增加正常化，但用 D_2/D_3- 样多巴胺受体激动剂处理则不行，这表明 $G\alpha_{olf}$ 的变化可能奠定了在帕金森病动物模型上所观察到的 D_1- 样多巴胺受体超敏的基础。在多巴胺耗尽的纹状区，另一个机制也表现出奠定了 D_1- 样多巴胺受体超敏的基础是激活在直接通路上的 ERK1/2MAP 激酶（细胞外信号调节的激酶 / 促细胞分裂剂激酶）。在正常人脑，ERK1/2MAP 激酶通路，在间接通路的神经元上是有活性的，而在直接通路的神经元上则是沉默的。用 L-DOPA 处理后的 6- 羟多巴胺损伤的大鼠，作为多巴胺能去神经的结果，出现异常的纹状区的激酶或磷酸酶的活动，这可能奠定改变 NMDA 受体亚单元和环化 AMP 反应元素结合的蛋白质磷酸化的基础，并连接到持续的运动并发症机制上。最近的研究中，在 MPTP 处理的猿猴身上已经得到了证实。Aubert 等应用激动剂诱导的 $[^{35}S]GTP\gamma S$ 相结合，证明在运动障碍动物的纹状区，增加 D_1- 样多巴胺受体的敏感度和具有较高水平的环素依赖性的激酶 5，以及多巴胺 - 和 cAMP- 调节的 32 kDa 磷酸蛋白。Bezard 等发现在用 MPTP 处理过的猿猴纹状区，arrestin 2 和 G- 蛋白偶联的受体激酶的表达增加，并且还伴随 ERK1/1 升高。随着用 L-DOPA 治疗后，这些变化恢复正常，这表明多巴胺调节这些酶的表达。

（二）转录因子和直接的早基因

神经元功能的长时程变化（包括改变受体的表达水平）可由基因的转录率而引起，这一过程是受转录调节蛋白控制的。在刺激细胞几分钟之内，则发生一组转录调节蛋白的激活，并且称编码这些蛋白的基因为直接的早基因（immediate early gene），但不是所有的直接的早基因都是转录因子。其他转录因子，例如，在纹状区结构上有 cAMP 反应元素结合的蛋白（CREB）。有人应用不同的多聚酶链反应技术证明，激活 D_1- 样多巴胺受体后，诱发 30 个以上的直接的早基因（知道既有新的，也有以前的）。这些基因的主要作用还不清楚，但在帕金森病动物模型，某些直接的早基因（如 c-fos、fosB、c-jun 和 zif268/Egr1）是有变化的，而且这些变化和用 L-DOPA 和多巴胺治疗的并发症之间有相关性。

（三）复合的递质 / 神经肽

基于神经肽复合神经递质的类型，有可能分化它们主要利用的纹状区的 GABA 能输出通路。具有 D_1- 样多巴胺受体的间接通路上的神经元，含有 P- 物质、前脑啡肽原 B（preproenkephalin B）衍生的 opioids（例如，dynorphin、亮氨酸 - 脑啡肽）和神经紧张素，而具有 D_2- 样多巴胺受体的间接通路上的神经元则含有 preproenkephalin A 衍生的脑啡肽（enkephalins）。神经肽或它们的前体多肽变化的水平，已经在死亡的帕金森病患者和 MPTP-处理过的灵长类的大脑基底神经节测出。假设这些变化可能对纹状区输出通路间神经元的活动的不平衡有贡献，并认为这奠定了运动障碍的基础。Hurley 等发现，从表现出运动并发症的患者纹状区的纹状区前脑啡肽原 B（striatal preproenkephalin B）的 mRNA 增加，这主要与具有占优势的 D_1- 样多巴胺受体的直接通路上的纹状区——黑质神经元有关联。这支持帕金森病动物模型和 L-DOPA 诱发的运动障碍（dyskinesia）早期的研究，并提示产生运动障碍的一种可能机制，是由于在直接通路上的一些神经元上，前脑啡肽原 B 衍生的多肽水平提高。根据近年来的研究，这一观点得到了进一步的支持，Chen 等发现在运动障碍猿猴的尾核、豆状核和运动前区，运动障碍和增加刺激阿片受体特异的亚型 G- 蛋白激活之间，具有正相关；但在非运动障碍、L-DOPA 处理 MPTP 损伤的猿猴则没有这种相关。

（四）受体的迁移 / 受体之间的内部化

用激动剂连续或反复刺激后，G- 蛋白偶联的受体发生去敏化作用。这种激动剂导致的去敏化作用机制，在 α- 肾上腺素能受体（结构上与 D_1- 样多巴胺受体相似）做过彻底的研究，并且提出了 G- 蛋白偶联的受体如何发生激动剂诱发去敏作用一般过程的假说。也就是说，在激动剂与受体结合后，G- 蛋白偶联受体的激酶使受体磷酸化，这容许结合一个 arrestin- 样的蛋白质。结合 arrestin- 样的蛋白质导致受体从 G- 蛋白上脱开，这就降低了受体的功能活性，并通过涂有笼形素（clathrin）的陷阱（pit）到核内体（endosome），促进受体间的内部化（internalization）。一旦受体内部化后，则通过去磷酸化作用可使受体再敏化和再插入到细胞膜内，或者使受体降解。在体外利用转染细胞株的研究表明，这一般的过程（应用内部化过程的激酶或调质范围所能达到的）也可应用到 D_1- 样多巴胺受体。此外也证实，根据帕金森病死亡的人脑或该病的动物模型研究，内部化的 D_1- 样多巴胺受体表明，是多巴胺能的治疗，而不是损伤本身改变了神经元的受体定位。发现在体内 D_1- 样多巴胺受体激动剂 A-77636 不能维持抗帕金森病效应，这是由于这种药物缓慢从受体分离而引起受体去敏所致。这一点加强了在治疗帕金森病时，考虑药物动力学的重要性，并且与设计和选择适于连续多巴胺受体刺激战略的药物相关。

（五）NMDA 谷氨酸受体的相互作用

D_1- 样多巴胺受体和 NMDA 受体是稠密地并置在皮层纹状区神经元突触后的树突上和皮层 - 纹状区传入纤维的末梢上，并且通过它们的第二信使在功能上彼此有相互联系。因此一种受体的激活能改变另一种受体的功能。在用 L-DOPA 处理的经 6- 羟多巴胺损伤后大鼠的纹状区，发现 NMDA 受体亚单元的磷酸化作用发生改变，而且这些改变提示代表持续运动障碍的分子基础。NMDA 受体也表现出通过蛋白质与蛋白质的直接相互作用，调节 D_1- 样多巴胺受体的功能。刺激 NMDA 受体可能增加 D_1- 样多巴胺受体插入细胞株和培养的海马神经元的细胞膜，而在 NMDA 受体和 D_1- 样多巴胺受体之间的低聚合作用，可以防止 D_1- 样多巴胺受体的内部化作用和 D_1- 样多巴胺受体激动剂刺激后的去敏作用。NMDA 受体调制 D_1- 样多巴胺受体功能的能力，可以解释 NMDA 受体拮抗剂，能改善帕金森病患者和该病的动物模型的运动障碍副作用。

五、帕金森病的治疗策略

认识了在帕金森病和治疗后 D_1- 样多巴胺受体发生的适应后，并没有导致发现比 L-DOPA 更有效的药物。无疑到目前还没有观察到与运动并发症相连的变化，即使如此，这也不意味着现在有能整体服用，而又能瞄准特殊脑区的一群受体的药物。对 D_3- 样多巴胺受体，除了增加应用与有受体优势亲和力（相对于 D_2- 样多巴胺受体的 10 倍）的激动剂（例如，普拉克索和罗匹尼罗）外，自 1970 年以来，还没有引进治疗帕金森病的新的多巴胺受体激动剂。用于治疗帕金森病的多巴胺受体激动剂，大多数选用对 D_2- 样多巴胺受体有优先选择性作用的试剂。除了有效逆转帕金森病动物模型的症状外，因为毒理学和药物动力学的问题，还没有对 D_1- 样多巴胺受体有选择性的激动剂可以应用于临床。因为发现在纹状体的边缘区，D_3- 样多巴胺受体的表达最高，所以设想 D_3- 样多巴胺受体在认知和情感功能比运动方面起较大的作用。普拉克索和罗匹尼罗是有效的抗帕金森病的药物，这提示 D_3- 样多巴胺受体涉及的运动控制。在临床应用上，还没有发现一种可以援用的多巴胺受体激动剂，它

既对 D_2- 样多巴胺受体有选择性，而又对 D_3- 样多巴胺受体的亲和力又低。然而，新的化合物 sumanirole 对 D_2- 样多巴胺受体的选择性超过 D_3- 样多巴胺受体的 200 倍，并且对 D_4- 样和 D_1- 样多巴胺受体有非常低的亲和力，近来表现出对逆转啮齿类和灵长类的帕金森病模型的运动综合征是有效的，而且不引起运动障碍并发症。这一化合物在帕金森病患者的效应，以及是否引起运动障碍和（或）精神障碍仍有待评估，因此仍然不知道，选择性的 D_2- 样多巴胺受体激动剂，是不是副作用小的抗帕金森病的试剂。在 D_1- 样和 D_3- 样多巴胺受体之间的功能增效，可能奠定了 D_2- 样多巴胺受体激动剂具有优先于 D_3- 样多巴胺受体选择性的抗帕金森病的作用。这表明，选择 D_1- 样多巴胺受体激动剂作为治疗帕金森病的追求是正确的，并且有趣的是测定这些药物的长期应用，是否会引起对 L-DOPA 和现在所用的多巴胺激动剂相似的并发症。不幸的是，当单纯用作治疗帕金森病，直接作用在多巴胺受体的激动剂最初是有效的，但在 5 年后，大多数患者则需要加 L-DOPA。还不了解为什么 L-DOPA 优于直接作用在多巴胺受体的各种激动剂的原因；但不可能简单地认为是由于它作用在所有的多巴胺受体的亚型，因为结合使用各种多巴胺受体激动剂不像 L-DOPA 那么有效，至少在处于进展的病例中是如此。虽然近期的临床试验表明，新的混合 $D_1/D_2/D_3$- 样多巴胺受体激动剂 rotigotine 表现出对早期帕金森病是有效的抗帕金森病试剂。可能这种差别，是直接作用在多巴胺受体的激动剂，而受到刺激的多巴胺受体的脑区，在该脑区的多巴胺受体能将 L-DOPA 转化为多巴胺是非常少的。另外，L-DOPA 优化治疗的作用可能是由于其他机制所引起，例如，增加脑的去甲肾上腺素浓度水平、增加极微量胺的释放、起神经调质和（或）神经递质的作用。给多巴胺能药物的方式，也就是连续（即更符合生理学的）方式刺激纹状体多巴胺受体，现在认为最有希望的是延长 L-DOPA 和多巴胺受体激动剂的有效治疗的持续时间，而使发生运动副作用的效应降至最小。每日 4 次治疗用 MPTP 处理过的狨（marmoset）表现出比一天接受相同总量的 L-DOPA 分两次给药的动物有更低的运动障碍并发症。临床试验表明，连续灌流 L-DOPA 或多巴胺受体激动剂比波动式的口服更好，但这种每天给药的方法尚未用于患者。然而，改变 L-DOPA 配方和新的给药方法可能提供一种仿效连续灌流的方式避免与波动式口服给药有关的反作用。有作用在其他类型受体的药物，能完全代替 L-DOPA 和多巴胺受体激动剂吗？或甚至这些药物只能辅助多巴胺能的治疗，一些广泛作用在神经递质系统的药物已经作为潜在的辅助 L-DOPA 治疗，并且证明其中有一些对帕金森病动物模型的确有这种辅助作用的效应。帕金森病灵长类模型的研究表明，腺嘌呤核苷 A_{2A} 拮抗剂 istradefylline（KW6002）能逆转帕金森病的综合征，但不使已有的运动障碍变得更坏。近来用 istradefylline 对表现运动波动的晚期并且峰剂量导致运动障碍的帕金森病患者，进行了两个小规模的临床试验。发现当 istradefylline 与最适剂量的 L-DOPA 一同给药时，在"on"时间随着不困难的运动障碍增加，"off"时间减少。也有人发现，istradefylline 能增强和延长低剂量的 L-DOPA 抗帕金森病效应到 L-DOPA 最适剂量，使最适 L-DOPA 剂量导致并发的运动障碍减低 45%。因此，istradefylline 似乎是用 L-DOPA 治疗晚期帕金森病的可以接受的辅助剂。这一点必须要有更大规模的试验加以证实，并且研究是不是能如同在动物研究那样，用于早期帕金森病的有效的单独治疗。显然，除了观察到的多巴胺受体表达水平的变化外，用 L-DOPA 或多巴胺受体激动剂慢性治疗，也引起多巴胺受体发出信号的改变。应用激酶或磷酸酯酶抑制剂瞄准这些改变，可以辅助 L-DOPA 或多巴胺受体激动剂治疗，这样可能减低运动并发症，因而延长多巴胺能治疗的有效的时间范围。

小结：由于多巴胺能神经元变性和慢性 L-DOPA 或多巴胺受体激动剂治疗的结果，使帕金森病患者大脑纹状区和纹状外区，发生多巴胺能传递的改变。人们相信这些变化与多巴胺能神经元的不断地变性，共同奠定了逐渐失去治疗效应和发展运动或精神副作用的基础。早从 20 世纪 70 年代开始，认识到大脑中多巴胺受体的存在和体会到它们在帕金森病中的重要性，为了解多巴胺受体的功能付出巨大的经济代价。但是从那时起，帕金森病患者选择药物治疗实际上没有改变。然而，仔细小心应用可以援用的多巴胺能药物与新的非 - 多巴胺能抗帕金森病试剂，应该能更好地处理帕金森病的综合征，以改善帕金森病患者的生活品质。

参考文献

[1] Aubert I, Guigoni C, Håkansson K, et al. Increased D1 dopamine receptor signaling in levodopa-induced dyskinesia. *Ann Neurol*, 2005, 57: 17-26.

[2] Bezard E, Gross CE, Qin L, et al. L-DOPA reverses the MPTP-induced elevation of the arrestin 2 and GRK6 expression and enhanced ERK activation in monkey brain. *Neurobiol Dis*, 2005, 18: 323-335.

[3] Chen L, Togasaki DM, Langston JW, et al. Enhanced striatal opioid receptor-mediated G-protein activation in L-DOPA-treated dyskinetic monkeys. *Neuroscience*, 2005, 132: 409-420.

[4] Corvol JC, Muriel MP, Valjent E, et al. Persistent increase in olfactory type G-protein alpha subunit levels may underlie D1 receptor functional hypersensitivity in Parkinson's disease. *J Neurosci*, 2004, 24: 7007-7014.

[5] Dascal N. Ion-channel regulation by G proteins. *Trends in endocrinology & metabolism*, 2001, 12 (9): 391-398.

[6] Farlardeau P, Bedard PJ, Di Paolo T, et al. Relation between brain dopamine loss and D2 dopamine receptor density in MPTP monkeys. *Neurosci Lett*, 1988, 86: 225-229.

[7] Gallego M, Setie R, Puebla L et al. a₁-Adrenoceptors stimulate a Gas protein and reduce the transient outward K-current via a cAMP/PKA-mediated pathway in the rat heart. *Am J Physiol*, 2005, 288: C577–C585.

[8] Green WN, Millar NS. Ion-channel assembly. *Trends Neurosci*, 1995, 18: 280-287.

[9] Hur EM, Kim KT. G protein-coupled receptor signalling and cross-talk achieving rapidity and specificity. *Cellular Signalling*, 2002, 14: 397–405.

[10] Hurley MJ, Jenner P. What has been learnt from study of dopamine receptors in Parkinson's disease? *Pharmacology and Therapeutics*, 2006, 111: 715-728.

[11] Iwasaki S, Momiyama A, Uchitel OD, et al. Developmental changes in calcium channel types mediating central synaptic transmission. *J Neuroscience*, 2000, 20(1): 59–65.

[12] Kroeze WK, Sheffler DJ, Roth B. G-protein-coupled receptors at a glance. *J Cell Sci*, 2003, 118: 4867-4870.

[13] Magoski NS, Kaczmarek LK. Direct, indirect regulation of a single ion channel. *J Physiol*, 1998, 509: 1.

[14] Neve KA, Seamans JK, Trantham-Davidson H. Dopaminereceptor signalling. *J Recept Signal Transduct Res*, 2004, 24: 165-205.

[15] Neves SR, Ram PT and Iyengar R G protein pathways. *Science*, 2002. 296: 1636 –1639.

[16] Whone AL, Moore RY, Piccini PP, et al. Plasticity of the nigropallidal pathway in Parkinson's disease. *Ann Neurol*, 2002, 53: 206-213.

[17] Zhu W, Zeng XK, Zheng M, et al. The enigma of _2-Adrenergic receptor Gi Signaling in the heart the good, the bad, and the ugly. *Circulation Research*, 2005, 97: 507-509.

第十五章

离子通道与心脏节律

心肌细胞及其所组成的器官——心脏，在整个生命期间都一直维持恒定的节律活动。这种节律活动，早年就可以用电子仪器从体表记录到的心电图（ECG）进行检测。ECG 也就是心脏这个器官整体的动作电位（这与前面章节里介绍的从单细胞记录到的动作电位有所不同）。在这一章主要分析构成心脏动作电位的离子通道电流的基础，以及由于基因突变或其他外部因素引起某些通道的变异，而导致的相关心脏的离子通道病。动作电位的快速上冲是由于内向 Na^+ 电流（I_{Na}）的激活所介导。瞬态外向 K^+ 电流（I_{to}）的激活创造了简短的复极化（时相 1）。动作电位的平台延长是由于 L- 型 Ca^{2+} 通道介导的持续内向电流（I_{Ca}），并加上外向 K^+ 电流，后者是缓慢的激活（慢的延迟整流器 K^+ 电流，I_{ks}），或强力整流作用（由 HERG 介导的内向整流器 K^+ 电流 I_{kl} 和快的延迟整流器电流 I_{kr}），这两种 K^+ 电流介导缓慢的复极化时相。临床上常见的心律失常和 QT 间隔延长等，也往往是由于其中某些离子通道的故障而引起的。

第一节　离子通道与心脏动作电位

Na_V 通道作为心脏动作电位的启动分子：在细胞膜的内表面正电荷的累积引起静息膜电位去极化，这是由于 Na^+ 流入而产生膜去极化。这种带正电荷的离子进一步使膜去极化，并激活邻近的离子通道，因此形成动作电位的上升相，这奠定了形成心脏兴奋性的基础，而且也形成正反馈回路。动作电位是反复出现的尖峰电位，沿细胞膜传播，是由离子电流和电压依赖的离子通道（K_V 和 K_{Ca} 通道，以及与之共存的 Na_V 通道电流，复极化细胞膜而终止信号）的激活所引起。在神经元，动作电位快速地沿着轴突进行长距离传导，传递细胞编码的信息。因此编码 Na_V 通道人类的 9 个基因的绝大部分，都参与神经元和肌肉细胞的动作电位的产生。可兴奋细胞表达的各种 Na_V 通道异构体相结合，决定动作电位发放频率的各种参数，并且在不同的生理条件下表达模式也发生改变。例如，改变功能 Na_V 通道的表达水平，可形成与慢性疼痛现象结合在一起的 DRG 神经元传导特性变化的基础，这在本书的第十三章已了做介绍。最近表明辅酶 Q 系统参与心脏的 $Na_V1.5$ 通道功能膜表达，加上其他因素，以调节心脏的兴奋性。

人类心室肌细胞的动作电位可以分成 5 个不同的时相（时相 0 至时相 4，图 15-1A）。内向 Na^+ 电流的激活，触发细胞膜的快速去极化（时相 0）。复极化则是慢得多的过程，而且表现出 3 个时相。首先是很快地出现的时相 1，只持续几毫秒；紧接着是速率慢得多的复极化（时相 2）又称之为平台期。心脏动作电位的平台延长，是由于在这一时相激活的 K^+

电流是缓慢地激活和（或）在正的跨膜电位时具有减低的电导。图 15-1B 为分析奠定动作电位的离子通道电流的基础。动作电位的快速上冲（时相 0）是由内向 Na^+ 电流的激活所介导（I_{Na}）。瞬态外向 K^+ 电流的激活（I_{to}）创造了简短而又是部分的复极化（时相 1）。动作电位的平台（时相 2）延长是由于 L- 型 Ca^{2+} 通道介导的持续内向电流（I_{Ca}），并且因为外向 K^+ 电流是缓慢的激活（慢的延迟整流器 K^+ 电流，I_{ks}），或表现强力的整流作用（由 HERG 介导的内向整流器 K^+ 电流 I_{kI}，和快的延迟整流整流器电流 I_{kr}），外向电流 I_{kr} 和 I_{kI} 介导复极化的时相 3。动作电位与动作电位之间的静息电位为时相 4。延长的动作电位可以确保有适当的时间使细胞外的 Ca^{2+} 进入到肌细胞，以达到兴奋与收缩的最适偶联。延长复极化也使心脏肌肉对没有达到成熟水平的兴奋不起反应，这对不再进入心律失常是重要的但又不是完善的安全保证。复极化的第 3 个时相是使动作电位终结、膜电位回到静息电位的水平（时相 4）。复极化时相 3 最重要的成分是由 HERG 介导的快速延迟整流器 K^+ 电流（I_{kr}）。

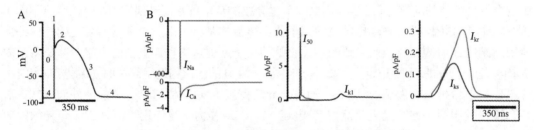

图 15-1　多个离子通道电流构成心脏动作电位的形状

A. 模拟人类心室的动作电位并标出了 0~4 时相。内向 Na^+ 电流触发膜快速的去极化（时相 0）。在第一时相（时相 1）快速地进行复极化紧接着是较慢速率的复极化（时相 2）。第三时相结束动作电位，并且使膜电位回到静息水平（时相 4）。B. 构成动作电位的离子通道电流。动作电位的快速超射（0 时相）是由于内向 Na^+ 电流 I_{Na+} 激活所引起。瞬态外向 K^+ 电流 I_{to} 的激活创建了部分简短的复极化（时相 1）。动作电位的平台（时相 2）是由于 L- 型钙离子通道介导持续内向电流的延长，以及因为外向 K^+ 电流是缓慢的激活（慢的延迟整流 K^+ 电流，I_{ks}）或表现强整流作用（内向整流 K^+ 电流，I_{kI} 和由 hERG 通道介导的快延迟整流 K^+ 电流，I_{kr}）。时相 3 的去极化是外向电流 I_{kr} 和 I_{kI} 介导的。两个动作电位之间的静息电位称之为时相 4

第二节　HCN 通道的起搏器电流与心脏节律的维持

　　环核苷酸离子通道是各种都具有共同膜拓扑分布和孔结构离子通道的异源上游家族，并且在 C- 末端区显示有环核苷酸结合的区域。这一上游家族的成员包括：环核苷酸门控（cyclic nucleotide-gated，CNG）阳离子通道、超极化活化环核苷酸门控（hyperpolarization-activated CN，HCN）阳离子通道和一些电压依赖性 K^+ 通道成员，如 K_V10（eag）和 K_V11（erg）亚家族。

　　虽然已经有了一段时间，人们已经知道细胞内的环核苷酸如 cAMP 和 cGMP 是能够调制离子通道，但共同的假说认为：这是通过间接的方式而达到的，即通过激活环核苷酸依赖的激酶，然后再调节相关的离子通道。当人们证实 cGMP 能直接激活视杆细胞光感受器上的阳离子通道时，都觉得有点惊奇。从这一最初的发现后，能直接被环核苷酸激活的一些离子通道已得到了鉴定。这些包括 CNG 阳离子通道家族以及与 HCN 相关的离子通道，所有这些通道都有环核苷酸结合的区域（CN-binding domain，CNBD）。除了 CNBD 这类相似的拓扑和结构以外，CNG 和 HCN 通道家族还具有一些共同的其他特征。然而，在生物物理特性和功能特征方面，两者基本上是不同的。

在生物学系统所有的有生命机体内，节律活动（例如，自主的心脏搏动、神经网络的节律活动或生理节奏钟的周期性活动）都是共同的主题。控制这些节律活动机制的分子特性，现在正在逐渐加以揭示。人们发现 HCN 通道的特殊生物物理特性，在建立生物振荡步调方面起主要作用，因此称之为"起搏器"通道。与 CNG 通道相似，其拓扑与 K_V 通道的拓扑相似，并且很像前者，在其 C 末端也有 CNBD 区。有趣的是，与 CNG 不同，HCN 通道强力地选择 cAMP 胜过 cGMP。HCN 通道的一个突出特性是与所有的电压依赖性通道随膜的去极化而开放的特性相反，HCN 通道则是随膜超极化后而开放。HCN 通道的 54 个氨基酸构成环的"电压传感器"是与 K_V 通道的颇为相似。尽管如此，但激活的极性却相反。HCN 通道的电压传感器对超极化起反应，而对去极化不起反应的精确方式是一个需要进行仔细研究的问题，相信在未来的数年内将会得到澄清。如同与 K_V 通道的结构关系所期待的那样，功能的 KCN 通道可能是一个四聚体。现今已鉴定出了 HCN 家族的 4 个成员：即 HCN1 至 HCN4。当在异种系统表达时，这个家族的所有成员产生的电流，都与天然 HCN 电流所观察到的性质（即超极化使之激活和对环核苷酸敏感）相似。然而，在不同的亚单元之间，生物物理特性（如激活和去活的动力学，以及 cAMP 的敏感性）也有颇大的变化。HCN 具有混合的对 Na^+ 和 K^+ 的选择性，在 Na^+ 和 K^+ 之间的选择性却较差，但因为它们是在接近 K^+ 的平衡电位的超极化电位下开放，所以开放的 HCN 主要产生内向 Na^+ 电流。虽然 HCN 家族成员表达在所有的中枢和外周神经系统，但它们的生理活动研究得最多的是心脏的窦房结，由心脏的这个区域控制心脏的节律性收缩。在这一区域的天然 HCN 通道可能是一个由 HCN1 和 HCN4 组成的多聚体。躯体不同的功能取决于有节律的自发发放的动作电位，这种电位的形成称之为起搏。天然的心脏起搏器电流有不同的称呼，如 I_h（h 表示超极化激活）、I_f（f 表示有趣的）和 I_q（q 表示奇妙的）。心脏的节律性收缩是从窦房结心肌细胞的电压依赖性 Ca^{2+} 通道（先是 T- 型，随后是 L- 型）的开放，引起细胞膜大的去极化而启动。去极化

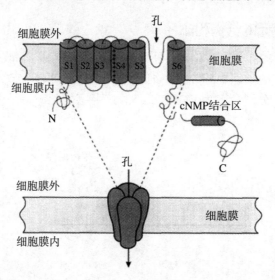

图 15-2　跨膜的 HCN 通道亚单元的拓扑图和假定的功能顺序片段（上）以及同种四聚通道的结构（下）

使 K^+ 通道开放，这样又使膜复极化，并阻止 Ca^{2+} 进一步流入。朝着整个过程的结束，超极化的膜电位使 HCN 通道开放，又缓慢地使膜去极化（通过内向 Na^+ 电流），直到 Ca^{2+} 通道再次开放。因此，HCN 的开放决定相继两个动作电位之间的时间间隔的持续期。HCN 通道被 cAMP 调制的其他特性，在生理上起关键作用，它奠定了随着刺激交感神经系统后心率加速的基础。刺激心脏的 β- 肾上腺素受体，导致细胞内 cAMP 水平增加，并与 HCN 通道结合和增加它的活性。结果由 HCN 通道介导的去极化加速，动作电位之间的间隔缩短，引起心率加快。

第三节 KCNE 辅助亚单元与 K_V 通道的相互作用

KCNE 是一个完整的膜蛋白，它与一些离子通道结合，并调制这些离子通道的活性。不同的 KCNE 异构体广泛地表达在肌肉和神经组织细胞以及上皮细胞上。KCNE 基因的突变可显现出不同的生理功能的紊乱和（或）疾病，例如，心律失常、耳聋和麻痹等。现在越来越明显地表明，KCNE 辅助亚单元是能够与许多不同的离子通道相互作用。

有功能的电压依赖性 K^+ 通道，主要是由形成通道孔的 4 个分子聚合在一起的 $K_V\alpha$ 亚单元构成的。大约为 40 个基因编码成 K_V 亚单元，是通过相同的或不同的 4 个分子组成的四聚体，天然的电压依赖 K^+ 通道的分子结构和功能，差异是相当巨大的。此外，作为辅助亚单元的一些蛋白质能与 K_V 通道相互作用，并改变通道的电流。这些蛋白包括 $K_V\beta$、KchiP 和 KCNE 蛋白质。由于每种蛋白都由几种异构体和形成孔的四聚体所组成，可能与不同辅助亚单元结合而产生的相互作用，进一步由于与辅助亚单元相互作用不同而衍生出了 K_V 通道电流的多样性。K_V 通道和辅助亚单元共同参与和调节许多细胞过程，而这些过程构成每一个生理系统真正的正常功能基础。其范围从心率和神经元编码的调节，到肾和内耳的上皮组织的液体和盐的分泌。K_V 通道也是细胞命运的关键调节者，既可以是负责细胞凋亡进程的成分，也可以是细胞周期进程和细胞增殖的控制成分。

一、KCNE 亚单元的结构和命名

KCNE 是跨膜旋转的蛋白质，它与各种离子通道相互作用，并改变离子通道的性能。它们的结构包括单个跨膜的 α 螺旋和分别在细胞内、外的 C- 和 N- 末端（图 15-3 B）。已经鉴定出 5 个人类的基因，分别命名为 KCNE 1~5。这名字的起源，是由于认识到 KCNE 蛋白

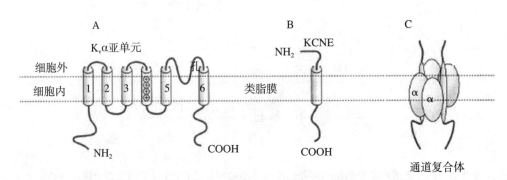

图 15-3 $K_V\alpha$（A）、KCNE（B）和通道的多聚体（C）模式图

质是 K_v 亚单元的辅助亚单元，并且这些蛋白质是 K_v 通道上游家族的一部分（这一家族的所有的人类基因都以 KCN 开始）。第一个异构体是 KCNE1（第一个 K），原来称为 MinK，意思是小的 K^+ 通道。随后相关的异构体称之为与 Mink 相关的多肽或 MiRP。

二、KCNE 亚单元的生理意义

一些 KCNE 基因的突变可导致疾病。长 QT（LQT）心律失常综合征，是由于心脏动作电位延长所致。在很多的病例中，其细胞现象是有利于细胞膜的复极化和结束动作电位的 K^+ 向外流电流的幅度减低的结果。除了形成 K^+ 通道孔的遗传突变外，发现 KCNE1 和 2 的突变的患者也有心律失常。这种观察加强了 KCNE 辅助亚单元，在调节 K^+ 整个体内平衡及其依赖的细胞机制中的重要意义。这在其他引起耳聋（KCNE1）或扰乱肌肉功能（KCNE3）的基因突变中得到了进一步的确认。KCNE 辅助亚单元调节 K_v 通道的活性是通过许多途径的，包括增强或阻抑通透的性质和改变门控特性。然而，在很多的情况下，KCNE 对 K_v 通道的调制作用是复杂的，并且有可能结合对孔的冲击和改变电压敏感的特性。

敲除小鼠的 KCNE1 基因可引起表型的变化，暗示这些基因的产物涉及上皮细胞的细胞体积的调节，许多 K^+ 通道都有调节细胞体积的这一共同特性，而且也与细胞的凋亡过程相关。

三、KCNE 亚单元的相互作用

应用阻断离子通道的毒素和抗体，K_v 通道与 KCNE 亚单元相互作用的化学计量法，限定每个有功能通道（即一个 K_v 通道四聚体）为两个 KCNE（图 15-3C）。此外，有研究还指出，KCNE 的 C- 末端（在细胞内的）与 $K_v\alpha$ 亚单元的孔区相互作用。起初，MinK（KCNE1）显示出与 K_v7.1（KCNQ1 或 K_vLQT）通道结合，并且提示这个通道的亚单元成分相应于心脏组织的延迟整流器 K^+ 电流。实际上正如前面已经提到，这两个基因的突变引起非常相似的综合征（即 LQT）。随后，发现其他已知的 KCNE 异构体，MiRP1 和 MiRP2 也具有调制心脏和骨骼肌 K^+ 电流的其他成分的功能。MiRP1（KCNE2）也与 K_v11.1（HERG）通道结合，并抑制由 K_v11.1（HERG）通道携带的心脏其他延迟整流器电流成分，以及与 K_v4.2 通道结合的瞬态（A- 型）成分。MiRP2（KCNE3）增强骨骼肌 K_v3.4 通道的活性。有人发现某些家族周期性麻痹的患者，在这个基因上也有突变。这提示 KCNE3 破裂，引起在静息膜电位时的 K^+ 电流减小，导致膜的去极化。有趣的是，这种结合减低了肽基毒素 BDSII 阻断 K_v3.4 通道的能力，因此，证明天然通道复合体的药理，与克隆形成 α 亚单元的孔可能是不同的。另外也注意到，当 KCNE1 清楚地赋予 K_v7.1 通道慢的电压依赖性激活时（用 KCNE4 和 KCNE5 也得到了相似的结果），形成孔的这些通道与 KCNE2 和 KCNE3 结合，引起电流与电压之间失去电压依赖关系，因此这些通道可作为"漏" K^+ 电流通道。有关这种相互作用的特性，应该注意到，KCNE5 调制 K_v7.1 通道电流，而对其他 K_v7 或 K_v11.1 通道电流没有大的影响。在实验性的表达系统，KCNE 蛋白质显示出与 K_v 通道及其相关通道的成员有相互作用，并对这些通道有影响。这些报道的相互作用的生理学意义往往并不清楚，并且在体内也不是都能检测到所有这些通道间的相互作用。在一些研究中，KCNE2 涉及作为与 HCN 通道有关的 K_v 辅助亚单元。HCN 在结构上与理想型的 K_v 通道相似。然而，唯独不同的是：当其他所有的电压依赖性通道倾向于对膜电位去极化时，通道的反应是开放时，而 HCN 通道则在膜电位超极化状态下才开放。激活这个通道又引起纯粹的阳离子内流，使膜电位去极化，因而回到或甚至超过细胞静息电位的水平。这些特征相装配表达 HCN 具有需要起步膜电位的分子机制的细胞。因此，KCN2 异构体在产生起步能力的细胞上起关键的作用，例如，在心脏的窦房结和起搏神经元。重要的是注意到其他 KCNE 异构体对 HCN4 通道没有这种效应。

KCNE 蛋白也表达在大脑，在此处 KCNE 显出与 $K_V2.1$ 和 $K_V3.1$ 通道结合，并抑制通过这两个通道所携带 K^+ 电流。这些结果与下面观察到的结果是一致的，即一旦形成孔的基因与 KCNE1、KCNE2 或 KCNE3 复表达，$K_V3.1$（和 $K_V3.2$）通道电流则缓慢下降。当测试其调制 K_V1 通道活性时，已鉴定到 KCNE4 可作为 $K_V1.1$ 和 $K_V1.3$ 通道的一个抑制亚单元，但它对其他 K_V1 通道没有效应，提示 KCNE4 通道特异地与这两个 K_V 通道的异构体相互起作用。

在决定心肌细胞、骨骼肌细胞、平滑肌细胞和神经元细胞的兴奋性特征和能力方面，KCNE 亚单元显出是一个重要的因素。上述的蛋白结合模式，着重强调了 K^+ 在处理"独特的"生理功能中的微调作用的必要性。最近，证明在一些子宫癌细胞株中也有一些 KCNE 异构体的表达。此外，携带有 $K_V7.1$ 通道截断突变（truncation mutation）的小鼠，主要已知的 KCNE 对应体可增加胃癌发展的易感性。这些观察可能强调离子通道在一般情况下起的作用，而 KCNE 辅助亚单元则在特殊的情况下导致癌症的细胞机制中所起的作用。

第四节　$K_V7.1$（KCNQ1）电压依赖性钾离子通道家族

K^+ 通道中的 K_V7（KCNQ）家族是较大的电压依赖性的钾离子通道上游家族的一部分。在这个家族中包括五个成员，其中有四个与离子通道病（由于离子通道功能失常引起的遗传病）有关联，因而加强了对这些通道的功能研究的重要性。迄今为止，通道可能是最多样化的离子通道，它具有 70 个以上的人类基因。在 K^+ 通道中，电压敏感的这一类又是最异源的 K^+ 通道，至少已经鉴定出了六个基因的亚家族。在可兴奋细胞和非可兴奋的细胞中，电压门控 K^+ 通道都具有一些关键的功能，并且在实际上，有一些基因疾病都归因于这些离子通道的突变。有趣的是，引起疾病的 K^+ 通道的许多突变型，似乎都含有一个特定的家族：即 K_V7 亚家族。K_V7 亚家族具有电压门控 K^+ 通道上游家族的全部拓扑分布，它的 α 亚单元包括：六个跨膜区、单个孔环（P-环）以及 N- 和 C- 末端都在细胞内。第 4 个跨膜区（S4）可能起电压传感器作用，显示所预期的 6 个带正电荷的氨基酸，但 $K_V7.1$ 通道只有 4 个这样的氨基酸。如同电压门控 K^+ 通道的上游家族一样，这些功能通道都是一个 4 聚体。除 $K_V7.1$ 通道只以同聚物存在外，这个家族的其他成员都是以异聚物发挥功能作用。$K_V7.1$（也称为 K_VLQT1）通道是被认识的这个家族的第一个成员。这个通道是在研究寻找由于心律失常而突然死亡的遗传基础相联系而鉴定出来的。发现 $K_V7.1$ 通道与 β 亚单元 KCNE1 一起奠定了心脏 I_{ks} 电流的基础，这种电流是负责控制人类心脏动作电位的持续期。实际上，任何一个亚单元的突变都与大约一半的遗传性 QT 延长综合征（一种类型的心律失常）病例有关。还有一种更为严重的遗传病是 Jervell and Lange-Nielsen 综合征（JLNS），这种病除了心律失常外，基因的突变还引起先天性耳聋。表明这个通道也涉及内耳的 K^+ 的反复循环。$K_V7.1$ 通道也表达在一些组织（包括小肠、肺和胃）的上皮细胞上。在上皮组织，$K_V7.1$ 通道似乎主要是与另外一个称为 KCNE3（MIRP2）的 β 亚单元相互作用，并赋予通道不同的特性，也涉及一些生理功能，例如，调节胃酸分泌和分泌 Cl^- 到直肠。最近有报告指出，$K_V7.1$ 通道与另一种主要的心脏钾离子通道 $K_V11.1$（HERG）通道直接相互作用，$K_V11.1$ 通道是 I_{kr} 电流相关的成分。这种相互作用引起 $K_V11.1$ 通道的定位和 $K_V11.1$ 通道电流的生物物理性质改变，表明 $K_V7.1$ 通道的表达可能在功能上调制 I_{kr} 电流。

第五节 与 ether-a-go-go 基因相关的电压门控钾离子通道

erg 或 K_V11（根据新的命名）是电压依赖性 K^+ 通道上游家族中的一个下游家族，包括三个成员：$K_V11.1$（*erg1*）、$K_V11.2$（*erg2*）和 $K_V11.3$（*erg3*）通道。在这一亚家族中研究得最多的成员是 $K_V11.1$ 通道，它调节心脏动作电位的持续期。这一通道的突变与心脏的心律失常和突然死亡有关。而对 $K_V11.2$（*erg2*）和 $K_V11.3$（*erg3*）通道的生理功能了解较少。

ether-a-go-go（*eag*）K^+ 通道家族是在果蝇诱变实验中鉴定出来的。在寻找哺乳动物的同系物时，导致鉴定出三种结构相似的 K^+ 通道家族：*eag*（K_V10）有两个成员是：① 与 *eag* 相关的通道（*erg* 或 K_V11）；② *eag*- 样的 K^+ 通道（*elk* 或 K_V12），后两者每个家族都有三个成员。K_V11 通道在氨基酸水平共享大约 60% 同系顺序，并且在种与种之间有较高程度的保守性（即大鼠的 K_V11 通道异构体有 95% 与人类的对应物上的相同）。对 K_V11（*erg*）通道亚家族的研究远比其他 3 个 *eag* 家族多。大部分原因是由于发现 $K_V11.1$ 通道奠定了某些与突然死亡的心律失常的分子基础。本节将概括有关 *erg* K^+ 通道亚家族［包括研究得较少的 $K_V11.2$（*erg2*）和 $K_V11.3$（*erg3*）］通道的一些研究成果。

一、结构特征

K_V11 通道亚家族通道具有电压依赖性 K^+ 通道的标志性结构：它们有六个跨膜区，N- 和 C- 末端都在细胞内，以及电压传感器在第 4 跨膜区。尽管与电压门控 K^+ 通道上游家族的结构非常相似，K_V11 亚家族具有某些不同特征，例如，所有 Kv11 亚家族成员的细胞内的 N- 末端，都包括一个 Per-Arnt-Sim（PAS）区（图 15-4）。这个 PAS 区在大量表达在植物、细菌和真核细胞的蛋白质上都得到了鉴定。PAS 区涉及一些被光、氧气和氧化还原电位这样一类的环境因素触发的转换机制。具有 PAS 区的蛋白质，通过与另外表达相似 PAS 区的蛋白

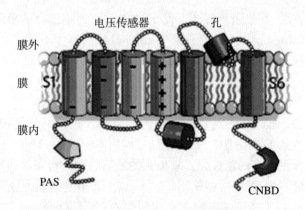

图 15-4 单个 HERG 结构模式图

单个 hERG 亚单元模式图。它含有六个螺旋形的跨膜区，S1~S6。也着重表示了一些 hERG 的特征，包括 S4 区，其中有多种氨基酸（+）和天门冬氨酸残基（-）在 S1~S3 跨膜区，在起门控作用期间，后者与 S4 区的特殊碱性残基可能形成盐桥。该图也指出 N- 末端 PAS 区和 C- 末端环核苷酸结合区（CNBD）的定位

质结合，并包括改变第 2 个蛋白质构型，中继刺激输入。除了 K_V11 亚家族成员，表达 PAS 的蛋白质包括哺乳动物的 CLOCK 和 Per 蛋白，这些是涉及昼夜调节的转录因子和调节对缺氧细胞反应的转录因子。在 K_V11 亚家族成员的 N- 末端有 PAS 存在，其意义现在还不清楚。然而，在 PAS 区域突变的 $K_V11.1$ 通道的例子中，是与有缺陷的通道去激活和细胞内分子交流缺陷有关。表达 PAS 的蛋白质是否能结合到其他表达 PAS 区域的蛋白质，仍有待研究。

K_V11 亚家族的另一个特征是在细胞内的 C- 末端，有与环核苷酸结合的区域（CNBD）（图 15-4）。在其他离子通道，例如，环核苷酸门控（CNG）阳离子通道和超极化激活的环核苷酸门控（HCN）阳离子通道，也都鉴定出了 CNBD 区域。然而与 CNG 和 HCN 通道相反，环核苷酸的结合对 K_V11 通道的激活没有影响。有一些研究表明，cAMP 通过直接或间接（通过 cAMP 下游效应分子 PAK）途径，能调节 $K_V11.1$ 通道的活性。此外，$K_V11.2$ 和 $K_V11.3$ 通道的 CNBD 区域的突变与这两个亚单元的分子交流缺陷有牵连。如同所有的电压依赖性钾离子通道一样，由 K_V11 亚单元形成的功能离子通道，是一个由四个亚单元构成的四聚体。这种多聚的功能通道可能是同聚的（也就是四个相同的 $K_V11.1$ 亚单元），但也有功能异聚 K_V11 亚单元复合体的报道。目前，还不清楚在活体内是否有 K_V11 通道多聚作用的发生。

二、生物物理特性

K_V11 亚家族通道的生物物理特性也与电压门控 K^+ 通道上游家族不同。与经典的 K_V 通道相比，K_V11 通道是以非常慢的激活动力学为特征。这伴随快速失活的动力学引起缓慢强大的内向整流电流。有关各种 K_V11 通道的生物物理特性，它们之间也有某些差异。$K_V11.1$ 和 $K_V11.2$ 通道的电流是带有慢激活动力学的内向整流器电流。$K_V11.3$ 通道则具有不同的特性：它是弱的内向整流器，在负的膜电位下激活并有快的激活动力学。

从药理学的角度，绝大多数的研究集中在 $K_V11.1$ 通道。K_V11 通道能很好地被一些特殊的有机阻断剂（如抗心律失常的药物 E-4031）所阻断。$K_V11.1$ 通道也能被多肽毒素 Ergtoxin-1、Bekm-1 和 APETx-1 所阻断。APETx-1 是不能阻断 $K_V11.2$ 和 $K_V11.3$ 通道，而 Ergtoxin-1 和 Bekm-1 则以不同的效力阻断这两种通道。

最近几年人们已经认识到，引起心室节律不齐的药物，以一种无意的副作用通过阻断心脏 $K_V11.1$ 通道而引发心室节律不齐。这一现象曾称之为获得性 QT 延长综合征（这是相对于先天性综合征而言）。在患者催促药厂发出对 $K_V11.1$ 通道潜在的阻断效应新药试验推荐时，包括 terfenadine 和 astemizole（抗组织胺）、sertindole（心理作用试剂）和 grepafloxacin（抗生素）在内，发现这些药物都可能引起心室心律失常。

三、生理学意义

研究得最多的 K_V11 通道电流是 $K_V11.1$ 通道的电流，这种电流奠定了心脏 I_{kr} 电流的基础。前面已经提到，在心室肌细胞，Na^+ 通道启动动作电位，并产生细胞膜的快速去极化。紧接着是一些分子成分慢得多的复极化。复极化的最后时相是负责终止动作电位，并将心肌细胞的膜电位带回到静息电位水平（图 15-1）。$K_V11.1$ 通道是最后复极化时相的最重要的成分。我们已经提到，$K_V11.1$ 通道的突变引起遗传的 QT 延长综合征（LQTS）或心脏复极化异常，后者与威胁生命或突然死亡有关。至今已经鉴定出了大约 200 个 $K_V11.1$ 通道的突变，这或者引起这个通道功能的丧失，或者它缺乏将通道转运到细胞膜上的能力。此外，已经证明 $K_V11.1$ 通道对一些不相关的化合物（包括所谓的获得性 LQTS 有抑制作用的）非常敏感。

除了对心脏有功能外，$K_V11.1$ 通道在其他组织也有生理功能。例如，在胃和直肠的平滑肌细胞，$K_V11.1$ 通道可能有维持静息电位的功能。阻断这些细胞的这个离子通道将诱发细胞膜的去极化，这又与肌细胞的收缩有关联。另外也发现一些肿瘤细胞株的 $K_V11.1$ 通道上调，表明这一通道可能赋予细胞增殖的有利条件。这些问题将在另外的章节里进一步加以讨论。

第六节　HERG 钾离子通道和心律失常

选择性钾离子通道有各种各样的结构和功能。其主要作用包括维持各种细胞的静息电位和终结可兴奋细胞动作电位。HERG 通道是钾离子通道中的一种，它对正常心脏的电活动是基本的。HERG 基因的遗传突变引起 QT 延长综合征，这种个体有患威胁生命的心律失常的易感性。不同的药物也有可能通过阻断 HERG 通道而诱发心律失常。这种副作用的共同原因是由于对药物缺乏临床安全预试验。

一、HERG 突变引起心律失常

通过体表测定的心电图（ECG）的 QT 间隔延长定义为 LQTS，并且达到增加心室纤颤的风险。在单个心搏周期时，QT 间隔是心室复极化所需要的时间（图 15-5A 和 B）。延迟复极化增加尖端扭转性室性心动过速（*torsade de pointe*，TdP）的风险，这是唯一一种心电图以正弦波来回振荡相似为特征的心律失常（图 15-5C）。TdP 既能恢复到正常的窦性节律，也可以转变为致死性心室纤颤。在世界范围内，估计 5 000~10 000 人群中就有一个受到 LQTS 的影响，而且最通常是由于 HERG 或 KCNQ1 显性突变所引起，这个通道的 α 亚单位传导慢的延迟整流器 K^+ 电流（I_{ks}）。不太寻常见到，辅助 β 亚单位突变与 HERG 或 KCNQ1 α- 亚单位共同结合引起 LQTS。任何 α- 或 β- 亚单位的突变减低外向 K^+ 电导、减慢动作电位的复极化和引起电学的不稳定都可能产生 TdP。遗传的 LQTS 也可能由心脏钠离子通道基

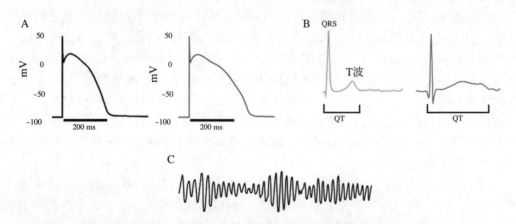

图 15-5　减低 HERG 电流延迟心室复极化并能引起心律失常

A. 正常人类心室肌细胞动作电位（左）和由于减低 HERG 80% 而模拟延长的动作电位（右）。B. 单个心搏周期正常心电图曲线（左）和有 QT 间隔延长的异常心电图曲线（右）。QRS 复合代表去极化，而 T 波表示心室复极化。QT 间隔代表心室最初去极化和最终复极化的时间。C. 表示尖端扭转性室性心动过速（TdP）心律失常的心电图曲线

因 SCN5A 突变引起。在这样的情况下，功能获得性的突变降低 Na$^+$ 通道失活的能力，在平台时相期间引起小的但是持久的内向电流，而延长动作电位的持续期。在一定的 LQTS 基因突变能引起比增加心律失常风险更为严重的问题。例如，KCNQ1 或它的附属 β- 亚单元 KCNE1 常染色体隐性突变，可以引起少见的但又是严重的 LQTS 型（Jervell-Lange-Nielsen 综合征），并与感觉中枢性耳聋结合在一起。内向整流器 K$^+$ 通道（I$_{KI}$）基因 KCNJ2 的功能丧失型突变引起 Andersen-Tawil 综合征，此病的特征是骨骼肌周期性麻痹和室性心律失常，这是由于心室复极化的最后阶段延迟所引起。在绝大多数的 LQTS 类型中，心脏的结构是正常的。但 Timothy 综合征则例外，这是一种非常少见的和复杂的多器官疾病，并与先天性心脏病、极端的 QT 延长、并指症（部分的手指或足趾融合在一起）、免疫缺乏以及孤独症联系在一起。Timothy 综合征是由于突变点在心脏 L- 型 Ca^{2+}- 通道基因 CACNA1C 破坏了通道的失活作用所引起。

现在大约有 200 种与 HERG 突变相关联的 LQTS。大多数 HERG 突变的功能结果是由于破坏了亚单元的折叠和通道到细胞膜表面的交流所致。突变和错误折叠的 HERG 亚单元通常是以核糖基化形式保留在内质网内，并且很快地被独特的蛋白酶通路降解。当突变型和野生型亚单元能共同装配在一起时，突变可以改变 HERG 门和引起显性负抑制。改变门的一个例子，是由于位于细胞外 S5 区和孔螺旋之间联系点突变引起的失活而增加门的改变。如果不考虑分子机制如何，所有与 HERG 有关联的 LQTS，减低电流的幅度是一种功能丧失的突变。与此相反，HERG 的一种突变，Asn5881.ys，使失活消失和增加外向复极化电流，是一种功能获得的突变。这种突变加快了心脏的复极化、缩短 QT 间隔并可能引起心室纤颤和突然死亡。发现功能丧失和功能获得两种 HERG 突变，两者都可以引起致命性的心律失常，这就强调心脏的正常电活动需要精细平衡离子通道的表达。

我们知道有关 K$^+$ 通道门的生物物理基础，是来自对果蝇 *Shaker*（K$_V$1.1）通道的研究。细菌 K$^+$ 通道和哺乳动物 K$_V$1.2 通道的结晶结构研究格外地洞察了通道功能结构的基础。发现包括 *Shaker*、K$_V$AP、K$_V$1.2 通道和 HERG 在内的 K$_V$ 通道是由四个相同的 α- 亚单元复合装备所组成，每个亚单元都包含六个 α 螺旋跨膜区 S1~S6。每个亚单元包括两个功能不同的调制区，其中一个感受跨膜电位（S1~S4）和另一个则形成选择 K$^+$ 通道的孔（图 15-4）。这个通道孔是不对称的，当通道门从关闭状态到开放状态，其尺寸是变化的。孔的细胞外端是狭窄圆锥形，称 K$^+$- 选择性滤过器，成为对 K$^+$ 传导最适合的结构。K$_V$ 通道的选择性滤过器，具有高度保守的 Thr-Val-Gly-Tyr-Gly 顺序（K$^+$ 通道的顺序），定位于孔螺旋的羧基末端。在每一个亚单元，侧链 Thr 的羟基或其他 4 个残基的羰基的氧原子对着狭窄的离子传导通路。总之，氧原子形成八面体的结合部位以协调脱水的 K$^+$ 排列，并由单个水分子分隔开。在 HERG，虽然 Ser 和 Phe 残基取代了 Thr 和 Tyr 残基，但假设这种选择性过滤的结构还是保留的。

低于选择性过滤器，孔变宽成充水区，称为中央腔，这是由 S6 α- 螺旋连接而成。在关闭状态下，四个 S6 区十字形交叉靠近细胞质界面以形成狭窄的小孔，由于小孔太小不能容许离子从细胞质进入。在对膜去极化起反应时，S6 α- 螺旋向外展开，因而增加小孔的直径允许离子通过。在细菌的 KcsA、MthK 和 K$_V$AP 通道，假设 S6 的一个保守的 Gly 残基，作为激活门的铰链。在 HERG，假定的 Gly 铰链突变改变了门的铰链，但不妨碍通道的开放。虽然 K$_V$1 和 K$_V$4 通道在同样的部位也有 Gly，一个不同的分子铰链可以介导通道的激活。假设这些通道的 S6 区在 Pro-Val-Pro 片段铰链，它定位在低于假设的 Gly 门铰链两个螺旋圈。

在 Pro-Val-Pro 片段部位，HERG 有 Ile-Phe-Gly。将 HERG 的这 3 个氨基酸进行交换，可创造出一个通道门，这个通道门处在开放与失活状态之间，但不能关闭。

HERG 通道的氨基 - 末端和羧基 - 末端区是与已知的结构区相似。HERG 的 N- 末端含有 PAS（Per-Arnt-Sim）区（图 15-4）。这个结构涉及蛋白质与蛋白质之间的相互作用，并介导原核细胞对环境的感受，以及真核细胞的转录调节。现在还不知道，人类 HERG 的 PAS 区是否有相似的功能。然而由完整长度的 HERG 与交替连接到变异（去除 PAS 区产生的快去激活）的 HERG 共同组装而成的异多聚通道是与天然 I_{kr} 通道相似的。C- 末端含有环核苷酸结合区（CNBD）。然而，cAMP 结合到这个区域对通道门只有很小的影响，在通道激活的电压依赖性方面只引起几毫伏的转移。环核苷酸结合区的突变影响在内质网的 HERG 通道信息处理和通道交流，但还不清楚这个区域对通道门是否有如同表达在眼睛内的视杆细胞和视锥细胞真正的环核苷酸门控（CNG）通道或如同表达在心脏的起搏器（HCN）通道那样起重要作用。

形成孔的 α- 亚单元与辅助的 β- 亚单元相互作用能够改变 K_V 通道的生物物理性质。例如，minK β- 亚单元与 KCNQ1 α- 亚单元共同组装形成的 I_{ks} 通道具有基本缓慢的激活作用。在异源表达系统，HERG α- 亚单元与一个称作 MiRP1（与 minK 相关的蛋白质 1）相关的 β- 亚单元结合，引起减低通道交流到细胞表面和更快的去激活速率。MiRP1 是高度表达在心室传导系统的浦肯野纤维和心房的起搏器细胞，但在心室肌和心房肌中它的表达非常低。基于这一表达模式和生物物理的研究，MiRP 不可能与传导系统以外的 HERG 相互作用。然而，突变或 MiRP1 的同质异形现象（polymorphism）是与心室节律不齐和 LQTS 结合在一起，表明在这些例子中对改变浦肯野纤维的电活动有作用。

二、HERG 通道门的基本结构

在心肌细胞首先鉴定出 I_{kr} 的生物物理特性，但克隆的 HERG 通道在卵母细胞和哺乳动物的细胞株异源表达，提供了对它作为不寻常的生物物理特性的结构基础的巨大洞察。跨膜电场提供了驱动 K_V 通道门的动力。HERG 和其他所有的 K_V 通道的原初电压感受结构，是 S4 α-螺旋区，这个区域的每三个部位就含有带正电荷的 Lys 或 Arg 残基。当膜去极化时，S4 向外运动。在膜电场内，HERG S4 的电压依赖性运动，能以小的瞬态电流或附着在 S4 区荧光孔上的荧光变化检测。两种技术揭示了电压传感器两个不同的成分，它们在动力学上几乎相差 100 倍。大量的电荷运动发生非常缓慢，并且能说明 HERG 通道激活的缓慢速率，以及意味着，在通道开放之前和在通道多次关闭状态之间的跃迁有大的能量屏障存在。能够很好地耐受用大量疏水的 Trp 残基取代 HERG 的 S4 中的六个荷电残基中的单个残基，这表明 S4 螺旋不是牢固地包装在邻近的螺旋上。S4 的诱变鉴定出 Arg531 作为 HERG 正确感受电压最重要的带正电荷的残基。Arg531 相应于 *Shaker* 的 S4 内第 4 个碱性残基，并假设在门控过程期间，它完全跨过膜对电场运动。在 S1~S3 内带负电荷的酸性残基，与 S4 的碱性残基形成瞬态的盐桥，以稳定 LAG（*ether a go-go*）和 HERG 通道的关闭、中间和开放状态。S2 和 S3 最外的酸性 Asp 残基对着外部二价阳离子的配位位置，这孔屏蔽盐桥的形成和转变 HERG 的电压依赖性在更正的膜电位状态下开放。

S4 区在对膜电位改变起反应时是如何精确地运动？这是一个引起热烈争议的问题。从 *Shaker* 通道大量的生物物理研究证据表明，S4 区只是稍微地移动（约 0.5 nm）。相反，X-射线结构和限度生物素评估研究 $K_V AP$ 通道提示，电压传感器像闸门一样运动跨过较大的距离（约 1.5~2 nm）。在定义电压传感器的结构基础和 K_V 通道激活门方面，虽然取得了颇大的进展，但负责偶联电压传感器到通道开放（电学 - 机械的偶联）仍未能得到很好地了解。$K_V1.2$ 通道结晶结构揭示，通过 S4~S5 连接者连接到孔的调制，一个无定形的 α- 螺旋接近细胞膜内表面平行运行，并在同一亚单元通过 S6 α- 螺旋 C- 末端部分。有人假设，S4~S5 连接的功能如同一根杠杆，把电压诱导的 S4 变化所驱动杠杆，推向 S6 螺旋，以关闭离子通道。包括 HERG 在内的各种电压门控离子通道的研究结果，支持 S4~S5 连接在通道门控制中起重要的作用。S4~S5 的连接和门的激活之间的直接相互作用，首先是从企图把正常无电压依赖关系的 KcsA 通道转变成电压门控通道得到了启示。如果 S4~S5 连接和门的激活部分是从 *Shaker* 衍生出来的，那么 *Shaker*/KcsA 嵌合体通道门只是一种电压依赖的方式。在 HERG，S4~S5 连接的特殊残基（Asp540）与 S6 的 C- 末端区（Arg665）之间的静电相互作用，稳定关闭的通道构型。除了帮助解决 S4 运动的争论外，单个 K_V 通道的开放和关闭的结晶结构，极大地帮助我们了解其电机械偶联机制。

业已鉴定出两个不同的 K_V 通道失活的机制。当原生质的一个球形结构陷入单个亚单元的 N- 末端阻塞通道的内口时，则发生快速的"N- 型"失活。切掉 N- 末端区可消除 *Shaker* 的快速 N- 型失活，并揭示出慢得多的"C- 型"失活。在 *Shaker* 的孔螺旋单个残基发生突变（Thr499Val）可消除 C- 型失活。虽然 HERG 通道的失活是非常快的，但不大受去除 N- 末端的影响。然而，与移除 *Shaker* C- 型失活 Thr449Val 同源的 Ser631Val 突变，则可消除 HERG 的失活。因此，利用比在 *Shaker* 或其他 K_V 通道观察到的快得多的 C- 型机制，可使 HERG 失活。通过研究 HERG 以外的其他 K_V 通道所推断的 C- 型失活机制，认为是上述选择性滤过器的轻微收缩，而且只有当最外边的 K^+- 结合部位未被离子占据时，这种收缩才会发生。

三、药物诱导的 HERG 通道阻断

普通的药物能延长 QT 间隔，并导致与遗传 LQTS 相似的 TdP 效应。如同世界卫生组织所持有的药物监督数据分析指出，这种毒性是广泛存在的。由抗心律失常药物奎尼丁（quinidine）所引起的药物 - 诱导的 TdP 是相当常见的副作用。然而由抗心律失常以外的其他药物诱发的 TdP 是罕见的。例如，cisapride- 诱发的 TdP 出现，尽管只占用这种药的患者的 1/120 000。无论如何，用像 cisapride 或 terfenadine 这一类药物来治疗非威胁生命的肠胃病或过敏症，对这种风险水平也是不可接受的。因此，人们认同将这些稀少的能诱发 TdP 药品（其中包括 cisapride、sertindole、grepafloxacin、Terfenadine 和 astemizole 等）从市场上去除，或限制这些药物的使用。由于心脏的一些 K^+- 通道中功能丧失突变，能引起的遗传性 LQTS 和 TdP。然而在临床实践中，药物 - 诱发的 QT 延长和 TdP 是由于直接阻断 HERG 通道、干扰 HERG 通道交流到细胞表面或药物与药物相互作用（如干扰代谢），最终导致 HERG 通道电流减小而引起 QT 延长和 TdP 的。这提出了一个明显的问题，为什么在实践中阻断 HERG 通道会引起药物诱发的心律失常？如同下面将要讨论，这个问题的答案可能是 HERG 有结构上的特点，与其他 K^+ 通道相比，它更能有效地适于与药物相结合。

具有不同结构的化学试剂能阻断 HERG，这些化学试剂包括一些治病的药物，如：抗心律失常药、精神药物、抗组织胺药和抗生素等。一般这是很难预见得到的，然而这种不可预见性，妨碍通常药物设计中探讨避免心律失常的副作用。但是，并不全都是没有希望，因为基于有限的和很好地显示化合物特性的药物模型具有某些预见的价值。当今在临床安全评估之前，药物公司共同实现对 HERG 通道活性化合物的筛选。这种方式有一定的局限性，

因为诱导阻断 HERG 的药物并不都是延长 QT 间隔或诱发 TdP。药物另外的活性（例如，能阻断 L- 型 Ca^{2+} 通道）也能抵消 HERG 通道阻断对心脏动作电位持续期的影响。测定 HERG 电流比用动物评估 QT 间隔变化和心律失常风险，更适用于筛选药物。最近基于平面膜片钳技术发展出的高性能膜片钳仪器可提高这些筛选药物的功效。

与其他 K_v 通道相比，HERG 对药物阻断异常地过敏，提示它有独特的连接部位。用一个 Ala- 扫描诱变方式鉴定 HERG 与一些药物相互作用的残基，发现孔内的残基个别地突变为 Ala，并评估了所产生的突变通道对 HERG 强力阻断剂的敏感性。两个位于孔螺旋基部的极性残基（Thr623 和 Ser621）和两个位于 HERG 亚单元 S6 区的芳香族残基（Tyr652 和 Phe656）可降低一种强力抗心律失常药物 MK199 的亲和力。发现相同的残基对 cisapride、terfenadine 和一些其他不同化学和治疗种类药物的结合也是重要的。所有这 4 个残基的侧链取向都对着这个通道的大中央腔，这与观察到只有通道开放后，这些药物才能阻断 HERG 通道是一致的。在 K_v 通道这两个残基（Thr623 和 Ser624）是高度保守的，并且因此容易解释 HERG 被药物漫无目的地阻断。然而两个 S6 残基（Tyr652 和 Phe656）是不保守的，大部分 K_v 通道在同系部位是 Ile 和 Val。进一步诱变鉴定出这两个 S6 残基的相关生理特性。被 cisapride 和 terfenadine 对 HERG 强力的阻断需要在 625 部位有一个芳香族残基，提示阳离子可能是重要的：在药物的带正电荷的 N- 端和 Tyr652 之间相互作用。已鉴定出相同的药物与 Phe656 强大的疏水引力。可能排列在两个同心圆环上的多个芳香族侧链（每个通道有 8 个）能适应多种和复合的特殊相互作用，部分可以解释 HERG 阻断剂的惊人的化学多样性。

总之，自从 1994 年发现 HERG 以来，引起了人们对它的巨大注意，这是因为遗传突变或药物诱发的离子通道的阻断增加了致死性的心律失常的风险。尽管进行了强力仔细的研究，有关 HERG 通道的生理功能和通道门控机制的许多问题仍有待解决。与对它们在心脏复极化过程中得到很好了解的作用相比，在中枢神经系统中 HERG 通道的生理功能的了解很差。因为心血管表型是如此严重，以前勿视 HERG 突变可能引起敏感的神经系统异常。在肿瘤细胞中 HERG- 通道的表达是上调的。但有一点仍有待决定，究竟这是一起关键事件，或只是伴随细胞增殖的基因表达的许多变化之一。

现在对遗传性 LQTS 的治疗，包括用 β- 肾上腺素阻断剂，如果药物治疗不行，则随后用埋藏除颤器。由于努力筛选以避免阻断 HERG 通道的药物，而导致最近发现一些新的化合物能增加通道的活性。这些研究需要测定，是否这些激活剂能安全地抵消在 LQTS 时减低的 HERG 通道电流的后果。虽然似乎已经鉴定出药物结合部位的一些残基，显然不是所有的药物都以相同的方式与 HERG 相互作用。还需要进一步研究以解释的，特别是为什么 HERG 通道被如此多的不同的药物所阻断？不管这种杂乱无章的机制如何，配体的停泊处和受体同系物模型的结合，以及定量的结构与活性关系的分析，可提供最好的希望，以真实预示评估新的化合物潜在的结合 HERG 的亲和力。

第七节　人工生物窦房结起搏器

在前面我们已经提到，正常心律起源于解剖学上位于右心房的窦房结。由于年龄老化或疾病导致窦房结功能失常，产生各种各样的心律失常，这就必须植入电子起搏器。虽然功能作用仍有待剖析，超极化激活环核苷酸调制的通道（HCN）基因编码的 I_h 电流，在起搏过程中是一个关键的角色。从病理生理学考虑，人类的 HCN 突变，与窦房结功能障碍有联系。迄今，已鉴定出四个 HCN 的异构体，即 HCN1~HCN4，每一个异构体都有不同组织分布模式和生物物理特性。在窦房结中有两个主要异构体，HCN1 电流的时间依赖的开放速度大约比 HCN4 的快 40 倍；最快的异构体（HCN1）在大约 -80 mV 时，激活开放的时间常数在数秒范围内。

HCN1、HCN2、HCN3 和 HCN4 用相同的化学计量法共同组装，容易形成异四聚体，后者的特性不容易从单个异构体进行预测。因此天然的 I_h 电流有复杂的分子同一性，这取决于表达的物种、组织类型和特定的异构体。此外，新生儿心肌细胞的 HCN 比成年的和其他哺乳动物的表达系统的对应物（HCN），在更正的膜电位下激活，这提示 I_h 电流的门控特性是依赖于各种因素。虽然 HCN1 或 HCN2 能自发地发放电脉冲，表达新生儿左心房的细胞的 I_h 加快它们的发放速率，野生型离子通道，单独是不能满足诱发成年左心室静止的心肌细胞起搏，这是由于 I_h 有负的膜电位时才激活的特性，因而在较正的膜电位时失去了固有的激活能力。因此，单个 HCN 异构体简单表达是很难复现天然的 I_h。Tse 等采用工程建造 HCN1-EVY235-7ΔΔΔ（或 HCN1-ΔΔΔ）通道的优点，通过删除残基 235 至 237 对称缩短 S3~S4 连接以利于通道开放，并补偿依赖前后关系的门控效应。他们推测，在心房或心室的心肌细胞单独过表达的 EVY235-7ΔΔΔ 通道足以模拟天然异多聚窦房结的 I_h，而不需要同时操作多种 HCN 异构体的表达水平和（或）其他可能存在于窦房结（但不是心肌细胞）内改变了的亚单元和其他因素。实际上他们的实验表明，当 HCN1-ΔΔΔ 通道表达在天然的心房或心室的心肌细胞时，这个通道呈现的模拟天然异多聚窦房结 I_h 生物物理特性比野生的离子通道好得多。为了进一步探索工程 HCN 通道用于治疗的潜力，聚焦原位表达 HCN1-ΔΔΔ 在左心室和左心房对脉冲产生和传导的影响，用在活体内或体外各种图像技术做进一步考查。

用从荷兰猪心脏分离出来的左心室单个心肌细胞，以重组的腺病毒 Ad-CMV-GFP-IRES-HCN1-ΔΔΔ 在活体内唯独自动地显示出正常的发放率〔（237±12 次）/min〕。注入 Ad-CGI-HCN1-ΔΔΔ 的 Langendorff- 灌流心脏的离体高分辨率光学成像揭示，从左心室的转换区可产生自发的动作电位。为了阐明这种手段对心房起搏的可靠效力，他们通过导入射频切除天然的窦房结以形成病态窦性综合征，接着埋藏双导程的电子起搏器，以防止心动徐缓而诱发血流动力学的虚脱。有趣的是，有病态窦性综合征动物左心房 Ad-CGI-HCN1-ΔΔΔ 的转换，可以在活体内"人工生物窦房结"重复诱发稳定的儿茶酚胺的反应，而且后者还呈现生理的心脏节律，并能可靠地使心肌起搏，实际上减低了对电子起搏的依赖。

目前看来，由于电子起搏器还存在一些问题，用"人工生物窦房结"来代替，可能是富有美好前景的尝试。

参考文献

[1] van Bemmelen MX, Rougier JS, Gavillet B, et al. Cardiac voltage-gated sodium channel $Na_v 1.5$ is regulated by Nedd4-2 mediated ubiquitination. *Circulation Res*, 2004, 95: 284-291.

[2] De Bruin ML, Petterssen M. Meyboom RHB, et al, . Anti-HERG activity and the risk of drug-induced arrhythmias and sudden death. *European Heart Journal*. 2005, 26: 590-598.

[3] Ehrlich JR, Pourrier M, Weerapura M, et al. K_v LQT1 modulates the distribution and biophysical

properties of HERG. *J Biol Chem*, 2004, 279: 1233–1241.

[4] Kaupp UB, Seifert R. Molecular diversity of pacemaker ion channels. *Annu Rev Physiol*, 2001, 63: 235-257.

[5] Robinson RB, Siegelbaum SA. Hyperpolarization-activated cation currents: from molecules to physiological function. *Annu Rev Physiol*, 2003, 65: 453-480.

[6] Sanguinetti MC, Firouzi MT. hERG potassium channels and cardiac arrhythmia. *Nature*, 2006, 440: 463-469.

[7] Tse HF, Xue T, Lau CP, et al. Bioartificial sinus node constructed via in vivo gene transfer of an engineered pacemaker HCN channel reduces the dependence on electronic pacemaker in a sick-sinus syndrone model. *Circulation*, 2006, 114: 1000-1011.

第十六章

离子通道与呼吸系统的生理功能和疾病

哺乳动物串联孔区离子通道家族，包括 TWIK、TREK 和 TASK 三个家族，其中 TASK 双孔钾离子通道编码背景性钾电流，调节细胞的兴奋性。这些通道广泛地表达在中枢和外周各型兴奋性和非兴奋性细胞。它们广泛地接受各种理化因子、神经递质和多种临床药物的调控，而且调控机制也是纷繁复杂的。基因敲除模型的建立为研究这些通道的功能以及特异性的离子通道阻断剂，提供了较精确的研究方法。TASK-1 通道在呼吸节律的形成与调节、外周呼吸化学感受、调节通气血流比值，维持正常的肺换气、调节舌下神经核的兴奋性，维持颏舌肌的张力、调节上气道阻力和开放状态，防止上气道阻塞和阻塞性睡眠呼吸暂停（OSA）发生等方面，均起着重要的作用。

第一节　离子通道与呼吸节律活动

产生节律活动的神经网络的输出，不仅由突触间的联系而且也由神经元固有发放特性所决定。这些固有的发放特性是由表达在神经元上的各种离子通道电流相互搭配而决定的。除了整形（shaped）振荡（oscillation）或双稳态（bistability）这一类神经元固有的基本发放特性外，电压依赖性电流还能改变神经元对突触输入的反应。这些电流也受到颇大的神经调制机制的控制，以再整形（shaped）运动模式运作。我们现在要讨论的是，这些电流如何整理包括周期频率、发放强度、簇持续期和振荡持续时间在内的节律现象的各种参数，也要讨论有关产生这些电流的离子通道，以及这些离子通道在运动神经元网络上的定位。

一、持续钠电流（I_{NaP}）

电压敏感和 TTX- 敏感的 Na^+ 电流典型地可分为两类：①快速失活驱动的动作电位脉冲电流；②低阈值持续电流（I_{NaP}）。后者的作用是启动并保持张力性或爆发性动作电位的发放。在呼吸时调制重要模式发生器中，已详细研究了 I_{NaP} 的作用。产生呼吸节律的混合起搏器 /网络模式，与前包钦格（pre-Bötzinger）复合体的中央吸气起搏器神经元核团相结合，而某些具有节律性爆发特性的复合体，则通过兴奋性突触相互作用而具有爆发特性。这个神经元核团，发出定时的呼吸信号到构成呼吸运动的较大网络。在这个模型中，若干种离子电流整形起搏器神经元的基本振荡特性。其中最重要的参数是 I_{NaP} 的失活动力学和从失活恢复的动力学，以及 I_{NaP} 与漏钾电导之间的比值。Del Negro 等对混合的起搏器 / 网络模型，提供了直接的证据。他们测定了前包钦格复合体的持续膜电流、膜特性、爆发（bursting）行为和非爆发行为。大鼠的前包钦格复合体的所有神经元都具有 I_{NaP}，而且这种电流具有像用去极化斜波（ramp）电位刺激时，所看到的对 TTX- 敏感的负斜率电导区一样。起搏器神经元比非起搏器神经元，有更高的 I_{NaP} 和更低的漏钾电流，但这些数值有较大的差异。然而，如同模型所提示的那样，就 I_{NaP} 与漏钾电流之比而言，起搏器神经元的比值明显地高于非起搏器神经元的。另外还有进一步支持这个模型的证据，即用选择性阻断剂 (riluzole) 部分阻断 I_{NaP}，可使神经元动作电位的簇发放消失。有人报道，有两类簇性起搏器神经元，一类簇有较高的频率和较短的持续期，加 TTX 能使之消失，但 Cd^{2+} 则不能；而第二类有较低的频率和较长的簇持续期，既能用 Cd^{2+} 也能用 TTX 使之消失。第二类起搏器神经元，依赖于 Ca^{2+} 电流或 Ca^{2+}- 激活的内向电流以及 I_{NaP}，它可能提供小鼠神经元爆发机制的多样性。快的 I_{NaP} 也涉及猫脊髓运动神经元的动作电位的爆发，但这些爆发机制与呼吸节律的相关性还不清楚。Del Negro 等发现，甚至用 riluzole 使神经元簇动作电位消失后，吸气运动模式的频率仍不改变。这提示呼吸节律可能是神经网络显露出的特性，而不是依赖于神经元的簇发放特性。可能有多种后备的机制以维持呼吸的节律。Smith 等也提出了从起搏器驱动网络到一个纯粹被交叉突触相互作用所驱动的网络的动态转换模型。

I_{NaP} 也可能给树突的突触信号提供电压依赖性的助推力，在某些情况下，这就足以诱发平台电位。给八目鳗的脊髓细胞内注入阻断钠离子通道的 QX314，在较高的浓度下也可阻断钙离子通道，明显地减低脊髓神经元的突触后反应。瞬态和持续 Na^+ 电流的区别，在生理学上是重要的，但可能不反映两群不同的离子通道。Taddese 和 Bean 提供了生理学的证据，从乳头结节上的细胞能记录到 I_{NaP} 的通道电流，也同样能记录到奠定动作电位基础的快速 Na^+ 电流。他们主张持续的 Na^+ 电流，是由于快速 Na^+ 电流不完全失活而引起的。并且基于对 TTX 的敏感性和缓慢的失活过程，他们主张快速和持续的 Na^+ 电流，两者都来自相同的通道。

二、HCN 介导的起搏器电流（I_h）

在前一章我们已提到超极化激活的内向电流（I_h）是由四个基因（HCN1~HCN4）编码的通道产生的电流。这些基因编码的通道，有灵敏而又不相同的电压依赖关系，但动力学差别则非常明显。在阈电压时，I_h 激活和失活相当慢，表明这种电流对阈下电流，对启动张力式或爆发式（簇）放电有贡献。在新生的大鼠脊髓，运动神经元上有明显的 I_h。然而在生理膜电位下，这些脊髓神经元的激活和失活动力学是缓慢的，在运动周期，I_h 改变它的激活状态不明显。动态钳位研究表明，I_h 起去极化漏电流作用，有助于张力性地去极化神经元，推进到启动动作电位的发放和增加发放频率。从下行连合的中间神经元，也得出了相似的结论。

在呼吸中央模式发生器上，少数吸气神经元含有 I_h，然而几乎 90% 的二型起搏器神经元都具有 I_h。用 ZD7288 阻断 I_h 后，明显地增加簇发放周期的频率，这可能是由于减少起搏器神经元的输入电导，因而增加了细胞的兴奋性。这些结果表明，I_h 在起搏器节律发生过程中，起调制作用，而不是不可或缺的作用。ZD7288 诱发的运动模式，与在缺氧最初的放大反应的运动模式相似，这可能为电流放大作用提供了部分的离子机制。

在甲壳类动物的口胃神经节（STO）上的外侧幽门（LP）神经元经历后抑制反弹时，幽门运动模式，是节律性簇。通过增加后抑制反弹，多巴胺和含红色素的激素（RPCH）两者都能增加 LP 神经元的动作电位发放。两者也增加由 I_h 所驱动的超极化诱发的下垂（sag）电位：多巴胺通过去极化的电压依赖性 I_h，激活和加速激活而实现这种效应。I_h 在调节递质释放过程中也起重要的作用。5-羟色胺和 cAMP 升高，增加龙虾神经肌肉节点处的递质释放，部分是由于去极化轴突引起。I_h 阻断剂降低突触电位振幅的增加和轴突的去极化。这些结果提示，5-羟色胺至少是部分通过直接增加 cAMP 依赖的电流 I_h，而增加释放。I_h 阻断剂也抑制由于延长高频刺激而诱发的长时程易化作用（LTF）。肌动蛋白丝断裂，阻断 cAMP-和 LTF-诱发的下游的突触增强。有趣的是，一旦 cAMP-依赖的突触易化作用启动后，它能继续进行下去，与 I_h 增加或肌动蛋白无关。此外，LTF-诱发贴上突触增强"标签"的突触，随后能发生 cAMP-依赖的突触增强，与 I_h 或依赖肌动蛋白丝断裂的一步无关。只有当 I_h 增加与提高突触前的 Ca^{2+} 浓度相一致，在 LTF 期间才能发生贴标签事件。这一机制可能奠定了运动网络中许多神经调节器上，所见到的长时程突触增强的基础。

三、钙电流

钙离子通道电流是去极化电流和 Ca^{2+} 两者的源泉，Ca^{2+} 控制神经递质的释放和活细胞内的反应。实际上，在所有的节律运动网络中，钙成像显示，节律性簇是与细胞内钙振荡相关。这些钙信号的来源和它们与神经元节律活动的关系，构成当今研究工作的主要挑战。

钙电流有助于产生双稳态，在部分增加钙电流的情况下，5-羟色胺就能诱发甲壳类动物的 STG 神经元和龟的运动神经元的平台电位，然而这只是反应的第一步。龙虾 Ca^{2+} 的进入激活慢的非选择性阳离子电流（I_{CAN}），没有固定的敏感度维持去极化平台。而乌龟不涉及 I_{CAN} 进入激活钙调蛋白依赖的 L-型电流增加的过程。八目鳗脊髓运动神经元，含有已知的所有各类型的钙离子通道，其中 N-型钙离子通道占绝大多数。N-型钙离子通道的阻断剂，抑制大约 50% 的兴奋性和抑制性的突触传递，也减低钙激活的钾电流（$I_{K(Ca)}$），后者使簇发放结束。因此，N-型钙离子通道的阻断，降低运动簇发放的频率，增加簇发放的持续期。L-型钙离子通道似乎不涉及运动期间的传递，或对 $I_{K(Ca)}$ 的控制。尽管对蠕虫，阻断 L-型钙离子通道可减低簇发放周期的频率和增加运动神经元的簇。P/G 型钙离子通道的阻断对运动很少或没有影响。新生小鼠脊髓，在感觉诱发或自发的运动样活动期间，运动神经元的钙水平发生振荡，以波的形式和头-尾的方向扩布。波反映在运动期间屈肌（更靠近头端）对伸肌（更靠近尾端）运动神经元交替发放，并可简化它们正确的协调活动问题。新生小鼠表达在运动神经元上的免疫反应似乎是弱的，此时 L-型钙离子通道的药物不影响运动样活动。小鼠出生后 7 d，L-型钙离子通道免疫反应增加，并且 Nifedipine 可减低运动神经元簇动作电位的振幅和持续期，但不减低簇发放周期的频率，这表明 L-型钙离子通道对"起搏"不起主要作用。对于较年长的小鼠，运动神经元主要的高电压激活（HVA）的钙电流是 N-和 P/G 型钙离子通道的电流，还有较少量的 L-型和低电压激活的 T-型钙离子通道电流。这些发育的研究表明，在运动期间，新生与较成熟的动物之间，钙电流的作用是可能有变化的。目前很少知道有关钙离子通道的细胞定位，这明显地影响它控制神经元活动的作用。对于成年小鼠，L-型 α1c 通道选择性定位在运动神经元的胞体和树突近端；而 α1d L-型钙离子通道则主要是在细微的突起和整个脊髓的突触上。在模式运动期间，水蛭控制心率的中间神经元电视成像显示，细胞内钙发生节律振荡，这在整个神经丛是相当一致的。低阈值钙电流和梯度突触传递之间的钙信号有很强的相关。利用高时间和空间分辨率的多光子显微镜发现，龙虾的口胃幽门扩张肌神经元具有相当罕见的"热斑点"为去极化诱发的钙进入，这些斑点定位在细微神经丛的突触样膨大部分。钙快速地从这些斑点部位扩散到神经丛的邻近区域。这些"热斑点"相对稀少的出现，是与在 STG 的两个神经元之间的突触数目少（少到只有两个）相一致。

四、钾电流

（一）钙激活的钾电流（$I_{K(Ca)}$）

增加细胞内钙所激活的钾电流是小电导和与电压无关的小电导（"SK"）钾电流，或是被钙和电压双重调节的大电导（"BK"）钾电流。它们有不同的动力学特性，使之影响神经元活动范围，从尖峰电位就终止，到平台电位才终止。八目鳗 apamin- 敏感的 SK 通道，主要由通过 N- 通道进入的钙激活，在超极化后产生尖峰电位。通过延缓它的终止，apamin 也能延长运动神经元的簇发放，并因此而减低簇发放周期的频率。同样，涉及咀嚼的三叉运动神经元，apamin 延长簇发放的持续期和增加尖峰电位的频率。

$I_{K(Ca)}$ 也能定位在突触前神经末梢上，通过物理上与钙离子通道的相互作用，能调节递质的释放。有人对 Elegans 突变作了基因筛选，调节递质释放的突变 Elegans，只得到一个离子通道突变，是 SLO-1 BK 通道上。这提示 $I_{K(Ca)}$ 在调节递质释放中的重要作用。

（二）瞬态钾电流（I_A）

在静息状态下，瞬态钾电流几乎完全失活，超极化可去除失活，然后去极化再激活而产生电流，延缓尖峰电位和簇发放的启动。与电压变化广泛的依赖性和动力学一致，有一些变数使这种 I_A 电流起不同的作用。从用甲壳类动物 STG 的幽门网络来的输出使 I_A 整形。当用 4- 氨基吡啶降低这种电流时，周期频率增加，神经元簇发放相位超前，细胞以较快的频率放电。通过 I_A，可减低或增高多巴胺重构幽门运动模式。克隆的龙虾 *Shaker* 或 *Shal* 的基因类似物，都受到明显的 RNA 交替连接，得到具有不同特性的各种 A- 型电流。*Shal* 免疫反应是选择性定位在 STG 内的神经元胞体和神经丛上，而 *Shaker* 的免疫反应则定位在神经节外面的轴突上。单细胞 RT-PCR 研究发现，在六个幽门型细胞上 *Shal* 免疫反应表达的数量与 I_A 之间为线性关系。实验证明在 STG 内，*Shal* 编码 I_A 培养的八目鳗神经元有不同类型的 I_A，具有很高的阈值和快动力学，与脊椎动物的 $K_V3.4$ 通道相似。当用儿茶酚胺阻断这一电流时，从神经元记录到的动作电位较大和较宽，然而用递增的去极化阶跃（step）方波刺激时，这些神经元只发放少数尖峰电位，这是由于 I_{Na} 失活积累所引起。在 NMDA 诱发运动期间，儿茶酚胺增加簇发放周期的频率，但减少运动神经元的尖峰电位 / 簇发放比的数目，缩短运动神经元簇的占空因数。这些资料表明，I_A 通过有利于 I_{Na} 从失活恢复，以维持神经元的持续发放。

（三）延迟整流器钾电流（$I_{K(r)}$）

延迟整流器钾电流主要负责尖峰电位的复极化，$I_{K(r)}$ 的变动，可以改变运动神经元的输出。在爪蟾胚胎发生游泳的脊髓网络中，谷氨酸诱发的 ATP 释放，有助于游泳动作的演变。ATP 通过轻微降低快速激活影响尖峰电位阈值和宽度的非失活钾电流，可增加神经元的兴奋性和游泳运动模式。通过细胞外的外核苷酸酶，把释放出的 ATP 降解成核苷，再通过减少 N- 型钙电流，使腺苷对游泳模式起抑制作用，最终导致游泳结束。爪蟾脊髓神经元负责使尖峰电位变窄的基因，已部分得到了阐明。爪蟾的 $K_V3.1$ 通道具有与前面叙述的一些通道相似的特性，在发育的第 22 阶段显示出 $K_V3.1$ 通道，并在体内和体外发育的时间过程与尖峰电位变窄的时间过程相平行。$K_V1.1$ 和 $K_V2.2$ 通道也表达在脊髓神经元上，但它们的时空窗口更局限。

（四）其他钾电流

毒蕈碱增加成年龟脊髓运动神经元的兴奋性，部分是通过促进 L- 型钙离子通道电流，但也通过降低 M- 型钾电流的最大电导。XS991（一种 KCNQ 通道的阻断剂）编码 M- 电流，模拟毒蕈碱的效应。

ATP- 调节的钾离子通道电流（K_{ATP}）通道是由细胞内 ATP 负相调节（参阅第十七章），因此，它们能作为细胞内代谢的指示剂。前包钦格复合体的吸气神经元具有 K_{ATP} 通道，这种通道能被压力和激活 G- 蛋白的试剂所激活。缺氧导致 ATP 水平降低，并且释放 G- 蛋白激活的神经调质。在缺氧时 ATP 电流明显增加，这可能对最终抑制呼吸节律有贡献。

TWK 或 KCNK 钾离子通道基因（每个亚单元具有双孔区编码的通道）已经从分子生物学水平显示其特征，但对其生理功能还了解得较少。这些漏钾离子通道有助于建立静息电位，并且能被神经递质、pH、机械转换或温度的调节。在本章的下一节将对这些钾离子通道作进一步更详细的叙述。

有关整形运动神经网络中神经元和突触特性的知识是不完整的。几乎不能定量地说明整形网络活动的主要离子通道电流。似乎在不同的系统有多种离子机制，整形节律运动的每个时相，例如，通过突触驱动、I_{NaP}、I_h、I_T 或低 K^+ 通道电流都能启动动作电位的爆发，常是结合应用这些机制。重要的一步是，鉴定编码不同离子通道的和神经元其他特异标志的基因。这有助于在复杂系统中鉴定细胞类型，促进对奠定节律行为的神经网络的了解。人们可以运用遗传学的方法，或通过急性基因过表达或抑制来操控基因的表达，了解这些基因的发育模式也是关键的，特别要对人们共同利用的未成年实验动物的那些基因的发育模式进行了解。最后对特殊基因产物的抗体研究，将使我们有可能对单个神经元的特定区域，做出离子通道图谱，表明在神经丛中的定位和非常不同的功能。这些分子生物学的方法，将从根本上改变我们有关神经网络如何产生节律运动模式的观点。

第二节　双孔钾离子通道

从前一般认为钾离子通道的结构片段是高度保守的 8 个氨基酸序列，由每个通道排列成 α- 亚单元的 P（孔）区所构成。Ketchum 等报道了一族离子通道。其中第一个成员是酵母钾离子通道 TOC1，它在一个连续的多肽内包含有两个 P 区域，这种离子通道含有 8 个跨膜区和两个 P 区（图 16-1），因此看起来好像摇动型（shaker type）通道和 IRK 型通道融合在一起。后来也发现了另外一种两孔通道，它们的结构与 TOC1 通道不同，含有 4 个跨膜区和两个 P 区（4TM/2P 原始模型），因此看起来好像双重的 IRK 型通道的结构。已经发现多达 50 个基因编码 4TM/2P。从哺乳动物中已经克隆出 9 个不同的钾离子通道，用基因符号命名为 KCNK 家族。它们对电压的依赖性，从弱的内向整流电流到外向整流电流，而且有些通道完全与电压无关，因此代表了新的一组"背景电流离子通道"。

除了电压门控和配体门控离子通道外，分子构造的活性对一些离子通道的门控特性更为重要。1995 年以前，把钾离子通道的亚单元看作只是一个孔的区域，而且这一区域编码电压门控离子通道或内向整流通道。然而后来鉴定出的酵母钾离子通道 TOC1，当它表达并形成有功能的离子通道时，它的激活与 K^+ 的平衡电位相偶合，并且在细胞去极化时有大量的外向电流通过，所以它就叫 TOC1（两个孔区域的外向整流钾离子通道）。我们现在知道，在较高的基因组内串联孔区亚单元是很丰富的，其中有一已经被克隆出来，并有功能表达，其特性与哺乳动物的 TAEK1 相似。其中有一个已克隆出的亚单元与有缺陷的酵母钾离子通

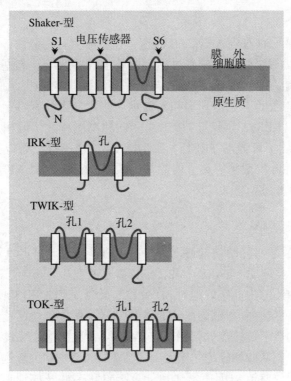

图 16-1 双孔钾离子通道家族分子结构模式图

道互补，以运输 K^+。哺乳动物的串联孔道区是假想的 4 个跨膜区，其侧面有两个孔区。在这一基本的膜拓扑图内，浮现出一些结构框架：①许多孔区含有非典型的选择过滤子（GXG，X 是除了酪氨酸以外的任何氨基酸），在第一个跨膜区 TM1 与第一个孔区 P1 之间；②有一个大的细胞外环（50~70 个氨基酸）存在，在这个区域内，单个氨基酸残基不是很保守的，这一区域的大小，在很大程度上与其他钾离子通道的相应片段相关；③在 P1 区（第一孔后区）后的区域是很保守的。这些亚单元不含对电压敏感、相似于 S4 区域的氨基酸排列顺序，这一点与 K_{ir} 通道家族的内向整流器钾离子通道相反，在内螺旋中它们失去了带电荷的残基。哺乳动物串联孔区家族，包括 TWIK、TREK 和 TASK 三个家族，下面分别进行介绍：

一、TWIK 家族

哺乳动物串联孔区离子通道亚单元，主要根据其功能特性进行命名。串联孔区弱的内向电流整流钾离子通道（TWIK-1 和 TWIK-2）是普遍存在的。TWIK-1 的内向整流作用是取决于内部的镁，这一点与 K_{ir} 通道家族的钾离子通道相似，然而与 K_{ir} 通道家族不同的是，对此反应的 TWIK-1 的氨基酸残基仍尚未鉴定出来。我们的确已知道，在异源的和对还原试剂敏感的天然细胞中，TWIK-1 形成一个共价连接的二聚体，这种结构模式，可以设想是涉及在 TM1-P1 环内细胞外半胱氨酸的亚单元之间，有二硫键存在。除了 TASK-1 和 TASK-3 以外，所有克隆出的哺乳动物亚单元串联孔区，在细胞外 TM1-P1 环内都有保守的半胱氨酸，这提示与 TWIK-1 相似，其他 KCNK 亚单元，可能都通过相似的二硫键与四个孔区形成有功能的同型二聚通道。

二、TREK 家族

TWIK 有关的钾离子通道与 Aplysia S 通道，在功能上有相似性，包括可用花生四烯酸（arachidonic acid）和机械牵张，可使其激活。此外也观察到与 5- 羟色氨受体偶联、cAMP-介导的 TREK-1 的抑制。TREK-1 的 C 端参与了一些这种基本性能。在高剂量的条件下，亲脂性分子对 TREK-1 的激活不能达到饱和，提示这些化合物没有特定的作用位置。另一个与之密切相关的通道 TREK-2 具有与 TREK-1 相同的功能特性，但相对有选择性地表达在小脑组织，细胞内的质子可激活 TREK-1 和 TREK-2，这一特点可以把它们与其他 KCNK通道区分开来。挥发性麻醉剂是一类重要的临床试剂，能调制 KCNK 通道（包括 TREK-1、TREK-2 和 TASK-2）的活性。

三、TASK 家族

细胞外质子（H^+）是哺乳动物的许多串联孔区钾离子通道（与 TWIK 有关的酸敏钾离子通道：TASK）的重要调质。TASK-1 和 TASK-2 通道在生理 pH 范围（分别为：明显的pK7.3 和 7.6 外部 pH 单位）内能很好地对 pH 变化起反应，而 TASK-3 通道则在更酸（pH<7）的条件下被抑制，并常在缺血和感染的同时观察到这一现象。业已鉴定出孔环的组氨酸残基是起 TASK-3 通道的质子传感器的作用。在 TASK-1，这些组氨酸残基是保守的。TASK-1和 TASK-3 都有明显的氨基酸顺序的同序性，而与 TASK-2 则相关较远。

TASK-1 是一种开放整流器钾离子通道，意味着它遵循开放通道的 Goldman-Hodgkin-Katz（GHK）电流方程式。与 TRAAK 共同具有这一特性。除了细胞外的质子外，细胞内质子也抑制 TASK-1 的活性。有报告指出，在大鼠的脑干和脊髓的运动神经元都有 TASK-1 表达。这些神经细胞的 TASK-1 通道的活性受神经递质的调制，而这些受体与 G 蛋白的 $G\alpha_{/11}$ 类相偶联。与 TASK-1 相关的是小脑的颗粒细胞的静态外向电流（IKso），但 TASK-3 亚单元参与这些电流仍不能排除在外。TASK-1 在心脏组织也有重要的作用，它产生持续的平台电流（I_{Kp}）。由于它对花生四烯酸敏感，所以称之为 TRAAK，但也被各种不同的多碳不饱和脂肪酸所激活。其他 KCNK 包括（TREK-1 和 TREK-2）通道也被不饱和多烯脂肪酸所激活。TRAAK 表达主要局限在神经元的胞体上，但在轴突和树突上也能检测到。TRAAK 与其他KCNK 亚单元有区别的结构特征，是它具有丰富的脯氨酸的细胞内 C 端区域。人类 TRAAK和 KCNK7 拓扑图相应于染色体 11q13。这些基因的顺序和取向目前尚未确定。然而这些亚单元可能都是在共同机制的调控下。异源或天然细胞中，还没有检测到 KCNK7 在细胞表面的表达。

总之，串联孔区的钾离子通道受许多化学和机械刺激的调控，但它们是拮抗一些传统钾离子通道的抑制剂（最明显的为：TEA 和 AP_4）。因此，关键的生理作用问题是分离出特异而又有效的 KCNK 活性调制剂。

第三节　TASK-1 和呼吸调控

在上一节中曾提到，TASK-1 属于 KCNK 基因家族成员，具有四次跨膜和双孔结构的拓扑学异构特点，形成功能性同源或异源二聚体。目前，由于应用双孔钾离子通道基因敲除小鼠模型，大大地促进了 TASK-1 生理功能的研究。TASK-1 电流可以被细胞外酸和低氧的刺激所抑制，被碱性细胞外环境所激活，并接受多种中枢神经递质、吸入麻醉剂和临床药物的调节。TASK-1 通道广泛表达于中枢和外周呼吸相关神经元，编码背景性漏钾电流，对呼吸调控起着重要的作用。研究资料表明，TASK-1 通道表达于前包钦格复合体、腹侧和腹外侧呼吸组（ventrolateral medulla，VLM），从而有可能在呼吸节律的产生以及调控方面发挥作用，这些离子通道的抑制可导致神经元兴奋性增高和呼吸节律的形成与发放；虽然 TASK-1 能够决定某些中枢呼吸相关神经元的酸敏感性，但并不能影响中枢化学感知，故尽管在中枢呼吸神经元上有大量表达，但其在中枢呼吸化学调控上是无足轻重的；相反，TASK-1 可以作为外周化学感受分子对通气起着重要的调节作用。TASK-1 可以明显增强外周化学感受器颈动脉体对 PO_2 降低，PCO_2 升高（H^+ 升高，或 pH 降低）的反应，提高其输出冲动。

双孔钾离子通道（K_{2P} channel）所编码的背景性或漏钾电流广泛表达在可兴奋性细胞和非可兴奋性细胞中，主要功能是维持静息电位，调控细胞的兴奋性。20 世纪 90 年代中晚期所发现的编码双孔钾离子通道 KCNK 基因家族为研究体内漏钾电流提供了分子基础，这些研究揭示了漏钾电流的各种特性。与它们的名字一样，K_{2P} 通道亚单位包括有两个孔区形成的单元，通常以二聚体形式存在，结构上有别于其他类型的钾离子通道，即一般为单个孔区形成单位，以四聚体形式存在。K_{2P} 通道的命名原则有两种（图 16-1）：一种是基因命名法，按照它们基因 KCNK 发现的先后顺序命名；另一种是根据拓扑异构学和不同的生理功能命名并分类，它们的名字即为主要生理功能的缩写。由于它们是背景性钾电流，故它们在静息电位附近也保持稳定的活性，并表现出微弱整流的特性。

TASK 亚家族共有三种成员，即 TASK-1、TASK-3、TASK-5。同源或异源二聚体 TASK-1/3 表达一种选择性的漏钾电流，I-V 相关关系符合 GHK 场电位方程。而 TASK-5 同源二聚体或和其他通道形成的异源二聚体，到目前为止并没有发现它有任何的功能。

一、TASK-1 的表达和电生理特性

（一）TASK-1 通道表达情况

TASK-1 在不同种属动物的中枢神经系统中均有表达，且在不同种属中的表达具有保守性的特点。TASK-1 广泛表达于小脑颗粒细胞、躯体运动神经元细胞、蓝斑等中枢神经组织。在中枢神经系统以外的组织，如颈动脉体球细胞，心肌细胞和肾上腺组织也均有 TASK-1 表达。

（二）TASK-1 电流的特性

TASK-1 表达一种 pH 敏感的、弱整流钾电流，没有时间依赖性，但具有电压依赖性，其整流特性符合场电位 GHK 整流方程。TASK-1 电流对细胞外酸性环境较为敏感，其 pK 值为 7.4，接近于生理范围，可接受生理范围内 pH 高低变化的调控。TASK-1 另一显著的特点是它可以广泛地接受多种途径的调控，比如神经递质，吸入麻醉剂和氧张力等。

（三）TASK-1 电流的调控及其机制

1. 直接作用：吸入麻醉剂和 H^+ 对 TASK-1 通道电流的开放或抑制作用是直接的，其机制主要是通过作用于离子通道的门控（gating）机制，而不是直接造成孔区的阻塞。第一个孔区的组氨酸残基和相邻的甘氨酸 - 酪氨酸 - 甘氨酸（Gly-Tyr-Gly，GYG）结构域序列是酸敏感序列。该部位氨基酸突变可导致其 pH 敏感性的消失。

2. 受体偶联途径：多种中枢神经递质如 5- 羟色胺、P 物质、去甲肾上腺素、甲状腺

素释放激素等均可以抑制 TASK-1 电流，这种抑制作用并不是直接的，而需借助 G 蛋白偶联受体的调控（图 16-2）。目前已知有多种第二信使途径参与 TASK-1 通道的调控，包括：PIP2 途径，PIP2 降解本身就可作为直接的刺激信号，可导致 TASK 通道的关闭；PIP2 降解的下游途径，DAG-PKC 和 IP_3-Ca^{2+} 途径，该途径主要通过 PIP2 降解产物来对 TASK 通道进行调节；$G\alpha_q$ 途径，活化的 $G\alpha_q$ 可直接与 TASK 通道作用而不依赖于 PIP2 的降解和 PLC 及其下游信号分子。

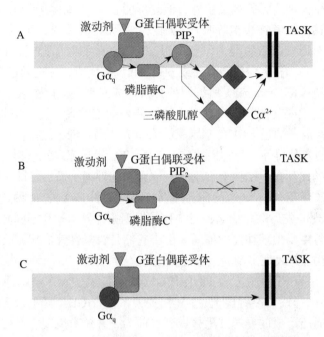

图 16-2 Gαq 介导抑制 TASK-1 通道活性的三种途径

A. TASK-1 通道的抑制是由一种或多种 PIP2 降解产物介导。B. TASK-1 通道的抑制是由 PIP2 降解本身所介导，稳定的 PIP2 水平是 TASK-1 通道维持活性的基础。C. TASK-1 通道的抑制是由活化的 $G\alpha_q$ 直接介导

二、TASK-1 和呼吸调控

呼吸运动具有两大生理功能：一是提供氧气，二是排出二氧化碳；前者是快速而动态的维持机体酸碱平衡，保持内环境稳态，后者是通过中枢和外周化学感受来完成的。呼吸的基本节律是由延髓的前包钦格复合体产生的，产生的基本节律经过可塑性整合后，中继到脊髓前角运动神经元，然后再将冲动传给支配呼吸肌的脊髓运动神经元。脑干的呼吸神经元网络不断接受来自动脉血氧气、二氧化碳和 pH 的化学变化信息，并将其转变为电信号，从而调节呼吸输出，以适应机体在不同的环境和病理生理状态下所需合适的通气量。

呼吸化学感受传入冲动主要来自于颈动脉体的外周化学感受器的受体和脑干的中枢化学受体两类。颈动脉体的 Ⅰ 型细胞将动脉血 PO_2、PCO_2 和 pH 的变化转变为电信号经颈动脉窦神经，上传至脑干呼吸中枢，从而对外界环境做出适应性的改变。PCO_2 和 pH 的变化也可以被延髓腹外侧核团或其他中枢化学感受器所感知，呼吸的频率和深度主要是由脑干 CO_2/pH 的变化来决定的。许多 pH- 敏感的离子通道以及表达这些离子通道的呼吸相关神经元，被认为是中枢化学感受装置，这便是呼吸的中枢调控机制。

TASK-1 离子通道对呼吸调控起着重要的作用，这种背景性的钾离子通道不仅分布在中枢或外周呼吸化学感受器神经元上，如孤束核（nucleus tractus solitarius，NTS）、蓝斑（locus coeruleus，LC）和尾侧延髓中缝核（caudal medullary raphe）；也分布在呼吸相关的神经元，如舌下运动神经元（hypoglossal motoneuron，HM）、面神经的运动神经元和前包复合体。TASK-1 电流可以被细胞外环境酸化和低氧的刺激所抑制，被细胞外碱化所激活。TASK-1 同型二聚体对 pH 7.4 范围的酸碱变化非常敏感，0.5 个 pH 单位的变化可使其由开放变为关闭状态。TASK 通道所具有的内在 pH 和 O_2 敏感性，以及多种呼吸控制元件中的高功能性表达 TASK- 样电流，使得它们被认为参与呼吸的化学调控。

由于目前尚缺乏特异性的 TASK-1/3 的阻断剂，故 TASK-1/3 是否以及如何在外周和中枢化学感受器发挥感受器分子的作用尚不得而知。但应用 TASK-1/3 基因敲除小鼠可以很好地解决此问题。基因敲除模型小鼠研究表明，TASK-1 对中枢化学感受方面并不起到感知的作用，但对颈动脉体的 CO_2/pH 感知以及机制方面则起到非常重要的作用，在下面加以简单的介绍。

（一）TASK-1 和呼吸节律

呼吸运动可被低氧和 CNS 酸化所兴奋，但其具体的机制尚未十分明了。因为酸敏感的神经元主要表达于脑干部位，故可以应用麻醉动物，给予局部酸化，来研究对 pH 敏感，进而引起神经核团的呼吸输出改变。呼吸节律主要的产生部位如前包钦格复合体、腹外侧呼吸组（ventrolateral medulla，VLM）或腹侧呼吸组（rostral ventral respiratory group，rVRG）酸化可导致呼吸传出冲动的显著改变，包括膈肌运动频率和幅度的改变。VLM 区域的多种呼吸相关神经元如 NK1R-ir，SST-ir 和 TH-ir 神经元以及 rVRG 区域的 I-AUG 神经元均高表达 TASK-1/3 mRNA，故呼吸相关神经元对 pH 的感知主要是靠 TASK-1/3 等酸敏感的漏钾电流而产生。由于 TASK-1/3 通道表达在包钦格复合体、VLM、rVRG 等区域，并编码一种酸敏感的背景性漏钾电流，从而有可能在呼吸节律的产生以及调控方面发挥作用。

（二）TASK-1 和中枢呼吸调控

中枢呼吸化学感受的意义在于通过调节呼吸运动，以维持中枢神经系统正常的 pH 值和 CO_2 分压，而这些中枢感受分子广泛分布于各个脑区，形成复杂的网络，共同调节着机体内环境的稳态。目前认为两个最重要的中枢化学感受器神经元是：5- 羟色胺能中缝核神经元（serotonin-containing raphe neuron）和表达 Phox2b 的斜方体后核［paired-like homeobox 2b (Phox 2b)-expressing neurons of the medullary retrotrapezoid nucleus，RTN］。体外实验研究表明，TASK-1 具有较明显的 pH 敏感性，并且 TASK-1 基因广泛地表达于中枢呼吸相关神经元，尤其是中缝核和斜方体后核均有 TASK-1 mRNA 的表达，并能编码漏钾电流，故人们曾一度认为，TASK-1 可能是中枢化学感受器分子调节呼吸运动。但最近应用 TASK-1 基因敲除小鼠的研究结果似乎让人们对 TASK-1 作为中枢化学感受分子的角色产生了怀疑。Mulkey 等研究表明，TASK-1 仅能够决定中枢某一特定神经元的化学敏感性，但不能起中枢呼吸调控的作用。该研究应用 TASK-1 基因敲除小鼠研究表明，斜方体后核（RTN）神经元上的酸敏感的背景性钾电流并不是由 TASK-1 通道所编码，因为 TASK-1 敲除后在斜方体后核仍能记录到一种酸敏感的钾电流，但这种电流不能被氟烷所激活，不具备 TASK-1 的特性，斜方体后核仍具有与野生型小鼠相同的 pH 敏感性；而中缝核神经元的 pH 感知能力却消失，表明 TASK-1 仅在中缝核的 pH 感知中发挥作用，但这并不影响机体对 CO_2 的整体反应，高碳酸血症仍能够引起敲除 TASK-1 的小鼠产生呼吸兴奋的现象，故中缝核在中枢化学感受中无足轻重，并且 TASK-1 基因在各种呼吸运动神经元的高表达，也不是正常中枢对高碳酸血症感知的必要条件。

（三）TASK-1 和外周呼吸调控

虽然 TASK-1 在中枢呼吸化学感受上无足轻重，但却可作为外周化学感受分子对通气起着重要的调节作用。颈动脉体的 I 型血管球细胞是主要的外周化学感受器。研究表明，颈动脉体的 I 型细胞显著表达一种背景性钾电导，这种钾电导具有和 TASK-1 类似的特性，比如表现出微弱外向整流的特性，可被细胞外低 pH 所抑制，被氟烷所激活等特性。Lo´pez-Barneo 等首次报道，低氧诱导 I 型细胞钾离子通道电流的抑制作用。这是颈动脉体电信号传导的基础。钾离子通道的抑制可使细胞膜去极化，电压依赖性 Ca^{2+} 内流产生动作电位，通过释放乙酰胆碱和 ATP 使窦神经传入纤维兴奋，钾离子通道抑制的具体机制尚不明确，但 I 型细胞表达的钾电导和 TASK-1 电导特性非常相似，故有理由认为，TASK-1 通道在颈动脉体外周化学感受中起着关键性的作用。由于目前尚缺乏特异性的 TASK-1 的阻断剂，故 TASK-1 在外周化学感受器发挥感受器分子的作用及其机制尚缺乏严格的证据。但应用敲除 TASK-1 基因的小鼠则可以很好地解决此问题。最近 Trapp 等应用基因敲除小鼠模型研究表明，缺氧或高二氧化碳可显著抑制 TASK-1 通道活性，进而可以明显增强外周化学感受器颈动脉体对 PO_2 降低，PCO_2 升高（H^+ 升高，或 pH 降低）的反应，提高其输出冲动。由于缺氧并不能直接兴奋呼吸中枢，而只能兴奋外周化学感受器，故在 TASK-1 敲除的小鼠，由于颈动脉体感受缺氧刺激受损，从而导致呼吸运动随缺氧而加速。由于 TASK-1 对生理范围内的酸碱度变化极为敏感（pH 7.3~7.4），而这种酸度的变化又会引起动脉血 PCO_2 的变化，故 TASK-1 对颈动脉体 I 型细胞感知 $PCO_2/[H^+]$ 的变化中发挥作用，而 TASK-1 敲除小鼠仅能使颈动脉体对中度高碳酸血症的反应降低，但并不能显著降低整体呼吸运动水平，表明中枢化学感受器起着明显的代偿作用。

综上所述，TASK-1 是颈动脉体在低氧和中度的 CO_2/pH 提高的感知中的重要感受器分子之一，对外周呼吸调控起着十分重要的作用。尽管目前已知细胞外液 pH 的变化可以通过 H^+ 直接作用于 TASK-1 而导致其抑制，但真正的氧感知分子，以及这些分子如何将低氧信号传递到 TASK-1，引起其通道关闭尚不清楚，其他独立于 TASK-1 的氧感知通路也需进一步研究。

三、TASK-1 和肺换气

缺氧也可以使肺动脉平滑肌细胞（PASMC）去极化，导致血管收缩，这会导致肺内血流的重新分布，以维持正常的通气 - 血流比值。研究表明，PASMC 表达一种 TASK 样缺氧敏感的背景性钾电流，应用 RNAi 技术敲除 TASK-1 基因，可使这种漏钾电流消失，PASMC 对缺氧的刺激也会降低。故 TASK 在维持正常的通气血流比值上有可能起到重要作用，这有利于正常的肺换气。

总之，TASK-1 和呼吸调控的关系可概括如下：① TASK-1 在呼吸节律的形成和调节中发挥作用；② TASK-1 通道对中枢呼吸调控并非是必需的；③ TASK-1 通道是颈动脉体感知 O_2 和（或）CO_2 的变化所必需的；④表达于肺动脉平滑肌细胞的 TASK-1 通道，通过调节通气血流比值可以维持正常的肺换气。

第四节　阻塞性和中枢性睡眠呼吸暂停

睡眠呼吸暂停可分为三型：阻塞型（obstructive sleep apnea，OSA）、中枢型（central sleep apnea，CSA）和混合型（mixed sleep apnea，MSA）。OSA 口、鼻无气流，但胸、腹呼吸运动仍存在；CSA 既无口、鼻气流，又无胸、腹呼吸运动。MSA 开始时为一短暂的中枢神经呼吸暂停，紧接着膈肌运动恢复之后延续为阻塞性呼吸暂停。临床上以 OSA 最为多见，也常见两种形式的呼吸暂停并存的 MSA。

一、OSA 的病理生理机制

OSA 的发病机制尚未完全研究清楚，长期以来，人们认为 OSA 是由于上气道（upper airway）解剖狭窄所造成的。患者常由于肥胖、鼻炎、腺样体肥大、扁桃体肥大、小下颌畸形、下颌骨后缩等原因造成上气道狭窄。上气道被周围复杂的骨骼、肌肉和软组织所包裹，并不像气管、支气管那样有坚硬的软骨支撑。上气道周围的骨骼肌和软组织结构主要发挥与呼吸功能并不相关的作用，如发声、吸吮和吞咽功能等，而这些功能主要是为气体、液体和食物等顺利通过，提供动态而且适合的管腔大小。然而上气道最重要的功能是在任何情况下都要维持足够的开放状态，以保证正常的通气，允许足够的潮气量和气体交换量。

OSA 患者在清醒状态时，咽部肌肉的肌张力代偿性增高，以保持上气道的开放。而睡眠的过程中，尤其是快速眼动睡眠（rapid eye movement，REM）时，咽部肌肉的张力和反馈机制发生了变化，从而导致正常人上气道狭窄和呼吸阻力增大。上气道阻力增加可以明显地降低通气量，导致肺通气不足，并可以导致 PCO_2 升高 3~5 mmHg。降低上气道阻力则可以明显地恢复肺潮气量，解除低通气现象。对于上气道已经存在解剖狭窄的人来说，这种由于睡眠所导致的上气道开放肌张力的变化以及吸气时在胸腔负压的作用下，软腭、舌坠入咽腔紧贴咽后壁造成的上气道阻塞，则可以明显地引起呼吸气流降低和 OSA。

Remmers 等首次将 OSA 的病理机制与睡眠过程中颏舌肌的肌张力受到抑制联系起来，组成咽部的肌肉（包括咽扩张肌及咽收缩肌）群。一般认为，颏舌肌（genioglossus，GG）是最重要的上气道扩张肌，延髓的舌下神经核团（hypoglossal neuclus）控制着对颏舌肌的神经输出量。直到 2001 年，由于有了合适的动物模型（多为大鼠类）的应用，人们开始对舌下神经核与上气道肌肉张力调控的中枢机制的研究。在动物水平上这些在体研究，探讨了清醒期和睡眠不同时相舌下神经核兴奋性的变化及其分子机制，弥补了离体研究的不足。

二、舌下神经元的调控机制

舌下运动神经元（hypoglossal motoneurons）可以接受多种神经调节递质的调控。这些神经递质的含量与活性，随着睡眠 - 清醒状态的不同而发生变化，从而改变运动神经元的兴奋性和对药物的敏感性。研究睡眠过程中舌下神经元的调控及其可能的机制，对人们理解在睡眠过程中上气道阻力增加、气流受限、低通气现象以及睡眠呼吸暂停的病生理机制十分有利。目前已知有两种互为平衡的机制来调控舌下神经元的兴奋性：一种为胺能神经元唤起机制（aminergic arousal system）包括 5- 羟色胺（5-HT）能、去甲肾上腺素能以及组氨酸能传入系统；另一种为神经递质的抑制机制，包括甘氨酸和 γ-GABA 传入系统。而乙酰胆碱能神经传入既可以起到唤起作用，又可以发挥抑制功能。

5-HT 对舌下神经元的兴奋作用主要是通过 5-HT$_{2A}$ 受体介导。应用去大脑动物研究表明，内源性 5-HT 能神经支配缺失，是导致快速眼动（REM）期睡眠中颏舌肌张力降低的主要原因。在清醒状态下 5-HT 能活性较强，舌下神经元放电活动频繁，可以较好地维持上气道的开放状态。然而在生理性睡眠 - 觉醒状态时，内源性 5-HT 在维持正常的颏舌肌活性中所起到的作用微乎其微。延髓神经元产生的 5-HT 能中缝核神经元是产生内源 5-HT 和 P 物质的主要来源，睡眠过程中该神经元受到抑制时，可导致舌下神经核的兴奋性降低，冲动发放减少，从而导致颏舌肌的紧张性降低，上气道阻力增大。

甘氨酸和 γ-GABA 是中枢神经系统中最重要的抑制性神经递质。在体研究表明，甘氨酸能和 γ-GABA 能传出冲动可以支配舌下运动神经元，两种抑制性神经递质可以起到协同作用。应用甘氨酸和 γ-GABA 受体的激动剂可以明显地抑制舌下神经元的活性，导致麻醉的大鼠颏舌肌的活性明显降低，相反地，应用该受体拮抗剂，则可以使抑制解除并明显增强颏舌肌的活性。在 REM 期，各种抑制舌下神经元活性的中枢机制，导致颏舌肌对高碳酸血症和兴奋性神经递质的敏感性降低，这使得上气道在 REM 期最容易变狭窄和闭合。甘氨酸和 γ-GABA 受体介导的中枢抑制机制在 REM 期起着非常重要的作用。

总之，舌下运动神经元受到多种中枢神经递质的调控，这些神经递质的分泌量和活性，可以在睡眠和觉醒的不同时相发生改变，舌下神经元的兴奋性和对药物的敏感性也随之改变。睡眠过程中调节舌下神经元的兴奋性和抑制性神经递质的失衡，是导致颏舌肌紧张性降低的重要原因，进而引起上气道阻力增加，是 OSA 产生的主要机制之一。

三、TASK-1 在舌下神经元上的表达以及与 OSA 的关系

舌下神经元表达 TASK-1 mRNA，并编码一种酸敏感的漏钾电流。该电流受到多种神经递质的调控，如 5-HT、P 物质、去甲肾上腺素以及促甲状腺释放激素等。吸入麻醉剂也可以显著抑制 TASK-1 通道的活性。各种神经递质、质子以及吸入麻醉剂有可能通过调节 TASK-1 通道活性进而影响舌下神经核的兴奋性。我们的研究表明，5-HT 和 pH 6.0 的酸性人工脑脊液（artificial cerebrospinal fluid，ACSF）均可显著抑制 TASK-1 通道活性，并可使舌下神经元去极化爆发阈下振荡和（或）动作电位。给予 5-HT$_2$ 受体拮抗剂（ketanserine）可以拮抗 5-HT 和酸性 ACSF 对 TASK-1 电流的抑制作用，这表明酸性 ACSF 和 5-HT 对 TASK-1 的调制作用可能通过 5-HT$_2$ 受体所介导。

我们实验室以前通过对 SD 大鼠的睡眠呼吸监测研究表明，TASK-1 蛋白的表达量和自发呼吸暂停指数（SPAI）密切相关；TASK-1 亚基在 TASK-1/3 中所占的比例越大，自发睡眠呼吸暂停发生频率越高；间歇性缺氧伴高碳酸血症可引起 TASK-1 和 TASK-3 表达的增加。

以上结果提示，TASK-1 在中枢神经系统中表达量的变化可以导致 TASK-1 电流强度的变化以及对各种调节递质和因子的敏感性发生变化。可能会导致中枢呼吸调控的紊乱，而与睡眠呼吸暂停现象的产生有关。

第五节 中脑舌下运动神经元的 TASK1 离子通道的电信号

前面已提到钾离子通道是一种整合膜蛋白，中间的孔区结构可以允许 K^+ 通过。钾离子通道在多种可兴奋性细胞和非可兴奋性细胞中发挥着重要的生理功能，如维持细胞膜的静息电位，影响细胞动作电位的发放模式和频率，影响激素的分泌、细胞容积、细胞的增生与分化等。

钾离子通道家族是在结构和功能上最为庞大的家族。根据拓扑异构学和电生理特性的不同，可将钾离子通道家族分为三大类：电压依赖性钾离子通道（voltage-gated potassium channel，K_V 通道）；内向整流钾离子通道（inward rectifier potassium channel，K_{ir} 通道）；双孔钾离子通道（two-pore domain potassium channel，K_{2P} 通道）。三种离子通道家族，其结构和功能各有特点。

在此着重进一步介绍双孔（K_{2p}）钾离子通道，它们是近 10 年来发现的钾离子通道的一种新的亚型。它们具有共同的结构特征：四次跨膜的螺旋片段构成串联的跨膜双孔，供 K^+ 进出，且主要以二聚体的形式存在（图 16-3）。双孔钾离子通道广泛地表达于机体的各型组织之中，既存在于可兴奋性细胞，也见于非可兴奋性细胞。双孔钾离子通道产生的电流具有如下的显著特性：它们是瞬间激活的，不存在失活状态，通道开放的程度虽受膜电位的影响，但在各种膜电位情况下都是开放状态，对传统的钾离子通道阻断剂（如 TEA）不敏感。这些特点决定了它们是一种背景性钾离子通道（又称漏钾离子通道）。这种背景钾离子通道的主要功能是调控细胞的膜电位水平。多种因素都可以调控漏钾电流，包括 pH、温度、第二信使、脂质、机械压力、缺氧和许多神经递质等。通过多种调控机制，漏钾电流在维持细胞的静息电位和调控细胞的兴奋性方面发挥重要作用。双孔钾离子通道根据序列的同源性以及功能的相似性又可分为诸多亚型：如 TWIK-1、TREK-1、TRAA-K、TASK-1、THIK-1 和 TALK-1 等。

TASK-1 是一种典型的双孔漏钾离子通道，它表达一种对细胞外 pH 敏感和有弱整流作用的钾电流。它之所以被称为"开放整流"钾离子通道电流，是因为它没有时间的依赖性，瞬间即被激活，且其在生理状态、细胞内外钾离子的不对称分布情况下，表现出的弱整流和符合 GHK 方程。TASK-1 电流显著的特性是在很窄的生理范围内对细胞外 pH 的变化高

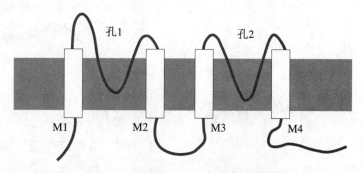

图 16-3 双孔钾（K_{2p}）通道的模式图

背景钾离子通道家族双孔区亚单元拓扑图。每一个亚单元都有两个形成孔（P）的环和四个跨膜区（TM），功能通道以二聚体形式存在

度敏感。当细胞外 pH 为 7.7 时，TASK-1 电流可以达到最大值的 90%，而当 pH 下降为 6.7 时，其电流仅剩下最大值的 10%。TASK-1 通道另一显著特征是它可以广泛地接受多种神经递质的调控，其中在 TASK-1 调控中发挥着重要作用。有作者早已注意到多种运动神经元所含有的钾离子通道都具有 TASK-1 通道相似的独特的电生理学和药学特性的特性，并称之为 TASK-1 样漏钾离子通道，比如小脑的颗粒细胞、舌下神经核细胞、蓝斑核、中缝核以及大鼠旁室核（PVT）的神经元和颈动脉体等。

舌下运动神经元主要支配颏舌肌。颏舌肌是主要的上气道开放肌，在清醒和睡眠的过程中维持正常的上气道阻力和管径大小以利于肺通气。舌下神经元的兴奋性受损可能导致上气道阻力增大，气道狭窄以致闭塞。延髓的中缝核神经元释放的内源性 5-HT 是舌下神经元主要的兴奋性神经递质。对麻醉动物或是自由活动动物的在体研究表明，5-HT 可使舌下神经元放电冲动增加，并可以增强其对颏舌肌的电信号输出。因为 TASK-1 的 mRNA 表达在舌下神经元，并能够接受多种因素的调控，因此认为 5-HT 对舌下神经元的作用有可能是通过 TASK-1 样电流介导。

在探讨 5-HT 和（或）pH 变化与脑干舌下神经元上的漏钾离子通道电生理特性的关联时，进一步探讨 5-HT 和（或）pH 变化如何通过调制漏钾离子通道的开放程度来影响舌下神经元的兴奋性，这为探索睡眠呼吸暂停综合征的细胞机理和寻找临上治疗该病的手段开拓新思路。

一、应用脑片技术能成功地分离出健康的舌下神经核细胞

在红外线微分干涉相差技术直视下，可以清楚地看到舌下神经核细胞的胞体形态和树突走向（参阅第五章图 5-13）。位于脑片表层的细胞由于受到切片过程的影响，损伤较重，不容易恢复，故生理功能和形态特征一般不是很佳。部分细胞在光镜下，如果见到核或核仁清晰，胞体与邻近细胞界限欠清晰，细胞立体感消失，细胞膜表面不光滑，皱缩，对电极的刺激反应不佳，不易被电极压陷，均提示这些细胞已经死亡或濒临死亡。有时取材过程中缺氧严重，脑片细胞极度损伤，或其他种种原因导致的细胞不可逆性损伤，可见细胞发生肿胀，结构模糊不清，甚至全无细胞影，均为组织细胞的残骸，故在可视条件下可对脑片细胞健康状况作初步筛选，实验多选用 2~3 层深的细胞，这些细胞成像清晰，既可因距离表面浅易从 ACSF 中获取必需的营养成分和氧，又因表层细胞的保护而不易受到切片过程的影响，

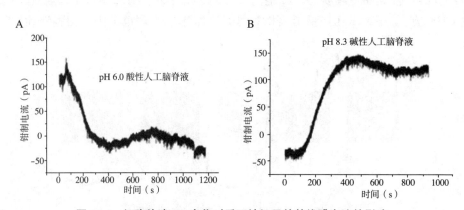

图 16-4　细胞外液 pH 变化对舌下神经元的基线膜电流的影响

A. 在酸性（pH 6.0）细胞外液中，引起基线膜电流内向转移。B. 在碱性的 (pH 8.3) 细胞外液时，则引起基线膜电流外向转移

从而保持良好功能状态。

二、舌下神经元表达一种对细胞外 pH 敏感的电流

从大鼠舌下神经元所记录到的是一种对酸碱度敏感电流，这种电流对细胞外的 pH 变化非常敏感，在电压钳无缝隙（Gap-free）记录模式下，可记录到舌下神经元的膜电流变化，相对于 pH 7.30 的中性 ACSF，当以 pH = 6.0 的酸性 ACSF 灌流脑片时，基线膜电流明显下降，从 +100 pA 左右去极化下降到 –50 pA，表明舌下神经元的 K^+ 通道受到了抑制而关闭。如果将在酸性灌流液再切换到 pH 8.5 的碱性 ACSF 灌流脑片时，则不仅可使舌下神经元钾离子通道的抑制解除，而且还可使其进一步开放，因而使基线膜电流从原来的 –50 pA 进一步去极化上升到 +150 pA（图 16-4）。我们在 20 个神经元进行了实验，得到了相似的结果。

有趣的是最近 Doroshenko 等报道了大鼠室旁核（PVT）神经元与酸敏感的钾离子通道（TASK）相关的 TWIK 通道对静息电位的贡献，与我们在舌下神经元上述的结果一致。他们也发现，当 PVT 神经元暴露在酸性的（pH 6.3）细胞外液时，则呈现膜超极化，在电压钳并有 TTX 存在的条件下，低 pH 的溶液导致基线膜电流内向转移，并伴随纯粹的膜电导下降，可逆地关闭钾离子通道使之达到的 K^+ 平衡电位。在电流钳记录条件下，酸性细胞外液引起 PVT 神经元的超极化的同时导致电压依赖性的钠离子通道失活，最终使自发动作电位发放熄灭。与之相反，当 PVT 神经元暴露在碱性的（pH 8.3）细胞外液时，则引起膜去极化和基线膜电流外向偏移，并增加纯粹的膜电导。他们的结论是，pH 敏感的钾离子通道（TASK-1 和 TASK-3 通道），在 PVT 神经元实际上起到维持静息膜电导和兴奋性的作用。

三、舌下神经元 K^+ 电流与 TASK-1 通道电流有相似的 pH 敏感特性

在电压钳记录时，钳位电压为 –60 mV，给予从 –70~–140 mV 的阶跃（步进）超极化脉冲电压刺激，步幅 +10 mV，宽度为 500 ms，在中性（pH 7.30 左右）的 ACSF 灌流时，可诱发出一簇电流曲线（图 16-5A）；切换成酸性（pH 6.0）ACSF 灌流时，又可诱发的另一簇电流曲线（图 16-5B），在这两组曲线中，每条曲线最初的都是外向的瞬态电流（instantaneous current），接着则是慢的内向整流电流（slow inward rectification current）。相对于中性（pH 7.30 左右）的 ACSF 来说，pH 6.0 的酸性 ACSF 可使舌下神经元的瞬态电流明显抑制（图 16-5B），表明这是一种酸敏感的电流，细胞外酸化可使舌下神经元瞬态电流开放程度降低以致关闭。在不同 pH 情况下，瞬态电流的 I-V 曲线的交点在都在 –60 mV 左右（图 16-5C）。将分别在 pH 6.0 和 pH 8.5 的条件下诱导出的电流相减所得到的结果，在此情况下能抵消对酸碱度不敏感的电流，而得到较为单纯的 K^+ 瞬态电流，其反转电位在 –90 mV 附近（图 16-5D），符合用 GHK 方程计算出的 K^+ 的平衡电位，提示所记录的这种瞬态电流为开放漏钾离子通道电流。

四、5- 羟色胺（5-HT）抑制 TASK-1 样电流，导致膜电流内向转移

在电压钳记录条件下，10 μmol 的 5-HT 可明显地抑制舌下神经元漏钾离子通道电流，膜电流从开始的 +50 pA 下降到 –150 pA（图 16-6A）。此外，5-HT 还可抑制酸不敏感的钾电流，称之为残余电流（residual current）。这表明 5-HT 对漏 K^+ 电流的抑制作用要大于酸的抑制作用。在电压钳无缝隙记录条件下，记录膜电流时，首先给予 pH = 6.0 的酸性 ACSF，可以观察到钳位电流由原来的 +25 pA 左右下降为 –100 pA；接下来再加 10 μmol 的 5-HT，膜

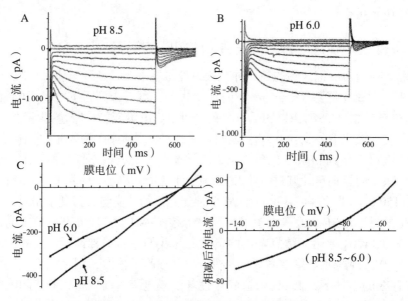

图 16-5　舌下神经元电流的电压依赖特性

A 和 B 分别为一组阶跃超极化脉冲方波在灌流溶液 pH 为 8.5 和 6.0 条件下诱发的外向的瞬态电流和慢的内向整流电流。C 为在灌流溶液 pH 8.5 和 6.0 条件下，用斜波（ramp）电位刺激诱发的 I-V 曲线，反转电位均为 –60 mV。D 由 C 中的两条 I-V 曲线彼此相减，以抵消酸碱度不敏感的电流，而得到的 I-V 曲线的反转电位为 –90 mV，符合用 GHK 方程计算出的 K^+ 的平衡电位

电流进一步被抑制，从 –100 pA 下降到 –200 pA 左右（图 16-6B），这一电流成分是对酸不敏感的"残余电流"，但它同样可被 5-HT 所抑制。考虑到神经递质可以调节多种表达于运动神经元上的电流，5-HT 调节的酸不敏感的"残余电流"主要是超极化激活的阳离子电流（hyperpolarization-activated cationic current，I_h），这一电流已在本书第十五章里做了一些介绍。

五、5-HT 可以抑制酸敏感和酸不敏感的超极化阳离子（I_h）电流

舌下神经元对于超极化的刺激表现出双相反应：一是瞬态的漏钾电流，另一是稳态的 I_h 电流。为了证明 5-HT 和酸性 ACSF 是否阻断了同一种电流，我们进行了以下实验。在标准的 ACSF 条件下，5-HT 使瞬态漏钾电流的 I-V 曲线斜率减小，表明了漏钾电流受到抑制。然后用标准的 ACSF 洗脱 5-HT 10 min，灌流液切换到 pH 6.0 的酸性 ACSF，得到瞬态漏钾电流的 I-V 曲线，然后对同一个细胞同时给予 pH 6.0 的酸性 ACSF 和 5-HT，则可以导致瞬

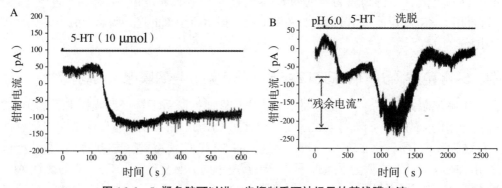

图 16-6　5- 羟色胺可以进一步抑制舌下神经元的基线膜电流

态漏钾电流 I-V 曲线斜率进一步下降，即电流幅度进一步降低。这表明，10 μmol 的 5-HT 的作用要比 pH6.0 的酸性 ACSF 作用更强。

同样的，5-HT 和酸性 ACSF 也可以阻断 I_h 电流，表明 5-HT 不仅可以阻断酸敏感的 I_h 电流，而且还可以阻断酸不敏感的 I_h 电流，10 μmol 的 5-HT 的作用大于 pH 6.0 的酸性 ACSF。

为了量化其作用的大小，我们对 –140 mV 超极化电压刺激所诱发的漏钾电流和 I_h 电流大小做了定量分析。在对照组（即标准 ACSF 组），4 个细胞平均的漏钾电流大小为（1287.5 ± 486.3）pA，而当在标准 ACSF 液中加入 10 μmol 5-HT 后，电流变为（957.5 ± 382.3）pA（电流幅度降低了 24.9%，$P=0.01$，$n=4$）。在 pH 6.0 的酸性 ACSF 液中，漏钾电流的平均幅度为（1002.3 ± 423.9）pA，在 pH 6.0 的酸性 ACSF 液中再加入 10 μmol 5-HT 后，电流幅度进一步降低到（696.5 ± 266.8）pA（电流幅度降低了 30.5%，$P<0.05$，$n=4$）。对于稳态的 I_h 电流来说，5-HT 同样可以将其抑制（I_h 幅度降低 30.4%，在 pH 6.0 的酸性 ACSF 液中再加入 10 μmol 5-HT 后，则进一步降低 36.2%）。以上的结果表明，5-HT 和酸性 ACSF 均可以抑制两种不同的电流，即瞬态的漏钾电流和超极化激活的阳离子流（I_h）。而 5-HT 能抑制的电流至少包括两部分，一部分是酸敏感的电流，另一部分是酸不敏感的电流（I_h）。

六、5-HT$_2$ 受体介导酸性溶液对舌下神经元漏钾电流和 I_h 电流的影响

舌下运动神经元的 5-HT 受体有多种亚型，酸性的 ACSF 有可能只是阻断了其中的某种亚型。为了证明酸性 ACSF 究竟抑制了 5-HT 电导的哪一种亚型？我们应用了不同 5-HT 受体亚型的激动剂和阻断剂进行了实验。首先使用 5-HT$_2$ 受体拮抗剂 Ketanserine，结果表明 Ketanserine 可以明显地阻断酸性 ACSF 对漏钾电流和 I_h 电流的抑制作用。相对于对照 ACSF，酸性 ACSF 可显著抑制 22.2% 的漏钾电流［对照:（–911.5 ± 190.8）pA；酸性 ACSF:（–709.2 ± 90.2）pA，$P<0.05$，$n=4$］；而当加入 Ketanserine（1 μmol）后，漏钾电流仅仅降低 9.6%［对照:（–911.5 ± 190.8）pA；酸性 ACSF 中加 Ketanserine（1 μmol）后:（–824.0 ± 183.2）pA，$P>0.05$，$n=4$］。同样，Ketanserine 可以明显地阻断酸性 ACSF 对漏 I_h 电流的抑制作用为 3.5%［对照:（–1083.0 ± 143.9）pA，酸性 ACSF 中加 Ketanserine（1 μmol）:（1045.3 ± 172.7）pA，$P>0.05$，$n=4$］，以上的结果表明酸性的 ACSF 可能通过 5-HT$_2$ 受体起作用，或者说 TASK-1 样通道可能是 5-HT$_2$ 受体。相反地，在酸性 ACSF 中加入 5-HT$_{1A}$ 受体的拮抗剂 WAY-100635 并不能使酸对漏钾电流和 I_h 电流产生脱抑制作用。这同样也说明 5-HT$_2$ 亚型受体，而不是 5-HT$_{1A}$ 亚型受体对酸性 ACSF 敏感。

七、5-HT 可以使舌下神经元去极化，诱发阈下振荡和动作电位

神经元所产生的同步的阈下振荡，在中枢神经系统的多种生理功能中发挥重要作用，例如，认知、注意力、感觉、运动，学习与记忆和睡眠等生理心理过程。这使人们对神经元产生阈下振荡的机制引起了兴趣。应用活脑片技术研究离体脑组织阈下振荡，我们观察到 5-HT 在抑制舌下神经元漏钾离子通道电流的同时，在电流钳记录条件下可以看出，它不仅能使舌下神经元膜电位去极化，并诱发阈下振荡（subthreshold oscillation）和成簇爆发（bursting）动作电位（action potentials or spikes）。从图 16-7 可以观察到，当用含 5-HT 的 ACSF 灌流时，细胞的膜电位由原来的 –70 mV 去极化到 –50 mV，并在此基础上产生阈下振荡，进一步缓慢去极化则可诱发成簇的动作电位（图 16-7 B 中的踪迹 a）。而且这两种不同模式的放电频率几乎完全相同，进行频率自相关分析，分别为 8.93 Hz 和 9.07 Hz（图 16-7C 和 D），这说

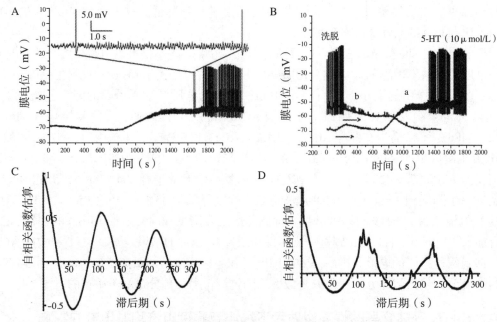

图 16-7　5-HT 诱发舌下神经元阈下振荡和动作电位

A. 下线为加 5-HT 引起膜电位逐渐去极化、诱发阈下振荡和动作电位, 上方插图曲线为扩展时间标尺, 使阈下振荡显示更清晰。B. 其中 a 线同左图为加 5-HT 引起, 而 b 线则为洗脱 5-HT 时, 动作电位、阈下振荡先后消失和膜电位逐渐回到静息水平。C 和 D 分别为动作电位和阈下振荡的自相关直方图, 曲线的峰为重复节律发放的频率, 两者的频率是相同的

明去极化先诱发阈下振荡, 进一步去极化则叠加上动作电位。这种膜电位的变化是完全可逆的, 用不含 5-HT 的中性 ACSF 洗脱 5-HT 时, 先可使峰电位消失, 然后使阈下振荡逐渐消失, 最后膜电位也逐渐恢复到原来的静息水平（图 16-7B 中的踪迹 b）。

　　产生阈下振荡是神经元内在的电生理特性之一, 也与神经元之间的相互作用有关。多种离子流都可以是产生阈下振荡的基础, 如延迟整流 K^+ 电流 (delayed rectifying K^+ current)、超极化激活的阳离子电流（hyperpolarization activated cationic current, I_h）、Ca^{2+} 依赖的 K^+ 电流（calcium dependent potassium current, $I_{k(ca)}$）以及低阈值 Ca^{2+} 通道电流（low threshold calcium current, T- 型钙离子通道电流）等。我们的结果表明, 大部分舌下神经元细胞并不能产生自发的阈下振荡, 然而当脑片细胞接触到 5-HT 后, 5-HT 可引起部分细胞去极化而产生阈下振荡, 频率多为 4.66 ± 0.13 Hz。这些阈下振荡可以进一步引起 Na^+ 内流, 达到阈值后, 因而成簇发放动作电位。可以看出, 舌下运动神经元的产生的阈下振荡和动作电位两者的频率都是相同的（图 16-7C 和 D）, 动作电位是建立在阈下振荡的基础上产生的。这是由于阈下振荡使细胞膜进一步去极化, 当去极化水平到钠离子通道的阈值时, 钠离子通道开放, Na^+ 内流, 产生动作电位。故舌下神经元的电活动有两种模式, 一种是阈下振荡, 另一种是建立在阈下振荡峰值基础上的 Na^+ 的尖峰电位。

八、5-HT 诱导的舌下神经元不同的放电模式

　　在电压钳模式下, 将舌下神经元钳制在 –60 mV, 去极化的刺激并不能使大部分细胞激发, 而导致发放动作电位或振荡（记录了 115 个细胞, 去极化未激发放电的细胞就有 75 个,

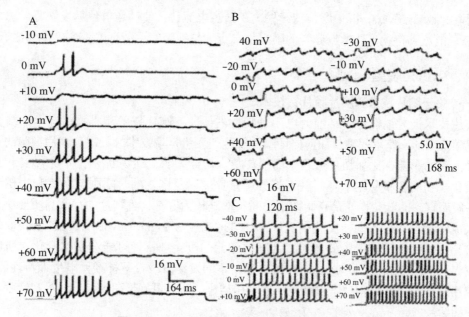

图 16-8　5-HT 诱发舌下神经元不同模式的放电

A. 这类细胞既产生动作电位，也有阈下振荡。B. 这类舌下神经元基本上只能诱发阈下振荡（但强烈去极化至 +70 mV 时产生两个动作电位）。C. 不论去极化水平高低，都诱发动作电位，其发放频率随去极化水平加大而增高

占 65.2%），而是处于沉默状态。而且，当给予 5-HT（10 μmol）15 min 后，舌下神经元的放电明显增强，成簇发放动作电位和（或）阈下振荡（图 16-8 A）。有些细胞仅在强的（超过阈值的）去极化刺激的条件下才爆发动作电位，若去极化未达到钠离子通道的阈值，则只能产生阈下振荡；还有些细胞仅能爆发阈下振荡，而不能或很少产生动作电位（图 16-8 B）。最后还有一类舌下神经元，不论去极化脉冲电位水平高低，对较低的去极化刺激也都能直接引起频率较低的动作电位爆发，而不引起阈下振荡（图 16-8 C）。这些 5-HT 诱导的阈下振荡的频率一般是恒定的，并不随去极化强度的增强而增大（图 16-8 B）。总之，这说明这些神经元之间的兴奋性有较大的差异。动作电位像是叠加在振荡波峰上的超射；但去极化引起的舌下神经元的动作电位，则随去极化程度越高，所引发的动作电位频率则越高（图 16-8 A 和 C）。Hsiao 等曾报道了 5-HT 诱发荷兰猪三叉运动神经元膜的双稳态特性，并探讨其产生的离子基础。他们发现，在电压钳的条件下，加 10 μmol 的 5-HT 到灌流液中，能在恒定 I-V 关系曲线中诱发出一个负斜率电阻（NSR）区，因而创造了膜双稳态所必须的条件。L- 型钙离子通道拮抗剂尼弗地平（Nifedipine，5~10 μmol）可消除 NSR，表明 L- 型钙离子通道对 NSR 有贡献。在有尼弗地平的条件下，有相似的内向整流电流存在，并随后用 TTX 可使之消除，这表明存在持续的 Na^+ 电流。与双稳态相对应的是，在电流钳时，灌流液中加 5-HT，用瞬态的去极化或超极化可引出平台电位。在对照和加 TTX 的条件下，可观察到去极化引起的平台电位，并能被尼弗地平阻断，表明 L- 型 Ca^{2+} 电流参与了平台电位。由释放超极化引起的平台电位可被 300 μmol 的 Ni^{2+} 阻断，表明这种反应是基于 T- 型钙离子通道激活所致。5-HT 也引起条件性动作电位爆发。尼弗地平或低浓度 Ca^{2+} 溶液可阻断动作电位的爆发，而 L- 型钙离子通道的激动剂 Bay K8644 则可扩展动作电位的持续时间，这充分证明了 L- 型钙离子通道所起的作用。用尼弗地平或低浓度 Ca^{2+} 溶液阻断动作电位爆发后，加钠

离子通道的激动剂 Veratridine 增加持续钠离子通道电流，可使动作电位爆发恢复。总之，由 L- 型 Ca^{2+} 电流和持续 Na^+ 电流介导的膜双稳态行为与细胞的活动有关，5-HT 也与之有联系。

九、小结和展望

（一）关于脑片技术和脑片膜片钳技术

脑片技术极大地促进了神经元电生理特性的研究。脑片技术和膜片钳技术的结合则是电生理学研究的一座里程碑。如何保证脑片细胞的质量是该技术的关键。脑片细胞的存活受到多种因素的影响，比如切片过程中的损伤等。研究表明，动物断头后可使 ATP 和其他高能磷酸化合物的含量急剧下降，其下降的严重程度以及恢复的时间则与缺氧和损伤程度有关。一般而言，幼龄动物或是胚胎期动物断头取脑较为容易，且脑片的存活品质要明显高于大龄或成年动物，故我们在实验中选取 7~8 d 的新生 Sprague Dawley 大鼠，以获取较高品质的脑片。然而，随着年龄的增长，舌下神经元的电生理特性可能会发生变化，所以后续的研究将选择成年 Sprague Dawley 大鼠以探讨不同发育阶段舌下神经元电生理特性的差异。脑片膜片钳技术也可和全身体积描计仪技术相结合，从而更好地研究 TASK-1 和睡眠呼吸暂停之间的关系。

（二）5-HT、TASK-1 和舌下神经元的兴奋性以及对睡眠呼吸暂停的影响

阻塞性睡眠呼吸暂停（obstructive sleep apnea，OSA）的特征是在睡眠过程中上气道反复地开放和关闭，导致夜间通气不足。颏舌肌是上气道最重要的开放肌群，其收缩能力受到舌下神经核的支配。5-HT 可以明显兴奋上气道开放神经元，然而在睡眠的过程中 5-HT 对舌下神经元的兴奋作用明显降低，这可能是由于中枢 5-HT 能神经元活性降低导致的。

中枢 5- 羟色胺受体是一个庞大的家族。5-HT 通过作用于不同的受体系统对多种中枢神经元起到抑制或兴奋作用，这些不同的作用主要是通过不同的突触前和突触后机制所导致。5-HT 所介导的神经元兴奋性增强是最重要的中枢易化机制。我们的研究发现，10 μmol 的 5-HT 可以使脑片中的舌下神经元细胞去极化，诱发阈下振荡和（或）动作电位，这表明 5-HT 对舌下神经元起到明显的易化作用，使其兴奋性明显增高。5-HT 的效应可被突触后的 5-HT$_2$ 受体的拮抗剂（ketanserine）所阻断，这表明 5-HT$_2$ 受体在调节舌下神经元兴奋性的过程中起着重要作用。因为 TASK-1 mRNA 表达于舌下神经元，且可以接受多种神经递质（包括：5-HT）的调控，我们认为 5-HT 所引起的舌下神经元兴奋性的改变可能是通过抑制 TASK-1 样电流所介导的。

5-HT 是中枢运动神经元重要的状态相关调节因子（state-dependent modulator of motor activity）。研究表明，上气道运动神经元（主要是舌下神经元）的活性主要依赖于 5-HT 这种中枢神经递质。而中枢的 5- 羟色胺能中缝核神经元是产生 5-HT 的主要部位，在睡眠的过程中，中缝核神经元活性降低以致"沉默"，释放 5-HT 减少，导致舌下神经元的兴奋性降低，在易感个体则可以导致睡眠呼吸暂停，而 TASK-1 在其中可能起到关键的作用。

（三）舌下神经元可以记录到对酸性 ACSF 和 5-HT 敏感的超极化激活的阳离子流

研究表明，面神经元、脊髓运动神经元、苍白球和其他多种中枢神经元都可以表达一种超极化诱发的内向整流电流（hyperpolarization-activated inwardly rectifier，I_h）。I_h 的激活可导致细胞膜电流的内向漂移，故 I_h 在维持细胞的静息电位水平，调节细胞的兴奋性方面起到重要作用。I_h 可被细胞外铯（cesium，Cs^+）所阻断，然而 ZD-7288 是 I_h 最为特异的阻

断剂，且这种阻断作用是不可逆的。I_h 可接受多种神经递质的调控，其中 5-HT 在其中起关键作用。5-HT 可以通过 5-HT$_{1A}$、5-HT$_2$、5-HT$_4$ 和 5-HT$_7$ 受体来调节 I_h 活性，有些试剂使其兴奋，有些则使其抑制。

我们的结果表明，舌下神经元也表达 I_h 电流，且可以被细胞外酸性的 ACSF 和 5-HT 所抑制，这种抑制作用可被 5-HT$_2$ 受体拮抗剂（Ketanserine）所阻断。

（四）TASK-1 和呼吸化学感受

目前越来越多的证据表明，呼吸调控不稳定是睡眠呼吸暂停发病的一项重要原因。呼吸中枢化学感受器（central respiratory chemoreceptor，CCR）在脑组织 pH 和（或）PCO_2 的感知中起重要作用。中枢化学感受可以通过调节呼吸运动维持正常的 pH 和（或）PCO_2，是脑组织维持内环境稳态的基础。许多与脑干呼吸中枢相关运动神经元，由于表达一种 pH- 敏感的背景性钾电流，其电生理特性和克隆的 TASK-1 电流相似，故人们认为 TASK-1 样通道有可能作为中枢化学感受分子感知中枢 pH 和（或）PCO_2 的变化，从而调节呼吸运动，是中枢化学感受分子。这些研究引起了人们对双孔钾离子通道在中枢化学调控中的作用的关注。最近的一项应用 TASK-1 基因敲除小鼠模型研究表明，TASK-1 虽然能够决定某些中枢呼吸相关神经元的酸敏感性，但并不能影响中枢化学感知，尽管 TASK-1 在中枢呼吸神经元上大量表达，但在中枢呼吸化学调控上是无足轻重的。所以我们必须认识到中枢尚存在其他 pH 敏感分子，它们也在感知着细胞内外酸碱度变化，调控着呼吸运动。

参考文献

1. Bayliss DA, Barrett PQ. Emerging roles for two-pore-domain potassium channels and their potential therapeutic impact. *Trends Pharmacol Sci*, 2008, 29: 566-575.
2. Bayliss DA, Talley EM, Sirois JE, et al. TASK-1 is a highly modulated pH-sensitive "leak" K⁺channel expressed in brainstem respiratory neurons. *Respir Physiol*, 2001, 129: 159–174.
3. Del Negro CA, Koshiya N, Butera RJ, et al. Persistent sodium current, membrane properties, bursting behavior and non-bursting behavior of pre-Bötzinger complex inspiratory neurons in vitro. *J Neurophysiol*, 2002, 88: 2242-2250.
4. Doroshenko P, Renaud LP. Acid-sensitive TASK-like K⁺conductances contribute to resting membrane potential and to orexin-induced membrane depolarization in rat thalamic paraventricular nucleus neurons. *Neuroscience*, 2009, 158: 1560–1570.
5. Honore E. The neuronal background K2P channels: focus on TREK1. *Nat Rev Neurosci*, 2007, 8: 251–261.
6. Horner RL. Neuromodulation of hypoglossal motoneurons during sleep. *Respir Physiol Neurobiol*, 2008, 164: 179–196.
7. Hsiao CF, Del Negro CA, Trueblood PR, et al. Ionic basis for serotoni-induced bistable membrane properties in guinea pig trigeminal motoneurons. *J Neurophysiol*, 1998, 79: 2847-2856.
8. Ketchum KA, Joiner WJ, Sellers AJ, et al. A new family of outwardly rectifying potassium channel proteins with two pore domains in tandem. *Nature*, 1995, 367: 690-697.
9. Kim D. Physiology and pharmacology of two-pore domain potassium channels. *Curr Pharm Des*, 2005, 11: 2717–2736.
10. Mathie A. Neuronal two-pore-domain potassium channels and their regulation by G protein-coupled receptors. *J Physiol*, 2007, 578 : 377–385.

11. Mulkey DK, Stornetta RL, Weston MC, et al. Respiratory control by ventral surface chemoreceptor neurons in rats. *Nat Neurosci* , 2004, 7: 1360 –1369.

12. Remmers JE, deGroot WJ, Sauerland EK, et al. Pathogenesis of upper airway occlusion during sleep. Journal of Applied Physiology, 1978, 44: 931–938.

13. Smith JC, Buters RJ, Koshiya N, et al. Respiratory rhythm gerneration in neuronal and adult mammals: the hybrid pacemarker-network model. *Respiration Physiol*, 2000, 122: 131-147.

14. Taddese A, Bean BP. Subthreshold sodium current from rapidly inactivating sodium channels drives spontaneous firing of tuberomammillqary neurons. *Neuron*, 2002, 33: 587-600.

15. Talley EM, Solórzano G, Lei Q, et al. CNS distribution of members of the two pore-domain (KCNK) potassium channel family. *J Neurosci*, 2001, 21: 7491–7505.

16. Talley EM, Lei Q, Sirois JE, et al. TASK-1, a two-pore domain K^+channel, is modulated by multiple neurotransmitters in motoneurons. *Neuron*, 2000, 25: 399–410.

17. Trapp S, Aller MI, Wisden W, et al. A Role for TASK-1 (KCNK3) channels in the chemosensory control of breathing. *J Neurosci*, 2008, 28: 8844–8850.

18. Wang J, Zhang C, Li N, et al. Expression of TASK-1 in brainstem and the occurrence of central sleep apnea in rats. *Respir Physiol Neurobiol*, 2008, 161, 23-28.

19. Xu XF(徐雪峰), Tsai HJ(蔡浩然), Li L(李琳), et al. Modulation of leak K^+channel in hypoglossal motoneurons of rats by serotonin and/or variation of pH value. *Acta Physiologica Sinica*, 2009, 61: 305-316.

第十七章

K~ATP~通道及其相关的主要疾病

几乎 20 多年前在研究分离的心室细胞的膜片钳工作中，就已叙述到 ATP- 敏感的钾离子通道。此后具有相似特性的离子通道在胰腺 β- 细胞、骨骼肌细胞和平滑肌细胞以及神经元上，都先后被发现。它们都可作为细胞代谢和细胞膜电位之间的偶联器。K_{ATP} 通道由两种不同的蛋白质所组成：一种是内向整流钾离子通道孔亚单元，另一种是调节性磺酰脲类受体亚单元。更具体地说，K_{ATP} 通道是由一个 $K_{ir}6.2$ 或 $K_{ir}6.1$ 亚单元和一个磺酰脲受体（SUR）亚单元构成。例如，胰腺的 K_{ATP} 通道是 $K_{ir}6.2$ 与 SUR1 亚单元组成的复合体，而心脏 K_{ATP} 通道则是由 $K_{ir}6.2$ 通道和 SUR2A 构成的复合体。由于 $K_{ir}6.2$ 通道或 SUR1 突变，而损伤 β 细胞 K_{ATP} 通道与隐性的常染色体功能混乱联系在一起，产生持久性的婴幼儿高胰岛素和低血糖症（PHHI）。此外，K_{ir} 通道变异也与发展成 2 型糖尿病的危险性有联系。在这一章里，首先介绍 K_{ATP} 通道的结构和特性，然后介绍现已积累的有关 K_{ATP} 通道功能各个方面的知识，其中特别着重讨论它在调节胰岛素分泌中的生理作用，以及与 K_{ATP} 通道变异而引起的相关离子通道病（如糖尿病和胰岛素分泌功能亢进等）。

第一节　K_{ATP} 通道，使细胞的代谢与细胞的兴奋性相关联

Nome 首先利用膜片钳技术在豚鼠心室肌细胞中发现一种弱的内向整流钾离子通道，其特性是通道的活性随细胞内 ATP 浓度升高而被显著抑制，因此将其命名为 ATP 敏感性钾离子通道。其分子结构和电生理学特性属于内向整流型钾离子通道家族。定义 K_{ATP} 的两条药理学标准是：①可被 K_{ATP} 阻断剂磺酰脲类抑制；②可被 K_{ATP} 通道开放剂（K_{ATP} channel opener，KCO）激活。此通道主要存在于心脏、血管、胰腺、骨骼肌、神经元、腺垂体、肾小管上皮、卵母细胞等组织及细胞器（如线粒体）等，并发挥着重要的生理功能。K_{ATP} 通道可以分成两类：一类是位于细胞膜上的 K_{ATP}（sarcolemmal K_{ATP} channel，SK_{ATP}）；另一类是位于线粒体膜上的 K_{ATP}（mitochondrial K_{ATP} channel，mitoK_{ATP}）。ATP- 敏感的 K_{ATP} 通道是特别重要的，这是由于它把细胞代谢（细胞内 ATP 水平）与细胞的兴奋性偶联在一起。

一、K_{ATP} 通道的结构

目前对 SK_{ATP} 结构研究得较清楚，它是由两个不同的亚单元组成异多聚体。形成孔的亚单元，是由一些内向整流 $K_{ir}6.x$ 亚家族的成员组成，其中包括 $K_{ir}6.1$ 和 $K_{ir}6.2$ 通道两个成员。$K_{ir}6.x$ 亚单元呈现出内向整流上游家族的共同拓扑图：两个跨膜区在高度保守的孔区侧面，

其 N- 端和 C- 端定位在细胞膜的内面。$K_{ir}6.2$ 通道是内向整流器钾离子通道（K_{ir}）的一个成员，也是不依赖于电压的钾离子通道大家族中的一个成员，其主要功能是涉及静息膜电位的稳定和跨膜 K^+ 离子的运输。K_{ir} 通道受各种细胞成分（如质子、GTP 偶联的蛋白质和腺嘌呤核苷）的调制。K_{ATP} 通道的另外一个亚单元是磺酰脲类受体（Sulfonylurea receptor，SUR），它是 ATP- 结合装置（ABC）的上游家族成员。SUR 亚单元有三种不同的异构体：SUR1、SUR2A 和 SUR2B，后两种是同一基因的交替变换。与其他 ABC 上游家族成员相似，SUR 亚单元显示 17 个跨膜区，并在细胞质侧有两个核酸结合区域（NBF），见图 17-1。

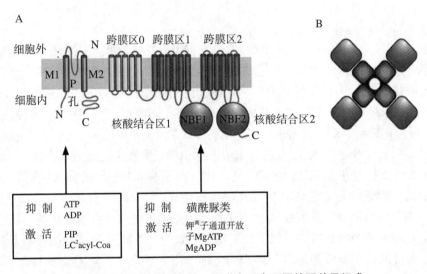

图 17-1　（也见彩图）K_{ATP} 通道由两个不同的亚单元组成

A. 内向整流钾离子通道 Kir6.2 亚单元形成通道的孔，而磺酰脲受体亚单元形成调节的亚单元。B. 通道是一个功能的八聚体，由 4 个 Kir 亚单元组成，每个 Kir 亚单元与一个磺酰脲受体亚单元相结合。TMD：跨膜区；NBF：核苷酸结合折叠；M1、M2：跨膜螺旋；P：孔

K_{ATP} 通道由 4 个内向整流钾离子通道亚单位（inwardly rectified potassium channel，K_{ir} 通道）和 4 个调节性磺酰脲类受体组成，相对分子量约为 950 kD 的八聚体。$K_{ir}6.x$ 通道形成 K_{ATP} 通道的 K^+ 穿通孔道，家族中共有 6 个亚型（$K_{ir}6.1 \sim K_{ir}6.6$）。哺乳动物中主要存在 $K_{ir}6.1$ 和 $K_{ir}6.2$ 亚型，它们分别定位于染色体的 12p11.23 区和 11P15.1 区，是由 390 个氨基酸组成的多肽，两者之间有 71% 的氨基酸序列相同，其中 H5 带的 Gly-Tyr-Gly 序列是选择性 K^+ 的关键区域。$K_{ir}6.x$ 通道为高度保守序列，含有 2 个疏水跨膜区段 M1、M2，这 2 个跨膜区分别由 1 个孔环和胞浆侧氨基、羧基末端相连接。在功能上 M2 决定内向整流程度，并且跨膜功能区的氨基酸序列与电压门控离子通道的 H5 或 P 区同源，具有 ATP 结合抑制点，控制 K_{ATP} 通道对 K^+ 的选择性，也有 ATP 感受器的作用。$K_{ir}6.1$ 通道具有 2 个 PKA 催化的磷酸化位点和 7 个 PKC 催化的磷酸化位点，$K_{ir}6.2$ 通道具有 2 个 PKA 催化的磷酸化位点和 5 个 PKC 催化的磷酸化位点。

SUR 是转运 ATP 酶的上家族多相耐药关联蛋白质（multidrug resistance associated protein，MRP）或 ATP 结合盒（ATP binding cassette，ABC）成员，是 K_{ATP} 开放剂或抑制剂与核苷二磷酸的作用靶点，由 1 582 个氨基酸组成，分为 SUR1 和 SUR2 两型，分别由不

同基因编码；由于羧基端 42 个氨基酸不同又将 SUR2 分为 SUR2A 和 SUR2B。SUR 的跨膜区段有 17 段，分 3 组（TMD0、TMD1、TMD2）排列，其各自分别有 5、5、6 个跨膜区。SUR 胞质侧有两个核苷酸结合区 NBD1 和 NBD2，前者位于 TMD1 和 TMD2 的绊环之间，后者位于羧基端。NBD1 是不依赖于镁的高亲和力核苷酸结合位点；NBD2 具有 ATP 酶活性。SUR1 具有 2 个 N 端糖基化位点，3 个 PKA 催化的磷酸化位点和 20 个 PKC 催化的磷酸化位点；SUR2 有 3 个 N 端糖基化位点，2 个 PKA 催化的磷酸化位点和 20 个 PKC 催化的磷酸化位点。

单克隆表达的 K$_{ir}$6.x 通道或 SUR 亚单元无活性，完整通道的功能和性质依赖于两种亚单元之间的相互作用。在 K$_{ATP}$ 通道中，K$_{ir}$6.x 通道亚基为特异性 K$^+$ 穿通孔道并决定通道的电生理学性质，SUR 亚基决定通道的核苷敏感性和药理学性质。不同的组织组成 K$_{ATP}$ 通道的 K$_{ir}$6.x 通道和 SUR 亚基不同，对 K$_{ATP}$ 通道阻断剂和 KCO 的定性及定量反应不同，执行不同的生理功能。

功能的 K$_{ATP}$ 通道是一个八聚体，包括 4 个 K$_{ir}$6.x 通道和 4 个 SUR 亚单元，这些能组装成不同的亚单元组合（图 17-1B）。因此胰腺 β 细胞的 K$_{ATP}$ 通道由 K$_{ir}$6.2/SUR1 亚单元形成。K$_{ir}$6.2/SUR2A 或 K$_{ir}$6.1/SUR2A 形成心脏的 K$_{ATP}$ 通道；而 K$_{ir}$6.1/SUR2B 构成血管平滑肌（VSM）的 K$_{ATP}$ 通道。不同类型的 K$_{ATP}$ 通道，不仅它们的组织表达不同，而且它们的药理学以及对 ATP 的敏感度也不同。

二、K$_{ATP}$ 通道的分布与调节

犬正常胰腺组织表达 K$_{ATP}$ 通道的 SUR1 和 K$_{ir}$6.2 亚基。从犬正常胰腺组织中获得的 SUR1 和 K$_{ir}$6.2 亚基的核苷酸序列与人类、大鼠和小鼠等其他种类哺乳动物的序列具有高度同源性。对大鼠和小鼠的心脏、冠状动脉平滑肌细胞和内皮细胞采用免疫组织化学的方法能检测到 K$_{ir}$6.1 亚基的表达。K$_{ir}$6.2 亚基主要在心室肌细胞和内皮细胞表达，在平滑肌细胞无表达。SUR1 亚基在心室肌细胞表面有强烈表达，在冠脉系统无表达。SUR2 亚基主要在心肌细胞和冠脉系统表达。在心室肌细胞的 T 管膜上联合表达 K$_{ir}$6.2 和 SUR2 亚基；在心室肌细胞的肌纤维膜上有联合表达 K$_{ir}$6.1 和 SUR1 亚基。敲除小鼠心肌细胞 SUR2 亚基上的 NBD1 区即格列苯脲的作用位点，仍能用免疫组化，共沉淀和 PCR 技术证实存在格列苯脲敏感的 K$_{ATP}$ 通道，这说明心肌细胞膜上的 K$_{ATP}$ 通道有不同的种类组合。

K$_{ATP}$ 通道活动的主要特点是爆发性成簇开放的单通道电流，间以较长时间的关闭行为。在膜强烈去极化过程中，K$_{ATP}$ 通道表现弱的内向整流和突然闪烁开放。K$_{ATP}$ 通道的开放并非依赖于电压，其活性主要受 ATP 浓度调节，激活的 G 蛋白可拮抗 ATP 的抑制作用，使通道开放。胞内 ATP 浓度增高能延长放电间隔和缩短放电时程，导致通道平均开放时间缩短。胞内 ATP 对 K$_{ATP}$ 通道具有双向调节作用，K$_{ATP}$ 通道在开放状态下 ATP 发挥配基作用抑制通道的开放；在通道关闭状态下 ATP 与 Mg^{2+} 结合，恢复通道的开放。ADP 对通道既有激活作用又有抑制作用。无 Mg^{2+} 时 ADP 抑制 K$_{ATP}$ 通道，其作用点在 K$_{ir}$6.x 通道上；在 Mg^{2+} 和 ATP 达毫摩尔浓度的生理条件下，ADP 又是 K$_{ATP}$ 通道的强有力的激动剂，其作用点在磺酰脲受体亚单位 SUR 的核苷酸结合位点 NBF 上，根本的机制可能是辅助因子 Mg^{2+} 介入了在 NBD 上执行的 ATP 的水解反应。

蛋白激酶 A（PKA）、PKC、PKG、NO、C 型利钠肽、血管活性肠肽、β$_1$ 受体、β$_2$ 受体均可活化 K$_{ATP}$ 通道，缺氧、代谢毒物等应激活化分子也可活化 K$_{ATP}$ 通道，从而调节机体对外界的适应性。腺苷、儿茶酚胺、缓激肽及降钙素基因相关肽和外源性三磷酸鸟苷类似物

GTPC 结合 G 蛋白而偶联 K_{ATP} 通道。$K_{ir}6.1$ 和 $K_{ir}6.2$ 通道上均有 PKA 和 PKC 作用位点，受到它们的直接磷酸化调节，PKA 或 PKG 产生的磷酸化可激活血管 K_{ATP} 通道，而 PKC 激活后可抑制该通道。

KCO 及磺脲类药物可影响着 sK_{ATP} 通道活性。代表药物有 cromakalim、levcromakalim、nicorandil、pinacidil、minoxidil、diazoxide 和 BRL-55834。diazoxide 是特异性的 $mitoK_{ATP}$ 通道开放剂；P-1075 为特异性的 sK_{ATP} 通道开放剂；nicorandil，pinacidil 为非特异性 PCO；aprikalim，MCC-134 开放 sK_{ATP} 通道并阻滞 $mitoK_{ATP}$ 通道。磺脲类药物以 glibenclamide 为代表，为非特异性 K_{ATP} 通道阻断剂；HMR-1098 为特异性的 sK_{ATP} 通道阻断剂；5-HD 为特异的 $mitoK_{ATP}$ 通道阻断剂。

ATP、KCO 及磺脲类药物之间以复杂的相互作用协同调节 K_{ATP} 通道。ATP 既通过配体作用关闭通道，又通过 Mg^{2+} 依赖性水解反应维持通道活性，还可增强 SU 的作用，也是某些钾离子通道开放剂调节通道的必需条件。KCO 可直接作用于通道，也可通过变构作用影响 ATP 和磺脲类药物作用，从而调节 K_{ATP} 通道活性。磺脲类药物则除直接关闭 K_{ATP} 通道外，也通过变构效应增强 ATP 作用或减弱 KCO 作用，从而间接抑制通道活性。

酸中毒时细胞内 pH 降低，细胞内 H^+ 增加。H^+ 通过改变 ATP 敏感性，从而改变 K_{ATP} 通道活性，带 4 个负电荷的 ATP（ATP^{4-}）与 H^+ 结合形成 $ATPH^{3-}$，减轻了对 K_{ATP} 通道的抑制作用，使 K_{ATP} 通道的活性增加，通道开放，血管张力降低。

K_{ATP} 通道活性曾被认为与 Ca^{2+} 无关，但近期研究发现，在大鼠主动脉平滑肌细胞内，在生理浓度 ATP 情况下，格列苯脲敏感的 K_{ATP} 通道电流受细胞内 Ca^{2+} 浓度调控：在胞内钙浓度为 10 nmol 时 K_{ATP} 通道达最大开放，在胞内钙浓度为 300 nmol 时 K_{ATP} 通道处于完全受抑制状态。磷酸酯酶 2B 蛋白在这种调节过程中起重要作用。

三、K_{ATP} 通道的心血管保护作用的功能与机制

（一）K_{ATP} 通道的心脏保护作用功能

研究发现编码心脏 K_{ATP} 通道的基因缺损，会破坏心脏耐受应激的能力，易患心衰。Terzic 等扫描因患扩张性心肌病致心力衰竭和心律不正常患者的基因组 DNA，患者的左心室均在该体表面积和年龄的 95% 百分位上，左心室射血分数 <50%。发现 2 例患者的 K_{ATP} 通道在 ABCC9 发生突变，改变了 K_{ATP} 通道的调节亚单元 SUR2A，通过 SUR2A 的水解，造成代谢信号解码，破坏了心脏耐受应激的能力，从而易患心力衰竭。研究者称，离子通道功能的不正常或病理改变传统地与配基相互作用、亚单元的交通或小孔的传导的缺损有关。由于通道复合物催化模数改变，造成人类心脏 K_{ATP} 通道功能不正常，这成为离子通道病的一种新的机制。

心脏 K_{ATP} 通道表达减少的小鼠和 K_{ATP} 通道亚基突变的患者易发生室性或房性心律失常。$K_{ir}6.2^{-/-}$ 的小鼠在急性和慢性应激时会发生心肌损伤，例如，在踏车负荷试验中，与野生型小鼠相比，$K_{ir}6.2^{-/-}$ 小鼠使用异丙肾上腺素（20 mg/kg）后易发生心律失常，导致室性心律失常和猝死，存活率明显降低；在进行游泳或心脏超容量负荷实验时，$K_{ir}6.2^{-/-}$ 小鼠也更易发生心脏损伤、心肌肥厚、心脏输出量减少、存活率降低等现象；而高盐饮食诱导的心脏容量负荷过度也更易使 $K_{ir}6.2^{-/-}$ 小鼠发生心肌损伤。K_{ATP} 通道持续开放，APD 缩短，可导致折返性心律失常，可能加速心肌细胞死亡。

有人发现，在心肌梗死后重构的梗死边缘区，K_{ATP} 通道孔道形成亚基 $K_{ir}6.1$ mRNA 逐渐

增加；当心肌梗死发生后，K$_{ATP}$通道调节亚基 SUR 的 mRNA 表达量逐渐增加，而 K$_{ir}$6.2 亚基 mRNA 的表达量则逐渐减少。在心梗大鼠模型的心肌重塑过程中，开放 K$_{ATP}$通道能在结构和功能方面起到保护性作用，开放 K$_{ATP}$通道抑制 p70S6 激酶而使心梗后 70 kD 蛋白激酶减少，从而减少了心肌细胞肥大的发生。在心脏缺血再灌注模型中，敲除 SUR1 的小鼠在梗死面积和心功能指标方面明显优于对照组。

在肾上腺素造成的应激模型，敲除 SUR2 的小鼠的冠脉痉挛状况较对照组减轻；在 Langendroff 灌流造成的全心缺血模型中，敲除 SUR2 组小鼠较正常组小鼠的心脏梗死面积和心功能好转；而应用尼弗地平处理组较无尼弗地平组梗死面积增加。这说明急性心脏应激中有含 SUR2 亚基的 K$_{ATP}$通道并不起主要保护作用。传统观点认为开放 K$_{ATP}$通道能减轻应激引起钙超载造成的损伤，从而起到保护心肌保护作用，最近研究证明由应激造成的心肌凋亡和线粒体损伤时，sK$_{ATP}$通道能通过特殊的与钙相关的方式跟线粒体发生相互联系，起到抗心肌凋亡和抗线粒体损伤的重要保护作用。体内外实验证实，心脏缺血再灌注损伤前，给予 K$_{ATP}$通道开放剂能预防细胞凋亡和线粒体损伤。

在缺血性心肌损伤中，mitoK$_{ATP}$通道比 sK$_{ATP}$通道可能发挥着更重要的保护作用。有大量实验证明缺血预处理引起的心脏保护作用是通过 mitoK$_{ATP}$通道介导的：包括减轻缺血心肌的梗死面积，提高心肌收缩力，减轻心室重构等。MitoK$_{ATP}$通道可能参与了延迟保护的触发和介导，而质膜 K$_{ATP}$通道可能参与了延迟保护的触发。mitoK$_{ATP}$通道可能作为亚细胞的调节装置在心肌缺血损伤中发挥抗心律失常和心肌细胞保护功能。mitoK$_{ATP}$通道阻断剂 5-HD 在缺血再灌注损伤的体内模型实验中不起抗心率失常作用，而应用 5-HD 能取消 pinacidilon 在模型中的抗心率失常作用，说明 pinacidilon 的抗心率失常效应可能是选择性通过 mitoK$_{ATP}$通道实现的。

（二）K$_{ATP}$通道的血管保护作用功能

KCO 类药物是以 K$_{ATP}$通道为靶点的抗高血压药物，K$_{ATP}$通道的组织选择性表达是 KCO 类药物组织选择性的分子基础。K$_{ATP}$通道在血管调节保护方面的作用主要表现在维持血管床的基础张力和缺氧缺血时扩张重要脏器血管口径。K$_{ATP}$通道在血管床如冠脉、肠系膜动脉和提睾肌动脉的基础张力维持中有重要意义。缺血、缺氧和代谢抑制等状态时 K$_{ATP}$通道被激活，肾、脑和肺动脉等重要脏器的 K$_{ATP}$通道被激活起血管扩张作用。研究表明，缺氧、缺血造成 ATP 分解产生大量腺苷，腺苷结合受体激活 K$_{ATP}$通道，使血管扩张，增加血流量，增加携氧量，保持局部代谢平衡。在内皮素 1、血管紧张素Ⅱ造成的慢性低氧性肺动脉高压模型中，平滑肌细胞收缩、增殖、肥大，肺血管痉挛进而肺血管重构，应用内皮素受体拮抗剂、血管紧张素Ⅱ受体拮抗剂及血管紧张素转化酶抑制剂可抑制低氧性肺血管模型的重构。内毒素性休克时 K$_{ATP}$通道被过度激活，可能是导致血压骤降的主要原因，K$_{ATP}$通道过度激活后，钙内流减少，血管平滑肌松弛，总的外周阻力迅速下降。

（三）K$_{ATP}$通道的心血管保护作用机制

K$_{ATP}$将细胞代谢和细胞膜兴奋性两大功能联系起来。生理状态下，K$_{ATP}$通道开放可增加 K$^+$外流，增加了心肌细胞和血管平滑肌细胞的钾电导，导致细胞膜超极化，Ca^{2+}内流减少，使心肌细胞动作电位时程缩短，限制了细胞内的钙超载，引起了血管舒张及心肌收缩力的减弱，使心脏负荷减轻，心肌储备增加，并抑制蛋白水解酶和磷脂酶对心肌细胞不可逆损害。在病理状态下，缺血、应激等可能引起心血管系统对 K$_{ATP}$通道开放剂的增敏，启动线粒体膜上的 K$_{ATP}$通道开放，有益于利用脂肪酸、激活白细胞、减轻自由基损伤和减少前列腺素代谢产物等病理生理过程。

K_{ATP} 通道的保护心血管系统的具体机制可能为：① 减少细胞内游离 Ca^{2+}：可能包括干扰二氢吡啶类不敏感的电压依赖性钙离子通道的激活，从而减少钙内流；促进膜内 Ca^{2+} 经 Na^+ 向 Ca^{2+} 交换而排出胞外；抑制胞浆钙库释放 Ca^{2+}；② 线粒体膜电位降低、去极化，线粒体呼吸作用增强，三羧酸循环释放能量使 H^+ 通过质子泵从内膜的基质侧移至膜间隙腔，在内膜两侧形成一定的跨膜电位和 pH 梯度，而电位差是线粒体内膜上单向钙离子通道开放的主要动力，从而抑制 Ca^{2+} 内流，有效防止线粒体内钙超载；③ 增加对儿茶酚胺的摄取而减少游离态儿茶酚胺，间接减少钙离子通道开放概率；④ 清除缺血再灌注时细胞内的自由基，抑制白介素的氧自由基的产生，减少缺血时自由脂肪酸等有害代谢产物的形成；⑤以线粒体增殖和减少活性氧簇释放的方式为细胞增加能量，保护线粒体呼吸链，保持 ATP 产量稳定，防止细胞色素 C 从线粒体释放。

第二节　胰腺内分泌细胞的离子通道及其在糖尿病中的作用

在哺乳动物生理学中，维持葡萄糖在体内的恒定是重要的因素，并且在很大程度上受胰腺的控制。特化了的在 Langerhans 小岛（即胰岛）上的 β 细胞感受血液中的葡萄糖水平，并且分泌胰岛素，发出信号到躯体的其他部分。这一细胞过程的许多方面，离子通道起主要作用，并且作为治疗葡萄糖体内恒定受损的药理干预目标。2 型糖尿病有葡萄糖感受和胰岛素分泌受损，是由于钾离子通道突变（以及其他遗传和获得性改变）所引起，并且大多数的医疗是瞄准这一通道作为目标。在本节中主要介绍奠定胰岛素分泌的生理和病理的机制，着重强调离子通道在控制和调节胰岛素分泌中所起的作用。

在上一节中已经提到 K_{ATP} 通道表达在心肌细胞和神经元上，可能对各种应激起保护作用，其中包括缺血和缺氧。无论如何，当今对 K_{ATP} 通道生理功能了解和研究得最多的，还是有关它对胰岛素分泌的调节作用，不管你是纵情享受心爱的甜点，还是跑马拉松长跑，在各种状态下，血糖的水平都会保持接近恒定。当血浆葡萄糖水平上升，则刺激胰岛素分泌，这是唯一从胰腺 β 细胞分泌的降低葡萄糖的激素。葡萄糖通过 GLUT2 运输分子进入到 β 细胞，在那里很快地磷酸化变成 6- 磷酸葡萄糖，并进入糖原酵解循环，最后增加细胞质内的 ATP 水平，并关闭 β 细胞的 K_{ATP} 通道。由 $K_{ir}6.2/SUR1$ 亚单元组成的在 β 细胞内的 K_{ATP} 通道，是主要负责维持细胞膜电位的通道，因此，K_{ATP} 通道关闭，会导致细胞膜去极化，并伴随电压依赖性钙离子通道激活。Ca^{2+} 通过电压依赖性通道（主要是 L- 型钙离子通道）进入细胞刺激含胰岛素的小泡胞吐，分泌胰岛素。分泌出的胰岛素刺激不同器官摄取的葡萄糖增加，因而使血糖水平回到基线（图 17-2）。2 型糖尿病的胰岛素分泌，不再能使血糖回到正常的水平，这是由于老年化、肥胖等原因，在目标器官对增加的胰岛素有耐受性。K_{ATP} 通道在偶联对葡萄糖的感受与胰岛素分泌过程中起关键作用的例子是，磺酰脲类和它们的衍生物（如 glibenalamide）仍在用以治疗 2 型糖尿病。前面已经提到，磺酰脲类关闭 K_{ATP} 通道，因而增加胰岛素的分泌，后者又对降低葡萄糖水平做出贡献。$K_{ir}6.2$ 和 SUR1 亚单元两者突变，会引起所谓的持久高胰岛素血症的严重基因病。这种由突变引起 K_{ATP} 通道功能丧失，以及胰岛 β 细胞的膜电位更多地去极化，甚至在低血糖状态下，继续升高胰岛素的分泌。下面就对这些过程，分别加以较详细地叙述。

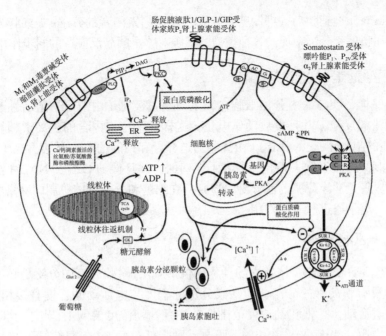

图 17-2 K_ATP 通道介导葡萄糖诱发的胰岛素分泌模式图

图示在 β 细胞内，当葡萄糖诱发胰岛素分泌时发生的某些主要分子事件。通过葡萄糖运载分子，使葡萄糖在原生质膜两边平衡。葡萄糖激酶将葡萄糖磷酸化为葡萄糖 -6- 磷酸，并且决定进入线粒体的糖酵解速率和丙酮酸生成速率。因此，当血液中葡萄糖浓度高时，糖原酵解的速率将增加。在线粒体中，丙酮酸是丙酮酸羧化酶和脱氢酶的基质。最后，在三羧酸循环中由基质氧化而产生 ATP，并激活电子运输链，然后把ATP 输出到细胞质。在细胞质中的 ATP/ADP 的比率增加，关闭 K_ATP 通道和去极化原生质膜，使电压依赖性钙离子通道开放和 Ca^{2+} 快速地流入细胞内。葡萄糖调节胰岛素从分泌小泡进行胞吐是关键的一步，因为细胞质的 Ca^{2+} 增加是主要触发葡萄糖依赖的胰岛素分泌。因为 Ca^{2+} 也能从细胞器中释放，所以也能增加细胞内 Ca^{2+} 浓度水平（$[Ca^{2+}]_i$）。激活 Gα 蛋白（例如，借助 α_1 或毒蕈碱受体的配体）导致磷酸肌醇 -2- 磷酸水解产生二酰基甘油和 IP_3。而 IP_3 又能通过移动内质网里的钙库而增加 $[Ca^{2+}]_i$。DAG 激活蛋白激酶 C，至少部分使之对 Ca^{2+} 敏化。Ca^{2+}/ 钙调蛋白酶激活也会随着 $[Ca^{2+}]_i$ 上升而出现。在 β 细胞内，很多药物可能与离子通道和 G- 蛋白偶联的受体家族相互作用。G_s 蛋白偶联到 BG- 蛋白 - 偶联受体的亚家族和肾上腺素受体，并且导致腺苷酰环化酶激活和随后 PKA 的激活，而生长激素、嘌呤（P1）和 α_2 肾上腺素能受体偶联到 G_i，导致腺苷酰环化酶抑制。激活了的 Ca^{2+}/ 钙调蛋白激酶、PKC 和 PKA 能导致整个 β 细胞与胰岛素分泌小泡、离子通道和细胞骨架结构有关联的蛋白质磷酸化，并不是所有这些反应都已弄清。通过 G- 蛋白偶联的通路启动磷酸化和去磷酸化反应，最后也调节基因转录，而后者又涉及调节胰岛素的分泌

一、胰腺

胰腺是附着在小肠上的，它的主要功能是控制血糖水平。然而胰腺的大部分是外分泌组织构成，分泌胰腺酶到小肠，只有大约 1% 的胰腺组织是内分泌细胞，这些细胞成群堆积在一起成为胰岛。在胰岛内的绝大多数内分泌细胞均称为 β 细胞。这些 β 细胞通过分泌胰岛素到血液循环，对葡萄糖水平上升起反应，然后又让一些细胞（主要是在肌肉和肝中的细胞）吸收葡萄糖。其他类型的胰腺细胞进一步控制血浆中的葡萄糖水平。当血液中葡萄糖水平降低时，α 细胞分泌胰高血糖素（glucagon），后者刺激靶细胞中的粒线体呼吸。δ 细胞分泌生

长激素（somatostatin）到胰岛，抑制胰岛素和胰高血糖素两者的分泌。λ 细胞分泌 GLP-1 引起胰高血糖素和胰岛素分泌增加。各种类型的细胞对"全胰岛反应"的同步作用作出贡献。

二、胰岛细胞是可兴奋的细胞

与神经元一样，胰岛的内分泌细胞以原生质膜去极化（由离子通道活性改变所引起），对其相关的刺激起反应，并且发放动作电位，这样导致小泡内含的胰岛素颗粒从小泡内释放出来，即所谓的胞吐（exocytosis）（由离子通道介导和控制的 Ca^{2+} 浓度升高）和分泌激素。因此受葡萄糖刺激导致细胞去极化，后者是振荡的，并且伴随 Ca^{2+} 和 NADH 浓度变化以及粒线体膜电位振荡，常导致振荡性分泌胰岛素。在细胞和分子反馈机制的网络中，这些动力学变化的产生，离子通道起主要作用。

三、β 细胞的电活动

β 细胞的电活动（以 Ca^{2+} 依赖性的动作电位形式），对胰岛素的分泌是必不可少的。没有电活动，就没有胰岛素的分泌；胰岛素分泌的程度与电活动的程度直接相关联。因此，K_{ATP} 通道介导电活动，并把它的浓度范围调节在葡萄糖浓度的阈上范围内。K_{ATP} 通道也决定 β 细胞的膜电阻，当 K_{ATP} 通道开放，膜电阻则降低；而 K_{ATP} 通道关闭，膜电阻则升高。膜电位是由膜电阻和流过膜的电流的乘积决定，这意味着当 K_{ATP} 通道开放和膜电阻低时只有很小的电流，这对膜电位的影响（因此也影响到胰岛素的分泌）是非常微小的；当大部分 K_{ATP} 通道关闭和膜电阻较高时，同样很小的电流则可引起较大的电位变化，使 β 细胞去极化和分泌胰岛素。这样就可以解释为何只有在葡萄糖浓度达到使绝大多数的 K_{ATP} 通道关闭时，胰岛素分泌的增强剂（potentiator）例如，乙酰胆碱和精氨酸，产生小的内向电流，才起有效的促分泌作用（secretagogue）。这意味着疾病导致 K_{ATP} 通道活性降低时（婴幼儿先天性胰岛素功能亢进），这些试剂更有效，而在增加 K_{ATP} 通道活性（糖尿病）的条件下，则这些试剂的效力减低。

由于另外一些离子通道对静息膜电位和膜电阻有贡献，所以 K_{ATP} 通道在调节肌肉和神经细胞的电活动时起的作用较小。因此，在这些类型的细胞，期望引起等价的 K_{ATP} 通道活性的改变，则效应较不明显。

四、静息电位和激素分泌的启动

连接葡萄糖与激素分泌敏感性的机制，在胰岛细胞进行过广泛的研究，这一级联反应的关键是涉及一些离子通道的活性。在上一节中已提到，对 ATP 敏感的钾离子通道是原生质膜上的一些蛋白质复合体，是由 4 个形成孔的 $K_{ir}6.2$（KCN11）亚单元被 4 个 SUR1（ABC 运输蛋白家族的磺酰脲类受体）辅助亚单元环绕所组成（图 17-1B）。由于 K_{ATP} 通道的活性取决于细胞质里的 ATP 的量，后者又取决于 β 细胞所吸收的葡萄糖量。上述蛋白质复合体感受进入 β 细胞的葡萄糖量。K_{ATP} 通道的活性与 ATP 的量呈负相关，即 ATP 的水平增加，则降低 K_{ATP} 通道的活性。在静息的条件下，K_{ATP} 通道是主要的开放通道，因为它们的活动而设定了静息电位。增加 ATP 浓度导致细胞膜去极化，而去极化又引起电压依赖性钙离子通道（Ca_V）开放，导致 Ca^{2+} 向细胞内流。在 β 细胞内准确构成 Ca_V 通道的分子可能有种族之间的差异，并且对此也仍有一些不同的意见。然而控制胰岛素分泌的主要 Ca_V 通道是 Ca_V1 亚家族［$Ca_V1.2$（或）$Ca_V1.3$］的 L- 型钙离子通道。此外，利用敲除 $Ca_V1.3$ 通道的小鼠，证明这个通道对胰腺的正常发育是不可或缺的。其他 Ca_V 通道，Ca_V2（P/Q、N 和 R 型）通道成员，在这些细胞中的存在及其功能得到证实的例子中，也检测到这些通道。在某些 β 细胞制备的标本中，也检测到 Ca_V3（T- 型）通道。去极化与分泌之间的偶联机制，在 β 细胞与神经元突触传递非常相似，进一步强调 Ca_V1 通道在胰岛素分泌中所起的主要作用，通过 Ca_V 通道与控制小泡胞吐的突触蛋白（例如，Syntaxins 和 SNAP-25）在物理学上和功能上相互作用也得到了证实。上述通道和通路，包括了血液葡萄糖水平转换成胰岛素信号的主要途径（图 17-3）。然而还有更多的通道涉及调谐和调节这信号转换路径将在下面加以叙述。

电压依赖的 K^+（K_V）通道，也感受由于 K_{ATP} 通道关闭而启动的膜去极化以及它们延缓的激活，而导致复极化和结束胞吐。已经得到证实，β 细胞的 $K_V2.1$ 通道是主要的 K_V 通道，它介导这种胞吐的结束，其部分原因是基于与突触蛋白相互作用而引起。其他 K_V 通道，在 β 细胞和其他内分泌细胞也有表达，但其所起的准确作用还不完全清楚。

对细胞内 Ca^{2+} 浓度（$[Ca^{2+}]i$）提高的反应，Ca^{2+} 激活的 K_V 通道是开放，这又引起膜电位复极化，常导致信号衰减，通过这种反馈环，$K_{Ca}2$ 和 / 或 $K_{Ca}3$ 通道（小 / 中等 K^+ 电导的蛋白家族）对膜电位和 $[Ca^{2+}]i$ 振荡做贡献。有 $K_{Ca}1.1$（大 K^+ 电导，BK）存在是得到了证实，但对葡萄糖诱导的电活动没有贡献。在胰岛中曾经检测到一些结构与 K_{ATP} 通道的 $K_{ir}6.2$ 相似的 $K_{ir}6.3$ 通道（$G_{IR}K$ 或 G 蛋白激活的内向整流钾离子通道）。在 α 以及 β 细胞中曾找到了 $K_{ir}3$ 通道（主要是 $K_{ir}3.4$ 通道但也有 $K_{ir}3.2$ 通道、$G_{IR}K4$ 和 $G_{IR}K2$）。一旦 G 蛋白激活的钾离子通道开放，这些通道对膜电位的复极化和（或）超极化都有贡献。它们的精确作用还没有完全了解，但它们对激素和递质（如 ACh、肾上腺素和生长激素）起反应时，减低胰岛素的释放。此外，在 RNA 水平（PCR），整个胰腺都检测到一些双孔 K_{2P} 通道。$K_{2P}5.1$（TASK-2）也发现表达在胰岛和外分泌组织，以及 $K_{2P}10.1$（TREK-2）表达在胰腺癌细胞株 MINA 上。

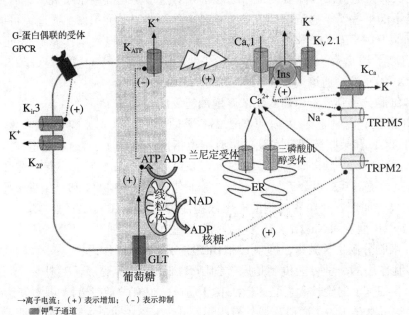

图 17-3 （也见彩图）胰岛 β 细胞内的离子通道及其作用模式图

TRP 通道对各种刺激都敏感，激活 TRP 通道可调制细胞内 Ca^{2+} 浓度 $[Ca^{2+}]i$ 和膜电位，因而对调节胰岛素分泌做出贡献。单价阳离子可透过的并被细胞内 Ca^{2+} 门控的 TRPM5 通道，表达在胰腺上，而且它对膜电位振荡也有贡献。最近也有报道指出，在胰腺分泌过程中，涉及可透过 Ca^{2+} 的 TRPM2。它涉及这个通道的 ADP 核糖的激活作用和温度依赖性。由于 ADP 核糖的激活，可能与 NADH 浓度的振荡有关。曾经有报道指出，这种振荡在 β 细胞对葡萄糖激活起反应时发生。此外，从小鼠胰岛癌细胞株克隆出的 TRPC4 两个连接处变异起异聚钙离子通道（与其他 TRPC）的作用。

在内质网（ER）膜上的兰尼定受体（RyR）和（或）三磷酸肌醇受体（IP_3R）通道，对整形 Ca^{2+} 信号和胰岛素分泌也有贡献。这些通道使 Ca^{2+} 从内质网释放到细胞质，并可能与 TRP 通道相互作用而连接到 $[Ca^{2+}]i$ 振荡。有证据表明，在一定条件（如低葡萄糖）下，胰岛细胞通过 P2X 通道对 ATP（可能与胰岛素一同释放出来的）起反应。由于通道开放可透过 Ca^{2+} 的孔道，ATP 受体对结合 ATP 起反应，上述这种机制进一步增加胰岛素的分泌。然而，P2 受体在胰腺上的表达是受发育过程调节的，例如，P2X7（在 α 细胞上）只在成年动物细胞上有表达，并可能与老年化过程有关。这也可能与这一通道在支持凋亡过程中起作用有关。

五、不同类型内分泌细胞的离子通道

（一）α 细胞借助降低胰高血糖素分泌对葡萄糖起反应

这可能是通过葡萄糖作用在 β 细胞释放 γ- 氨基丁酸（GABA）而实现的。GABA 又激活在 α 细胞上的 GABAa 受体，而抑制胰高血糖素的分泌。然而一旦葡萄糖水平变低，β 细胞不再释放 GABA，以及 α 细胞继续分泌胰高血糖素。另外一个假设的机制是涉及胰岛素从 β 细胞分泌，降低 α 细胞上 K_{ATP} 通道对 ATP 抑制的敏感度。这意味着现在葡萄糖以较低的效应诱导从 α 细胞分泌胰高血糖素。综合研究对这一问题提出了质疑，曾有报道指出，α 细胞表达以下的一些离子通道，即 $K_V3.1$ 通道，沉默的亚单元 $K_V6.1$ 通道，可能还有 $K_V9.2$ 通道。单细胞 RT-PCR 水平和电生理实验提示，作为 α 细胞的电压依赖内向电流的载体的 Ca^{2+} 和钠离子通道有：$Ca_V1.2$ 和 $Ca_V1.3$（L- 型）、$Ca_V2.1$（P/Q- 型）、$Ca_V2.3$（R- 型）和 $Na_V1.7$（TTX- 敏感的）通道。

（二）β 细胞分泌胰岛素对葡萄糖浓度增加起反应

有报道指出，β 细胞表达以下的 K_V 离子通道：$K_V2.1$、$K_V.2$ 以及沉默的 $K_V6.2$ 和 $K_V9.3$。基于 PCR 和某些药理学实验，也有报道指出，$K_V11.1$（erg1）通道在 β 细胞上有表达，并涉及葡萄糖诱发胰岛素释放。Shaker 型 K_V1 通道与 K_V2 通道一起，在 β 细胞上已有发现，但这些通道对胰岛素分泌没有贡献。单细胞水平的 RT-PCR 和电生理实验表明，下列的 Ca^{2+} 和钠离子通道，介导 β 细胞的电压依赖性内向电流：$Ca_V1.2$（L- 型）、$Ca_V2.1$（P/Q- 型）、$Ca_V2.2$（N- 型）和 $Na_V1.7$（TTX- 敏感的）通道。

（三）δ 细胞分泌生长激素，抑制 α 和 β 细胞两者的分泌作用

这种抑制作用的一种可能机制是通过抑制 β 细胞的有氧呼吸。另外一个可能的机制是通过在 α 和 β 细胞上的生长激素受体激活 K_V3 通道。也有学者报道，δ 细胞表达 $K_V2.2$ 通道，还有可能表达沉默的 $K_V9.2$ 通道。另外有报道指出，$K_V3.4$ 通道主要起延迟张力器作用，并且随葡萄糖刺激后显示电活动，以及 Na_V（TTX- 敏感的）通道和 Ca_V 通道活动。

（四）λ 细胞分泌 G LP-1，促进胰高血糖素和胰岛素作用

G LP-1 可能通过 GPCR 依赖的机制，作用在 β 细胞上，这种机制涉及提高 cAMP 以增加 L-

型 Ca_V 通道电流和抑制 K_V 通道。

六、在内分泌生理学研究中，应用特殊通道的调质和神经毒素

阻断 K_{ATP} 通道导致分泌胰岛素，而 K_{ATP} 通道的开放则阻断胰岛素的分泌。在临床上这两种方式都分别用于处理糖尿病和高胰岛素症。药理学上操作 Ca_V1（L- 型）通道，以调制胰岛素分泌。DHP（二氢吡啶）是广泛应用的相对特殊的调质。（±）-Bay K8644 是 L- 型电流的有效增强剂，并常用来诱导 $[Ca^{2+}]i$ 升高和胰岛素分泌。一些蛇毒液的毒素，TaiCatoxin、Calcicludine、Calciseptine 和 FS-2 是 L- 型通道特殊的和有效的抑制剂，其中一些表现出对 β 细胞有效。前面已经谈到，涉及胰岛素分泌的主要 Ca_V 通道是 Ca_V1 通道家族成员之一。然而，虽然其他 Ca_V 通道，在 β 细胞中也已经检测到，但它们的功用还没有得到完全解决。这些通道所起的作用，可能是调节和微调胰岛素释放的过程。在以 SNX-482（一种 $Ca_V2.3$ 通道特殊阻断剂）的实验例子中，只抑制胰岛素释放的第二时相。根据其去极化和结束胞吐的主要作用，阻断 $K_V2.1$ 通道，增加胰岛素分泌。用这个通道的一些特殊阻断剂（一些蜘蛛的毒素，如 Hanatoxin 和 Guangxitoxin）得到了证实。rStromatorin-1（rScTx-1）是对从 RIN 胰岛癌细胞记录到的 K_V 通道电流有效的抑制剂。用突触的神经毒素可影响胰岛素分泌。用 α-Latrotoxin 可诱发离子通道调制（在有利于增加胞吐方向）和直接增加含有胰岛素小泡的胞吐。证明 α-Latrotoxin 能有效地影响 RIN 细胞依赖 Ca^{2+} 的酶磷酸化。

七、与糖尿病有关的离子通道病

K_{ATP} 通道成分的突变和同质异形现象，引起一些先天的和获得条件（通道增加敏感度）的离子通道病。功能获得的突变，通常使 K_{ATP} 通道对 ATP 阻断剂有较低的敏感度，引起通道的活性增加，减低胰岛素释放，而出现糖尿病。功能丧失的突变，则有可能把 K_{ATP} 通道从原生质膜上去除，或增加 K_{ATP} 通道对阻断 ATP 的敏感度。这样引起通道的活性降低，导致增加胰岛素的分泌、胰岛素功能亢进和低血糖症。去极化状态的 β 细胞最终会凋亡、β 细胞死亡和出现糖尿病。最近两种 $Ca_V1.2$（Timothy 综合征）和 $Na_V1.7$（家族性的 erythermalgia）通道功能获得的突变，因为这两种通道也表达在 β 细胞，它们的编码突变可能影响胰腺的正常功能。就人类而言，葡萄糖代谢失调的结果可能是严重的。当今在临床上应该认真去做的是用药物携带者与 K_{ATP} 通道结合和转变它们的 ATP 敏感度。然而，很多胰腺细胞，参与控制胰腺内分泌细胞的分泌，以维持体内葡萄糖水平的稳定。因此，对胰岛素分泌的调制进行微调，使之顺从很多可能的干预。

第三节　婴幼儿先天性胰岛素功能亢进

婴幼儿先天性胰岛素功能亢进（hyperinsulinism, HI），其特征为：尽管机体有严重的低血糖症，仍以连续不可调节地分泌胰岛素；如不进行治疗，低血糖可引起不可逆的脑损伤。该病通常出现在新生儿和出生后的头一年。在普通人群中，估计婴幼儿的发病率为 1/50 000，但在被隔离的社群中则可能更高（例如，在阿拉伯的伊比利亚半岛为 1/2 500）。大部分 HI 病例是散发的，但也有报道是家族性的，该病可能由同型合子、复合异型合子或

异型合子突变而引起。轻型病例可用 diazoxide 治疗，或甚至只需控制饮食即可。但较严重的病例则需要进行亚全胰腺切除（通常切除 90%~95%）。这会引起胰腺功能不足和医源性糖尿病的高发病率。HI 的主要特征总结如下：

一、婴幼儿胰岛素功能亢进基因突变的功能效应

五种不同的基因突变可引起婴幼儿胰岛素功能亢进（hyperinsulinism，HI），这五种基因包括：K_{ATP} 通道的亚单元 SUR1 和 $K_{ir}6.2$，以及代谢酶：葡萄糖激酶（GCK）、谷氨酸脱氢酶（GLUD1）和短链的 L-3- 羟基酰 -CoA 脱氢酶（SCUAD）。然而大约有一半 HI 患者的基因基础仍未得到测定。SUR1（ABCC8）的突变是 HI 的最普通的原因，约占总病例的 50%。有 100 个以上的位点突变分布在整个基因上。这些突变包括两类功能：一些突变蛋白质不在膜的表面（类型Ⅰ）和第二类突变通道是在原生质膜上，但往往是关闭的，与细胞的状态无关（类型Ⅱ）；Ⅱ型突变的特征是原生质膜上的 K_{ATP} 通道丧失，这可能是由于 SUR1 合成受损、异常的 SUR1、有缺陷的通道装备或有缺陷的膜表面交互通信（由于 SUR1 需要 $K_{ir}6.2$ 通道表面表达，而 $K_{ir}6.2$ 通道又不存在）等原因引起。Ⅱ型的突变损伤 MgADP 刺激通道活动的能力，所以 ATP 的抑制作用成为占优势的，甚至在低血糖浓度下，K_{ATP} 通道也是持久关闭的。很多（但不是全部）Ⅱ型突变是在 SUR1 的核苷酸结合区。一般，Ⅰ型突变引起更严重的疾病，而某些Ⅱ型突变由于仍保留有现存的对 MgADP 的反应，所以只引起较温和的表型。然而，也没有精确的基因型与表达型之间的相关。同样的突变可引起不同人群不同严重程度的 HI。引起 HI 的 $K_{ir}6.2$ 通道的突变比 SUR1 的突变少得多，这主要是减少或消除在膜表面上 K_{ATP} 通道的活性不同。因为 K_{ATP} 通道决定 β 细胞的膜电位，降低 K_{ATP} 通道的活性，产生持久的膜去极化，不管血糖水平的高低，仍不断地分泌胰岛素。糖酵解酶（葡萄糖激酶，GCK）和线粒体酶（谷氨酸脱氢酶，GDH），在 β 细胞代谢中起关键作用。因此，假设这些基因在功能获得的突变中，通过增加 ATP 的合成和转变 K_{ATP} 通道的抑制曲线到较低的葡萄糖浓度，而产生 HI 的设想是合理的。如若 K_{ATP} 通道的活性下降则刺激胰岛素的分泌。GDH 的突变引起附加的高氨血症（hyperammonemia）和增加对蛋白质或亮氨酸的反应。后者可以用亮氨酸变构象刺激 GDH，导致增加 ATP。当今有一例外的报道，GCK 和 GLUD1（编码 GDH）突变，产生一种温和型的 HI，并且不需要进行胰腺切除。现在还不清楚，涉及线粒体脂肪酸氧化的 SCHAD 是如何引起 HI 的。SUR1 一定的突变（如 R1353H）产生家族性亮氨酸敏感的 HI，亮氨酸可导致该类患者的低血糖。表型不大严重，是与 K_{ATP} 通道表现出对 MgADP 有部分的反应这一事实相一致。由于亮氨酸刺激 β 细胞产生 ATP，似乎某些 SUR1（和 GDH）突变有可能引起部分 β 细胞去极化，但在静息状态下，不足以引起电活动和释放胰岛素。然而，作为亮氨酸刺激，引起 ATP 增加和膜去极化，进一步使 K_{ATP} 通道关闭，因此引起胰岛素分泌。这一假说得到了以下的事实支持，对于正常受试者，虽然亮氨酸不足以引起低血糖，但能触发胰岛素分泌，并且预先用关闭 K_{ATP} 通道的 tolbutanide 处理而增加亮氨酸的敏感度。

虽然 HI 常与神经学问题有关系，但在诊断和治疗前很难评估。HI 是由于低血糖还是直接由于突变本身产生的结果。在胰腺以外的很多组织中，在静息状态下，K_{ATP} 通道是关闭的，所以可以预期功能丧失的突变没有什么效应。此外，对 2 型糖尿病的患者，用磺酰脲类治疗，只有很小的副作用，但目前还不清楚这些药物是否能进入脑的 K_{ATP} 通道。

二、治疗的提示

通常 SUR1 和 K$_{ir}$6.2 通道突变引起严重的 HI，这种 HI 是用 diazoxide 难以医治的疾病，而需要进行胰腺的亚全部切除。这是因为这种患者没有 K$_{ATP}$ 通道，或是耐受药物的。相反，由于 GCK、GLUD1 或 SCHAD 突变而引起的 HI 对 diazoxide 有良好的反应，因为其 K$_{ATP}$ 通道的特性是正常的。对这些患者用 diazoxide 可开放 K$_{ATP}$ 通道使 β 细胞超极化，因而尽管细胞质内葡萄糖水平高，还是可减低电活动和胰岛素的分泌。由 GCK 突变而引起 HI 的患者，甚至通过有规律地控制饮食，则能控制 HI 综合征。这是因为 GCK 突变，只是重新设置了葡萄糖刺激分泌胰岛素的阈值。所以尽管血糖水平的总量异常高，但胰岛素释放仍是可调节的。所以 HI 患者的基因类型，有助于决定正确的治疗策略。

磺酰脲类和钾离子通道开放剂起化学伴随效应，并能校正某些与 SUR1 突变有联系的表面交往的缺陷。由于突变后的 K$_{ATP}$ 通道对核苷酸的敏感性正常，与伴随物的活性相似，而不阻断通道，可能是潜在有用的治疗 HI 的药物。然而通过这种途径，不能挽回所有的突变。因此，钾离子通道开放剂（diazoxide）校正 SUR-R1349H 的交往（可以被 glbenclamide 逆转的效应），而磺酰脲类 glibenalamide 和 tobutamide（但不是 diazoxide）恢复 SUR1-A116P 和 SUR1=V187D 表面的表达。因此，要想开发一般能校正表面交往的药物，也并不那么简单。

三、胰岛素功能亢进和糖尿病

已经积累了许多证据表明，由某些 SUR1 突变引起的 HI，在生命的晚期可能进展到 2 型糖尿病。如果发生这种情况，是因为 β 细胞连续的去极化（由于 K$_{ATP}$ 通道的活性减低）引起 Ca^{2+} 持续地流入细胞内，这样就激活凋亡程序，因而减少 β 细胞群和胰岛素分泌。应用敲除 K$_{ir}$6.2 通道的小鼠进行研究，支持这种观点。除非进行外科手术，很难区分是否是由于 SUR1 突变使患者易于变成 2 型糖尿病，或是否由于过早切除胰腺而引起。也不能肯定在其他基因突变时 HI 是否会增加对糖尿病的敏感性。

第四节　新生儿持久性糖尿病

新生儿糖尿病是以需要胰岛素治疗的高血糖为特征，通常在出生后的头 6 个月内发病。在新生儿中大约为 40 万分之一，既可能是新生儿暂时性糖尿病（transient neonatal diabetes mellitus，TNDM），也可能是新生儿持久性糖尿病（permanent neonatal diabetes mellitus，PNDM）。大约 59% 病例，是由于异合子在 K$_{ir}$6.2 通道功能获得的突变而引起。该病稀少的病因是在 GCK 同合子功能丧失突变，并且认为是由于通过降低 ATP 的代谢产生间接损伤，K$_{ATP}$ 通道关闭而发挥作用。暂时性的新生儿糖尿病通常与染色体 6q24 损伤的异常有关。然而 K$_{ir}$6.2 通道杂合子突变产生的缓和回归型新生儿糖尿病与 TNDM 相似。

至今，发现在 14 个不同的残基上有 29 个突变可引起新生儿糖尿病。它们在 K$_{ir}$6.2 通道结构模型上的定位如图 17-4 所示。在推断的 ATP 结合部位，形成一些明显的簇在跨膜区的内端（在此与第二个跨膜螺旋一起形成通道的内口）和细胞质中的内环，连接这两个跨膜区。这提示 PNDM 突变，可能提供与 ATP 相结合如何译码成 K$_{ir}$6.2 通道孔关闭的线索。V59 和 R201 两个残基的突变比这些变化更普通。

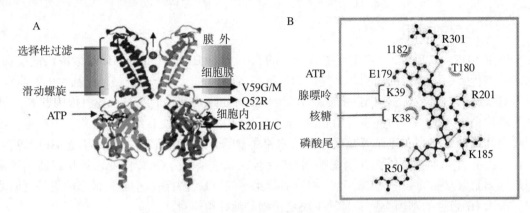

图 17-4 （也见彩图）引起新生儿糖尿病的 Kir6.2 突变部位

A. Kir6.2 (116) 结构模型的侧面观。为了清楚起见只显示了两个跨膜区和两个分开的细胞质区域。在新生儿糖尿病突变的残基以红色表示，而那些引起婴儿高胰岛素血症的突变残基以绿色表示。ATP（蓝色）是停泊在它的结合部位。在新生儿糖尿病中，这些突变残基还有一些是纠缠不清的，R50、R201、Y330C 和 F333I 处在靠近 ATP- 结合部位；F35、C42 和 E332K 在 Kir 6.2 亚单元之间的界面；Q52 和 G53 在假设与 SUR1 界面的一个区域；以及 V59、C166 和 I296L 在涉及通道门的区域内。B. 假设的 ATP- 结合部位与在 0.35 nm 内的 ATP 残基闭合。以红色显示新生儿糖尿病突变了的残基

一、表型的范围

K_{ir} 通道功能获得的突变引起表型的变化范围，其严重性越来越明显。最普通的一类突变，只产生 PNDM。这些患者对静脉注射葡萄糖表现出分泌胰岛素的反应很小，但对磺酰脲类的反应则可分泌胰岛素。其他类型的突变可引起更严重的表型。某些患者说话和走路迟缓，并且除了糖尿病以外，还表现出肌肉软弱。第 3 种突变引起 DEND 综合征，其特征是：明显的发育迟缓、肌肉软弱、癫痫、形态障碍特征和糖尿病。也发现有引起比 PNDM 更轻的表型突变。因此，某些突变只引起 TNDM，并且还鉴定出了一种突变，其糖尿病的严重性是可变的，从 TNDM 到成年发作的糖尿病，后者与青年人的成熟期发作的糖尿病相似。

二、突变的功能效应

至今，所有研究过的 PNDM 突变是功能获得的突变，这是由于减低了 ATP 阻断 K_{ATP} 通道的能力，和因此在静息状态下，增加 K_{ATP} 通道电流的振幅。当异源表达系统杂合子受到刺激时，减低 MgATP 抑制的程度与临床表型之间有合理的相关。在适当的生理 MgATP 浓度（1~5 mmol）时，引起 K_{ATP} 通道电流小量增加的突变导致 TNDM，而较大的 K_{ATP} 通道电流增加则引起单独的 PNDM，更大电流的增加，则产生 DEND 综合征。重要的是测定 K_{ATP} 通道电流与病情严重性之间的相关性，是否有一致的特性。

β 细胞对增加代谢的反应，是 K_{ATP} 通道电流增加导致小的去极化。因此电活动和胰岛素分泌将减少，并且 K_{ATP} 通道电流增加越多，胰岛素分泌的损伤将越严重。β 细胞对 $K_{ir}6.2$ 通道功能获得的突变特别敏感，因为它的静息电位在很大程度上由 K_{ATP} 通道决定，并且它的代谢对血糖水平是非常敏感的。

$K_{ir}6.2$ 通道也表达在骨骼肌、心肌和整个大脑的神经元上，它的分布与严重疾病中发现

的神经学症状是相一致的。基于功能上的资料，似乎有可能在这些组织中，ATP 敏感度大大降低，需要充分地增加 K$_{ATP}$ 通道电流以影响电活动；①这可能因为 K$_{ATP}$ 通道对这些细胞的电活动贡献较小（可能因为 K$_{ATP}$ 通道的密度低）；②或因为从其他离子通道而来的对膜电流的贡献太低；③或者还因为 K$_{ir}$6.2 通道与 SUR2 联系而减低了对代谢的反应；④或因为细胞的代谢不同；⑤或因为其他通道的调质不同等。值得指出的是，很多组织中的 K$_{ATP}$ 通道正常是关闭的，只有在代谢应激的条件下才开放。

仍有待确定的是，K$_{ir}$6.2 通道严重突变是如何精确地导致癫痫、发育延迟、肌肉软弱和形态丧失，并且尽可能找出所需要的动物模型。看起来似乎是矛盾的：癫痫症状可能由于钾离子通道的功能获得突变而引起，然而这很容易通过抑制性神经元的 K$_{ATP}$ 通道过分活跃来加以解释。这会减低抑制的效应和增加靶神经元的兴奋性。与这一观点相一致，在海马 K$_{ATP}$ 通道是表达在 GABA 能抑制性中间神经元上，而只有少数表达在兴奋性的锥体细胞上，并且 diazoxide 抑制中间神经元发放，但不抑制锥体细胞的发放。此外，K$_{ATP}$ 通道开放剂防止黑质脑片的 GABA 释放，肌力减弱可能起源于神经或肌肉，因为骨骼肌和神经末梢都表达 K$_{ir}$6.2 通道。有趣的是，已观察到转基因小鼠心脏靶细胞的 K$_{ir}$6.2 通道功能获得突变过表达时，但 PNDM 突变患者的心电图表面上是正常的。

虽然功能获得的 K$_{ir}$6.2 通道突变，引起人类的癫痫转基因过表达野生型小鼠前脑 K$_{ir}$6.2 通道或 SUR1，对发作和缺血性损伤起保护作用。敲除 K$_{ir}$6.2 通道增加产生发作的易感性。这提示 K$_{ATP}$ 通道电流的幅度对脑的功能可能是关键的，以及电流太小，则有较多的发作倾向：这可能反映 K$_{ATP}$ 通道电流在兴奋性和抑制性神经元的相对量，转基因小鼠也许不能提供人类这种疾病的模型。

三、降低 ATP 敏感性的分子基础

如同前面讨论过的，ATP 对 K$_{ATP}$ 通道有两种效应，即不需要 Mg^{2+} 的过程，ATP 与 K$_{ir}$6.2 通道结合，阻断 K$_{ATP}$ 通道；而 MgATP 与 SUR1 结合则刺激通道活性。因此，根本的是要分析：在无 Mg^{2+} 溶液中（避免 ATP 起刺激作用的效应复杂化）和在有 Mg^{2+} 溶液中，测定 SUR1 与 K$_{ir}$6.2 通道偶联是否受到影响。

在无 Mg^{2+} 溶液中的研究表明：所有的 PNDM 突变，减低 ATP 阻断 K$_{ATP}$ 通道的能力，它们也通过各种分子机制，的确起到这种作用。迄今为止，单独只引起新生儿糖尿病的突变，直接损害 ATP 的结合这与在预期的结合点的定位相一致（图 17-4）。相反，引起 DEND 综合征的突变（例如，V59G、Q52R、1296L）则间接影响 ATP 的抑制作用。它们使通道偏向于开放状态，并损伤其关闭的能力。因此，在没有 ATP 时，通道花在开放的时间部分（固有的开放概率，Po）增加。因为在开放状态比在关闭状态，对 ATP 的亲和力较低，突变通道较少受 ATP 的抑制。这些突变是在预定的门区域。最后，某些突变（V59G，1296L），似乎影响固有的门和 ATP 结合点（或者结合区域位移到关闭）。有 Mg^{2+} 存在的情况下，通道的 ATP 敏感度下降。这一效应似乎对严重的 PNDM 突变通道影响较大，提示通过 SUR1 的 MgATP 激活增加。然而，至今的研究仍有限，这一领域仍需要有更多的工作。

四、杂合子的重要性

至今，所有得到鉴定的 PNDM 患者都是杂合子的。因为 K$_{ir}$6.2 通道是一个四聚体，它们的细胞表达是一个混合通道的群体，每个四聚体都包含有 0~4 个突变的亚单元（图 17-

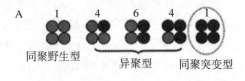

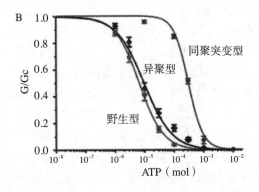

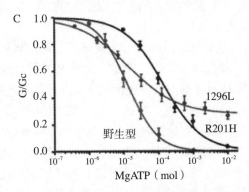

图 17-5 （也见彩图）PNDM 突变减低 ATP 抑制通道的作用

A. 当野生型与突变型复表达（杂合子状态）时，图解式表示所期望的不同亚单元组合而成的混合通道。如果野生型和突变型亚单元是独立分开（即遵循二项式分布），所期望的通道类型相对数目表示在图的上方。圆圈表示所期望的仅有通道的类型。以表示 ATP 敏感度的实质改变，突变是否影响 ATP 的结合。B. 平均 ATP 与 K_{ATP} 通道电流（G）之间的关系，表示相对于在无核苷酸（G_C）的情况下，野生型 Kir6.2/SUR1（红色，$n = 6$) 和异聚型（黑色，$n = 6$）以及同聚型 Kir6.2-R201H/SUR1（蓝色，$n = 6$）通道的电导。平滑曲线能很好地与 Hill 等式相拟合。野生型、异聚型 R201H 和同聚型 R201H 通道的 IC_{50} 分别是 7 mM、12 mM 和 300 mM。这些数据是在无 Mg^{2+} 的条件下获得的。C. 在无核苷酸的条件下，野生型 Kir6.2/SUR1（红色，$n = 6$）和异聚型 Kir6.2-R201H（黑色，$n = 5$）以及异聚型 Kir6.2-1296L/SUR1（蓝色，$n = 5$）通道的 MgATP 与 K_{ATP} 通道电流之间的平均关系。这些平滑曲线也能很好地与 Hill 方程式相拟合。野生型、异聚型 R201H 和异聚型 1296L/SUR1 通道的 IC_{50} 分别为：13 mM、140 mM 和 50 mM

5A）。这 5 种通道中的每一种通道的 ATP 敏感度，是由每个亚单元（野生的或突变的）ATP 敏感度对整个通道贡献的程度和突变亚单元的数目所决定。突变亚单元的贡献又取决于：它是原初影响 ATP 结合，还是影响固有的门。由于这一理由，研究突变对杂合子通道群体的影响是基本的，而这些杂合子群体的行为，从研究纯聚体突变通道是不容易预示的。

因为单个 ATP 分子与 K_{ATP} 通道紧密结合，只有当 4 个亚单元全部突变，降低 ATP 结合的突变，才实际会损害 ATP 阻断作用。如果野生的和突变的 $K_{ir}6.2$ 亚单元是随机分布的，在杂合子群体中，只有 1/16 的通道含有 4 个突变亚单元（图 17-5）。因此平均群体通道的 ATP 敏感度的转移是小的，严格地说只有杂合子 R201C 和 R201H 才会有点转移。影响固有门的突变，会引起杂合子通道群体的 ATP 敏感度较大的转移。如果开放状态能量以突变亚单元的数目来标度，这是不是能够得到解释？在这种情况下，90% 以上杂合子群的 ATP 敏感度将受到影响。这就解释了为什么影响固有概率（Po）的突变（Q62R、V59G 和 1296L）引起杂合子通道的 ATP 敏感度较大的转移。假设从观察到的通道门变化，引起整个 ATP 敏感度变化，则与杂合子 Q52R 通道 ATP 敏感度变化是很适合的。然而，其他突变（V5G，1296L）引起纯聚体和杂合子通道两者的 ATP 敏感度较大的转移，并且对 ATP 结合和（或）转换还有另外的效应。在决定突变严重性方面，杂合子的重要作用似乎是功能获得的 K_{ATP}

通道病的一种新特性。因此,我们期望在大脑的其他四聚体通道上能找到相似的表型多样性,并且有一个或多个突变亚单元,能分别影响通道的功能。还值得指出的是,如果突变型和野生型的亚单元在不同的水平表达,杂合子群的组成,则可能偏离二项式的分布,并且因此从定量上以较低的可预见方式,影响通道对 ATP 的敏感度。

五、治疗的提示

在发现因 $K_{ir}6.2$ 突变引起 PNDM 之前,曾经假设这类患者为早期发病的 1 型糖尿病,并用胰岛素进行治疗。然而近来的研究表明,由突变引起的单纯 PNDM 患者,可以用磺酰脲类治疗,不过还有待观察磺酰脲类的治疗是否长期有效。然而重要的是要记住,在胰岛素治疗能控制糖尿病时,不能减轻在非胰腺组织中,增加 K_{ATP} 通道的活性,这需要用关闭 K_{ATP} 通道的药物。磺酰脲类治疗是否适合于增加通道的固有 *Po* 突变的患者仍不清楚,因为这些通道对药物不太敏感。可以预期,把通道稳定在开放状态的突变会减弱磺酰脲的抑制作用。然而有可能结合胰岛素控制糖尿病和用磺酰脲类控制胰腺外的效应来治疗这类患者。一个关键的问题是,用磺酰脲类治疗神经系统症状时是否有效?因为还不清楚,这些药物通过血脑屏障达到大脑的能力有多大。能够进入大脑并选择性地阻断 K_{ATP} 通道的药物,对这方面可能是有益的。

磺酰脲类治疗 PNDM 的效力,也取决于具体突变的基因。代谢基因功能丧失的突变(如 GCK)减低 ATP 的生成,间接地增加 K_{ATP} 通道的活性。用磺酰脲阻断 K_{ATP} 通道将恢复 Ca^{2+} 内流,但对分泌过程也需要 ATP,可能不足以完全恢复胰岛素分泌。

六、损伤代谢的调节和糖尿病的早期发作

由影响 β 细胞代谢的基因突变,而引起 K_{ATP} 通道代谢调节的损伤,能引起胰岛素功能亢进(HI)和糖尿病。前面已经谈到,GCK 和 GLUD 突变引起 HI,这可能是由于增加 ATP 的生成和减低 K_{ATP} 通道的活性所造成的。相反,减低 ATP 合成的突变,并因此减低对葡萄糖代谢反应的 K_{ATP} 通道抑制程度,可能有望上升到引起糖尿病。年轻人的成年发作糖尿病(MODY)是以早期发作、常染色体显性遗传胰岛 β 细胞功能障碍为特征,这至少是由 7 个基因突变而引起。GCR 杂合子功能丧失的突变引起 MODY2,这种病与中度高血糖有联系,并且常是无症状的,只有在常规筛查中才能检测出来;GCK 纯合子的失活突变,损伤 β 细胞的代谢更严重,并且引起持久的新生儿糖尿病。其他 5 个 MODY 基因编码转录因子:HNF4α、HNF1α、IPF1、HNF1β 和 NEUROD,这些因子不仅对 β 细胞的发育是重要的,而且对调节葡萄糖代谢也是关键的基因表达。例如,敲除小鼠的 HNF1α(引起 MODY3),损伤 β 细胞的葡萄糖代谢,并因此而使小鼠的 K_{ATP} 通道关闭,是否其他转录因子也影响 K_{ATP} 通道的功能尚未确定。最后,如前所述,$K_{ir}6.2$ 本身突变也引起 MODY。

有缺陷的线粒体代谢,也能引起糖尿病。编码亮氨酸转换 RNA 的线粒体 DNA 突变,引起遗传而且伴有耳聋的糖尿病(MIDD),推测似乎是由于减少了 ATP 的生成,增加 K_{ATP} 通道活性,对损害胰岛素的分泌做出贡献。

七、2 型糖尿病的含义

$K_{ir}6.2$ 突变引起新生儿糖尿病和年轻人的成年发作糖尿病(maturity onset diabetes of the young,MODY),以及调节 K_{ATP} 通道活性的基因突变。导致在儿童时期出现的 MODY 和

母系遗传并有耳聋的糖尿病（maternally inherited diabetes with deafness，MIDD）。这自然引起推测，相同但又产生较小功效的基因共同遗传变异，可能倾向于引起晚年的 2 型糖尿病，现有许多证据支持这一观点。大范围的联合研究表明，普通的 $K_{ir}6.2$ 变异（E23K）明显地增加了人们对患 2 型糖尿病的易感性。虽然这一效应在统计学上是小的（与 K 等位基因有关的奇数比仅是 1.2 左右），K 等位基因普遍高的出现（34%），使之成为显著危险的人群。E23K 多形现象如何精确地增加对糖尿病的易感性仍不清楚，在杂合子体系，借助表达重组 K_{ATP} 通道获得的资料是相互冲突的。某些研究证明固有的 *Po* 增加，结果引起 ATP 敏感度减低和增强 Mg 核苷酸的激活作用；而其他报道则认为对 ATP 敏感度无效，但增加长链酰基辅酶 A 刺激作用的敏感度。E23K 变异有可能引起在胰腺 β 细胞上 ATP 对 K_{ATP} 通道的阻断作用，比在杂合子系统上的阻断作用有较大的减低。有趣的是，减低小鼠 K_{ATP} 通道的 ATP 敏感度 4 倍，则足以引起新生小鼠的糖尿病。此外，对人类大规模研究表明，E23K 变异在葡萄糖耐受的受试者是与减低胰岛素分泌相关联。因为 $K_{ir}6.2$ 在多种组织上有表达，对糖尿病的易感性可能涉及 β 细胞以外的一些组织。例如，一些带有 2K 等位基因的个体，胰高血糖素（glucagon）分泌增加。

HNFα、HNF4α 和 GCK 以及线粒体代谢基因的多形现象（polymorphism），也与增加 2 型糖尿病的风险有联系，通过损伤 K_{ATP} 通道活性的代谢调节，有可能影响疾病的易感性。因而可以得出结论，对多基因疾病（例如，2- 型糖尿病）良好的候选基因，是那些引起单基因病（PNDM，MODY）的基因。由于这些基因只在生命的晚期表现出来，所以与多基因疾病结合的单个基因变异的功能效应，可能是小的。这也提示，随着年龄的增加，产生糖尿病的危险性也增加。这可能反映 β 细胞代谢的恶化，导致增加 K_{ATP} 通道的活动和减低胰岛素分泌。上述概念得到了以下事实的支持，即胰岛素的分泌关键是取决于线粒体的代谢，已知线粒体代谢随年龄的增加而下降，这意味着它是与老龄化相关的疾病。

八、小结

β 细胞 K_{ATP} 通道的活动是细致地平衡的，反映它作为胰岛素释放的关键调节者所起的作用。增加 K_{ATP} 通道的活性，导致胰岛素分泌减少；相反，降低它的活性，则增加胰岛素释放。因此，直接或间接改变 β 细胞 K_{ATP} 通道的活性，产生出一个疾病严重性差异的图谱。它的排列从严重的 HI 到轻微的 DEND 综合征。通常，在 K_{ATP} 通道电流幅度和疾病严重性之间有良好的相关。因此引起细胞膜表面的全部 K_{ATP} 通道丧失的突变，产生严重的 HI；而只是部分损伤 K_{ATP} 通道功能的突变，则引起较温和的表型，或引起亮氨酸敏感的 HI，这可以用 diazoxide 治疗。同样，$K_{ir}6.2$ 对 ATP 敏感度下降的程度决定糖尿病表型的严重性。引起 ATP 抑制作用减低最大和 K_{ATP} 通道活性的增加最大的突变，表现在多种组织产生效应，导致发育延缓、癫痫、肌肉软弱和新生儿糖尿病。向 ATP 敏感度较低方向转移，引起新生儿糖尿病和发育延迟。β 细胞原发表现出更小的变化，只引起单纯的新生儿糖尿病。

与出生时就有的单基因通道病相结合的表型范围表明，一个相似的 K_{ATP} 通道多形现象图谱表明，对通道功能严重性影响较低的效应，易患较晚发作的多基因疾病。$K_{ir}6.2$ 的 E23K 多形现象与 2 型糖尿病的易感性结合在一起支持这种观点。因为随着年龄的增加，β 细胞的功能逐渐下降，引起 K_{ATP} 通道活性较小的下降是不易患晚年发作的 HI，但有助于保护 2 型糖尿病不至于发生。

值得指出的是，$K_{ir}6.2$ 既引起糖尿病，也引起 HI，但 SUR1 突变至今只完全与胰岛素功能亢进结合在一起。然而这也并不意外，整个蛋白质（K$_{ir}$6.2 和 SUR1）丧失必然引起 K$_{ATP}$ 通道活性丧失，并因此而引起 HI。然而代谢调节对 K$_{ir}$6.2 和 SUR1 有不同的效应。对 SUR1，损伤 Mg 核苷酸结合（水解）和（或）转换，将减低 K$_{ATP}$ 通道的活性，产生 HI。增加 Mg 核苷酸激活的突变，似乎遗传的可能性很低，因此由于 SUR1 突变引起的糖尿病是很稀少的。另一方面，损伤 ATP 与 K$_{ir}$6.2 结合的突变，则增加增加 K$_{ATP}$ 通道的活性，并且引起糖尿病。现在还不了解为什么影响 K$_{ir}$6.2 门的突变总是增加通道的开放（从而减低 ATP 的敏感度）；但这可能提示，在开放状态通道可能是最稳定的。

从调节 K$_{ATP}$ 通道活性的基因突变，间接增加介导糖尿病的 K$_{ATP}$ 通道电流和减低产生 HI 的突变，可以期望得出一个相似的胰岛素分泌混乱的图谱。如所期望的那样，功能丧失的代谢基因突变，根据它们损伤 β 细胞的代谢程度而引起 PNDM 或 MODY，而功能获得的突变则引起严重程度不同的 HI。自然发生的基因多形现象引起 K$_{ATP}$ 通道的密度或代谢调节的微小变异，可以预期引起 K$_{ATP}$ 通道活性和胰岛素分泌的小差异，因而影响人群中对糖尿病的易感性。

总之，根据在静息条件下，β 细胞 K$_{ATP}$ 通道电流幅度，通过多基因多形现象与在精巧的 K$_{ATP}$ 通道的位置上的结合，决定个体易感 HI 还是糖尿病。

参考文献

1. Ashcroft FM. ATP-sensitive potassium channelopathies: focus on insulin secretion. *J Clin Invest*, 2005, 115: 2047-2058.

2. Doely ME, Egan JM. Pharmacological agents that directly modulate insulin secretion. *Pharmacol Rev*, 2003, 55: 105–131.

3. Elrod JW, Harrell M. Flag TP, et al. Role of sulfonylurea receptor type 1 subunits of ATP-sensitive potassium channels in myocardial ischemia/reperfusion injury. *Circulation*, 2008, 117: 1405-1413.

4. Morrissey A, Rosner E, Lanning J. Immunolocalization of K$_{ATP}$ channel subunits inmouse and rat cardiac myocytes and the coronary vasculature. *BMC Physiology*, 2005, 5: 1-9.

5. Nichols CG. K$_{ATP}$ channels as molecular sensors of cellular metabolism. Nature, 2006, 440: 470-476.

6. Noma A. ATP-regulated K$^+$channels in cardiac muscle. *Nature*, 1983, 305: 147-148.

7. Proks P, Antcliff JF, Lippiat J, et al. Molecular basis of K$_{ir}$6.2 mutations associated with neonatal diabetes or neonatal diabetes plus neurological features. *Proc Natl Acad Sci USA*, 2004, 101: 17539–17544.

8. Teramoto M. Physiological roles of ATP-sensitive K$^+$channels in smooth muscle. *J Physiol*, 2006, 572. 617–624.

9. Wilson AJ, Jabr RI, Clapp LH. Calcium modulation of vascular smooth muscle ATP-sensitive K$^+$channels: role of protein phosphatase-2B. *Circ Res*, 2000, 87: 1019-1025.

第十八章

瞬态受体电位阳离子通道家族与肾病

瞬态受体电位（transient receptor potential，TRP）阳离子通道分布很广，既在可兴奋细胞有表达，也在非可兴奋细胞有表达。哺乳动物的 TRP 通道由大约 28 个基因编码而成，包括 7 个亚家族。TRP 通道表现出不同的生物物理特性和门控机制，并且在感觉生理中起重要的作用。几乎涉及每一种感觉（从痛觉到五官感觉）信号的启动。TRP 通道在 Ca^{2+} 和 Mg^{2+} 跨上皮运输中也起主要作用，例如，蛋白尿就可能与 TRPC6 的过表达有关。在静息状态下，细胞内 Ca^{2+} 维持在大约 10^{-7} mmol 的水平。激活磷酸化酶 C 机制，可提高细胞内的 Ca^{2+} 浓度。在这个过程中，大部分的钙来自内质网 Ca^{2+} 库。

第一节　多种复合阳离子通道 TRP 家族

早在 1994 年 Alzheimer 就曾报道，用全细胞膜片钳技术，从大鼠的感觉 - 运动大脑皮质的锥体细胞，记录到一种新型的电压依赖性、非选择性的阳离子电流。这是一种 Na^+、K^+ 和 Ca^{2+} 电流，称电压依赖性阳离子电流（Icat）。Icat 在高于 -45 mV 的膜电位下激活，产生外向整流电流，其电压依赖以缓慢的时间过程失活，并引起明显的尾电流。Icat 的激活不依赖于 Ca^{2+} 内流或细胞内 Ca^{2+} 的浓度增加，因为用无机钙离子通道阻断剂或细胞内加 Ca^{2+} 螯合剂都不能使其消失。用高浓度的 TEA 可使 I cat 减小，然而 4- 氨基吡啶无效。而且还证实对铯（Cs^+）一类的阳离子阻断剂不敏感。离子取代实验还表明，产生 Icat 的离子通道是可以透过许多单价阳离子（包括 K^+、Cs^+、Na^+ 和胆碱离子），但不能透过负的 Cl^-。Icat 的这些特性表明，用电激活神经元，Icat 在强烈去极化后，膜电位最初复极化，并产生去极化后电位（DAP），Icat 都起作用。Icat 的特性虽然与其他阳离子电流有区别，但由于它是不依赖于 Ca^{2+} 的电流，所以它不属于一大类的钙激活的非选择性阳离子（CAN）电流。Icat 也有别于称为 I_h（或 Iq）（参见第十五章）的心肌细胞或神经元阳离子电流，后者是在膜超极化状态下激活的。除了 I_h 的电压依赖关系与 Icat 相反外，I_h 对浓度为毫摩尔的 Cs^+ 也是敏感的。Icat 与对 TTX 不敏感的慢电流相似，但其振幅较小，这表明这种离子通道产生的电流，对 K^+ 也有明显的通透性。

近年来有证据表明，TRP 上游家族是大离子通道家族之一类，由不同组的蛋白质构成。哺乳动物有大约 28 个基因编码 TRP 离子通道的亚单元。哺乳动物的 TRP 上游家族包含 6 个亚家族，如 TRPC（犬的 TRP）、TRPV（香草油的 TRP）、TRPM（黑色素的 TRP）、TRPML（黏脂的 TRP）、TRPP（聚胱氨酸的 TRP）和 TRPA（ANKTM1 的 TRP）离子通道。它们有共同结构上的相似，联合成 TRP。这类全部通道都有 6 个假定的跨膜区域（TM），在第 5 和第 6 个 TM 之间为一个孔区，所有的通道都组装成四聚体（参阅第十五章图 15-2）。全部 TRP 的 N- 端和 C- 端两者都是在细胞内。某些 TRP（TRPC、TRPV 和 TRPA）包含有 3~6 个重复的 ankyrin，后者是细胞的骨架桩，是明显的蛋白质与蛋白质的相互作用处。TRPC 和 TRPM 在其邻近跨膜区的 C 端含有 TRP 区域。完整的 TRP 家族的氨基酸顺序，只有 20% 是同系的，主要在跨膜区；然而也有个别家族，整个顺序都是高度的同系物。TRP 通道分布广泛，在可兴奋细胞或非可兴奋细胞，都有特殊的或普遍的表达。TRP 的选择性在家族的不同成员以及相关的阳离子通道是很不同的。TRP 通道具有不同的生物物理特性和门控机制，在感觉生理学中起重要的作用，涉及几乎从痛觉到五官感觉，每种感觉信号的始发和在穿过内皮细胞膜的 Ca^{2+} 和 Mg^{2+} 传输过程中也起重要的作用。

一、Ca^{2+} 进入 TRP 离子通道

（一）TRPC、TRPV 和 TRPP 亚族

很多细胞的生理过程（如基因表达、分泌、增生和凋亡）都是由 Ca^{2+} 来调节的。Ca^{2+} 是分布最普遍的第二信使之一，并且也是很多蛋白质功能的重要辅因子。因此，从酵母到哺乳类动物调节 Ca^{2+} 的体内均衡稳定得到了发展，包括膜通道和泵。在可兴奋细胞，有电压门控钙离子通道和配体门控钙离子通道调节 Ca^{2+} 的进入。然而，在非可兴奋细胞，Ca^{2+} 的进入最主要的是由非电压门控通道，例如，受体运作通道（ROC）或钙库运作通道（SOC），来加以调节。有不少资料表明，TRPC 通道以及 TRPV 和 TRPP 亚族的一些成员都涉及上述的一个或两个机制。

（二）TRPC 亚家族

TRPC 亚家族由称为 TRPC1~7 的 7 个蛋白组成，基于其顺序的均一性和功能的相似性，这 7 个蛋白能进一步分为 4 个亚组：① TRPC1；② TRPC4 和 TRPC5；③ TRPC3、TRPC6 和 TRPC7；④ TRPC2。这些都高度表达在中枢神经系统，在外周组织的量则较少。据报道 TRPC1 是离子通道第一个哺乳动物的 TRP 蛋白。它可以与其他 TRPC 亚单元（TRPC3、TRPC4、TRPC5）共同组合形成异四聚体，其特性与它的单体形式不同。有无 TRPC1 的单体形式的存在仍未确定。TRPC6 与 TRPC5 和 TRPC7 可能形成异四聚体，它主要表达在脑、肺和肌肉。在人类血小板中也发现有高水平的这种通道的表达。近年来也有许多关于 TRPC6 表达在肾的报道（在本章下面各节里将详细介绍），肾衰竭患者的肾有基因突变的 TRPC6 通道。

（三）TRPC 通道的激活

TRPC 亚族的所有成员都与 Ca^{2+} 的体内稳定性有关。一般 TRPC 是阳离子选择性通道，这些通道可由排空 Ca^{2+} 库、由 DAG 或肌醇-1,4,5- 三磷酸（IP_3）所激活。由于有一些自相矛盾的数据和不同的研究者做出不同的解释，TRPC 通道的功能和调节作用仍不明确。尽管如此，目前仍已经提出了存在两种 TRPC 通道门控的机制，并进行了一些探索。

1. 受体运作机制（receptor operated mechanism，ROC）：该机制曾经被认作是最有可能的 TRPC 通道的机制，这是基于作为 G- 蛋白偶联受体（GPCR）的激活结果，能调节哺乳动物的 TRPC 通道。毒蕈 1 型受体的 GPCR 激活可调节 TRPC1 和 TRPC4 的活性；而组

胺能 1 型受体可激活 TRPC3 和 TRPC6 的异聚体。嘌呤受体则能激活 TRPC7。

2. 库运作通道（store-operated channel，SOC）：这类受体在对钙库内 Ca^{2+} 的排空起反应时而被激活，并且也能被激动剂、细胞内 IP_3 增加和毒胡萝卜内酯（thapsigargin，TG）所激活。奠定了库运作 Ca^{2+} 进入细胞内的基础，但其机制仍未完全解决。

某些 TRPC 可能是 SOC，而另一些则可能被 GPCR 或 DAG（diacylglycerol，二酰基甘油醇）所激活，这表明 TRPC 通道可能是通过门控机制的通道。Ca^{2+} 库排空或通过 GPCR 通路可激活 TRPC1、TRPC4 和 TRPC5；而在某些类型的细胞（如唾液腺细胞、内皮细胞和血管平滑肌细胞），TRPC3、TRPC6 和 TRPC7 形成非选择性阳离子通道，后者又被 GPCR、TRPC1、TRPC4 和 TRPC5 刺激而形成钙库运作通道的成分。TRPC2 似乎是假基因。然而在其他哺乳动物，TRPC2 定位在大鼠的鼻犁状骨器官，在此通过 DAG 升高而被激活；并且也有定位在小鼠精子的头部的，在此被释放的 Ca^{2+} 所激活，在精子与卵互相作用后，对保持 Ca^{2+} 内流起重要的作用。用杂表达系统进行研究，也提出了 TRPC3 通道激活的不同模型。虽然有很多资料指出，TRPC5 通道可能在功能上起库运作的作用，然而由于没有直接的证据，这一功能作用仍是有争议的。

二、上皮细胞的钙离子通道

（一）TRPV5、TRPV6 和 TRPV1

除了 TRPC 外，TRP 上游家族的其他成员，也考虑可能是 Ca^{2+} 进入的通道。TRPP2（PKD2）和 TRPV 亚族的两个成员：TRPV5 和 TRPV6 也起上皮钙离子通道的功能作用，TRPV5 和 TRPV6 构成开放通道，并对 Ca^{2+} 有高度的选择性。TRPV5 更倾向于表达在肾，而 TRPC6 主要表达在小肠。然而这两种通道在胎盘、前列腺、胰腺、唾液腺和结肠都有表达。维生素 D3 的代谢产物也调节上述两种通道的表达和 Ca^{2+} 被它们吸收的作用。饮食中的 Ca^{2+} 增加导致维生素 D3 增加，引起 TRPV5 和 TRPV6 mRNA 表达升高。然而也有可能涉及 Ca^{2+} 的反应成分（如血清反应成分和 $cAMP/Ca^{2+}$ 反应成分）。

（二）感觉系统的 TRP 通道

1. TRPV、TRPM 和 TRPA 亚族：各种有机体为了存活，都必须能感觉温度的波动和环境的变化，并对其做出反应。对温度敏感的神经元调谐广大范围的温度变化而起反应。当检测到皮肤的温度为 34~42℃时，则可激活温觉小体。如果温度上升到 42℃以上，热痛觉小体则能检测到热痛的信号。尽管温度感觉的分子基础仍未能充分了解，所涉及的一些离子通道的自我保护机制，在痛觉外的神经末梢已得到了证实（参阅第十三章）。

2. 温热觉：有六种温热觉的离子通道，并且都是 TRP 家族的成员（温热 TRP）每种通道都呈现有区别的激活阈值，其范围从严寒（≤17℃）到酷热（≥45℃）。

3. 热觉 TRP：TRPV 亚族由 6 个称为 TRPV1~TRPV6 的成员组成。其中 4 个（TRPV1~TRPV4）是温热感觉的离子通道。这一家族中最确定的成员是 TRPV1（从前也称为辣椒素受体或香草油受体，VR1），用不同的方法已证实它与热痛觉有关。TRPV1 主要表达在热痛觉受体和感觉神经元中，能由中等热度和辣椒素激活。在异种体系和大鼠的脊髓背根神经节（DRG）细胞，通过 P2Y1 受体，细胞外加 ATP 可加强 TRPV1。一旦生长激素受体（somatostatin，SSTR）由激动剂所激活后，再由辣椒素引起的痛觉行为和痛觉受体的活动，则会减小。然而，

TRPV2（VRL-1）有较高的阈值，要热到（≥52℃）才能被激活。TRPV2 与 TRPV1 共享 50% 的同系物，但辣椒素和低 pH 都不能使之激活。TRPV3 和 TRPV4 在较低的温度阈值下，分别在高于 31℃ 和 25℃ 的温度能使之激活，这两种通道在 DRG 中都有表达。然而 TRPV3 也表达在小鼠的角蛋白细胞，而 TRPV4 则表达在更广泛的各种组织，并且也有可能起机械感受通道的作用。

4. 冷 TRP：人们考虑 TRPM8 和 TRPA1 是冷离子检测通道。TRPM 亚族包括八个成员。TRPM1 至 TRPM8 根据其顺序的同系性，也可进一步分为四个亚组：① TRPM1 和 TRPM3；② TRPM6 和 TRPM7；③ TRPM4 和 TRPM5；④ TRPM2 和 TRPM8。TRPM8 在温度低于阈值（28℃）时激活。冷或制冷剂激活的通道，似乎是由不同的机制所介导。在前列腺癌的细胞中也可检测到 TRPM8 的表达。TRPA1 通道（以前叫 ANKTM1）是被酷冷温度（≤17℃）所激活，并且各种天然油类化合物（如肉桂油、芥麻油和姜等）都可将其激活。TRPA1 也表达在有 TRPV1 表达的痛觉神经元上，并且也可作为多模式痛觉的标志。依赖温度的离子门通道有三种可能的机制，分别为：①由温度变化产生并与激活配体通道相结合；②温度依赖性通道的结构重排，并导致通道开放；③由于膜张力温度依赖的变化，导致类脂双分子层重排。然而，仍未找到支持这三种机制的直接证据。

5. 血管平滑肌细胞内的 TRPC6：局部区域细胞缺氧引起肺局部血管收缩把血流从低氧区域转移到供氧正常的区域，从而维持气体的交换。这一机制称之为低氧肺的血管收缩（HPV）。HPV 的紊乱能引起威胁生命的低氧血症，而慢性低氧血症，可触发肺血管重组和肺高压。这一对生存非常重要的信号级联反应问题，至今仍未得到解决。利用 TRPC6 基因缺陷的小鼠，Weissmann 等发现，这一离子通道是急性 HPV 的关键调节因子。因为 TRPC6 基因突变的小鼠，没有这种调节机制，也对模拟血栓 U46619 肺血管收缩反应并未改变。因此，局部低通气只引起 TRPC6 突变小鼠严重的缺氧，而野生小鼠则不会。对 TRPC6 突变小鼠的小肺动脉的平滑肌细胞缺氧也诱发不到阳离子内流和电流。在野生和 TRPC6 基因突变小鼠的小肺动脉（PASMC）平滑肌细胞，也缺少低血氧引起的阳离子内流和电流。低血氧均能引起野生和 TRPC6 基因突变小鼠的小肺动脉平滑肌细胞（PASMC）内的 DAG 堆积。因为 DAG 激酶的抑制作用只引起野生小鼠 PASMC 的阳离子内流而对突变型小鼠的 PASMC 则无效。结论是 TRPC6 在急性低氧肺血管收缩中，TRPC6 起独有和必不可少的作用。因此，操作 TRPC6 的功能，就可提供控制肺血流动力学和气体交换的治疗策略。

（三）机械感受作用

人体经常受到外部机械刺激的冲击。为了维持正常的生理过程（例如，平衡、触觉、温热觉和痛觉），借助机械感受通道检测并转换机械刺激是关键。新近的研究表明 TRP 通道对机械刺激是敏感的。在脊椎动物细胞，TRPC1 形成被牵张所激活的阳离子通道，也有证据表明，脊椎动物毛细胞的 TRPC1 是机械刺激敏感的离子通道。用渗透张力可激活培养细胞 TRPC4 单体，提示 TRPC4 也是机械感受的通道。在各种生物学功能中，TRPP 形成作为机械感受转换器的复合体。这些复合体定位在肾纤毛上，人们现在认为后者也有感受的功能。现已提出了一些选择性机制，例如，通过结构蛋白（TRPA，TRPP）给予的机械力直接激活，以及被第二信使（TRPV4）激活。

三、Gq-偶联的受体作为介导肌浆蛋白血管收缩的机械感受器

奠定机械刺激转变成生物化学信息的机制，对生理学和病理学都是很基本的问题，然而对此了解并不太多。动态调节局部血流以匹配外周组织和器官不断变化的代谢的要求。100多年前Bayliss做了开创性的观察指出，小阻力的动脉血管具有固有的收缩特性，能对血管腔内压上升起反应（Bayliss效应）。血管内皮的破裂，不会因有损害的压力导致的肌浆蛋白收缩。现在人们设想，肌浆蛋白的反应是血管平滑肌的固有特性，并且可能受内皮和神经激素因子，作用在G-蛋白偶联的受体的微调。血管运动反应是主要的相关因素，并且可以调节毛细血管流体静力学压力和器官的灌注。因此在各种的病理状态下（例如，高血压、糖尿病和脑出血等）都会碰到损伤性的肌浆蛋白反应和血流的自动调节。然而，奠定信号通路和鉴定机械感受分子，仍有很多是不清楚的。增加血管腔内压可引起血管肌细胞去极化，从而激活电压依赖性的L-型钙离子通道。然而，血压诱导的去极化不受L-型钙离子通道阻断剂的影响。意味着还有另外一种由牵张力激活的离子通道，负责平滑肌细胞（SMC）的去极化。连接机械刺激到离子通道激活的机制，依赖于一些生物化学的级联反应。有使人们不得不信服的许多证据表明，磷脂酶C（PLC）的激活是压力导致肌原性血管收缩的前提。然而对机械刺激的反应导致PLC激活的机制仍是扑朔迷离的。一些经典的血管收缩因子（如血管紧张肽或内皮素，angiotensin or endothelin）通过激活PLC通路而发挥其作用。人们也曾推测血管内压和受体激动剂可能从事相似的信号级联反应，而导致平滑肌收缩。过去也曾讨论过许多蛋白质（包括：对牵张敏感的离子通道、细胞黏附蛋白、酶和原生质膜的磷脂双分子层本身等），都可作为潜在的机械感受分子。在过去的十多年中，有一大批离子通道，表现出对调节平滑肌收缩起关键的作用。最近，一些阳离子通道TRP家族的成员（如TRPC6），曾被假设作为机械敏感的离子通道。然而又有人发现，有TRPC6缺陷的小鼠，其小脑动脉的Bayliss效应并不会受到影响，证明在体内的TRPC6本身，对压力诱发的血管收缩是不一定需要的。Schnitzler提出，膜的牵张最初并不能打开机械敏感TRP离子通道门，而只是导致与激动剂无关的G蛋白（$C_{q/11}$）偶联的受体激活，随后以G-蛋白和磷脂酶C依赖的方式，发信号给TRPC通道。机械激活的受体采纳活性构型与产生的G-蛋白的偶联，并募集β-arrestin。机械刺激使激动剂无关的受体激活，后者可由特定的拮抗剂或抗激动剂所阻断。对机械刺激无反应大鼠主动脉A7r5细胞进行机械刺激，可增加AT1血管紧张肽Ⅱ受体的密度，并产生对机械刺激的敏感性。用抗AT1血管紧张肽Ⅱ受体的激动剂Iosartan可以消除小脑动脉和肾动脉的肌浆蛋白的紧张度，这与血管紧张肽Ⅱ的分泌无关。在G-蛋白信号-2调节因子缺陷的小鼠，这种抑制效应则加强。这些结果都表明，在血管平滑肌上$G_{q/11}$偶联的蛋白起膜的感受器功能作用。

第二节　肾小球的结构及肾小球硬化症的发病机制

一、肾小球的结构

肾的关键功能是借助肾小球超滤血浆。肾小球过滤器包括有小孔的毛细血管内皮、肾小球基底膜和足细胞足突，通过所谓的缝隙隔膜（slit diaphragm）交错的结构连接而成的。它们共同确保废物通过肾排出血液循环系统，并保持不可缺少的血浆成分（例如，白蛋白等）

仍留在血液内不被排出。这一任务是很繁重的，每天需要排出 180 L^3 除了白蛋白和血浆蛋白以外的其他废物。如果不能完成这一任务，则会引起蛋白质从尿中丢失。典型的每天从尿中排出 3.5 g 以上的蛋白质，则可引起低白蛋白血症、水肿和高脂血症等为特征的肾病综合征。

足细胞是在肾小球内特化了的细胞，包括它具有过滤能力的外表面。其足突与一些缝隙相交叉的模式形成复合体。而在这些缝隙间，通过细胞外蛋白质与蛋白质接触搭成的桥而形成缝隙隔膜。足细胞的足突和缝隙隔膜形成肾小球过滤器，并与具有高度透水性的大分子连接在一起，对导水性能加以调节。大多数的肾小球肾病，上述两个特征都受到了干扰，引起蛋白质漏到尿液中，这样又可能引起进一步的损伤和降低肾小球滤过率（GFR）。

足细胞是环绕肾小球毛细血管的特化了的肾小球上皮细胞。足细胞损伤则导致蛋白尿，而蛋白尿是绝大多数肾小球肾病的特征。足细胞通过足突附着在肾小球的基底膜上，几乎在所有的蛋白尿病例中都丧失了足突，肾病理学家称之为足突消除（effacement）。现已知道，虽然有一些因素（如药物、病毒感染和癌变等）会引起足突消除，然而导致这种形态学改变的分子生物学机制，仍然是扑朔迷离的。当今，对家族性蛋白尿的基因突变产物的鉴定，这不仅是重视足细胞的重要性，而且还把注意力集中到了与相邻足细胞的足突之间，形成的微小结构的缝隙隔膜（slit diaphragm）上。在过去数年间有关肾小球的研究，足细胞已成了主要对象，尤其是与蛋白尿有关联的三种突变蛋白：α-actinin-4、nephrin 以及 podocin，都已定位在足细胞的足突上。特别是 nephrin 和 pooling 缝隙隔膜信号平台上为不可缺少的结构和功能的组成部分（图 18-1）。Nephrin 在 NPSH1 芬兰型突变的整合膜蛋白是免疫球蛋白（Ig）

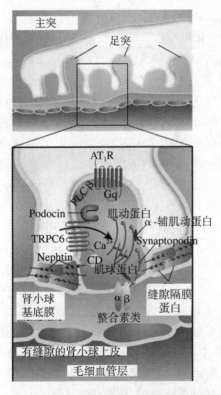

图 18-1　（也见彩图）TRPC6 在足细胞足突上的定位

TRPC6 与在缝隙隔膜附近的 nephrin 和 podocin 相互作用。AT1R：AT1 血管紧张肽 II 受体；CD2AP：与 CD2 相联系的蛋白质；PLCβ：β- 型的磷酸酯酶 C

的一个成分,后者与 podocin(在 NPSH2 突变,抗类固醇肾病综合征)一起处在缝隙隔膜上。在细胞 Ig 区域,约束同源相似物的相互作用,并与 NEPH 家族成员的 Ig 区域形成杂二聚体。缝隙隔膜蛋白的 Ig 区域表现为多孔架构,在两个足突间 40 nm 宽的缝隙间搭成桥。由于实验性蛋白尿很快地使 nephrin-podocin 复合体破裂,因此多聚 nephrin 复合体装置对正常足细胞的稳定平衡似乎是不可或缺的。然而哪些是缝隙隔膜的 nephrin 和其他成分所调节的关键细胞程序? 目前尚不清楚。缺乏与 nephrin 相互作用的适应蛋白 CD2AP 的小鼠可发育成肾病综合征或肾小球硬化症。这些小鼠的足细胞显得对凋亡刺激(例如,TGF-β)的敏感度增加。CD2AP 有利于募集 P13K 到 nephrin,并且激活蛋白酶 AKT,后者通过 BAD 的磷酸化起抗凋亡的作用。依赖 nephrin 的抑制作用能保护足细胞不受被滤过的毒素或机械张力所带来的损伤,这种机械张力是对足细胞从基底膜分开有威胁的。足细胞或其他培养苗壮的细胞,对 anoikis(分离导致的凋亡)是异常敏感的。包括先是结构上、然后是功能上损伤足细胞的完整性。这可引起慢性、进行性的足细胞丧失,这也是局灶节段性肾小球硬化症(FSGS)的明显标志。与此假设一致,编码 4 个高度同源的 actinins(α-actinin-4)之一的 ACTN4 突变的基因,可引起常染色体显性的 FSGS。突变的 α-actinin-4 形成聚集态,中和足细胞的正常肌动蛋白细胞骨架。有趣的是 α-actinin-4 缺乏,不仅可引起隐性肾小球疾病,而且也会增加细胞的运动性。

二、TRPC6 阳离子通道与足细胞功能

　　Reiser 等鉴定出 TRPC6 阳离子通道作为足细胞功能不可或缺的调节因子。据他们报道,具有 TRPC6 基因突变的家族,其 TRPC6 与遗传性局灶节段性肾小球硬化症(FSGS)共同分离出来,并表现出 TRPC6 与缝隙隔膜上的一些成分相互起作用。负责与 FSGS 有关的染色体为 11q,这一基因负责家族性 FSGS 编码 TRPC6,正如前面已经提到,后者是非选择性阳离子通道 TRP 家族中的一个成员,突变部位在 3 个重复的 ankyrin 中的第 1 个,在位点 112 处的谷氨酸取代了脯氨酸。为什么这一突变会引起常染色体显性疾病? Winn 等发现用二酰基甘油醇(diacylglycerol,DAG)(TRPC6 通道的激动剂)增加钙浓度的峰值;TRPC6 也加强人类肾胚胎细胞(HEK293)的血管紧张肽(angiotensin Ⅱ)介导的钙信号。P112Q 突变增加细胞表面 TRPC6 的表达,提示这种突变的显性效应是增加细胞表面离子通道数目的结果,而不是改变了 TRPC6 的门控特性。通过获得功能(gain-of-function)机制,TRPC6 呈现其显性效应,但仍不清楚 TRPC6 触发的夸张反应如何能转译成 FSGS。他们推论 TRPC6 破坏了肾小球的均衡状态或引起肾小球细胞凋亡。严格地调整细胞内的钙浓度可以防止细胞的损伤。激活触发钙吸收增加可能改变凋亡的阈值,例如,改变内质网的钙含量则有可能达到这一目的。因此,重要的是研究 TRPC6 突变的足细胞凋亡的速率。虽然 TRPC6 介导的凋亡,可作为 FSGS 的致病机制,然而在概念上是错综复杂的,另一个模型则认为与缝隙隔膜蛋白有关。免疫球蛋白的上游家族与 nephrin/NEPH 有关的许多成员,提供了线索,并对突触形成起指引作用。总之,这些研究肯定了 TRPC6 在正常肾功能中有不可或缺的作用,并且提示 TRPC6 在肾小球缝隙隔膜上为整合成分。 非常巧合,TRPC3 与 TRPC6 两者对 BDNF(脑源性神经生长因子)反应的轴突引导是不可缺少的。目前很少知道有关控制足细胞足突形成的细胞程序,然而可以预期足细胞足突的重塑是动态的,不断调整以适应肾小球过滤变化的需要和足细胞受损的补偿,而不是只作为建

造的支架。TRPC6 可帮助缝隙隔膜分子指引足细胞足突构成精巧的网络,以封接过滤屏障。Winn 等的发现,不仅阐明了 FSGS 的病因,而且从临床的观点,也开辟了治疗该病的有效途径。有趣的是,控制 TRPC6 过度的活动,是不是能改善众所周知而又难治的家族性以及获得性的局灶节段性肾小球硬化(FSGS)。

三、TRP 和人类疾病

前面曾简单地提到,TRPC6 是大的阳离子通道 TRP 家族成员之一。7 种"经典"的 TRPC 通道门都对磷脂酶 C 激活起反应,某些通道可能对钙库(store)运作的阳离子内流有贡献,而另一些则介导受体运作的阳离子进入细胞。TRPC3、TRPC6 和 TRPC7 形成 TRPC 的一个有功能的亚组,因为这些通道都能被 DAG 所激活,与蛋白激酶 C 激活和钙库排空无关。如今发现,基因编码 3 个不同的 TRP 的突变与人类疾病有关联。失去功能的 TRPC6 突变是与继发性低血钙引起的低血镁症有关。一种罕见的常染色体隐性的紊乱(TRPML1)是一种突变的细胞内阳离子通道,为一种隐性的神经变性溶血小体存储库紊乱。PKD1(编码 TRPP1)和 PKD2(编码 TRPP2)的突变在有常染色体显性多聚胱氨酸肾病的个体较多。自 Winn 等发现 TRPC6 错义突变基因(P112Q)与 FSGS 的表型相关联共同在一起分离出来后,在此基础上研究 TRPC 家族与肾病关系。Reiser 等筛查了另 16 个 FSGS 家族,并鉴定出了与该病相联系的五种不同的突变 TRPC6,其中 4 种突变(N143S、S270T、R875C 和 E897K)引起氨基酸的取代作用,第 5 种突变创造出一个未成熟、停顿的密码子(K974X)在 C 端附近。对 P112Q 突变与报道的钙成像的结果一致。Reiser 等应用全细胞膜片钳记录的实验结果表明,在受体进行刺激后,2 种突变(R895C 和 E897K)的 TRPC6 通道,比野生型 TRPC6 通道可记录到更大的电流振幅。因此,R895C 和 E897K 是获得功能的突变,后者增加受体诱导的阳离子内流。Reiser 等还应用免疫荧光和电镜,发现足细胞是富有 TRPC6 的,并且在足细胞靠近缝隙隔膜的足突上也发现了 TRPC6。因为 nephrin、podocin 和 CD2AP 是构成缝隙隔膜的平台的全部成分,他们测试了这些蛋白质与 TRPC6 共同定位和相互作用。免疫沉淀研究表明,TRPC6 在物理上也与 nephrin 和 podocin 相互作用。然而 Reiser 等和 Winn 等的研究也提出了一些问题,例如,为什么有 6 个 TRPC6 突变表现出增加了通道的功能?有直观的观察,对由于过多的受体诱发阳离子内流,并作为引起疾病的一种机制表示质疑。另外,从机制上也还不清楚,为何单个氨基酸的变化会影响到 TRPC6 的结构或活性,进而导致电流振幅的增加?最后,也还需要弄清楚,在体内激活哪些受体可以增加 TRPC6 的活性? AT1 血管紧张肽 II 是可能的候选者。足细胞的足突含有肌动蛋白纤维网,后者以依赖于钙的方式,控制超滤缝隙的宽度。受体诱导的钙通过 TRPC6 向细胞内流,可以说明这一构想。TRPC6 是一个非选择性的阳离子通道,在生理条件下它能导入的钠比钙多,这就引发了细胞的去极化作用与 Ca^{2+} 进入细胞内的相关问题。显然,在足细胞处环绕肾小球毛细血管的位置,细胞是暴露到由高压灌注在膜壁膨胀的情况下。TRPC6 作为中心信号成分介导血管内压诱导的血管收缩。是否机械力也有冲击 TRPC6 的功能? TRPC6 与 nephrin 和 podocin 相互作用,意味着这一离子通道在缝隙隔膜处,整合成为一个组织起来的信号复合体。这一概念由以下的事实得到了支持,nephrin 缺乏的小鼠,缝隙隔膜结构破裂,导致足细胞的 TRPC6 过表达和错位。FSGS 的 TRPC6 突变为寻找肾衰竭的病因提供了新的途径,也进一步加强了研究肾病应以足细胞为中心的观点。

四、TRPC6 突变与局灶节段性肾小球硬化

局灶节段性肾小球硬化（focal segmental glomerulosclerosis，FSGS）是晚期肾病的原因，高达 1/5 的透析患者被诊断为 FSGS。FSGS 的流行逐年增多，尤其在黑色人种中。FSGS 是病理学上的总称，其中主要是肾小球受到累及。FSGS 典型的表现包括：蛋白尿、高血压、肾功能不全和最后肾衰竭。当今人们对 FSGS 的了解是不完全的，而且也没有一致的有效治疗方法。对遗传性和先天性 FSGS 病因的分析，提供了新的洞察。以前鉴定出了至少有三种基因引起家族性 FSGS 和遗传性肾病综合征，强调了该病的实际上的基因多样性。有些工作着重研究了，肾病综合征所特有的严重蛋白尿发展过程中，肾小球足细胞和缝隙隔膜异常的重要性。

以前一些学者鉴定和研究了一个英国裔的新西兰大家族，他们有常染色体显性遗传性 FSGS，该病在这个家族的特征是特别具有挑衅性的。其受累的个体，在 30~40 岁年龄段，都有典型的高蛋白尿症，大约有 60% 的个体发展成终末期肾病（end stage rental disease，ESRD）。从发病开始到 ESRD 平均时间大约为 10 年。有人曾对该家族进行基因筛查，定位引起该病的突变基因在染色体 11q。Winn 等发现 TRPC6 错义突变基因与 FSGS 病表型结合在一起分离出来。前面曾提到，在此基础上 Reiser 等筛查了另外 5 个常染色体显性 FSGS 病家族，这些患者在染色体 11q 上的 TRPC6 的基因发生了突变，其中两个家族的 TRPC6 通道的电流振幅增加。这些结果表明，缝隙隔膜上的 TRPC6 通道活性，在正确调节足细胞的结构和功能上是不可或缺的。

（一）TRPC6 通道与正常肾功能的维持

常把足细胞发育和功能所特有的突变，作为了解肾小球肾病的中心环节，这类肾病会引起不同程度的蛋白尿，并潜在发展成 ESRD。近年来，可透过阳离子的 TRPC6 通道被鉴定作为家族型 FSGS 的主要致病因子，随后又发现 TRPC6 是缝隙隔膜的成分，提示它对正常肾功能具有关键性的调节作用。TRPC6 通道的上游家族是形成 TRP（transient receptor potential）离子通道蛋白质。TRP 通道基因编码亚单元，而形成许多类型细胞的离子通道，基于氨基酸排列顺序和结构的相似性，可以对 TRP 上游家族成员加以鉴定，并分类为 7 种亚家族。TRPC6 是 TRP 亚家族成员之一。曾经有人报道，TRPC6 对 Ca^{2+} 具有选择的通透性。Ca^{2+} 也通过 TRPC 以外的其他通道进入细胞内，以增加细胞内液的 Ca^{2+} 浓度，使信号转换蛋白和转录因子磷酸化，或调节细胞骨架动力学。TRP 突变产生许多种肾病，包括 Mg^{2+} 的耗费、血钙过少症和聚胱氨酸肾病。也发现 TRPC6 突变作为遗传性、局灶节段性肾小球硬化的病因，以及 TRPC6 定位在缝隙隔膜上，提出了一系列有关足细胞的这一离子通道的生理和病理生理学的作用问题。基于以前在遗传性 FSGS 的发现，也假设在获得性肾病中，TRPC6 表达水平和通道功能，可能通过缝隙隔膜一侧失调的 Ca^{2+} 内流而成为肾小球病的病因。蛋白尿是一个起因于肾小球的肾功能障碍的共同特征，其本身也是肾病以及其他疾病的危险因素。肾小球的足细胞是肾过滤屏障的中心成分。足细胞（肾小球血管上皮细胞）是在肾小球内，其复杂的细胞构筑包括细胞的延伸（足突），它与肾小球毛细血管外面的肾小球的基底膜相连接。与其间的缝隙隔膜一起，成为一个特化的多蛋白质的连接，这些都是形成超滤屏障的关键成分（图 18-1）。这也就可以解释：为什么足细胞的结构损伤可以导致发生蛋白尿。Winn 等鉴定了一个与常染色体显性 FSGS 有关的家族，并分离出了突变点在染色体 11q 上的 TRPC6 基因。

（二）TRPC6 阳离子通道的激活

在对各种各样刺激（包括激素、温度、酸碱度、渗透压和氧化应激等）反应的信号转换过程，TRPC 阳离子通道起重要的作用。TRPC6 是犬 TRPC 亚家族中的一员，在刺激与膜受体偶联 G 蛋白（GPCR）后而被激活。但不能经细胞内透析三磷酸肌醇［Ins（1,4,5）P_3］或排空细胞内钙库所激活。因此，认为 TRPC6 不是钙库运作的离子通道。各种组织（包括脑、肾、肺、心脏和睾丸等），都有 TRPC6 的信使核糖核酸。敲除（knock-down）技术表明，兔门静脉平滑肌细胞、大鼠脑动脉和肺动脉平滑肌细胞都有依赖 TRPC6 受体的反应。小鼠的原红血细胞，在 TRPC6 与 TRPC2 相互作用下，对促红细胞生成素刺激起反应，因此 TRPC6 是广泛分布在各种细胞和各种组织中，并是负责对各种刺激起反应的 Ca^{2+} 内流通道。然而，至今实际上对天然的 TRPC 通道知之甚少。有证据表明，TRPC6 与 TRPC 家族的其他成员形成异多聚物，并且也许能与较大的上游 TRP 家族成员形成异多聚物，而且辅助蛋白在通道表达和调节等方面也起重要的作用。用荧光 Ca^{2+} 染料实验表明，在人类胚胎肾细胞（HEK）、COS-7 和 CHO-K1 细胞的 TRPC6 过表达是与 Ca^{2+} 内流的增加有联系，提示这些通道有可能是能透过 Ca^{2+} 的。然而在这一点上，电生理研究的结果还不清楚。不同类型的细胞具有异质的 TRPC6 电流，并且刺激受体或加类似 DAG 的化合物，都可明显地激活 TRPC6。用大而相对又不能透过细胞膜的阳离子 NMDG（N-methyl-D-glucamine）取代细胞外液中的单价阳离子，可以大大地减弱内向的 TRPC6 电流，并且反转电位也向负值方向转移，这表明 TRPC6 是具有非选择性阳离子通道的特性。然而，用 Ca^{2+} 取代孵浴液中的单价阳离子，引起通过 TRPC6 通道的外向电流下降，这又表明 Ca^{2+} 起通道阻断剂的作用。新近研究表明有 Na^+ 存在时，把孵浴液中的 Ca^{2+} 浓度从正常的 2 mmol 增加到 10 mmol，则可使内向电流减小，这再次证明 Ca^{2+} 对 TRPC6 通道的阻断作用。然而，在正常的 Na^+ 浓度的溶液中，Ca^{2+} 内流在内向电流中所占的比例仍不清楚，因此，Estacion 等（2005）比较了用 fura-2 测定受体介导的 Ca^{2+} 内流变化和表达人类 TRPC6 细胞膜电流变化。结果表明，去极化可以大大减弱了 TRPC6 通道对 Ca^{2+} 原来就很微弱的通透性和（或）Ca^{2+} 通过 TRPC6 通道的内流。这一结果与 Ca^{2+} 对 TRPC6 通道起阻断作用的离子模型相一致，并且在细胞外液中有 Na^{2+} 时，Ca^{2+} 对全细胞电流的贡献是极其微小的（4%）。用穿孔膜片钳技术记录 TRPC6 电流的同时，测定 fura-2 荧光表明，当把膜电位钳制在 $-50 \sim -80$ mV 时，加 OAG 可使细胞内 Ca^{2+} 浓度（$[Ca^{2+}]i$）增加 $50 \sim 100$ nmol，但如果不加负的钳制膜电位，OAG 对细胞内 Ca^{2+} 浓度无明显的影响。这些结果表明，细胞具有高输入阻抗时激活 TRPC6 的主要效应是使细胞膜电位去极化。然而，如果使细胞保持在超极化状态下（例如，给予细胞大的整流电流）或 Ca^{2+} 激活的钾电流，激活 TRPC6 则可导致细胞内 Ca^{2+} 浓度持续增加。因此，TRPC6 对 Ca^{2+} 反应的动力学和幅度是细胞特有的，并取决于其他类型离子通道的互补。

（三）TRPC 在肾中的定位

TRPC6 是选择性阳离子通道的上游家族 TRP 的一个成员。而 TRP 下游家族（TRPC1~TRPC7）是一组可透过 Ca^{2+} 的阳离子通道，这一组通道对增加细胞内 Ca^{2+} 浓度起重要作用。TRPC 形成同种和异种的四聚体，这些四聚体都能与各种其他蛋白质相互作用。由于以前曾有报道，对于 FSGS 和肾病综合征，在各种突变的基因在肾小球足突都有高度的表达，因此研究肾的 TRPC6 并确定它所在的位置是很重要的。成年大鼠肾切片在共聚焦显微镜下，显示 TRPC6 广泛表达在整个肾的肾小球和肾小管。这一观察是与最近报道在肾小球检测到 TRPC6 的 mRNA 相一致的。在肾小球内绝大多数 TRPC6 的表达是在足细胞内，也有 TRPC6 表达在肾小球的内皮细胞上。用抗体标记的 TRPC6 进行标记，则可观察到肾小球和肾小管有明显的着色。用 TRPC6 抗体预先孵浴作对照的多肽，则产生阴性反应。另外还用了 RT-PCR 技术来研究分离的肾小球和培养的小鼠足细胞 TRPC1~TRPC 7 的 mRNA 的表达，发现 TRPC1~TRPC7 在肾小球全部都有表达，而在培养的足细胞，只表达 TRPC1、TRPC2、TRPC5 和 TRPC6。他们分析了培养的小鼠足细胞的 TRPC6，检测在细胞膜上的标记。为了严格地测定亚细胞定位，他们也在成人肾皮质层超薄切片上，进行了免疫金颗粒标记，发现在足细胞体和主要突起有金颗粒存在。而在足细胞的足突，金颗粒标记的区域则紧密靠近缝隙隔膜。他们也在肾小球内皮细胞和少数的神经胶质细胞上检测到了 TRPC6 的表达。为了使 TRPC6 达到足细胞的足突缝隙隔膜，它必须从细胞体，经过主突，再进入到足突（图 18-1）。在各种亚细胞部位能够找到具有高度蛋白转换能力的蛋白质。同样，在整个出胞通路上的细胞外，都可检测出肾盂蛋白（一种主要的硅铝蛋白），这与高合成速率相一致。在高放大倍率的显微镜下，在缝隙隔膜区域显示 TRPC6 是与缝隙隔膜紧密相连的。他们还测试了 TRPC6 是否与人类肾病有关的、连在缝隙隔膜上的蛋白质（如 nephrin、podocin 和 CD2AP）共处在一起。因为可以援用的 TRPC6 抗体和缝隙隔膜蛋白，都是兔的多克隆，所以用绿荧光蛋白（GFP）标记的 TRPC6 转染培养的足细胞，用 GFP-TRPC6 结构转染的足细胞，并用抗 nephrin、podocin 和 CD2AP 的抗体染色，在共聚焦显微镜下显示，GFP-TRPC6 是表达在足细胞膜上，并且部分与内源的 nephrin、podocin 和 CD2AP 共同定位在一起。这表明在足细胞至少有部分 TRPC6 是与缝隙隔膜有联系的。为了测试 TRPC6 是否与 nephrin、podocin 和 CD2AP 有相互作用，他们还用小鼠的 GFP-TRPC6 与 FLAG- 标定的 nephrin、podocin 或 CD2AP 的相互作用，用对 GFP 的抗体分析洗脱物。免疫斑点显示，从用 FLAG-CD2AP 复转染细胞所得到的洗脱物是没有 GFP-TRPC6 的。反之，从 FLAG-nephrin 和 FLAG-podocin 复转染细胞的洗脱物则有 GFP-TRPC6 存在，这表明 TRPC6 与 nephrin 或 podocin 有直接的生物化学上的相互作用，但与 CD2AP 则不存在这种生物化学上的相互作用。他们也利用从培养分化为已知表达重要缝隙隔膜成分 nephrin、podocin 和 CD2AP。这些具有抗体的免疫沉淀作用表明，TRPC6 与 nephrin 和 podocin 有相互作用，但不与 CD2AP 相互作用。

Nephrin 是缝隙隔膜的中心成分，并且在有蛋白尿和消除了部分足突的小鼠，都缺乏 nephrin。因而考察了 nephrin 缺乏对 TRPC6 在肾小球内定位的影响。新生野生型小鼠的肾小球，TRPC6 表达水平低，在足细胞也可检测到一些 TRPC6 表达。去除 nephrin 可以诱导足细胞表达 TRPC6，并使 TRPC6 聚集堆积。这提示，失去 nephrin 可诱发足细胞表达 TRPC6，并改变 TRPC6 在细胞内的定位。为了探索肾病患者 TRPC6 基因变化的作用，还筛查了 71 个有家族性 FSGS 病祖先的人，通过分析 DNA 顺序来研究其 TRPC6 的变化。在这 71 个家系中，43 个家族表明多代都有该病的证据，28 个家族则表现为单代有两个或两个以上的成员患此病。在这些家族中，绝大多数受影响的表型，只从染色体 11q 标记点能分离出来。

（四）基因突变的 TRPC6 通道的电流振幅增加

为了研究 TRPC6 基因突变是否影响钙离子通道的功能，把 M1 毒蕈碱受体偶联 $G\alpha_q$ 转染到 HEK293-M1 细胞，用卡巴胆碱（cabarchol）激活 M1 受体的前、后，记录 TRPC6 通道的电流。从 N143S、S270T 和 K874X 突变的 TRPC6 通道记录到的电流，与从野生型 TRPC6 通道记录到的电流没有明显的不同。相反，从 R895C 和 E897K 突变基因的 TRPC6 通道记录到的电流明显地比从野生型 TRPC6 通道记录到的电流大。同样，Winn 和他的同事还鉴定出了与 TRPC6、P112Q 通道的电流振幅增加。他们也注意到这两种突变型通道的电流 - 电压关系的整流，有微妙的差别，并认为这种整流变化是由于电流密度变化所引起，而不是由于与结构有关的通道门或通透性变化直接引起的。如果在体内通过 R895C 和 E897K 突变基因的 TRPC6 通道的电流也相似地增加，则这种突变可能导致获得功能改变（gain-of-function alteration）的活性，因而增加钙内流。无论如何这些突变引发疾病，由于其性能与疾病表型共同分离，而对照的个体则没有这些现象。这提示这些具有突变基因的个体，除了增加电流振幅外，还与其他异常在一起，共同引起疾病。这有几种可能性，包括改变了通道的调节作用、改变与其他缝隙隔膜蛋白质的相互作用以及改变了蛋白质转换等。对进行性肾衰竭或肾小球疾病易感者，常会有一些足细胞基因突变问题。在两个突变个体中观察到 TRPC6 突变与肾病共同分离、改变了氨基酸的演变守恒、缝隙隔膜的定位和相互作用，以及获得功能的变化，提示 TRPC6 通道功能对于正常肾的过滤作用是必不可少的。但也仍存在一个问题，即为什么一些具有 TRPC6 基因突变的个体，肾病发作发生在相对高的年龄。像成人发病和由广泛表达 α-actin-4 蛋白质的基因突变引起的显性获得性遗传型 FSGS，TRPC6 获得功能突变，可能引起细胞内功能的巧妙变化，在以后有其他肾病发作时，后者又可导致细胞行为的不可逆变化。此外，足细胞也表达一些其他 TRPC 离子通道，包括 TRPC1、TRPC2 和 TRPC5，部分功能多余性也可以解释肾小球病的晚发作。TRPC6 能够与其他 TRPC 通道形成异种四聚体，提示钙平衡是复杂的细胞调节作用。

（五）影响 TRPC6 通道的其他因素

足细胞电生理研究已开展了多年，现已发表的文章多半都集中在对啮齿类动物足细胞的膜电位和全细胞电导的测量，以及对血管活动激动剂反应方面。足细胞在肾小球内所处的位置，是环绕肾小球毛细血管，把这些细胞暴露到跨壁的流体静力学压力下，驱动过滤作用。足细胞的足突含有可收缩的装置，后者可被缝隙隔膜驱动的钙信号调节，成熟的足细胞表达一些受体和第二信使系统。这些包括毒蕈碱受体、血管加压素受体、前列腺素 E2 受体和心房钠尿多肽（atria natriuretic peptide），所有这些物质都能激活细胞内 Ca^{2+}、磷酸脂酶 C、肌醇 1, 4, 5- 三磷酸、cAMP 和 cGMP 信号级联反应。因此足细胞可用足突和缝隙隔膜驱动细胞信号，对细胞周围环境起反应。Nephrin 本身是一个信号分子，它使足细胞发出生存信号。Fyn 激酶与 Nephrin 有联系，并通过酪氨酸磷酸化，调节 TRPC6 通道的开放。Nephrin 从缝隙隔膜分裂（如同在继发性 FSGS）通过调节 TRPC6 源起的钙电流，可能介导其对足细胞的这些效应。在整个生活期间足细胞足突的 TRPC6 钙电流变化，似乎有能力调节细胞和细胞骨架的足细胞是中枢。

五、TRPP2 与常染色体聚胱氨酸肾病

TRPP2（或 PKD2）是 pkd2 基因的蛋白质产物，而这种基因是负责常染色体聚胱氨酸肾病的基因之一。结构上属于上游通道蛋白 TRP 家族，而且还具有调节各种生物学功能的特性。然而，最近有关用温度激活 TRP 通道的一个亚组的研究结果表明，电压依赖门奠定了其激活机制。取决于所用细胞或无细胞的膜片的不同，TRPP2 的电压依赖门电流的结果是有分歧的。由不同来源（例如，内质网内膜、sf9 昆虫原生质膜、合体细胞滋养层的顶膜或体外转移的 TRPP2）而得到的，并在体外再构成的 TRPP2，在负的膜电位下具有很高的活性，而且表现出很强的电压依赖性；但在正电位下几乎没有活性。与此具有明显的不同，天然的 TRPP2 在正的膜电位下亦显示具有较高的活性和电压依赖性；而过表达的 TRPP2 或

与 PKD1 联系的 TRPP2 不具有电压依赖性。于是人们设想，TRPP2 的电压门控特性，可能是该通道固有的特性，但在生理条件下，很大程度上受蛋白质与蛋白质相互作用的调制。

在肾上皮细胞株 (LLC-PK1) 对 EGFR 激活发生反应时，表现出 TRPP2 的激活。整体动物研究也支持 LLC-PK1 细胞的 EGF- 诱导 TRPP2 激活的生理学关系。去除 egfr 同型合子，引起输尿管、膀胱扩张，这一区域主要受 pkd2 突变的影响。TRPP2 过表达增加 LLC-PK1 肾上皮细胞 EGF 诱导的电导，通过 RNA 干扰（RNAi）或病因变种 TRPP2-D511V，而使 EGF 诱导的反应变得不敏锐。药理学实验表明：EGF 诱导 TRPP2 发生激活与钙库排空无关，但需要磷脂酶和磷酸肌醇 -3 激酶的活性。用玻璃微管注入纯磷脂酰肌醇 -4,5- 二磷酸（PIP$_2$）抑制 TRPP2 介导的由 EGF- 诱导的电导效应，而用玻璃微管注入纯磷脂酰肌醇 -3,4,5- 三磷酸（PIP$_3$）对电导没有任何效应。Iα 型磷酸酰 -4- 磷酸 -5 激酶（PIP(5)Kα）（能催化形成 PIP$_2$）抑制 EGF- 诱导的 TRP2 电流。总之，在 LLC-PK1 细胞 TRPP2 在 EGFR 下游发挥功能作用。利用 TRPP2 的末端，用酵母二代杂种筛选作为一个相互作用的对应体，检测到了哺乳动物与澄清有关的 formin 1（mDia1），在信号转换（图 18-2）、细胞骨架构成以及细胞生命周期调节等方面,mDia1 的功能作用是在 RhoA 的下游。失活或自动抑制的 mDia1 以"关闭"的构相状态存在，而在其 C 端，澄清的自动调节范畴（DAD）环绕到结合在 N- 端的

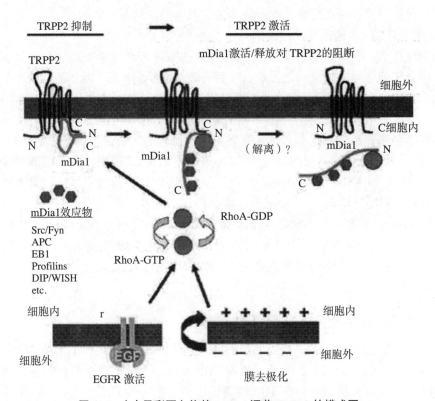

图 18-2 （也见彩图）依赖 mDia1 调节 TRPP2 的模式图

在静息状态（或超极化膜电位）下，TRPP2（黑色）与 mDia1（红色）的自动抑制型结合，在这样的膜电位下阻断 TRPP2。膜去极化或用 EGF 处理诱导 RhoA 激活，从其 GDP- 结合状态（红色）转变为与 GTP- 结合状态（绿色）。已激活的 RhoA（绿色）结合到 mDia1 并激活之，引起释放阻断和 TRPP2 通道激活。mDia1 效应分子（蓝色）结合到 mDia1 的激活型

澄清抑制范畴（DID）。假设激活的 mDia1 是"开放"的构相，暴露出 formin 同系物 1 和 2（FH1 和 FH2）范畴与一些下游的效应分子相互作用。新近有研究表明：mDia1 作为细胞内 TRPP2 的电压依赖性的调节子发挥作用。在静息电位下自动抑制的 mDia1 结合到 TRPP2，并且阻断 TRPP2；而在正电位时，激活的 mDia1 释放对 TRPP2 的阻断，因而导致通道的激活。EGF 或细胞膜去极化，通过一系列的激活 RhoA 和 mDia1，进而激活 TRPP2。mDia1 对 TRPP2 的电压依赖性阻断，有两种与生理学相关的作用：①奠定由 EGF 激活 TRPP2 机制的基础；②设定肾上皮细胞膜的静息电位值，以防止 TRPP2 的构造性激活。

第三节　培养的单个足细胞中的 TRPC6

在前面两节中我们着重介绍了，足细胞是一种有高度特异性，终末分化的上皮细胞，在其分化的成熟阶段，足突与足突相接形成缝隙隔膜；缝隙隔膜与基底膜和肾小球内皮细胞共同组成肾小球过滤膜（图 18-1），它可以阻止大分子蛋白从毛细血管中透过，其损伤在蛋白尿的形成中起重要作用。在足突细胞的膜上含 TRPC6 阳离子通道蛋白，不论人类患了 FSGS 等肾病，还是在相应的转基因的小鼠动物模型身上，TRPC6 在足细胞的定位和功能等方面都有明显的变化。其肾小球足细胞足突的通道表现出功能获得（gain-of-function）特性，也就是说从其足细胞，能够记录到比正常更大振幅的 TRPC6 的阳离子电流。因此在我们实验室，近年着手研究单个培养的 TRPC6 过表达足细胞的结构和功能特性。我们用的小鼠足细胞系 MPC5，是由 Mundel 等从 10 周龄的 H-2Kb-tsA58 转基因小鼠分离肾小球，培养的足细胞而建立的。该细胞系在 33℃、γ-IFN 诱导下，小鼠主要组织相容性复合物 H-2K^b 启动子启动，表达 SV40 温度敏感 T 抗原（tsA58）而使其处于增殖状态（增殖态），足细胞分裂增殖；而在 37°C、无 γ-IFN 诱导的条件下将 tsA58 灭活，细胞停止增殖，开始分化成熟（分化态），细胞体增大且有明显的突起伸出，毗邻足细胞的突起可相互交叉形成连接。我们前期已经对该足细胞系进行了全面鉴定，表达特异标志物 synaptopodin 以及主要足细胞分子，包括 nephrin、podocin、CD2AP、neph1、α-actinin-4 等，同时也表达 TRPC6 离子通道蛋白，而且也曾以此细胞系利用 RNA 干扰技术对 SD 结构分子间的相互作用进行研究，所有这些为我们当前研究的实施奠定了基础。

一、TRPC6 蛋白过表达足细胞的形态学观察

Winn 等首次报道了 TRPC6 通道位于肾小球足细胞，编码足细胞的结构蛋白，其基因突变产物可导致大量蛋白尿，从而引起 FSGS 和进行性肾衰竭。Meoller 等通过病理分析发现在人类非遗传性蛋白尿性肾疾病，如 FSGS、微小病变性肾病（MCD）和膜性肾病（MN）的患者中，TRPC6 表达显著增加，并且成群分布，有节段性密集性。通过 FLAG 标记技术将 TRPC6 基因导入到小鼠肾，发现 TRPC6 主要分布于足细胞足突并紧邻缝隙隔膜，15 h 后小鼠产生一过性蛋白尿，说明过表达 TRPC6 同样能引起蛋白尿。在体外实验研究中，也经常用补体成分造成肾或肾小球内细胞损伤。Meoller 等在体外培养的足细胞中用补体成分刺激，也可以引起 TRPC6 的表达上调。在实验性肾疾病中，嘌呤霉素（PAN）作用大鼠后，在肾损伤最严重的时候 TRPC6 表达亦增加至最高峰，并且产生大量蛋白尿，提示 TRPC6

的表达增加，可能和肾小球损伤密切相关。然而，虽然曾有研究提示 nephrin 缺乏可能导致 TRPC6 表达的上调，但是还不清楚在足细胞损伤过程 TRPC6 的表达为什么上调？其表达上调与哪些作用机制有关？

鉴于以上的研究发现，我们认为 TRPC6 的表达升高与肾损伤密切相关，因此探讨 TRPC6 的表达增加与肾疾病发生的相关机制。首先，应用足细胞建立过表达 TRPC6 离子通道蛋白的细胞模型，利用免疫蛋白印迹检测验证，在足细胞过表达 TRPC6 离子通道蛋白后，其蛋白水平表达上调，与未转染质粒和转染空载体组比较差异有统计学意义。同时采用免疫荧光染色发现，足细胞 TRPC6 过表达后其分布表达也发生了改变，过表达组 TRPC6 胞膜区域染色增强，推测表达上调的 TRPC6 可能是对于足细胞损伤的一种代偿性反应（图 18-3）。

二、TRPC6 过表达可诱导 Ca^{2+} 内流增加

生理功能的维持，Ca^{2+} 浓度是至关重要的。TRPC6 蛋白在足细胞损伤过程表达上调，那么其介导的 Ca^{2+} 电流（主要反映 TRPC6 蛋白的离子通道功能）在足细胞过表达过程中是否发生变化，将发生怎样的变化？

TRPC6 属于非选择性阳离子通道蛋白，在调节细胞内游离 Ca^{2+} 浓度发挥重要作用。细胞内 Ca^{2+} 水平与细胞损伤密切相关，Ca^{2+} 浓度的增加会启动细胞的凋亡机制，还会触发其他一系列病理变化，足细胞内 Ca^{2+} 浓度增加可使足细胞凋亡、分离和足细胞增生性缺失，

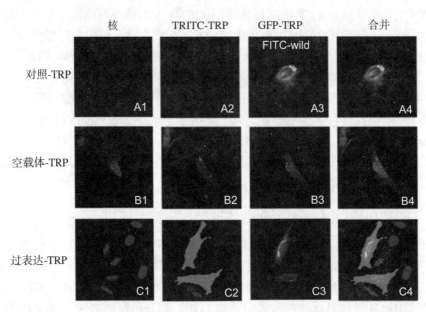

图 18-3 （也见彩图）用 TRPC6 质粒转染的足细胞，胞质内 Ca^{2+} 对 TRPC6 激动剂（OAG）或抑制剂（U73122）的反应

A. 用 10 mmol/L fluo-3AM 孵育转染 TRPC6-RFP 质粒或转染空载体的足细胞对细胞质内的 Ca^{2+} 着色。荧光成像照片是在加 100 mmol/L OAG（或加 OAG 60 s 后再加 10 mmol/L U73122），在相同的成像条件在 0 s、10 s、100 s、5 min 和 10 min 的时间点拍摄的。B 和 C. 在 OAG 刺激后 100 s 代表细胞质内 Ca^{2+} 浓度的荧光强度，在过表达 TRPC6（C）细胞与转染空载体的足细胞（B）相比，显著增加（$P < 0.05$，$n = 4$）。TRPC6：瞬态受体电位阳离子通道 6；OAG：1-oleoyl-acetyl-sn-glycerol

从而减少足细胞的数量，其数量的减少将导致进行性肾衰竭；可见细胞内 Ca^{2+} 的动态平衡对于保持活的足细胞正常结构是重要的。我们观察到 TRPC6 介导细胞内 Ca^{2+} 内流增加的主要机制是通过 DAG 直接作用于 TRPC6 通道，由蛋白激酶 C（protein kinase C，PKC）依赖机制，使细胞内 Ca^{2+} 浓度增高。DAG 的类似物是 OAG（1-oleoyl-2-acetyl-sn-glycerol），因此常在实验中用 OAG 来激活 TRPC6 通道（图 18-3）。我们应用特异性的 OAG 来激活 TRPC6 离子通道，利用 Ca^{2+} 特异性荧光染料 fluo-3AM 对细胞内游离 Ca^{2+} 进行标记，在激光共聚焦显微镜下观察 Ca^{2+} 的动态变化过程，分析在未转染 TRPC6（对照）、转染空载体和转染 TRPC6^{wild} 的足细胞上，Ca^{2+} 流的变化趋势。结果表明，过表达 TRPC6^{wild} 的足细胞上 Ca^{2+} 内流增加显著，而对照与空载体组比较则没有显著性差异（图 18-3B2），因而证实内流的 Ca^{2+} 随着 TRPC6 蛋白表达的上调而增加。这与 Meoller 等的研究结果一致，他们发现随着 TRPC6 蛋白表达的增加，细胞内 Ca^{2+} 浓度也增加。

三、过表达 TRPC6 的足细胞离子通道功能变化

（一）Ca^{2+} 内流与 TRPC6 通道活化的关系

前面也曾提到，在细胞静息时，Ca^{2+} 进入细胞内受到两种机制控制：一是受体运作通道（ROC）的 Ca^{2+} 内流，另一种是库运作通道（SOC）的 Ca^{2+} 流，当位于内质网上的钙库排空的时候，Ca^{2+} 由内质网膜上的钙离子通道进入细胞质，进而增加 Ca^{2+} 内流，即钙库有调控钙离子通道的作用。SOC 通道由 Orai 蛋白和 TRPC 通道共同组成，内质网钙库排空可使其激活。ROCE 的发生需要 TRPC 通道和 SOC 通道的激活，当它们激活时可刺激其下游受体 -G 蛋白磷脂酶 -C 信号通路，从而使得 Ca^{2+} 内流，而且这一方式不依赖于钙库的排空。

目前认为 TRPC6 诱导向细胞内流进的钙增加的机制主要有两种：首先是二酰基甘油（diacylglycerol，DAG）直接作用于 TRPC6 通道，它经由蛋白激酶 -C（protein kinase C，PKC）依赖机制使细胞内 Ca^{2+} 浓度升高，从而调节 TRPC6 通道的活性。DAG 是 TRPC6 强有力的激活物，DAG 的类似物 OAG 可使转染了 P112Q 突变型（TRPC6^{P112Q}）人胚肾细胞（HEK293）中的 Ca^{2+} 浓度显著升高。也有研究发现，卡巴胆碱（carbachol，CCh）可能通过细胞外排机制作用于 TRPC6 通道，并且其作用具有剂量和时间依赖性。

是否过表达的 TRPC6 离子通道经激活后的充分活化可介导 Ca^{2+} 的内流增加？这一途径是否与足细胞损伤的分子机制和重要因素有关？我们应用上述离子通道的两种激动剂（OAG 和 CCh），通过全细胞膜片钳技术来检测过表达 TRPC6 离子通道的足细胞，TRPC6 离子通道经激活后的活化效应，实验过程中采用步进（steps）和斜波电位两种刺激方式，分别记录 TRPC6 离子通道激活与失活动态变化过程。结果显示，过表达 TRPC6 离子通道的足细胞上，该通道由 OAG 和 CCh 诱导的电流振幅较正常足细胞的均显著增加（图 18-4 B1 和 C1）。另外，给予 Ca^{2+} 库通道阻断剂 U73122 后，可阻断正常足细胞、转染空载体和过表达 TRPC6 足细胞的 TRPC6 离子通道开放，降低电流振幅，产生抑制效应（图 18-4D）。

从以上结果我们能够证实，TRPC6 蛋白表达上调可通过活化的 TRPC6 通道增加而导致内流的 Ca^{2+} 增加，因而进一步诱导细胞损伤。由于目前尚没有关于在足细胞上 TRPC6 离子通道蛋白功能检测方法的报道，仅有检测细胞内游离 Ca^{2+} 浓度的研究，但这并不能反映该通道的功能变化。因此，我们应用膜片钳技术，检测小鼠足细胞 MPC5 上 TRPC6 离子通道功能，为进一步从细胞分子水平研究足细胞的生理学功能提供了一些实验性的证据。

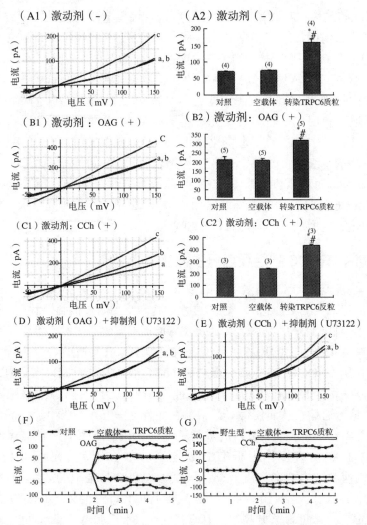

图 18-4 转染 TRPC6 足细胞全细胞膜电流的 I-V 关系和时间依赖的激活

A、B 和 C 分别代表野生型足细胞、转染空载体和转染 TRPC6 的足细胞在膜片钳实验得到的结果。A1. 为用持续期为 200 ms 从 –50~150 mV 斜波电位（ramp）所诱发的 I-V 曲线。A2. 显示在膜电位为 120 mV 时三组细胞全细胞膜电流的平均值（$n = 4$，分别与 a 和 b 比，$P < 0.05$）。（B1 和 B2）除了用 TRPC6 的激动剂 OAG（100 mmol/L）处理转染了 TRPC6 的足细胞外，其他实验条件是和（A1）相同。与两个对照组相比，在相应的电压下。全细胞膜电流都明显地增加（$n = 5$，$P < 0.05$）。（C1 和 C2）除了用 TRPC6 的激动剂 100 mmol/L 的 CCh 代替 OAG 处理转染了 TRPC6 的足细胞外，其他实验条件是和（A1）相同。与两个对照组相比，在相应的电压下，全细胞膜电流的变化与 B1 相似（$n = 3$，$P < 0.05$）。D. 首先用 TRPC6 激动剂 100 mmol/L OAG 孵育以激活通道，然后洗脱 OAG，再用 10 mmol/L 的抑制剂 U73122 进行实验（$n = 4$），在相应的电压变化下，膜电流回到与 A1 相似的轮廓。E. 除了用 100 mmol/L CCh 的 TRPC6 激动剂代替 OAG 外，其他实验条件与（D）相同，膜电流变化与（D）相似（$n = 4$）。F. 以 12 s 的时间间隔，从 –120~+120 mV 持续 400 ms 的斜波电位（ramp）诱发的全细胞膜电流，来评估电流激活的时间依赖性，先不给任何刺激记录 2 min，然后用 100 mmol/L OAG 刺激再记录 3 min（$n = 5$）。在记录过程中，在 +150 mV 时的外向电流和 –50 mV 时的内向电流，对时间作图，在任何时间点，用 TRPC6 质粒转染的足细胞的全细胞膜电流，都比对照组细胞的电流幅度高。G. 除了用 100 mmol/L CCh 的 TRPC6 代替 OAG 外，其他实验条件与（F）相同，结果也与（F）的相似。TRPC6：瞬态受体电位阳离子通道 6；OAG：1-oleoyl-acetyl-sn-glycerol；CCh：卡巴胆碱

（二）足细胞上 TRPC 家族的其他通道对 TRPC6 功能无明显影响

TRPC3、TRPC6 和 TRPC7 通道蛋白结构及电生理学特点相近，具有大约 75% 的同源性，其四聚体通道也都具有内外双向整流特性，并且对 Ca^{2+}、Na^+ 等阳离子有选择性通透性。此外，这些通道均对细胞内 Ca^{2+} 敏感，且都能被 DAG 激活。研究发现肾小球足细胞可表达 TRPC1~TRPC6 蛋白，Reiser 等研究进而证实培养的足细胞仅表达 TRPC1、TRPC2、TRPC5 和 TRPC6。其中 TRPC1 是一种钙库运作的通道（SOC）而不是受体运作的通道（ROC），TRPC6 是 ROC，两者激活机制不同；TRPC2 是假基因；TRPC5 不受 PLC 酶活化后的两个主要产物 IP_3 和 DAG 激活。由上述分析可见，TRPC6 经 OAG 和 CCh 的激活效应并不受其他同源或异源四聚体结构蛋白如 TRPC1/2/5 和 TRPC3/7 的影响。

（三）Na^+ 以及其他阳离子的效应

TRPC6 作为非选择性阳离子通道，Na^+、K^+ 和 Ca^{2+} 等阳离子均可经由此通道进入细胞内。外向电流主要是 Cs^+ 的反应，内向电流主要是 Na^+、K^+ 和 Ca^{2+} 的反应，在 TRPC3/6/7 亚家族中，Na^+、K^+ 和 Ca^{2+} 通透的比值为 1：1：5。有研究证实，TRPC6 离子通道对 Na^+：Cs^+：K^+：Ca^{2+} 的通透比值为 1：0.8：1：5。在我们的实验中细胞内液成分的 L-Aspartic acid 可阻断 Cs^+，同时也阻断 K^+。而 Na^+ 和 Ca^{2+} 通透比值为 1：5，可见 TRPC6 通道主要选择性通透 Ca^{2+}，因而全细胞膜片钳记录的主要是 Ca^{2+} 内流引起的电流反应。

四、小结

综上所述，TRPC6 作为足细胞上新近发现的重要的离子通道蛋白，其离子通道特性在维持足细胞正常结构和功能中发挥重要作用。我们通过 TRPC6 过表达的细胞模型，应用全细胞膜片钳电生理技术，检测足细胞 TRPC6 离子通道功能，并在蛋白质分子的水平验证了该通道功能变化的意义。由于 TRPC6 突变或其他异常导致的蛋白质表达增加和分布改变，可能导致了某些肾疾病的发生，这丰富了对蛋白尿发生机制的理解。但它在介导足细胞损伤、肾疾病发生中的作用以及分子机制还远未澄清，其中包括与其他足细胞缝隙隔膜分子、细胞骨架分子的关系等诸多问题都需进一步探索。实验结果表明，TRPC6 可能主要通过调控 Ca^{2+} 内流而影响足细胞功能，针对调控 TRPC6 表达的途径，TRPC6 通道下游的信号通路分子以及影响 TRPC6 通道活性的环节，都可能成为蛋白尿治疗的新的靶点，进而为肾疾病的防治提供了新的途径。

参考文献

1. Alzheimer C. A novel voltage-dependent cation current in rat neocortical neurons. *J Physiol*, 1994, 479: 199-205.

2. Bai CX, Kim S, Li WP, et al. Activation of TRPP2 through mDia1-dependent voltage gate. *EMBO J*, 2008, 27: 1345-1356.

3. Nicolas B, Olivier G, Séverine R, et al. NPHS2 encoding the glomerrular protein podocin, is mutated in autosomal recessive steroid-resistant nephritic syndrome. *Nat Genet*, 2000, 24: 340-354.

4. Cantiello HF. Regulation of calcium singling by polyscin-2. *Am J Physiol Renal Physiol*, 2004, 286: 1012-1029.

5. Thomas G. A new TRP to kidney disease. *Nature genetics*, 2005, 37: 663-664.

6. Estacion M, Sinkins WG, . Jones SW, et al. Human TRPC6 expressed in HEK 293 cells forms non-selective cation channels with limited Ca^{2+} permeability. *J Physiol*, 2005, 572: 359-377.

7. Jiang LN(姜丽娜), Ding J(丁洁), Tsai HJ(蔡浩然), et al. Over-expressing transient receptor potential cation channel 6 in podocytes induces cytoskeleton rearrangement through increases of intracellular Ca21 and RhoA activation. *Experimental Biology and Medicine*, 2011, 236: 184–193.

8. Kriz W. TRPC6-a new podocyte gene involved in focal segmental glomerrulosclerosis. *Trends in molecular medicine*, 2005, 11: 527-530.

9. Schnitzler MMY, Storch U, Meibers S, et al. Gq-coupled receptors as mechanosensors mediating myogenic vasoconstriction. *EMBO J*, 2008, 27: 3092-3104.

10. Jochen R, Krishna PR, Clemens CM, et al. TRPC6 is a glomerrular slit diaphragm-associated channel required for normal renal function. *Nat Genet*, 2005, 37: 739-744 .

11. Weissmann N. Classical transient receptor potential channel (TRPC6) is essential for hypoxic pulmonary vasoconstriction and alveolar gas exchange. *PNAS*, 2006, 103: 19093-19098.

12. Winn MP, Conlon PJ, Lynn KL, et al. Linkage of a gene causing familial focal segmental glomerrulosclerosis to chromosome 11 and further evidence of genetic heterogeneity. *Genomics*, 1999, 58: 113-120.

13. Winn MP, et al. A mutation in the TRPC6 cation channel causes familial focal segmental glomerrulosclerosis. *Sci*, 2005, 308: 1801-1804.

第十九章

肿瘤、细胞增殖和凋亡与离子通道

机体维持细胞的正常生理功能和组织内部的稳定，依赖于多种信号通路精确的调节。这些信号通路是由控制细胞增殖、分化、停止生长或启动程序性的细胞死亡（凋亡）等所决定。当突变的细胞克隆不受这种平衡的控制，并且没有凋亡补偿时，且不适当地增殖，则出现癌症。许多研究揭示，癌症的发展是需要多个信号通路的断裂。因此，关键是不仅要了解这些特殊通路的正常功能，而且还要了解这些通路如何相互连接，以同步调节细胞生长来对抗凋亡。

人们很长时间就已知道，各种离子通道涉及调节各种各样的生物学功能，从控制细胞的兴奋性到调节细胞的体积和增殖，因为实际上所有的细胞都普遍存在各种离子道，这些离子通道的关键所在是涉及各种生物学功能，这一点并不足为奇，因为人类和动物的一些疾病是属于离子通道功能的缺失。在前面的许多章节中曾多次谈到，实际上"离子通道病"（channelopathy）这一词是不久前才创造出来的一个新名词，用它来描述与离子通道有联系和与日俱增的各种疾病。在各种癫痫、心律失常、骨骼肌疾病和糖尿病等条件下，离子通道病这一词已得到了共识。近期，越来越多的证据表明，另一种疾病，至少部分属于某些离子通道的功能失常，这就是癌症。本章就分别介绍一些与癌症、细胞增殖和细胞凋亡有关的离子通道。主要是以癌症为重点，而癌症的显现又与细胞的恶性增殖和细胞凋亡功能的下降密不可分。

第一节　离子通道与癌症

在过去的几年里，涉及癌症形成起轴心作用的离子通道已有报道。现在已积累了大量有关 K^+、Na^+、Ca^{2+}、Cl^- 和配体门控通道参与癌症和凋亡的资料。当今，关于这些离子通道在癌症中所起的作用尚没有一致的意见。一般认为，离子通道是通过影响一些路径来"协助"癌症，也就是说调节细胞的增殖周期、扰乱细胞的膜电位、阻止凋亡、对严峻条件的适应、改变细胞内的均衡和细胞皱缩。有趣的是，在一些例子中，同一种离子通道［例如，$K_V 11.1$（HERG）和 $K_{2P} 9.1$（TASK3）钾离子通道］既能诱导癌细胞增殖，也能诱导其凋亡。此外，一些癌的明显标志是某一具体通道上调，或反过来是某种离子通道总的缺失，例如，曾有人报道电压门控钠离子通道就是这样的。这些积累的资料预示离子通道有可能是今后临床诊断和治疗癌症的目标。虽然我们有可能把癌症分类归为离子通道病，但仍有很长的路要走，也就是说由离子通道功能失常而直接产生的混乱，需要堆积许多证据表明癌症的进展和病理是涉及离子通道。

一、癌细胞的形成

在考虑离子通道涉及肿瘤发展之前，简单地在细胞水平上讨论一下癌症是如何发展的，以便能更好地了解离子通道参与这一过程的因果关系。人类癌症的发展，是一个可长达几十年的漫长的和有许多步骤的过程。这一过程涉及细胞增殖、分化和凋亡过程中基因和（或）蛋白质的改变。因此，第一步，癌细胞获得表型，这种表型使之在一定限度内增生，避免凋亡，产生其自身的有丝分裂信号或无视抑制生长的信号（图 19-1）；在稍后的第二步，细胞需要吸引血管生成因素（angiogenesis），以便保持癌细胞数目的增加；再晚一些是第三步，细胞需要获得癌的表型，这使之能侵入和移植到邻近的或甚至远距离的组织。一般认为，对应瘤的表型的发展，在上述过程中起关键作用的，只有相当少数的基因或蛋白质的分裂是不可缺少的。实际上，突变的 ras 蛋白在构成上是不断活动的，因此，也是不断地具有有丝分裂的刺激，这已在大约在人类 1/4 的肿瘤中得到了证实。同样，控制 DNA 修复和凋亡路径的 p53 肿瘤抑制蛋白，在人类接近一半的肿瘤中产生了突变。但这并不是说仅仅是这些特定的蛋白突变就能诱发肿瘤的转移，它们是特殊途径的关键因子。例如，ras 上游调节因子的酪氨酸激酶受体 HER/neu 的过表达，则在乳腺癌中占很大的百分比。虽然，涉及对 ras- 介导的有丝分裂的刺激或 p53 指向的凋亡已相当地了解，但使癌细胞能得到增加血管生长因素的分子线路仍然很不清楚。同样，控制癌细胞转移和超常增长的能力，也知道得很少。

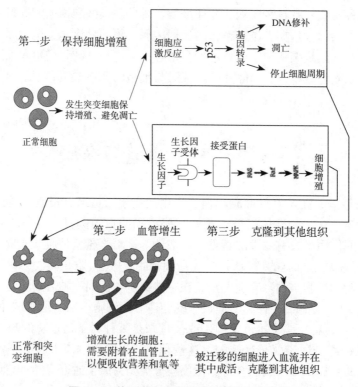

图 19-1　从正常细胞发展成肿瘤的三个步骤

二、肿瘤表型所涉及的一些离子通道

离子通道对肿瘤表型的贡献，如同离子通道家族本身是各种各样的，因此，综合评述在肿瘤发展过程中，所有各种离子通道以及它们可能的功能是超出本章的范围。下面只能简单地介绍和讨论一些目前已知的和有可能的离子通道对肿瘤细胞的生物学贡献。有大量的研究工作是涉及离子通道对细胞生命周期的调节。离子通道有多种途径控制细胞的增殖：第一，一些离子通道（主要是钾离子通道）控制膜电位的维持和膜电位的改变，这在整个细胞生命周期是绝对需要的。在某些情况下，细胞的增殖必然导致细胞的"肿胀"，这是一个包括调节 K^+ 和 Cl^- 活性在内的过程。不足为奇，有些离子通道的机制，一方面调节细胞的增殖，另一方面又涉及控制细胞的凋亡。细胞皱缩标志着启动细胞凋亡的早期事件，虽然 Cl^- 和钾离子通道的分子尚未得到鉴定，但已经确定在这一过程中，Cl^- 和钾离子通道的突出作用。在增殖和凋亡两个过程中细胞内的 Ca^{2+} 浓度升高也起关键的作用，然而涉及可通过 Ca^{2+} 的通道和它们的调节作用仍不太清楚。

至今，仍未正确地解决肿瘤诱导血管增生的离子通道的潜在作用。在这一过程中，肿瘤细胞分泌出血管生成因子原，例如，血管上皮生长因子（VEGF）、成纤维细胞生长因子（bFGF）和其他刺激内皮细胞以形成血管的因子。虽然其机制只是刚刚开始进行研究，但已发现有一些类型的离子通道是表达在内皮细胞上的。生长后扩散性的细胞迁移是一个高度受到调节的过程，在这一过程中，迁移的细胞分泌基质蛋白酶以破坏细胞外基质，因而更容易穿过周围环境。此外，这样也必然深刻地重塑细胞的结构，其中涉及细胞骨架的重排。有越来越多的关于涉及细胞骨架整形和细胞与细胞之间相互作用的信息，也有一些证据表明应用一些离子通道阻断剂可以阻止肿瘤细胞的入侵。

（一）电压门控钾离子通道

有关与癌细胞转化过程所涉及的离子通道最有力的证据是，与电压门控钾离子通道在许多癌症细胞上的过表达。电压门控钾离子通道是一种特别大（至今已鉴定出人类的大约40 个基因）和普遍都有表达的蛋白质家族。这个家族的所有成员，由 4 个 α 亚单元（同种多聚物或异种多聚物）和 4 个（选择性的）辅助性的 β 亚单元所组成，后者的功能是有规则的。基于氨基酸的相似性和某些功能特性，电压门控钾离子通道又可进一步分为 4 个亚家族，它们是：① K_V（摇动或震颤，*Shaker*）钾离子通道；② EAG（*ether-a-go-go*）钾离子通道；③ KCNQ 通道；④ BK（Ca^{2+} 激活的）钾离子通道等亚家族。正如同它的命名所意味着的，对细胞膜的去极化反应，电压门控钾离子通道是开放的，因此让 K^+ 向细胞膜外流。属于 BK 家族的钾离子通道，除了对电压敏感外，对细胞内 Ca^{2+} 增加的反应也是开放通道。电压门控钾离子通道普遍表达在各种细胞上，是负责维持膜电位的主要离子通道。膜电位与细胞增殖之间存在强有力的相关，最终分化了的细胞（它们不能再增殖）是非常超极化的，而有繁殖周期的细胞（例如，肿瘤细胞）则是非常去极化的。还有一些证据表明，钾离子通道的激活对于细胞通过细胞周期的 G1 时相的进程是必不可少的。实际上，用药理学试剂抑制这些离子通道，则可以抑制正常被激活的淋巴细胞和各种癌细胞系的增殖。

然而，对绝大部分不同类型的细胞所涉及的特殊通道的鉴定仍未能确定。一方面，有越来越多的证据表明，EAG 亚家族钾离子通道作为高度涉及红细胞生成起源和非红细胞生成起源癌症的发展。基于分子排列顺序的相似性，EAG 亚家族又能清楚地分为三个组：① *eag*；②类 *eag* 钾离子通道（*elk*）；③与 *eag* 相关的基因（*erg*）。最近几年，越来越多的研究表明，在人类或动物的各种肿瘤中 erg 的一个成员，erg1 基因（也是众所周知的人类 erg1 或 HERG1）选择性地上调，而人类正常的组织或对应的细胞系没有 erg 表达。而且，在一些原发性白血病细胞上，选择阻断 HERG 通道可降低细胞的增殖。然而，现在还不清楚这种特殊的电压依赖性钾离子通道的过表达如何对肿瘤表型做出贡献。一种可能性是 HERG 通道的特殊性质，对维持更明显的去极化电位做出贡献，因此更容易通过细胞的周期。近年来有报道指出，肿瘤生长素 v-src（蛋白质酪氨酸激酶的激活型 src）能使 HERG 磷酸化，并因此而诱发电流增加。如上所述，由于 ras-scr 信号通路上蛋白质偏离常轨的功能，是转移细胞的共同特性。Src- 介导的调制作用，可能是在癌细胞中调节 HERG 功能的机制。另外还有研究结果表明，在细胞系和原发性肿瘤中表达的可能是"常规的" herg 基因转录和另一种称为 herg1b 的基因连接而形成的变种异四聚体。结果这样所形成的离子通道的生物物理特性，与正常细胞中 HERG 通道表现出的性质是颇不同的。此外，两种 HERG 蛋白异构体的表达是强烈地依赖于细胞周期的。有研究证明，HERG 蛋白质在物理学上与肿瘤细胞系细胞膜上的肿瘤坏死因子 I 型受体（TNFR1）相互作用。TNFR1 是对 TNFα 细胞分裂素起反应的受体，这种细胞分裂素在很多细胞中，既介导细胞增殖，也介导细胞凋亡。然而它与 HERG 相互作用的意义还不太清楚。在 eag 钾离子通道的亚家族中的另外一组涉及恶性转变的是 eag 这一组基因本身。在这一组基因中已经鉴定出了两种基因：eag1 和 eag2。这两种蛋白质是局限在大脑中，然而有证据表明，eag1 也不适当地表达在一些癌细胞系中。此外，也有研究指出，ERG1 本身有致癌的潜力，因为与用 K_v 通道无关的蛋白质转染的细胞相比，用 ERG1 通道转染的细胞系，在体内诱发快速入侵性肿瘤生长。同样的研究也表明，用抗易感的低聚核苷酸抑制 eag1 表达，则足以减少各种癌细胞系的增殖。如同 HERG1 蛋白质那样，相信 ERG1 对肿瘤发展的贡献，是与它能调节细胞周期的进程有关。另外一个能涉及肿瘤进程的电压依赖性钾离子通道亚家族是 BK_{Ca} 亚家族。这个亚家族也是 Ca^{2+}- 依赖性钾离子通道的意思。前面已提到，这些通道对细胞内 Ca^{2+} 增加的反应，是让 K^+ 排出到细胞外。曾经鉴定到，在人类原发性神经胶质细胞瘤中 BK_{Ca} 通道是过表达的，并表现出 BK_{Ca} 通道表达水平与肿瘤的恶性程度之间存在正相关。另外有研究表明，特异的 BK_{Ca} 通道阻断剂，能抑制神经胶质细胞瘤的细胞系增殖。虽然有一些报道把 BK_{Ca} 通道的表达和（或）功能与癌的发展联系起来，但眼下还不多见，这是一个值得进一步探讨的课题。由于对细胞内 Ca^{2+} 水平敏感的钾离子通道是处在一些代谢通路的（包括：细胞增殖、凋亡和迁移）的十字路口上，实际上 BK_{Ca} 通道成为成纤维细胞系中 ras 蛋白的靶标。BK_{Ca} 通道的阻断剂是能抑制有丝分裂诱导的细胞增殖，这表明 BK_{Ca} 通道是 ras 控制增殖道路上不可或缺的成员。

（二）其他各种各样的离子通道

在绝大多数的情况下，分类收集到的离子通道纠集到癌症进展过程中，只在恶性肿瘤中有初步的报道，特定的离子通道才会显示出偏离常规的表达，但其异常表达的生物学含义仍不清楚。TRPV6（也称 CaT1 和 CaT-L）是非电压门控阳离子通道的上游家族的一个成员。TRPV6 是一个 Ca^{2+} 选择性通道，人们相信它涉及肾（参阅第十八章）和肠的上皮细胞对 Ca^{2+} 的再吸收。已经证实，TRPV6 在前列腺肿瘤中的表达是相当丰富的，但它在健康的前列腺组织中则没有表达。此外，人类各种起源于上皮的肿瘤，TRPV6 的表达增加。

涉及肿瘤发展的另一种离子通道是 P2X7，这个通道是一种 ATP- 门控阳离通道（能通过 Ca^{2+} 和 Na^+ 两种离子），这种离子通道广泛地表达在免疫细胞上（参阅第二十章）。细胞外的 ATP 可使 P2X7 通道开放，因而诱发广泛的生物学反应，包括：细胞增殖、凋亡、调制细胞质分裂素（cytokine）的分泌等。实际上，B- 细胞型白血病呈现 P2X7 通道的表达增加。最后，与邻近的正常组织相比较，直肠癌上皮细胞的电压门控 L- 型钙离子通道（Ca_V1、Ca_V2 和 α_1c）显著增加。

在未来的数年中，由于更容易获得有关研究癌症发展所需的知识和工具，则有可能增加与癌症发展相关的离子通道的种类。如同其他蛋白质家族情况一样，要把肿瘤的发展归因于某一单个的离子通道是困难的。而离子通道的缺陷，有可能通过与其他业已准确鉴定的蛋白质复合体，对肿瘤表型做出的贡献而加以确定。沿着同样的思路，有越来越多的证据表明，离子通道的研究将成为从细胞到细胞的黏合、动脉硬化和免疫功能障碍领域范围的整个部分。由于在很多情况下，已经知道离子通道的药理调质（阻断剂和激动剂），在具体的癌症研究中，单个有缺陷的离子通道的鉴定有可能提供就要进行的治疗方法。反之亦然，因为氯毒素（chlorotoxin）的故事清楚地证明，一种已知的毒素，对没有鉴定的离子通道可能成为强有力的抗癌药（见下一节）。总之，在今后的数年，我们将可能用平常的心态来观察有关在癌症发展中的离子通道和在它们功能上的激动人心的新发现。

（三）氯毒素

氯毒素是一种由 36 个氨基酸组成的多肽。最初它是作为假想的氯离子通道抑制剂，是从一种蝎类动物的毒液中分离出来的。而后发现，在体外氯毒素能抑制神经胶质细胞瘤（glioma）细胞的扩散。这种抑制作用属于氯毒素能阻断一种尚未得到鉴定的氯离子通道，推断这种氯离子通道涉及细胞迁移过程中关键的一步，即有规律的细胞体积下降。有趣的是，发现氯毒素特异地与细胞系和原初培养的细胞结合，但不与正常的脑细胞结合。在这一方面与业已证明的氯毒素可抑制神经胶质细胞瘤的细胞迁移相结合，可以把这个多肽分子，作为具有吸引力的治疗恶性神经胶质细胞瘤的候选药剂。实际上，美国药品食品监督局（FDA）最近已批准用碘化的氯毒素衍生物作为治疗脑瘤的 I / II 期临床试验。后来结果表明，与原来的假设相反，这一特殊的氯毒素在神经胶质细胞瘤细胞表面的靶点，是一种金属蛋白酶 -2（MMP-2）的蛋白基质，而不是氯离子通道。MMP-2 是涉及细胞表面和细胞外基质（ECM）蛋白水解降解的蛋白质家族的一个成员，因而也涉及细胞增殖、分化和迁移。长期以来，人们就已经认为金属蛋白酶（MP）是用来治疗各种肿瘤抗癌药的潜在目标。然而，已经证明，企图开发 MP 抑制剂是无效的。氯毒素作为特殊的 MMP-2 可能成为治疗癌症和其他疾病的有用药物。进一步的研究是需要确立与 MMP-2 结合是如何连接到以前所报道的氯毒素作为氯离子通道抑制剂而发挥功能作用的。

三、p75 神经营养素受体（p75^{NTR}）在癌症中的作用

目前仍不可能概括地说出这个不可思议的 p75^{NTR} 受体在癌症中的作用。如同它在生物学的其他各方面，p75^{NTR} 的效应仍然是根据细胞类型不同而具有特异性，其模式仍有待发现。p75 神经营养素受体是第一个发现的对神经营养素（NT）起反应的受体。这个重要的生长受体家族影响细胞的生存、分化和死亡。因此，它们与不能控制的细胞生长（即癌症）相联系，从科学和治疗的观点两方面加以考虑都是重要和有趣的。神经营养因子 NT（NGF、BDNF、NT3 和 NT4/5）是一个含有 3 个半胱氨酸键的小的（14 kD）基础蛋白质。可以把所有的 NT 概括为长度大约是 240~260 个氨基酸的生长因子前体，在它们作为成熟的同二聚体蛋白质分泌出去以前，它们仍在进一步的加工处理。它们连接到两类受体；每一种神经营养因子

与一个特定的 Trk 受体相结合（NGF 与 TrkA 受体结合，BDNF 和 NT4/5 与 TrkB 受体结合，而 NT3 与 TrkC 受体结合），而所有的神经营养因子都与 p75^{NTR} 受体相结合。

第二节　凋亡涉及的离子通道

多细胞有机体的所有细胞都有一个准备为其死亡而激活的基因程序，以及这一程序的实际执行称之为凋亡。凋亡的路径包括一些具备强力细胞酶促的降解潜力（主要属于 Bcl-2 和 capsase 细胞家族以及细胞色素 C）。在绝大多数的活细胞内这些蛋白质是潜伏的（被分隔成各自孤立的部分，或被辅助因子所抑制）。一旦"死亡"信号被细胞内早已存在的信号机制所强化，这些潜伏的蛋白质则被激活。这一程序也包括作为降解细胞的周围环境已知的元素，仍然是被包装或被储存着的。

凋亡在机体发育过程中是一个非常重要的因素，尤其是在胚胎发育阶段和在正常更新组织的体内情况稳定（例如，上皮细胞和红细胞或白细胞）。另一方面，在病理生理条件下（如神经元或心肌缺血）也可激活这一机制。此外，阻止凋亡可能也是正常细胞转变为癌细胞的必不可少的一步。凋亡过程进行的阶段，包括一些已经确定的细胞的和形态学的变化。这些变化包括：细胞皱缩或凋亡细胞的体积下降（AVD）、细胞核浓缩、DNA 断裂和亚细胞凋亡体形成，这些亚细胞凋亡体可被邻近的细胞所吞噬。凋亡刺激继续进行，则涉及 Cd^{2+} 信号导致线粒体膜断裂。后者又导致原凋亡因子释放，激活 capsase 机制以降解细胞。与刺激过程平行的是细胞发生皱缩，包括有分泌盐的离子通道参加。

一、实验诱导细胞凋亡的方法

通常有用来作为模拟凋亡诱导机制的一些细胞过程。无论如何，许多因素旁路干扰细胞功能上调点的细胞途径。例如，增高细胞质内的 Ca^{2+} 浓度，在会聚最初的凋亡信号中可能起关键的作用。许多的凋亡出现涉及慢性细胞质内 Ca^{2+} 浓度提高，是通过不同的途径。有一些途径是包括抑制细胞质内螯合 Ca^{2+} 的内质网（ER），例如，毒胡萝卜内酯（thapsigargin）；而另一些途径则是利用特殊的离子孔，如 A23178，是穿过膜。凋亡的诱导剂是各种各样的，有的星状孢子素（staurosporine）是对整个激酶起抑制作用或用过氧化氢（H$_2$O$_2$）模拟在凋亡过程中产生的反应氧（ROS）。然而，在很多类型的细胞，凋亡是由死亡受体的外部（如 TFN-α 或 Fas 配体）发出凋亡的信号，在许多例子中是应用这些配体诱发实验性凋亡。

我们已经多次提到，离子通道是整合在细胞膜上的蛋白质，它们暴露在膜的两侧。这些蛋白质通常对适宜刺激的反应，让特定的离子透过膜，而降低其电化学梯度。已知离子通道控制细胞的一些过程包括：①改变某一给定离子的浓度；②改变膜电位（由于离子的电荷是跨处在细胞膜的两侧）；③改变细胞的渗透压平衡；④在广大范围内，介导细胞内外两侧对化学和（或）物理刺激的反应。作为局部或总体的离子内容的调质，涉及凋亡的离子通道属于广泛的通道家族。它们在可以透过离子的方向、使通道开放的刺激、通道的定位（如在原生质膜上，还是在线粒体膜上等）以及它们作为凋亡原或作为抗凋亡剂等方面都有差异。这些通道能对以下过程之一做出贡献：①使细胞内的 Ca^{2+} 增加，导致激活依赖于 Ca^{2+} 的凋亡机制；②使细胞质和线粒体之间的离子流动，引起被刺激细胞启动或阻止凋亡过程；③能通透过像细胞色素 C 这一类的大分子，以利于这些大分子从线粒体向细胞质转移；

④ K^+ 和 Cl^- 外流（从细胞内流到细胞外空间），引起和伴随水外流和细胞皱缩，也导致细胞内 K^+ 减少和释放凋亡的抑制作用。下面我们将介绍一些特殊的离子通道，它们能介导凋亡的关键信号扩布，或作为凋亡危害的介质和由上游刺激所激活的效应分子，可能起到的作用。

二、在细胞膜上能透过 Ca^{2+} 的通道

在凋亡过程中，Ca^{2+} 的体内情况稳定起关键的作用。这涉及借助 Ca^{2+} 库之间的相互作用，各种信号产生、放大和协同作用。这种 Ca^{2+} 库释放出的 Ca^{2+} 功能之一是，开放位于细胞膜上可透过 Ca^{2+} 的通道能使 Ca^{2+} 从细胞外液进出于细胞的内外。在凋亡过程中可以通过 Ca^{2+} 的通道包括：① P2X 通道（结合细胞外的 ATP 而激活离子型的 ATP 受体，引起非选择性可透过 Ca^{2+} 的阳离子通道开放）；②TRP 通道（各种不同刺激都能激活的非选择性阳离子通道，请参阅本书第十八章）；③ Ca_V 通道（电压依赖的选择性钙离子通道）。

（一）P2X 通道

P2X 通道是凋亡危害的直接受体，也是把 ATP 信号转换成提高细胞质内 Ca^{2+} 浓度的转换器。因此，这些通道表明，作为最终导致细胞死亡的第一类事件之一是 Ca^{2+} 内流所起的作用。有报道指出，P2X7 通道介导血液和骨髓以及皮肤细胞，由 ATP 诱发的凋亡。这种 P2X7 通道的特殊贡献是通过特别的药理和利用负显性突变加以评估。在胸腺细胞，ATP 诱发的凋亡能引起 P2X1 升高。在神经元，随着饥饿危害后，PXC4 mRNA 水平与 PXC7 一同提高。这证明了容易表达 ATP 受体通道的细胞（血液细胞）之间是有差异的，与那些只对应激起反应时表达这些通道的细胞（神经元）相比，使得前者是更易受到外部 ATP 的危害。

（二）L- 型电压依赖性钙离子通道（Ca_V1 亚家族）

对细胞外液中高浓度 K^+ 危害的反应（除了其他效应外，还使细胞膜去极化），嗜铬细胞的 L- 型电压依赖性钙离子通道（Ca_V1 亚家族）电流是即刻上调，进而导致凋亡的细胞死亡。这一观察把这些电压激活的通道当做第一级的效应分子，并把细胞膜去极化转变为 Ca^{2+} 内流，进而引起细胞凋亡。然而，提示在生理范畴内，涉及提高通道表达水平的时间过程较长，这意味着 Ca_V1 通道在产生胰岛素的细胞内，作为凋亡介质对糖尿病患者的血清起反应。胰腺的 β 细胞对细胞分裂素（cytokine）（在糖尿病患者的血清中，可能含有细胞分裂素）的反应，是上调 Ca_V3（T- 型）的钙离子通道。

（三）TRP 通道

这种通道涉及凋亡的 Ca^{2+} 信号，并作为引起一些凋亡危害的直接受体。属于 TRP 阳离子通道的亚家族 TRPM 的两种通道，表现出介导凋亡的危害，它们通过把 Ca^{2+} 导入细胞内，这两种通道分别是：肿瘤细胞系的 TRPM2 和在药理学上保护免受其他形式死亡的神经元上的 TRPM7。后者不能通过阻断兴奋毒性介质 Ca_V 通道受体和离子型谷氨酸受体激发，TRPM7 不能保护神经元受到缺血的危害。然而，缓慢的时间过程，可能代表增加 ROS 对剥夺氧-葡萄糖的危害的反应，因为 TRPM 通道是直接由 H_2O_2 门控的。利用微粒状的物质（PM）刺激凋亡的实验，以模拟空气污染，发现草酸醛受体（TRPV1 通道）介导呼吸道的上皮细胞和感觉神经元的凋亡。果蝇的细胞外表达的 TRPL 通道（TRPC 通道的同系物）支持前列腺癌细胞的凋亡。

前面曾经叙述过，最初细胞质内增高的 Ca^{2+}，可以作为细胞的许多事件和过程的信息。如果要较全面地加以评述，我们还应该考虑一些 Ca^{2+}- 激活的通道，例如，在原生质和（或）线粒体上的 K_{Ca} 和 Cl_{Ca} 通道，以及内质网上的 IP_3 受体（IP_3R）。

三、在细胞内的内质网和线粒体膜上的通道

Ca^{2+} 信号的会聚引起细胞质内的通道激活，后者又导致细胞色素 C 从线粒体释放。这一节将聚焦在更多的钙离子通道，以及使线粒体保持完整的通道上进行讨论。

IP_3R 是 Ca^{2+} 激活的钙离子通道，在内质网膜上有利于 Ca^{2+} 从内质网流到细胞质，一旦细胞质的 Ca^{2+} 水平处在中间状态［即为一个铃形的依赖关系，在这种情况下，当 Ca^{2+} 是在静息水平或是过载（overload）水平，通道都是关闭的］，并且在 Ca^{2+} 保持体内情况稳定中起关键作用。也募集它参加细胞与细胞之间的 Ca^{2+} 细胞色素 C 自身放大的信号，后者对凋亡的下游机制是关键的。细胞色素 C 能增加 IP_3R 的活性，因为它以非常高的亲和力与 IP_3R 结合，并且在 Ca^{2+} 过载时阻止通道关闭。在凋亡期间，小量的线粒体细胞色素 C 转位到内质网（一个取决于 IP_3R 活性的过程），并加强 IP_3R。这导致爆发 Ca^{2+} 过载，以后这又能协调全部细胞色素 C 从线粒体中释放出来，导致 caspase 级联反应的激活。Caspase 是细胞半胱氨酸蛋白酶，主要负责与凋亡有关的刻板的（stereotypic）形态学和生物化学上的变化。凋亡蛋白酶激活因子 1（APAF-1）（凋亡子 apoptosome）是一个复合体，它随着线粒体释放出的细胞色素 C 而形成的。凋亡原的（pro-apoptotic）和抗凋亡的（anti-apoptotic）Bcl-2 家族成员调节凋亡，主要通过其对线粒体的效应；而许多凋亡蛋白质的抑制剂（IAP）则直接抑制各种 caspases，细胞受到化学和放射性刺激以及丧失营养的刺激时，都可扰乱细胞的内部均衡，以及根据细胞应激类型的不同，通过刺激形成独特的和（或）共同的 caspase 激活的复合体，特定的和多种的细胞器以感受损伤和发出信号以遭受凋亡。图 19-2 为半胱氨酸蛋白酶激活诱发凋亡过程的模式图。从该图可以看出，释放出的细胞色素 C 启动形成凋亡子（apoptosome），随后凋亡子又激活 caspases-9、-3 和 -7，caspase 的激活导致细胞基质分裂和凋亡。与 X- 相连的凋亡蛋白质抑制剂（XIAP）能抑制 caspase-9 的活性，并阻止它激活 caspases-3 和 -7 以及直接抑制这些 caspases。与此相反，通过与 XIAP 相结合并抑制它，SMAC（DIABLO）促进 caspase 激活。BIM 和 BMF 与细胞质中 dynein 运动复合体的 dynein 轻链（LC8）相互作用，随着应激反应出现后，BIM-LC8 或 BMF-LC8 复合体从 dynein 复合体释放，并在那里抑制 Bcl-2 蛋白质，因此而导致细胞色素 C 的释放。

从内质网释放 Ca^{2+} 到细胞色素 C 释放的一些事件，发生在线粒体内，并且涉及线粒体外膜和内膜（分别缩写为：OMM 和 IMM）。这些事件发生的顺序和具体的通道所起的精确作用仍未完全得到解决。近年来，一般认为一种对钌红阻断剂敏感的钙离子通道，作为 Ca^{2+} 进入线粒体的路线。然而，这个通道在凋亡过程中的作用以及分子的鉴定仍不清楚。此外，还有通道涉及保持和破坏 IMM 电位和将细胞色素 C 从静止的位置（在 OMM 与 IMM 之间）释放到细胞质内。

一种已经确定的凋亡蛋白质家族（Bcl-2 蛋白），它本身既可作为离子通道，而对其他通道又可起调质的作用。Bcl-2 蛋白 BAX 作为通道时，其活性引起细胞质 Ca^{2+} 升高，转换为阳离子电流可达到破坏 IMM 电位。其他 Bcl-2 蛋白质形成离子通道可把细胞色素 C 从线粒体内排出。然而，更被人们所接受的是，在 OMM 上的 VDAC1 通道（受 Bcl-2 蛋白质调制），实际上介导细胞色素 C 的位置转移。VDAC 通道是有复杂行为的大孔道，通常把它考虑为电压依赖性的阴离子通道。然而，VDAC 通道可能也起保护作用，由于 VDAC2 异构体是一种 Bak 低聚化作用的抑制剂，因而它有助于维持原凋亡蛋白在凋亡链上。IMM 去极化作用是导致 VDAC1 准备启动用以作为细胞色素 C 转位因子的重要因素。H^+ 梯度消散（dissipation）

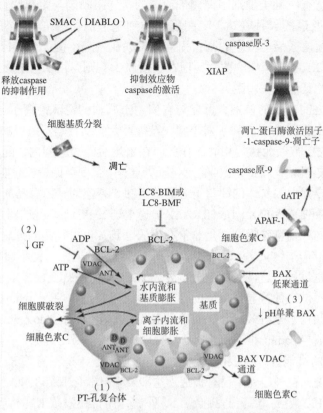

图 19-2 （也见彩图）激活半胱氨酸蛋白酶诱发凋亡过程

引起 IMM 去极化，可能与细胞内氯离子通道（CL1C4）共同参与。激活在 IMM 上的 K$^+$ 选择性通道，可能补偿 H$^+$ 梯度耗散。这些 K$^+$ 选择性通道包括：ATP 敏感的 K$_{ATP}$ 通道（这是一种尚未得到鉴定的蛋白质）和 Ca^{2+} 敏感的钾离子通道（K$_{Ca}$ 1.1）。伴随 H$^+$ 梯度耗散，线粒体基质 ATP 水平下降和 Ca^{2+} 的加载，分别激活两种通道。保护通路（涉及一个没有完全解决的机制）对保护的生理现象做出贡献，是以特殊的药理放大 K$_{ATP}$ 通道以保护外科手术时的心脏不受损伤。因此，在细胞内的细胞器上的离子通道，对启动凋亡信号方面起关键作用。然而，其他通道也可作为化解这些信号和保护细胞不受损伤的挑战。

四、原生质膜上的 K$^+$ 外流通道

在凋亡期间，K$^+$ 内部稳定（细胞内 K$^+$ 的浓度比细胞外的高）受到了损坏。在凋亡过程中，第一步是 K$^+$ 必须离开细胞。然而，耗尽 K$^+$ 促进凋亡的精确机制，并没有完全解决。由于某些凋亡酶的活性是依赖于低 K$^+$ 浓度，也许可以解释在凋亡过程中，必须把 K$^+$ 耗尽。K$^+$ 的耗尽强烈地与细胞皱缩相联系，它作为凋亡的标志，但也可能对凋亡会有积极的作用。因此，上调钾离子通道的活性是增加 K$^+$ 流出的基础，这对凋亡起关键作用。有一些报道指出，通过任何的钾离子通道都能很好地为排出细胞内的 K$^+$ 作贡献。这意味着紧随凋亡刺激后，细胞将募集任何可援用的钾离子通道，在凋亡刺激的来龙去脉（context）中有可能改变凋亡表达的轮廓。有三种论据支持这一理念：①有报道指出，有四种结构上有区别的钾离子通道家

族是涉及凋亡的；②有不同类型细胞钾离子通道的特异阻断剂与阻止凋亡之间存在正相关；③一些类型钾离子通道的异种表达，可引发同类细胞（例如，培养的海马神经元）凋亡。很难将特殊钾离子通道激活与特定的凋亡损害相关联在一起。例如，神经元的 Staurosporine 诱发的凋亡是由 $K_V2.1$ 通道介导的凋亡，但在平滑肌中它则是由 $K_V1.1$ 通道介导凋亡。后者也介导这些细胞中的其他凋亡刺激。

不同类型细胞之间表型的差别，可能与它们用于凋亡的特殊钾离子通道相关联。例如，两孔区表达的 $K_{2p}9.1$ 通道（TASK-3）对小脑颗粒神经元的凋亡是不可或缺的，而电压依赖性的 $K_V2.1$ 通道则在皮层神经元执行相同的任务。在出生后的短时间内，随小脑的成熟，绝大部分的颗粒神经元被清除掉，而皮层神经元在原初培养中，则可保持长时期存活。这种差别可能属于细胞用来介导凋亡的具体的钾离子通道的不同。有趣的是，海马的 $K_{2p}9.1$ 通道过表达诱导凋亡和花生四烯酸激活的 $K_{2p}4.1$（TRAAK）通道诱发 PC12 细胞的凋亡。由于对于凋亡，钾离子通道是关键的，则特殊阻断剂是非常有用的工具，也特别阻断死亡过程。例如，一种 $K_{Ca}1.1$ 通道的特异阻断剂（Iberiotoxin）能阻断平滑肌细胞的凋亡，但不影响 T- 型淋巴细胞和小鼠胚胎细胞的凋亡过程。这两种细胞分别是由 Ca^{2+} 依赖的 $K_{Ca}3.1$ 或 K_{2p} 通道来执行凋亡过程的。Charybdotoxin 是一种特异性较低的钾离子通道阻断剂，像 Margatoxin 一样对阻断表面被颗粒覆盖细胞的凋亡，是有效的，表明涉及 $K_V1.3$ 通道。Charybdotoxin 也阻断 T- 型细胞的凋亡，但 Iberiotoxin、Apamin 和 Agitoxin 则没有这种功能，因而排除了 $K_{Ca}1.1$、$K_{Ca}2$ 和 $K_V1.3$ 的三种钾离子通道的可能性，这表明涉及 $K_{Ca}1.1$ 通道。近年来，有关 K^+ 外流到凋亡刺激的上游和使线粒体破裂，在神经元中已有报道。这涉及来自氧化亚氮（NO）的刺激增加，导致 Zn^{2+} 增加和 p38MAPK 激活，后者直接激活 K^+ 外流，而且还发现 K^+ 外流是导致细胞死亡必需的一步。前面也曾提到，这可能涉及补偿机制。例如，曾经有报道指出，$K_V1.3$ 通道介导凋亡，但没有 $K_V1.3$ 通道的小鼠胸腺细胞表现出依赖于氯离子通道的正常凋亡。

五、细胞膜上的 Cl^- 和钠离子通道

在细胞体积变化的过程中，氯离子通道必然是活跃的，以容许水运动伴随的纯粹盐（NaCl 或 KCl）的运输。哺乳动物上皮细胞表达两种 Ca^{2+} 激活的氯离子通道，根据凋亡诱导而变换。ClCA1（在"正常"条件下占优势的异构体）是下调的，而 ClCA2 的表达则上调。后者与此通道在抗肿瘤细胞中的表达受到破坏相一致。ClCA 通道在肝癌细胞系凋亡中也是必不可少的。这些观察表明，ClCA 通道（或它们的丧失）在凋亡和癌症中的重要性。上皮细胞正常与阳离子一起分泌 Cl^-，而突变的氯离子通道（CFTR）是严重上皮疾病（肺泡纤维变性，CF）的基础。CFTR 显示出支持小鼠乳房细胞的凋亡，而天然突变的通道（引起该病的）则不支持这一过程。

CFTR 通道的作用之一是创造一个酸性的环境，能让即将死亡的细胞的 DNA 断裂成碎片。当 CFTR 蛋白质不能满足这一任务的需要时，则会有黏液和大量的 DNA 碎片一起堆积。这可能是由于凋亡所需要的通道突变，CF 细胞"不适当地"死亡（上皮组织必须不断地更新）过程的结果。在 Jurkat 的 T- 细胞也有一个相似的机制，其未经鉴定的氯离子通道也介导凋亡，并阻断这些通道，能防止酸化。另外还有一个仍未得到鉴定的氯离子通道，当细胞肿胀时被激活，它在心脏手术后移植时对心肌细胞凋亡过程发挥作用。然而，关于凋亡源的或保护的通道的作用，则存在相互矛盾的报道。给予氯离子通道阻断剂 NPPB 和 IAA-94 似乎增加兔子心脏的凋亡，但 NPPB 和 DIDS 保护大鼠心脏免受凋亡。Na_V 通道和 Conexin

（缝隙连接）通道，在肿瘤细胞系表现出控制细胞皱缩和（或）凋亡，但对这些通道在凋亡过程中所起的精确作用，尚未进行广泛的研究。然而，对 Jurkat T- 细胞导致皱缩，对于 Na^+ 向细胞内流是不可缺少的；因为 saxintoxin（一种 Na_V 通道的非特异阻断剂）也能阻断凋亡，所以 Na_V 通道对凋亡也是需要的。在凋亡过程中，必须涉及对不同离子可以透过的一些离子通道，这表明：离子在体内的均衡失控是凋亡扩布的一个必不可少的条件。

六、离子通道在凋亡与癌症中相悖

试图了解凋亡过程作用的主要动机之一，是由于有可能联系这些过程在癌症中的作用。众所周知，癌细胞是很难凋亡的。由于凋亡与增殖之间不平衡，可以说明癌症的表型。如果细胞要想永远生存，钾离子通道则要下调；人们可以预期，细胞要死亡，钾离子通道则必须上调。但实际并不是这样，有些例子表明，在癌症和凋亡两种情况下，一些 K^+ 或钙离子通道都上调，这些钾离子通道包括：$K_{2p}9.1$、$K_V1.3$、$K_{Ca}1.1$ 通道和 P2X7。然而 $K_V11.1$（HERG）通道可起双重作用：在凋亡过程中作为活跃的钾离子通道，而在增殖过程中，则作为膜的一种加固蛋白质，把生长受体募集到膜上。利用天然突变型，有人研究了 $K_V11.1$ 通道效应的双重性，这种突变型的 $K_V11.1$ 通道失去传导离子的能力和不支持凋亡；但还保持了野生型在膜上的表达和结合生长受体的能力。也能利用特殊的受体共同重复免疫感受 $K_V11.1$ 通道和 TNF1R 表现出这种双重能力。因为把它导入不同的肿瘤细胞系，某些细胞表达 $K_V11.1$ 通道，并有凋亡危害而致死的倾向；而另外一些细胞则不表达这个通道，因而能抵抗凋亡的危害。

总之，实验观察表明，各种离子通道在控制细胞寿命的机制中起着重要的作用。离子通道在杀死细胞的作用与临床的许多状况相关，从在外科手术中保护灌流的心脏，到增殖与凋亡进行交换有可能作为抗癌的工具。

七、体外凋亡模型与细胞死亡的调制剂

在 20 世纪 80 年代以前，人们认为神经细胞的坏死主要是由于脑出血引起的缺血和其他神经学的疾病所造成的。早在 20 世纪 70、80 年代，就发现了称为凋亡的新的细胞死亡形式。同时也认识到，在脊椎动物出生前和出生后的脑发育过程中，发生大量的神经元死亡是依赖于对营养因子的竞争。由于神经营养不足而引起的死亡称为程序性细胞死亡，因为考虑到这种细胞死亡，是取决于激活固有的程序而引起自我毁灭的"死亡基因"激活，因此，认为这种形式的细胞死亡，需要合成新的蛋白质和 RNA。这种依赖于新合成的蛋白质的细胞死亡形式是与培养的成交感神经细胞，因为剥夺神经生长因子（NGF）而引起的细胞死亡相似，并表现出细胞凋亡的许多特征。随后还弄清楚了需要合成新蛋白质是程序性神经死亡的标志，但不是神经元凋亡所必需的。尽管神经元凋亡以某些形式进行过程中，表现出典型的细胞和细胞核皱缩、染色质浓缩、DNA 断裂、轴突和生长锥起泡并与基质分离，但没有新蛋白合成。例如，在没有 NGF 的血清中，PC12 细胞经受凋亡，当撤掉血清，用大大减低蛋白质合成的转录（转位）阻断剂处理，并不影响凋亡。与此相反，如果把 PC12 细胞暴露在需要合成新蛋白的 NGF，12 d 后撤掉营养素，则可引起 PC12 细胞凋亡。因此神经元的凋亡，既可能取决于新蛋白质的合成（程序性的），也可能是与新蛋白质无关（非程序性的）或者甚至可能由于抑制蛋白质的合成而有利于凋亡。因此很显然，神经元的凋亡不仅是血清饥饿和（或）营养因子的撤除，而是有很多危害因素，例如，化学因素、毒素、神经递质、缺氧、辐射和神经变性等，都可诱发神经元的凋亡过程。一点也不奇怪，当人们把凋亡认作是神经

元低水平损伤的产物，不足以杀死神经元，但足以激活"自我毁灭"系统，而神经元凋亡在神经紊乱中是普遍存在的。

可以把凋亡分为四个阶段：①停止细胞分裂、生长周期；②有能力适应于凋亡和增殖期；③不可逆的付诸于死亡期，或称凋亡前期；④细胞核解体、染色质溶解和蛋白质水解。一般导致细胞死亡（特别是凋亡）的分子和细胞机制，至今在很大程度上还是未知的。然而刚刚萌发的一种新概念表明，在病理的条件下，细胞内信号转换的途径失去平衡，则可能引起细胞凋亡，例如，Ca^{2+} 超载，神经元由于失去膜电位（去极化）或大量突触谷氨酸释放而导致线粒体损伤，膜类脂广泛地过氧化作用和 Ca^{2+} 依赖的蛋白质水解酶的激活等，这些变化共同在一起引起神经元死亡。为了研究细胞的死亡和对神经保护有新的理解，需要有大量化学工具试剂，以诱发体内外细胞死亡的模型，并且还需要有可靠和有效的凋亡 / 细胞死亡的诱导剂，以达到原代的和培养克隆的神经元、脑片、神经节和其他神经元制备中的细胞死亡。

参考文献

[1] Bratton SB, Cohen GM. Apoptotic death sensor: an organelle's alter ego? *Trends in Pharmacological Sciences*, 2001, 22: 306-315.

[2] Daniel B, Robert K, Christian B, et al. BK channel blockers inhibit potassium-induced proliferation of human astrocytoma cells. *Neuroreport*, 2002, 13: 403-407.

[3] Cayabyab FS, Schlichter LC. Regulation of an ERG K$^+$current by Src tyrosine kinase. *J Biol Chem*, 2002, 277(16): 13673–13681.

[4] Cherubini A, Taddei GL, Crociani O, et al. HERG potassium channels are more frequently expressed in human endometrial cancer as compared to non-cancerous endometrium. *British Journal of Cancer*, 2000, 83(12): 1722–1729.

[5] Choi DW. Calcium: still center-stage in hypoxic-ischemic neuronal death. *Trends Neuroscl*, 1995, 18: 58-60.

[6] Smith GAM, Tsui HW, Newell EW, et al. Functional Up-regulation of HERG K$^+$channels in neoplastic hematopoietic cells. *J Biol Chem*, 2002, 277: 18528–18534.

[7] Huang Y, Rane SG. Potassium channel induction by the Ras/Raf signal transduction cascade. *J Biol Chem*, 1994, 269: 31183–31189.

[8] Lauritzen I, Zanzouri M, Honoré H, et al. K-dependent cerebellar granule neuron apoptosis. *J Biol Chem*, 2003, 278: 32068–32076.

[9] Liu XJ, Chang YC, Reinhart PH, et al. Cloning and characterization of glioma BK, a novel BK channel isoform highly expressed in human glioma cells. *J Neurosci*, 2002, 22: 1840–1849.

[10] Meyer R, Heinemann SH. Characterization of an eag-like potassium channel in human neuroblastoma cells. *J Physiol*, 1998, 508: 49 –56.

[11] Nadeau H, McKinney S, Anderson DJ, et al.ROMK1 (K$_{ir}$1.1) causes apoptosis and chronic silencing of hippocampal neurons. *J Neurophysiol*, 2000, 84: 1062-1075.

[12] Pal S, Hartnett, KA, Nerbonne JM, et al. Mediation of neuronal apoptosis by K$_V$2.1-Encoded potassium channels. *J Neuroscience*, 2003, 23: 4798–4802.

[13] Sears RC, Nevins JR. Signaling networks that link cell proliferation and cell fate. *J Biol Chem*, 2002, 277: 11617–11620.

[14] Wallach D, Varfolomeev EE, Malinin NL, et al. Tumor necrosis factor receptor and fas signaling mechanisms. *Annu Rev Immunol*, 1999, 17: 331–367.

第二十章

免疫和活细胞的离子通道

在以往的数年里，有关离子通道的研究越来越多的是聚焦于神经系统以外的细胞和组织。在有机体内的每一个细胞都表达某些类型的离子通道，这些离子通道执行各种各样的（有时是基本的）生理功能。离子通道研究领域的扩展，使得新的试剂和技术得以应用到研究一些组织（如免疫系统或上皮组织）的离子通道中。免疫反应是一个严格调节的过程，在这一过程中，任何违反这种调节的措施都能导致病理现象的出现。近来，离子通道在免疫功能中的关键作用变得更为明显。在本书的最后一章将着重讨论最近涉及有关钾离子通道（$K_V1.3$ 和 $K_{Ca}3.1$）以及嘌呤受体 P2X7，在免疫反应中所起的关键调节作用。

第一节　离子通道调节免疫反应的作用

免疫系统与中枢神经系统之间有较多的相似性，目前虽然对此问题并不很清楚，但这两个系统都能处理复杂的和动态的输入信号，并产生适当而又及时的反应。两个系统都能精巧地应用复杂的机制，以确保（输出）反应与输入信号相匹配并防止潜在的损伤。因此，当今免疫学家应用"突触"（或"免疫学突触"）一词，来描述具有抗原性质的细胞与 T- 淋巴细胞之间的相遇和相互作用。然而，至今仍把免疫系统的细胞分类成为"非电学能的兴奋性细胞"，也就是说这种细胞没有电压门控离子通道产生的动作电位（这是中枢神经系统细胞的标志）。事实上，现在已经确定，免疫系统的细胞，的确表达电压门控和其他类型的离子通道的明显的阵列。这些离子通道的功能在免疫系统中的作用，只是在最近才开始逐渐地得到了一些了解。似乎离子通道在免疫反应的调节中所起的突出作用，就如同在中枢神经系统中的神经信息传递一样。本节主要集中叙述在免疫系统中的两个不同的例子：涉及在 T 细胞激活的钾离子通道（$K_V1.3$ 和 $K_{Ca}3.1$）和在免疫反应中起调制作用的嘌呤能受体 P2X7。

一、T 细胞激活的调节（$K_V1.3$ 和 $K_{Ca}3.1$ 通道起关键作用）

从起初在 T 淋巴细胞上进行的膜片钳研究中，观察到的最普通的为 K_V 通道，明显地与在一些像神经和肌肉的可兴奋细胞内的延迟整流器钾离子通道有相似之处。但这种淋巴细胞中的 K_V 通道也表现出某些不平常的特性，包括对许多药理试剂有非常宽广的敏感度，以及具有应用 - 依赖的或频率 - 依赖的失活作用（这意味着通道越频繁地被使用，则越不容易开放）。通过对各种鼠科动物的胸腺细胞和成熟的 T 细胞亚组进行电生理记录，有可能区分出

三种不同的 K_V 通道：①通常观察到的一种类型，称 n 型（正常的）通道；② n′ 通道型（接近正常的），这种通道与 n 型通道相似，但应用 - 依赖失活的程度和某些药理学的敏感性不同；③ l 型（大电导）通道，指具有明显不同的激活阈值的大电导通道。最重要的 K_V 通道是 n 型通道，是由 $K_V1.3$ 基因编码。

$K_V1.3$ 通道属于电压依赖性钾离子通道的 *Shaker* 家族。这个通道表达在各种促红细胞生长起源的细胞群中，如：T 和 B 淋巴细胞、巨噬细胞和天然的细胞杀手（NK）。T 淋巴细胞包括四种 $K_V1.3$ 亚单元并负责维持静态细胞的膜电位。

二、钙激活的钾离子通道（即 $K_{Ca}3.1$ 通道，K_{Ca} 通道）

早在 20 世纪 90 年代，就报道了有两种不同的钙激活的钾离子通道：一种是在 Jurkat T 细胞上发现的小电导通道，另一种则是存在于正常人类和鼠类 T 细胞以及 B 细胞中的中等电导通道。这些通道是由于细胞内的 Ca^{2+} 浓度（$[Ca^{2+}]_i$）上升而激活。Ca^{2+} 的敏感度是陡峭的。在静息的 $[Ca^{2+}]_i$ 水平大约为 100 nmol，所有的 K_{Ca} 通道都是关闭的；但 $[Ca^{2+}]_i$ 水平上升 10 倍达到 1 μmol 时，这些通道全都开放。这些准确的浓度依赖关系是加透析缓冲的 Ca^{2+}-EGTA 混合液到细胞内液而测得的，当测定 K_{Ca} 通道电流时同时用指示剂 fura 2 监测 $[Ca^{2+}]_i$ 并且以细胞膜内面向外（inside out）的膜片暴露到不同的 $[Ca^{2+}]_i$ 水平。在人类淋巴细胞 $IK_{Ca}1$ 基因编码中等电导的 K_{Ca}，而在 Jurkat T 细胞上的小电导 K_{Ca} 通道则是 $SK_{Ca}2$ 基因的产物。

$K_{Ca}3.1$ 通道（也称 $IK_{Ca}1$ 或 SK4）是 Ca^{2+} 浓度依赖的钾离子通道，具有中等的电导。这个通道对电压不敏感，并且当细胞内 Ca^{2+} 浓度在微摩尔时则开放。这个通道通过它的 C-末端与钙调素（calmodulin）（它的 Ca^{2+} 传感器）牢固地相结合。低水平的 $K_V1.3$ 通道表达在 T 细胞上，一旦 T 细胞完全被激活，它的水平则明显地上调。

当通过 T 细胞独特的受体（TCR）使 T 辅助细胞激活后，则对特殊的病原体发生适当的免疫反应（图 20-1）。激活的 T 细胞则增殖，随后便分化一些细胞亚组（效应细胞）以最

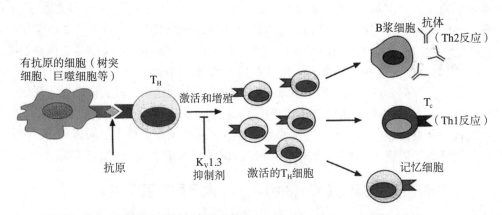

图 20-1 （也见彩图）通过 T 细胞的激活的调节作用，$K_V1.3$ 通道调节免疫反应

具有抗原的细胞，如树突细胞（DC）和大吞噬细胞，消化入侵的病原（如细菌）。把病原选择性的多肽（抗原）"呈递"给 T 辅助细胞（T_H）。只有具有适当 T 细胞受体的 T_H 能够增殖和激活。现在被激活的 T_H 能够刺激效应机制（如分泌抗体的浆细胞）和包含有病原的 T 胞毒（T_C）细胞。最后，被激活的 T_H 由于凋亡而死掉，或分化成能长期活着的记忆细胞

适宜于处理特殊的抗原。由入侵的抗原诱发的这种免疫反应可分为两种类型：①细胞介导的（也称 Th1）原初反应直接对着细胞内的病原体或病毒；②抗体依赖性的（也称 Th2）反应（通过产生抗体的 B 淋巴细胞的途径），起初直接对着细菌或寄生物，然后激活的 T 细胞分化成的记忆细胞，这种细胞将为相同病原体重复感染提供给机体延缓的保护作用。因此，对于这种免疫反应的结果，（抗原呈递细胞）和 T 细胞之间的最初相遇是关键。T 细胞是否起反应以及如何起反应做出的"决定"是一个非常复杂的过程，这一过程要受许多因素调节，诸如：抗原的性质、与 APC 相遇的持续时间以及流行的微环境（胞质分裂、化学运动等）。相信在这关键的阶段是涉及 $K_V1.3$ 和 $K_{Ca}3.1$ 通道的。了解在 T 细胞激活作用涉及钾离子通道现在的模型，意味着这些通道间接控制细胞内 Ca^{2+} 信号，而这些信号与 T 细胞增殖无关。

随着抗原诱导 TCR 激活后，最早的一步是一些蛋白质（如 Lck 和 PLCy1）的酪氨酸的磷酸化。后者通过产生肌醇-1,4,5-三磷酸（IP_3）和其后持续地 Ca^{2+} 从细胞外间隙进入。现已知道，为了让激活的 T 细胞增殖，已提高的细胞内 Ca^{2+} 水平必须维持相当长的时间（几小时）。细胞外 Ca^{2+} 进入细胞是基于它的电学驱动力，因此使细胞膜去极化。这又诱发 $K_V1.3$ 通道激活，通过 K^+ 外流帮助维持负的膜电位，因此又让 Ca^{2+} 不断地进入细胞内。如前面所提到，T 细胞激活增加 $K_V1.3$ 通道表达，后者开放对细胞质的 Ca^{2+} 起反应，并进一步使膜电位超极化。

总之，$K_V1.3$ 和 $K_{Ca}3.1$ 通道的一致作用，使细胞内 Ca^{2+} 持续上升，这允许钙神经毒碱和转录因子 NF-AT 的 Ca^{2+}-依赖的通道激活。与这个模型相一致，钾离子通道阻断剂 Charybdotoxin 和 Margatoxin 有效地抑制依赖抗原的 T 细胞激活和 IL-2 分泌。另外，以前激活过的 T 细胞再激活，再一次与模型相一致，在这模型中在激活后增加的通道表达，在随后的抗原刺激中起明显的作用。此外，$K_V1.3$ 通道的抑制剂能抑制活体内的 T 细胞介导的免疫反应，如延迟型的超敏反应或对外界抗原的抗体反应。这些结果促使得出以下的概念，即钾离子通道的阻断剂是可以用来作为有效的免疫抑制剂。实际上在活体外，用高度特异的 $K_V1.3$ 通道多肽抑制剂 ShK，是能抑制自动免疫的脑脊髓炎（EAE），这是广泛用做啮齿类多发性硬化症的模型。在过去几年里，有关涉及钾离子通道在免疫反应中的作用，尤其是涉及 $K_V1.3$ 和 $K_{Ca}3.1$ 通道，已取得了很大的进展，但似乎也还有许多东西需要进一步了解。近期的研究表明，在不同功能的淋巴细胞群，低聚物组成的主要 K_V 通道可能是变化的。例如，无变态反应的 T 细胞（受到刺激后不能增殖的活细胞）可能与 $K_V1.3$ 通道一起表达 $K_V1.2$、$K_V1.1$ 或 $K_V1.6$ 通道，表明起反应的 T 细胞经历实质上的各种生理和功能的变化，可能与亚单元的组成和（或）K_V 通道功能的变化平行。与这种观念相一致，现在有报道表明：T 细胞暴露在缺氧状态（只有低氧可以援用），能下调 $K_V1.3$ 通道的蛋白质水平，这个效应能说明以前曾经叙述过的在缺氧的条件下，对 T 细胞的组织有抑制作用。

三、P2X7 受体的核心作用是控制发炎

在第十七章我们已经介绍了 ATP 在一些生理过程中，可作为兴奋性神经递质和神经调质。释放出的 ATP 可激活一类称之为嘌呤能代谢型受体的 P2Y 受体和离子型的 P2X 受体。P2X 受体属于配体门控离子通道家族，是负责快速兴奋性神经传递，并且有的还涉及神经系统的一些疾病和免疫。其中 P2X7 受体是对细胞外 ATP 起反应时，开放的配体门控离子

通道大家族中的一个成员。这个家族共有 7 个成员（P2X1~7），在氨基酸顺序方面，它们共享 40%~50% 之间的同一性。所有的 P2X 激活都导致细胞膜对小离子（Na^+、K^+ 和 Ca^{2+}）的通透性增加，而当持续地刺激 P2X7 受体则导致孔越来越增大，以至能透过低分子量的有机阳离子。功能的 P2X 通道是一种多聚体，但 P2X7 与其他 P2X 亚单元相反，P2X7 不能形成异聚体通道。P2X7 受体的另一个不一般的特点是它需要非常高的 ATP 浓度（在毫摩尔范围）才使之激活。这促使人们推测 P2X7 受体可能还有另外的一种内源配体。

P2X7 受体是广泛地表达在整个促红血细胞生长的造血统家系（hematopoietic lineage）。在 T 和 B 细胞、树突细胞（DC）、巨噬细胞和肥大细胞中都发现有这种受体，并且涉及一些生理活动。虽然在病理条件的前后关系中，发炎也间接提到像哮喘和动脉粥样硬化一类的疾病，实际上它是表示涉及组织损伤和感染的复杂机制的基本成分。当组织损伤（例如，由于细菌入侵而引起）开始从不同的细胞群（如中性粒细胞、肥大细胞、树突细胞和巨噬细胞）募集化学信号分泌，炎症过程常常就是这样开始启动的。这些细胞构成第一防线，并且一方面由噬菌作用（巨噬细胞和中性粒细胞）攻击入侵的细菌；另一方面，加入负责永久消灭病原体的细胞（T 细胞）行列。作为调节炎症过程的关键角色，表达在涉及炎症过程所有细胞上的 P2X7 受体已被鉴定出来。

P2X7 受体在免疫系统最令人惊奇的作用，是它在分泌有生物学活性的干扰白细胞杀菌素 1β（interleukin 1β，IL-1β）中起关键作用。IL-1β 常被认作是发炎早期主要的细胞分裂素（cytokine），这是基于它能启动不同类型的细胞在广泛变异的炎症前期，从金属蛋白酶上调到 IL-16 分泌。例如，在感染的部位有细菌的 LPS 存在时，激活了的巨噬细胞表达丰富的 IL-1β。然而，激活了的巨噬细胞只产生无活性的原多肽型，后者在成为有活性之前必须由 caspase-1 使之裂变。显然，激活的巨噬细胞需要第二次刺激（与 LPS 无关）以激活 caspase-1 和产生成熟的 IL-1β。在运作这一前后关系中，最强有力的信号之一是通过 P2X7 受体的细胞外的 ATP。ATP- 介导的 IL-1β 成熟过程中，P2X7 受体的中心作用在从敲除 P2X7 的小鼠分离出的巨噬细胞上得到了证实。尽管这些细胞对 LPS 的反应能产生高品质的 IL-1β 原这样的事实，但它们不能产生成熟的 IL-1β。其他已知在免疫系统中 P2X7 的功能包括散发白细胞和淋巴细胞的 L-selectin、ATP- 介导的增殖和凋亡、杀死细胞内的细菌和激活细胞内与炎症有关的信号转导通路，如 NF-KB 转位到细胞核或单核细胞和巨噬细胞的环氧酶 -2（COX-2）的上调。实际上，P2X7 缺陷的小鼠（敲除 P2X7）在关节炎的小鼠模型显得病情的严重性明显的下降，表明 P2X7 可以作为抗炎药有吸引力的目标。尽管如此，仍很难使这些发现与这一事实取得一致，即为了激活 P2X7，必须在细胞外要有非常高的 ATP 浓度，这样的 ATP 浓度似乎不是生理浓度。新近的研究可能有助于消除这个秘密。有作者指出，烟酰胺腺嘌呤二核苷酸（NAD）功能作为 ADP- 核糖基化转移酶 -2（ART2）（一种胞外酶）的基质，这种酶催化 ADP- 核糖连接到受体蛋白，在这一例子里就是 P2X7。ART2- 介导的 ADP 糖基化作用是能激活 P2X7 的，并且所有这些已知的下游分子发出的信号，例如，在没有 ATP 的情况下，Ca^{2+} 的移动和散发 L-selectin。为了产生这些效应，只需要相当低浓度的（微摩尔范围）细胞外 NAD。因此，生理激活 P2X7 的假设模型是借助在发炎部位死细胞溶解释放出的细胞外的 NAD（如同细胞外的 ATP），表达在发炎细胞的膜上、吸引到发炎部位的 ART2 降解，并因此激活这些细胞膜上的 P2X7 受体。

四、膨胀激活的 Cl 离子通道（Cl$_{swell}$）

在淋巴细胞中也观察到氯离子通道，这是 20 世纪 80 年代在激活细胞膨胀时偶然被发现的一种新通道，细胞膨胀是作为触发调节细胞体积下降的功能。孵育溶液与电极内液之间的渗透压，稍微有些不匹配连同在电极内液中有 ATP 时，对细胞膨胀的反应是允许激活大的选择阴离子的电导。这个电导在 T 细胞里可能是最丰富的，并且在调节体内细胞体积稳定平衡中起关键作用。在这些细胞里氯离子通道的功能是随渗透的应激反应而降低细胞的体积。此外，氯离子通道的抑制剂显出抑制淋巴细胞的激活和增殖。如同在 CRAC（释放钙激活的钙离子通道）情况，目前仍未对氯离子通道的分子做出鉴定，但在一些促红细胞生长的细胞株已经检测到 CLC3 通道的 mRNA。

上述有关涉及 K$_V$1.3、K$_{Ca}$3.1 通道和 P2X7 调制免疫反应，绝不是普通的离子通道对免疫反应的贡献的总结，而是已经观察到涉及的许多类型的通道，它们有不少的功能是集中于免疫反应。最初的例子是有一些通道，如同前面已经提到的细胞内 Ca^{2+} 浓度的上升对激活淋巴细胞（T 细胞和 B 细胞两者）和白细胞（巨噬细胞、嗜中性粒细胞和肥大细胞）是关键。它们受到刺激后，从细胞内的 Ca^{2+} 库释放出 Ca^{2+}，这一点已经得到了证实。然而，随后介导 Ca^{2+} 从细胞外介质进入细胞（实际上这是负责提高细胞内 Ca^{2+} 水平的主要部分）的通道分子的鉴定，仍是捉摸不清的。从用以描述原生质膜钙离子通道的名词开始就不太肯定。虽然两者在生物物理特性是有很大的差异，但 Ca^{2+} 释放激活的钙离子通道（CRAC）和钙库运作的钙离子通道（SOCC）这两个名字是可以互换的。这导致一些分子鉴定为 CRAC 的候选者是 TRP 基因上游家族的成员。已有研究表明在 T- 细胞中有 TRPC3 和 TRPC6，似乎更受人们关注的是 TRPC6。

最后，在免疫系统的细胞里已经鉴定到有影响的离子通道，但它们的功能仍没有彻底地加以研究。这一组通道包括：在淋巴细胞里的上皮钠离子通道（ENaC）、中性粒细胞的水通道 aquaporin 9 和 B 淋巴细胞的尼古丁乙酰胆碱受体等。

第二节　淋巴细胞离子通道的分子鉴定和结构与功能分析

起初从果蝇分子克隆，然后对哺乳动物的 cDNA 和基因组的同系物分析，导致鉴定出人类 K$^+$ 通道各种家族。随着功能基因组方法的问世，特别是可以援用 EST 和人类基因组 DNA 数据库加快了发现离子通道的步伐。现在认为人类至少有 60 个不同的编码蛋白质的基因，并且可分成 4 个结构不同的组。最大的一组是含有 6 个跨膜（TM）片段（S1~S6）以及在膜的原生质一侧有 N- 和 C- 末端。S4 片段形成 K$_V$ 通道的电压传感器，而 P 环（"孔"区，位于 S5 和 S6 之间）和 S6 片段共同形成离子传导通路，处在 S5 和 S6 之间的外侧门廊也构成多肽毒素和经典阻断剂 TEA 结合的部位（参阅第十五章图 15-3）。功能通道是一个 4 聚体。基于基因分析，在这一类通道中 46 种蛋白质按簇分成 19 个亚家族，这些蛋白质包括电压门控钾离子通道和钙激活的钾离子通道，以及已知奠定延长 QT 综合征、良性家族性惊厥和其他基因病基础的突变的基因。第二类的结构包括带有两个跨膜区（M1 和 M2）和一个 P 环的蛋白质，并且在功能通道是一个 4 聚体。这些蛋白质包括内向整流器钾离子通道，后者在心脏动作电位期间使细胞膜复极化；以及 ATP 调制的钾离子通道，这是抗糖尿病和降血压药物治疗的目标。第三和第四类结构由具有两个P环的蛋白质组成，认为这个功能通道是一个二聚体。这些克隆的钾离子通道生物物理特性，在爪蟾卵母细胞或哺乳动物细胞，由异源表达的基因所决定，然后用电生理的方法对每一个克隆的通道进行分析，发现都有独特的生物物理和药理学特性"指纹图谱"，并且和每一个基因也有独特的组织分布。因此，哺乳动物细胞可用功能不同的钾离子通道蛋白的亚家族，来细微调制膜电位和信号级联反应。另外的功能多样性是由于不同基因编码的亚单元的异种的多聚合装配而引起，也可能是由于这些 α- 亚单元与辅助蛋白结合所引起。

一、电压门控钾离子通道

将克隆的 K_V 基因的生物物理"指纹图谱"与 T 细胞天然的电流进行比较，并与分子生物学研究结合起来，发现 $K_V1.3$ 基因编码 n 型通道。功能淋巴细胞的 K_V 是由 4 个相同的 $K_V1.3$ 基因组成。小鼠的胸腺细胞有与 $K_V1.3$ 密切相关的 $K_V1.1$ 基因，而在静息的 $CD8^+$ 小鼠 T 细胞有非密切相关的 $K_V3.1$ 基因存在，并且在从自动免疫小鼠得到的 $CD4^-CD8^-TCR^+$ 的 T 细胞中的 $K_V3.1$ 基因是异常过表达的。尽管做了广泛的努力，在人类 T 细胞中还没有找到 $K_V3.1$ 的同系物，然而在人类 B 细胞白血病的 Louckes 细胞株中有着这一通道的丰富表达。

（一）四聚体的总拓扑

每个亚单元包括由 6 个跨膜片段（S1~S6）和在 S5 与 S6 之间的一个 P 环组成的疏水核，以及扩展进入到细胞质内的亲水 N- 和 C- 末端。提纯的 $K_V1.3$ 四聚体低分辨率电子显微镜图揭示 x-y 尺寸为 6.4 nm。

（二）离子传导的路径

离子通道内的传导路径是在四聚体的中央。在通道孔的外入口处形成一个浅的门廊，一些从蝎类毒液衍生的多肽毒素抑制剂和海洋生物的提取物可以与门廊结合。已经测定了这些毒素的 NMR 结构。应用补偿手段，在这些结构上定义的毒素和 $K_V1.3$ 通道之间已鉴定到一些接触点。从已知这些毒素的关键残基间的距离推断出 $K_V1.3$ 通道外门廊的尺寸是宽 2.8 nm、深 0.6~0.8 nm。到 $K_V1.3$ 通道孔的外入口估计大约宽 0.9~1.4 nm，在门廊深到 0.5~0.7 nm 处锥形缩小成 0.4~0.5 nm 宽。当后来与种族发生相关的、质子激活的细菌的钾离子通道（KcsA）的晶体结构相比较，证明这些预示尺寸是非常精确的。基于 $K_V1.3$ 通道构筑与 KcsA 结构的相似性，已经产生了 $K_V1.3$ 通道孔的分子模型。KcsA 的外 1/3 是由 4 个 P 环相连，并形成狭窄的大约 0.3 nm 宽的 K^+ 选择性的过滤器。孔的内 2/3 由 4 个 S6 原生质部分相连接而成。S6 片段的排列像一个倒圆锥形，并且在孔的原生质端彼此交叉，设想这种"成束的交叉"构成通道的门，为了让离子穿过孔，门必须是开放的。

（三）失活

在延长和反复去极化时段期间，$K_V1.3$ 通道失活。这种失活是与 Shaker 和一些哺乳动物的其他钾离子通道 N- 末端的球 - 和链 - 的失活有区别，因为细胞外的 TEA 能使之消失，并且涉及接近通道的外部门廊。六氢吡啶和 dihydoquinolone 化合物 CP-339818 和 UK-78282 优先与失活状态的 C- 末端相互作用，并且外部门廊的突变点使失活作用消失，进而使通道抗拒这些化合物。

（四）四聚作用的范畴和辅助蛋白

在 $K_V1.3$ 通道 N- 末端有一段称之为 T1 范畴，它对通道的四聚体形成以及残存的疏水核有贡献。当它自我纯化时，这一片段形成稳定的四聚体，并已经测定了它的结构。T1 四聚体在物理学上与 $K_V\beta$ 亚单元构成的辅助蛋白的四聚体结合，并且测定了 *Shaker* T1 范畴与 $K_V\beta_1$ 四聚体形成的络合物结构。$K_V1.3$ 通道与相关的 $K_V\beta_2$ 相结合。用原子力和电子显微镜技术研究，获得了 $K_V\beta_2$ 四聚体的低分辨率图像，这个方形的四聚复合体具有 x-y 的尺寸为 10 nm × 10 nm，高为 5.1 nm。现在已知 $K_V\beta_2$ 蛋白使钾离子通道稳定，并通过接受蛋白 ZIP1 和 ZIP2 从物理学上使通道与信号分子（包括 PKC 和 $p56^{lck}$ 酪氨酸激酶在内）偶联。在 T-细胞有丝分裂期间，$K_V\beta_2$ mRNA 的表达实质上增加，这种增加反映 $K_V1.3$ 通道的表达增加。$K_V1.3$ 通道 C- 末端的 3 个氨基酸残基（Thr/Asp/Val）是与蛋白质 hDlg 和 PSD-95 的 PDZ 区结合，已经测定到 PDZ 区络合到含有 Thr-X-Val 片段的多肽。也有报道指出，hDlg 蛋白质把 $K_V1.3$ 通道连接到 $p56^{lck}$ 酪氨酸激酶。因此，通过 N 和 C 末端，$K_V1.3$ 通道能够在物理上与 $p56^{lck}$ 相连。$p56^{lck}$ 与 $K_V1.3$ 通道之间的偶联也已经得到了证实。由于已知 $p56^{lck}$ 与 CD4 辅助蛋白相结合，人们可以想象一个包括 $K_V1.3$ 通道、关键的信号分子和 CD4 辅助蛋白在内的大的复合体（图 20-2）。

二、释放钙激活的钙离子通道（CRAC）

除了这些细胞膜表面的离子通道外，还发现细胞内的细胞器也有一些通道，其中最重要的包括 IP_3- 受体门控离子通道，这个通道提供从细胞内钙库释放出的钙以启动钙信号。在

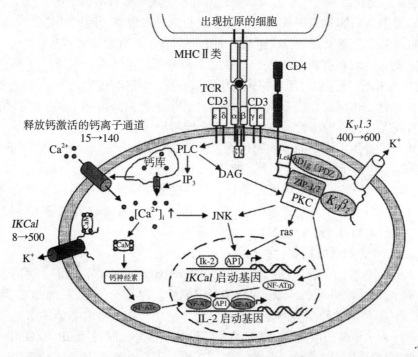

图 20-2　抗原出现后涉及 $K_V1.3$、IKCa1 和 CRAC 在 T 细胞信号级联反应示意图

每一种通道下的数字表示在静息状态下和被激活状态下各种类型通道的数目。CaM：钙调素；hDlg：果蝇盘状抑制基因蛋白（PZD 区域蛋白）的人类同系物；Ik-2：Ikaros-2；JNK：c-Jun N- 末端激酶；LcK：p561ck 酪氨酸激酶；ZIP1/2：PKC-ζ 相互作用的蛋白

刚开始用膜片钳研究淋巴细胞时，研究者寻找钙内流的通道，但未能检测到在心脏或在神经元中存在的普通电压门控钙离子通道。然而，钙成像证明，确信存在有丝分裂外源凝集素，例如，植物的血球凝集素（PHA）能诱发钙向细胞内流。由 PHA 或全细胞膜片钳记录时，透析钙缓冲剂可激活小的高选择性钙电导。在肥大细胞也有相似的电导，并称之为 CRAC 电导。通过刺激引起 Ca^{2+} 从细胞内 Ca^{2+} 库排空，能间接激活 CRAC 电导，这些刺激包括：IP_3、ionomycin 和 SERCA 泵的抑制剂（如毒胡萝卜内酯），此外在透析钙缓冲剂时，受体的激活或被动的钙库排空也可激活 CRAC 电导。CRAC 通道携带微小的 Ca^{2+} 电流到细胞内，以维持钙信号和导致淋巴细胞激活。发现在免疫缺陷病的患者没有 CRAC 通道，这就加强了 CRAC 通道在免疫反应中的生理重要作用。

虽然已经提出包括一些 TRP- 基因家族成员在内的候选基因与 CRAC 有关，然而 CRAC 通道的分子鉴定，仍然是神秘的。从小鼠的 T 细胞和人类的 B 细胞，已分离出与 TRPC 和 melastatin 相关的、名为 *ChaK* 或 *TRP-PLIK* 或 *LTRPC7* 的基因编码的 EST。最近的研究表明，表达在哺乳动物细胞的通道起阳离子通道的功能作用，也携带 Ca^{2+}，但对其激活机制仍有不同的意见。在小鼠的胸腺细胞和人类的淋巴细胞存在称之为 CAT-1、TRP8b、ECAC1 和 OTRPC3 钙运输蛋白编码的基因。当异源表达在 COS-7 细胞，克隆产生的通道具有通透作用良好的药理特性，与 CRAC 通道相似。在低表达水平，这个通道表现出钙库依赖性，这与所期待的 CRAC 相一致。

（一）在没有二价离子时，CRAC 能够透过一价离子

当去掉细胞外二价离子时，CRAC 通道能让一价阳离子透过，这与电压门控钙离子通道有共同的特性。起初利用不同大小的可以透过的有机和无机单价阳离子作孔的尺寸图，以测定细胞内在通道的失活和整流中的作用，并且也测定对二价离子阻断通道的灵敏度。结果发现当把细胞外的二价离子去除，甚至颇大的单价阳离子（直径最大可达 0.6 nm），也能通过 CRAC 通道透过。现在有理由认为 CRAC 通道和电压门控钙离子通道具有能透过离子的许多共同特性。CRAC 通道像电压门控钙离子通道一样，通过与细胞内 Mg^{2+} 塑造形成的 I-V 特性的大孔相结合，达到对 Ca^{2+} 有选择性的结合。当细胞内两价离子减少时，利用 CRAC 通道对 Na^+ 有高度可通透的特性这一优点，在全细胞记录时，有可能分辨出单个 CRAC 通道的电流。其结果提供了详细的生物物理的离子选择性和对天然 CRAC 通道门的描述，以此与一些候选基因进行比较是很有用的。此外，以单通道记录的结果，最后用这个方法进行表型分析时，可以计算每个细胞的通道数目。结果表明，在静息的 T- 细胞调节内流 CRAC 通道数目是非常的低（每个细胞只有 10~15 个通道），而在激活的 T- 细胞 CRAC 通道数目则上调（每个细胞大约有 150 个通道）。

（二）CRAC 通道激活的机制

几年前 Putney 曾报道了通过钙库 - 运作的（store-operated Ca^{2+}，SOC）钙离子通道，电容性的 Ca^{2+} 进入（capacitive Ca^{2+} entry，CCE）细胞质。尽管介导 CCE 的 SOC 通道，不仅在淋巴细胞而且在其他各种细胞都是非常重要的，然而，我们对它了解的水平，最多也只能是像画漫画一般草草地加以描述。曾经有人假设它的信号机制包括：IP_3、cGMP、G- 蛋白、酪氨酸激酶的直接作用，以及通过小泡融合、IP_3 受体与膜表面的钙离子通道之间构型的偶合、氧化亚氮供体的 S- 硝基化（nitrosylation）和类脂媒介物的作用，把一种可提取的钙内流因子（calcium influx factor，CIF）交付给通道。从钙库排空的 Jurkat T- 细胞分离出了一种低分子量的 CIF，如果把它加到细胞上，可以诱发 Ca^{2+} 信号。然而，后来把这种物质加到

包括平滑肌在内的某些细胞，它显出激活非特异性的电流而不是 I_{CRAC}，因而这个假说使得人们有些失望。CRAC 通道的激活启动缓慢，提示在钙库排空时，有胞吐的钙离子通道插入的可能性。这个假说从发现 GTPγS（一种损坏小泡融合和膜的分子交往的试剂）能抑制电容性 Ca^{2+} 内流。最近，在爪蟾卵母细胞天然 SOC 通道的实验显示，形成细胞黏附的膜片（物理学上可能膜与钙库分隔开？）可抑制通道的激活，并且可用抑制突触传递和膜交流的肉毒毒素（botulinum toxin，BoTX）预处理，来阻断这种抑制。此外，负范畴的 SNAP-25 构造，抑制 SOC 通道的激活，提示（但没有证明）有交付小泡的机制存在。在用 Na^+ 作为电流携带者的单通道记录实验中，在全细胞记录时 CRAC 通道出现一次，意味着假设的小泡包含不多于一个单通道。因此，CRAC 通过胞融合发送的概念仍然是可行的，但有一些局限性。Irvin 和 Berridge 提出的构型偶联假说，是假设 IP_3- 敏感的 Ca^{2+} 库与膜表面之间有直接的物理学上的联系。在这种特殊的形式下，IP_3 受体感受内质网的 Ca^{2+} 排空，并且告知膜表面的钙离子通道开放（像肌肉的 E-C 偶联，但信息流的方向相反）。为了测试构型偶联的假说，绝大多数的实验，是在 TRP 转染的细胞上应用间接测定 CCE 进行的。一些研究表明，IP_3 受体是介导和维持钙库与 CRAC 通道之间的偶联的基本成分。除了它在排空 Ca^{2+} 库的间接作用外，现在表明它对 IP_3 受体调节 hTRP3 通道还有直接作用。Boulay 等最近提出了直接的证据，他们用复合沉淀带抗体的 IP_3R，使 IP_3R-TRP3 蛋白质复合体升高 TRP3 部分。显然，TRP 区与 IP_3R 相互作用是在 C 末端。也有证据表明，调节 CCE 涉及 IP_3 受体。

三、其他通道的其他功能

除了上述四种主要的通道外，也已报道了其他各种类型的离子通道，包括细胞膨胀激活的阳离子通道、细胞外 ATP 激活的阳离子通道和电压门控质子通道。在呼吸爆发时，嗜中性粒细胞和巨核细胞中的质子通道起重要作用，但它在 T 细胞生理中的作用仍不清楚。

四、药理学效应

（一）钾离子通道

应用通道阻断剂探测通道的功能，促进了在电学上非可兴奋的 T- 细胞存在 K_V 通道的研究。最初，经典的神经元钾离子通道阻断剂，例如，4- 氨基吡啶、四乙胺（TEA）和奎宁，以微摩尔或毫摩尔的浓度阻断淋巴细胞的 K_V 通道，并且也抑制有丝分裂诱发的 ^3H 胸苷结合。还发现另外的一些低效能的以微摩尔亲和力的通道抑制剂，包括经典的钙离子通道阻断剂（verapamil、diltiazem 和尼弗地平）、CaM 拮抗剂和多价阳离子。甚至激素黄体酮都直接阻断 K_V 通道。此外，尽管结构上具有广泛的差异，所有这些化合物都抑制细胞分裂、基因表达和 T- 细胞增殖，而且其效能与这些化合物阻断通道的效能平行。由于这些试剂是无毒的和作用是可逆的，如果只在加药后的头 24 h 内发生抑制，并且不抑制 IL-2 受体表达或外源 IL-2 引起的增殖，则可以得出这样一个概念，即对 T- 细胞激活的早期时相需要钾离子通道。后来测定用转录因子 NF-AT 驱动 Ca^{2+}- 依赖的基因表达实验证实，这种抑制机制至少涉及这种已知的信号转换通路。因为这些化合物是以微摩尔到毫摩尔浓度的效能，来阻断 K_V 通道和影响其他类型的通道，早在 19 世纪就体会到显然需要有对 T 细胞通道具有特异性的阻断剂。

（二）多肽毒素和开发高度选择性的抑制剂

在 20 世纪 80 年代中期，有关钾离子通道的生物物理特性的进展。远远落后钠离子通道和乙酰胆碱受体，主要因为还没有研究出强力的（低于微摩尔）试剂。1986 年夏用电刺激蝎目动物（*Centruroides sculpturatus*）得到了一小滴毒液，这种毒液的高度稀释的样本，能阻断小鼠胸腺细胞的 K_V 通道，启动了对其活性成分的研究，鉴定到从蝎目动物（*Leiurus quinquestriatus*）分离出的 charybdotoxin（ChTX），作为第一个显示能阻断任何 K_V 通道的多肽；对 $K_V1.3$ 通道以纳摩尔的亲和力即能达到阻断作用。然而，ChTX 也阻断大电导 BK_{Ca}、IKCa1 通道和其他 K_V 通道，必须寻找选择性更好和更强的每种 T 细胞的 K_V 通道抑制剂。在其他蝎目动物的毒液里，也发现了具有低于纳摩尔和皮摩尔亲和力的 $K_V1.3$ 通道的多肽抑制剂，如 noxiustoxin、kaliotoxin、Margatoxin、agitoxin-2、hongotoxin、HsTX1、Pi1、Pi2 和 Pi3。缺少高度特异和强有力的非多肽的 $K_V1.3$ 通道和 IKCa1 通道的抑制剂，开始减慢了评估在 T 细胞中这些通道分别或共同所起的功能作用，以及测定在活体内阻断通道对免疫抑制作用有治疗价值。基于已知一些多肽与这些通道的相互作用，现在已开发了一些有高度选择性和强有力的 $K_V1.3$ 通道和 IKCa1 通道的抑制剂（图 20-2）。海洋白头翁多肽 ShK 以低皮摩尔浓度亲和力阻断 $K_V1.3$ 通道和神经元通道、$K_V1.1$、$K_V1.4$ 和 $K_V1.6$ 通道，用较短非天然残基的二氨基丙酸取代关键的赖氨酸（Lys^{22}）而产生的多肽，对 $K_V1.3$ 通道有选择性作用。ShK-Dap^{22} 以高度特异性和皮摩尔的效能，阻断 $K_V1.3$ 通道。借助结构导引的 charybdotoxin（一种能阻断一些不同的钾离子通道的蝎毒）变换，也开发了一种 IKCa1 通道有选择性和强力的抑制剂，为 ChTX-Glu。

（三）T 细胞通道的非多肽小分子拮抗剂

应用高度提纯的毒素取代、^{86}Rb- 外流筛选或膜电位的结果分析，一些药物治疗公司和科研工作者合作，发明了一些低于微摩尔的非多肽 $K_V1.3$ 通道阻断剂。第一个是二氢喹啉 CP331898，接着是六氢吡啶 Uke8282 和正三萜油类咕吟（nor-triterpenoid correoilde）。最近有两个叙述新型抑制剂的专利申请，包括 phenyloxoazapropylcycloalkanes 和 sulfimidebenzamidoindanes。其他不太强的 $K_V1.3$ 通道的小分子抑制剂包括 5,8-diathoxypsoralen、cicutoxin 和激素黄体酮。与此相平行也开发了 IKCa1 通道的高选择性和强力的抑制剂。低强度 antimycotic clotrimazole 阻断 IKCa1 通道，并且在皮摩尔到低纳摩尔的浓度时，也抑制细胞色素 P450 酶。由于阻断这个通道的活性，用 clotrimazole 治疗镰刀细胞贫血和分泌性腹泻已在进行人类临床试验，并且也有早期研究报道表明，用以治疗类风湿关节炎患者有益处。然而由于通过抑制细胞色素 P450 酶的毒性副作用，clotrimazole 在临床上的应用受到损害。现在合成了一种新的 clotrimazole 相似物，TRAM-34，能以 20 nmol 的浓度阻断 IKCa1，但不抑制细胞色素 P450 酶。

（四）CRAC 和其他通道的药理学

CRAC 通道的药物仍在开发之中。SK 96365、2-APB 和多价阳离子，如 La^{3+} 和 Gd^{3+} 以微摩尔浓度范围阻断 CRAC 通道，但也影响一些其他类型的离子通道。也有报道指出，很多化合物能抑制氯离子通道，但效能并不强。还有一种化合物 NPPB 能阻断 CRAC 和 Cl^- 两种通道。

五、通道的表型（在激活和分化期间表达模式的变化）

（一）人类 T 细胞

在胸腺发育、激活和分化成效应器细胞期间，离子通道的表达水平剧烈地发生变化。图 20-2 显示由于抗原所启动的信号转换通路的草图，并阐明人类 T 细胞离子通道表达模式的变化。人类 CD3 胸腺细胞和成熟的细胞粗略地估计表达 399~400 个 $K_V1.3$ 通道。与 $K_V1.3$

通道相对比，静态成熟的人类 T 细胞表达小量的（大约 10 个通道 / 细胞），并且当静息的细胞变成增殖的胚细胞时，每个细胞的 IKCa1 通道数目增加到大约 500 个通道 / 细胞。这主要是由于 PKC 通路的激活和需要转录因子 Ikaros 和 AP-1 参与，后者在 IKCa1 启动基因中结合成两个叠加的单元。与此同时，每个细胞的 CRAC 通道的数目也增加大约 10 倍。在激活期间，也注意到 $K_V1.3$ 通道的小量增加。Jurkat T- 细胞表达 $K_V1.3$ 通道以及以 SKCa2 通道取代 IKCa1 通道，但这些 K_{Ca} 的功能作用，似乎是可以相互变换的。促细胞分裂剂激活 Jurkat 细胞引起 SKCa2 mRNA 和功能通道明显地减少，而 Src 家族酪氨酸激酶 $p56^{lck}$ 上调 SKCa2 通道表达。

（二）啮齿类 T- 细胞

在鼠科 T 细胞中，各种 T 细胞的亚组 K_V 和 K_{Ca} 通道有明显的变化。未成熟的 $CD4^+CD8^+$ 小鼠胸腺细胞表达大约 $300\sim500$ 个 $K_V1.3$ 通道，但在成熟过程中，这个数目则明显地下降。成熟 $CD4^+$ 小鼠的 T 细胞下调 $K_V1.3$ 表达到大约 20 个 $K_V1.3$ 通道 / 细胞，而 $CD8^+$ 小鼠的 T 细胞则关闭 $K_V1.3$ 通道，但打开另一种叫做 $K_V3.1$ 通道。促细胞分裂剂激活任一亚组的细胞，都能引起 $K_V1.3$ 和 IKCa1 通道的上调。在小鼠辅助 T 细胞（T-helper cells）中，与 Th2 细胞相比，Th1 小鼠 T 细胞表达较高水平的 IKCa1 通道，其中增加的部分是负责随毒胡萝卜内酯（thapsigargin）刺激后，在 Th1 细胞内，有较高的 Ca^{2+} 浓度上升。有趣的是有自身免疫性疾病（全身红斑狼疮、1 型糖尿病、实验性自身免疫性脑脊髓炎和 Ⅱ 型胶原性关节炎）的 $CD3^+CD4^-CD8^-$ 小鼠 T 细胞表达大量的 $K_V3.1$ 通道。在这一亚组或任何其他正常小鼠是没有看到这种表型，这表明 $K_V3.1$ 通道过表达，可能与这些自身免疫性疾病有联系。尽管进行了强有力的研究，但至今还未发现人类或大鼠 T 细胞的 $K_V3.1$ 通道过表达。在成熟的小鼠 T 细胞，大鼠的脾和淋巴结的 T 细胞几乎不表达任何的钾离子通道，而促细胞分裂剂则激活上调 $K_V1.3$ 和 IKCa1 两种通道。以抗原激活特异的髓磷脂碱基蛋白脑炎性病原 $CD4^+$Lewis 大鼠 T 细胞，引起明显的 $K_V1.3$ 通道表达增加，其峰值出现在第 2 和第 3 d，时间上与这些细胞脑炎发作相一致。

六、淋巴细胞离子通道的功能作用

为了组装成有效的免疫反应，T 和 B 淋巴细胞必须迁移到组织，通过适当的 MCH/ 多肽支持的有抗原呈递细胞（APC），遇见和识别特定的抗原，分泌生物活性物质（包括淋巴细胞活素、细胞趋化因子、依赖于淋巴细胞亚组的抗体和刺激），增殖（对抗原起反应的克隆扩张）和分化成（记忆、无细胞免疫反应的、凋亡的细胞）以及最终分化成效应器的亚组细胞。这些过程中，很多涉及 Ca^{2+} 信号。当"记忆"过去所遇到的抗原，淋巴细胞也必须能够调节它们的容量（volume），并能存活几十年。

（一）膜电位

K_V 通道正常情况下把 T- 细胞的静息电位设置在 $-50\sim-55$ mV。由于 T 细胞很小，而且在电学上的关系很紧密，在接近激活曲线底部时，只需要少数的 K_V 通道开放就能维持静息电位。K_V 通道借助其电压依赖关系以防止细胞去极化。K_{Ca} 借助它们 $[Ca^{2+}]_i$ 浓度依赖性，只要 Ca^{2+} 从 IP_3 敏感的钙库释放出来启动 Ca^{2+} 信号，K_{Ca} 则开放。结果膜电位超极化至 -80 mV，由 Ca^{2+} 库排空所激活的 CRAC 通道，与在心脏和中枢神经元的电可兴奋细胞相比较，表现出"倒转"的电压依赖关系。因此，K_{Ca} 通道的开放，提供正反馈以增加 Ca^{2+} 通过 CRAC 通道进入细胞。因为电学驱动力，去极化抑制 Ca^{2+} 内流、发出信号和激活淋巴细胞。

（二）能动性（motility）、趋化性（chemotaxis）和黏附作用（adhesion）

淋巴细胞对 chemokine MIP-1β 的黏附和迁移反应，可以通过各种多肽毒素（Margatoxin、kiliotoxin、noxiustoxin 和 ChTX）或 P 物质抑制。此外，β1-integrin 和 $K_V1.3$ 通道能共同免疫沉淀，提示它们不仅功能上偶合，而且在物理学上也结合。同样，也观察到高浓度的细胞外 K^+ 和 ChTX 抑制人类成纤维细胞和黑素瘤细胞的能动性。尤其是通过调节细胞体积和促进肌动蛋白细胞骨架模型化，IKCa1 通道显出在 MDCK 细胞极化和迁移方面起重要作用。因此，在一些细胞系统有证据表明，钾离子通道在能动性和趋化性方面起作用。

（三）钙信号

NFAT 在 APC 和 T- 淋巴细胞之间的接触，启动免疫反应，表达对多肽抗原特异的 T-细胞受体（TCR），结合到细胞的 MHC 蛋白质。TCR 在接触区聚集，称为"免疫学突触"，导致酪氨酸激酶激活，引起磷酸化作用和磷脂酶 C 激活（PLCγ）。应用光学的陷阱，把涂盖有抗 TCR 种子与 T 细胞接触，发现至少 300 个 TCR 分子，必须优先在 T- 细胞的前沿以启动细胞内 $[Ca^{2+}]_i$ 信号。产生 IP_3 和二酰基甘油，引起 Ca^{2+} 从细胞内钙库释放和激活 PKC。Ca^{2+} 释放和通过 CRAC 通道流入，两者对细胞内 Ca^{2+} 浓度上升作出贡献，但流入的 Ca^{2+} 在数量上起支配作用，并为随后的基因表达所需要。在受体结合的几秒钟内，引起形状和能动性中等程度的改变，并且随后激活新的基因产生淋巴细胞活素和细胞增殖。毒胡萝卜素内酯（TG）是在内质网里的一种吸收 Ca^{2+} 离子泵的抑制剂，这种抑制剂可将由排空 Ca^{2+} 库而引起近端信号事件旁路掉，而不产生 IP_3。同样的 CRAC 通道群间接地结合 TRC、透析 IP_3、加 TG 或 ionomycin，或强力的细胞内 Ca^{2+} 缓冲，所有这些刺激都使 Ca^{2+} 库排空。此外，共同激活的 PKC、jun 激酶（JNK）和钙 / 钙调蛋白 - 依赖的蛋白激酶（CaM K），升高 $[Ca^{2+}]_i$ 激活磷酸酶钙神经毒碱（CN）引起 NFAT（激活的 T-细胞核因子），一种原生质的转录因子，然后迁移到细胞核，并且与另外的转录因子协同，启动 IL-2 基因转录。IL-2 又刺激新表达的 IL-2 受体以驱动增殖。阻断 Ca^{2+} 向细胞内流，防止 T- 细胞激活，并且 CN 是免疫抑制药 cyclosporin A（CsA）作用部位，强调在信号级联反应中需要这一通路。

$[Ca^{2+}]_i$ 信号和下游基因表达之间的关系是什么？借助 IL-2 启动基因的 NFAT 元素驱动表达在 lacZ 基因的 T 细胞受体，在单个 T- 细胞中，定性地把 $[Ca^{2+}]_i$ 信号图与基因表达相关。NFAT-lacZ 表现出的荧光呈全或无的增加。由 TCR 引起的 $[Ca^{2+}]_i$ 振荡频率与基因表达相关。通过应用 TG 或提高 ionomycin，然后再通过改变 $[Ca^{2+}]_o$ 或 $[K^+]_o$，把 $[Ca^{2+}]_o$ "钳"在各种稳态的水平，测定了 NFAT 调节基因表达对 $[Ca^{2+}]_i$ 的依赖性。$[Ca^{2+}]_o$ 从静息水平（70 nmol）上升到 200 nmol 至 1.6 μmol 之间，增加激活细胞的部分，K_{eff} 值为 1 μmol 左右。与 PKC 激活剂相结合进行刺激，大大地增加了基因表达的 $[Ca^{2+}]_i$ 灵敏度 [$K_{eff} = 210$ nmol]，而用 PKA 刺激，则抑制 - 依赖的基因表达。这些实验提供了第一个连接第二信使到单个细胞的基因表达的单细胞测定。

现在开始译码 Ca^{2+} 信号的频率依赖性和评价激活、凋亡或无变态反应，可能依赖于信号的模式以及细胞整合的复合刺激输入的类型。在细胞内特殊的转录激活途径，可能有区别地"调制" Ca^{2+} 信号的具体频率和强度。通过利用完整细胞作为一个受体，开始提出有关控制基因机制的各种因素之间相互作用问题。基因表达的 Ca^{2+} 依赖性与了解人类 T- 细胞通道的"表型"一起，提供了钾离子通道阻断剂对 IL-2 分泌和淋巴细胞增殖的抑制效应一个很好的解释；当膜电位去极化时，借助减低通过 CRAC 通道 Ca^{2+} 内流，而间接使 Ca^{2+} 信号衰减。Ca^{2+} 信号主要依赖于由负的膜电位所驱动的通过 CRAC 的 Ca^{2+} 内流。K_V 通道提供了最初的电学驱动力，有利于 Ca^{2+} 进入维持膜的静息电位。K_{Ca} 通过超极化膜电位和放大 Ca^{2+} 进入，对正反馈做出贡献。两种 K_V 通道对抗去极化，否则通过 CRAC 通道进入细胞，则将发生去极化。最初通过 CRAC 的 Ca^{2+} 流入是由电化学梯度所驱动的，但两价的 Ca^{2+} 跨膜运动所引起的膜去极化，限制了 Ca^{2+} 的进一步进入。对膜去极化反应而使 $K_V1.3$ 通道开放和细胞质内最初的 Ca^{2+} 升高，提供了 K^+ 外流的机制并通过正反馈维持膜电位，在新的基因转录所需要的时间框架内，促进持续的 Ca^{2+} 内流。

根据激活的状态的不同，在 T 细胞的不同亚组 K_V 和 K_{Ca} 表达的水平可能发生引人注目的变化，因而这两种 K_V 和 K_{Ca} 相对贡献可能有不同的变化。基于细胞分裂的产物不同，辅助 T-细胞可能再分成两个亚组，即 Th1 和 Th2 淋巴细胞。在 Th1 和 Th2 假说中，激活都是由相同的刺激启动，但产生不同的细胞分裂：Th1 细胞产生 IL-2 和 γ 干扰素；而 Th2 细胞产生 IL-4、IL-5 和 IL-10。人们注意到用 TG 使钙库排空后，在 Th2 细胞引起的 Ca^{2+} 升高明显地低于 Th1 细胞。最大的 Ca^{2+} 内流速率和全细胞 Ca^{2+} 电流显示 Th1 和 Th2 细胞都表达 CRAC 通道。全细胞记录证明，这两类细胞的 K_V 通道电流振幅没有区别，但 Th2 细胞的 K_{Ca} 电流明显地小于 Th1 细胞的。两类细胞的 K_{Ca} 电流药理学上的均衡可以减小但不能完全消除 Th1 和 Th2 Ca^{2+} 反应之间的差异；此外，Th2 细胞挤出 Ca^{2+} 比 Th1 细胞更快。Th2 细胞较快的 Ca^{2+} 清除机制与较小的 K_{Ca} 电流相结合，说明 Th2 细胞较低的 Ca^{2+} 反应。T-细胞的 Ca^{2+} 内流取决于 CRAC 通道的激活和膜电位足够大以驱动 Ca^{2+} 通过 CRAC 通道流入细胞内。最近一系列的实验表明，应用特殊的通道阻断剂和操作通道的表达水平，以评估 K_{Ca} 在 Jurkat 细胞和用上调 IKCa1 通道预激活的人类 T-细胞的功能作用。Jurkat T 细胞抑制内源 *SKCa2* 通道，但不抑制 K_V 或 IKCa1 通道，明显地减低 TG 刺激后 Ca^{2+} 电流的平台。对于人类的 T-细胞，抑制 IKCa1 通道但不抑制 K_V 或 *SKCa2* 通道，也减低 Ca^{2+} 信号。从遗传信息上改变 K_{Ca} 的表达，深刻地影响 Ca^{2+} 信号。*SKCa2* 通道的显性的负结构，阻断功能通道的表达和抑制 Ca^{2+} 信号。转染的 *IKCa1*，N-末端加标记鉴定 GFP，恢复 Ca^{2+} 信号。这些结果再一次指出，在 T-细胞 Ca^{2+} 信号与功能通道 K_{Ca} 之间的牢固的偶联，与上调 K_{Ca} 有关。

七、有丝分裂

应用药理试剂进行功能分析表明，静息和激活状态下萌发出对人类 T-细胞作用较好的了解。对启动人类的免疫反应，$K_V1.3$ 通道是基本的，而要维持激活的过程，则需要 IKCa1 通道。

（一）静息 T 细胞对 $K_V1.3$ 通道的依赖性

对于静息的 T 细胞，$K_V1.3$ 通道是主要的电导，应用较强和有选择性的阻断剂，证实了以前的结论，即 $K_V1.3$ 通道是防止免疫反应的潜在目标；ShK-Dap（选择性的 K_V 通道阻断剂）在低于纳摩尔的浓度下阻抑抗 -CD3- 诱导的 ^{3}H- 胸腺嘧啶脱氧核苷结合到人类 T 胸腺细胞。由于 $K_V1.3$ 通道较丰富，在调节静息 T 细胞膜电位方面，$K_V1.3$ 通道比 IKCa1 通道更重要。选择性地阻断 $K_V1.3$ 通道（但不阻断 IKCa1 通道），慢性去极化细胞的膜电位、衰减 Ca^{2+} 的进入和抑制信号的级联反应，导致产生细胞分裂素和细胞分裂。

（二）被激活的 T 细胞对 IKCa1 的依赖性

人类 T 细胞的激活，引起 IKCa1 通道转录表达的显著上调（包括转录因子 Ikaros-2 和 AP1）。因此，激活的人类 T 细胞表达大约 500 个 IKCa1 通道，粗略与 $K_V1.3$ 通道相等。与 IKCa1 通道增加相平行 CRAC 钙离子通道也大约增加 10 倍（每个细胞 100~300 个通道）。促细胞分裂剂或抗原刺激这些预激活的细胞，引起通过已增加数目的 CRAC 通道，增加 Ca^{2+} 的进入。产生的膜去极化可能压倒 $K_V1.3$ 通道维持膜电位的能力，并且使 Ca^{2+} 进入所需的电化学梯度也将消散。IKCa1 通道数目补偿性增加，可能足以提供抗衡阳离子流出，以补偿增加的 Ca^{2+} 流入。由于细胞质内 Ca^{2+} 浓度上升，通过 CaM- 依赖的机制，细胞膜将超极化，Ca^{2+} 进入细胞所需的电化学梯度将恢复。与这个假说相一致，$K_V1.3$ 通道的阻断剂不抑制预激活 T 细胞的增殖，而是阻断 K_{Ca}，压抑促细胞分裂剂诱发的这些细胞的增殖。

（三）黄体酮阻断钾离子通道和抑制免疫（胎儿 - 母亲的保护作用）

黄体酮是负责维持怀孕的激素。虽然黄体酮在外周血液的浓度只有 0.1 μg/ml，然而在胎盘里它则高得多，胎盘的滋养层细胞致力于产生黄体酮。因此，在邻近胎盘处可能有负责维持胎儿异体移植最重要的免疫调节物质。在怀孕期间，黄体酮引起抑制免疫反应机制的定位仍然不可捉摸。结果表明，黄体酮在胎盘的浓度下，快速和可逆地阻断 K_V 和 K_{Ca} 通道，引起膜电位去极化。因而，抑制 Ca^{2+} 信号和 NFAT 驱动的基因表达。由于黄体酮阻断在 TG 刺激后和 Ca^{2+} 振荡信号后的持续 Ca^{2+} 信号，因此，黄体酮作用在 TCR- 介导的信号转换的最初步骤，但不影响 TCR 刺激后，IP_3 驱动的瞬态 Ca^{2+} 信号。虽然黄体酮拮抗 RU 486 也阻断 K_V 和 K_{Ca} 通道，黄体酮阻断钾离子通道是特异的，甾体类激素无效或只有很少的效应。黄体酮以微摩尔范围内的亲和力，有效地阻断广谱钾离子通道，减少 T 细胞的 K_V 通道电流和 K_{Ca} 通道电流中抵抗 $K_V1.3$ 通道和 ChTX 的成分，以及阻断一些表达在细胞株克隆的钾离子通道，但对钠离子通道、内向整流器钾离子通道或淋巴细胞的 CRAC 以及氯离子通道只有很小的效应或根本无效。除了胎盘外，黄体酮很快地从钾离子通道解脱开来，以便让在母体 T 细胞内进行正常的信号转换和效应物反应。因此，由黄体酮引起的低亲和力钾离子通道的阻断，可作为定位在母体 T 细胞免疫抑制的机制，提供正在发育胎儿的保护，而不抑制母体的免疫反应。

（四）体积调节

在遇到低渗透压挑战时，淋巴细胞首先膨胀，然后呈现出维持体内基本恒定的行为，称之为 RVD，即尽管要维持低渗透压挑战，但仍恢复细胞体积为正常。这一特性使淋巴细胞有可能在通过肾微循环和通常经历大的渗透性变化的细胞间隙，以调节细胞体积。RVD 涉及氯和钾分别通过的电导通路与水一起流出细胞。对于成熟的 T 细胞，膨胀激活的氯离子通道开放让 Cl^- 排出细胞，但也使膜电位去极化，间接开放钾离子通道，后者介导 K^+ 外流。RVD 机制与 Ca^{2+} 无关，可以广泛地应用在各种类型的细胞。在小鼠胸腺细胞，渗透压膨胀激活可透过 Ca^{2+} 的非选择性阳离子通道（SWAC），产生激活 K_{Ca} 的 Ca^{2+} 信号。当出现这种情况时，增加体积的调节，并且 K_{Ca} 通道比 K_V 通道起更明显的作用，与氯离子通道一起增加阴离子外流，这是由于超极化的膜电位增加了排出 Cl^- 的驱动力。

八、作为治疗目的时，通道的作用

免疫抑制剂（如 CsA）在器官移植后防止排斥移植物是有效的，但由于对肝和肾的组织有损伤，故限制了它的应用。免疫抑制剂也用在处理一些自动免疫疾病，如多发性硬化症、类风湿关节炎、全身性红斑狼疮病和 1- 型糖尿病。因为两种 T- 细胞的钾离子通道在功能上限制了它们在组织中的分布和在 T- 细胞激活中的关键作用，所以这两种通道是属于免疫调制作用的目标。Koo 等研究组提供了这一概念的第一个证据。Koo 和她的同事，应用多肽 Margatoxin（强力阻断 $K_V1.3$ 通道），在小猪的活体内压抑了延迟型的超敏性反应。随后，她们应用正 - 三萜类（nor-triterpenoid）化合物抑制小猪活体内延迟型的超敏性反应。晚近，Beraud 等试验了在活体内用多肽抑制剂 kaliotoxin，是否能改善EAE（一种人类多发性硬化症模型）的临床综合征。在这一模型中，把表达 $K_V1.3$ 通道的 CD4$^+$T 细胞株注入 Lewis 大鼠腹腔（"采纳转移"）接着在活体内用 MBP（覆盖脑内神经元髓磷脂鞘的一种成分）激活，以提供绝缘，这样就增加了动作电位传导的速度。在采纳转移后 5~6 d 内，诱发疾病的 T- 细胞入侵中枢神经系统，并引起严重的去髓鞘化、麻痹和死亡。与注射生理盐水的对照动物相比，每日两次注射 kaliotoxin 的动物，明显地减轻了这些动物的临床综合征的严重性。这是由于 kaliotoxin 既阻断 $K_V1.3$ 通道（在 T- 细胞里）又阻断 $K_V1.1$ 通道（存在于神经元中），这些研究者还不能确定，这种治疗效应是由于抑制了免疫（通过阻断 $K_V1.3$ 通道），还是增加了神经传递。随着许多强力的 IKCa1 和 $K_V1.3$ 通道的非肽类和多肽类抑制剂的问世，应该有可能试验，是否在活体内阻断 T- 细胞的钾离子通道将有助于治疗自身免疫疾病和处理移植物的排斥。

第三节　生命活动中的离子通道及其展望

最近几年，聚焦在除神经系统与离子通道以外的细胞和组织有关的离子通道的研究越来越多。在机体内的每一个细胞，表达若干种的离子通道以执行各种（并且有时是基本的）生理功能。离子通道研究的扩展，需要应用新的试剂和技术，以研究在一些组织（如免疫系统或上皮组织）中的离子通道。

一、离子通道在细胞表面的定位

若干的因子［包括结合到其他蛋白质和（或）β 辅助亚单元的因子］、生物化学的改变（如磷酸化作用），以及越来越多的在细胞内离子通道交往的调节等，都可能调节离子通道的功能。在生理水平离子通道交往调节的重要性得到了证实，是由于发现影响离子通道交往的突变可引起的一些通道病（即通道功能障碍引起的疾病）。这些例子包括：引起囊泡纤维化的囊泡纤维化跨膜调节子（CFTR）通道的突变、引起 LQT3 型心律失常的电压门控钠离子通道 $Na_V1.5$ 的突变和引起 LQT2 型的心律失常的电压门控钾离子通道（$K_V11.1$）的突变（详见本书第十五章和第十六章）。用天然的 $K_V11.1$ 通道转染人类胚胎肾细胞（HEK），并应用新的抗 -$K_V11.1$ 抗体，能识别该通道细胞外抗原决定部位。通过染色固定证实转染和用抗 -$K_V11.1$ 抗体透入细胞，识别到抗原决定部位在通道的细胞质内的 C- 末端。用山羊抗兔 Alexa-555 次级抗体，这个抗体是可见的。也可以用新的抗 -$K_V11.1$- 细胞外抗体（#APC109）染色活的完整的 KEK-$K_V11.1$ 细胞。当其他强染色时，大约一半的细胞显示几乎很少或没有着色，这表明通道在细胞表面的表达，并不完全与细胞总的通道表达相关。这提示，细胞表面通道的表达可能总是在变化的，恐怕与细胞周期变化相一致。

二、随细胞周期的变化，离子通道表面表达的变化

现已确定对不同细胞周期的运行，许多离子通道，尤其是钾离子通道，是必不可少的。钾离子通道控制细胞增殖的准确机制目前还不是很了解。现在的观点是，钾离子通道对于决定 Ca^{2+} 内流的膜电位是必需的，而 Ca^{2+} 内流是细胞增殖所需要的一步。另外，因为钾离子通道调节细胞的体积（这也是细胞增殖所必需的一步），所以钾离子通道的活动对细胞增殖也可能是重要的。

与细胞增殖调节有关的，研究得最多的钾离子通道之一是电压门控钾离子通道 K_V13。这个通道是静息 T- 淋巴细胞的占优势的钾离子通道。人们已经确定，T- 淋巴细胞的激活（这个过程使细胞能够增殖和成为免疫反应的效应器）诱发表面 K_V13 通道上调。下面的例子表明，设计应用抗 -K_V13 抗体以识别细胞外通道的抗原决定部位。用 1 μg/ml 的植物血球凝聚素 A（PHA）处理人类 Jurkat 细胞（一种 T- 细胞白血病细胞株）24 h。利用荧光孔 FITC（#APC-101-F）直接标记的抗 -K_V13（细胞外）抗体与 K_V13 通道表面表达平行进行研究，并用流动细胞器进行分析。以 propidium iodide 可以见到 DNA 的含量。结果表明，用 PHA 处理可诱发细胞表面的 K_V13 通道表达增加。当分析细胞周期的前后关系时，显然处理过的细胞，在 G1 时相和 S-G2 时相上调 K_V13 通道的表达。并且可以注意到在处理过的细胞中，凋亡的细胞增加。

三、随细胞分化过程，离子通道表面表达的变化

应用荧光孔直接标记抗体的最大优点是，它使之有可能应用一些抗体，同时和不费力气地直接对着不同的蛋白质。同时利用不同的抗体，对各种各样的目标，容许跟踪在细胞亚群内的特定目标在细胞表面表达的变化。为了证实这一点，应用已知 PMA（phorbol 12-myristate 13-acetate）诱发的人类白血病细胞株 K562 分化的模型，考虑到 K562 细胞是繁殖快的细胞，利用各种诱导分化的试剂，把它们诱导进活体内，分化成单核细胞、红细胞、多核巨细胞的细胞谱系。用 PMA 处理 K562 细胞，推动细胞沿着多核巨细胞谱系分化，并导致用多核巨细胞谱系结合的标记上调，以及细胞的形态学和附着的特性改变和停止生长。在这些实验例子中，用 10 nmol 的 PMA（#P-800）处理 K562 细胞 4 d。然后把细胞洗脱，并同时用抗 -CD61（一种已知的多核巨细胞的标记物）染色连接到藻红蛋白（phycoerythrin）和用抗 $K_V11.1$（细胞外）或抗 -P2X7（细胞外）两者结合到 FITC（分别为 #APC-109-F 和 #APR-008-F），并用流动细胞器进行分析。

结果正如同所期望的那样，对照未处理的 K562 细胞显示没有 CD61 的表达，而用 PMA 处理过的细胞显出颇明显的染色。在对照细胞可以看到某些表面 P2X7 染色时，在分化出的细胞的染色则大大地增加。最后所有对 CD61 都是正反应的细胞，也都对抗 -P2X7 抗体着色。用抗 -CD61 和抗 -$K_V11.1$ 对未用 PAM 处理和用 PAM 过的细胞进行双标记，在处理过的细胞 $K_V11.1$ 的染色大大地增加，大部分的 CD-61 反应阳性的细胞，对 $K_V11.1$ 的反应也是阳性。

总之，膜片钳技术开拓了对细胞各种各样的离子通道研究的广阔领域，而对离子通道的深入研究，又可为临床医学深入了解各种与基因突变有关联的通道病的发病机理和治疗策略提供理论依据。近年来，国际上在这一领域正在飞速发展，并且已经取得了不小的进展，

然而仍是方兴未艾，仍有大量的工作要做。

参考文献

[1] Beeton C, Wulff H, Barbaria J, et al. Selective blockade of T lymphocyte K$^+$channels ameliorates experimental autoimmune encephalomyelitis, a model for multiple sclerosis. *PNAS*, 2001, 98: 13942-13947.

[2] Bubien JK , Watson B, Khan MA, et al. Expression and regulation of normal and polymorphic epithelial sodium channel by human lymphocytes. *J Biol Chem*, 2001, 276: 8557–8566.

[3] Budagian V, Bulanova E, Brovko L, et al. Signaling through P2X7 receptor in human T cells involves p56lck, MAP kinases, and transcription factors AP-1 and NF-$_k$B. *J Biol Chem*, 2003, 278: 1549–1560.

[4] Cahalan MD, Chandy KG. Ion channels in immune systems as targets for immunosuppression. *Curret opinion in Biotexhnology*, 1997, 8: 749-756.

[5] Cahalan MD, Wulff H, Chandy KG. Molecular properties and physiological roles of ion channels in the immune syste. *Journal of Clinical Immunology*, 2001, 21: 235-252.

[6] Conforti L, Petrovic M, Mohammad D, et al. Hypoxia regulates expression and activity of K$_V$1.3 channels in T lymphocytes: A possible role in T cell proliferation1. *J Immunol*, 2003, 170: 695–702.

[7] Dinarello CA. Biologic basis for interleukin-l in disease. *Blood*, 1996, 87: 2095-2148.

[8] Fairbairn IP, Stober CB, Kumararatne DS, et al. ATP-mediated killing of intracellular mycobacteria by macrophages is a P2X7-dependent process inducing bacterial death by phagosome-lysosome fusion. *J Immunol*, 2001, 167: 3300–3307.

[9] Ghanshani S, Wulff H, Miller MJ, et al. Up-regulation of the IKCa1 potassium channel during T-cell activation. *J Biol Chem*, 2000, 275: 37137–37149.

[10] Kerschbaum HH, Negulescu PA, Cahalan MD. Ion channels, Ca^{2+}signaling, and reporter gene expression in antigen-specific mouse T cells. *J Immunol*, 1997, 159: 1628-1638.

[11] Khanna K, Chang MC, Joiner WJ, et al. hSK4/hIK1, a calmodulin-binding K$_{Ca}$ channel in human T lymphocytes. *J Biol Chem*, 1999, 274: 14838–14849.

[12] Koo GC, Blake JT, Talento A, et al. Blockade of the voltage-gated potassium channel K$_V$1.3 inhibits immune responses in vivo. *J Immunol*, 1997, 158: 5120-5128.

[13] Labasi JM, Petrushova N, Donovan C, et al. Absence of the P2X7 receptor alters leukocyte function and attenuates an inflammatory response. *J Immunol*, 2002, 168: 6436–6445.

[14] Leonard RJ, Garcia ML, Slaughter RS, et al. Selective blockers of voltage-gated K$^+$channels depolarize human T lymphocytes: Mechanism of the antiproliferative effect of charybdotoxin. *PNAS*, 2002, 89: 10094–10098.

[15] Lin CS, Bolts RC, Blake JT, et al. Voltage gated potassium channels regulate calcium-dependent pathways involed in human T lyphocyte activation. *J exp Med*, 1993, 177: 637-646.

[16] Liu QH, Fleischmann BK, Hondowicz B, et al. Modulation of K$_V$ channel expression and function by TCR and costimulatory signals during peripheral CD4_lymphocyte differentiation. *J Exp Med*, 2002, 196: 897-909.

[17] Douglass J, Osborne PB, Cai YC, et al. Characterization and functional expression of a rat genomic DNA clone encoding a lymphocyte potassium channel. *J Immunol*, 1990, 144: 4841-4850.

[18] Logsdon NJ, Kang J, Togo JA, et al. A novel gene, hKCa4, encodes the calcium-activated potassium channel in human T lymphocytes. *J Biol Chem*, 1997, 272: 32723–32726.

[19] Matko J. K1 channels and T-cell synapses: the molecular background for efficient immunomodulation is shaping up. *Trends in Pharmacological Sciences*, 2003, 24: 385-389.

[20] Perregaux DG, McNiff P, Laliberte R, et al. ATP acts as an agonist to promote stimulus-induced secretion of IL-1b and IL-18 in human blood. *J Immunol*, 2000, 165: 4615–4623.

[21] Skok MV, Kajashnik EN, Koval LN, et al. Functional nicotinic acetylcholine receptors are expressed in B lymphocyte-derived cell lines. *Mol Pharmacol*, 2003, 64: 885–889.

[22] Solle M, Labasi J, Perregaux DG, et al. Altered cytokine production in mice lacking P2X7 receptors. *J Biol Chem*, 2001, 276: 125–132.

[23] Wulff H, Miller MJ, Hansel W, et al. Design of a potent and selective inhibitor of the intermediate-conductance Ca21-activated K1channel, IKCa1: A potential immunosuppressant. *PNAS*, 2000, 97: 8151–8156.

[24] Yellen G, Jurman ME, Abramson T, et al. Mutation affecting internal TEA blockade identify the probable pore-forming region of a K^+channels. *Science*, 1991, 251: 939-948.

彩 图

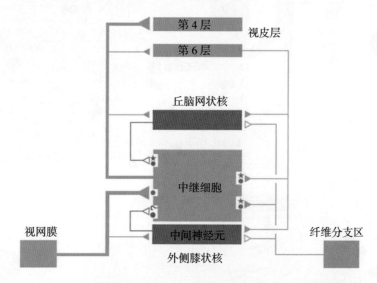

图 10-3　中继细胞上的相关受体与外侧膝状体的神经回路

蓝色表示谷氨酸能细胞和轴突；红色表示 GABA 能细胞和轴突；褐色表示胆碱能细胞和轴突。视网膜输入
只激活离子型受体（圆圈）；而非视网膜输入激活代谢型受体（星号）而且常常也激活离子型受体

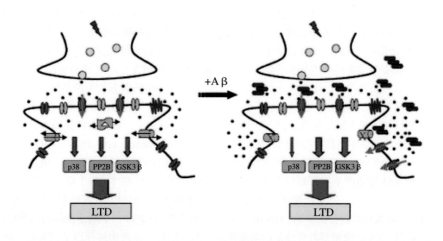

　　-NMDA 受体 - 谷氨酸　　　　　　-谷氨酸运载分子　　　-细胞外 Ca^{2+} 进入

　　-AMPA 受体 -RyR/IP3 受体　　-1 细胞内钙库　　-代谢型谷氨酸受体　　-Aβ

图 12-3　可溶性 Aβ 淀粉样蛋白易化诱发 LTD 的模式图

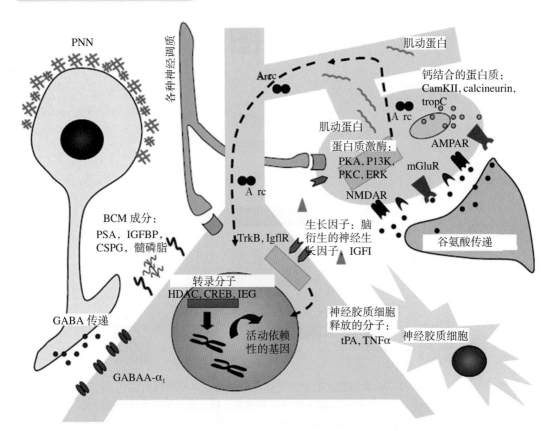

图 11-2　介导视皮层可塑性的关键细胞和分子机制模式图

锥体细胞（黄色）接受来自 GABA 能神经元（蓝色，左侧）和谷氨酸能突触前末梢（粉色，右侧）的输入。GABA 和谷氨酸受体的组成和密度调制皮层的可塑性，这些调制涉及受体的交通分子（Arc）。检测和结合到突触后的钙分子［如同心脏的 Troponin C、Calcineurin 和钙调蛋白依赖性蛋白激酶（CamKII）］，对眼优势的可塑性也是重要的。其他效应物包括 MHC（主要的组织兼容性复合物）分子和生长素，如 BDNF、IGF1 和神经调质（5-羟色胺、乙酰胆碱和去甲肾上腺素）。紧接着钙内流的变化是发出级联反应信号，包括 EKR、PKR 和 CamKII 一类的一些蛋白质激酶，并且终止激活环腺苷酸反应结合蛋白（CREB）介导的转录。这种转录是受染色质重塑酶进一步控制。功能突触的修饰和树突与树突脊的结构重排偶联在一起，而这种结果重排最有可能是由肌动蛋白所介导的。在细胞外水平，与髓磷脂相关的受体（NogoR）和细胞外基质成分（硫酸软骨素蛋白多糖、聚唾液酸、胰岛素样的生长因子结合蛋白和组织血纤维蛋白溶酶原激活剂）对结构可塑性和（或）效应物分子进入到细胞体的容量进行调节。在抑制性副血清蛋白能神经元周围，上述某些成分形成网络（围绕神经元的网络，extracellular perineuronal net，PNN），这种网络似乎对可塑性有限制作用。5-羟色胺、胆碱能和去甲肾上腺素能传入纤维也调制视觉的可塑性。最后，神经胶质细胞借助调制谷氨酸能传递和产生与可塑性有关的分子（如 IGFBP、tPA 和 TNFα）对皮层的可塑性作出贡献。PNN，围绕神经元的网络；PSA：聚唾液酸；ECM：细胞外基质；IGFBP：胰岛素样生长因子-1-结合的蛋白质；CSPG，：硫酸软骨素蛋白多糖；HDAC：组蛋白脱乙酰酶；IEG：早期速发基因；CREB：cAMP-反应成分结合的蛋白；tPA：增殖型血纤维蛋白溶酶原激活剂；TNFα：α 肿瘤坏死因子；PKA：蛋白质激酶 A；PKC：蛋白质激酶 C；PI3K：磷酸肌醇-3 激酶；ERK：细胞外信号调节激酶；tropC：心肌钙蛋白 C；CamKII：钙/钙调蛋白-依赖的蛋白质激酶Ⅱ；BDNF：脑衍生的神经生长因子；Igf1R：胰岛素样生长抑制 1 受体；TrkB：酪氨酸受体激酶 B

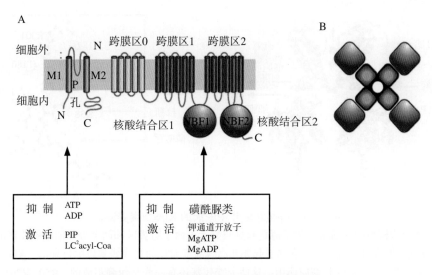

图 17-1　K$_{ATP}$ 通道由两个不同的亚单元组成

A. 内向整流 K$^+$ 通道 Kir6.2 亚单元形成通道的孔，而磺酰脲受体亚单元形成调节的亚单元。B. 通道是一个功能的八聚体，由 4 个 Kir 亚单元组成，每个 Kir 亚单元与一个磺酰脲受体亚单元相结合。TMD：跨膜区；NBF：核苷酸结合折叠；M1、M2：跨膜螺旋；P：孔

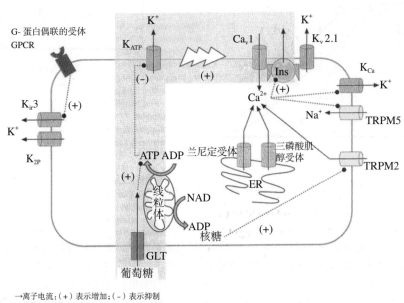

图 17-3　胰岛 β 细胞内的离子通道及其作用模式图

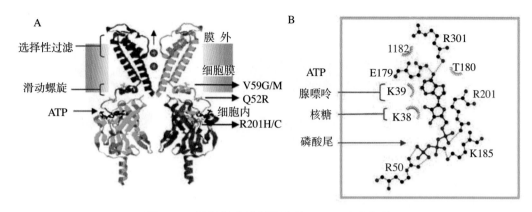

图 17-4　引起新生儿糖尿病的 Kir6.2 突变部位

A. Kir6.2 (116) 结构模型的侧面观。为了清楚起见只显示了两个跨膜区和两个分开的细胞质区域。在新生儿糖尿病突变的残基以红色表示，而那些引起婴儿高胰岛素血症的突变残基以绿色表示。ATP（蓝色）是停泊在它的结合部位。在新生儿糖尿病中，这些突变残基还有一些是纠缠不清的，R50、R201、Y330C 和 F333I 处在靠近 ATP- 结合部位；F35、C42 和 E332K 在 Kir 6.2 亚单元之间的界面；Q52 和 G53 在假设与 SUR1 界面的一个区域；以及 V59、C166 和 I296L 在涉及通道门的区域内。B. 假设的 ATP- 结合部位与在 0.35 nm 内的 ATP 残基闭合。以红色显示新生儿糖尿病突变了的残基

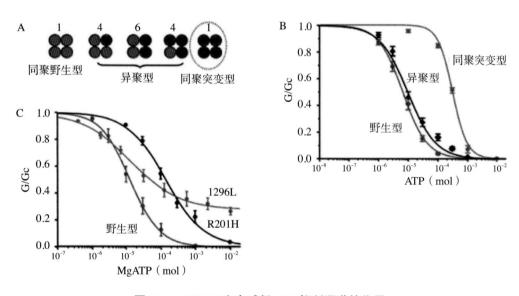

图 17-5　PNDM 突变减低 ATP 抑制通道的作用

A. 当野生型与突变型复表达（杂合子状态）时，图解式表示所期望的不同亚单元组合而成的混合通道。如果野生型和突变型亚单元是独立分开（即遵循二项式分布），所期望的通道类型相对数目表示在图的上方。圆圈表示所期望的仅有通道的类型。以表示 ATP 敏感度的实质改变，突变是否影响 ATP 的结合。B. 平均 ATP 与 K_{ATP} 通道电流（G）之间的关系，表示相对于在无核苷酸（G_c）的情况下，野生型 Kir6.2/SUR1（红色，$n = 6$) 和异聚型（黑色，$n = 6$）以及同聚型 Kir6.2-R201H/SUR1（蓝色，$n = 6$）通道的电导。平滑曲线能很好地与 Hill 等式相拟合。野生型、异聚型 R201H 和同聚型 R201H 通道的 IC_{50} 分别是 7 mM、12 mM 和 300 mM。这些数据是在无 Mg^{2+} 的条件下获得的。C. 在无核苷酸的条件下，野生型 Kir6.2/SUR1（红色，$n = 6$）和异聚型 Kir6.2-R201H（黑色，$n = 5$）以及异聚型 Kir6.2-I296L/SUR1（蓝色，$n = 5$）通道的 MgATP 与 K_{ATP} 通道电流之间的平均关系。这些平滑曲线也能很好地与 Hill 方程式相拟合。野生型、异聚型 R201H 和异聚型 I296L/SUR1 通道的 IC_{50} 分别为：13 mM、140 mM 和 50 mM

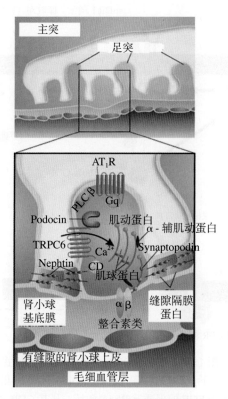

图 18-1 TRPC6 在足细胞足突上的定位

TRPC6 与在缝隙隔膜附近的 nephrin 和 podocin 相互作用。AT1R：AT1 血管紧张肽 II 受体；CD2AP：与 CD2 相联系的蛋白质；PLCβ：β- 型的磷酸酯酶 C

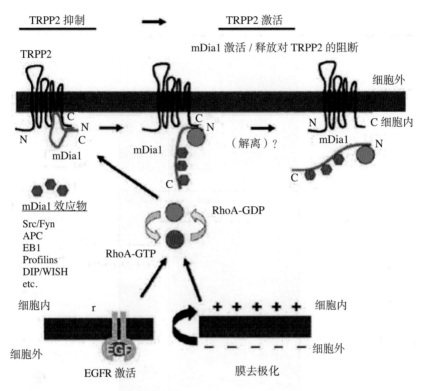

图 18-2　依赖 mDia1 调节 TRPP2 的模式图

在静息状态（或超极化膜电位）下，TRPP2（黑色）与 mDia1（红色）的自动抑制型结合，在这样的膜电位下阻断 TRPP2。膜去极化或用 EGF 处理诱导 RhoA 激活，从其 GDP- 结合状态（红色）转变为与 GTP- 结合状态（绿色）。已激活的 RhoA（绿色）结合到 mDia1 并激活之，引起释放阻断和 TRPP2 通道激活。mDia1 效应分子（蓝色）结合到 mDia1 的激活型

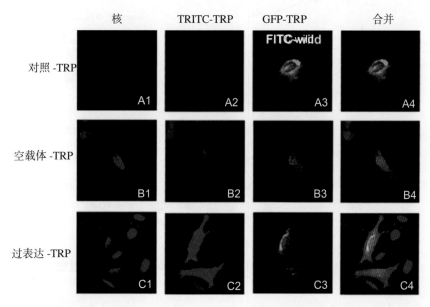

	核	TRITC-TRP	GFP-TRP	合并
对照 -TRP	A1	A2	A3	A4
空载体 -TRP	B1	B2	B3	B4
过表达 -TRP	C1	C2	C3	C4

图 18-3　用 TRPC6 质粒转染的足细胞，胞质内 Ca²⁺ 对 TRPC6 激动剂（OAG）或抑制剂（U73122）的反应

A. 用 10 mmol/L fluo-3AM 孵育转染 TRPC6-RFP 质粒或转染空载体的足细胞对细胞质内的 Ca^{2+} 着色。荧光成像照片是在加 100 mmol/L OAG（或加 OAG 60 s 后再加 10 mmol/L U73122），在相同的成像条件在 0 s、10 s、100 s、5 min 和 10 min 的时间点拍摄的。B 和 C. 在 OAG 刺激后 100 s 代表细胞质内 Ca^{2+} 浓度的荧光强度，在过表达 TRPC6 细胞（C）与转染空载体的足细胞（B）相比，显著增加（$P<0.05$，$n=4$）。TRPC6：瞬态受体电位阳离子通道 6；OAG：1-oleoyl-acetyl-sn-glycerol

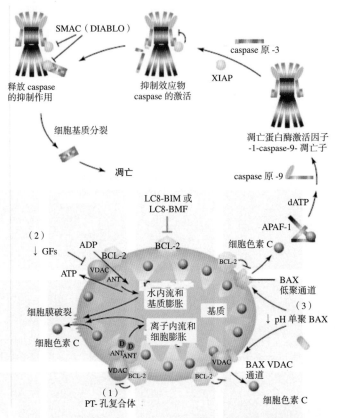

图 19-2 （也见彩图）激活半胱氨酸蛋白酶诱发凋亡过程

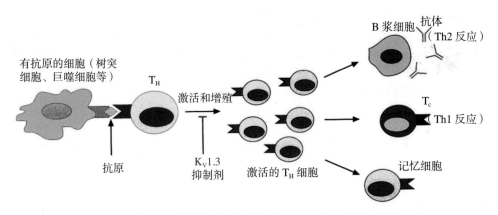

图 20-1　通过 T 细胞的激活的调节作用，$K_V1.3$ 通道调节免疫反应

具有抗原的细胞,如树突细胞（DC）和大吞噬细胞,消化入侵的病原（如细菌）。把病原选择性的多肽（抗原）"呈递"给 T 辅助细胞（T_H）。只有具有适当 T 细胞受体的 T_H 能够增殖和激活。现在被激活的 T_H 能够刺激效应机制（如分泌抗体的浆细胞）和包含有病原的 T 胞毒（T_c）细胞。最后,被激活的 T_H 由于凋亡而死掉,或分化成能长期活着的记忆细胞